DEUTSCHES GIESSEREI-TASCHENBUCH

EIN HILFSBUCH FÜR DIE GIESSEREIFACHLEUTE

HERAUSGEGEBEN VOM

VEREIN DEUTSCHER EISENGIESSEREIEN
GIESSEREI-VERBAND

IM EINVERSTÄNDNIS
MIT DEM VORSTANDE DES DEUTSCHEN FORMERMEISTERBUNDES
UNTER MITWIRKUNG BEWÄHRTER GIESSEREIFACHLEUTE.

SCHRIFTLEITER JOH. MEHRTENS

MIT 84 ABBILDUNGEN UND 1 TAFEL IM BUCH

BERLIN UND MÜNCHEN 1923
DRUCK UND VERLAG VON R. OLDENBOURG

Vorwort

zum

Deutschen Gießerei-Taschenbuch

Die vorliegende neue Auflage des Gießerei-Kalenders, der nunmehr den Namen »Deutsches Gießerei-Taschenbuch« führt, erscheint nach einer langen Pause, die nicht zuletzt durch den Weltkrieg und seine Folgezeit entstanden ist.

Die Bearbeitung dieses für den Gießereifachmann unentbehrlich gewordenen Taschenbuches ist inzwischen von dem Verlage »Die Glashütte«, Dresden, an den Verein Deutscher Eisengießereien übergegangen. Dieser hat gleichzeitig mit dem Vorstande des Deutschen Formermeisterbundes ein Abkommen getroffen, wonach der Kalender in ergänzter Form auch den Mitgliedern des D. F. B. dienen wird, dabei verzichtet der D. F. B. auf die Herausgabe eines eigenen Taschenbuches.

Der Inhalt des neuen Taschenbuches hat eine durchgreifende Änderung erfahren. Die zweckmäßige Einteilung gestattete, Entbehrliches fortzulassen und dafür zeitgemäße Ergänzungen in den einzelnen Abschnitten zu bringen.

Den Fortschritten im Gießereiwesen ist, soweit der Umfang des Buches es gestattet, überall Rechnung getragen. Es sind insbesondere die wirtschaftlichen Fragen ihrer Bedeutung entsprechend berücksichtigt, wobei nicht zuletzt auch die Normungsarbeiten und das Arbeitsgebiet des Ausschusses für wirtschaftliche Fertigung, soweit sie für das Gießereiwesen in Frage kommen, sowie die Ausbildung der Lehrlinge in der Gießerei Beachtung fanden.

Dem früheren Schriftleiter und Gründer des Gießerei-Kalenders, Schott, zurzeit in Kolumbien (Südamerika), und seinen Mitarbeitern, besonders Herkenrath, Dr. Westhoff und Mann, der die letzte Auflage vorbereiten half, wie auch den Mitarbeitern an dem früheren Gießerei-Kalender des D. F. B., Meier, Hannover, Schütz und Wachenfeld, sei an dieser Stelle für die bewährte Unterstützung herzlichst gedankt. Die Schriftleitung wird immer für jede Mitarbeit und Anregung zur Verbesserung und Ergänzung des Kalenders dankbar sein.

Soweit die Umstellung des Inhaltes es ermöglichen ließ, sind frühere Arbeiten teilweise in der neuen Auflage verwertet worden, einige weniger wichtige Abschnitte und Zahlentafeln mußten aber ausfallen, weil sonst das Taschenbuch zu umfangreich geworden wäre.

Wir übergeben das neue Deutsche Gießerei-Taschenbuch in der Hoffnung, daß es dauernd weitere Freunde und Gönner gewinnen und daß der Inhalt des kleinen Hilfsbuches allen Gießereifachleuten reichen Nutzen bringen möge.

Mit Glückauf!

Berlin, Düsseldorf, München, 19. Aug. 1923

Der Verleger:
R. Oldenbourg
Berlin-München

Der Herausgeber:
Verein Deutscher Eisengießereien
Gießerei-Verband / Düsseldorf

Die Schriftleitung:
Joh. Mehrtens

Inhaltsverzeichnis.

I. Mathematik.

II. Maß- und Gewichtstafeln.

A. Maß-, Gewichts- und Währungseinheiten.

B. Spezifische Gewichte, Raum- und Körpergewichte.

III. Mechanik und Festigkeit.

IV. Chemie.

V. Wärme, Verbrennung und Brennstoffe.

VI. Das Gießereiwesen.

Seite

Seite

Anhang I.

Anhang II.

I. Mathematik.

1. Potenzen, Wurzeln, Kreisumfänge und Kreisinhalte für die Zahlen von 1—1000.

n	n^2	n^3	$\sqrt{n}$	$\sqrt[3]{n}$	πn	$\pi \frac{n^2}{4}$
1	1	1	1,0000	1,0000	3,1416	0,78540
2	4	8	1,4142	1,2599	6,2832	3,14159
3	9	27	1,7321	1,4422	9,4248	7,06858
4	16	64	2,0000	1,5874	12,566	12,5664
5	25	125	2,2361	1,7100	15,708	19,6350
6	36	216	2,4495	1,8171	18,850	28,2743
7	49	343	2,6458	1,9129	21,991	38,4845
8	64	512	2,8284	2,0000	25,133	50,2655
9	81	729	3,0000	2,0801	28,274	63,6173
10	100	1000	3,1623	2,1544	31,416	78,5398
11	121	1331	3,3166	2,2240	34,558	95,0332
12	144	1728	3,4641	2,2894	37,699	113,097
13	169	2197	3,6056	2,3513	40,841	132,732
14	196	2744	3,7417	2,4101	43,982	153,938
15	225	3375	3,8730	2,4662	47,124	176,715
16	256	4096	4,0000	2,5198	50,265	201,062
17	289	4913	4,1231	2,5713	53,407	226,980
18	324	5832	4,2426	2,6207	56,549	254,469
19	361	6849	4,3589	2,6684	59,690	283,529
20	400	8000	4,4721	2,7144	62,832	314,159
21	441	9261	4,5826	2,7589	65,973	346,361
22	484	10648	4,6904	2,8020	69,115	380,133
23	529	12167	4,7958	2,8439	72,257	415,476
24	576	13824	4,8990	2,8845	75,398	452,389
25	625	15625	5,0000	2,9240	78,540	490,874
26	676	17576	5,0990	2,9625	81,681	530,929
27	729	19683	5,1962	3,0000	84,823	572,555
28	784	21952	5,2915	3,0366	87,965	615,752
29	841	24389	5,3852	3,0723	91,106	660,520
30	900	27000	5,4772	3,1072	94,248	706,858
31	961	29791	5,5678	3,1414	97,389	754,768
32	1024	32768	5,6569	3,1748	100,53	804,248
33	1089	35937	5,7446	3,2075	103,67	855,299
34	1156	39304	5,8310	3,2396	106,81	907,920
35	1225	42875	5,9161	3,2711	109,96	962,113
36	1296	46656	6,0000	3,3019	113,10	1017,88
37	1369	50653	6,0828	3,3322	116,24	1075,21
38	1444	54872	6,1644	3,3620	119,38	1134,11
39	1521	59319	6,2450	3,3912	122,52	1194,59
40	1600	64000	6,3246	3,4200	125,66	1256,64

n	n^2	n^3	$\sqrt{n}$	$\sqrt[3]{n}$	πn	$\pi \frac{n^2}{4}$
41	1681	68921	6,4031	3,4482	128,81	1320,25
42	1764	74088	6,4807	3,4760	131,95	1285,44
43	1849	79507	6,5574	3,5034	135,09	1452,20
44	1936	85184	6,6332	3,5303	138,23	1520,53
45	2025	91125	6,7082	3,5569	141,37	1590,43
46	2116	97336	6,7823	3,5830	144,51	1661,90
47	2209	103823	6,8557	3,6088	147,65	1734,94
48	2304	110592	6,9282	3,6342	150,80	1809,56
49	2401	117649	7,0000	3,6593	153,94	1885,74
50	2500	125000	7,0711	3,6840	157,08	1963,50
51	2601	132651	7,1414	3,7084	160,22	2042,82
52	2704	140608	7,2111	3,7325	163,36	2123,72
53	2809	148877	7,2801	3,7563	166,50	2206,18
54	2916	157464	7,3485	3,7798	169,65	2290,22
55	3025	166375	7,4162	3,8030	172,79	2375,83
56	3136	175616	7,4833	3,8259	175,93	2463,01
57	3249	185193	7,5498	3,8485	179,07	2551,76
58	3364	195112	7,6158	3,8709	182,21	2642,08
59	3481	205379	7,6811	3,8930	185,35	2733,97
60	3600	216000	7,7460	3,9149	188,50	2827,43
61	3721	226981	7,8102	3,9365	191,64	2922,47
62	3844	238328	7,8740	3,9579	194,78	3019,07
63	3969	250047	7,9373	3,9791	197,92	3117,25
64	4096	262144	8,0000	4,0000	201,06	3216,99
65	4225	274625	8,0623	4,0207	204,20	3318,31
66	4356	287406	8,1240	4,0122	207,35	3421,19
67	4489	300763	8,1854	4,0615	210,49	3525,65
68	4624	314432	8,2462	4,0817	213,63	3631,68
69	4761	328509	8,3066	4,1016	216,77	3739,28
70	4900	343000	8,3666	4,1213	219,91	3848,45
71	5041	357911	8,4261	4,1408	223,05	3959,19
72	5184	373248	8,4853	4,1602	226,19	4071,50
73	5329	389017	8,5440	4,1793	229,34	4185,39
74	5476	405224	8,6023	4,1983	232,48	4300,84
75	5625	421875	8,6603	4,2172	235,62	4417,86
76	5776	438976	8,7178	4,2358	238,76	4536,46
77	5929	456533	8,7750	4,2543	241,90	4656,63
78	6084	474552	8,8318	4,2727	245,04	4778,36
79	6241	493039	8,8882	4,2908	248,19	4901,67
80	6400	512000	8,9443	4,3089	251,33	5026,55
81	6561	531441	9,0000	4,3267	254,47	5153,00
82	6724	551368	9,0554	4,3445	257,61	5281,02
83	6889	571787	9,1104	4,3621	260,75	5410,61
84	7056	592704	9,1652	4,3795	263,89	5541,77
85	7225	614125	9,2195	4,3968	267,04	5674,50
86	7396	636056	9,2736	4,4140	270,18	5808,80
87	7569	658503	9,3274	4,4310	273,32	5944,68
88	7744	681472	9,3808	4,4480	276,46	6082,12
89	7921	704969	9,4340	4,4647	279,60	6221,14
90	8100	729000	9,4868	4,4814	282,74	6361,74
91	8281	753571	9,5394	4,4979	285,88	6503,88
92	8464	778688	9,5917	4,5144	289,03	6647,61
93	8649	804357	9,6437	4,5307	292,17	6792,91
94	8836	830584	9,6954	4,5468	295,31	6939,78
95	9025	857375	9,7468	4,5629	298,45	7088,22

n	n^2	n^3	$\sqrt{n}$	$\sqrt[3]{n}$	πn	$\pi \frac{n^2}{4}$
96	9216	884736	9,7980	4,5789	301,59	7238,23
97	9409	912673	9,8489	4,5947	304,73	7389,81
98	9604	941192	9,8995	4,6104	307,88	7542,96
99	9801	970299	9,9499	4,6261	311,02	7697,69
100	10000	1000000	10,0000	4,6416	314,16	7853,98
101	10201	1030301	10,0499	4,6570	317,30	8011,85
102	10404	1061208	10,0995	4,5723	320,44	8171,28
103	10609	1092727	10,1489	4,6875	323,58	8332,29
104	10816	1124864	10,1980	4,7027	326,73	8494,87
105	11025	1157625	10,2470	4,7177	329,87	8659,01
106	11236	1191016	10,2956	4,7326	333,01	8824,73
107	11449	1225043	10,3441	4,7475	336,15	8992,02
108	11664	1259712	10,3923	4,7622	339,29	9160,88
109	11881	1295029	10,4403	4,7769	342,43	9331,32
110	12100	1331000	10,4881	4,7914	345,58	9503,32
111	12321	1367631	10,5357	4,8059	348,72	9676,89
112	12544	1404928	10,5830	4,8203	351,86	9852,03
113	12769	1442897	10,6301	4,8346	355,00	10028,7
114	12996	1481544	10,6771	4,8488	358,14	10207,0
115	13225	1520875	10,7238	4,8629	361,28	10386,9
116	13456	1560896	10,7703	4,8770	364,42	10568,3
117	13689	1601613	10,8167	4,8910	367,57	10751,3
118	13924	1643032	10,8628	4,9049	270,71	10935,9
119	14161	1685159	10,9087	4,9187	373,85	11122,0
120	14400	1728000	10,9545	4,9234	376,99	11309,7
121	14641	1771561	11,0000	4,9461	380,13	11499,0
122	14884	1815848	11,0454	4,9597	383,27	11689,9
123	15129	1860867	11,0905	4,9732	386,42	11882,3
124	15376	1906624	11,1355	4,9866	389,56	12076,3
125	15625	1953125	11,1803	5,0000	392,70	12271,8
126	15876	2000376	11,2250	5,0133	395,84	12469,0
127	16129	2048383	11,2694	5,0265	398,98	12667,7
128	16381	2097152	11,3137	5,0397	402,12	12868,0
129	16641	2146689	11,3578	5,0528	405,27	13069,8
130	16900	2197000	11,4018	5,0658	408,41	13273,2
131	17161	2248091	11,4455	5,0788	411,55	13478,2
132	17424	2299968	11,4891	5,0916	414,69	13684,8
133	17689	2352637	11,5326	5,1045	417,83	13892,9
134	17956	2406104	11,5758	5,1172	420,97	14102,6
135	18225	2460375	11,6190	5,1299	424,12	14313,9
136	18496	2515456	11,6619	5,1426	427,26	14526,7
137	18769	2571353	11,7047	5,1551	430,40	14741,1
138	19044	2628072	11,7473	5,1676	433,54	14957,1
139	19321	2685619	11,7898	5,1801	436,68	15174,7
140	19600	2744000	11,8322	5,1925	439,82	15393,8
141	19881	2803221	11,8743	5,2048	442,96	15614,5
142	20164	2863288	11,9164	5,2171	446,11	15836,8
143	20449	2924207	11,9583	5,2293	449,25	16060,6
144	20736	2985984	12,0000	5,2415	452,39	16286,0
145	21025	3048625	12,0416	5,2536	455,53	16513,0
146	21316	3112136	12,0830	5,2656	458,67	16741,5
147	21609	3176523	12,1244	5,2776	461,81	16971,7
148	21904	3241792	12,1655	5,2896	464,96	17203,4
149	22201	3307949	12,2066	5,3015	468,10	17436,6
150	22500	2275000	12,2474	5,3133	471,24	17671,5

n	n^2	n^3	$\sqrt{n}$	$\sqrt[3]{n}$	πn	$\pi \frac{n^2}{4}$
151	22801	3442951	12,2882	5,3251	474,38	17907,9
152	23104	3511808	72,3288	5,3368	477,52	18145,8
153	23409	3581577	12,3693	5,3485	480,66	18385,4
154	23716	3652264	12,4097	5,3601	493,81	18626,5
155	24025	3723875	12,4499	5,3717	486,95	18869,2
156	24336	3796416	12,4900	5,3832	490,09	19113,4
157	24649	3869893	12,5300	5,3947	493,23	19359,3
158	24964	3944312	12,5698	5,4061	496,37	19606,7
159	25281	4019679	12,6095	5,4175	499,51	19855,7
160	25600	4096000	12,6491	5,4288	502,65	20106,2
161	25921	4173281	12,6886	5,4401	505,80	20358,3
162	26244	4251528	12,7279	5,4514	508,94	20612,0
163	26569	4330747	12,7671	5,4626	512,58	20867,2
164	26896	4410944	12,8062	5,4737	515,22	21124,1
165	27225	4492125	12,8452	5,4848	518,36	21382,5
166	27556	4574296	12,8841	5,4959	521,50	21642,4
167	27888	4657463	12,9228	5,5069	524,65	21904,0
168	28224	4741632	12,9615	5,5178	527,79	22167,1
169	28561	4826809	13,0000	5,5288	530,93	22431,8
170	28900	4913000	13,0384	5,5397	534,07	22698,0
171	29241	5000211	13,0767	5,5505	537,21	22965,8
172	29584	5088448	13,1149	5,5613	540,35	23235,2
173	29929	5177717	13,1529	5,5721	543,50	23506,2
174	30276	5268024	13,1909	5,5828	546,64	23778,7
175	30625	5359375	13,2288	5,5934	549,78	24052,8
176	30976	5451776	13,2665	5,6041	552,92	24328,5
177	31329	5545233	13,3041	5,6147	556,06	24605,7
178	31684	5639752	13,3417	5,6252	559,20	24884,6
179	32041	5735339	13,3791	5,6357	562,35	25164,9
180	32400	5832000	13,4164	5,6462	565,49	25446,9
181	32761	5929741	13,4536	5,6567	568,63	25730,4
182	33124	6028568	13,4907	5,6671	571,77	26015,5
183	33489	6128487	13,5277	5,6774	574,91	26302,2
184	33856	6229504	13,5647	5,6877	578,05	26590,4
185	34225	6331625	13,6015	5,6980	581,19	26880,3
186	34596	6434856	13,6382	5,7083	584,34	27171,6
187	34969	6539203	13,6748	5,7185	587,48	27464,6
188	35344	6644672	13,7113	5,7287	590,62	27759,1
189	35721	6751269	13,7477	5,7388	593,76	28055,2
190	36100	6859000	13,7840	5,7489	596,90	21352,9
191	36481	6967871	13,8203	5,7590	600,04	28652,1
192	36864	7077888	13,8564	5,7690	603,19	28952,9
193	37249	7189057	13,8924	5,7790	606,33	29255,3
194	37636	7301384	13,9284	5,7890	609,47	29559,7
195	38025	7414875	13,9642	5,7989	612,61	29864,8
196	38416	7529536	14,0000	5,8088	615,75	30171,9
197	38809	7645373	14,0357	5,8186	618,80	30480,5
198	39204	7762392	14,0712	5,8285	622,04	30790,7
199	39601	7880599	14,1067	5,8383	625,18	31102,6
200	40000	8000000	14,1421	5,8480	628,32	31415,9
201	40401	8120601	14,1774	5,8578	631,46	31730,9
202	40804	8242408	14,2127	5,8675	634,60	32047,4
203	41209	8365427	14,2478	5,8771	637,74	32365,5
204	41616	8489664	14,2829	5,8868	640,88	32685,1
205	42025	8615125	14,3178	5,8964	644,03	33006,4

n	n^2	n^3	$\sqrt{n}$	$\sqrt[3]{n}$	πn	$\pi \frac{n^2}{4}$
206	42436	8741816	14,3527	5,9059	647,17	33329,2
207	42849	8869743	14,3875	5,9155	650,31	33653,5
208	43264	8998912	14,4222	5,9250	653,45	33979,5
209	43681	8129329	14,4568	5,9345	656,59	34307,0
210	44100	9261000	14,4914	5,9439	659,73	34636,1
211	44521	9393931	14,5258	5,9533	662,88	34966,7
212	44944	9528128	14,5602	5,9627	666,02	35298,9
213	45369	9663597	14,5645	5,9721	669,16	35632,7
214	45796	9800344	14,6287	5,9814	672,30	35968,1
215	46225	9938375	14,6629	5,9907	675,44	36305,0
216	46656	10077696	14,6969	6,0000	678,58	36643,5
217	47089	10218313	14,7309	6,0092	681,73	36983,6
218	47524	10360232	14,7648	6,0185	684,87	37325,3
219	47961	10503459	14,7986	6,0277	688,01	37668,5
220	48400	10648000	14,8324	6,0368	691,15	38013,3
221	48841	10793861	14,8661	6,0459	694,29	38359,6
222	49284	10941048	14,8997	6,0550	697,43	38707,6
223	49729	11089567	14,9332	6,0641	700,58	39057,1
224	50176	11239424	14,9666	6,0732	703,72	39408,1
225	50625	11390625	15,0000	6,0822	706,86	39760,8
226	51076	11543176	15,0333	6,0912	710,00	40115,0
227	51529	11697083	15,0665	6,1002	713,14	40470,8
228	51984	11852352	15,0997	6,1091	716,28	40828,1
229	52441	12008989	15,1327	6,1180	719,42	41187,1
230	52900	12167000	15,1658	6,1269	722,57	41547,6
231	53361	12326391	15,1987	6,1358	725,71	41909,6
232	53824	12487168	15,2315	6,1446	728,85	42273,3
233	54289	12649337	15,2643	6,1534	731,99	42638,5
234	54756	12812904	15,2971	6,1622	735,13	43005,3
235	55225	12977875	15,3297	6,1710	738,27	43373,6
236	55696	13144256	15,3623	6,1797	741,42	43743,5
237	56169	13312053	15,3948	6,1885	744,56	44115,0
238	56644	13481272	15,4272	6,1972	747,70	44488,1
239	57121	13651919	15,4596	6,2058	750,84	44862,7
240	57600	13824000	15,4919	6,2145	753,98	45238,9
241	58081	13997521	15,5242	6,2231	757,12	45616,7
242	58564	14172488	15,5563	6,2317	760,27	45996,1
243	59049	14348907	15,5885	6,2403	763,41	46377,0
244	59536	14526784	15,6205	6,2488	766,55	46759,5
245	60025	14706125	15,6525	6,2573	769,69	47143,5
246	60516	14886936	15,6844	6,2658	772,83	47529,2
247	61009	15069223	15,7162	6,2743	775,97	47916,4
248	61504	15252992	15,7480	6,2828	779,11	48305,1
249	62001	15438249	15,7797	6,2912	782,26	48695,5
250	62500	15625000	15,8114	6,2996	785,40	49087,4
251	63001	15813251	15,8430	6,3080	788,54	49480,9
252	63504	16003008	15,8745	6,3164	791,68	49875,9
253	64009	16194277	15,9060	6,3247	794,82	50272,6
254	64516	16387064	15,9374	6,3330	797,96	50670,7
255	65025	16581375	15,9687	6,3413	801,11	51070,5
256	65536	16777216	16,0000	6,3496	804,25	51471,0
257	66049	16974593	16,0312	6,3579	807,39	51874,8
258	66564	17173512	16,0624	6,3661	810,53	52279,2
259	67081	17373979	16,0935	6,3743	813,67	52685,3
260	67600	17576000	16,1245	6,3825	816,81	53092,9

n	n^2	n^3	$\sqrt{n}$	$\sqrt[3]{n}$	πn	$\pi \frac{n^2}{4}$
261	68121	17779581	16,1555	6,3907	819,96	53502,1
262	68644	17984728	16,1864	6,3988	823,10	53912,9
263	69169	18191447	16,2173	6,4070	826,24	54325,2
264	69696	18399744	16,2481	6,4151	829,38	54739,1
265	70225	18609625	16,2788	6,4232	832,52	55154,6
266	70756	19821096	16,3095	6,4312	835,66	55571,6
267	71289	19034163	16,3401	6,4393	838,81	55990,2
268	71824	19248832	16,3707	6,4473	841,95	56410,4
269	72361	19465109	16,4012	6,4553	845,09	56832,2
270	72900	19683000	16,4317	6,4633	848,23	57255,5
271	73441	19902511	16,4621	6,4713	851,37	57680,1
272	73984	20123648	16,4924	6,4792	854,51	58106,9
273	74529	20340417	16,5227	6,4872	857,65	58534,9
274	75076	20570824	16,5529	6,4951	860,80	58964,6
275	75625	20796875	16,5831	6,5030	863,94	59395,7
276	76176	21024576	16,6132	6,5108	867,08	59828,5
277	76729	21253933	16,6433	6,5187	870,22	60262,8
278	77284	21484952	16,6733	6,5265	873,36	60698,7
279	77841	21717639	16,7033	6,5343	876,50	61136,2
280	78400	21952000	16,7332	6,5421	879,65	61575,2
281	78961	22188041	16,7631	6,5499	882,79	62015,8
282	79524	22425768	16,7929	6,5577	885,93	62458,0
283	80089	22665187	16,8226	6,5654	889,07	62901,8
284	80656	22906304	16,8523	6,5731	892,21	63347,1
285	81225	23149125	16,8819	6,5808	895,35	63794,0
286	81796	23393656	16,9115	6,5885	898,50	64242,4
287	82369	23639903	16,9411	6,5962	901,64	64692,5
288	82944	23887872	16,9706	6,6039	904,78	65144,1
289	83521	24137569	17,0000	6,6115	907,92	65597,2
290	84100	24389000	17,0294	6,6191	911,06	66052,0
291	84681	24642171	17,0587	6,6267	914,20	66508,3
292	85264	24897088	17,0880	6,6343	917,35	66966,2
293	85849	25153757	17,1172	6,6419	920,49	67425,6
294	86436	25412184	17,1464	6,6494	923,63	67886,7
295	87025	25672375	17,1756	6,6569	926,77	68349,3
296	87616	25934336	17,2047	6,6644	929,91	68813,4
297	88209	26198073	17,2337	6,6719	933,05	69279,2
298	88804	26463592	17,2627	6,6794	936,49	69740,5
299	89401	26730899	17,2916	6,6869	939,34	70215,4
300	90000	27000000	17,3205	6,6943	942,48	70685,8
301	90601	27270901	17,3494	6,7018	945,62	71157,6
302	91204	27543608	17,3781	6,7092	948,76	71631,5
303	91809	27818127	17,4069	6,7166	951,90	72106,6
304	92416	28094464	17,4356	6,7240	955,04	72583,4
305	93025	28372625	17,4642	6,7313	958,19	73061,7
306	93636	28652616	17,4929	6,7387	961,33	73541,5
307	94249	28934443	17,5214	6,7460	964,47	74023,0
308	94864	29218112	17,5499	6,7533	967,61	74506,0
309	95481	29503697	17,5784	6,7606	970,75	74990,6
310	96100	29791000	17,6068	6,7679	973,89	75476,8
311	96721	30080231	17,6352	6,7752	977,04	75964,5
312	97344	30371328	17,6635	6,7824	980,18	76453,8
313	97969	30664229	17,6918	6,7897	983,32	76944,7
314	98596	30959144	17,7200	6,7969	986,46	77437,1
315	99225	31255875	17,7482	6,8041	989,60	77931,1

n	n^2	n^3	$\sqrt{n}$	$\sqrt[3]{n}$	πn	$\pi \frac{n^2}{4}$
316	99856	31554496	17,7764	6,8113	992,74	78426,7
317	100489	31855013	17,8045	6,8185	995,88	78923,9
318	101124	32157432	17,8326	6,8256	999,03	79422,6
319	101761	32461759	17,8606	6,8328	1002,2	79922,9
320	102400	32768000	17,8885	6,8399	1005,3	80424,8
321	103041	33076161	17,9165	6,8470	1008,5	80928,2
322	103684	33386248	17,9444	6,8541	1011,6	81433,2
323	104329	33698267	17,9722	6,8612	1014,7	81939,8
324	104976	34012224	18,0000	6,8683	1017,9	82448,0
325	105625	34328125	18,0278	6,8753	1021,0	82957,7
326	106276	34645976	18,0555	6,8824	1024,2	83469,0
327	106929	34965783	18,0831	6,8894	1027,3	83981,8
328	107584	35287552	18,1108	6,8964	1030,4	84496,3
329	108241	35611289	18,1384	6,9034	1033,6	85012,3
330	108900	35937000	18,1659	6,9104	1036,7	85529,9
331	109561	36264691	18,1934	6,9174	1039,9	86049,0
332	110224	36594368	18,2209	6,9244	1043,0	86569,7
333	110889	36926037	18,2483	6,9313	1046,2	87092,0
334	111556	37259704	18,2757	6,9382	1049,3	87615,9
335	112225	37595375	18,3030	6,9451	1052,4	88141,3
336	112896	37933056	18,3303	6,9521	1055,6	88668,8
337	113569	38272753	18,3576	6,9589	1058,7	89196,9
338	114244	38614472	18,3848	6,9658	1061,9	89727,0
339	114921	38958219	18,4120	6,9727	1065,0	90258,7
340	115600	39304000	18,4391	6,9795	1068,1	90792,0
341	116281	39651821	18,4662	6,9864	1071,3	91326,9
342	116964	40001688	18,4932	6,9932	1074,4	91863,3
343	117649	40353607	18,5203	7,0000	1077,6	92401,3
344	118336	40707584	18,5472	7,0068	1080,7	92940,9
345	119025	41063625	18,5742	7,0136	1083,8	93482,0
346	119716	41421736	18,6011	7,0203	1087,0	94024,7
347	120409	41781923	18,6279	7,0271	1990,1	94569,0
348	121104	42144192	18,6548	7,0338	1093,3	95114,9
349	121801	42508549	18,6815	7,0406	1096,4	95662,3
350	122500	42875000	18,7083	7,0473	1099,6	96211,3
351	123201	43243551	18,7350	7,0540	1102,7	96761,8
352	123904	43614208	18,7617	7,0607	1105,8	97314,0
353	124609	43986977	18,7883	7,0674	1109,0	97867,7
354	125316	44361864	18,8149	7,0740	1112,1	98423,0
355	126025	44738875	18,8414	7,0807	1115,3	98979,8
356	126736	45118016	18,8680	7,0873	1118,4	99538,2
357	127449	45499293	18,8944	7,0940	1121,5	100098
358	128164	45882712	18,9209	7,1006	1124,7	100660
359	128881	46268279	18,9473	7,1072	1127,8	101223
360	129600	46656000	18,9737	7,1138	1131,0	101788
361	130321	47045881	19,0000	7,1204	1134,1	102364
362	131044	47437928	19,0263	7,1269	1137,3	102922
363	131769	47832147	19,0526	7,1335	1140,4	103491
364	132496	48228544	19,0788	7,1400	1143,5	104062
365	133225	48627125	19,1050	7,1466	1146,7	104635
366	133956	49027896	19,1311	7,1531	1149,8	105209
367	134689	49430863	19,1572	7,1596	1153,0	105784
368	135424	49836032	19,1833	7,1661	1156,1	106362
369	136161	50243409	19,2094	7,1726	1159,2	106941
370	136900	50653000	19,2354	7,1791	1162,4	107521

n	n^2	n^3	$\sqrt{n}$	$\sqrt[3]{n}$	πn	$\pi \frac{n^2}{4}$
371	137641	51064811	19,2614	7,1855	1165,5	108103
372	138384	51478848	19,2873	7,1920	1168,7	108687
373	139129	51895117	19,3132	7,1984	1171,8	109272
374	139876	52313624	19,3391	7,2048	1175,0	109858
375	140625	52734375	19,3649	7,2112	1178,1	110447
376	141376	53157376	19,3907	7,2177	1181,2	111036
377	142129	53582633	19,4165	7,2240	1184,4	111628
378	142884	54010152	19,4422	7,2304	1187,5	112221
379	143641	54439939	19,4679	7,2368	1190,7	112815
380	144400	54872000	19,4936	7,2432	1193,8	113411
381	145161	55306341	19,5192	7,2495	1196,9	114009
382	145924	55742968	19,5448	7,2558	1200,1	114608
383	146689	56181887	19,5704	7,2622	1203,2	115209
384	147456	56623104	19,5959	7,2685	1206,4	115812
385	148225	57066625	19,6214	7,2748	1209,5	116416
386	148996	57512456	19,6469	7,2811	1212,7	117021
387	149769	57960603	19,6723	7,2874	1215,8	117628
388	150544	58411072	19,6977	7,2936	1218,9	118237
389	151321	58863869	19,7231	7,2999	1222,1	118847
390	152100	59319000	19,7484	7,3061	1225,2	119459
391	152881	59776471	19,7737	7,3124	1228,4	120072
392	153664	60236288	19,7990	7,3186	1231,5	120687
393	154449	60698457	19,8242	7,3248	1234,6	121304
394	155236	61162984	19,8494	7,3310	1237,8	121922
395	156025	61629875	19,8746	7,3372	1240,9	122542
396	156816	62099136	19,8997	7,3434	1244,1	123163
397	157609	62570773	19,9249	7,3496	1247,2	123786
398	158404	63044792	19,9499	7,3558	1250,4	124410
399	159201	63521199	19,9750	7,3619	1253,5	125036
400	160000	64000000	20,0000	7,3681	1256,6	125664
401	160801	64481201	20,0250	7,3742	1259,8	126293
402	161604	64964808	20,0499	7,3803	1262,9	126923
403	162409	65450827	20,0749	7,3864	1266,1	127556
404	163216	65939264	20,0998	7,3925	1269,2	128190
405	164025	66430125	20,1246	7,3986	1272,3	128825
406	164836	66923416	20,1494	7,4047	1275,5	129462
407	165649	67419143	20,1742	7,4108	1278,6	130100
408	166464	67917312	20,1990	7,4169	1281,8	130741
409	167281	68417920	20,2237	7,4229	1284,9	131382
410	168100	68921000	20,2485	7,4290	1288,1	132025
411	168921	69426531	20,2731	7,4350	1291,2	132670
412	169744	69934528	20,2978	7,4410	1294,3	133317
413	170569	70444997	20,3224	7,4470	1297,5	133965
414	171396	70957944	20,3470	7,4530	1300,6	134614
415	172225	71473375	20,3715	7,4590	1303,8	135265
416	173056	71991296	20,3961	7,4650	1306,9	135918
417	173889	72511713	20,4206	7,4710	1310,0	136572
418	174724	73034632	20,4450	7,4770	1313,2	137228
419	175561	73560059	20,4695	7,4829	1316,3	137885
420	176400	74088000	20,4939	7,4889	1319,5	138544
421	177241	74618461	20,5183	7,4948	1322,6	139205
422	178084	75151448	20,5429	7,5007	1325,8	139867
423	178929	75686967	20,5670	7,5067	1328,9	140531
424	179776	76225024	20,5913	7,5126	1332,0	141196
425	180625	76765625	20,6155	7,5185	1335,2	141863

n	n^2	n^3	$\sqrt{n}$	$\sqrt[3]{n}$	πn	$\pi \frac{n^2}{4}$
426	181476	77308776	20,6398	7,5244	1338,3	142531
427	182329	77854483	20,6640	7,5307	1341,5	143201
428	183184	78402752	20,6882	7,5361	1344,6	143872
429	184041	78953589	20,7123	7,5420	1347,7	144545
430	184900	79507000	20,7364	7,5478	1350,9	145220
431	185761	80062991	20,7605	7,5537	1354,0	145896
432	186624	80621568	20,7846	7,5595	1357,2	146574
433	187489	81182737	20,8087	7,5654	1360,3	147254
434	188356	81746504	20,8327	7,5712	1363,5	147934
435	189225	82312875	20,8567	7,5770	1366,6	148617
436	190096	82881856	20,8806	7,5828	1369,7	149301
437	190969	83453453	20,9045	7,5886	1372,6	149987
438	191844	84027672	20,9284	7,5944	1376,0	150674
439	192721	84604519	20,9523	7,6001	1379,2	151363
440	193600	85184000	20,9762	7,6059	1382,3	152053
441	194481	85766121	21,0000	7,6117	1385,4	152745
442	195364	86350888	21,0238	7,6174	1388,6	153439
443	196249	86938307	21,0476	7,6232	1391,7	154134
444	197136	87528384	21,0713	7,6289	1394,9	154830
445	198025	88121125	21,0950	7,6346	1398,0	155528
446	198916	88716536	21,1187	7,6403	1401,2	156228
447	199809	89314623	21,1424	7,6460	1404,3	156930
448	200704	89915392	21,1660	7,6517	1407,4	157633
449	201601	90518849	21,1896	7,6574	1410,6	158337
450	202500	91125000	21,2132	7,6631	1413,7	159043
451	203401	91733851	21,2368	7,6688	1416,9	159751
452	204304	92345408	21,2603	7,6744	1420,0	160460
453	205209	92959677	21,2838	7,6801	1423,1	161171
454	206116	93576664	21,3073	7,6857	1426,3	161883
455	207025	94196375	21,3307	7,6914	1429,4	162597
456	207936	94818816	21,3542	7,6970	1432,6	163313
457	208849	95443993	21,3776	7,7026	1435,7	164030
458	209764	96071912	21,4009	7,7082	1438,8	164748
459	210681	96702579	21,4243	7,7138	1442,0	165468
460	211600	97336000	21,4476	7,7194	1445,1	166190
461	212521	97972181	21,4709	7,7250	1448,3	166914
462	213444	98611128	21,4942	7,7306	1451,4	167639
463	214369	99252847	21,5174	7,7362	1454,6	168365
464	215296	99897344	21,5407	7,7418	1457,7	169093
465	216225	100544625	21,5639	7,7473	1460,8	169823
466	217156	101194696	21,5870	7,7529	1464,0	170554
467	218089	101847563	21,6102	7,7584	1467,1	171287
468	219024	102503232	21,6333	7,7639	1470,3	172021
469	219961	103161709	21,6564	7,7695	1473,4	172757
470	220900	103823000	21,6795	7,7750	1476,5	173494
471	221841	104487111	21,7025	7,7805	1479,7	174234
472	222784	105154048	21,7256	7,7860	1482,8	174974
473	223729	105823817	21,7486	7,7915	1486,0	175716
474	224676	106496424	21,7715	7,7970	1489,1	176460
475	225625	107171875	21,7945	7,8025	1492,3	177205
476	226576	107850176	21,8174	7,8079	1495,4	177942
477	227529	108531333	21,8403	7,8134	1498,5	178701
478	228484	109215352	21,8632	7,8188	1501,7	179451
479	229441	109902239	21,8861	7,8243	1504,8	180203
480	230400	110592000	21,9089	7,8297	1508,0	180956

n	n^2	n^3	$\sqrt{n}$	$\sqrt[3]{n}$	πn	$\pi \frac{n^2}{4}$
481	231361	111284641	21,9317	7,8352	1511,1	181711
482	232324	111980168	21,9545	7,8406	1514,2	182467
483	233289	112678587	21,9773	7,8460	1517,4	183225
484	234256	113379904	22,0000	7,8514	1520,5	183984
485	235225	114084125	22,0227	7,8568	1523,7	184745
486	236196	114791256	22,0454	7,8622	1526,8	185508
487	237169	115501303	22,0681	7,8676	1530,0	186272
488	238144	116214272	22,0907	7,8730	1533,1	187038
489	239121	116930169	22,1133	7,8784	1536,2	187805
490	240100	117649000	22,1359	7,8837	1539,4	188574
491	241081	118370771	22,1585	7,8891	1542,5	189345
492	242064	119095488	22,1811	7,8944	1545,7	190117
493	243049	119823157	22,2036	7,8998	1548,8	190890
494	244036	120553784	22,2261	7,9051	1551,9	191665
495	245025	121287375	22,2486	7,9105	1555,1	192442
496	246016	122023936	22,2711	7,9158	1558,2	193221
497	247009	122763473	22,2935	7,9211	1561,4	194000
498	248004	123505992	22,3159	7,9264	1564,5	194782
499	249001	124251499	22,3383	7,9317	1567,7	195565
500	250000	125000000	22,3607	7,9370	1570,8	196350
501	251001	125751501	22,3830	7,9423	1573,9	197136
502	252004	126506008	22,4054	7,9476	1577,1	197923
503	353009	127263527	22,4277	7,9528	1580,2	198713
504	254016	128024064	22,4499	7,9581	1583,4	199504
505	255025	128787625	22,4722	7,9634	1586,5	200296
506	256036	129554216	22,4944	7,9686	1589,6	201090
507	257049	130323843	22,5167	7,9739	1592,8	201886
508	258064	131096512	22,5389	7,9791	1595,9	202683
509	259081	131872229	22,5610	7,9843	1599,1	203482
510	260100	132651000	22,5832	7,9896	1602,2	204282
511	261121	133432831	22,6053	7,9948	1605,4	205084
512	262144	134217728	22,6274	8,0000	1608,5	205887
513	263169	135005697	22,6495	8,0052	1611,6	206692
514	264196	135796744	22,6716	8,0104	1614,8	207499
515	265225	136590875	22,6936	8,0156	1617,9	208307
516	266256	137388096	22,7156	8,0208	1621,1	209117
517	267289	138188413	22,7376	8,0260	1624,2	209928
518	268324	138991832	22,7596	8,0311	1627,3	210741
519	269361	139798359	22,7816	8,0363	1630,5	211556
520	270400	140608000	22,8035	8,0415	1633,6	212372
521	271411	141420761	22,8254	8,0466	1636,8	213189
522	272484	142236648	22,8473	8,0517	1639,9	214008
523	273529	143055667	22,8692	8,0569	1643,1	214829
524	274576	143877824	22,8910	8,0620	1646,2	215651
525	275625	144703125	22,9129	8,0671	1649,3	216475
526	276676	145531576	22,9347	8,0723	1652,5	217301
527	277729	146363183	22,9565	8,0774	1655,6	218128
528	278784	147197952	22,9783	8,0825	1658,8	218956
529	279841	148035889	23,0000	8,0876	1661,9	219787
530	280900	148877000	23,0217	8,0927	1665,0	220618
531	281961	149721291	23,0434	8,0978	1668,2	221452
532	283024	150568768	23,0651	8,1028	1671,3	222287
533	284089	151419437	23,0868	8,1079	1674,4	223123
534	285156	152273304	23,1084	8,1130	1677,6	223961
535	286225	153130375	23,1301	8,1180	1680,8	224801

n	n^2	n^3	$\sqrt{n}$	$\sqrt[3]{n}$	πn	$\pi \frac{n^2}{4}$
536	287296	153990656	23,1517	8,1231	1683,9	225642
537	288369	154854153	23,1733	8,1281	1687,0	226484
538	289444	155720872	23,1948	8,1332	1690,2	227329
539	290521	156590819	23,2164	8,1382	1693,3	228175
540	291600	157464000	23,2379	8,1433	1696,5	229022
541	292681	158340421	23,2594	8,1483	1699,6	229871
542	293764	159220088	23,2809	8,1533	1702,7	230722
543	294849	160103007	23,3024	8,1583	1705,9	231574
544	295936	160989184	23,3238	8,1633	1709,0	232428
545	297025	161878625	23,3452	8,1683	1712,2	233283
546	298116	162771336	23,3666	8,1733	1715,3	234140
547	299204	163667323	23,3880	8,1783	1718,5	234998
548	300304	164566592	23,4094	8,1833	1721,6	235858
549	301401	165469149	23,4307	8,1882	1724,7	236720
550	302500	166375000	23,4521	8,1932	1727,9	237583
551	303601	167284151	23,4734	8,1982	1731,0	238448
552	304704	168196608	23,4947	8,2031	1734,2	239314
553	305809	169112377	23,5160	8,2081	1737,3	240182
554	306916	170031464	23,5372	8,2130	1740,4	241051
555	308025	170953875	23,5584	8,2180	1743,6	241922
556	309136	171879616	23,5797	8,2229	1746,7	242795
557	310249	172808693	23,6008	8,2278	1749,9	243669
558	311364	173741112	23,6220	8,2327	1753,0	244545
559	312481	174676879	23,6432	8,2377	1756,2	245422
560	313600	175616000	23,6643	8,2426	1759,3	246301
561	314721	176558481	23,6854	8,2475	1762,4	247181
562	315844	177504328	23,7065	8,2524	1765,6	248063
563	316969	178453547	23,7276	8,2573	1768,7	248947
564	318096	179406144	23,7487	8,2621	1771,9	249832
565	319225	180362125	23,7697	8,2670	1775,0	250719
566	320356	181321496	23,7908	8,2719	1778,1	251607
567	321489	182284263	23,8118	8,2768	1781,3	252497
568	322624	183250432	23,8328	8,2816	1784,4	253388
569	323761	184220009	23,8537	8,2865	1787,6	254281
570	324900	185193000	23,8747	8,2913	1790,7	255176
571	326041	186169411	23,8956	8,2962	1793,8	256072
572	327184	187149248	23,9165	8,3010	1797,0	256970
573	328329	188132517	23,9374	8,3059	1800,1	257869
574	329476	189119224	23,9583	8,3107	1803,3	258770
575	330625	190109375	23,9792	8,3155	1806,4	259672
576	331776	191102976	24,0000	8,3203	1809,6	260576
577	332929	192100033	24,0208	8,3251	1812,7	261482
578	334084	193100552	24,0416	8,3300	1815,8	262389
579	335241	194104539	24,0624	8,3348	1819,0	263298
580	336400	195112000	24,0832	8,3396	1822,1	264208
581	337561	196122941	24,1039	8,3443	1825,3	265120
582	338724	197137368	24,1247	8,3491	1828,4	266033
583	339889	198155287	24,1454	8,3539	1831,5	266948
584	341056	199176704	24,1661	8,3587	1834,7	267865
585	342225	200201625	24,1868	8,3634	1837,8	268783
586	343396	201230056	24,2074	8,3682	1841,0	269703
587	344569	202262003	24,2281	8,3730	1844,1	270624
588	345744	203297472	24,2487	8,3777	1847,3	271547
589	346921	204336469	24,2693	8,3825	1850,4	272471
590	348100	205379000	24,2899	8,3872	1853,5	273397

n	n^2	n^3	$\sqrt{n}$	$\sqrt[3]{n}$	πn	$\pi \frac{n^2}{4}$
591	349281	206425071	24,3105	8,3919	1856,7	274325
592	350464	207474688	24,3311	8,3967	1859,8	275254
593	351649	208527857	24,3516	8,4014	1863,0	276184
594	352836	209584584	24,3721	8,4061	1866,1	277117
595	354025	210644875	24,3926	8,4108	1869,2	278051
596	355216	211708736	24,4131	8,4155	1872,4	278986
597	356409	212776173	24,4336	8,4202	1875,5	279923
598	357604	213847192	24,4540	8,4249	1878,7	280862
599	358801	214921799	24,4745	8,4296	1881,8	281802
600	360000	216000000	24,4549	8,4343	1885,0	282743
601	361201	217081801	24,5153	8,4390	1888,1	283687
602	362404	218167208	24,5357	8,4437	1891,2	284631
603	363609	219256227	24,5561	8,4484	1894,4	285578
604	364816	220348864	24,5764	8,4530	1897,5	286526
605	366025	221445125	24,5967	8,4577	1900,7	287475
606	367236	222545016	24,6171	8,4623	1903,8	288426
607	368449	223648543	24,6374	8,4670	1906,9	289379
608	369664	224755712	24,6577	8,4726	1910,1	290333
609	370881	225866529	24,6779	8,4763	1913,2	291289
610	372100	226981000	24,6982	8,4809	1916,4	292247
611	373321	228099131	24,7184	8,4856	1919,5	293206
612	374544	229220928	24,7386	8,4902	1922,7	294166
613	375769	230346397	24,7588	8,4948	1925,8	295128
614	376996	231475544	24,7790	8,4994	1928,9	296092
615	378225	232608375	24,7992	8,5040	1932,1	297057
616	379456	233744896	24,8193	8,5086	1935,2	298024
617	380689	234885113	24,8395	8,5132	1938,4	298992
618	381924	236029032	24,8596	8,5178	1941,5	299962
619	383161	237176659	24,8797	8,5224	1944,6	300934
620	384400	238328000	24,8998	8,5270	1947,8	301907
621	385641	239483061	24,9199	8,5316	1950,9	302882
622	386884	240641848	24,9399	8,5362	1954,1	303858
623	388129	241804367	24,9600	8,5408	1957,2	304836
624	389376	242970624	24,9800	8,5453	1960,4	305815
625	390625	244140625	25,0000	8,5499	1963,5	306796
626	391876	245314376	25,0200	8,5544	1966,6	307779
627	393129	246491883	25,0400	8,5590	1969,8	308763
628	394384	247673152	25,0599	8,5635	1972,9	309748
629	395641	248858189	25,0799	8,5681	1976,1	310736
630	396900	250047000	25,0998	8,5726	1979,2	311725
631	398161	251239591	25,1197	8,5772	1982,3	312715
632	399424	252435968	25,1396	8,5817	1985,5	313707
633	400689	253636137	25,1595	8,5862	1988,6	314700
634	401956	254840104	25,1794	8,5907	1991,8	315696
635	403225	256047875	25,1992	8,5952	1994,9	316692
636	404496	257259456	25,2190	8,5997	1998,1	317690
637	405769	258474853	25,2389	8,6043	2001,2	318690
638	407044	259694072	25,2587	8,6088	2004,3	319692
639	408321	260917119	25,2784	8,6132	2007,5	320695
640	409600	262144000	25,2982	8,6177	2010,6	321699
641	410881	263374721	25,3180	8,6222	2013,8	322705
642	412164	264609288	25,3377	8,6267	2016,9	323713
643	413449	265847707	25,3574	8,6312	2020,0	324722
644	414736	267089984	25,3772	8,6357	2023,2	325733
645	416025	268336125	25,3969	8,6401	2026,3	326745

n	n^2	n^3	$\sqrt{n}$	$\sqrt[3]{n}$	πn	$\pi \frac{n^2}{4}$
646	417316	269586136	25,4165	8,6446	2029,5	327759
647	418609	270840023	25,4362	8,6490	2032,6	328775
648	419904	272097792	25,4558	8,6535	2035,8	329792
649	421201	273359449	25,4755	8,6579	2038,8	330810
650	422500	274625000	25,4951	8,6624	2042,0	331831
651	423801	275894451	25,5147	8,6668	2045,2	332853
652	425104	277167808	25,5343	8,6713	2048,3	333876
653	426409	278445077	25,5539	8,6757	2051,5	334901
654	427716	279726264	25,5734	8,6801	2054,6	335927
655	429025	281011375	25,5930	8,6845	2057,8	336955
656	430336	282300416	25,6125	8,6890	2060,9	337985
657	431649	283593393	25,6320	8,6934	2064,0	339016
658	432964	284890312	25,6515	8,6978	2067,2	340049
659	434281	286191179	25,6710	8,7022	2070,3	341083
660	435600	287496000	25,6905	8,7066	2073,5	342119
661	436921	288804781	25,7099	8,7110	2076,6	343157
662	438244	290117528	25,7294	8,7154	2079,7	344196
663	439569	291434247	25,7488	8,7198	2082,9	345237
664	440896	292754944	25,7682	8,7241	2086,0	346279
665	442225	294079625	25,7876	8,7285	2089,2	347323
666	443556	295408296	25,8070	8,7329	2092,3	348368
667	444889	296740963	25,8263	8,7373	2095,4	349415
668	446224	298077632	25,8457	8,7416	2098,6	350464
669	447561	299418309	25,8650	8,7460	2101,7	351514
670	448900	300763000	25,8844	8,7503	2104,9	352565
671	450241	302111711	25,9037	8,7547	2108,0	353618
672	451584	303464448	25,9230	8,7590	2111,2	354673
673	452929	304821217	25,9422	8,7634	2114,3	355730
674	454276	306182024	25,9615	8,7677	2117,4	356788
675	455625	307546875	25,9808	8,7721	2120,6	357847
676	456976	308915776	26,0000	8,7764	2123,7	358908
677	458329	310288733	26,0192	8,7807	2126,9	359971
678	459684	311665752	26,0384	8,7850	2130,0	361035
679	461041	313046839	26,0576	8,7893	2133,1	362101
680	462400	314432000	26,0768	8,7937	2136,3	363168
681	463761	315821241	26,0960	8,7980	2139,4	364237
682	465124	317214568	26,1151	8,8023	2142,6	365308
683	466489	318611987	26,1343	8,8066	2145,7	366380
684	467856	320013504	26,1534	8,8109	2148,8	367453
685	469225	321419125	26,1725	8,8152	2152,0	368528
686	470596	322828856	26,1916	8,8194	2155,1	369605
687	471969	324242703	26,2107	8,8237	2158,3	370684
688	473344	325660672	26,2298	8,8280	2161,4	371764
689	474721	327082769	26,2488	8,8323	2164,6	372845
690	476100	328509000	26,2679	8,8366	2167,7	373928
691	477481	329939371	26,2869	8,8408	2170,8	375013
692	478864	331373888	26,3059	8,8451	2174,0	376099
693	480249	332812557	26,3249	8,8493	2177,1	377187
694	481636	334255384	26,3439	8,8536	2180,3	378276
695	483025	335702375	26,3629	8,8578	2183,4	379367
696	484416	337153536	26,3818	8,8621	2186,5	380459
697	485809	338608873	26,4008	8,8663	2189,7	381533
698	487204	340068392	26,4197	8,8706	2192,8	382649
699	488601	341532099	26,4386	8,8748	2196,0	383746
700	490000	343000000	26,4575	8,8790	2199,1	384845

n	n^2	n^3	$\sqrt{n}$	$\sqrt[3]{n}$	πn	$\pi \frac{n^2}{4}$
701	491401	344472101	26,4764	8,8833	2202,3	385945
702	492804	345948408	26,4953	8,8875	2205,4	387047
703	494209	347428927	26,5141	8,8917	2208,5	388151
704	495616	348913664	26,5330	8,8959	2211,7	389256
705	497025	350402625	26,5518	8,9001	2214,8	390363
706	498436	351895816	26,5707	8,9043	2218,0	391471
707	499849	353393243	26,5895	8,9085	2221,1	392580
708	501264	354894912	26,6083	8,9127	2224,2	393692
709	502681	356400829	26,6271	8,9169	2227,4	394805
710	504100	357911000	26,6458	8,9211	2230,5	395919
711	505521	359425431	26,6646	8,9253	2223,7	397035
712	506944	360944128	26,6833	8,9295	2236,8	398153
713	508369	362467097	26,7021	8,9337	2240,0	399272
714	509796	363994344	26,7208	8,9378	2243,1	400393
715	511225	365525875	26,7395	8,9420	2246,2	401515
716	512656	367061696	26,7582	8,9462	2249,4	402639
717	514089	368601813	26,7769	8,9503	2252,5	403765
718	515524	370146232	26,7955	8,9545	2255,7	404892
719	516961	371694959	26,8142	8,9587	2258,8	406020
720	518400	373248000	26,8328	8,9628	2261,9	407150
721	519841	374805361	26,8514	8,9670	2265,1	408282
722	521284	376367048	26,8701	8,9711	2268,2	409415
723	522729	377933067	26,8887	8,9752	2271,4	410550
724	524176	379503424	26,9072	8,9794	2274,5	411687
725	525625	381078125	26,9258	8,9835	2277,7	412825
726	527076	382657176	26,9444	8,9876	2280,8	413965
727	528529	384240583	26,9629	8,9918	2283,9	415106
728	529984	385828352	26,9815	8,9959	2287,2	416248
729	531441	387420489	27,0000	9,0000	2290,2	417393
730	532900	389017000	27,0185	9,0041	2293,4	418539
731	534361	390617891	27,0370	9,0082	2296,5	419686
732	535824	392223168	27,0555	9,0123	2299,6	420835
733	537289	393832837	27,0740	9,0164	2302,8	421986
734	538756	395446904	27,0924	9,0205	2305,9	423138
735	540225	397065375	27,1109	9,0246	2309,1	424292
736	541696	398688256	27,1293	9,0287	2312,2	425447
737	543169	400315563	27,1477	9,0328	2315,4	426604
738	544644	401947272	27,1662	9,0369	2318,5	427762
739	546121	403583410	27,1846	9,0410	2321,6	428922
740	547600	405224000	27,2029	9,0450	2324,8	430084
741	549081	406869021	27,2213	9,0491	2327,9	431247
742	550564	408518488	27,2397	9,0532	2331,1	432412
743	552049	410172407	27,2580	9,0572	2334,2	433578
744	553536	411830784	27,2764	9,0613	2337,3	434746
745	555025	413493625	27,2947	9,0654	2340,5	435916
746	556516	415160936	27,3130	9,0694	2343,6	437087
747	558009	416832723	27,3313	9,0735	2346,8	438259
748	559504	418508992	27,3496	9,0775	2349,9	439433
749	561001	420189749	27,3679	9,0816	2353,1	440609
750	562500	421875000	27,3861	9,0856	2356,2	441786
751	564001	423564751	27,4044	9,0896	2359,3	442965
752	565504	425259008	27,4226	9,0937	2362,5	444146
753	567009	426957777	27,4408	9,0977	2365,6	445328
754	568516	428661064	27,4591	9,1016	2368,8	446511
755	570025	430368875	27,4773	9,1057	2371,9	447697

n	n^2	n^3	$\sqrt{n}$	$\sqrt[3]{n}$	πn	$\pi \frac{n^2}{4}$
756	571536	432081216	27,4955	9,1098	2375,0	448883
757	573049	433798093	27,5136	9,1138	2378,2	450072
758	574564	435519512	27,5318	9,1178	2381,3	451262
759	576081	437245479	27,5500	9,1218	2384,5	452453
760	577600	438976000	27,5681	9,1258	2387,6	453646
761	579121	440711081	27,5862	9,1298	2390,8	454841
762	580644	442450728	27,6043	9,1338	2393,9	456037
763	582169	444194947	27,6225	9,1378	2397,0	457234
764	583696	445943744	27,6405	9,1418	2400,2	458434
765	585225	447697125	27,6586	9,1458	2403,3	459635
766	586756	449455096	27,6767	9,1498	2406,5	460837
767	588289	451217663	27,6948	9,1537	2409,6	462041
768	589824	452984832	27,7128	9,1577	2412,7	463247
769	591361	454756609	27,7308	9,1617	2415,9	464454
770	592900	456533000	27,7489	9,1657	2419,0	465663
771	594441	458314011	27,7669	9,1696	2422,2	466873
772	595984	460099648	27,7849	9,1736	2425,3	468085
773	597529	461889917	27,8029	9,1775	2428,5	469298
774	599076	463684824	27,8209	9,1815	2431,6	470513
775	600625	465484375	27,8388	9,1855	2434,7	471730
776	602176	467288576	27,8568	9,1894	2437,9	472948
777	603729	469097433	27,8747	9,1933	2441,0	474168
778	605284	470910952	27,8927	9,1973	2444,2	475389
779	606841	472729139	27,9106	9,2012	2447,3	476612
780	608400	474552000	27,9285	9,2052	2450,4	477836
781	609961	476379541	27,9464	9,2091	2453,6	479062
782	611524	478211768	27,9643	9,2130	2456,7	480290
783	613089	480048687	27,9821	9,2170	2459,9	481519
784	614656	481890304	28,0000	9,2209	2463,0	482750
785	616225	483736625	28,0179	9,2248	2466,2	483982
786	617796	485587656	28,0357	9,2287	2469,3	485216
787	619369	487443403	28,0535	9,2326	2472,4	486451
788	620944	489303872	28,0713	9,2365	2475,6	487688
789	622521	491169069	28,0891	9,2404	2478,7	488927
790	624100	493039000	28,1069	9,2443	2481,9	490167
791	625681	494913671	28,1247	9,2482	2485,0	491409
792	627264	496793088	28,1425	9,2521	2488,1	492652
793	628849	498677257	28,1603	9,2560	2419,3	493897
794	630436	500566184	28,1780	9,2599	2494,4	495143
795	632025	502459875	28,1957	9,2638	2497,6	496391
796	633616	504358336	28,2135	9,2677	2500,7	497641
797	635209	506261573	28,2312	9,2716	2503,8	498892
798	636804	508169592	28,2489	9,2754	2507,0	500145
799	638401	510082399	28,2666	9,2793	2510,1	501399
800	640000	512000000	28,2843	9,2832	2513,3	502655
801	641604	513922401	28,3019	9,2870	2516,4	503912
802	643204	515849608	28,3196	9,2909	2519,6	505171
803	644809	517781627	28,3373	9,2948	2522,7	506432
804	646416	519718464	28,3549	9,2986	2525,8	507694
805	648025	521660125	28,3725	9,3025	2529,0	508958
806	649636	523606616	28,3901	9,3063	2532,1	510223
807	651249	525557943	28,4077	9,3102	2535,3	511490
808	652864	527514112	28,4253	9,3140	2538,4	512758
809	654481	529475129	28,4429	9,3179	2541,5	514028
810	656100	531441000	28,4605	9,3217	2544,7	515300

n	n^2	n^3	$\sqrt{n}$	$\sqrt[3]{n}$	πn	$\pi \frac{n^2}{4}$
811	657721	533411731	28,4781	9,3255	2547,8	516573
812	659344	535387328	28,4956	9,3294	2551,0	517848
813	660969	537367797	28,5132	9,3332	2554,1	519124
814	662596	539353144	28,5307	9,3370	2557,3	520402
815	664225	541343375	28,5482	9,3408	2560,4	521681
816	665856	543338496	28,5657	9,3447	2563,5	522962
817	667489	545338513	28,5832	9,3485	2566,7	524245
818	669124	547343432	28,6007	9,3523	2569,8	525529
819	670761	549353259	28,6182	9,3561	2573,0	526814
820	672400	551368000	28,6356	9,3599	2576,1	528102
821	674041	553378661	28,6531	9,3637	2579,2	529391
822	675684	555412248	28,6705	9,3675	2582,4	530681
823	677329	557441767	28,6880	9,3713	2585,5	531973
824	678976	559476224	28,7054	9,3751	2588,7	533267
825	680625	561515625	28,7228	9,3789	2591,8	534562
826	682276	563559976	28,7402	9,3827	2595,0	535858
827	683929	565609283	28,7576	9,3865	2598,1	537157
828	685584	567663552	28,7750	9,3902	2601,2	538456
829	687241	569722789	28,7924	9,3940	2604,4	539758
830	688900	571787000	28,8097	9,3978	2607,5	541061
831	690561	573856191	28,8271	9,4016	2610,7	542365
832	692224	575930368	28,8444	9,4053	2613,8	543671
833	693889	578009537	28,8617	9,4091	2616,9	544979
834	695556	580093704	28,8791	9,4129	2620,1	546288
835	697225	582182875	28,8964	9,4166	2623,2	547599
836	698896	584277056	28,9137	9,4206	2626,4	548912
837	700569	586376253	28,9310	9,4241	2629,5	550226
838	702244	588480472	28,9482	9,4279	2632,7	551541
839	703921	590589719	28,9655	9,4316	2635,8	552858
840	705600	592704000	28,9828	9,4354	2638,9	554177
841	707281	594823321	29,0000	9,4391	2642,1	555497
842	708964	596947688	29,0172	9,4429	2645,2	556819
843	710649	599077107	29,0345	9,4466	2648,4	558142
844	712336	601211584	29,0517	9,4503	2651,5	559467
845	714025	603351125	29,0689	9,4541	2654,6	560794
846	715716	605495736	29,0861	9,4578	2657,8	562122
847	717409	607645423	29,1033	9,4615	2660,9	563452
848	719104	609800192	29,1204	9,4652	2664,1	564783
849	720801	611960049	29,1376	9,4690	2667,2	566116
850	722500	614125000	29,1548	9,4727	2670,4	567450
851	724201	616295051	29,1719	9,4764	2673,5	568786
852	725904	618470208	29,1890	9,4801	2676,6	570124
853	727609	620650477	29,2062	9,4838	2679,8	571463
854	729316	622835864	29,2233	9,4875	2682,9	572803
855	731025	625026375	29,2404	9,4912	2686,1	574146
856	732736	627222016	29,2575	9,4949	2689,2	575490
857	734449	629422793	29,2746	9,4986	2692,3	576835
858	736164	631628712	29,2916	9,5023	2695,5	578182
859	737881	633839779	29,3087	9,5060	2698,6	579530
860	739600	636056000	29,3258	9,5097	2701,8	580880
861	741321	638277381	29,3428	9,5134	2704,9	582232
862	743044	640503928	29,3598	9,5171	2708,1	583585
863	744769	642735647	29,3769	9,5207	2711,2	584940
864	746496	644972544	29,3939	9,5244	2714,3	586297
865	748225	647214625	29,4109	9,5281	2717,5	587655

n	n^2	n^3	$\sqrt{n}$	$\sqrt[3]{n}$	πn	$\pi \frac{n^2}{4}$
866	749956	649461896	29,4279	9,5317	2720,6	589014
867	751689	651714363	29,4449	9,5354	2723,8	590375
868	753424	653972032	29,4618	9,5391	2726,9	591738
869	755161	656234909	29,4788	9,5427	2730,0	593102
870	756900	658503000	29,4958	9,5464	2733,2	594468
871	758641	660776311	29,5127	9,5501	2736,3	595835
872	760384	663054848	29,5296	9,5537	2739,5	597204
873	762129	665338617	29,5466	9,5574	2742,6	598575
874	763876	667627624	29,5635	9,5610	2745,8	599947
875	765625	669921875	29,5804	9,5647	2748,9	601320
876	767376	672221376	29,5973	9,5683	2752,0	602696
877	769129	674526133	29,6142	9,5719	2755,2	604073
878	770884	676836152	29,6311	9,5756	2758,3	605451
879	772641	679151439	29,6479	9,5792	2761,5	606831
880	774400	681472000	29,6648	9,5828	2764,6	608212
881	776161	683797841	29,6816	9,5865	2767,7	609595
882	777924	686128968	29,6985	9,5901	2770,9	610980
883	779689	688465387	29,7153	9,5937	2774,0	612366
884	781456	690807104	29,7321	9,5973	2777,2	613754
885	783225	693154125	29,7489	9,6010	2780,3	615143
886	784996	695506456	29,7658	9,6046	2783,5	616534
887	786769	697864103	29,7825	9,6082	2786,6	617927
888	788544	700227072	29,7993	9,6118	2789,7	619321
889	790321	702595369	29,8161	9,6154	2792,9	620717
890	792100	704969000	29,8329	9,6190	2796,0	622114
891	793881	707347971	29,8496	9,6226	2799,2	623513
892	795664	709732288	29,8664	9,6262	2802,3	624913
893	797449	712121957	29,8831	9,6298	2805,4	626315
894	799236	714516984	29,8998	9,6334	2808,6	627718
895	801025	716917375	29,9166	9,6370	2811,7	629124
896	802816	719323136	29,9333	9,6406	2814,9	630530
897	804609	721734273	29,9500	9,6442	2818,0	631938
898	806404	724150792	29,9666	9,6477	2821,3	633348
899	808201	726572699	29,9833	9,6513	2824,3	634760
900	810000	729000000	30,0000	9,6549	2827,4	636173
901	811801	731432701	30,0167	9,6585	2830,6	637587
902	813604	733870808	30,0333	9,6620	2833,7	639003
903	815409	736314327	30,0500	9,6656	2836,9	640421
904	817216	738763264	30,0666	9,6692	2840,0	641840
905	819025	741217265	30,0832	9,6727	2843,1	643261
906	820836	743677416	30,0998	9,6763	2846,3	644683
907	822649	746142643	30,1164	9,6799	2849,4	646107
908	824464	748613312	30,1330	9,6834	2852,6	647533
909	826281	751089429	30,1491	9,6870	2855,7	648960
910	828100	753571000	30,1662	9,6905	2858,8	650388
911	829921	756058031	30,1828	9,6941	2862,0	651818
912	831744	758550528	30,1993	9,6976	2865,1	653250
913	833569	761048497	30,2159	9,7012	2868,3	654684
914	835396	763551944	30,2324	9,7047	2871,4	656118
915	837225	766060875	30,2490	9,7082	2874,6	657555
916	839056	768575296	30,2655	9,7118	2877,7	658993
917	840889	771095213	30,2820	9,7153	2880,8	660433
918	842724	773620632	30,2985	9,7188	2884,0	661874
919	844561	776151559	30,3150	9,7224	2887,1	663317
920	846400	778688000	30,3315	9,7259	2890,3	664761

n	n^2	n^3	$\sqrt{n}$	$\sqrt[3]{n}$	πn	$\frac{\pi n^2}{4}$
921	848241	781229961	30,3480	9,7294	2893,4	666207
922	850084	783777448	30,3645	9,7329	2896,5	667654
923	851929	786330467	30,3809	9,7364	2899,7	669103
924	853776	788889024	30,3974	9,7400	2902,8	670554
925	855625	791453125	30,4138	9,7435	2906,0	672006
926	857476	794022776	30,4302	9,7470	2909,1	672460
927	859329	796597983	30,4467	9,7505	2912,3	674915
928	861184	799178752	30,4631	9,7540	2915,4	676372
929	863041	801765089	30,4795	9,7575	2918,5	677831
930	864900	804357000	30,4959	9,7610	2921,7	679291
931	866761	806954491	30,5123	9,7645	2924,8	680752
932	868624	809557568	30,5287	9,7680	2928,0	682216
933	870489	812166237	30,5450	9,7715	2931,1	683680
934	872356	814780504	30,5614	9,7750	2934,2	685147
935	874225	817400375	30,5778	9,7785	2937,4	686615
936	876096	820025856	30,5941	9,7819	2940,5	688084
937	877969	822656953	30,6105	9,7854	2943,7	689555
938	879844	825293672	30,6268	9,7889	2946,8	691028
939	881721	827936019	30,6431	9,7924	2950,0	692502
940	883600	830584000	30,6594	9,7959	2953,1	693978
941	885481	833237621	30,6757	9,7993	2956,2	695455
942	887364	835896888	30,6920	9,8028	2959,4	696934
943	889249	838561807	30,7083	9,8063	2962,5	698415
944	891136	841232384	30,7246	9,8097	2965,7	699897
945	893025	843908625	30,7409	9,8132	2968,8	701380
946	894916	846590536	30,7571	9,8167	2971,9	702864
947	896809	849278123	30,7734	9,8201	2975,1	704352
948	898704	851971392	30,7896	9,8236	2978,2	705840
949	900601	854670349	30,8058	9,8270	2981,4	707330
950	902500	857375000	30,8221	9,8305	2984,5	708822
951	904401	860085351	30,8383	9,8339	2987,7	710315
952	906304	862801408	30,8545	9,8374	2990,8	711809
953	908209	865523177	30,8707	9,8408	2993,9	713306
954	910116	868250664	30,8869	9,8443	2997,1	714803
955	912025	870983875	30,9031	9,8477	3000,2	716303
956	913936	873722816	30,9192	9,8511	3003,4	717804
957	915849	876467493	30,9354	9,8546	3006,5	719306
958	917764	879217912	30,9516	9,8580	3009,6	720810
959	919681	881974079	30,9677	9,8614	3012,9	722316
960	921600	884736000	30,9839	9,8648	3015,9	723823
961	923521	887503681	31,0000	9,8683	3019,1	725332
962	925444	890277128	31,0161	9,8717	3022,2	727842
963	927369	893056347	31,0322	9,8751	3025,4	728354
964	929296	895841344	31,0483	9,8785	3028,5	729867
965	931225	898632125	31,0644	9,8819	3031,6	731382
966	933156	901428696	31,0805	9,8854	3034,8	732899
967	935089	904231063	31,0966	9,8888	3037,9	734417
968	937024	907039232	31,1127	9,8922	3041,1	735937
869	938961	909853209	31,1288	9,8956	3044,2	737458
970	940900	912673000	31,1448	9,8990	3047,3	738981
971	942841	915498611	31,1609	9,9024	3050,5	740506
972	944784	918330048	31,1769	9,9058	3053,6	742032
973	946729	921167317	31,1929	9,9092	3056,8	743559
974	948676	924010424	31,2090	9,9126	3059,9	745088
975	950625	926859375	31,2250	9,9160	3063,1	746619

n	n^2	n^3	$\sqrt{n}$	$\sqrt[3]{n}$	πn	$\pi \frac{n^2}{4}$
976	952576	929714176	31,2410	9,9104	3066,2	748151
977	954529	932574833	31,2570	9,9227	3069,3	749685
978	956484	935441352	31,2730	9,9261	3072,5	751221
979	958441	938313739	31,2890	9,9295	3075,6	752758
980	960400	941192000	31,3050	9,9329	3078,8	754296
981	962361	944076141	31,3209	9,9363	3081,9	755837
982	964324	946966168	31,3369	9,9396	3085,0	757378
983	966289	949862087	31,3528	9,9430	3088,2	758922
984	968256	952763904	31,3688	9,9464	3091.3	760466
985	970225	955671625	31,3847	9,9497	3094,5	762013
986	972196	958585256	31,4006	9,9531	3097,6	763561
987	974169	961504803	31,4166	9,9565	3100,8	765111
988	976144	964430272	31,4325	9,9598	3103,9	766662
989	978121	967361669	31,4484	9,9632	3107,0	768214
990	980100	970299000	31,4643	9,9666	3110,2	769769
991	982081	973242271	31,4802	9,9699	3113,3	771325
992	984064	976191488	31,4960	9,9733	3116,5	772882
993	986049	979146657	31,5119	9,9766	3119,6	774451
994	988036	982107784	31,5278	9,9800	3122,7	776002
995	990025	985074875	31,5436	9,9833	3125,9	777564
996	992016	988047936	31,5595	9,9866	3129,0	779128
997	994009	991026973	31,5753	9,9900	3132,2	780693
998	996004	994011992	31,5911	9,9933	3135,3	782260
999	998001	997002999	31,6070	9,9967	3138,5	783828
1000	1000000	1000000000	31,6228	10,0000	3141,6	785398

2. Maß-Aufbau.

Physikalische oder absolute Maße.

(Zentimeter-Gramm-Sekunden.)

Grundeinheiten:

Zentimeter (cm), **Sekunde** (s) und

Gramm-Maße (Maße eines Körpers, der in Paris 1 g wiegt).

Krafteinheit: Dyn (Kraft, welche der Masseneinheit die Beschleunigungseinheit 1 cm/s² erteilt).

Arbeitseinheit:

Erg (Arbeit von 1 Dyn auf dem Wege von 1 cm), 1 **Joule** = 10^7 Erg = 0,102 mkg.

Leistungseinheit:

Sekundenerg; Watt = 10^7 Sekundenerg = 1 Sekundenjoule.

Technische Maße.

Grundeinheiten:

Meter (m), **Sekunde** (s) und **Krafteinheit: Kilogramm** (kg), (1 kg = Gewicht von 1 l reinem Wasser bei + 4° C). 1 kg = 981 000 Dyn.

Masseneinheit: Maße eines Körpers, der 9,81 kg wiegt.

Arbeitseinheit:

Meterkilogramm (mkg). (Arbeit von 1 kg auf dem Wege von 1 m.) 1 mkg = 9,81 Joule; 1 mkg = 7,2331 engl. F. Pfd.

Leistungseinheit:

Sekunden-Meterkilogramm (mkg/s) oder auch

Metrische Pferdestärke (PS) = 75 mkg/s 1 PS = 542,47 engl. F. Pfd/s = 735,75 Watt.

Elektrische Maßeinheiten.

Den elektrischen Maßen liegen die absoluten Maße zugrunde.

Ampere = Einheit der **Stromstärke; Volt** = Einheit der **elektromotorischen Kraft** = Stromspannung.

Ohm = Einheit des elektrischen **Widerstandes.**

Watt = Einheit für die elektrische **Leistung** = Ampere × Volt (bei Gleichstrom) = Ampere × Volt × cos φ (bei Wechselstrom).

Wattstunde = **Arbeit** von einem Watt während einer Stunde.

Amperestunde = **Elektrizitätsmenge,** die bei 1 Ampere Stromstärke in einer Stunde durch einen Leiter fließt.

1 PS = 75 mkg/s ≌ 736 Watt.
1 mkg/s = 9,81 Watt.
1 Wattstunde = 367 mkg/s
1 Kilowattstunde = 1,36 PS/Stde.

1 Kilowatt = 1000 Watt = 1,36 PS.
1 Watt = 1 Voltampere = $\frac{1}{736}$ PS = 0,102 mkg/s.

Wichtige Maße und Zahlenwerte.

1 **metrische Atmosphäre** (Atm.) = 1 kg/cm² = 735,5 mm Quecksilbersäule (QS) von 0° C = 28,958 engl. Zoll QS.
1 „ „ = 10,000 m Wassersäule = 14,223 engl. Pfd./Qu.-Zoll.
1 „ „ = 0,9677 alte Atmosphäre.

1 **alte Atmosphäre** = 760 mm QS von 0° C = 29,922 engl. Zoll QS = 10,333 m Wassersäule von + 4° C.

$\pi = 3{,}1416$; $2\pi = 6{,}2932$; $4\pi = 12{,}5664$; $\frac{\pi}{2} = 1{,}5708$; $\frac{\pi}{4} = 0{,}7854$; $\pi^2 = 9{,}8696$; $\sqrt{\pi} = 1{,}7725$.

g = Beschleunigung durch die Schwere = 9,81 m/s².

3. Trigonometrische Werte.

Grad	Sinus 0′	10′	20′	30′	40′	50′	60′	
0	0,00000	0,00291	0,00582	0,00873	0,01164	0,01454	0,01745	89
1	0,01745	0,02036	0,02327	0,02618	0,02908	0,03199	0,03490	88
2	0,03490	0,03781	0,04071	0,04362	0,04653	0,04943	0,05234	87
3	0,05234	0,05524	0,05814	0,06105	0,06395	0,06685	0,06976	86
4	0,06976	0,07266	0,07556	0,07846	0,08136	0,08426	0,08716	85
5	0,08716	0,09005	0,09295	0,09585	0,09874	0,10164	0,10453	84
6	0,10453	0,10742	0,11031	0,11320	0,11609	0,11898	0,12187	83
7	0,12187	0,12476	0,12764	0,13053	0,13341	0,13629	0,13917	82
8	0,13917	0,14205	0,14493	0,14781	0,15069	0,15356	0,15643	81
9	0,15643	0,15931	0,16218	0,16505	0,16792	0,17078	0,17365	80
10	0,17365	0,17651	0,17937	0,18224	0,18509	0,18795	0,19081	79
11	0,19081	0,19366	0,19652	0,19937	0,20222	0,20507	0,20791	78
12	0,20791	0,21076	0,21360	0,21644	0,21928	0,22212	0,22495	77
13	0,22495	0,22778	0,23062	0,23345	0,23627	0,23910	0,24192	76
14	0,24192	0,24474	0,24756	0,25038	0,25320	0,25601	0,25882	75
15	0,25882	0,26163	0,26443	0,26724	0,27004	0,27284	0,27564	74
16	0,27564	0,27843	0,28123	0,28402	0,28680	0,28959	0,29237	73
17	0,29237	0,29515	0,29793	0,30071	0,30348	0,30625	0,30902	72
18	0,30902	0,31178	0,31454	0,31730	0,32006	0,32282	0,32557	71
19	0,32557	0,32832	0,33106	0,33381	0,33655	0,33929	0,34202	70
20	0,34202	0,34475	0,34748	0,35021	0,35293	0,35565	0,35837	69
21	0,35837	0,36108	0,36379	0,36650	0,36921	0,37191	0,37461	68
22	0,37461	0,37730	0,37999	0,38268	0,38537	0,38805	0,39073	67
23	0,39073	0,39341	0,39608	0,39075	0,40142	0,40408	0,40674	66
24	0,40674	0,40939	0,41204	0,41469	0,41734	0,41998	0,42262	65
25	0,42262	0,42525	0,42788	0,43051	0,43313	0,43575	0,43837	64
26	0,43837	0,44098	0,44359	0,44620	0,44880	0,45140	0,45399	63
27	0,45399	0,45658	0,45917	0,46175	0,46433	0,46690	0,46947	62
28	0,46947	0,47204	0,47460	0,47716	0,48971	0,48226	0,48481	61
29	0,48481	0,48735	0,48989	0,49242	0,49495	0,49748	0,50000	60
30	0,50000	0,50252	0,50503	0,50754	0,51004	0,51254	0,51504	59
31	0,51504	0,51753	0,52002	0,52250	0,52498	0,52745	0,52992	58
32	0,52992	0,53238	0,53484	0,53730	0,53975	0,54220	0,54464	57
33	0,54464	0,54708	0,54951	0,55194	0,55436	0,55878	0,55919	56
34	0,55919	0,56160	0,56401	0,56641	0,56880	0,57119	0,57358	55
35	0,57358	0,57596	0,57833	0,58070	0,58307	0,58543	0,58779	54
36	0,58779	0,59014	0,59248	0,59482	0,59716	0,59949	0,60182	53
37	0,60182	0,60414	0,60645	0,60876	0,61107	0,61337	0,61566	52
38	0,61566	0,61795	0,62024	0,62251	0,62479	0,62706	0,62932	51
39	0,62932	0,63158	0,63383	0,63608	0,63832	0,64056	0,64279	50
40	0,64279	0,64501	0,64723	0,64945	0,65166	0,65386	0,65606	49
41	0,65606	0,65825	0,66044	0,66262	0,66480	0,66697	0,66913	48
42	0,66913	0,67129	0,67344	0,67559	0,67773	0,67987	0,68200	47
43	0,68200	0,68412	0,68624	0,68835	0,69046	0,69256	0,69466	46
44	0,69466	0,69675	0,69883	0,70091	0,70298	0,70505	0,70711	45
	60′	50′	40′	30′	20′	10′	0′	Grad
	Cosinus							

Grad	Cosinus 0′	10′	20′	30′	40′	50′	60′	
0	1,00000	1,00000	0,99998	0,99996	0,99993	0,99989	0,99985	89
1	0,99985	0,99979	0,99973	0,99966	0,99958	0,99949	0,99939	88
2	0,99939	0,99929	0,99917	0,99905	0,99892	0,99878	0,99863	87
3	0,99863	0,99847	0,99831	0,99813	0,99795	0,99776	0,99756	86
4	0,99756	0,99736	0,99714	0,99692	0,99668	0,99644	0,99619	85
5	0,99619	0,99594	0,99567	0,99540	0,99511	0,99482	0,99452	84
6	0,99452	0,99421	0,99390	0,99357	0,99324	0,99290	0,99255	83
7	0,99255	0,99219	0,99182	0,99144	0,99106	0,99067	0,90027	82
8	0,99027	0,98986	0,98944	0,98902	0,98858	0,98814	0,98769	81
9	0,98769	0,98723	0,98676	0,98629	0,98580	0,98531	0,98481	80
10	0,98481	0,98430	0,98378	0,98325	0,98272	0,98218	0,98163	79
11	0,98163	0,98107	0,98050	0,97992	0,97934	0,97875	0,97815	78
12	0,97815	0,97754	0,97692	0,97630	0,97566	0,97502	0,97437	77
13	0,97437	0,97371	0,97304	0,97237	0,97169	0,97100	0,97030	76
14	0,97030	0,96959	0,96887	0,96815	0,96742	0,96667	0,96593	75
15	0,96593	0,96517	0,96440	0,96363	0,96285	0,96206	0,96126	74
16	0,96126	0,96046	0,95964	0,95882	0,95799	0,95715	0,95630	73
17	0,95630	0,95545	0,95459	0,95372	0,95284	0,95195	0,95106	72
18	0,95106	0,95015	0,94924	0,94832	0,94740	0,94646	0,94552	71
19	0,94552	0,94457	0,94361	0,94264	0,94167	0,94068	0,93969	70
20	0,93969	9,93869	0,93769	0,93667	0,93565	0,93462	0,93358	69
21	0,93358	0,93253	0,93148	0,93042	0,92935	0,92827	0,92718	68
22	0,92718	0,92609	0,92499	0,92388	0,92276	0,92164	0,92050	67
23	0,92050	0,91936	0,91822	0,91706	0,91590	0,91472	0,91355	66
24	0,91355	0,91236	0,91116	0,90996	0,90875	0,90753	0,90631	65
25	0,90631	0,90507	0,90383	0,90259	0,90133	0,90007	0,89879	64
26	0,89879	0,89752	0,89623	0,89493	0,89363	0,89232	0,89101	63
27	0,99101	0,88968	0,88835	0,88701	0,88566	0,88431	0,88295	62
28	0,88295	0,88158	0,88020	0,87882	0,87743	0,87603	0,87462	61
29	0,87462	0,87321	0,87178	0,87036	0,86892	0,86748	0,86603	60
30	0,86603	0,86457	0,86310	0,86163	0,86015	0,85866	0,85717	59
31	0,85717	0,85567	0,85416	0,85264	0,85112	0,84959	0,84805	58
32	0,84805	0,84650	0,84495	0,84339	0,84182	0,84025	0,83867	57
33	0,83867	0,83708	0,83549	0,83389	0,83228	0,83066	0,82904	56
34	0,82904	0,82741	0,82577	0,82413	0,82248	0,82082	0,81915	55
35	0,81915	0,81748	0,81580	0,81412	0,81242	0,81072	0,80902	54
36	0,80902	0,80730	0,80558	0,80386	0,80212	0,80038	0,79864	53
37	0,79864	0,79688	0,79512	0,79335	0,79158	0,78980	0,78801	52
38	0,78801	0,78622	0,78442	0,78261	0,78079	0,77897	0,77715	51
39	0,77715	0,77531	0,77347	0,77162	0,76977	0,76791	0,76604	50
40	0,76604	0,76417	0,76229	0,76041	0,75851	0,75661	0,75471	49
41	0,75471	0,75280	0,75088	0,74896	0,74703	0,74509	0,74314	48
42	0,74314	0,74120	0,73924	0,73728	0,73531	0,73333	0,73135	47
43	0,73135	0,72937	0,72737	0,72537	0,72337	0,72136	0,71934	46
44	0,71934	0,71732	0,71529	0,71325	0,71121	0,70916	0,70711	45
	60′	50′	40′	30′	20′	10′	0′	Grad
	Sinus							

Grad	Tangens							
	0′	10′	20′	30′	40′	50′	60′	
0	0,00000	0,00291	0,00582	0,00873	0,01164	0,01455	0,01746	89
1	0,01746	0,02036	0,02328	0,02619	0,02910	0,03201	0,03492	88
2	0,03492	0,03783	0,04075	0,04366	0,04658	0,04949	0,05241	87
3	0,05241	0,05533	0,05824	0,06116	0,06408	0,06700	0,06993	86
4	0,06993	0,07285	0,07578	0,07870	0,08163	0,08456	0,08749	85
5	0,08749	0,09042	0,09335	0,09629	0,09923	0,10216	0,10510	84
6	0,10510	0,10805	0,11099	0,11394	0,11688	0,11983	0,12278	83
7	0,12278	0,12574	0,12869	0,13165	0,13461	0,13758	0,14054	82
8	0,14054	0,14351	0,14648	0,14945	0,15243	0,15540	0,15838	81
9	0,15838	0,16137	0,16435	0,16734	0,17033	0,17333	0,17633	80
10	0,17633	0,17933	0,18233	0,18534	0,18835	0,19136	0,19438	79
11	0,19438	0,19740	0,20042	0,20345	0,20648	0,20952	0,21256	78
12	0,21256	0,21560	0,21864	0,22169	0,22475	0,22781	0,23087	77
13	0,23087	0,23393	0,23700	0,24008	0,24316	0,24624	0,24933	76
14	0,24933	0,25242	0,25552	0,25862	0,26172	0,26483	0,26795	75
15	0,26795	0,27107	0,27419	0,27732	0,28046	0,28360	0,28675	74
16	0,28675	0,28990	0,29305	0,29621	0,29938	0,30255	0,30573	73
17	0,30573	0,30891	0,31210	0,31530	0,31850	0,32171	0,32492	72
18	0,32492	0,32814	0,33136	0,33460	0,33783	0,34108	0,34433	71
19	0,34433	0,34758	0,35085	0,35412	0,35740	0,36068	0,36397	70
20	0,36997	0,36727	0,37057	0,37388	0,37720	0,38053	0,38386	69
21	0,38386	0,38721	0,39055	0,39391	0,39727	0,40065	0,40403	68
22	0,40403	0,40741	0,41081	0,41421	0,41763	0,42105	0,42447	67
23	0,42447	0,42791	0,43136	0,43481	0,43828	0,44175	0,44523	66
24	0,44523	0,44872	0,45222	0,45573	0,45924	0,46277	0,46631	65
25	0,46631	0,46985	0,47341	0,47698	0,48055	0,48414	0,48773	64
26	0,48773	0,49134	0,49495	0,49858	0,50222	0,50587	0,50953	63
27	0,50953	0,51320	0,51688	0,52057	0,52427	0,52798	0,53171	62
28	0,53171	0,53545	0,53920	0,54296	0,54673	0,55051	0,55431	61
29	0,55431	0,55812	0,56194	0,56577	0,56962	0,57348	0,57735	60
30	0,57735	0,58124	0,58513	0,58905	0,59297	0,59691	0,60086	59
31	0,60086	0,60483	0,60881	0,61280	0,61681	0,62083	0,62487	58
32	0,62487	0,62892	0,63299	0,63707	0,64117	0,64528	0,64941	57
33	0,64941	0,65355	0,65771	0,66189	0,66608	0,67028	0,67451	56
34	0,67451	0,67875	0,68301	0,68728	0,69157	0,69588	0,70021	55
35	0,70021	0,70455	0,70891	0,71329	0,71769	0,72211	0,72654	54
36	0,72654	0,73100	0,73547	0,73996	0,74447	0,74900	0,75355	53
37	0,75355	0,75812	0,76272	0,76733	0,77196	0,76661	0,78129	52
38	0,78129	0,78598	0,79070	0,79544	0,80020	0,80498	0,80978	51
39	0,80978	0,81461	0,81946	0,82434	0,82923	0,83415	0,83910	50
40	0,83910	0,84407	0,84906	0,85408	0,85912	0,86419	0,86929	49
41	0,86929	0,87441	0,87955	0,88473	0,88992	0,89515	0,90040	48
42	0,90040	0,90569	0,91099	0,91633	0,92170	0,92709	0,93252	47
43	0,93252	0,93797	0,94345	0,94896	0,95451	0,96008	0,96569	46
44	0,96569	0,97133	0,97700	0,98270	0,98843	0,99420	1,00000	45
	60′	50′	40′	30′	20′	10′	0′	Grad
	Cotangens							

Grad	Cotangens 0′	10′	20′	30′	40′	50′	60′	
0	∞	343,77371	171,88540	114,58865	85,93979	68,75009	57,28996	89
1	57,28996	49,10388	42,96408	38,18846	34,36777	31,24158	28,63625	88
2	28,63625	26,43160	24,54176	22,90377	21,47040	20,20555	19,08114	87
3	19,08114	18,07498	17,16934	16,34986	15,60478	14,92442	14,30067	86
4	14,30067	13,72674	13,19688	12,70621	12,25051	11,82617	11,43005	85
5	11,43005	11,05943	10,71191	10,38540	10,07803	9,78817	9,51436	84
6	9,51436	9,25530	9,00083	8,77689	8,55555	8,34496	8,14435	83
7	8,14435	7,95302	7,77035	7,59575	7,42871	7,26873	7,11537	82
8	7,11537	6,96823	6,82694	6,69116	6,56055	6,43484	6,31375	81
9	6,31375	6,19703	6,08444	5,97576	5,87080	5,76937	5,67128	80
10	5,67128	5,57638	5,48451	5,39552	5,30928	5,22566	5,14455	79
11	5,14455	5,06584	4,98940	4,91516	4,84300	4,77286	4,70463	78
12	4,70463	4,63825	4,57363	4,51071	4,44942	4,38969	4,33148	77
13	4,33148	4,27471	4,21933	4,16530	4,11256	4,06107	4,01078	76
14	4,01078	3,96165	3,91364	3,86671	3,82083	3,77595	3,73205	75
15	3,73205	3,68909	3,64705	3,60588	3,56557	3,52609	3,48741	74
16	3,48741	3,44951	3,41236	3,37594	3,34023	3,30521	3,27085	73
17	3,27085	3,23714	3,20406	3,17159	3,13972	3,10842	3,07768	72
18	3,07768	3,04749	3,01783	2,98869	2,96004	2,93189	2,90421	71
19	2,90421	2,87700	2,85023	2,82391	2,79802	2,77254	2,74748	70
20	2,74748	2,72281	2,69853	2,67462	2,65109	2,62791	2,60509	69
21	2,60509	2,58261	2,56046	2,53865	2,51715	2,49597	2,47509	68
22	2,47509	2,45451	2,43422	2,41421	2,39449	2,37504	2,35585	67
23	2,35585	2,33693	2,31826	2,29984	2,28167	2,26374	2,24604	66
24	2,24604	2,22857	2,21132	2,19430	2,17749	2,16090	2,14451	65
25	2,14451	2,12832	2,11233	2,09654	2,08094	2,06553	2,05030	64
26	2,05030	2,03526	2,02039	2,00569	1,99116	1,97680	1,96261	63
27	1,96261	1,94858	1,93470	1,92098	1,90741	1,89400	1,88073	62
28	1,88073	1,86760	1,85462	1,84177	1,82906	1,81649	1,80405	61
29	1,80405	1,79174	1,77955	1,76749	1,75556	1,74375	1,73205	60
30	1,73205	1,72047	1,70901	1,69766	1,68643	1,67530	1,66428	59
31	1,66428	1,65337	1,64256	1,63185	1,62125	1,61074	1,60033	58
32	1,60033	1,59002	1,57981	1,56969	1,55966	1,54972	1,53987	57
33	1,53987	1,53010	1,52043	1,51084	1,50133	1,49190	1,48256	56
34	1,48256	1,47330	1,46411	1,45501	1,44598	1,43703	1,42815	55
35	1,42815	1,41934	1,41061	1,40195	1,39336	1,38484	1,37638	54
36	1,37638	1,36800	1,35968	1,35142	1,34323	1 33511	1,32704	53
37	1,32704	1,31904	1,31110	1,30323	1,29541	1,28764	1,27994	52
38	1,27994	1,27230	1,26471	1,25717	1,24969	1,24227	1,23490	51
39	1,23490	1,22758	1,22031	1,21310	1,20593	1,19882	1,19175	50
40	1,19175	1,18474	1,17777	1,17085	1,16398	1,15715	1,15037	49
41	1,15037	1,14363	1,13694	1,13029	1,12369	1,11713	1,11061	48
42	1,11061	1,10414	1,09770	1,09131	1,08496	1,07864	1,07237	47
43	1,07237	1,06613	1,05994	1,05378	1,04766	1,04158	1,03553	46
44	1,03553	1'02952	1,02355	1,01761	1,01170	1,00583	1,00000	45
	60′	50′	40′	30′	20′	10′	0′	Grad
	Tangens							

4. Beziehungen zwischen den Werten der Winkel.

1. Beziehungen zwischen den Werten **desselben Winkels.**

$$\overline{\sin \alpha}^2 + \overline{\cos \alpha}^2 = 1 \qquad \operatorname{tg} \alpha = 1 : \operatorname{cotg} \alpha = \sin \alpha : \cos \alpha$$

$$\sin \alpha = \sqrt{1 - \overline{\cos \alpha}^2} = \frac{\operatorname{tg} \alpha}{\sqrt{1 + \overline{\operatorname{tg} \alpha}^2}} = \frac{1}{\sqrt{1 + \overline{\operatorname{cotg} \alpha}^2}}$$

$$\cos \alpha = \sqrt{1 - \overline{\sin \alpha}^2} = \frac{1}{\sqrt{1 + \overline{\operatorname{tg} \alpha}^2}} = \frac{\operatorname{cotg} \alpha}{\sqrt{1 + \overline{\operatorname{cotg} \alpha}^2}}.$$

2. Beziehungen zwischen den Werten **zweier Winkel.**

$$\sin (\alpha \pm \beta) = \sin \alpha \cos \beta \pm \cos \alpha \sin \beta$$

$$\cos (\alpha \pm \beta) = \cos \alpha \cos \beta \mp \sin \alpha \sin \beta$$

$$\operatorname{tg} (\alpha \pm \beta) = \frac{\operatorname{tg} \alpha \pm \operatorname{tg} \beta}{1 \mp \operatorname{tg} \alpha \operatorname{tg} \beta} \qquad \operatorname{cotg} (\alpha \pm \beta) = \frac{\operatorname{cotg} \alpha \operatorname{cotg} \beta \mp 1}{\operatorname{cotg} \beta \pm \operatorname{cotg} \alpha}$$

$$\sin \alpha + \sin \beta = 2 \sin \frac{\alpha + \beta}{2} \cos \frac{\alpha - \beta}{2}$$

$$\sin \alpha - \sin \beta = 2 \cos \frac{\alpha + \beta}{2} \sin \frac{\alpha - \beta}{2}$$

$$\cos \alpha + \cos \beta = 2 \cos \frac{\alpha + \beta}{2} \cos \frac{\alpha - \beta}{2}$$

$$\cos \alpha - \cos \beta = -2 \sin \frac{\alpha + \beta}{2} \sin \frac{\alpha - \beta}{2}$$

$$\operatorname{tg} \alpha \pm \operatorname{tg} \beta = \frac{\sin (\alpha \pm \beta)}{\cos \alpha \cos \beta} \qquad \operatorname{cotg} (\alpha \pm \beta) = \frac{\sin (\beta \pm \alpha)}{\sin \alpha \sin \beta}$$

3. Beziehungen zwischen den Werten von **Vielfachen** und **Teilen** eines Winkels.

$$\sin 2\alpha = 2 \sin \alpha \cos \alpha$$

$$\cos 2\alpha = \overline{\cos \alpha}^2 - \overline{\sin \alpha}^2 = 1 - 2\,\overline{\sin \alpha}^2 = 2\,\overline{\cos \alpha}^2 - 1$$

$$\operatorname{tg} 2\alpha = \frac{2 \operatorname{tg} \alpha}{1 - \overline{\operatorname{tg} \alpha}^2} = \frac{2}{\operatorname{cotg} \alpha - \operatorname{tg} \alpha}$$

$$\operatorname{cotg} 2\alpha = \frac{\overline{\operatorname{cotg} \alpha}^2 - 1}{2 \operatorname{cotg} \alpha} = \frac{\operatorname{cotg} \alpha - \operatorname{tg} \alpha}{2}$$

$$\sin \frac{\alpha}{2} = \sqrt{\frac{1 - \cos \alpha}{2}} = \frac{\sqrt{1 + \sin \alpha}}{2} - \frac{\sqrt{1 - \sin \alpha}}{2}$$

$$\cos \frac{\alpha}{2} = \sqrt{\frac{1 + \cos \alpha}{2}} = \frac{\sqrt{1 + \sin \alpha}}{2} + \frac{\sqrt{1 - \sin \alpha}}{2}$$

$$\operatorname{tg} \frac{\alpha}{2} = \frac{\sin \alpha}{1 + \cos \alpha} = \frac{1 - \cos \alpha}{\sin \alpha} = \sqrt{\frac{1 - \cos \alpha}{1 + \cos \alpha}}$$

$$\operatorname{cotg} \frac{\alpha}{2} = \frac{\sin}{1 - \cos \alpha} = \frac{1 + \cos \alpha}{\sin \alpha} = \sqrt{\frac{1 + \cos \alpha}{1 - \cos \alpha}}.$$

5. Flächenberechnung. Dreiecke.

Bezeichnungen: $a,\ b,\ c$ = Seiten des Dreiecks

$\alpha,\ \beta,\ \gamma$ = die den Seiten $a,\ b,\ c$ gegenüberliegenden Winkel

$s = \frac{1}{2}(a + b + c)$ = halbe Summe der Seiten.

1. Allgemeine Formeln

$$\frac{a}{\sin\alpha} = \frac{b}{\sin\beta} = \frac{c}{\sin\gamma} \qquad \operatorname{tg}\alpha = \frac{a\sin\gamma}{b - a\cos\gamma}$$

$$a = b\cos\gamma + c\cos\beta \qquad a^2 = b^2 + c^2 - 2bc\cos\alpha$$

$$b = c\cos\alpha + a\cos\gamma \qquad = (b+c)^2 - 4bc\cos^2\frac{\alpha}{2}$$

$$c = a\cos\beta + b\cos a \qquad = (b-c)^2 + 4bc\cos^2\frac{\alpha}{2}$$

$$\sin\frac{\alpha}{2} = \sqrt{\frac{(s-b)(s-c)}{bc}} \qquad \cos\frac{\alpha}{2} = \sqrt{\frac{s(s-a)}{bc}}$$

$$\operatorname{tg}\frac{\alpha}{2} = \sqrt{\frac{(s-b)(s-c)}{s(s-a)}}$$

2. Rechtwinklige Dreiecke

$a,\ b$ = Katheten $\quad c$ = Hypotenuse

$\alpha,\ \beta$ = die den Katheten gegenüberliegenden Winkel

F = Flächeninhalt

$$\sin\alpha = \frac{a}{c} \qquad \cos\alpha = \frac{b}{c} \qquad \operatorname{tg}\alpha = \frac{a}{b} \qquad \operatorname{cotg}\alpha = \frac{b}{a}$$

$$a^2 + b^2 = c^2$$

$$F = \frac{ab}{2} = \frac{a^2}{2}\operatorname{cotg}\alpha = \frac{b^2}{2}\operatorname{tg}\alpha = \frac{c^2}{4}\sin 2a$$

3. Schiefwinklige Dreiecke

Gegeben	Gesucht	Flächeninhalt
$a,\ b,\ c$	$\cos a = \frac{b^2 + c^2 - a^2}{2bc}$	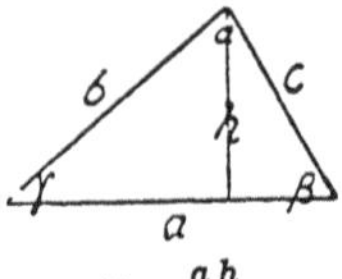
$a,\ b,\ \alpha$	$\sin\beta = \frac{b\sin\alpha}{a}$ $\quad \gamma = 180^\circ - (\alpha + \beta)$ $c = \frac{a\sin\gamma}{\sin\alpha} = b\cos\alpha \pm \sqrt{a^2 - b^2\sin^2\alpha}$	
$a,\ \alpha,\ \beta$	$b = \frac{a\sin\beta}{\sin\alpha}$ $\quad c = \frac{a\sin(\alpha+\beta)}{\sin\alpha}$	$F = \frac{ah}{2}$
$a,\ b,\ \gamma$	$\operatorname{tg}\alpha = \frac{a\sin\gamma}{b - a\cos\gamma}$ $\quad \beta = 180^\circ - (\alpha + \gamma)$ $c = \sqrt{a^2 + b^2 - 2ab\cos\gamma} = \frac{a\sin\gamma}{\sin\alpha}$	$= \sqrt{s(s-a)(s-b)(s-c)}$ $= \frac{a^2\sin\beta\sin\gamma}{2\sin\alpha}$

Vierecke

Benennungen	Bezeichnungen	Flächeninhalt F
Rechteck	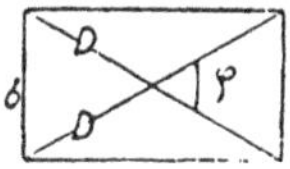	$F = a\,b = \frac{1}{2}\,D^2 \sin\varphi$
Rhomboid	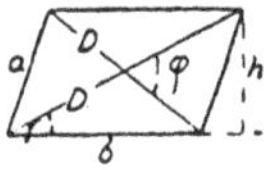	$F = b\,h = a\,b \sin\gamma$ $= \frac{1}{2}\,D\,D_1 \sin\varphi$
Rhombus	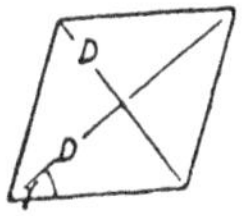	$F = a^2 \sin\gamma$ $= \frac{1}{2}\,D\,D_1$
Trapez		$F = \frac{a+b}{2}\,h$ $= \frac{D\,D_1 \sin\varphi}{2}$
Trapezoid	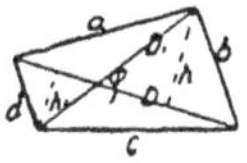	$F = \frac{h_1 + h_2}{2}\,D$ $= \frac{D\,D_1 \sin\varphi}{2}$

Kreis

Benennungen	Bezeichnungen	Formeln
Kreis	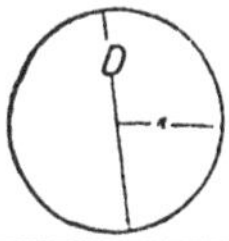	$U = \pi\,d = 2\,r\,\pi$ $F = \pi\,r^2 = \frac{d^2}{4}\,\pi = \frac{d}{4}\,U$
Kreisring	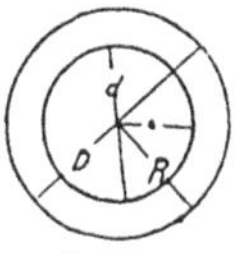	$F = \pi\,(R^2 - r^2)$ $= \frac{\pi}{4}\,(D^2 - d^2)$
Kreisabschnitt	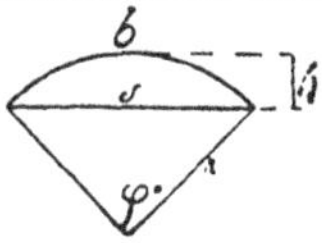	$F = \frac{r^2}{2}\left(\frac{\varphi^0\,\pi}{180} - \sin\varphi\right)$ $= \frac{r\,(b-s) + s\,h}{2}$

Kreis

Benennungen	Bezeichnungen	Formeln
Kreisausschnitt	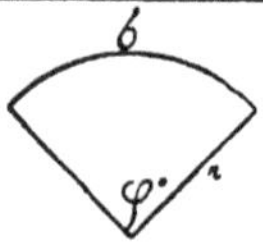	$F = \frac{1}{2} b r = \frac{\varphi^0}{360} \pi r^2$
Kreisringstück	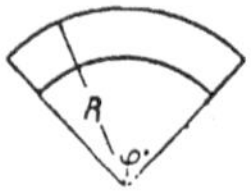	$F = \frac{\varphi^0 \pi}{360} (R^2 - r^2)$

6. Körper-Berechnung

(V = Rauminhalt, O = Oberfläche, M = Mantelfläche)

Benennungen	Bezeichnungen	Inhalt = V Oberfläche = O Mantelfläche = M
Prisma	F = Grundfläche h = Höhe	$V = F h$
Würfel	a = Kante d = Diagonale $d = a \sqrt{3}$	$V = a^3$ $O = 6 a^2$
Parallelepiped (Rechtkant)	a, b, c = Länge der 3 Kanten einer Ecke d = Diagonale	$V = a b c$ $d^2 = a^2 + b^2 + c^2$ $O = 2 (a b + a c + b c)$
Pyramidenstumpf	F, f = parallele Endflächen h = ihr Abstand	$V = \frac{h}{3} (F + f + \sqrt{f F})$
Kreiszylinder	r = Halbmesser der Grundflächen h = Höhe	$V = \pi r^2 h$ $O = 2 \pi r (r + h)$ $M = 2 \pi r h$
Hohlzylinder	R = äußerer Halbmesser r = innerer ,, h = Höhe $s = R - r$ = Dicke	$V = \pi h (R^2 - r^2)$ $= \pi h s (2 R - s)$ $= \pi h s (2 r + s)$
Kreiskegel	r = Halbmesser der Grundfläche h = Höhe s = Seite	$V = \frac{\pi}{3} r^2 h$ $M = \pi r s = \pi r \sqrt{r^2 + h^2}$

6. Körper-Berechnung (Fortsetzung).

(V = Rauminhalt, O = Oberfläche, M = Mantelfläche)

Benennungen	Bezeichnungen	Inhalt = V Oberfläche = O Mantelfläche = M
Kreiskegelstumpf	R, r = Halbmesser der Grundflächen $R + r = \sigma$ $R - r = \delta$ h = Höhe $s = \sqrt{\delta^2 + h^2}$ = Seite	$V = \frac{\pi h}{3}(R^2 + Rr + r^2)$ $= \frac{h}{4}\left(\pi \sigma^2 + \frac{\pi \delta^2}{3}\right)$ $M = \pi s \sigma$
Kugel	r = Halbmesser d = Durchmesser	$V = \frac{4}{3}\pi r^3 = \frac{\pi}{6} d^3$ $O = 4\pi r^2 = \pi d^2$ $r = \sqrt[3]{\frac{3V}{4\pi}}$
Hohlkugel	R = äußerer Halbmesser D = „ Durchmesser r = innerer Halbmesser d = „ Durchmesser	$V = \frac{4\pi}{3}(R^3 - r^3)$ $= \frac{\pi}{6}(D^3 - d^3)$
Kugelabschnitt	r = Halbmesser d. Kugel a = „ d. Grundfläche h = Höhe des Abschnittes $a^2 = h(2r - h)$	$V = \frac{\pi h}{6}(3a^2 + h^2)$ $= \frac{\pi h^2}{3}(3r - h)$ $M = 2\pi r h = \pi(a^2 + h^2)$
Kugelausschnitt	r = Kugelhalbmesser a = halbe Sehne h = Pfeilhöhe	$V = \frac{2}{3}\pi r^2 h$ $O = \pi r(2h + a)$
Kugelzone	r = Kugelhalbmesser h = Zonenhöhe a, b = Halbmesser der Endflächen ($a > b$) $r^2 = a^2 + \frac{a^2 - b^2 - h^2}{2h}$	$V = \frac{\pi h}{6}(3a^2 + 3b^2 + h^2)$ $M = 2\pi r h$
Zylindrischer Ring	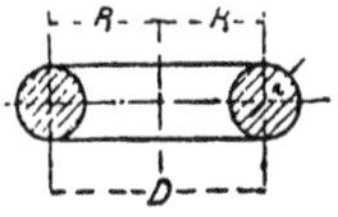	$V = 2\pi^2 R r^2$ $= \frac{\pi^2}{4} D d^2$ $O = 4\pi^2 R r = \pi^2 D d$
Faß	D = Durchm. am Spund d = Bodendurchmesser h = Höhe	V f. kreisförmige Dauben $= \sim \frac{\pi h}{12}(2D^2 + d^2)$ V f. parabolische Dauben $= \frac{\pi h}{15}\left(2D^2 + Dd + \frac{3}{4} d^2\right)$

7. Bogenlänge, Sehne und Bogenhöhe für den Halbmesser = 1.

Grad	Bogenlänge	Sehne	Bogenhöhe	Grad	Bogenlänge	Sehne	Bogenhöhe	Grad	Bogenlänge	Sehne	Bogenhöhe
1	0,0175	0,0175	0,00004	51	0,8901	0,8610	0,0974	101	1,7628	1,5432	0,3639
2	0,0349	0,0349	0,00015	52	0,9076	0,8767	0,1012	102	1,7802	1,5543	0,3707
3	0,0524	0,0524	0,00034	53	0,9250	0,8924	0,1051	103	1,7977	1,5652	0,3775
4	0,0698	0,0698	0,00061	54	0,9425	0,9080	0,1090	104	1,8151	1,5760	0,3843
5	0,0873	0,0872	0,00095	55	0,9599	0,9235	0,1130	105	1,8326	1,5867	0,3912
6	0,1047	0,1046	0,0014	56	0,9774	0,9389	0,1171	106	1,8500	1,5972	0,3982
7	0,1222	0,1221	0,0019	57	0,9948	0,9543	0,1212	107	1,8675	1,6077	0,4052
8	0,1396	0,1395	0,0024	58	1,0123	0,9696	0,1254	108	1,8850	1,6180	0,4122
9	0,1571	0,1569	0,0031	59	1,0297	0,9848	0,1296	109	1,9024	1,6282	0,4193
10	0,1745	0,1743	0,0038	60	1,0472	1,0000	0,1340	110	1,9198	1,6383	0,4264
11	0,1920	0,1917	0,0046	61	1,0647	1,0151	0,1384	111	1,9373	1,6483	0,4336
12	0,2094	0,2091	0,0055	62	1,0821	1,0301	0,1428	112	1,9548	1,6581	0,4408
13	0,2269	0,2264	0,0064	63	1,0996	1,0450	0,1474	113	1,9722	1,6678	0,4481
14	0,2443	0,2437	0,0075	64	1,1170	1,0598	0,1520	114	1,9897	1,6773	0,4554
15	0,2618	0,2611	0,0086	65	1,1345	1,0746	0,1566	115	2,0071	1,6868	0,4627
16	0,2793	0,2783	0,0097	66	1,1519	1,0893	0,1613	116	2,0246	1,6961	0,4701
17	0,2967	0,2956	0,0110	67	1,1694	1,1039	0,1661	117	2,0420	1,7053	0,4775
18	0,3142	0,3129	0,0123	68	1,1868	1,1184	0,1710	118	2,0595	1,7143	0,4850
19	0,3316	0,3301	0,0137	69	1,2043	1,1328	0,1759	119	2,0769	1,7233	0,4925
20	0,3491	0,3473	0,0152	70	1,2217	1,1472	0,1808	120	2,0944	1,7321	0,5000
21	0,3665	0,3645	0,0167	71	1,2392	1,1614	0,1859	121	2,1118	1,7407	0,5076
22	0,3840	0,3816	0,0184	72	1,2566	1,1755	0,1910	122	2,1293	1,7492	0,5152
23	0,4014	0,3987	0,0201	73	1,2741	1,1896	0,1961	123	2,1468	1,7576	0,5228
24	0,4189	0,4158	0,0219	74	1,2915	1,2036	0,2014	124	2,1642	1,7659	0,5305
25	0,4363	0,4329	0,0237	75	1,3090	1,2175	0,2066	125	2,1817	1,7740	0,5383
26	0,4538	0,4499	0,0256	76	1,3265	1,2313	0,2120	126	2,1991	1,7820	0,5460
27	0,4712	0,4669	0,0276	77	1,3439	1,2450	0,2174	127	2,2166	1,7899	0,5538
28	0,4887	0,4838	0,0297	78	1,3614	1,2586	0,2229	128	2,2340	1,7976	0,5616
29	0,5061	0,5008	0,0319	79	1,3788	1,2722	0,2284	129	2,2515	1,8052	0,5695
30	0,5236	0,5176	0,0341	80	1,3963	1,2856	0,2340	130	2,2689	1,8126	0,5779
31	0,5411	0,5345	0,0364	81	1,4137	1,2989	0,2396	131	2,2864	1,8199	0,5853
32	0,5585	0,5512	0,0387	82	1,4312	1,3121	0,2453	132	2,3038	1,8271	0,5933
33	0,5760	0,5680	0,0412	83	1,4486	1,3252	0,2510	133	2,3213	1,8341	0,6013
34	0,5934	0,5847	0,0437	84	1,4661	1,3383	0,2569	134	2,3387	1,8410	0,6093
35	0,6109	0,6014	0,0463	85	1,4835	1,3512	0,2627	135	2,3562	1,8478	0,6173
36	0,6283	0,6180	0,0489	86	1,5010	1,3640	0,2686	136	2,3736	1,8544	0,6254
37	0,6458	0,6346	0,0517	87	1,5184	1,3767	0,2746	137	2,3911	1,8608	0,6335
38	0,6632	0,6511	0,0545	88	1,5359	1,3893	0,2807	138	2,4086	1,8672	0,6416
39	0,6807	0,6676	0,0574	89	1,5533	1,4018	0,2867	139	2,4260	1,8733	0,6498
40	0,6981	0,6840	0,0603	90	1,5708	1,4142	0,2929	140	2,4435	1,8794	0,6580
41	0,7156	0,7004	0,0633	91	1,5882	1,4265	0,2991	141	2,4609	1,8853	0,6662
42	0,7330	0,7167	0,0664	92	1,6057	1,4387	0,3053	142	2,4784	1,8910	0,6744
43	0,7505	0,7330	0,0696	93	1,6232	1,4507	0,3116	143	2,4958	1,8966	0,6827
44	0,7679	0,7492	0,0728	94	1,6406	1,4627	0,3180	144	2,5133	1,9021	0,6910
45	0,7854	0,7654	0,0761	95	1,6580	1,4746	0,3244	145	2,5307	1,9074	0,6993
46	0,8029	0,7815	0,0795	96	1,6755	1,4863	0,3309	146	2,5482	1,9126	0,7076
47	0,8203	0,7975	0,0829	97	1,6930	1,4979	0,3374	147	2,5656	1,9176	0,7160
48	0,8378	0,8135	0,0865	98	1,7104	1,5094	0,3439	148	2,5831	1,9225	0,7244
49	0,8552	0,8294	0,0900	99	1,7279	1,5208	0,3506	149	2,6005	1,9273	0,7328
50	0,8727	0,8452	0,0937	100	1,7453	1,5321	0,3572	150	2,6180	1,9319	0,7412

Grad	Bogenlänge	Sehne	Bogenhöhe	Grad	Bogenlänge	Sehne	Bogenhöhe	Grad	Bogenlänge	Sehne	Bogenhöhe
151	2,6354	1,9363	0,7496	161	2,8100	1,9726	0,8350	171	2,9845	1,9938	0,9215
152	2,6529	1,9406	0,7581	162	2,8274	1,9754	0,8436	172	3,0020	1,9951	0,9302
153	2,6704	1,9447	0,7666	163	2,8449	1,9780	0,8522	173	3,0194	1,9963	0,9390
154	2,6878	1,9487	0,7750	164	2,8623	1,9805	0,8608	174	3,0369	1,9973	0,9477
155	2,7063	1,9526	0,7836	165	2,8798	1,9829	0,8695	175	3,0543	1,9981	0,9564
156	2,7227	1,9563	0,7921	166	2,8972	1,9851	0,8781	176	3,0718	1,9688	0,9651
157	2,7402	1,9598	0,8006	167	2,9147	1,9871	0,8868	177	3,0892	1,9963	0,9738
158	2,7576	1,9632	0,8092	168	2,9322	1,9890	0,8955	178	3,1067	1,9997	0,9825
159	2,7751	1,9665	0,8178	169	2,9496	1,9908	0,9042	179	3,1241	1,9999	0,9913
160	2,7925	1,9696	0,8264	170	2,9671	1,9924	0,9128	180	3,1416	2,0000	1,0000

8. Kugelinhalte.

d	,0	,25	,50	,75	*d*	,0	,50	*d*	,0	,50
10	523,60	563,86	606,13	650,46	40	33510	34783	70	179595	183471
11	696,91	745,51	796,33	849,40	41	36087	37423	71	187402	191389
12	904,78	962,52	1022,7	1085,3	42	38792	40194	72	195433	199532
13	1150,3	1218,0	1288,3	1361,2	43	41630	43099	73	203689	207903
14	1436,8	1515,1	1596,3	1680,3	44	44602	46141	74	212175	216505
15	1767,2	1857,0	1949,8	2045,7	45	47713	49321	75	220894	225341
16	2144,7	2246,8	2352,1	2460,6	46	50965	52645	76	229848	234414
17	2572,4	2687,6	2806,2	2928,2	47	54362	56115	77	239041	243728
18	3053,6	3182,6	3315,3	3451,5	48	57906	59734	78	248475	253284
19	3591,4	3735,0	3882,5	4033,7	49	61601	63506	79	258155	263088
20	4188,8	4347,8	4510,9	4677,9	50	65450	67433	80	268083	273141
21	4849,1	5024,3	5203,7	5387,4	51	69456	71519	81	278263	283447
22	5575,3	5767,6	5964,1	6165,2	52	73622	75767	82	288696	294010
23	6370,6	6580,6	6795,2	7014,3	53	77952	80178	83	299388	304831
24	7238,2	7466,7	7700,1	7938,3	54	82448	84760	84	310340	815915
25	8181,3	8429,2	8682,0	8939,9	55	87114	89511	85	321556	327264
26	9202,8	9470,8	9744,0	10022	56	91953	94438	86	333039	338882
27	10306	10595	10889	11189	57	96967	99541	87	344792	350771
28	11494	11805	12121	12443	58	102161	104826	88	356819	362935
29	12770	13103	13442	13787	59	107536	110294	89	369122	375378
30	14137	14494	14856	15224	60	113098	115949	90	381704	388102
31	15599	15979	16366	16758	61	118847	121794	91	394570	401109
32	17157	17563	17974	18392	62	124789	127832	92	407721	414405
33	18817	19248	19685	20129	63	130925	134067	93	421161	427991
34	20580	21037	21501	21972	64	137259	140501	94	434894	441871
35	22449	22934	23425	23924	65	143794	147138	95	448920	456047
36	24429	24942	25461	25988	66	150533	153980	96	463248	470524
37	26522	27063	27612	28168	67	157480	161032	97	477874	485302
38	28731	29302	29880	30466	68	164637	168295	98	492808	500388
39	31059	31661	31270	32886	69	172007	175774	99	508047	515785

9. Guldinsche Regeln.

1. Der Inhalt eines Drehkörpers ist gleich dem Wert aus dem Inhalte der erzeugenden Fläche und dem Weg ihres Schwerpunktes.

2. Der Inhalt einer Drehfläche ist gleich dem Wert aus der Länge der erzeugenden Linie und dem Weg ihres Schwerpunktes.

II. Maß- und Gewichtstafeln.

A. Maß-, Gewichts- und Währungseinheiten.

1. Längenmaße.

Kilometer (km) = 0,1347 (ca. $^2/_{15}$) geogr. Meile	Hektometer (hm) = 26,562 (ca. $26^5/_9$) preuß. Ruten	Dekameter (dkm) = 2,655 (ca. $2^2/_3$) preuß. Ruten	Meter (m) = 3,186 (ca. $3^3/_{16}$) preuß. Fuß = 1,499 (ca. $1^1/_2$) Berliner Elle	Decimeter (dm) = 3,823 (ca. $3^5/_6$) preuß. Zoll	Centimeter (cm) = 0,382 (ca. $^3/_8$) preuß. Zoll	Milimeter (mm) = 0,038 (ca. $^1/_{26}$) preuß. Zoll
1	10	100	1000	10000	100000	1000000
0,1	1	10	100	1000	10000	100000
0,01	0,1	1	10	100	1000	10000
0,001	0,01	0,1	1	10	100	1000
0,0001	0,001	0,01	0,1	1	10	100
0,00001	0,0001	0,001	0,01	0,1	1	10
0,000001	0,00001	0,0001	0,001	0,01	0,1	1

1 geogr. Meile = 7,420 km, 1 russ. Werst = 1,067 km, 1 franz. See-Meile = 5,556 km, 1 engl. Meile = 1760 Yards = 1,609 km, 1 dänische Meile = 7,532 km, 1 See-Meile (aller Nationen) = 1,852 km.

2. Flächenmaße.

Qu.-Kilometer (qkm) = 0,01816 (ca. $^1/_{55}$) geogr. Qu.-Meile	Hektar (ha) = 3.917 (ca. $3^{11}/_{12}$) preuß. Morgen	Ar (n) = 7,050 (ca. $7^1/_{20}$) Quadr.-Ruten	Quadr.-Meter (qm) = 10,152 (ca. $10^1/_7$) Quadrat-Fuß	Qu.-Decimeter (qdm) = 14,617 (ca. $14^5/_8$) Quadrat-Zoll	Qu.-Centimeter (qcm) = 0,146 (ca. $^1/_7$) Quadrat-Zoll	Qu.-Millimeter (qmm) = 0,0014 (ca. $^1/_{700}$) Quadrat-Zoll
1	100	10000	1000000	100000000	10000000000	100000000000
0,01	1	100	10000	1000000	100000000	10000000000
0,0001	0,01	1	100	10000	1000000	100000000
0,000001	0,0001	0,01	1	100	10000	1000000
0,00000001	0,000001	0,0001	0,01	1	100	10000
0,0000000001	0,00000001	0,000001	0,0001	0,01	1	100
0,000000000001	0,0000000001	0,00000001	0,000001	0,0001	0,01	1

3. Körpermaße.

Kubik-Kilometer (ckm) = 0,002447 (ca. $^{1}/_{400}$) geogr. Kubik-Meile	Kubik-Meter (cbm) = 32,316 (ca. $22^{1}/_{3}$) preuß. Kubik-Fuß = 0,299 (ca. $^{3}/_{10}$) Klafter	Kubik-Decimeter (cdm) = 55,894 (ca. $55^{9}/_{10}$) Kubik-Zoll	Kubik-Zentimeter (ccm) = 0,056 (ca. $^{1}/_{18}$) Kubik-Zoll	Kubik-Millimeter (cmm) = 0,000056 (ca. $^{1}/_{1800}$) Kubik-Zoll
1	1 000 000 000	1 000 000 000 000	1 000 000 000 000 000	1 000 000 000 000 000 000
0,000 000 001	1	1 000	1 000 000	1 000 000 000
0,000 000 000 001	0,001	1	1 000	1 000 000
0,000 000 000 000 001	0,000 001	0,001	1	1 000
0,000 000 000 000 000 001	0,000 000 001	0,000 001	0,001	1

4. Hohlmaße.

Kubikmeter (cbm)*) = 18,195 (ca. $18^{1}/_{5}$) preuß. Scheffel	Hektoliter (hl) = 1,819 (ca. $1^{8}/_{10}$) preuß. Scheffel	Dekaliter (dkl) = 2,911 (ca. $2^{1}/_{18}$) preuß. Metzen	Liter (l) (cdm **) = 0,873 (ca. $^{7}/_{8}$) preuß. Quart	Deciliter (dl) = 0,087 (ca. $^{1}/_{12}$) preuß. Quart	Centiliter (cl) = 0,0087 (ca. $^{1}/_{150}$) preuß. Quart	Milliliter (ml) (ccm ***) = 0,00087 (ca. $^{1}/_{1150}$) preuß. Quart
1	10	100	1 000	10 000	100 000	1 000 000
0,1	1	10	100	1 000	10 000	100 000
0,01	0,1	1	10	100	1 000	10 000
0,001	0,01	0,1	1	10	100	1 000
0,0001	0,001	0,01	0,1	1	10	100
0,00001	0,0001	0,001	0,01	0,1	1	10
0,000001	0,00001	0,0001	0,001	0,01	0,1	1

Bemerkungen zu *) **) ***) siehe nächste Seite

5. Gewichte.

Tonne (t) (cbm) = 20 Ztr.	Kilogramm (kg) (cdm) ** = 2 Pfund	Hektogramm (hg) =6 preuß. Lot	Dekagramm (dkg) = 0,6 pr. Lot	Gramm (g) (ccm) *** =0,06 (ca. 1/17) preuß. Lot	Decigramm (dg) =0,06 (ca. 1/17) Quentchen	Centigramm (cg) =0,006 (ca. 1/165) Quentchen	Milligramm (cmm)† =0,0006 (ca. 1/1650) Quentchen
1	1 000	10000	100000	1000000	10000000	100000000	1 000000000
0,001	1	10	100	1000	10000	100000	1000000
0,0001	0,1	1	10	100	1000	10000	10000
0,00001	0,01	0,1	1	10	100	1000	1000
0,000001	0,001	0,01	0,1	1	10	100	100
0,0000001	0,0001	0,001	0,01	0,1	1	10	100
0,00000001	0,00001	0,0001	0,001	0,01	0,1	1	10
0,000000001	0,000001	0,00001	0,0001	0,001	0,01	0,1	1

* 1 cbm Wasser bei + 4° Celsius wiegt 1 t (= 1 000 kg) und hat einen Inhalt von 1 000 l.
** 1 cdm ,, ,, ,, ,, ,, 1 kg (= 1 000 g) ,, ,, ,, ,, ,, 1 l.
*** 1 ccm ,, ,, ,, ,, ,, 1 g (= 1 000 mg) ,, ,, ,, ,, ,, 1 ml.
† 1 cmm ,, ,, ,, ,, ,, 1 mg ,, ,, ,, ,, ,, 1/1000000

Anmerkung. Die eingeklammerten Bezeichnungen sind die durch Beschluß des Bundesrates vom 8. Oktober 1877 angeordneten amtlichen Abkürzungen.

6. Maße und Gewichte in England. (Zum Teil auch für Ver. Staaten.)

1 Fuß = 12 Zoll = 135,11 Pariser Linien = 0,3048 m: 3 Fuß = 1 Yard = 405,34 Pariser Linien = 0,01438 m.
1 Rute (pole. rod) = 5½ Yard = 5,029 m.
1 Meile = 8 Furlongs = 5280 Fuß = 2/9 deutsche Meile = 1600 mm.
1 Londoner Meile = 5000 Fuß = 1524 m.
1 Acker = 160 □ Ruten = 15,8 preuß. Morgen = 4046,7 qm.
1 Gallon = 277,2738 Kubikzoll = 4,5435 Liter.

1 Quarter = 8 Bushels = 32 Peaks = 64 Gallons = 256 Quarts = 512 Pints = 290,781 Liter; 1 Bushel = 36,35 Liter.
1 Last = 2 Tonnen = 640 Gallonen = 2907,81 Liter.
1 Hundredweight (Ztr.) à 111 Pfund (avoir du poids á 16 Unzen = 50,803 kg; 1 Av.-Pfund = 453,6 Gramm.
1 Pfund Troy-Gewicht = 4760 Grains = 373,2 Gramm.
1 Tonne = 20 Zentner = 160 Stein = 2240 Av.-Pfund = 1016,06 kg.

7. Die Wertberechnung der ausländischen Geldsorten*).

	gleich ℳ
Belgien: 1 Frank = 100 Centimes	—,80
Dänemark: 1 Krone = 100 Oere	1,12
10 Kronenstück (Gold)	11,25
Frankreich: 5 Frank in Silber . .	4,—
1 ,, = 100 Cent. .	—,80
20 ,, (Gold) . . .	16,—
Griechenland: 1 Drachme = 100 Lepta	—,80
Großbritannien und Irland: 1 Pfund Sterling (Pound od. Livre) Sterling = 20 Schilling à 12 Pence	20,43
1 Penny = 4 Farthings.	
Italien: 1 Lira = 100 Centesimi .	—,80
Niederlande: 1 Gulden = 100 Cents	1,68
Österreich-Ungarische Monarchie: 1 Krone = 100 Heller	0,85

*) Durchschnittswerte, da die meisten ausländischen Geldsorten Kursschwankungen unterliegen (s. a. Abt. E.).

B. Spezifische Gewichte.

Erklärung: Unter spezifischem Gewicht ist zu verstehen die Zahl, die angibt, um wievielmal die Raumeinheit des betreffenden Körpers schwerer (oder leichter) ist als die Raumeinheit des Wassers bei 4° C. 1 l Wasser von 4° C wiegt genau 1 kg. Das spezifische Gewicht solchen Wassers ist „Eins". 1 l Gußeisen wiegt 7,25 kg, d. h. sein spezifisches Gewicht ist 7,25.

Das Gewicht eines Körpers ergiebt sich, wenn die Größe des Rauminhalts mit der Zahl seines spezifischen Gewichtes multipliziert wird.

1. Spezifische Gewichte fester Körper.

Aluminium, gegossen	2,56
gewalzt	2,65 — 2,75
Aluminiumbronze	7,7
Anthrazit	1,4 — 1.7
Antimon	6,7
Asbest	2,4
Asphalt	1,1 — 1,5
Basalt	2,8 — 3,1
Beton	1,8 — 2,5
Blei	11,3
Braunkohle	1,5
Bronze	7,4 — 9
Bimsstein	0,9 — 1,6
Cadmium	8,65
Calzium	1,85
Chrom	6.59
Deltametall	8,6
Diamant	3,5
Eis	etwa 0,9
Eisen, chem. rein	7,85 — 7,88
Flußeisen	7,85
Flußstahl	7,86
Formsand, festgestampft, frisch	2,0
„ festgest., trock.	1,6 — 1,9
Gips, gebrannt	1,81
„ gegossen	0,97
Glas, Fenster	2,5
„ Flaschen	2,6
Glockenmetall	8,8
Gold	19,3
Granit	2,5 — 3,05
Grafit	1,9 — 2,3
Gußeisen, weiß	7,58 — 7,73
„ grau	7,03 — 7,13
„ flüssig	6,9
„ allgemein	7,25
Holzkohle	0,5
Holzsorten, lufttrocken:	
Ahorn	0,67
Birken	0,74
Birnbaum	0,6
Buchen	0,75
Buxbaum	0,94
Eichen	0,69
„ frisch	0,97
Erlen	0,5
Eschen	0,67
Fichten	0,47
Kiefer	0,55
Kiefer, frisch	0,91
Kork	0,24
Lärchen	0,47
Linden	0,56
Mahagoni	0,75
Nußbaum	0,66
Pappel	0,39
Pock	1,26
Tannen	0,56
„ frisch	0,89
Weißbuchen	0,77
Ulme	0,5
„ frisch	0,8
Weide	0,5
Kalk, gebrannt	2,3 — 3,2
„ gelöscht	1,3 — 1,4
Kalkstein	2,6 — 2,75
Kanonenmetall	8,44
Kaolin	etwa 2,64
Kies	1,8 — 2
Koks, aufgeschüttet	etwa 0,4
Kreide	1,8 — 2,6
Kupfer, gegossen	8,3 — 8,92
„ gewalzt	8,93 — 8,95
„ flüssig	8,22

Lagermetall	7,0
Lehm, trocken	1,52
„ feucht	1,67— 2,85
Leim	1,27
Mauerwerk:	
Bruchstein	2,4 — 2,46
Sandstein	2,05— 2,12
Ziegel	1,47— 1,70
Marmor	2,5 — 2,8
Magnesium	1,74
Mangan	7,42
Manganoxyd	4,50
Mennige	8,6
Messing, gegossen	8,5
„ gewalzt	8,5
Molybdän	9,0
Natrium	0,98
Neusilber	9,5
Nickel, gegossen	8,35
„ gewalzt	8,6 — 8,9
Phosphorbronze	8,8
Phosphorsäureanhydrid	2,14
Platin	21,3
Porzellan	2,3 — 2,5
Preßkohle	1,25
Quarz	2,5 — 2,8
Quecksilber	13,6
Roteisenstein	4,9
Rhodium	12,1
Salmiak	1,5 — 1,6
Salpeter	1,95— 2,08
Chamottestein	1,85— 2,2
Schlacke	2,5 — 3,0
Schmirgel	4,0
Schnee	0,125
Schwefel	2,0
Schweißeisen	7,8
Silber, gegossen	10,4 —10,5
„ gewalzt	10,5 —10,6
Silizium	2,49
Stahl	7,85
Soda, kryst.	1,45
Steinkohle	1,2 — 1,5
Steinsalz	2,3
Ton	1,8 — 2,6
Tonerde	3,85
„ kryst.	4,0
Torf	0,64
Traß, gemahlen	0,95
Tuffstein	1,3
Uran	18,7
Wachs	0,95
Wasser	1,0
Weißmetall	7,1
Wismuth	9,78
Wolfram	19,1
Zink	7,1
„ flüssig	6,48
Zinkoxyd	5,65
Zement	0,82— 1,95
Zinn	7,3
Zinnober	8,12
Zucker	1,61

2. Spezifische Gewichte flüssiger Körper.

Aceton, 15° C	0,797
Aether, 20° C	0,716
Alkohol abs., 20° C	0,792
Benzin, 15° C	0,69
Benzol, 20° C	0,88
Bier	1,028
Essigsäure 16° C	1,054
Milch	1,030
Mineralschmieröle 20° C	0,9—.0,93
Öle: Leinöl	0,94
Rüböl	0,914
Olivenöl	0,915
Petroleum, 15° C	0,8 — 0,9
Seewasser	1,02— 1,03
Steinkohlenteer, 15° C	1,20
Terpentinöl, 15° C	0,87
Toluol 4° C	0,89
Tran	0,93
Wein (Rhein)	0,995

Zur schnellen Feststellung des spezifischen Gewichtes von Flüssigkeiten dienen zumeist aus Glas gefertigte Spindeln, Aräometer genannt, die am oberen Ende eine Gradeinteilung besitzen. Je nach der Eintauchtiefe beim Schwimmen in der zu prüfenden Flüssigkeit, kann die betreffende Dichte vom Aräometer abgelesen werden.

In der Praxis werden vielfach noch die alten Gradzahlen nach Baumé, Brix, Twaddle u. a. angegeben, welche wie folgt umgerechnet werden: Bezeichnet s das spezifische Gewicht einer Flüssigkeit und n die betreffende Grad-Zahl so ist:

	für Flüssigkeiten, welche leichter sind als Wasser:	für Flüssigkeiten, welche schwerer sind als Wasser:
nach Baumé	$s = \frac{146{,}78}{136{,}78 + n}$	$s = \frac{146{,}78}{146{,}78 - n}$
„ Brix	$s = \frac{400}{400 + n}$	$s = \frac{400}{400 - n}$

nach Twaddle $s = \frac{200 + n}{200}$.

3. Spezifische Gewichte gasförmiger Körper bei 0° C und dem Drucke von 760 mm Quecksilbersäule, bezogen auf Luft = 1.

Die spezifischen Gewichte gasförmiger Körper werden in der Regel auf Luft bezogen. 1 Liter Luft wiegt 0° C und 760 mm Quecksilbersäule (dem Normalluftdrucke) 1,29305 g.

Acetylen	0,92
Ammoniak	0,59
Atmosphärische Luft	1,00
Chlor	2,49
Kohlenoxyd	0.967
Kohlensäure	1,529
Leuchtgas	0,34— 0,45
Methan	0,558
Sauerstoff	1,105
Schwefelwasserstoff	1,178
Schweflige Säure	2,263
Stickstoff	0,967
Wasserdampf	0,6059
Wasserstoff	0,0696

4. Gewichte von 1 cbm verschiedener Gase bei 0° C und 760 mm Druck in Gramm.

Aethylen	1252 g
Methan	715,5 g
Leuchtgas	517—616 g
Atm. Luft	1293,05 g
Sauerstoff	1430,3 g
Stickstoff	1256,6 g
Kohlensäure	1966,6 g
Kohlenoxyd	1251,5 g
Wasserdampf	804,8 g
Wasserstoff	89,6 g

5. Raumgewichte geschichteter Körper.

Die vorstehend aufgeführten spezifischen Gewichte gelten lediglich für die reinen Massen der betreffenden Stoffe, ohne Berücksichtigung etwa vorhandener Lufträume, die sich bei der Schichtung der festen Körper ergeben. Die folgenden Zahlen gelten als Raum-Gewichte 1 cbm einiger geschichteter Körper:

Eichenholz, gespalten	420 kg	Zementmehl	1100 kg
Buchenholz „	400 „	Koksasche	700 „
Tannenholz „	335 „	Steinkohlenasche	750 „
Fichtenholz „	325 „	Flugasche	400 „
Formsand, lose	1200 „	Hammerschlag	2600 „
Feuchter Quarzsand	1775 „	Thomasschlacke	2000 „
Steine (grobe Stücke)	2000 „	Thomasschlackenmehl	3000 „
gebrannter Kalk	1000 „	Hochofenschlacke	850 „
Steinkohlen	850—950 „	Hochofenasche	1700—1800 „
Braunkohlen	700 „	Mauerschutt	1400 „
Gaskoks	300—350 „	Eisenerz	1800 „
Zechenkoks	380—450 „	Kupferkies	2800 „
Holzkohlen	150—220 „	Zinkerz	1400 „
Erde, Sand, Lehm naß	2100 „	Ziegel	1800 „
Erde, Sand, Lehm trocken	1600 „	Klinker	1900 „
Tonboden, gewachsen	2000 „	Kalksandstein	1800 „
Tonboden, geschichtet	1600 „	Kunstsandstein	2100 „
Kies, naß	2000 „	Zementmörtel	2100 „
Kies, trocken	1700 „	Kalkmörtel	1700 „
Zement, fertig	1200 „		

6. Gewicht gußeiserner Kugeln.

D mm	Gew. kg	D. mm	Gew. kg	D. mm	Gew. kg	D. mm	Gew. kg	D. mm	Gew. kg	D. mm	Gew. kg
25	0,06	65	1,04	105	4,34	160	15,67	225	43,20	290	91,57
30	0,10	70	1,30	110	5,04	170	18,62	230	45,63	300	102,4
35	0,16	75	1,60	115	5,81	175	20,32	240	51,84	310	111,7
40	0,24	80	1,94	120	6,61	180	22 31	250	59,25	320	122,9
45	0,34	85	2,32	125	7,40	190	25 84	260	65,91	325	128,7
50	0,47	90	2,76	130	8,40	200	30,34	270	73,83	330	134,8
55	0,63	95	3,28	140	10,60	210	34,73	275	78,87	340	157,4
60	0,81	100	3,79	150	12,85	220	39,93	280	82,32	350	160,8

7. Gewicht von 1 qm Metallplatte und *d* mm Dicke in kg.

d Dicke mm	Gußeisen	Schweiß-eisen	Flußeisen	Gußstahl	Kupfer	Messing	Zink	Blei
0,25	1,81	1 95	1,96	1,967	2,225	2,14	1,725	2,85
0 5	3,625	3,90	3,925	3,935	4,45	4,275	3,45	5,7
0 75	5,44	5,85	5,89	5,90	6,675	6,41	5,175	8,55
1	7,25	7,80	7,85	7,87	8,90	8,55	6,90	11,4
2	14,50	15,6	15,70	15,74	17,80	17,10	13,80	22,8
3	21,75	23,4	23 55	23,61	26,70	25,65	20,70	34,2
4	29,00	31,2	31,40	31,48	35,60	34,20	27,60	45,6
5	36,25	39,0	39,25	39,35	44,50	42,75	34,50	57,0
6	43.50	46,8	47,10	47,22	53,40	51,30	41,40	68,4
7	50,75	54.6	54,95	55,09	62,30	59,85	48,30	79,8
8	58,00	62,4	62,80	62,96	71,20	68,40	55 20	91,2
9	65,25	70,2	70,65	70,83	80,10	76,95	62,10	102,6
10	72,50	84,0	78,50	78,70	89,00	85,50	69,00	114,0
11	79,75	85,8	86,35	86,57	97,90	94,05	75,90	125,4
12	87.00	93,6	94,20	94,44	106,80	102,60	82,80	136,8
13	94,25	101,4	102,05	102,31	115,70	111,15	89,70	148,2
14	101,50	109,2	109,90	110,18	124,60	119,70	96,60	159,6
15	108.75	117,0	117,75	118,05	133,50	128,25	103,50	171,0
16	116,00	124,8	125,60	125,92	142,40	136,80	110,40	182,4
17	123,25	132,6	133,45	133,79	151,30	145 35	117,30	193,8
18	130.50	140,5	141,30	141,66	160,20	158,90	124,20	205,2
19	137,75	148.2	149,15	149,53	169,10	162,45	131,10	216,6
20	145,00	156,0	157,00	157,40	178,0	171,00	138,0	228,0
21	152,25	163,8	164,85	165,27	186.9	179,55	144,9	239,4
22	159,50	171,6	172,70	173,14	195,8	188,10	151,8	250,8
23	166,75	179,4	180.55	181,01	204,7	196,65	158,7	262,2
24	174,00	187,2	188,40	188 88	213,6	205,20	165,6	273,6
25	181,25	195,0	196,25	196 75	222,5	213,75	172,5	285,0
26	188,60	202 8	204,10	204,62	231,4	222,30	179,4	296,4
27	195.75	210,6	211,95	212,49	240,3	230,85	186,3	307,8
28	203,00	218,4	219,80	220,36	249,2	239,40	193,2	319,2
29	210,25	226,2	227,65	228,23	258,1	247,95	200,1	330,6
30	217,50	234,0	235,50	236,10	267,0	256,50	207,0	342,0

8. Berechnung des Gewichtes gegossener Stücke nach dem Modell

Das Gewicht eines Gußstückes $= p \times$ Gewicht des Modells, wenn letzteres die fertige Form des Gußstückes hat.

Der Wert p, dessen Werte nachstehend zusammengestellt sind, ergibt sich aus dem Verhältnis der spezifischen Gewichte des betreffenden Gußmetalls und des Stoffes des Modells.

Hat das Modell nicht die fertige Form des Gußstückes, so ist zur Gewichtsbestimmung des letzteren der Rauminhalt des Gußstückes in cdm oder Liter zu bestimmen und dieser Wert mit dem spez. Gewicht des Gußmetalls zu multiplizieren. In gleicher Weise wird verfahren, wenn die Abmessungen des Gußstückes nur zeichnerisch festgelegt sind.

Werte für *p*.

Holz des Modells	Wert *p*, wenn der Abguß hergestellt wird aus;							
	Guß-eisen	Mes-sing	Rot-guß	Zinn-Bronze	Zink	Kupfer	Alu-minium	10% Alu-minium-Bronze
Birnbaumholz	10,2	11,5	11,9	11,8	9,8	11,9	3,8	10,1
Birkenholz . .	10,6	11,9	12,3	12,2	10,2	12,3	4,0	11,7
Blei oder Hart-blei	0,64	0,72	0,74	0,74	0,61	—	0,23	0,67
Eichenholz . .	9,0	10,1	10,4	10,3	8,6	10,4	3,3	9,5
Erlenholz . . .	12,8	14,3	14,9	14,7	12,2	15,0	4,6	13,2
Buchenholz . .	9,7	10,9	11,4	11,3	9,4	11,4	3,5	10,0
Gußeisen . . .	0,97	1,09	1,13	1,12	0,93	—	0,36	1,6
Lindenholz . .	13,4	15,1	15,7	15,5	12,9	16,7	4,8	13,9
Tannenholz .	14,0	15,8	16,7	16,3	13,5	14,5	5,3	15,3
Mahagoniholz	11,7	13,2	13,7	13,5	11,2	13,7	4,4	12,7
Messing	0,84	0,95	0,99	0,98	0,81	0,99	0,33	0,95
Zink	1,00	1,13	1,17	1,16	0,96	—	0,38	1,8
Zinn	0,89	1,00	1,03	1,03	0,95	—	0,37	1,5

9. Schwindmaße

der wichtigsten Metalle.

Metallart	Schwindmaße		
	in der Länge	auf die Ober-fläche	auf den Raum-inhalt
Blei	1:92	1:46	1:31
Bronze . . .	1:63	1:31	1:21
Feinkorn-eisen . . .	1:72	1:36	1:24
Flußstahl . .	1:64	1:32	1:21
Glocken-metall . . .	1:63	1:31	1:22
Gußeisen . .	1:96	1:48	1:32
Gußstahl . .	1:72	1:36	1:24
Kanonen-metall . .	1:134	1:67	1:44
Messing . . .	1:65	1:32	1:22
Puddelstahl	1:72	1:36	1:24
Schmiedbar. Guß	1:48	1:24	1:16
Stabeisen, gewalzt . .	1:55	1:28	1:19
Stahlguß . .	1:50	1:25	1:17
Zink, gegoss..	1:62	1:31	1:21
Zinn	1:128	1:64	1:43

Beispiel: 1 Bleistab von 1 m Länge schwindet beim Erkalten in der Länge um $^1/_{92}\times 1$ m = 10,8 mm.

der wichtigsten Hölzer.

Holzart	Schwinden in Richtung		
	der Achse %	des Halb-mess. %	der Sehne %
Ahorn	0,072	3,35	6,59
Birke	0,222	3,86	9,30
Birnbaum .	0,228	3,94	12,70
Eiche	0,400	3,90	7,55
Erle	0,369	2,91	5,07
Fichte	0,076	2,41	6,18
Kiefer	0,120	3,04	5,72
Lärche . . .	0,075	2,17	6,32
Linde	0,208	7,79	11,50
Pappel . . .	0,125	2,59	6,40
Rotbuche . .	0,200	5,03	8,06
Tanne	0,122	2,91	6,72
Ulme	0,124	2,94	6,22
Weimuts-kiefer . . .	0,160	1,80	5,00
Weißbuche .	0,400	6,66	10,30

10. Mauerwerk aus Ziegel und Verblender

a) Ziegelsteine.

Normalgröße: 250×120×65 mm.

Gewicht eines Steines: $2^1/_2$—3 kg.

Auf 1 m Mauerwerkhöhe rechnet man 13 Schichten.

Schichthöhe = 77 mm; Lagerfuge = 12 mm; Stoßfuge = 10 mm.

Bedarf an Steinen:

1 cbm volles Mauerwerk = 400 Ziegel und 280 Liter Mörtel:
1 qm 1 Stein starkes Mauerwerk = 100 Ziegel und 70 Liter Mörtel.
1 qm $^1/_2$ Stein starkes Mauerwerk = 50 Ziegel und 35 Liter Mörtel.
1 lfd. m Rollschicht = 13 Ziegel und 10 Liter Mörtel.

Zulässige Beanspruchung:

Mauerwerk in Kalkmörtel (1 Teil Kalk, 3 Teile Sand): bis 7 kg/cm².

b) Verblender.

Normalgrößen: Läufer $^4/_4$ = 252×122×60 mm;
Dreiquartier $^3/_4$ = 187×122×69 mm;
Verblender $^1/_2$ = 122×122×69 mm;
Riemchen $^1/_4$ = 122×57×69 mm.

Bedarf an Steinen:

1 qm Verblendmauerwerk, aus ganzen und halben Steinen im Kreuzverband = 75 Steine und 52 Liter Mörtel:

1 qm Verblendmauerwerk, aus halben und viertel Steinen,
an viertel Steinen = 50 Steine }
an halben Steinen = 50 Steine } und 40 Liter Mörtel.

Mauerziegel (Backsteine). Reichsnorm. Bauwesen.	DIN 105

Begriff

Mauerziegel sind gebrannte Steine, die aus Ton, Lehm oder tonigen Massen zum Teil unter Zusatz von Sand, Quarzbrocken, getrocknetem Tonmehl, gebranntem Ton oder anderen geeigneten Magerungsmitteln geformt sind und den nachfolgenden Bedingungen entsprechen.

Arten und Druckfestigkeit

Lufttrockene Mauerziegel müssen im Mittel aus 10 Versuchen mindestens folgende Druckfestigkeiten aufweisen:

Art	Druckfestigkeit kg/cm²
Klinker	350
Hartbrandziegel	250
Mauerziegel 1. Klasse	150
Mauerziegel 2. Klasse	100

Gebrannte Ziegel, welche die für die 2. Klasse vorgeschriebene Druckfestigkeit im Mittel nicht erreichen, dürfen nicht den Namen Mauerziegel führen.

Gestalt

Mauerziegel müssen die Gestalt eines rechtwinklig begrenzten Körpers haben. Als Grundlage gilt das im Jahre 1872 eingeführte Reichsmaß (Normalform) 25 cm lang, 12 cm breit und 6,5 cm hoch. Abweichungen sind zulässig, wenn das Reichsmaß wegen örtlicher Gewohnheiten oder Sondereigenschaften des Ziegeltones nicht eingehalten werden kann.

Wasseraufnahmefähigkeit

Die Wasseraufnahmefähigkeit wird wie folgt ermittelt: Mindestens 5 Ziegel werden so lange getrocknet, bis keine Gewichtsabnahme mehr eintritt; dann werden sie in reinem Wasser so lange getränkt, bis keine Gewichtszunahme mehr festzustellen ist. Die Gewichtszunahme gegenüber den getrockneten Ziegeln darf höchstens betragen für:

Klinker	5 vH
Hartbrandziegel	8 vH

Für Mauerziegel der 1. und 2. Klasse ist die zulässige Wasseraufnahmefähigkeit nicht begrenzt. Sie soll bei den Mauerziegeln für Wohngebäude in der Regel nicht unter 8 vH herabgehen.

Frostbeständigkeit

Klinker, Hartbrandziegel und die als Verblender- oder Vormauerungsziegel in den Handel gebrachten Mauerziegel der 1. und 2. Klasse müssen frostbeständig sein, d. h. sie dürfen bei vorschriftsmäßiger Frostprobe keine Absplitterung zeigen. Zwecks Prüfung auf Frostbeständigkeit werden Gruppen von je 10 Ziegeln mit Wasser getränkt, in einer mindestens $^1/_2$ m³ Luftraum umschließenden Grube oder in einem entsprechend großen Kasten 25 mal der Frostwirkung bei mindestens —4° C vier Stunden lang ausgesetzt und nach jedesmaligem Gefrieren in Wasser von Zimmerwärme wieder aufgetaut.

C. Zahlentafeln für den Gießereileiter.

1. Deutsche Wellblech-Normalprofile

aufgestellt von dem Verein deutscher Eisenhüttenleute.

Allgemeine Lieferbedingungen.

Stärke und Gewicht.

Die Festsetzung der richtigen Stärke hat grundsätzlich nicht durch Vermessung, sondern durch Verwiegung, bezogen auf die ganze Lieferung, zu erfolgen. Für Abweichungen gelten die Toleranzen für Feinbleche nach den Vorschriften für die Lieferung von Eisen und Stahl[1]), unter Zugrundelegung des in den Zahlentafeln angegebenen Normalgewichts. Verzinkte Bleche sind mit 1 kg/qm mehr als schwarze der listenmäßigen Kernstärke anzusetzen.

Länge.

Die normal lieferbare Länge bestimmt sich ebenfalls nach den genannten Vorschriften für Feinbleche[2]). Die Abweichungen in der Länge nach festen Maßen dürfen bis zu $\pm$ 1 %, mindestens aber $\pm$ 20 mm betragen.

Breite.

Die Breite ist nur, auf die ganze Baubreite bezogen, nachzuprüfen, und zwar sind Abweichungen bis zu $\pm$ 3 % zulässig.

Form.

Die Wellenhöhe darf Abweichungen bis zu $\pm$ 2 mm bei flachen und Rolladen-Wellblechen, bis zu $\pm$ 3 mm bei Träger-Wellblechen aufweisen.

Bombieren.

Die Flach- und Trägerwellbleche der Liste werden sämtlich auch bombiert geliefert. Abweichungen des Krümmungshalbmessers von $\pm$ 10 % sind zulässig.

Anormale Wellbleche.

Wellbleche mit drei Wellen und weniger sowie anormale Wellbleche (größere Baubreite oder Sonderformen) sind abzunehmen, wie sie fallen.

---

1) Gewichts-Abweichungen:

	unter 3 mm (Nr. 9) bis einschl. 1,5 mm (Nr. 18)	unter 1,5 mm (Nr. 15) bis einschl. 1 mm (Nr. 19)	unter 1 mm (Nr. 19) bis einschl. 0,5 mm (Nr. 24)
Bleche bis zu Lagergrößen	6 %	7 %	8 %

Werden Bleche in geringerer Anzahl als 10 Stück von gleicher Größe bestellt, so dürfen die Gewichts-Abweichungen um die Hälfte grösser als in obiger Zahlentafel sein.

2) Lagerlängen sind 2000 mm und bei $1\frac{1}{2}$ mm und größerer Stärke auch 2500 mm.

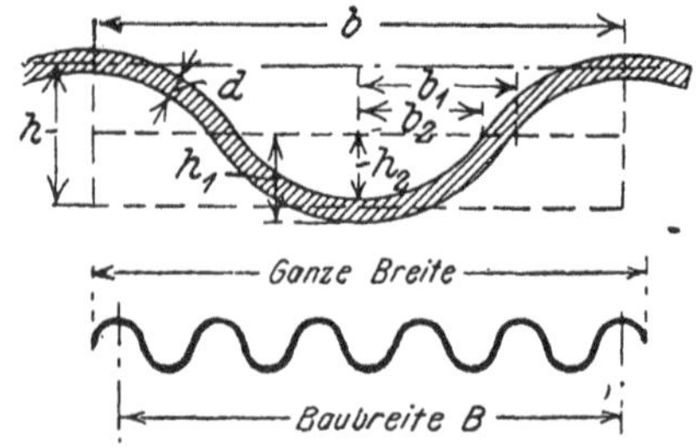

Flache

Welle aus

Querschnitt für 1 m Breite;

$$F = 12{,}5 \cdot d \cdot \frac{b}{h}\left\{\frac{4h}{b}\sqrt{1+\left(\frac{4h}{b}\right)^2} + \right.$$

$$\left. + \ln\left(\frac{4h}{b} + \sqrt{1+\left(\frac{4h}{b}\right)^2}\right)\right\} \text{qcm}$$

Profilbezeichnung	Breite b mm	Höhe h mm	Kernstärke d mm	Normale Baubreite B mm	Querschnitt f. 1 m Breite F qcm	Gewicht ohne Ueberdeckungen g kg/qm
NP 60·20·3/4	60	20	3/4	720	10,15	8,12
,, ,, ,, 7/8			7/8		11,84	9,47
,, ,, ,, 1			1		13,53	10,82
,, ,, ,, 1 1/4			1 1/4		16,92	13,52
NP 76·20·3/4	76	20	3/4	760	8,72	6,78
,, ,, ,, 7/8			7/8		10,17	8,13
,, ,, ,, 1			1		11,63	9,30
,, ,, ,, 1 1/4			1 1/4		14,54	11,63
,, ,, ,, 1 1/2			1 1/2		17,44	13,95
NP 100·30·3/4	100	30	3/4	800	9,02	7,22
,, ,, ,, 7/8			7/8		10,51	8,42
,, ,, ,, 1			1		12,03	9,62
,, ,, ,, 1 1/4			1 1/4		15,04	12,03
,, ,, ,, 1 1/2			1 1/2		18,05	14,44
NP 100·40·3/4	100	40	3/4	700	10,00	8,00
,, ,, ,, 7/8			7/8		11,67	9,35
,, ,, ,, 1			1		13,34	10,67
,, ,, ,, 1 1/4			1 1/4		16,68	13,34
,, ,, ,, 1 1/2			1 1/2		20,00	16,00
NP 135·30·3/4	135	30	3/4	810	8,62	6,89
,, ,, ,, 7/8			7/8		10,05	8,04
,, ,, ,, 1			1		11,49	9,19
,, ,, ,, 1 1/4			1 1/4		14,36	11,49
,, ,, ,, 1 1/2			1 1/2		17,24	13,78
NP 150·40·3/4	150	40	3/4	750	8,72	6,88
,, ,, ,, 7/8			7/8		10,18	8,17
,, ,, ,, 1			1		11,63	9,30
,, ,, ,, 1 1/4			1 1/4		14,55	11,63
,, ,, ,, 1 1/2			1 1/2		17,45	13,96
NP 150·60·1	150	60	1	600	13,34	10,67
,, ,, ,, 1 1/4			1 1/4		16,68	13,34
,, ,, ,, 1 1/2			1 1/2		20,00	16,00
,, ,, ,, 2			2		26,78	21,34

Wellbleche.

Parabelbögen.

Gewicht für 1 m Breite; $g = 0{,}8\ F$ kg

Trägheitsmoment für 1 m Breite; $J = \frac{1280}{21} \cdot \frac{1}{b} (b_1 h_1^3 - b_2 h_2^3)\ \text{cm}^4$

Widerstandsmoment für 1 m Breite: $W = \frac{2J}{h + d}\ \text{cm}^3$

wobei $h_1 = \frac{1}{2}(h + d)$ | $b_1 = \frac{1}{4}(b + 2{,}6\ d)$
$h_2 = \frac{1}{2}(h - d)$ | $b_2 = \frac{1}{4}(b - 2{,}6\ d)$

Widerstands-moment für 2 m Breite W cm³	Zulässige gleichmäßige Belastung für gerade Wellbleche in kg/qm bei einer Beanspruchung von 1400 kg/qcm und einer Freilänge von m						
	1	1,5	2	2,5	3	3,5	4
4,267	478	212	119	76	53	39	30
4,948	552	246	139	89	62	45	35
5,627	630	280	157	101	70	52	39
6,957	779	346	195	125	87	64	49
4,063	455	202	114	73	51	37	28
4,714	528	235	132	85	59	43	33
5,357	600	267	150	96	67	49	38
6,626	742	330	186	119	82	61	46
7,870	881	392	220	141	98	72	55
6,325	708	315	177	113	79	58	44
7,351	825	366	206	132	92	67	52
8,369	937	417	234	150	105	77	59
10,384	1163	517	291	186	129	95	73
12,370	1385	615	346	222	154	113	87
9,068	1015	451	254	162	113	83	63
10,543	1180	524	295	189	131	96	74
12,020	1346	598	337	215	150	116	84
14,939	1674	744	418	268	186	137	105
17,827	1996	887	499	320	222	163	125
5,987	670	298	168	107	75	55	42
6,957	779	346	195	125	87	64	49
7,921	887	395	222	142	99	72	55
9,826	1100	489	275	176	122	90	69
11,705	1311	582	328	210	146	107	82
8,290	929	413	232	149	103	76	58
9,642	1080	480	270	173	120	88	68
10,987	1230	548	307	197	137	100	77
13,655	1530	680	382	245	170	125	96
16,293	1825	811	456	292	203	149	114
18,171	2035	905	509	325	226	166	127
22,625	2534	1126	633	405	282	207	158
27,044	3030	1346	757	485	337	247	189
35,786	4008	1782	1002	641	445	327	250

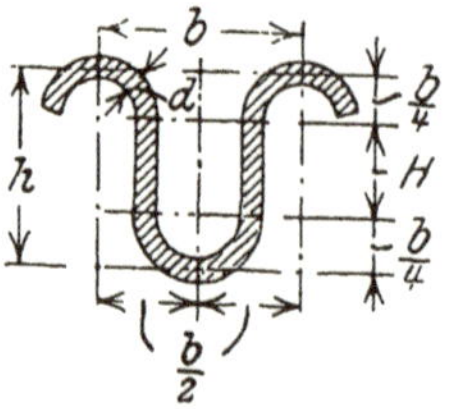

Träger-

Welle aus

Querschnitt für 1 m Breite:

$$F\ 100\,d \cdot \frac{1}{b}\left(\pi\,\frac{b}{2} + 2\,H\right)\ \text{qcm},$$

$$\text{wobei } H = h - \frac{1}{2}\,b$$

Gewicht für 1 m Breite: $g = 0{,}8\,F\ kg$.

Profilbezeichnung	Breite b mm	Höhe h mm	Kernstärke d mm	Normale Baubreite B mm	Querschnitt f. 1 m Breite F qcm	Gewicht ohne Ueberdeckungen g kg/qm
NP 90 · 70 · 1	90	70	1	450	21,25	17,00
,, ,, ,, 1¼			1¼		26,58	21,25
,, ,, ,, 1½			1½		31,88	25,50
,, ,, ,, 2			2		42,50	34,00
NP 100 · 50 · 1	100	50	1	600	15,70	12,56
,, ,, ,, 1¼			1¼		19,62	15,70
,, ,, ,, 1½			1½		23,56	18,84
,, ,, ,, 2			2		31,40	25,12
NP 100 · 60 · 1	100	60	1	500	17,70	14,16
,, ,, ,, 1¼			1¼		22,12	17,70
,, ,, ,, 1½			1½		26,57	21,22
,, ,, ,, 2			2		35,40	28,32
NP 100 · 80 · 1¼	100	80	1¼	400	27,12	21,68
,, ,, ,, 1½			1½		32,54	26,05
,, ,, ,, 2			2		43,40	34,74
NP 100 · 100 · 1¼	100	100	1¼	400	32,11	25,68
,, ,, ,, 1½			1½		38,58	30,84
,, ,, ,, 2			2		51,40	41,12

Rolladen-

Abmessungen und Rechnungs-

Profilbezeichnung	Breite b mm	Höhe h mm	Kernstärke d mm	Normale Baubreite B mm	Querschnitt f. 1 m Breite F qcm	Gewicht ohne Ueberdeckungen g kg qm
NP 30 · 15 · ½	30	15	½	600	7,42	5,93
,, ,, ,, ¾			¾		11,13	8,91
NP 40 · 20 · ½	40	20.	½	600	7,42	5,93
,, ,, ,, ¾			¾		11,13	8,90
,, ,, ,, 1			1		14,84	11,86

Wellbleche.

Kreisbögen.

Trägheitsmoment für 1 m Breite;

$$J = 25\, d \cdot \frac{1}{b}\left(\frac{\pi}{16} b^3 + b^2 H + \frac{\pi}{2} b H^2 + \frac{2}{3} H^3\right) \text{cm}^4$$

Widerstandsmoment für 1 m Breite;

$$W = \frac{2J}{h + d} \text{cm}^3$$

Widerstands-moment für 1 m Breite W	Zulässige gleichmäßige Belastung für gerades Wellblech in kg/qm bei einer Beanspruchung von 1400 kg/qcm und einer Freilänge von m						
cm³	1	1,5	2	2,5	3	3,5	4
34,774	3890	1729	974	623	432	318	243
43,315	4852	2156	1213	776	539	396	303
51,797	5800	2579	1450	928	645	477	363
68,583	7678	3413	1918	1228	853	621	480
19,266	2158	960	540	345	240	176	135
23,957	2676	1190	671	428	298	218	167
28,609	3194	1426	800	513	356	260	199
37,778	4230	1880	1057	677	470	345	264
25,633	2872	1276	718	459	319	234	179
31,911	3572	1588	893	572	398	292	223
38,137	4270	1898	1067	683	475	349	267
50,439	5648	2511	1412	904	628	461	353
50,440	5648	2511	1412	904	628	461	353
60,342	6675	3001	1690	1082	752	553	423
79,966	8950	3980	2238	1432	995	732	558
72,369	8102	3602	2025	1297	901	662	506
86,629	9700	4310	2430	1554	1077	792	606
114,939	12860	5718	3218	2059	1429	1051	805

Wellbleche.

grundlagen wie bei flachen Wellblechen.

Widerstands-moment für 1 m Breite W	Zulässige gleichmäßige Belastung für gerades Wellblech in kg/qcm bei einer Beanspruchung von 1400 kg/qcm und einer Freilänge von m						
cm³	1	1,5	2	2,5	3	3,6	5
2,381	267	119	67	43	30	22	17
3,520	394	175	99	63	44	32	25
3,199	358	159	90	57	40	29	22
4,744	531	236	133	85	59	43	33
6,258	702	311	175	112	78	57	44

Berechnungsformeln für freitragende Wellblechdächer.

Bezeichnungen:

l ganze Spannweite in m

f Pfeil in m

$\varphi = \frac{l}{f}$ Pfeilverhältnis

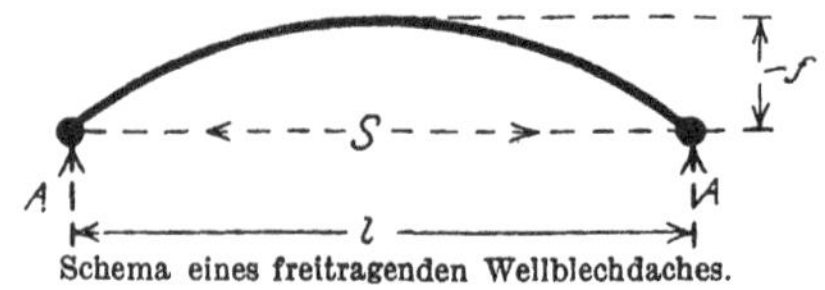

Schema eines freitragenden Wellblechdaches.

M Gesamtmoment in cm/kg

W Erforderliches Widerstandsmoment in cm^3

S Bogenschub in kg

A Auflagerdruck in kg

Berechnungsgrundlagen;

Eigengewicht 25 kg/qm

+ einseitigem Schneedruck $75 \cos \alpha$ kg/qm Grundfläche[1]).

+ Wind $150 \sin^2 \alpha$ kg/qm Dachfläche[2]).

Dementsprechend zulässige Beanspruchung 1400 kg/qcm[3]).
Die Berechnung[4]) gilt für ein Pfeilverhältnis $\varphi = 4$—8.

Berechnungsformeln für 1 m Dachbreite;

$$M = \frac{1000}{7} \cdot l^2 \cdot \nu \text{ cm/kg}$$

$$W = \frac{1}{9{,}8} \cdot l^2 \cdot \nu \text{ cm}^3$$

worin

$$\nu = \frac{l}{20}\left(44{,}5 - 7\,\varphi + \frac{\varphi^2}{2}\right)$$

einzusetzen ist.

$$S = 6 \cdot (1 + 2\,\varphi) \cdot l \text{ kg}$$
$$A = (62 - \varphi) \cdot l \text{ kg}$$

Zahlentafel der ν-Werte.

$$\nu = \frac{1}{20}\left(44{,}5 - 7\,\varphi + \frac{\varphi^2}{2}\right)$$

φ	,0	,2	,4	,6	,8	φ
4	1,225	1,196	1,169	1,142	1,121	4
5	1,100	1,081	1,063	1,049	1,036	5
6	1,025	1,016	1,009	1,004	1,001	6
7	1,000	1,001	1,004	1,009	1,016	7
8	1,025	1,036	1,049	1,063	1,081	8

[1]) Bestimmungen über die bei Hochbauten anzunehmenden Belastungen und die Beanspruchungen der Baustoffe und Berechnungsgrundlagen für die statische Untersuchung von Hochbauten vom 31. Januar 1910. Dritte ergänzte Auflage. Berlin 1913, Verlag von Wilhelm Ernst & Sohn. Vgl. S. 15, C b 1.

[2]) a. a. O. S. 15. C b 2.

[3]) a. b. O. S. 21, D 96.

[4]) Aufgestellt von Professor Siegmund Müller in Charlottenburg. Ableitung und Begründung vgl. die im Ausgabejahr dieser Liste erschienene Veröffentlichung des Verfassers: Über die Berechnung freitragender Wellblechdächer.

2. Wellbleche von Dillingen. Nr. 2—11.

d = Blechdicke. *b* = Wellenbreite. *h* = Wellentiefe. *B* = Baubreite. *L* = größte Länge. Gew. pro qm einschließl. Überdeckung (unverzinkt).

d	2	3	4	5	6	7	8	9	10	11
0,75	—	7,1	7,2	7,2	—	—	—	—	—	—
0,87	—	8,3	8,4	8,4	12,4	—	—	—	—	—
1,00	10,1	9,5	9,7	9,7	13,2	12,9	12,7	20,9	—	—
1,12	11,3	10,6	10,9	10,9	14,8	14,6	14,2	23,5	—	—
1,25	12,6	12,9	12,1	12,1	16,5	16,2	15,9	26,1	—	—
1,37	13,9	13,1	13,3	13,3	18,2	19,1	17,4	28,7	—	—
1,50	15,1	14,3	14,5	14,5	19,8	19,4	19,1	31,3	30,6	31,4
1,75	17,7	16,8	17,0	17,0	23,5	22,7	22,3	36,5	35,8	38,6
2,00	20,2	19,1	19,4	19,4	26,4	25,9	25,5	41,8	40,9	41,9
2,25	—	—	—	—	—	29,2	28,7	47,0	46,0	47,0
2,50	—	—	—	—	—	32,5	31,9	52,3	51,1	52,3
2,75	—	—	—	—	—	—	—	57,5	56,3	57,5
3,00	—	—	—	—	—	—	—	62,7	61,3	62,7
b	154	80	100	120	80	100	120	80	100	120
h	45	20	25	30	40	50	60	80	100	120
B	924	480	600	720	480	600	720	480	600	600
L	3,10	3—6	3—6	3—6	3—6	3—6	3—6	3—6	4—6	4—6

Die größte Länge der Bleche wächst mit der Dicke von m zu m; die obere Grenze der Abteilungen ist durch Punkte hinter den Gewichten angezeigt.

3. Trägerwellbleche von Hein, Lehmann & Co. in Berlin.

Profil Nr.	*h*	*b*	*d*	Gew. pro qm für *d* = 1 kg	*W* für m Breite u. *d* = 1 bz. auf mm
5	50	100	1·2	12,5	17000
6	60	100	1·2	14,1	25200
7	70	100	1·3	15,7	33000
8	80	100	1·3	17,3	40500
9	90	100	1·3	18,9	48400
10	100	100	2·5	20,5	56450
10/20	100	200	1,5·3	12,6	38885

4. Verzinkte Trägerwellbleche von Jac. Hilgers in Rheinbrohl.

Profil	*b*	*h*	*B*	Gew. pro qm ohne Überdeckung 1 mm Stärke	2	3	6
O	90	45	540	12	24	36	48
A	90	50	540	13	26	39	52
B	90	60	450	15	30	45	60
C	90	70	450	17	31	51	68
D	100	80	400	18	36	54	72
E	100	90	400	19	38	57	76
F	100	100	400	21	42	63	84

5. Blech.

Sturzbleche nach deutscher und englischer Lehre.

dtsch. Nr.	engl. Nr.	*d*	kg	dtsch. Nr.	engl. Nr.	*d*	kg	dtsch. Nr.	engl. Nr.	*d*	kg
1	5	5,50	44	10	12	2,75	22	19	19	1,000	8
2	6	5,00	40	11	13	2,50	20	20	21	0,875	7
3	7	4,50	36	12	13½	2,25	18	21	21	0,750	6
4	7½	4,25	34	13	14	2,00	16	22	23	0,625	5
5	8	4,00	32	14	15½	1,75	14	23	24	0,562	4,5
6	9	3,75	30	15	17	1,50	12	24	25	0,500	4
7	10	3,50	28	16	17½	1,375	11	25	27	0,438	3,5
8	10½	3,25	26	17	18	1,25	10	26	28	0,375	3
9	11	3,00	24	18	18½	1,125	9				

6. Geschmiedeter Stahl

unlegiert und unvergütet, Grundnorm.

ENTWURF 1
E 1526

Spezifisches Gewicht 7.85

Die Festigkeitseigenschaften gelten für den ausgeglühten Zustand, der meist der Anlieferungszustand ist. Annähernd gleiche Eigenschaften sollen bereits bei dem gut durchgewalzten oder gut durchgeschmiedeten Ausgangswerkstoff vorhanden sein

Marke	Bruchgrenze σb	Bruchdehnung δ		Eigenschaften			
		Normalstab mit 200 mm Meßlänge: mindestens	Kurzstab mit δ 100 mm [1] Meßlänge: mindestens	Schwefel und Phosphor	Streckgrenze σs	Kohlenstoffgehalt:	Bemerkungen
	kg/mm²	vH	vH	vH	kg/mm²	∾ vH	
St 0	—	—	—	—	—	—	Ohne Angabe von Festigkeitseigenschaften Weder kalt- noch rotbrüchig
St	34÷44	20	25	—	Im allgemeinen 55 vH von σb	0,1	Übliche Thomas od. S. M.-Güte Schweißt nicht immer gut und zuverlässig
St 1	34÷42	25	30	Nicht mehr als etwa je 0,05 vH, zusammen jedoch nicht mehr als 0,1 vH		0,1	Gut einsetzbar Feuerschweißbar
St 2	42÷50	20	24			0,2	Noch einsetzbar, wenn Kern bereits etwas hart sein darf Schwer feuerschweißbar
St 3	50÷60	18	22			0,3	Nicht für Einsatzhärtung Kaum Feuerschweißbar Wenig härtbar
St 4	60÷70	14	17			0,4	Härtbar Vergütbar
St 5	70÷80	10	12			0,5	Hoch härtbar Vergütbar

[1]) Bei dem im Ausland zum Teil üblichen Zerreißstab mit nur 51 mm Meßlänge werden die Dehnungswerte entsprechend höher.

Die Festigkeitseigenschaften gelten in der Faserrichtung.

Die Prüfung erfolgt nach DINORM.

Durch Wärmebehandlung, z. B. Vergüten, können die Festigkeitseigenschaften geändert werden.

Durch Kaltreckung (z. B. Ziehen, Pressen, Schlagen) umgeformter Werkstoff fällt nicht unter diese Norm.

Durch Puddeln oder Paketieren hergestellter Werkstoff ist in der Aufstellung nicht enthalten.

12. August 1922

7. Gewichtstafel für Vierkanteisen.

Dicke mm	Gewicht in kg/m	Dicke mm	Gewicht in kg/m	Dicke mm	Gewicht in kg/m
5	0,196	50	19,625	180	254,340
6	0,283	52	21,226	185	268,666
7	0,385	54	22,891	190	283,385
8	0,502	56	24,618	195	298,496
9	0,636	58	26,407	200	314,000
10	0,785	60	28,260	205	329,896
11	0,950	62	30,175	210	346,185
12	1,130	64	32,154	215	362,866
13	1,327	66	34,195	220	379,940
14	1,539	68	36,298	225	397,406
15	1,766	70	38,465	230	415,265
16	2,010	72	40,694	235	433,516
17	2,269	74	42,987	240	452,160
18	2,543	76	45,342	245	471,196
19	2,834	78	47,759	250	490,625
20	3,140	80	50,240	255	510,446
21	3,462	85	56,716	260	530,660
22	3,799	90	63,585	265	551,266
23	4,153	95	70,846	270	572,265
24	4,522	100	78,500	275	593,656
25	4,906	105	86,546	280	615,440
26	5,307	110	94,985	285	637,616
27	5,723	115	103,816	290	660,185
28	6,154	120	113,040	295	683,146
29	6,602	125	122,656	300	706,500
30	7,065	130	132,665	305	730,246
32	8,038	135	143,066	310	754,385
34	9,075	140	153,860	315	778,916
36	10,174	145	165,046	320	803,840
38	11,335	150	176,625	325	829,156
40	12,560	155	188,596	330	854,865
42	13,847	160	200,960	335	880,966
44	15,198	165	213,716	340	907,460
46	16,611	170	226,865	345	934,346
48	18,086	175	240,406	450	961,625

8. Gewichtstafel für Sechskanteisen.

Dicke mm	Gewicht in kg/m	Dicke mm	Gewicht in kg/m	Dicke mm	Gewicht in kg/m
5	0,170	50	16,995	180	220,265
6	0,245	52	18,383	185	232,638
7	0,333	54	19,824	190	245,419
8	0,435	56	21,320	195	258,506
9	0,551	58	22,870	200	271,932
10	0,680	60	24,474	205	288,927
11	0,823	62	26,133	210	299,805
12	0,979	64	27,846	215	314,251
13	1,149	66	29,614	220	329,037
14	1,332	68	31,436	225	344,164
15	1,530	70	33,312	230	359,631
16	1,740	72	35,243	235	375,437
17	1,965	74	37,228	240	391,583
18	2,203	76	39,267	245	408,068
19	2,454	78	41,361	250	424,894
20	2,719	80	43,509	255	442,060
21	2,998	85	49,118	260	459,565
22	3,290	90	55,067	265	477,411
23	3,596	95	61,355	270	495,597
24	3,916	100	67,983	275	514,022
25	4,249	105	74,951	280	532,988
26	4,596	110	82,260	285	552,193
27	4,956	115	89,908	290	571,738
28	5,330	120	97,896	295	591,623
29	5,717	125	106,224	300	611,848
30	6,118	130	114,891	305	632,413
32	6,961	135	123,899	310	653,318
34	7,859	140	133,247	315	674,563
36	8,811	145	142,934	320	696,148
38	9,817	150	152,962	325	718,071
40	10,877	155	163,329	330	740,336
42	11,992	160	174,036	335	762,940
44	13,162	165	185,084	340	785,885
46	14,385	170	196,471	345	809,169
48	15,663	175	208,198	350	832,793

9. Gewichtstafel für Rundeisen.

Dicke mm	Gewicht in kg/m	Dicke mm	Gewicht in kg/m	Dicke mm	Gewicht in kg/m
5	0,154	50	15,413	180	199,758
6	0,222	52	16,671	185	211,010
7	0,302	54	17,978	190	222,570
8	0,395	56	19,335	195	234,438
9	0,499	58	20,740	200	246,615
10	0,617	60	22,195	205	259,100
11	0,746	62	23,700	210	271,893
12	0,888	64	25,253	215	284,994
13	1,042	66	26,856	220	298,404
14	1,208	68	28,509	225	312,122
15	1,387	70	30,210	230	326,148
16	1,578	72	31,961	235	340,483
17	1,782	74	33,762	240	355,126
18	1,998	76	35,611	245	370,077
19	2,226	78	37,510	250	385,336
20	2,466	80	39,458	255	400,904
21	2,719	85	44,545	260	416,779
22	2,984	90	49,940	265	432,963
23	3,261	95	55,643	270	449,456
24	3,551	100	61,654	275	466,257
25	3,853	105	67,973	280	483,365
26	4,168	110	74,601	285	500,783
27	4,495	115	81,537	290	518,508
28	4,834	120	88,781	295	536,542
29	5,185	125	96,334	300	554,884
30	5,549	130	104,195	305	573,534
32	6,313	135	112,364	310	592,493
34	7,127	140	120,841	315	611,759
36	7,990	145	129,627	320	631,334
38	8,903	150	138,721	325	651,218
40	9,865	155	148,123	330	671,409
42	10,876	160	157,834	335	691,909
44	11,936	165	167,852	340	712,717
46	13,046	170	178,179	345	733,834
48	14,205	175	188,815	350	755,258

10. Gewichtstafel für Flacheisen.

Gewicht von 1 m in kg.

Dicke in mm	Breite in mm: 10	12	14	15	16	18	20	22	24	25	26	28	30	32	34
1	0,079	0,094	0,110	0,118	0,126	0,141	0,157	0,173	0,188	0,196	0,204	0,220	0,236	0,251	0,267
2	0,157	0,188	0,220	0,236	0,251	0,283	0,314	0,345	0,377	0,393	0,408	0,440	0,471	0,502	0,534
3	0,236	0,283	0,330	0,353	0,377	0,424	1,471	0,518	0,565	0,589	0,612	0,659	0,707	0,754	0,801
4	0,314	0,377	0,440	0,471	0,502	0,565	0,628	0,691	0,754	0,785	0,816	0,879	0,942	1,005	1,068
5	0,393	0,471	0,550	0,589	0,628	0,707	0,785	0,864	0,942	0,981	1,020	1,099	1,178	1,256	1,335
6	0,471	0,565	0,659	0,707	0,754	0,848	0,942	1,036	1,130	1,178	1,225	1,319	1;413	1,507	1,601
7	0,550	0,659	0,769	0,824	0,879	0,989	1,099	1,209	1,319	1,374	1,429	1,539	1,649	1,758	1,868
8	0,628	0,754	0,879	0,942	1,005	1,130	1,256	1,382	1,507	1,570	1,633	1,758	1,884	2,010	2,135
9	0,707	0,848	0,989	1,060	1,130	1,272	1,413	1,554	1,606	1,766	1,837	1,978	2,120	2,261	2,402
10	0,785	0,942	1,099	1,178	1,256	1,413	1,570	1,727	1,884	1,963	2,041	2,198	2,355	2,512	2,669
11	0,864	1,036	1,209	1,295	1,382	1,554	1,727	1,900	2,072	2,159	2,245	2,418	2,591	2,763	2,936
12	0,942	1,130	1,319	1,413	1,507	1,696	1,884	2,072	2,261	2,355	2,449	2,638	2,826	3,014	3,203
13	1,021	1,225	1,429	1,531	1,633	1,837	2,041	2,245	2,449	2,551	2,653	2,857	3,062	3,266	3,470
14	1,099	1,319	1,539	1,649	1,758	1,978	2,198	2,418	2,638	2,748	2,857	3,077	3,297	3,517	3,737
15	1,178	1,413	1,648	1,766	1,884	2,120	2,355	2,591	2,826	2,944	3,061	3,297	3,533	3,768	4,004
16	1,256	1,507	1,758	1,884	2,010	2,261	2,512	2,763	3,014	3,140	3,266	3,517	3,678	4,019	4,270
17	1,335	1,601	1,868	2,002	2,135	2,402	2,669	2,936	3,203	3,336	3,470	3,737	4,004	4,270	4,537
18	1,412	1,696	1,978	2,120	2,261	2,543	2,826	3,109	3,391	3,533	3,674	3,956	4,239	4,522	4,804
19	1,494	1,790	2,088	2,237	2,386	2,685	2,983	3,281	3,580	3,729	3,878	4,176	4,475	4,773	5,071
20	1,570	1,884	2,198	2,355	2,512	2,826	3,140	3,454	3,768	3,925	4,082	4,396	4,710	5,024	5,338
21	1,649	1,978	2,308	2,473	2,638	2,967	3,297	3,627	3,956	4,121	4,286	4,616	4,946	5,275	5,605
22	1,727	2,072	2,418	2,591	2,763	3,109	3,454	3,779	4,145	4,318	4,490	4,836	5,181	5,526	5,872
23	1,806	2,167	2,528	2,708	2,889	3,250	3,611	3,972	4,333	4,514	4,694	5,055	5,417	5,778	6,139
24	1,884	2,261	2,638	2,826	3,014	3,391	3,768	4,145	4,522	4,710	4,898	5,275	5,652	6,029	6,406
25	1,963	2,355	2,748	2,944	3,140	3,533	3,925	4,318	4,710	4,906	5,103	5,495	5,888	6,280	6,673
26	2,041	2,449	2,857	3,061	3,266	3,674	4,082	4,490	4,898	5,103	5,307	5,715	6,123	6,531	6,939
27	2,120	2,543	2,967	3,179	3,391	3,815	4,239	4,663	5,087	5,299	5,511	5,935	6,359	6,782	7 206
28	2,198	2,638	3,077	3,297	3,517	3,956	4,396	4,836	5,275	5,495	5,715	6,154	6,594	7,034	7,473
29	2,277	2,732	3,187	3,415	3,642	4,098	4,553	5,008	5,464	5,691	5,919	6,374	6.830	7,285	7,470
30	2,355	2,826	3,297	3,533	3,768	4,239	4,710	5,181	5,652	5,888	6,123	6,594	7,065	7,536	8,007
31	2,434	2,920	3,407	3,650	3,894	4,380	4,867	5,354	5,840	6,084	6,327	6,814	7,301	7,787	8.724
32	2,512	3,014	3,517	3,768	4,019	4,522	5,024	5,526	6,029	6,280	6,531	7,034	7,536	8,038	8,541
33	2,591	3,109	3,627	3,886	4,145	4,663	5,181	5,699	6,217	6,476	6,735	7,253	7,772	8,290	8,808
34	2,669	3,203	3,737	4,003	4,270	4,804	5,338	5,872	6,406	6,673	6,939	7,473	8,007	8,541	9,075
35	2,748	3,297	3,847	4,121	4,396	4,946	5,495	6,045	6,594	6,869	7,144	7,693	8,243	8,792	9,342
36	2,826	3,391	3,956	4,239	4,522	5,087	5,652	6,217	6,782	7,065	7,348	7,913	8,478	9,043	9,608
37	2,905	3,485	4,066	4,357	4,647	5,228	5,809	6,390	6,971	7,261	7,552	8,133	8,714	9,294	9,875
38	2,983	3,580	4,176	4,474	4,773	5,369	5,966	6,563	7,159	7,458	7,756	8,352	8,949	9,546	10,14
39	3,062	3,674	4,286	4,592	4,898	5,511	6,123	6,735	7,348	7,654	7,960	8,572	9,185	9,797	10,41
40	3,140	3,768	4,396	4,710	5,024	5,652	6,280	6,908	7,536	7,850	8,164	8,792	9,420	10,05	10,69
41	3,219	3,862	4,506	4,828	5,150	5,793	6,437	7,081	7,724	8,046	8,368	9,012	9,656	10,30	10,91
42	3,297	3,956	4,616	4,945	5,275	5,935	6,594	7,253	7,913	8,243	8,572	9,232	9,891	10,55	11,21
43	3,376	4,051	4,726	5,063	5,401	6,076	6,751	7,426	8,101	8,439	8,776	9,451	10,13	10,80	11,48
44	3,454	4,145	4,836	5,181	5,526	6,217	6,908	7,599	8,290	8,635	8,980	9,671	10,36	11,05	11,74
45	3,533	4,239	4,946	5,299	5,652	6,359	7,065	7,772	8,478	8,831	9,185	9,891	10,60	11,30	12,01

10. Gewichtstafel für Flacheisen. (Fortsetzung.)

Dicke in mm	Breite in mm														
	35	36	38	40	42	44	45	46	48	50	55	60	65	70	75
1	0,275	0,283	0,298	0,314	0,330	0,345	0,353	0,361	0,377	0,393	0,432	0,471	0,510	0,550	0,589
2	0,550	0,565	0,597	0,628	0,659	0,691	0,707	0,722	0,754	0,785	0,864	0,942	1,021	1,099	1,178
3	0,824	0,848	0,895	0,942	0,989	1,036	1,060	1,083	1,130	1,178	1,295	1,413	1,531	1,648	1,766
4	1,099	1,130	1,193	1,256	1,319	1,382	1,413	1,444	1,507	1,570	1,727	1,884	2,041	2,198	2,355
5	1,374	1,413	1,492	1,570	1,649	1,727	1,766	1,806	1,884	1,963	2,159	2,355	2,551	2,748	2,944
6	1,649	1,696	1,790	1,884	1,978	2,072	2,120	2,167	2,261	2,355	2,591	2,826	3,062	3,297	3,533
7	1,923	1,978	2,088	2,198	2,308	2,418	2,473	2,528	2,638	2,748	3,022	3,297	3,572	3,847	4,121
8	2,198	2,261	2,386	2,512	2,638	2,763	2,826	2,889	3,014	3,140	3,454	3,768	4,082	4,396	4,710
9	2,473	2,543	2,685	2,826	2,967	3,109	3,179	3,250	3,391	3,533	3,886	4,239	4,592	4,946	5,299
10	2,748	2,826	2,983	3,140	3,297	3,454	3,533	3,611	3,768	3,925	4,318	4,710	5,103	5,495	5,888
11	3,022	3,109	3,281	3,454	3,627	3,799	3,886	3,972	4,145	4,318	4,749	5,181	5,613	6,045	6,476
12	3,297	3,391	3,580	3,768	3,956	4,145	4,239	4,333	4,522	4,710	5,181	5,652	6,123	6,594	7,065
13	3,572	3,674	3,878	4,082	4,286	4,490	4,592	4,694	4,898	5,103	5,613	6,123	6,633	7,145	7,654
14	3,847	3,956	4,176	4,396	4,616	4,836	4,946	5,055	5,275	5,495	6,045	6,594	7,144	7,693	8,243
15	4,121	4,239	4,475	4,710	4,946	5,181	5,299	5,417	5,652	5,888	6,476	7,065	7,654	8,243	8,831
16	4,396	4,522	4,773	5,024	5,275	5,526	5,652	5,778	6,029	6,280	6,908	7,536	8,164	8,792	9,420
17	4,671	4,804	5,071	5,338	5,605	5,872	6,005	6,139	6,406	6,673	7,340	8,007	8,674	9,342	10,01
18	4,946	5,087	5,369	5,652	5,935	6,217	6,359	6,500	6,782	7,065	7,772	8,478	9,185	9,891	10,60
19	5,220	5,369	5,668	5,966	6,264	6,563	6,712	6,861	7,159	7,458	8,209	8,949	9,695	10,44	11,10
20	5,495	5,652	5,966	6,280	6,594	6,908	7,065	7,222	7,536	7,850	8,635	9,420	10,21	10,99	11,78
21	5,770	5,935	6,264	6,594	6,924	7,253	7,418	7,583	7,913	8,243	9,067	9,891	10,72	11,54	12,36
22	6,045	6,217	6,563	6,908	7,253	7,599	7,772	7,944	8,290	8,635	9,499	10,36	11,23	12,09	12,95
23	6,319	6,500	6,861	7,222	7,583	7,945	8,125	8,305	8,666	9,028	9,930	10,83	11,74	12,64	13,54
24	6,594	6,782	7,159	7,536	7,913	8,290	8,478	8,666	9,043	9,420	10,36	11,30	12,25	13,19	14,13
25	6,869	7,065	7,458	7,850	8,243	8,635	8,831	9,028	9,420	9,813	10,79	11,78	12,76	13,74	14,72
26	7,144	7,348	7,756	8,164	8,572	8,980	9,185	9,389	9,797	10,21	11,23	12,25	13,27	14,29	15,31
27	7,418	7,630	8,054	8,478	8,902	9,326	9,538	9,750	10,17	10,60	11,66	12,72	13,78	14,84	15,90
28	7,693	7,913	8,352	8,792	9,232	9,671	9,891	10,11	10,55	10,99	12,09	13,19	14,29	15,39	16,40
29	7,968	8,195	8,651	9,106	9,561	10,02	10,24	10,47	10,93	11,38	12,52	13,66	14,80	15,94	17,07
30	8,243	8,478	8,949	9,420	9,891	10,36	10,60	10,83	11,30	11,78	12,95	14,13	15,31	16,48	17,66
31	8,517	8,761	9,247	9,734	10,22	10,71	10,95	11,19	11,68	12,17	13,38	14,60	15,82	17,03	18,25
32	8,792	9,043	9,546	10,05	10,55	11,05	11,30	11,56	12,06	12,56	13,82	15,07	16,33	17,58	18,84
33	9,067	9,326	9,844	10,36	10,88	11,40	11,66	11,92	12,43	12,95	14,25	15,54	16,84	18,13	19,43
34	9,342	9,608	10,14	10,68	11,21	11,74	12,01	12,28	12,81	13,35	14,68	16,01	17,35	18,68	20,02
35	9,616	9,891	10,44	10,99	11,54	12,09	12,36	12,64	13,19	13,74	15,11	16,49	17,86	19,23	20,61
36	9,891	10,17	10,74	11,30	11,87	12,43	12,72	13,00	13,56	14,13	15,54	16,96	18,37	19,78	21,20
37	10,17	10,46	11,04	11,62	12,20	12,78	13,07	13,36	13,94	14,52	15,97	17,43	18,88	20,33	21,78
38	10,44	10,74	11,34	11,93	12,53	13,13	13,42	13,72	14,31	14,92	16,41	17,90	19,39	20,88	22,37
39	10,72	11,02	11,63	12,25	12,86	13,47	13,78	14,08	14,70	15,31	16,84	18,37	19,90	21,43	22,96
40	10,99	11,30	11,94	12,56	13,19	13,82	14,13	14,44	15,07	15,70	17,28	18,84	20,41	21,98	23,55
41	11,26	11,59	12,23	12,87	13,52	14,16	14,48	14,81	15,45	16,09	17,70	19,31	20,92	22,53	24,14
42	11,54	11,87	12,53	13,19	13,85	14,51	14,84	15,17	15,83	16,49	18,13	19,78	21,43	23,08	24,73
43	11,81	12,15	12,83	13,50	14,18	14,85	15,19	15,53	16,20	16,88	18,57	20,25	21,94	23,63	25,32
44	12,09	12,43	13,13	13,82	14,51	15,20	15,54	15,89	16,58	17,27	19,00	20,72	22,45	24,18	25,91
45	12,36	12,72	13,42	14,13	14,84	15,54	15,90	16,25	16,96	17,66	19,43	21,20	22,96	24,73	26,49

10. Gewichtstafel für Flacheisen. (Fortsetzung.)

Dicke in mm	Breite in mm													
	80	85	90	95	100	110	120	130	140	150	160	170	180	190
1	0,628	0,667	0,706	0,746	0,785	0,864	0,942	1,021	1,099	1,178	1,256	1,335	1,413	1,492
2	1,256	1,335	1,413	1,492	1,570	1,727	1,884	2,041	2,198	2,355	2,512	2,669	2,826	2,983
3	1,884	2,002	2,120	2,237	2,355	2,591	2,826	3,062	3,297	3,533	3,768	4,004	4,239	4,475
4	2,512	2,669	2,826	2,983	3,140	3,454	3,768	4,082	4,396	4,710	5,024	5,338	5,652	5,966
5	3,140	3,336	3,533	3,729	3,925	4,318	4,710	5,103	5,495	5,888	6,280	6,673	7,065	7,458
6	3,768	4,004	4,239	4,475	4,710	5,181	5,652	6,123	6,594	7,065	7,536	8,007	8,478	8,949
7	4,396	4,671	4,946	5,220	5,495	6,045	6,594	7,144	7,693	8,243	8,792	9,342	9,891	12,44
8	5,024	5,338	5,652	5,966	6,280	6,908	7,536	8,164	8,792	9,420	10,05	10,68	11,30	11,93
9	5,652	6,005	6,359	6,712	7,065	7,772	8,478	9,185	9,891	10,60	11,30	12,01	12,72	13,42
10	6,280	6,673	7,965	7,458	7,850	8,635	9,420	10,21	10,99	11,78	12,56	13,35	14,13	14,92
11	6,908	7,340	7,772	8,203	8,635	9,499	10,36	11,24	12,09	12,95	13,82	14,63	15,54	16,41
12	7,536	8,007	8,478	8,949	9,420	10,36	11,30	12,25	13,19	14,13	15,07	16,01	16,96	17,90
13	8,164	8,674	9,185	9,695	10,21	11,23	12,25	13,27	14,29	15,31	16,33	17,35	18,37	19,39
14	8,792	9,342	9,891	10,44	10,99	12,09	13,19	14,29	15,39	16,49	17,58	18,63	19,78	20,88
15	9,420	10,01	10,60	11,19	11,78	12,95	14,13	15,31	16,48	17,66	18,84	20,02	21,20	22,37
16	10,05	10,68	11,30	11,93	12,56	13,82	15,07	16,33	17,58	18,84	20,10	21,35	22,61	23,86
17	10,68	11,34	12,01	12,68	13,35	14,68	16,01	17,35	18,68	20,02	21,35	22,69	24,02	25,36
18	11,30	12,01	12,72	13,42	14,13	15,54	16,96	18,37	19,78	21,20	22,61	24,02	25,43	25,85
19	11,93	12,68	13,42	14,17	14,92	16,41	17,90	19,39	20,88	22,37	23,86	25,36	26,85	28,34
20	12,56	13,35	14,13	14,92	15,70	17,27	18,84	20,41	21,98	23,55	25,12	26,69	28,26	29,83
21	13,19	14,01	14,84	15,66	16,49	18,13	19,78	21,43	23,08	24,73	26,38	28,02	29,67	31,32
22	13,82	14,68	15,54	16,41	17,27	19,00	20,72	22,45	24,18	25,91	27,63	29,36	31,09	32,81
23	14,44	15,35	16,25	17,15	18,06	19,86	21,67	23,47	25,28	27,08	28,89	30,69	32,50	34,30
24	15,07	16,01	16,96	17,90	18,84	20.72	22,61	24,49	26,38	28,26	30,14	32,03	33,91	35,80
25	15,70	16,68	17,66	18,64	19,63	21,59	23,55	25,51	27,48	29,44	31,40	33,36	35,33	37,29
26	16,33	17,35	18,37	19,39	20,41	22,45	24,49	26,53	28,57	30,61	32,66	34,70	36,74	38,78
27	16,96	18,02	19,08	20,14	21,20	23,31	25,43	27,55	29,67	31,79	33,91	36,03	38,15	40,27
28	17,58	18,68	19,78	20,88	21,98	24,18	26,38	28,57	30,77	32,97	35,17	37,37	39,56	41,76
29	18,21	19,35	20,49	21,63	22,77	25,04	27,32	29,59	31,87	34,15	36,42	38,70	40,98	43,25
30	18,84	20,02	21,20	22,37	23,55	25,91	28,26	30,62	32,97	35,33	37,68	40,04	42,39	44,75
31	19,47	20,68	21,90	23,12	24,34	26,77	29,20	31,64	34,07	36,50	38,94	41,37	43,80	46,24
32	20,10	21,35	22,61	23,86	25,12	27,63	30,14	32,66	35,17	37,68	40,19	42,70	45,22	47,73
33	20,72	22,02	23,31	24,61	25,91	28,50	31,09	33,68	36,27	38,86	41,45	44,04	46,63	49,22
34	21,35	22,69	24,02	25,36	26,69	29,36	32,03	34,70	37,37	40,03	42,70	45,37	48,04	50,71
35	21,98	23,35	24,73	26,10	27,48	30,22	32,97	35,72	38,47	41,21	43,96	46,71	49,46	52,20
36	22,61	24,02	25,43	26,85	28,26	31,09	33,91	36,74	39,56	42,39	45,22	48,04	50,87	53,69
37	23,24	24,69	26,14	27,59	29,05	31,95	34,85	37,76	40,66	43,57	46,47	49,38	52,28	55,19
38	23,86	25,36	26,85	28,34	29,83	32,81	35,80	38,78	41,76	44,74	47,73	50,71	53,69	56,68
39	24,49	26,02	27,55	29,08	30,62	33,68	36,74	39,80	42,86	45,92	48,98	52,05	55,11	58,17
40	25,12	26,69	28,26	29,83	31,40	34,54	37,68	40,82	43,96	47,10	50,24	53,38	56,52	59,66
41	25,75	27,36	28,97	30,58	32,19	35,40	38,62	41,84	45,06	48,28	51,50	54,71	57,93	61,15
42	26,38	28,02	29,67	31,32	32,97	36,27	39,56	42,86	46,16	49,45	52,75	56,05	59,35	62,64
43	27,00	28,69	30,38	32,07	33,76	37,13	40,51	43,88	47,26	50,63	54,01	57,38	60,76	64,13
44	27,63	29,36	31,09	32,81	34,54	37,99	41,45	44,90	48,36	51,81	55,26	58,72	62,17	65,63
45	28,26	30,03	31,79	33,56	35,33	38,86	42,39	45,92	49,46	52,99	56,52	60,05	63,59	67,12

11. Walzeisen-Normalprofile.

a) I-Eisen.

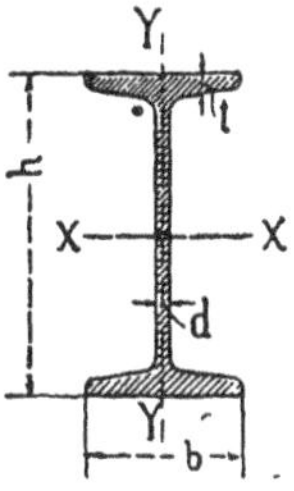

h = Höhe; b = Flanschbreite;
d = Stegdicke;
$t = 1,5\ d$ = mittl. Flanschdicke;
Bis $h = 250$ mm ist $b = (0,4\ h + 10)$ mm;
$d = (0,03\ h + 1,5)$ mm. Für $h >$ 250 mm ist $b = (0,03\ h + 35)$ mm;
$d = 0,036\ h$. — Abrundung in den Winkelecken $R = d$, an den Flanschenden $r = 0,6\ d$. — Neigung im Flansch 14%. —

Profil-Nr.	h	b	d	t	F	G	J_x	$W_x = \frac{J_x}{h/2}$	J_y	$W_y = \frac{J_y}{b/2}$
	mm				cm^2	kg/m	cm^4	cm^3	cm^4	cm^3
8	80	42	3,9	5,9	7,58	5,95	77,8	19,5	6,29	3,00
9	90	46	4,2	6,3	9,00	7,07	117	26,0	8,78	3,82
10	100	50	4,5	6,8	10,6	8,32	171	34,2	12,2	4,88
11	110	54	4,8	7,2	12,3	9,66	239	43,5	16,2	6,00
12	120	58	5,1	7,7	14,2	11,15	328	54,7	21,5	7,41
13	130	62	5,4	8,1	16,1	12,64	436	67,1	27,5	8,87
14	140	66	5,7	8,6	18,3	14,37	573	81,9	35,2	10,7
15	150	70	6,0	9,0	20,4	16,01	735	98,0	43,9	12,5
16	160	74	6,3	9,5	22,8	17,90	935	117	54,7	14,8
17	170	78	6,6	9,9	25,2	19,78	1166	137	66,6	17,1
18	180	82	6,9	10,4	27,9	21,90	1446	161	81,3	19,8
19	190	86	7,2	10,8	30,6	24,02	1763	186	97,4	22,7
20	200	90	7,5	11,3	33,5	26,30	2142	214	117	26,0
21	210	94	7,8	11,7	36,4	28,57	2563	244	138	29,4
22	220	98	8,1	12,2	39,6	31,09	3060	278	162	33,1
23	230	102	8,4	12,6	42,7	33,52	3607	314	189	37,1
24	240	106	8,7	13,1	46,1	36,19	4246	354	221	41,7
25	250	110	9,0	13,6	49,7	39,01	4966	397	256	46,5
26	260	113	9,4	14,1	53,4	41,02	5744	442	288	51,0
27	270	116	9,7	14,7	57,2	44,90	6626	491	326	56,2
28	280	119	10,1	15,2	61,1	47,96	7587	542	364	61,2
29	290	122	10,4	15,7	64,9	50,95	8636	596	406	66,6
30	300	125	10,8	16,2	69,1	54,24	9800	653	451	72,2
32	320	131	11,5	17,3	77,8	61,07	12510	782	555	84,7
34	340	137	12,2	18,3	86,8	68,14	15695	923	674	98,4
36	360	143	13,0	19,5	97,1	76,22	19605	1089	818	114
38	380	149	13,7	20,5	107	84,00	24012	1264	975	131
40	400	155	14,4	21,6	118	92,63	29213	1461	1158	149
42½	425	163	15,3	23,0	132	103,62	36973	1740	1437	176
45	450	170	16,2	24,3	147	115,40	45852	2037	1725	203
47½	475	178	17,1	25,6	163	127,96	56481	2378	2088	235
50	500	185	18,0	27,0	180	141,30	68738	2750	2478	268
55	550	200	19,0	30,0	213	167,21	99184	3607	3488	349

Zu 1). Diese Profile sind von 4 bis 12 m lang auf den Hütten vorrätig und zwar: von 4 bis 9 m mit 20 cm, von 9 bis 12 m mit 25 cm Abstufung in der Länge („Lagerlängen"), indes mit 50 mm Spielraum mehr weniger.

11. b) Breitflanschige I-(Grey-)Profile der Deutsch-Luxemburgischen Bergwerks- und Hütten-Aktiengesellschaft, Abteilung Differdingen (Luxemburg).

Nr.	Höhe	Flanschbreite	Flanschstärke		Stegstärke	Querschnitt	Gewicht	Trägheitsmomente		Widerstandsmomente	
			außen	am Steg							
	h	b	s_1	s_2	t			J_1	J_2	W_1	W_2
	mm					qcm	kg/m	cm^4	cm^4	cm^3	cm^3
18 B	180	180	9,0	16,72	8,5	59,9	47,0	3512	1073	390	119
20 B	200	200	9,5	18,12	8,5	70,4	55,3	5171	1568	517	157
22 B	220	220	10	19,5	9	82,6	64,8	7379	2216	671	201
24 B	240	240	10,5	20,85	10,0	96,8	76,0	10260	3043	855	254
25 B	250	250	10,9	21,7	10,5	105,1	82,5	12066	3575	965	286
26 B	260	260	11,7	22,9	11,0	115,6	90,7	14352	4261	1104	328
27 B	270	270	11,95	23,6	11,25	123,2	96,7	16529	4920	1224	365
28 B	280	280	12,35	24,4	11,5	131,8	103,4	19052	5671	1361	405
29 B	290	290	12,7	25,2	12,0	141,1	110,8	21866	6417	1508	443
30 B	300	300	13,25	26,25	12,5	152,1	119,4	25201	7494	1680	500
32 B	320	300	14,1	27,0	13,0	160,7	126,2	30119	7867	1882	524
34 B	340	300	14,6	27,5	13,4	167,4	131,4	35241	8097	2073	540
36 B	360	300	16,15	29,0	14,2	181,5	142,5	42479	8793	2360	586
38 B	380	300	17,0	29,8	14,8	191,2	150,1	49496	9175	2605	612
40 B	400	300	18,2	31,0	15,5	203,6	159,8	57834	9721	2892	648
$42^1/_2$ B	425	300	19,0	31,75	16,0	213,9	167,9	68249	10078	3212	672
45 B	450	300	20,3	33,0	17,0	229,3	180,0	80887	10668	3595	711
$47^1/_2$ B	475	300	21,35	34,0	17,6	242,0	190,0	94811	11142	3992	743
50 B	500	300	22,6	35,2	19,4	261,7	205,5	111283	11718	4451	781
55 B	550	300	24,5	37,0	20,6	288,0	226,1	145957	12582	5308	839
60 B	600	300	24,7	37,2	20,8	300,5	236,0	179303	12672	5977	845
65 B	650	300	25,0	37,5	21,1	314,5	246,9	217402	12814	6690	854
70 B	700	300	25,0	37,5	21,1	325,2	255,3	258106	12818	7374	845
75 B	750	300	25,0	37,5	21,1	355,7	263,5	302560	12823	8068	855

11. c) [-Eisen.

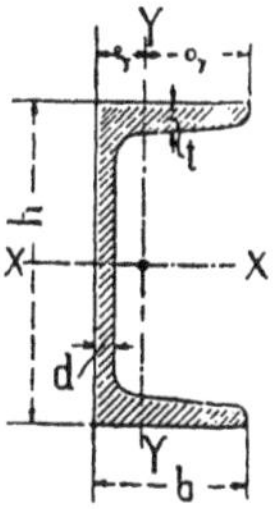

h = Höhe:

b = Flanschbreite = $(0.25\,h + 25)$ mm:

d = Eisendicke im Steg:

t = mittl. Flanschdicke:

Neigung im Flansch 8 %:

Abrund. $R = d$: $r = \frac{d}{2}$

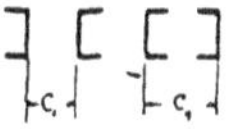

Profil-Nr.	h	b	d	t	F	G	e_y	J_x	$Wo^x = \frac{J_x}{h_2} = We_x$	J_y	$Wo_y = \frac{J_y}{o_y}$	$We_y = \frac{J_y}{e_y}$	c_1	c_2
	mm	mm	mm	mm	cm^2	kg/m	cm	cm^4	cm	cm^4	cm^3	cm^3	cm	cm
3	30	33	5	7	5,44	4,27	1,31	6,39	4,26	5,33	2,68	4,07	—	3,50
4	40	35	5	7	6,21	4,87	1,33	14,1	7,05	6,68	3,08	5,02	—	4,85
5	50	38	5	7	7,12	5,59	1,37	26,4	10,6	9,12	3,75	6,66	0,38	5,86
6½	65	42	5,5	7,5	9,03	7,09	1,42	57,5	17,7	14,1	5,07	9,93	1,54	7,22
8	80	45	6	8	11,0	8,64	1,45	106	26,5	19,4	6,36	13,4	2,71	8,51
10	100	50	6	8,5	13,5	10,6	1,55	206	41,2	29,3	8,49	18,9	4,14	10,34
12	120	55	7	9	17,0	13,35	1.60	364	60,7	43,2	11,1	27,0	5,49	11,89
14	140	60	7	10	20,4	16,01	1,75	605	86,4	62,7	14,8	35,8	6,81	13,81
16	160	65	7,5	10,5	24,0	18,84	1,84	925	116	85,3	18,3	46,4	8,15	15,51
18	180	70	8	11	28,0	21,98	1,92	1354	150	114	22,4	59,4	9,47	17,15
20	200	75	8,5	11,5	32,2	25,28	2.01	1911	191	148	27,0	73,7	10,78	18,62
22	220	80	9	12,5	37,4	29,36	2,14	2690	245	197	33,6	92,1	12,05	20,61
24	240	85	0,5	13	42,3	33,21	2,23	3598	300	248	39,6	111	13,34	22,26
26	260	90	10	14	48,3	37,92	2,36	4823	371	317	47,7	134	14,60	24,04
28	280	95	10	15	53,3	41,84	2,53	6276	448	399	57,2	158	15,94	26 06
30	200	100	10	16	58,8	46,16	2,70	8026	535	495	67,8	183	17,24	28,04

11. d) Gleichschenklige Winkeleisen.

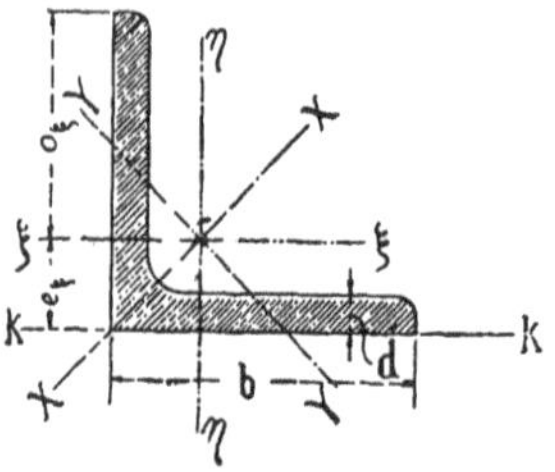

b = Schenkelbreite:

d = Schenkeldicke.

$d_{\min} = \frac{1}{10} b$ für $b \leqq 100$ mm:

$d_{\min} = \frac{1}{11} b$ für $b > 100$ mm:

$r = \frac{d_{\min} + d_{\max}}{2}$

$r_1 = \frac{r}{2}$ (auf halbe mm abgerundet).

Profil-Nr.	b	d	F	G	e_ξ $e_\xi = e_\eta$	Trägheitsmomente J_x	Trägheitsmomente J_y	Trägheitsmoment J_ξ	$\frac{J_\xi}{o_\xi}$	$\frac{J_\xi}{e_\xi}$	Trägheitsmoment J_k	$\frac{J_k}{b}$
	mm	mm	cm²	kg/m	cm	cm⁴	cm⁴	cm⁴	cm³	cm³	cm⁴	cm³
1½	15	3	0,82	0,64	0,48	0,24	0,06	0,15	0,15	0,31	0,34	0,23
		4	1,05	0,82	0,51	0,29	0,08	0,19	0,19	0,37	0,46	0,31
2	20	3	1,12	0,88	0,60	0,62	0,15	0,39	0,28	0,65	0,79	0,40
		4	1,45	1,14	0,64	0,77	0,19	0,48	0,35	0,75	1,08	0,54
2½	25	3	1,42	1,12	0,73	1,27	0,31	0,79	0,45	1,08	1,55	0,62
		4	1,85	1,45	0,76	1,61	0,40	1,01	0,58	1,33	2,07	0,83
3	30	4	2,27	1,78	0,89	2,85	0,76	1,81	0,86	2,03	3,60	1,20
		6	3,27	2,57	0,96	3,91	1,06	2,49	1,22	2,59	5,50	1,83
3½	35	4	2,67	2,10	1,00	4,68	1,24	2,96	1,18	2,96	5,63	1,61
		6	3,87	3,04	1,08	6,50	1,77	4,14	1,71	3,83	8,65	2,47
4	40	4	3,08	2,42	1,12	7,09	1,86	4,48	1,56	4,00	8,34	2,09
		6	4,48	3,52	1,20	9,98	2,67	6,33	2,26	5,28	12,8	3,20
		8	5,80	4,55	1,28	12,4	2,38	7,89	2,90	6,16	17,4	4,35
4½	45	5	4,30	3,38	1,28	12,4	3,25	7,83	2,43	6,12	14,9	3,30
		7	5,86	4,60	1,36	16,4	4,39	10,4	3,31	7,65	21,2	4,72
		9	7,34	5,76	1,44	19,8	5,40	12,6	4,12	8,75	27,8	6,18
5	50	5	4,80	3,77	1,40	17,4	4,59	11,0	3,05	7,86	20,4	4,08
		7	6,56	5,15	1,49	23,1	6,02	14,6	4,15	9,77	29,1	5,82
		9	8,24	6,47	1,56	28,1	7,67	17,9	5,20	11,5	37,9	7,58
5½	55	6	6,31	4,95	1,56	27,4	7,24	17,3	4,40	11,1	32,7	5,95
		8	8,23	6,46	1,64	34,8	9,35	22,1	5,72	13,5	44,2	8,04
		10	10,07	7,90	1,72	41,4	11,27	26,3	6,97	15,3	56,1	10,2
6	60	6	6,91	5,42	1,69	36,1	9,43	22,8	5,29	13,5	42,5	7,08
		8	9,03	7,09	1,77	46,1	12,1	29,1	6,88	16,4	57,4	9,57
		10	11,07	8,69	1,85	55,1	14,6	34,9	8,41	18,9	72,7	12,1
6½	65	7	8,70	6,83	1,85	53,0	13,8	33,4	7,18	18,1	63,2	9,7
		9	10,98	8,62	1,93	65,4	17,2	41,3	9,04	21,4	82,2	12,7
		11	13,17	10,34	2,00	76,8	20,7	48,8	10,8	24,4	101	15,6
7	70	7	9,4	7,38	1,97	67,1	17,6	42,4	8,43	21,5	78,8	11,3
		9	11,9	9,34	2,05	83,1	22,0	52,6	10,6	25,7	103	14,7
		11	14,3	11,23	2,13	97,6	26,0	61,8	12,7	29,0	127	18,1
7½	75	8	11,5	9.03	2,13	93,3	24,4	58,9	11,0	27,7	111	14,8
		10	14,1	11,07	2,21	113	29,8	71,4	13,5	32,3	140	18,7
		12	16,7	13,11	2,29	130	34,7	82,4	15,8	36,0	170	22,7

11. d) Gleichschenklige Winkeleisen (Fortsetzung).

Profil-Nr.	b	d	F	G	e_ξ $e_\xi = e_\eta$	Trägheitsmomente J_x	J_y	Trägheitsmoment J_ξ	$\frac{J_\xi}{o_\xi}$	$\frac{J_\xi}{e_\xi}$	Trägheitsmoment J_k	$\frac{J_k}{b}$
	mm	mm	cm²	kg/m	cm	cm⁴	cm⁴	cm⁴	cm³	cm³	cm⁴	cm³
8	80	8	12,3	9,66	2,26	115	29,6	72,3	12,6	32,0	135	16,9
		10	15,1	11,85	2,34	139	35,9	87,5	15,5	37,4	170	21,3
		12	17,9	14,05	2,41	161	43,0	102	18,2	42,3	206	25,8
9	90	9	15,5	12,17	2,54	184	47,8	116	18,0	45,7	216	24,0
		11	18,7	14,68	2,62	218	57,1	138	21,6	52,7	266	29,6
		13	21,8	17,11	2,70	250	65,9	158	25,1	58,5	317	35,2
10	100	10	19,2	15,07	2,82	280	73,3	177	24,7	62,8	329	32,9
		12	22,7	17,82	2,90	328	86,2	207	29,2	71,4	398	39,8
		14	26,2	20,57	2,98	372	98,3	235	33,5	78,9	468	46,8
11	110	10	21,2	16,64	3,07	379	98,6	239	30,1	77,9	439	39,9
		12	25,1	19,7	3,15	444	116	280	35,7	88,9	529	48,1
		14	29,0	22,77	3,21	505	133	319	41,0	99,4	618	56,2
12	120	11	25,4	19,94	3,36	541	140	341	39,5	102	627	52,3
		13	29,7	23,31	3,44	625	162	394	46,0	115	745	62,1
		15	33,9	26,61	3,51	705	186	446	52,5	127	863	71,9
13	130	12	30,0	23,55	3,64	750	194	472	50,4	130	870	66,9
		14	34,7	27,24	3,72	857	223	540	58,2	145	1020	78,5
		16	39,3	30,85	3,80	959	251	605	65,8	159	1173	90,2
14	140	13	35,0	27,48	3,92	1014	262	638	63,3	163	1176	84,0
		15	40,0	31,40	4,00	1148	298	723	72,3	181	1363	97,4
		17	45,0	35,33	4,08	1276	334	805	81,2	197	1554	111
15	150	14	40,3	31,64	4,20	1343	347	845	78,2	201	1556	104
		16	45,7	35,87	4,30	1507	391	949	88,7	221	1794	120
		18	51,0	40,04	4,40	1665	438	1052	99,3	239	2039	136
16	160	15	46,1	36,19	4,50	1745	453	1099	95,6	244	2033	127
		17	51,8	40,66	4,60	1945	506	1226	108	267	2322	145
		19	57,5	45,14	4,60	2137	558	1348	118	293	2564	160

11. e) Ungleichschenklige Winkeleisen.

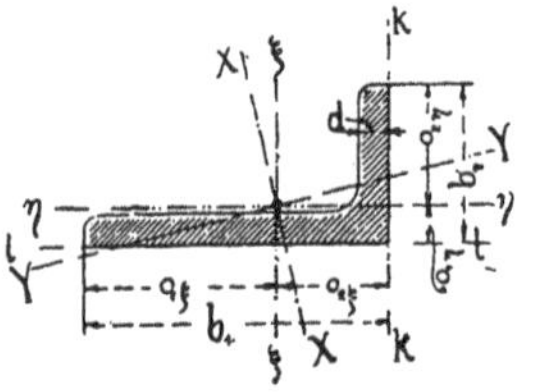

b, B = Schenkelbreiten,
$B = 1{,}5\,b$ u. $B = 2\,b$.

$d_{\min} = \frac{b_1 + b_2}{20}$ (mit geringen Abweichungen);

$r = \frac{d_{\min} + d_{\max}}{2}$; $r_1 = \frac{r}{2}$

(auf halbe mm abgerundet).

Profil-Nr.	b_2 mm	b_1 mm	d mm	F cm²	G kg/m	Abstände der Achsen $\xi-\xi$ und $\eta-\eta$ von e: $o_1\xi$ cm	$o_2\xi$ cm	Trägheitsmomente für die Hauptachsen $x-x$ und $y-y$: J_x cm⁴	J_y cm⁴
2/3	20	30	3	1,42	1,11	0,49	0,99	1,42	0,28
			4	1,85	1,45	0,54	1,03	1,82	0,33
3/4½	30	45	4	2,87	2,25	0,74	1,48	6,63	1,19
			5	3,53	2,77	0,78	1,52	8,01	1,44
4/6	40	60	5	4,79	3,76	0,97	1,95	19,8	3,66
			7	6,55	5,14	1,05	2,04	26,3	4,63
5/7½	50	75	7	8,33	6,54	1,24	2,47	53,1	9,58
			9	10,5	8,24	1,32	2,56	65,4	11,9
6½/10	65	100	9	14,2	11,15	1,59	3,31	160	26,8
			11	17,1	13,42	1,67	3,40	189	32,9
8/12	80	120	10	19,1	14,90	1,95	3,92	317	56,8
			12	22,7	17,82	2,02	4,00	370	67,5
10/15	100	150	12	28,7	22,53	2,42	4,89	747	134
			14	33,2	26,06	2,50	4,97	854	153

Profil-Nr.	J_ξ cm⁴	$\frac{J_\xi}{o_1\xi}$ cm³	$\frac{J_\xi}{o_2\xi}$ cm³	J_η cm⁴	$\frac{J_\eta}{o_1\eta}$ cm³	$\frac{J_\eta}{o_2\eta}$ cm³	J_k cm⁴	$\frac{J_k}{b_1}$ cm³	J_l cm⁴	$\frac{J_l}{b_2}$ cm³
2/3	1,25	0,62	1,26	0,45	0,92	0,30	2,64	0,88	0,79	0,40
	1,60	0,81	1,55	0,56	1,04	0,38	3,56	1,19	1,10	0,55
3/4½	5,77	1,91	3,90	2,05	2,77	0,91	12,1	2,69	3,62	1,21
	6,99	2,35	4,60	2,46	3,15	1,11	15,2	3,37	4,61	1,54
4/6	17,3	4,27	8,87	6,21	6,40	2,05	35,5	5,92	10,7	2,68
	22,9	5,78	11,2	7,99	7,61	2,71	50,2	8,37	15,2	3,80
5/7½	46,3	9,20	18,7	16,4	13,2	4,36	97,1	12,9	29,2	5,84
	57,2	11,6	22,3	20,1	15,2	5,46	126	16,8	38,4	7,78
6½/10	141	21,1	42,6	46,0	28,9	9,37	296	29,6	81,9	12,6
	167	25,3	49,1	55,1	33,0	11,4	365	36,5	103	15,8
8/12	276	34,2	70,4	98,2	50,4	16,2	569	47,4	171	21,4
	323	40,4	80,8	115	56,9	19,2	686	57,2	207	25,9
10/15	649	64,2	133	232	95,9	30,6	1335	89,0	400	40,0
	743	74,1	149	264	106	35,2	1563	104	471	47,1

11. f) Breitfüßige T-Eisen.

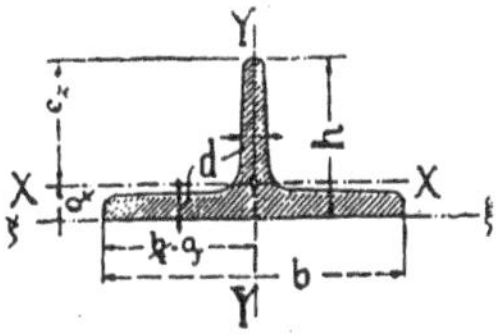

b = Fußbreite;

h = Steghöhe;

d = mittlere Steg- und Fußdicke = $(0,15\ h + 1)$ mm;

Neigung im Fuß 2%, auf jeder Seite des Steges 4%.

Abrundung: im Winkeleck $R = d$, an den Fußenden $r = 0,5\ d$, am Stegende $\varrho = 0,25\ d$.

Profil-Nr.	b	h	d	F	G	Abstand d. Hauptachs x-x von ξ-ξ o_x	J_x	$W_{o_x} = \frac{J_x}{o_x}$	$W_{e_x} = \frac{J_x}{e_x}$	J_y	$W_{o_y} = \frac{J_y}{o_y}$	J_ξ	$\frac{J_\xi}{h}$
	mm			cm²	kg/m	cm	cm⁴	cm³	cm³	cm⁴	cm³	cm⁴	cm³
6/3	60	30	5,5	4,64	3,64	0,67	2,58	3,85	1,11	8,62	2,87	4,66	1,55
$7/3^1/_2$	70	35	6	5,94	4,66	0,77	4,49	5,83	1,65	15,1	4,31	8,01	2,29
8/4	80	40	7	7,91	6,21	0,88	7,81	8,88	2,50	28,5	7,13	13,9	3,48
$9/4^1/_2$	90	45	8	10,2	8,01	1,00	12,7	12,7	3,63	46,1	10,2	22,9	5,09
10/5	100	50	8,5	12,0	9,42	1,09	18,7	17,2	4,78	67,7	13,5	33,0	6,60
12/6	120	60	10	17,0	13,35	1,30	38,0	29,2	8,09	137	22,8	56,7	11,1
14/7	140	70	11,5	22,8	17,90	1,51	68,9	45,6	12,6	258	36,9	121	17,3
16/8	160	80	13	29,5	23,16	1,72	117	68,0	18,6	422	52,8	204	25,5
18/9	180	90	14,5	37,0	29,05	1,93	185	95,0	26,2	670	74,4	323	35,8
20/10	200	100	16	45,4	35,64	2,14	277	129,5	35,2	1000	100	485	48,5

11. g) Hochstegige T-Eisen.

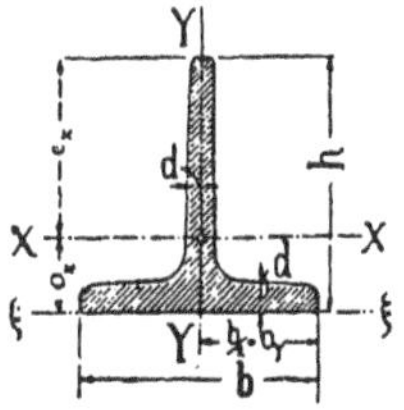

b = Fußbreite;

h = Steghöhe;

$d = 0,1\ h + 1$ = mittlere Steg- und Fußdicke; Abrundungen wie bei 5).

Neigung im Fuß und auf jeder Seite des Steges 2%:

2/2	20	20	3	1,12	0,88	0,58	0,38	0,66	0,27	0,20	0,20	0,76	0,38
$2^1/_2/2^1/_2$	25	25	3,5	1,64	1,29	0,73	0,87	1,19	0,49	0,43	0,34	1,74	0,70
3/3	30	30	4	2,26	1,77	0,85	1,72	2,02	0,80	0,87	0,58	3,35	1,12
$3^0/_2/3^1/_2$	35	35	4,5	2,97	2,33	0,99	3,10	3,13	1,23	1,57	0,90	6,01	1,72
4/4	40	40	5	3,77	2,96	1,12	5,28	4,71	1,84	2,58	1,29	10,0	2,50
$3^1/_2/4^1/_2$	45	45	5,5	4,67	3,67	1,26	8,13	6,45	2,51	4,01	1,78	15,5	3,44
5/5	50	50	6	5,66	4,44	1,39	12,1	8,71	3,36	6,06	2,42	23,0	4,60
6/6	60	60	7	7,94	6,23	1,66	23,8	14,3	5,48	12,2	4,07	45,7	7,62
7/7	70	70	8	10,6	8,32	1,94	44,5	22,9	8,79	22,1	6,32	84,4	12,1
8/8	80	80	9	13,6	10,68	2,22	73,7	33,2	12,8	37,0	9,25	141	17,6
9/9	90	90	10	17,1	13,42	2,48	119	48,0	18,2	58,5	13,0	224	24,9
10/10	100	100	11	20,9	16,41	2,74	179	65,3	24,6	88,3	17,7	336	33,6
12/12	120	120	13	29,6	23,24	3,28	366	112	42,0	178	29,7	684	57,0
14/14	140	140	15	39,9	31'32	3,80	660	174	64,7	330	47,2	1236	88,3

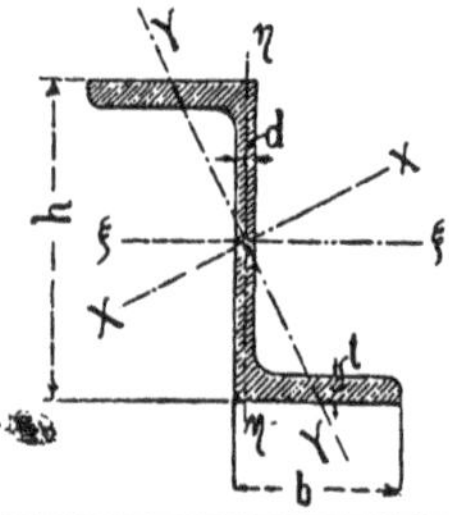

11. h) ⅂_-Eisen.

h = Höhe;
b = Flanschbreite = $(0{,}025\ h + 30)$ mm;
d — Stegdicke $(0{,}035\ h + 3)$ mm;
t = Flanschdicke = $(0{,}05\ h + 3)$ mm;
Abrundung in den Winkelecken $R = t$, an den Flanschenden $r = 0{,}5\ t$.
W_x = Widerstandsmoment für Biegungsachse xx;
W_1 = Widersrandsmoment für lotrechte Belastung bei verhinderter seitlicher Ausbiegung;
W_2 = Widerstandsmoment für lotrechte Belastung bei freier seitiicher Ausbiegung.

Profil-Nr.	h mm	b mm	d mm	t mm	F cm²	G kg/m	Momente für die Hauptachsen x-x und y-y J_x cm⁴	J_y cm⁴	J_ξ cm⁴	$W_\xi = \frac{J_\xi}{h/2}$ cm³	J_η cm⁴	$W_2 = \frac{J_\eta}{b-d/2}$ cm³
3	30	38	4	4,5	4,32	3,39	18,1	1,54	5,96	3,97	13,7	3,80
4	40	40	4,5	5	5,43	4,26	28,0	3,05	13,5	6,75	17,6	4,66
5	50	43	5	5,5	6,77	5,31	44,9	5,23	26,3	10,5	23,8	5,88
6	60	45	5	6	7,91	6,21	67,2	7,60	44,7	14,9	30,1	7,09
8	80	50	6	7	11,1	8,71	142	14,7	109,3	27,3	47,4	10,1
10	100	55	6,5	8	14,5	11,38	270	24,6	222	44,4	72,5	14,0
12	120	60	7	9	18,2	19,29	470	37,7	402	67,0	106	18,8
14	140	65	8	10	22,9	17,98	768	56,4	676	96,6	148	24,3
16	160	70	8,5	11	27,5	21,59	1184	79,5	1053	132	211	32,1
18	180	75	9,5	12	33,3	26,14	1759	110	1599	178	270	38,4
20	200	80	10	13	38,7	30,38	2509	147	2299	230	357	47,6

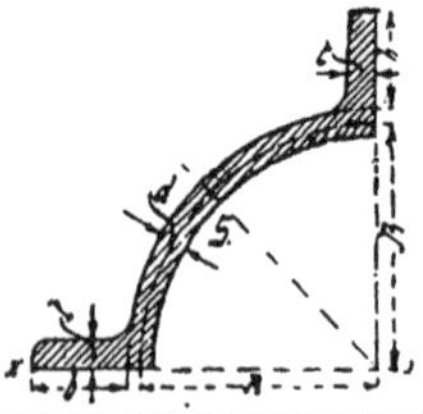

11. i) ⌒-Eisen (Quadrant-Eisen).

$b = 0{,}2\ R + 25$ mm;
$r = 012\ R$; $r_1 = 0{,}06\ R$.
S_1 = der Schwerpunkt eines Quadranteisens.
S_0 = der Schwerpunkt der aus vier Quadranteisen bestehenden Röhre.

Profil-Nr.	R mm	b mm	d mm	t mm	F cm²	G kg/m	s cm	J_x cm⁴	J_y cm⁴	J_k cm⁴	F cm²	G kg/m	J cm⁴	W_y cm³	W_k cm³
5	50	35	4	6	7,44	5,84	3,46	3,59	110	144	29,8	23,39	576	89,6	66,2
5	50	35	8	8	12,0	9,42	3,47	6,37	159	517	48,0	37,68	908	135	102
7½	75	40	6	8	13,7	10,75	4,95	7,69	360	227	54,8	43,10	2068	237	175
7½	75	40	10	10	20,0	15,70	4,97	13,3	479	745	80,0	62,96	2980	331	248
10	100	45	8	10	22,0	17,27	6,43	16,5	909	1366	88,0	69,16	5464	497	367
10	100	45	12	12	30,0	23,55	6,49	25,1	1144	1870	120,0	94,20	7480	664	495
12½	125	50	10	12	32,2	25,28	8,02	37,5	1876	3039	128,8	101,27	12156	917	675
12½	125	50	14	14	42,2	33,13	8,00	49,2	2386	3945	168,8	132,67	15780	1165	867
15	150	55	12	14	44,6	35,01	9,51	73,2	3549	5909	178,4	140,52	23636	1522	1120
15	150	55	18	17	62,6	49,14	9,54	104	4633	8079	250,4	195,47	32316	2029	1510

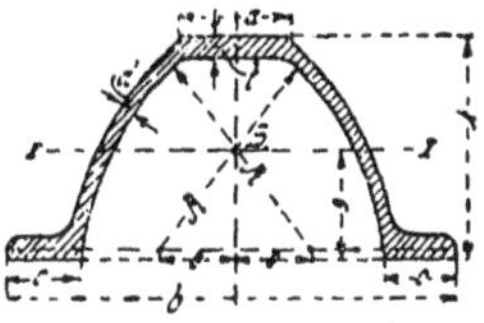

11. k) _⌒_-Eisen (Belag-Eisen).

$r_1 = d$; $r_2 = d - 0{,}5$ mm; $r_3 = t$;
$r_4 = 0.6\ d + 1{,}3$ mm.

Profil-Nr.	h	b	a	c	R	$t = r_3$	$d = r_1$	r_2	r_4	F	G	e_x	o_x	J_x	$W_x = \frac{J_x}{o_x}$	J_y	$W_y = \frac{J_y}{b/2}$	J_k	$\frac{J_k}{h}$
	mm									cm^2	kg/m	cm	cm	cm^4	cm^3	em^4	cm^3	cm^3	cm^4
5	50	120	33	21	60	5	3	2,5	3,1	6,74	5,29	2,47	2,53	23,3	9,21	86,4	14,4	64,4	12,9
6	60	140	38	24	70	6	3,5	3	3,4	9,33	7,32	2,96	3,04	47,3	15,6	164	23,4	129	21,5
7½	75	170	45,5	28,5	85	7	4	3,5	3,7	13,2	10,36	3,69	3,81	107	28,1	347	40,8	287	38,3
9	90	200	53	33	100	8	4,5	4	4	17,9	14,05	4,50	4,50	207	46,1	651	65,1	571	63,4
11	110	240	63	39	120	9	5	4,5	4,3	24,2	19,00	5,47	5,53	420	75,9	1272	106	1144	104

12. Deutsche Normal-Tafel für gußeiserne

Gemeinschaftlich aufgestellt von dem Vereine Deutscher Ingenieure

Die abweichend von den Normalien seit Herausgabe derselben in

				a) Muffen-									
				Muffen									
									Wulst		Zentrirungsring		
Lichter Durchmesser D	Normal-Wanddicke δ	Äußerer Rohrdurchmesser $D_1 = D + 2\delta$	Übl. Baulänge L	Muffentiefe t	Bleifugendicke f	lichte Weite $D_2 = D_1 + 2f$	Wanddicke $y = 1{,}4\delta$	Äußer. Durchm. $= D_2 + 2y$	Dicke u. Breite $x = 7 + 2\delta$	Durchmesser $= D_2 + 2x$	gr. Durchmesser $= D_1 + {}^4/_3 f$	kl. Durchmesser $= D_1 + {}^2/_3 f$	Tiefe $= 1{,}5\delta$
mm	mm	mm	m	mm	mm	mm	mm	mm	mm	mm	mm	mm	mm
40	8	56	2	74	7	70	11	92	23	116	65	61	12
50	8	66	2 *2,5*	77	7,5	81	11	103	23	127	77	71	12
60	8,5	77	2 *2,5*	80	7,5	92	12	116	24	140	87	82	13
70	8,5	87	3	82	7,5	102	12	126	24	150	97	92	13
80	9	98	3	84	7,5	113	12,5	138	25	163	108	103	14
90	9	108	3	86	7,5	123	12,5	148	25	173	118	113	14
100	9	118	3 *3,5*	88	7,5	133	13	159	25	183	128	123	14
125	9,5	144	3 *3,5*	91	7,5	159	13,5	186	26	211	154	149	14
150	10	170	3 *4*	94	7,5	185	14	213	27	239	180	175	15
175	10,5	196	3 *4*	97	7,5	211	14,5	240	28	267	206	211	16
200	11	222	3 *4*	100	8	238	15	268	29	296	233	228	16
225	11,5	248	3 *4*	100	8	264	16	296	30	324	259	254	17
250	12	274	4	103	8,5	291	17	325	31	353	285	280	18
275	12,5	300	4	103	8,5	317	17,5	352	32	381	311	306	19
300	13	326	4	105	8,5	243	18	379	33	409	337	332	20
325	13,5	352	4	105	8,5	369	19	407	34	437	363	358	20
350	14	378	4	107	8,5	395	19,5	434	35	465	389	384	21
375	14	403	4	107	9	421	20	461	35	491	415	409	21
400	14,5	429	4	110	9,5	448	20,5	489	36	520	442	436	22
425	14,5	454	4	110	9,5	473	20,5	514	36	545	467	461	22
450	15	480	4	112	9,5	499	21	541	37	573	493	487	23
475	15,5	506	4	112	9,5	525	21,5	568	38	601	519	513	23
500	16	532	4	115	10	552	22,5	597	39	630	545	539	24
550	16,5	583	4	117	10	603	23	649	40	683	596	590	25
600	17	634	4	120	10,5	655	24	703	41	737	648	441	26
650	18	686	4	122	10,5	707	25	757	43	793	700	693	27
700	19	738	4	125	11	760	26,5	813	45	850	753	746	28
750	20	790	4	127	11	812	28	868	47	906	805	798	30
800	21	842	4	130	12	866	29,5	925	49	964	858	850	31
900	22,5	945	4	135	12,5	970	31,5	1033	52	1074	962	954	33
1000	24	1048	4	140	13	1074	33,5	1141	55	1184	1065	1057	36
1100	26	1152	4	145	13	1178	36,5	1251	59	1296	1169	1161	39
1200	28	1256	4	150	13	1282	39	1360	63	1408	1273	1265	42

Muffen- und Flanschenröhren.

und dem Deutschen Vereine von Gas- und Wasserfachmännern 1882.

der Praxis üblich gewordenen größeren Baulängen sind beigefügt.

röhren: Gewicht der Muffe kg	röhren: Gewicht f. 1 m Baulänge exkl. Muffe kg	röhren: Gewicht f. 1 m Baulänge inkl. Muffe abgerundet kg	röhren: Gewicht des Bleiringes[1] kg	Lichter Durchmesser D mm	b) Flanschenröhren: Übliche Baulänge m	Flanschen -Durchmesser mm	Flanschen -Dicke mm	Flanschen Lochkreisdurchmesser mm	Schrauben -Anzahl	Schrauben -Dicke engl. Zoll	Schrauben -Dicke mm	Dichtungsleiste Breite mm	Dichtungsleiste Höhe mm	Gewicht einer Flansche kg	Gewicht f. 1 m Baulänge kg	c) Schieber, Ventile: Schieberlänge von Flansch zu Flansch $D+200$ mm	Durchgangsventile; Länge von Flansch zu Flansch $2D+100$ mm	Eckventile; Länge d. Schenkel von Mitte bis Flansche $D+50$ mm
2,68	8,75	10	0,51	**40**	2	140	18	110	4	1/2	13	25	3	1,89	10,64	240	180	90
3,14	10,57	12	0,69	**50**	2 *2,5*	160	18	125	4	5/8	16	25	3	2,41	12,98	250	200	100
3,89	13,26	15	0,73	**60**	2 *2,5*	175	19	135	4	5/8	16	25	3	2,96	16.22	260	220	110
4,35	15,20	16,5	0,94	**70**	3	185	19	145	4	5/8	16	25	3	3,21	17,34	270	240	120
5,09	18,24	20	1,05	**80**	3	200	20	160	4	5/8	16	25	3	3,84	20,80	280	260	130
5,70	20,29	22	1,15	**90**	3	215	20	170	4	5/8	16	25	3	4,37	23,20	290	280	140
6,20	22,34	24	1,35	**100**	3	230	20	180	4	3/4	19	28	3	4,96	25,65	300	300	150
7,64	29,10	32	1,70	**125**	3	260	21	210	4	3/4	19	28	3	6,26	33,07	325	350	175
9,89	36,44	40	2,14	**150**	3	290	22	240	6	3/4	19	28	3	7,69	41,57	350	400	200
12,00	44,36	48	2,46	**175**	3	320	22	270	6	3/4	19	30	3	8,96	50,33	375	450	225
14,41	52,86	58	2,97	**200**	3 *4*	350	23	300	6	3/4	19	30	3	10,71	60,00	400	500	250
16,89	61,95	68	3,67	**225**	3 *4*	370	23	320	6	3/4	19	30	3	11,02	69,30	425	550	275
19,61	71,61	77	4,30	**250**	3 *4*	400	24	350	8	3/4	19	30	3	12,98	80,26	450	600	300
22,51	81,85	87	4,69	**275**	3 *4*	425	25	375	8	3/4	19	30	3	14,41	91,46	475	650	325
25,78	02,68	99	5,09	**300**	3 *4*	450	25	400	8	3/4	19	30	3	15,32	102,89	500	700	350
28,83	104,08	111	5,16	**325**	3 *4*	490	26	435	10	7/8	22	35	4	19,48	117,07	525	750	375
32,23	116,07	124	5,53	**350**	3 *4*	520	26	465	10	7/8	22	35	4	21,29	130,26	550	800	400
34,27	124,04	133	6,64	**375**	3 *4*	550	27	495	10	7/8	22	35	4	24,29	140,23	575	850	425
39,15	136,89	147	7,46	**400**	3 *4*	575	27	520	10	7/8	22	35	4	25,44	153,85	600	900	450
41,26	145,15	155	7,89	**425**	3 *4*	600	28	545	12	7/8	22	35	4	27,64	163,58	625	950	475
44,90	158,87	170	8,33	**450**	3 *4*	630	28	570	12	7/8	22	35	4	29,89	178,80	650	1000	500
48,97	173,17	185	8,77	**475**	3 *4*	655	29	600	12	7/8	22	40	4	32,41	194,78	675	1050	525
54,48	188,04	202	10,1	**500**	3 *4*	680	30	625	12	7/8	22	40	4	34,69	211,17	700	1100	550
62,34	212,90	228	11,7	**550**	3 *4*	740	33	675	14	1	26	40	5	44,28	242,42	750	—	—
71,15	238,90	257	13,3	**600**	3 *4*	790	33	725	16	1	26	40	5	47,41	270,51	800	—	—
83,10	273,86	295	14,4	**650**	3 *4*	840	33	775	18	1	26	40	5	50,13	307,28	850	—	—
98,04	311,15	336	15,5	**700**	3 *4*	900	33	830	18	1	26	40	5	56,50	348,82	900	—	—
111,29	350,76	379	17,4	**750**	3 *4*	950	33	880	20	1	26	40	5	59 81	390,63	950	—	—
129,27	392,69	425	20,2	**800**												1000	—	—
160,17	472,76	513	24,7	**900**												1100	—	—
195,99	559,76	609	29,2	**1000**												1200	—	—
243,76	666,81	728	34	**1100**												—	—	—
294,50	783,15	857	39	**1200**												—	—	—

Die Schenkellänge der Flanschen-Krümmer und -T-Stücke mit dem Abzweige D beträgt: $L = D + 100$ mm.

Hat der Abzweig den Durchmesser d, so wird die Schenkellänge des Abzweiges von Mitte Hauptrohr aus gemessen:

$$C = \frac{D}{2} + \frac{d}{2} + 100 \text{ mm.}$$

[1]) Gewicht des Teerstrickes etwa 0,1 vom Gewichte des Bleiringes.

Breite des Muffenaufsatzes für das Spitzende im Muffensitze $= 0{,}5\,\delta$.

Länge des konischen Überganges vom Muffensitze bis zum glatten Rohre: $t' = t - 35$ mm.

Die normalen Wanddicken gelten für Röhren, welche einem Betriebsdrucke von 10 at und einem Probedrucke von im Max. 20 at ausgesetzt sind und vor allem Wasserleitungs-Zwecken dienen. Für gewöhnliche Druckverhältnisse von Wasserleitungen (4 bis 7 at) ist eine Verminderung der Wanddicken zulässig, desgleichen für Leitungen, in welchen nur ein geringer Druck herrscht (Gas-, Wind-, Kanalisationsleitungen etc.). Für Dampfleitungen, welche größeren Temperaturunterschieden und dadurch entstehenden Spannungen, sowie für Leitungen, welche unter besonderen Verhältnissen schädigenden äußeren Einflüssen ausgesetzt sind, ist es empfehlenswert, die Wanddicken entsprechend zu erhöhen.

Der äußere Durchmesser des Rohres ist feststehend und sind Änderungen der Wanddicke nur auf dem lichten Durchmesser von Einfluß. Aus Gründen der Herstellung sind bei geraden Normalröhren Abweichungen von den durch Rechnung ermittelten Gewichten von ± 3 vH zu gestatten.[1])

13. Formstücke.

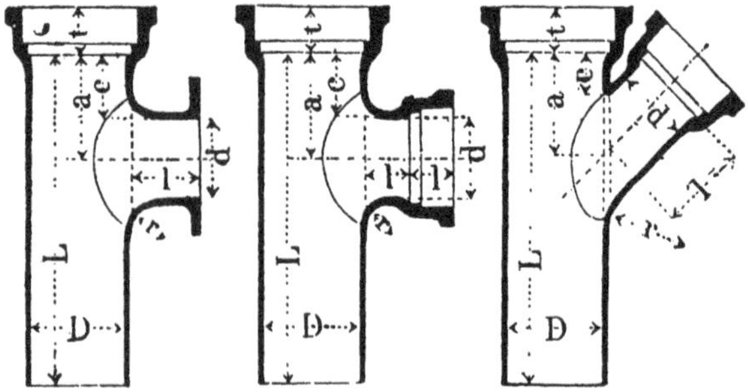

A-Stücke. B-Stücke. C-Stücke.

Für A- und B-Stücke ist:

$c = 100 + 0{,}2\,D$ mm; $a = 100 + 0{,}2\,D + 0{,}5\,d$ mm; $r = 40 + 0{,}05\,d$ mm.

Für A-Stücke: $l = 120 + 0{,}1\,d$ mm.

Für B-Stücke: l = Muffentiefe des Abzweiges.

Für C-Stücke ist:

$c = 80 + 0{,}1\,D$ mm; $a = 80 + 0{,}1\,D + 0{,}7\,d$ mm; $r = d$; $l = 0{,}75$ a.

[1]) Gebräuchlich ist es jedoch, in den Gewichten Abweichungen von ± 5—6 vH und in den Wanddicken Abweichungen von ± 10—12 vH zu gestatten.

Einteilung der A-, B- und C-Stücke.

A- und B-Stücke.

D Durchm. des Hauptrohres mm	d Durchm. des Abzweiges mm	L Baulänge m
40—100	40—100	0,8
125—325	40—325	1,0
350—500	40—300	1,0
	325—500	1,25
550—750	40—250	1,0
	275—500	1,25
	550—750	1,50

Diejenigen Abzweigstücke, deren Abzweig einen Durchm. von 400 mm und mehr besitzt, sind von 2 Atmosph. Betriebsdruck an sowohl in ihren Wendungen als auch event. durch Rippen zu verstärken.

C-Stücke.

D Durchm. des Hauptrohres mm	d Durchm. des Abzweiges mm	L Baulänge m
40—100	40—100	0,8
125—275	40—275	1,0
300—425	40—250	1,0
	275—425	1,25
450—600	40—250	1,0
	275—425	1,25
	450—600	1,50
650—750	40—250	1,0
	275—425	1,25
	450—600	1,50
	650—750	1,75

E-Stücke. (Flanschen-Muffenstücke.) Baulänge $L = 300$ mm.

F-Stücke. (Flanschen-Schwanzstücke.)
Baulänge; $L = 600$ mm für $D = 40—475$ mm.
$L = 800$ mm für $D = 500—750$ mm.

I-Stücke (scharfe Bogenstücke von 30°).
Radius der Krümmungsmittellinie:
Für $D = 40—90$ mm, $R = 250$ mm; für $D \geqq 100$ mm, $R = 150 + D$ mm.
Länge des geraden Spitzendes: für $D = 40—375$ mm, $m = D + 200$ mm.
„ $D \geqq 400$ mm, $m = 600$ mm.

K-Stücke (schlanke Bogenstücke). Radius $R = 10\ D$.

L-Stücke (schlanke Bogenst., zulässig für $D \geqq 300$ mm). $R = 6\ D$.

R-Stücke. (Übergangsrohre.) Baulänge $L = 1{,}0$ m. Länge des zylindrischen Stückes am glatten Ende $= 2\ t$.

U-Stücke. (Überschieber.) Ganxe Länge = 4 Muffentiefen.

Bei der Berechnung der Gewichte von Formstücken ist dem Gewichte, welches nach den normalen Abmessungen berechnet ist, ein Zuschlag von 15 vH, bei Krümmern ein solcher von 20 vH zu geben.

Als Regel gilt, daß in der senkrechten Ebene durch die Achse des Rohres sich keine Schraubenlöcher befinden sollen.

Baulänge der Absperrschieber.

Für Flanschenschieber: $L = D + 200$ mm,
für Muffenschieber mit direkt eingetriebenen Ringen: $L = 0{,}7\ D + 100$ mm,
für Muffenschieber mit eingebleiten Ringen: $L = D + 250 - 2\ t$ mm.

Stückgewichte gußeiserner Rohr-Formstücke.

D mm	A-Stücke. d in mm, Gewicht in kg: d = D	80	100	150	200	300	B-Stücke. d in mm, Gewicht in kg: d = D	80	100	150	200	300
40	14	—	—	—	—	—	14	—	—	—	—	—
50	19	—	—	—	—	—	19	—	—	—	—	—
60	22	—	—	—	—	—	22	—	—	—	—	—
70	27	—	—	—	—	—	27	—	—	—	—	—
80	30	30	—	—	—	—	31	31	—	—	—	—
90	33	32	—	—	—	—	34	33	—	—	—	—
100	37	35	37	—	—	—	38	36	38	—	—	—
125	54	49	51	—	—	—	55	50	52	—	—	—
150	68	59	63	68	—	—	70	60	64	70	—	—
175	88	79	81	84	—	—	90	80	82	86	—	—
200	97	88	90	91	97	—	100	89	91	94	100	—
225	106	95	97	100	104	—	110	96	98	102	107	—
250	125	111	113	116	121	—	130	112	114	118	124	—
275	144	126	128	131	136	—	150	127	129	133	139	—
300	162	146	148	152	155	162	170	147	149	154	158	170
350	241	174	178	182	187	199	225	175	179	184	190	207
400	290	210	212	216	122	234	310	211	213	218	225	242

D mm	C-Stücke. d in mm, Gewicht in kg: d = D	80	100	150	200	300	E.-Stücke kg	F.-Stücke kg	Ü-Stücke kg	K-Stücke R = 10 D: Grad	K-Stücke R = 10 D: kg	Krümmer 90° $R = 300 + \frac{D}{2}$ kg
40	16	—	—	—	—	—	8	9	7	45	9	10
50	21	—	—	—	—	—	10	10	8	45	10	11
60	25	—	—	—	—	—	12	11	10	45	14	14
70	31	—	—	—	—	—	15	14	12	45	18	18
80	37	37	—	—	—	—	17	16	14	45	23	21
90	40	39	—	—	—	—	19	18	15	45	28	23
100	45	42	45	—	—	—	21	20	17	45	34	28
125	65	57	60	—	—	—	26	25	22	45	44	33
150	82	69	72	82	—	—	33	32	26	45	53	45
175	106	88	91	101	—	—	40	39	34	45	68	50
200	119	95	98	108	119	—	47	46	41	30	87	66
225	132	102	105	115	126	—	55	54	46	30	108	75
250	152	115	118	128	139	—	62	61	55	30	136	100
275	178	133	136	145	157	—	71	70	63	30	168	115
300	229	149	152	162	173	229	82	80	75	22,5	178	130
350	282	179	182	192	203	261	102	100	98	22,5	215	165
400	354	218	221	231	242	309	123	120	120	22,5	262	210

R-Stücke (Übergangsröhren). Gewicht in kg das Stück.

D = lichter Durchm. des glatten Endes, d = lichter Durchm. des Muffenendes

D mm	d in mm 50	60	70	80	90	100	125	150	175	200	225	250	275	300	350
60	16	—	—	—	—	—	—	—	—	—	—	—	—	—	—
70	19	21	—	—	—	—	—	—	—	—	—	—	—	—	—
80	21	23	25	—	—	—	—	—	—	—	—	—	—	—	—
90	23	25	28	30	—	—	—	—	—	—	—	—	—	—	—
100	24	26	30	33	35	—	—	—	—	—	—	—	—	—	—
125	27	29	32	35	38	42	—	—	—	—	—	—	—	—	—
150	34	35	38	40	43	46	51	—	—	—	—	—	—	—	—
175	41	43	45	47	49	51	56	62	—	—	—	—	—	—	—
200	—	49	52	54	56	58	63	69	75	—	—	—	—	—	—
225	—	—	58	61	62	64	69	75	81	88	—	—	—	—	—
250	—	—	66	68	70	72	77	82	88	95	103	—	—	—	—
275	—	—	—	76	77	79	84	90	96	102	111	118	—	—	—
300	—	—	—	82	84	86	91	97	103	110	118	126	135	—	—
325	—	—	—	—	94	96	100	106	112	119	126	134	142	150	—
350	—	—	—	—	—	103	108	114	120	127	134	141	149	157	—
375	—	—	—	—	—	—	118	124	130	136	142	148	154	162	185
400	—	—	—	—	—	—	—	130	136	142	148	157	163	172	192

Flanschen-Formstücke.

Lichter Durchm. D mm	Flanschen-Durchm. mm	Flanschen-Deckel kg	Flanschen-Krümmer kg	Flanschen-T-Stück kg	Flanschen-+-Stücke kg	Lichter Durchm. D mm	Flanschen-Durchm. mm	Flanschen-Deckel kg	Flanschen-Krümmer kg	Flanschen-T-Stücke kg	Flanschen-+-Stücke kg
40	140	2	7	10	13	200	350	16	55	76	102
50	160	2,5	8,5	13	17	225	370	18	65	88	117
60	175	3	10	15	20	250	400	21	80	110	147
70	185	4	13	19	25	275	425	26	95	135	180
80	200	5	15	21	28	300	450	30	110	165	205
90	215	6	18	25	33	325	490	36	130	190	255
100	230	7	20	29	39	350	520	40	150	220	295
125	260	8	26	40	53	375	550	48	175	255	340
150	290	10	35	52	69	400	575	52	200	290	390
175	320	14	45	64	85	450	630	66	255	370	490

Für den Lochkreisdurchmesser, die Dichtungsleiste und für die Anzahl der Schrauben gelten dieselben Angaben wie für die geraden Röhren von gleichem Durchmesser nach b).

Die Anordnung der Schraubenlöcher ist womöglich so zu wählen, daß in der Ebene, welche durch die Axe des Hauptrohres und die Axe des Abzweiges gelegt ist, sich keine Schraubenlöcher befinden.

14. **Gas- und Luftschieber** (Bauart Amag-Hilpert) mit ovalem Gehäuse und normaler Baulänge.

In Gußeisen mit Spindel aus Schmiedeeisen, Dichtung Eisen auf Eisen.
Prüfungsdruck: 2 at.

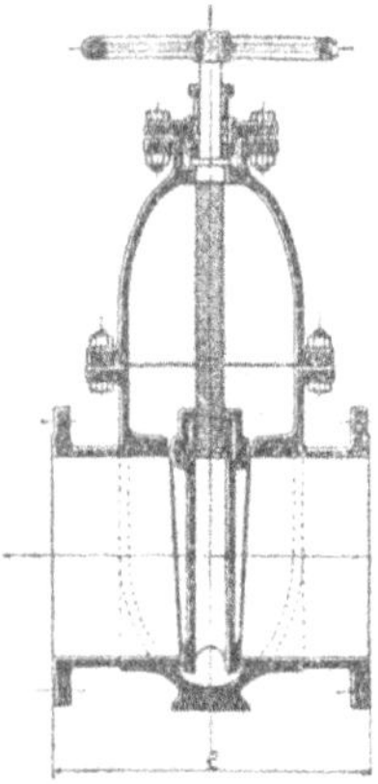

Abmessungen:

Schieber-durchgang	Flanschen-durchmesser	Baulänge	Maß von Mitte Schieber bis Oberkante Schieberspindel	Handrad-Durchmesser
mm	mm	mm	mm	mm
40	140	240	222	145
50	160	250	238	155
60	175	260	260	165
65	180	265	272	165
70	185	270	298	175
80	200	280	324	185
90	215	290	347	195
100	230	300	375	205
125	260	325	429	225
150	290	350	479	250
175	320	375	528	275
200	350	400	577	300
225	370	425	633	325
250	400	450	673	350
275	425	475	723	375
300	450	500	784	400
325	490	525	833	400
350	520	550	874	425
375	550	575	924	425
400	575	600	991	450
425	600	625	1042	450
450	630	650	1083	450
475	655	675	1121	500
500	680	700	1197	500
550	740	750	1283	525
600	790	800	1402	550
650	840	850	1489	600
700	900	900	1583	650
750	950	950	1681	700
800	1020	1000	1813	750
900	1120	1100	1970	800
1000	1220	1200	2153	900

Schieber über 1000 mm auf Anfrage.

Normalausführung: Rechtsschließend, Flanschen und Muffen nach deutscher Normaltafel vom Jahre 1882, Flanschen normal gebohrt nach Tafel Seite 67.

14. Gas- und Luftschieber (Amag-Hilpert) mit flachem Gehäuse und kurzer Baulänge.

In Gußeisen mit Spindel aus Schmiedeeisen und mit Handrad, Dichtung Eisen auf Eisen.

Prüfungsdruck: bis 1000 mm l. W. 1 at
über 1000 „ „ bis 0,5 at je nach Größe.

Abmessungen:

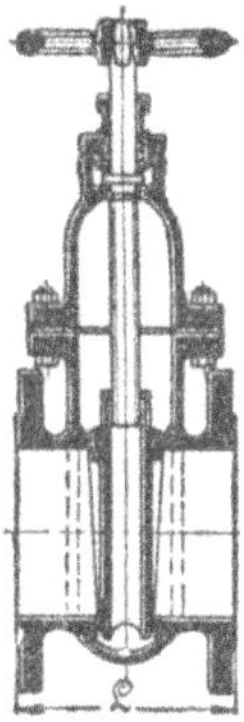

Schieber-Durchgang	Flanschen-durch-messer	Baulänge L	Maß von Mitte Schieber bis Oberkante Handradnabe	Handrad-Durch-messer
mm	mm	mm	mm	mm
40	140	140	247	145
50	160	150	269	155
60	175	160	286	165
65	180	165	296	165
70	185	170	311	175
80	200	180	330	185
90	215	185	346	195
100	230	190	368	205
125	260	200	420	225
150	290	210	452	250
175	320	220	510	275
200	350	230	560	300
225	370	240	600	325
250	400	250	638	350
275	425	260	685	375
300	450	270	733	400
325	490	280	773	400
350	520	280	817	425
375	550	290	865	425
400	575	300	918	450
425	600	310	974	450
450	630	310	1014	450
475	655	320	1072	500
500	680	330	1104	500
550	740	340	1183	525
600	790	350	1278	550
650	840	360	1374	600
700	900	380	1461	650
750	950	410	1569	700
800	1020	440	1673	750
850	1070	460	1752	800
900	1120	470	1820	800
1000	1220	500	2011	900
1100	1330	530	2230	1000
1200	1430	560	2387	1000
1300	1530	650	2604	1000
1400	1630	700	2810	1200
1500	1730	750	3040	1200

Schieber über 1500 mm auf Anfrage.

Normalausführung: Rechtsschließend, Flanschen nach deutscher Normaltafel vom Jahre 1882.

Flanschen normal gebohrt nach Tafel Seite 67.

Abflußrohre

Kanalisation

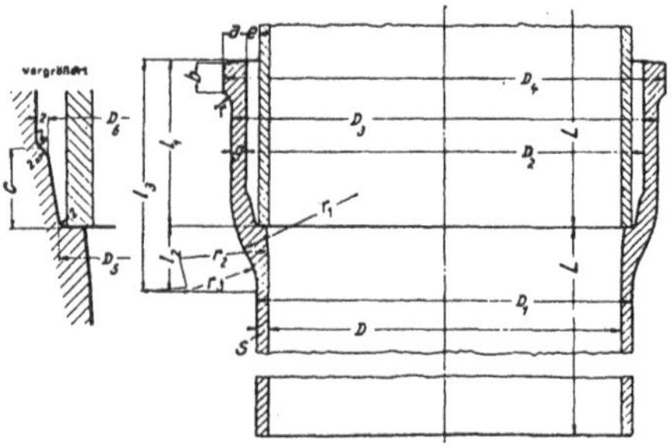

Bezeichnung eines Abflußrohres mit 70 mm Innendurchmesser und 1500 mm Baulänge:

Abflußrohr 70×1500 DIN 364

Maße in mm

Innen-durch-messer D	Rohr		Muffe																
	D_1	s	D_2	D_3	D_4	D_5	D_6	a	b	c	e	g	l_1	l_2	l_3	r	r_1	r_2	r_3
50	60	5	72	84	92	64	68	10	13	13	6	6	65	24	89	6	40	170	30
70	80	5	92	106	114	84	88	11	14	14	6	7	70	26	96	6	45	180	32
100	112	6	124	138	146	116	120	11	14	15	6	7	75	28	103	7	50	195	34
125	137	6	151	167	175	143	147	12	15	16	7	8	75	30	105	7	55	210	36
150	162	6	176	192	200	168	172	12	15	16	7	8	80	32	112	8	60	225	38
200	212	6	226	242	252	218	222	13	16	17	7	8	90	35	125	9	70	250	40

Gewichte in kg

Innen-durchmesser D	Baulänge L						
	250	500	750	1000	1250	1500	2000
50	2,6	4,2	5,7	7,3	8,8	10,3	13,5
70	3,7	5,8	8,0	10,0	12,3	14,3	18,6
100	5,8	9,5	13,0	16,7	20,3	24,0	31,0
125	7,5	12,0	16,3	21,0	25,3	30,0	39,0
150	9,0	14,3	19,6	25,0	30,3	35,6	46,3
200	12,3	19,3	26,3	33,5	40,5	47,5	62,0

Die Gewichtsabweichungen dürfen nur ± 5 vH betragen.

Werkstoff: Gußeisen.

1. Novemder 1921

Abflußkrümmer Kanalisation	DIN **540**

Bezeichnung eines Abflußkrümmers Form B mit 100 mm Innendurchmesser:

Abflußkrümmer B 100 DIN 540

Maße in mm

Form	D	s	a	b	m	Stück-Gewicht kg
A. Mit 90° Winkel 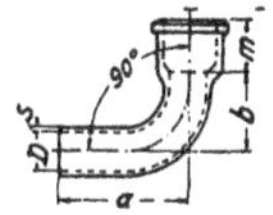	50	5	170	100	65	2,4
	70	5	190	120	70	3,7
	100	6	220	140	75	6,6
	125	6	250	170	75	9,2
	150	6	280	200	80	12,0
	200	6	340	250	90	19,0
B. Mit 100° Winkel 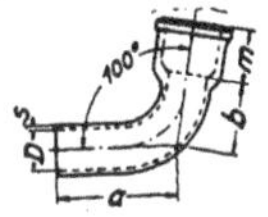	50	5	160	90	65	2,4
	70	5	180	100	70	3,7
	100	6	210	130	75	6,5
	125	6	230	150	75	9,2
	150	6	260	170	80	11,6
	200	6	310	220	90	18,5
C. Mit 110° Winkel 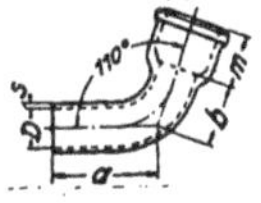	50	5	140	80	65	2,3
	70	5	160	90	70	3,5
	100	6	180	110	75	6,0
	125	6	200	120	75	8,3
	150	6	230	140	80	11,0
	200	6	280	180	90	17,0
D. Mit 135° Winkel 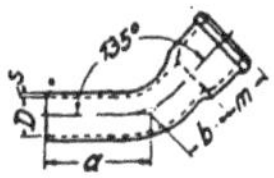	50	5	140	70	65	2,3
	70	5	150	70	70	3,4
	100	6	160	80	75	5,5
	125	6	170	90	75	7,5
	150	6	190	100	80	9,6
	200	6	220	120	90	14,5
E. Mit 150° Winkel 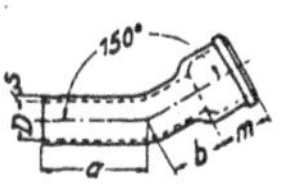	50	5	140	70	65	2,3
	70	5	150	70	70	3,3
	100	6	160	80	75	5,3
	125	6	170	90	75	7,3
	150	6	190	100	80	9,3
	200	6	220	120	90	14,3
F. Mit 165° Winkel 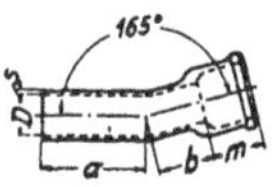	50	5	140	70	65	2,3
	70	5	150	70	70	3,3
	100	6	160	80	75	5,3
	125	6	170	90	75	7,3
	150	6	190	100	80	9,3
	200	6	220	120	90	14,3

Für alle Formen ist der Krümmungshalbmesser der Mittellinie 2 D.
Die Gewichtsabweichungen dürfen nur ± 10 vH betragen.
Maße für die Muffen nach DIN 364.
Werkstoff: Gußeisen.
1. November 1921.

Abfluß-Übergangsrohre
Abfluß-Übergangskrümmer
Kanalisation

DIN 541

Bezeichnung eines Abfluß-Übergangsrohres von 70 auf 100 mm Innendurchmesser:

Abfluß-Übergangsrohr 70×100 DIN 541

Maße in mm

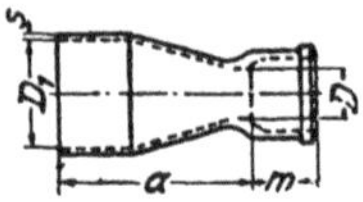

Abfluß-Übergangsrohre D	D_1	s	a	m	Stück-Gewicht kg
50	70	5	200	65	2,6
	100	6	200	65	3,4
70	100	6	200	70	4,5
	125	6	220	70	4,8
100	125	6	230	75	6,0
	150	6	250	75	6,8
125	150	6	230	75	7,6
150	200	6	250	80	10,3

Bezeichnung eines Abfluß-Übergangskrümmers von 70 auf 125 mm Innendurchmesser:

Abfluß-Übergangskrümmer 70×125 DIN 541

Maße in mm

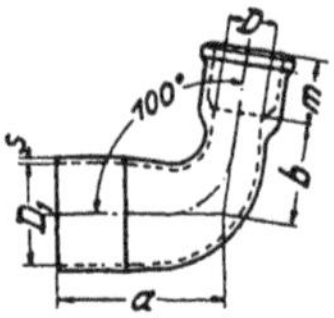

Abfluß-Übergangskrümmer D	D_1	s	a	b	m	Stück-Gewicht kg
50	70	5	170	100	65	2,7
	100	6	180	110	65	4,0
70	100	6	180	110	70	4,8
	125	6	200	120	70	5,5
100	125	6	200	130	75	7,0
	150	6	210	140	75	7,8
125	150	6	220	150	75	9,5

Die Gewichtsabweichungen dürfen nur ± 10 vH betragen.
Maße für die Muffen nach DIN 364.
Werkstoff: Gußeisen.

1. November 1921

Abfluß-S-Stücke

Kanalisation

DIN 542

Bezeichnung eines Abfluß-S-Stückes Form B mit 100 mm Innendurchmesser:
S-Stück B 100 DIN 542

Maße in mm

Form	D	s	l	m	f	f_1	r	Stück-Gewicht kg
A 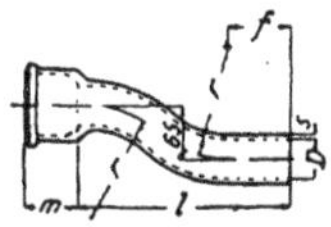	50	5	270	65	75	—	140	2,8
	70	5	280	70	80	—	148	4,0
	100	6	290	75	85	—	155	6,5
	125	6	300	75	85	—	170	8,6
	150	6	310	80	90	—	178	10,5
B 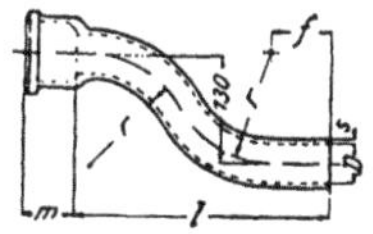	50	5	330	65	75	—	142	3,4
	70	5	340	70	80	—	148	4,8
	100	6	350	75	85	—	152	7,8
	125	6	360	75	85	—	162	10,2
	150	6	370	80	90	—	168	12,5
C 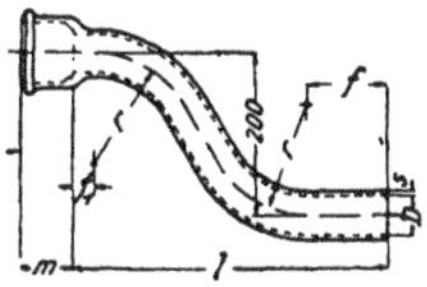	50	5	400	65	75	15	170	4,0
	70	5	420	70	80	15	180	5,8
	100	6	440	75	85	15	192	9,5
	125	6	460	75	85	15	210	12,5
	150	6	480	80	90	15	225	15,5

Die Gewichtsabweichungen dürfen nur ± 10 vH betragen.
Muffen nach DIN 364.
Werkstoff: Gußeißen.

15. Januar 1922.

Schräge T-Stücke für Abflußrohre

Kanalisation

DIN 543

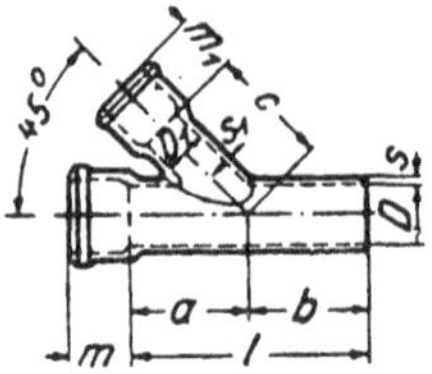

Bezeichnung eines schrägen T-Stückes mit 45° Winkel, 150 mm Innendurchmesser und 100 mm Abzweig:
T-Stück 150×100 DIN 543

Maße in mm

D	D_1	s	s_1	a	b	c	l	m	m_1	Stück-Gewicht kg
50	50	5	5	130	130	130	260	65	65	4,4
70	50	5	5	140	140	140	280	70	65	5,5
	70	5	5	150	150	150	300	70	70	6,3
100	50	6	5	150	130	160	280	75	65	7,9
	70	6	5	170	150	170	320	75	70	9
	100	6	6	190	170	190	360	75	75	10,9
125	50	6	5	170	130	180	300	75	65	10,0
	70	6	5	180	160	190	340	75	70	11,3
	100	6	6	200	180	210	380	75	75	13,4
	125	6	6	230	200	230	430	75	75	15,7
150	70	6	5	200	150	210	350	80	70	13,5
	100	6	6	220	180	230	400	80	75	15,9
	125	6	6	240	210	240	450	80	75	18,3
	150	6	6	270	230	270	500	80	80	21,0
200	100	6	6	250	180	260	430	90	75	20,9
	125	6	6	270	200	280	470	90	75	23,5
	150	6	6	290	230	300	520	90	80	26,1
	200	6	6	320	260	320	580	90	90	30,3

Die Gewichtsabweichungen dürfen nur ± 10 vH betragen.
Muffen nach DIN 364.

Werkstoff: Gußeisen.

15. Januar 1922.

Schräge Kreuzstücke für Abflußrohre

Kanalisation

DIN 544

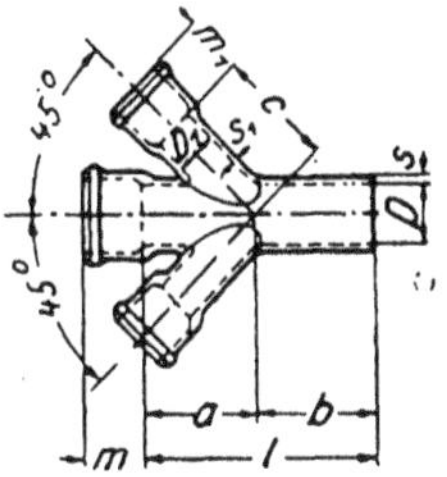

Bezeichnung eines schrägen Kreuzstückes mit 45° Winkel, 150 mm Innendurchmesser und 100 mm Abzweigen:
Kreuzstück 150×100 DIN 544

Maße in mm

D	D_1	s	s_1	a	b	c	l	m	m_1	Stück-Gewicht kg
50	50	5	5	130	130	130	260	65	65	6,1
70	50	5	5	140	140	140	280	70	65	7,2
	70	5	5	150	150	150	300	70	70	8,6
100	50	6	5	150	130	160	280	75	65	9,6
	70	6	5	170	150	170	320	75	70	11,3
	100	6	6	190	170	190	360	75	75	14,5
125	70	6	5	180	160	190	340	75	70	13,5
	100	6	6	200	180	210	380	75	75	16,9
	125	6	6	230	200	230	430	75	75	20,8
150	100	6	6	220	180	230	400	80	75	19,6
	125	6	6	240	210	240	450	80	75	23,2
	150	6	6	270	230	270	500	80	80	27,6
200	100	6	6	250	180	260	430	90	75	24,5
	125	6	6	270	200	280	470	90	75	28,5
	150	6	6	290	230	300	520	90	80	32,3
	200	6	6	320	260	320	580	90	90	39,0

Die Gewichtsabweichungen dürfen nur ± 10 vH betragen.
Muffen nach DIN 364.

Werkstoff: Gußeisen.

15. Januar 1922.

Noch nicht endgültig! **Abflußrohre** Reinigungsrohre für Abfalleitungen	ENT- WURF 1 **E 539**

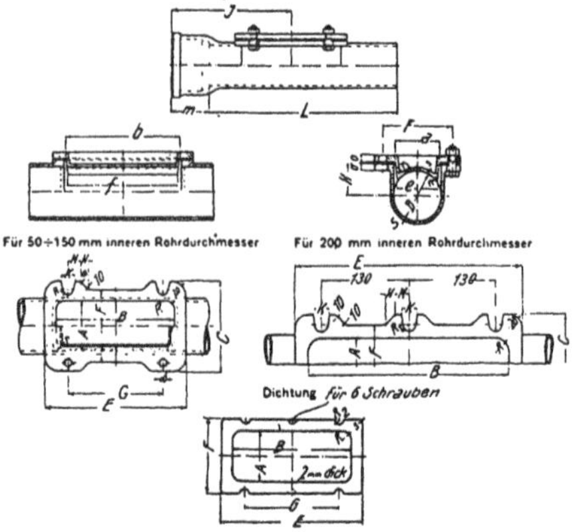

Bezeichnung eines Reinigungsrohres mit 100 mm inneren Durchmesser, Deckel, Schrauben und Dichtung:

Reinigungsrohr 100 DIN

Maße in mm

Innerer Rohr-durchm. *D*	Rohr und Dichtung																
	L	*m*	*A*	*B*	*C*	*E*	*F*	*G*	*H*	*I*	*K*	*M*	*N*	*O*	*R*	R_1	R_2
50	300	65	50	150	108	184	84	120	32	190	20	18	12	8	10	7	6
70	350	70	70	175	128	209	104	140	45	215	20	18	12	10	12	7	6
100	400	75	100	200	170	240	140	160	60	240	22	22	15	12	15	9	7
125	450	75	125	225	195	265	165	180	70	260	22	22	15	12	20	9	7
150	500	80	150	250	220	290	190	200	85	280	22	22	15	12	20	9	7
200	550	90	200	300	270	340	240	260	110	320	22	22	15	12	20	9	7

Innerer Rohr-durchm. *D*	Deckel									Schrauben		
	a	*b*	*e*	*f*	*r*	r_1	r_2	*s*	d_1	Stück	Gewinde	Länge
50	46	146	42	142	8	3	2	5	11	4	M10	30
70	66	170	60	164	10	3	2	5	11	4	M10	35
100	96	195	90	190	13	4	3	6	14	4	1/2"	40
125	120	220	112	212	17	5	4	6	14	4	1/2"	40
150	145	245	134	234	17	6	5	6	14	4	1/2"	40
200	195	295	184	284	17	8	5	6	14	6	1/2"	40

Rohe Sechskantschrauben aus Flußeisen (ohne Muttern) nach DIN 418.
Sechskantmuttern aus Messing nach DINORM 89 Bl. 1 bzw. 70 Bl. 1.
Muffen nach DIN 364.

Werkstoff: Für Rohr und Deckel Gußeisen.
Für Dichtung Gummi mit doppelseitiger Umlage.

13. Mai 1922

Abflußrohre, Muffendeckel Kanalisation	DIN 538

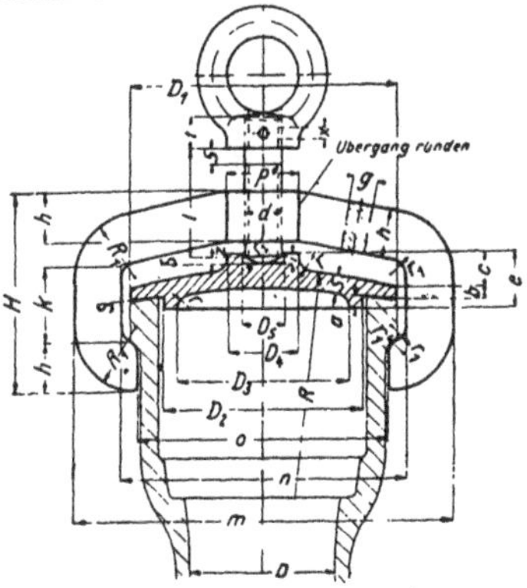

Bezeichnung eines Muffendeckels mit Bügel und Ösenschraube für 100 mm Rohrdurchmesser: Muffendeckel 100 DIN 538.

mm

Für Rohr-durch-messer	Muffendeckel													Bügel										
D	D_1	D_2	D_3	D_4	D_5	a	b	c	e	i	R	r	s	H	R_1	d	g	h	k	m	n	o	p	r_1
50	92	70	60	25	14	7	4	10	17	3	150	5	6	65	22	½″	8	16	25	130	98	86	25	6
70	114	90	80	25	14	7	4	12	19	3	180	5	7	70	22	½″	8	16	28	152	120	108	25	6
100	146	122	112	25	14	7	4	14	22	3	260	6	7	80	24	½″	8	18	30	188	152	140	25	6
125	175	148	138	25	14	7	4	16	24	3	320	6	8	85	28	½″	8	22	32	226	182	170	25	6
150	200	172	160	25	14	8	5	18	28	3	350	6	10	90	30	½″	8	22	34	254	210	195	25	8
200	252	222	210	30	18	8	5	22	32	4	475	6	10	120	38	⅝″	10	30	36	320	260	245	32	8

mm

Für Rohr-durch-messer	Ösenschrauben							
	Stiftschrauben					Stift		Ösenmutter
D	d	l	t	r_2	z	Länge	x	
50 ÷ 150	½″	45	13	10	2,3	28	3	½″ DIN...
200	⅝″	60	16	15	2,3	36	4	⅝″ DIN...

Abflußrohre nach DIN 364.

Gewinde: Whitworth nach DIN 12.

Werkstoff: Für Muffendeckel Gußeisen, Für Bügel und Ösenmuttern Flußeisen } Festigkeitswerte folgen.
Für Stiftschrauben und Stifte Messing.

April 1923

Kellersinkkasten mit Putzöffnung

Kanalisation

DIN 591

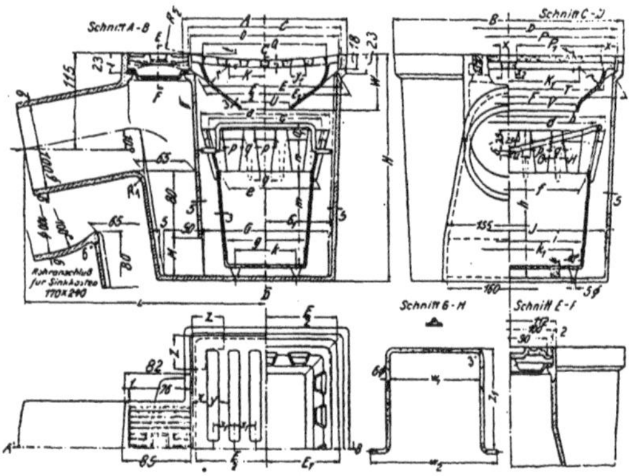

Bezeichnung eines Kellersinkkastens 205 × 290 mit Putzöffnung:
Kellersinkkasten 205 × 290 DIN 591

Maße in mm

Größe	Kasten												
$A \times B$	H	C	D	E	E_1	F	G	G_1	I	L	M	R_1	R_2
170 × 240	255	160	230	145	75,5	215	130	68	200	285	45	—	562
205 × 290	270	190	275	175	90,5	260	155	80,5	240	300	45	15	755
240 × 340	275	225	325	210	110	310	190	100	290	320	50	15	1012

Größe	Rost																		
$A \times B$	O	P	P_1	Q	T	U	V	W	Z	K	K_1	r	s	t	x	x_1	x_2	y	y_1	Schlitze
170 × 240	155	225	87	130	200	70	140	50	40	42	77	20	8	15	17	22	12	11	14	12
205 × 290	185	270	108	155	240	70	155	70	40	45	87,5	30	10	15	18	27	14	14	18	12
240 × 340	220	320	130	190	290	80	180	75	50	64	114	30	10	15	20	28	16	12	16	14

Größe	Eimer																	Bügel		
$A \times B$	a	b	h	c	d	e	f	g	i	k	k_1	m	n	o_1	p	q	u	Schlitze	w_1	w_2	z_1
170 × 240	135	205	175	115	185	95	165	75	145	60	130	111	40	10	18	12	50	14	89	135	100
205 × 290	160	245	175	140	225	115	200	95	180	75	160	111	38	12	26	14	50	14	114	160	120
240 × 340	195	295	180	175	275	145	245	125	225	104	204	116	38	12	24	12	44	20	144	190	145

Werkstoff: Kasten, Rost und Eimer aus Gußeisen, Bügel aus Flußeisen.

Verband Deutscher Architekten- und Ingenieurvereine. — Vereinigung der technischen Oberbeamten deutscher Städte. — Verein Deutscher Eisengießereien. — Verein Deutscher Gießereifachleute.

1. April 1922

Deckensinkkasten

Kanalisation

DIN 592

Maße in mm

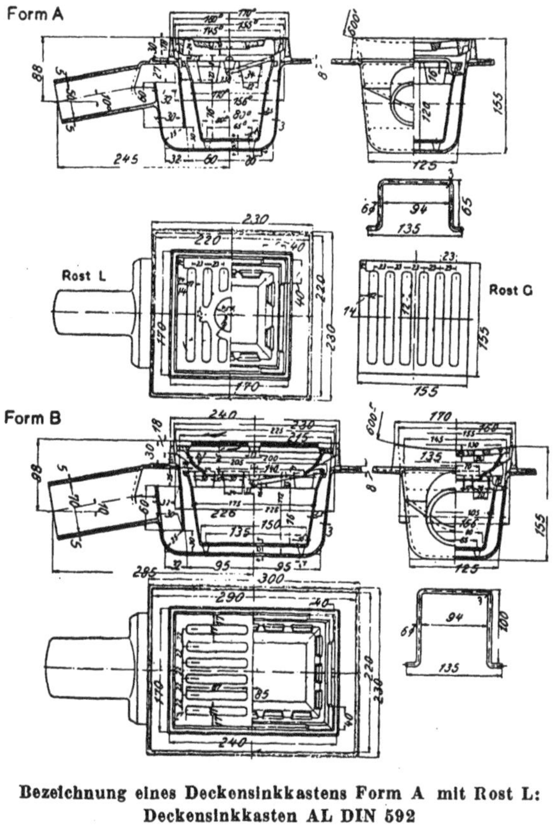

Bezeichnung eines Deckensinkkastens Form A mit Rost L:
Deckensinkkasten AL DIN 592

Werkstoff: Kasten, Rost und Eimer aus Gußeisen, Bügel aus Flußeisen.

Verband Deutscher Architekten- und Ingenieurvereine.
Vereinigung der technischen Oberbeamten deutscher Städte.
Verein Deutscher Eisengießereien.
Verein Deutscher Gießereifachleute.

1. April 1922

Vorstandsvorlage Noch nicht endgültig

Unkalibrierte Ketten für Hebemaschinen

DIN **672**

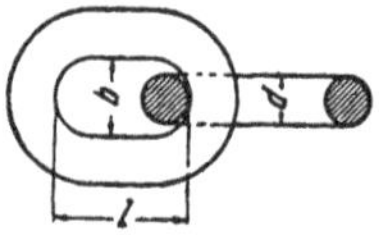

Bezeichnung einer unkalibrierten Kette mit 24 mm Rundeisendurchmesser:

Kette 24 DIN 672[1])

mm

Rundeisen-durchmesser d	Innere Breite b	Innere Länge l	Nutzzug-kraft kg
7	10	22	350
8	12	24	500
9,5	14	27	750
11	17	31	1000
13	20	36	1500
16	24	45	2500
19	29	53	3500
22	34	62	4500
24	36	67	5500
27	40	75	6750
30	45	84	8500
33	49	92	10500
36	54	100	12250
40	60	110	15100
44	66	120	18500

[1]) Die Ketten werden aus Flußeisen geliefert, wenn nicht Puddelschweißeisen bei der Bestellung vorgeschrieben ist.

Die Ketten sind in ihrer ganzen Länge auf die 2-fache Nutzzugkraft zu prüfen. Bei Abnahme ist den Ketten alle 50 m ein Probestück zur Prüfung der Bruchlast zu entnehmen.

Bruchlast = $4 x$ Nutzzugkraft.

Unter ungünstigen Verhältnissen, z. B. bei stoßweisen Betrieben, müssen die angegebenen Werte für die Nutzzugkraft auf die Hälfte ermäßigt werden.

Werkstoff: Flußeisen mit 36÷40 kg/mm² Festigkeit mindestens 18 vH. Bruchdehnung oder Puddelschweißeisen mit 34÷38 kg/mm² Festigkeit und mindestens 18 vH Bruchdehnung.

Vorstandsvorlage Noch nicht endgültig

Kalibrierte Ketten für Hebezeuge

DIN 671

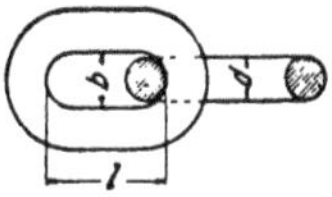

Bezeichnung einer kalibrierten Kette mit 16 mm Rundeisendurchmesser: Kette 16 DIN 671

mm

Rundeisendurchmesser d	Innere Breite b	Innere Länge l	Nutzzugkraft nur für Handbetrieb kg	Verwendung
5	8	18,5	175	Handketten
6			250	
7	8	22	350	Lastketten
8	9,5	24	500	
9,5	11	27	750	
11	13	31	1000	
13	16	36	1500	
16	19	45	2500	
19	23	53	3500	
23	28	64	5000	

Die Ketten sind in ihrer ganzen Länge auf die 2-fache Nutzzugkraft zu prüfen. Bei Abnahme ist den Ketten alle 50 m ein Probestück zur Prüfung der Bruchlast zu entnehmen. Bruchlast $\geq 4 \times$ Nutzzugkraft.

Der Massendruck beim Senken darf ohne Stoß und Druck höchstens gleich der Nutzzugkraft sein.

Für elektrisch geschweißte Ketten ist eine Abweichung von $\pm 0{,}25$ vH für die innere Länge jedes einzelnen Gliedes zulässig.

Die zulässige Abweichung der inneren Länge von handgeschweißten Kettengliedern ist mit dem Hersteller zu vereinbaren.

Bei Bestellung ist die Länge in m anzugeben, z. B. 50 m, Kette 16 DIN 671

Werkstoff: Flußeisen mit $36 \div 40$ kg/mm² Festigkeit und mindestens 18 vH Bruchdehnung.

Mai 1923 Deutscher Ketten-Verband

Betriebsspannungen elektrischer Anlagen über 100 V. Fachnormen des Verbandes Deutscher Elektrotechniker E. V.	DIN 196

§ 1. Als Betriebsspannung wird diejenige Spannung bezeichnet, die in leitend zusammenhängenden Netzteilen an den Klemmen der Stromverbraucher im Mittel vorhanden ist. Als Stromverbraucher gelten außer Lampen, Motoren usw. auch Primärwicklungen und Transformatoren.

§ 2. Als Betriebsspannungen gelten folgende Werte:

Stromart	Spannung Volt	Verwendung
Gleichstrom	**110** **220** **440**	normal für alle Fälle
	550 **750** **1 100** **1 500** **2 200** **3 000**	für Bahnen
Drehstrom von 50 Per/s	125	bei Neuanlagen nur, wenn die Anwendung von 220 V erhebliche Nachteile hat
	220 **380**	normal für alle Fälle
	500	bei Neuanlagen nur für solche industriellen Betriebe, bei denen die Anwendung von 380 V erhebliche Nachteile hat
	3 000	bei Neuanlagen nur für solche industriellen Betriebe, bei denen die Anwendung von 6000 V erhebliche Nachteile hat
	5 000	bei Neuanlagen nur, wenn der Anschluß an ein bestehendes 5000 V-Netz wahrscheinlich ist
	6 000	normal für alle Fälle
	10 000	bei Neuanlagen nur, wenn der Anschluß an ein bestehendes 10 000 V-Netz wahrscheinlich ist
	15 000	normal für alle Fälle
	25 000	bei Neuanlagen nur, wenn die Verwendung von 35 000 V erhebliche Nachteile hat
	35 000	normal für alle Fälle
	50 000	bei Neuanlagen nur, wenn die Verwendung von 60 000 V erhebliche Nachteile hat
	60 000 **100 000**	normal für alle Fälle
Einphasenstrom von 16²/₃ Per/s		Für Neuanlagen sollen nur fettgedruckte Werte aus der Drehstromtabelle gewählt werden

Die fettgedruckten Spannungen werden in erster Linie empfohlen sowohl für Neuanlagen als auch für umfangreiche Erweiterungen.

§ 3. Wenn die Abweichungen von den Spannungswerten nach § 2 nicht mehr betragen als + 10 vH auf der Erzeugerseite, ± 5 vH auf der Verbraucherseite der Leitungsanlagen, kann normales gefertigtes elektrisches Material ohne weiteres verwendet werden. Ausgenommen hiervon sind Maschinen, Transformatoren und Wicklungen bei Apparaten; für diese Gegenstände sollen in den betr. Sondervorschriften die nötigen Bestimmungen gegeben werden. 27. September 1919.

Drahtseile.

E 655, Drahtseile für Krane, Aufzüge, Flaschenzüge und ähnliche Zwecke.

Die Normung der Drahtseile wurde in Angriff genommen, weil sich bei Hebezeugen und Fördermaschinen Schwierigkeiten im Betriebe ergeben haben. Selbst große Zechenverbände können z. Z. die Seile nicht von einer Fördermaschine auf eine andere legen, da die Konstruktionen zu sehr von einander abweichen. Die Normung soll nicht auf Förder- und Kranseile beschränkt, sondern auf Seile für die verschiedenartigsten Verwendungszwecke ausgedehnt werden. Als dringlichste Arbeit wurde die Normung der Kran- und Aufzugseile in Angriff genommen, für die ein Werkstoff von 130 bzw. 160 kg/mm² Festigkeit, blank und verzinkt, vorgeschlagen wurde. Für besondere Zwecke soll ein Werkstoff von 180 kg/mm² Festigkeit, jedoch nur blank, verwendet werden.

Als Grundlage für die Normung der Drahtseile dient der Drahtdurchmesser, dessen Stufung von $^1/_{10}$ zu $^1/_{10}$ mm steigend für erforderlich erachtet wurde.

Möglichst einfache Seilarten, die sich nach den vorliegenden Erfahrungen bestens bewährt haben, wurden vorgesehen, und zwar

von 6,5 mm Seildurchmesser an in 6 Litzen zu 19 Drähten und 1 Fasereinlage,

von 9 mm Seildurchmesser an in 6 Litzen zu 37 Drähten und 1 Fasereinlage,

von 20 mm Seildurchmesser an in 6 Litzen zu 61 Drähten und 1 Fasereinlage.

Die ermittelten Seildurchmesser und Gewichte haben eine Abweichung von höchstens ± 5 vH. Die zulässigen Abweichungen vom Drahtseildurchmesser sind in den Normen für Eisen- und Stahldrähte (D I N 177) festgelegt.

Die Bruchfestigkeit der Seile gilt für die rechnerische Festigkeit aller Drähte. Abweichungen um ± 10 vH sind für die Bruchlast des Seiles unter Berücksichtigung der Durchschnittsfestigkeit aller einzelnen Drähte zulässig.

Schlagart. Längsschlag bezeichnet die Schlagweise, bei der die Drähte in den Litzen und die Litzen im Seile in der gleichen Richtung zugeschlagen sind. Beim Kreuzschlage liegen dagegen die Drähte in den Litzen entgegengesetzt zu der Richtung der Litzen im Seile. Der Draht liegt hier nur mit einer verhältnismäßig kurzen Strecke an der Seiloberfläche, während beim Längsschlage die Strecke eine längere ist. Seile mit Längsschlag sind etwas biegsamer als solche mit Kreuzschlag, haben aber dafür mehr Drall.

Um den dauernden Mißverständnissen vorzubeugen, soll mit den bisher üblichen Bezeichnungen: Linksschlag (Rechtsgewinde) und Rechtsschlag (Linksgewinde) gebrochen und nur noch entsprechend dem Schraubensysteme die Bezeichnung „rechts- bzw. linksgängig“ geführt werden.

Vorstandsvorlage — Noch nicht endgültig — DINORM 655

Drahtseile für Krane, Aufzüge, Flaschenzüge und ähnliche Zwecke

Kreuzschlag

rechtsgängig (*r*) — linksgängig (*l*)

Die Drähte in den Litzen haben entgegengesetzte Drehrichtung gegenüber der Drehrichtung der Litzen im Seil.

Längsschlag (*L*)

rechtsgängig (*r*) — linksgängig (*l*)

Die Drähte in den Litzen und die Litzen im Seil haben gleiche Drehrichtung.

Bezeichnung eines Drahtseiles mit 20 mm Nenndurchmesser aus 6 Litzen zu je 37 Drähten von 0,9 mm Durchmesser:

Drahtseil B 20 DIN 655[1])

Ausführung		Litzen	Drähte für 1 Litze	Gesamt-Drahtzahl	Seil-Nenndurchmesser mm	Einzeldrahtdurchmesser mm	Querschnitt sämtlicher Drähte im Seil mm²	Rechner. Gewicht für 1 m kg	Festigkeit kg/mm² 130	160	180
									Rechnerische Bruchfestigkeit kg		
 6 × 19 = 114 Drähte und 1 Fasereinlage	*A*	6	19	114	6,5	0,4	14,3	0,135	1 860	2 290	2 570
					8	0,5	22,4	0,21	2 910	3 580	4 030
					9,5	0,6	32,2	0,30	4 190	5 150	5 800
					11	0,7	43,9	0,41	5 700	7 020	7 900
					13	0,8	57,3	0,54	7 450	9 170	10 310
					14	0,9	72,5	0,68	9 430	11 600	13 050
					16	1,0	89,4	0,84	11 620	14 300	16 090
					17	1,1	108,3	1,02	14 080	17 330	19 490
					19	1,2	128,9	1,22	16 760	20 620	23 300
					20	1,3	151,3	1,43	19 670	24 190	27 230
					22	1,4	175,5	1,66	22 820	28 060	31 590

 6 × 37 = 222 Drähte und 1 Fasereinlage	B	6	37	222	9	0,4	27,9	0,26	3 630	4 460	5 020
					11	0,5	43,6	0,41	5 670	6 980	7 850
					13	0,6	62,8	0,59	8 160	10 050	11 300
					15	0,7	85,4	0,81	11 100	13 660	15 370
					18	0,8	111,6	1,06	14 510	17 680	20 090
					20	0,9	141,2	1,34	18 360	22 590	25 420
					22	1,0	174,4	1,65	22 670	27 900	31 390
					24	1,1	211,0	2,00	27 430	33 750	37 980
					26	1,2	251,1	2,38	32 640	40 180	45 200
					28	1,3	294,7	2,80	38 310	47 150	53 050
					31	1,4	341,7	3,24	44 420	54 670	61 510
					33	1,5	392,3	3,72	51 000	62 770	70 610
					35	1,6	446,4	4,24	58 030	71 420	80 350
					37	1,7	503,9	4,78	65 510	80 620	90 700
					39	1,8	564,9	5,36	73 440	90 380	101 680
					42	1,9	629,4	5,97	81 820	100 700	113 290
					44	2,0	697,4	6,62	90 660	111 600	125 530
 6 × 61 = 366 Drähte und 1 Fasereinlage	C	6	61	366	20	0,7	140,9	1,33	18 320	22 540	25 360
					22	0,8	183,9	1,74	23 900	29 420	33 100
					25	0,9	232,8	2,21	30 260	37 250	41 900
					28	1,0	287,5	2,73	37 380	46 000	51 750
					31	1,1	347,8	3,30	45 210	55 650	61 600
					34	1,2	413,9	3,93	53 800	66 200	74 500
					36	1,3	485,8	4,61	63 150	77 730	87 440
					39	1,4	563,4	5,35	73 240	90 140	101 410
					42	1,5	646,8	6,14	84 080	103 490	116 420
					45	1,6	735,9	6,99	95 670	117 740	132 460
					48	1,7	830,7	7,89	107 990	132 910	149 530
					51	1,8	931,4	8,84	121 080	149 020	167 650
					53	1,9	1037,7	9,85	134 900	166 030	186 790
					56	2,0	1149,8	10,92	149 470	183 970	206 960

[1]) Die Seile werden in Kreuzschlag und rechtsgängig geliefert, wenn nicht Längsschlag oder linksgängig besonders vorgeschrieben wird. In diesem Falle müßte die Bezeichnung lauten: Drahtseil BL 1 20 DIN 655.

Die Seildurchmesser und Metergewichte dürfen um ± 5 vH vom Nennwert abweichen.

Die rechnerische Seilbruchfestigkeit ist die Summe der Bruchfestigkeiten sämtlicher Drähte eines Seiles.

Die Bruchfestigkeit einzelner Drähte darf um ± 10 vH von der Durchschnittsbruchfestigkeit aller Drähte eines Seiles abweichen.

Trommel-, Scheiben- und Rollendurchmesser sollen etwa gleich dem 500-fachen des Drahtdurchmessers gewählt werden. Wesentliche Unterschreitungen vermindern die Haltbarkeit der Seile.

Die Rillen sind so zu bemessen, daß das Drahtseil mit 1/3 seines Umfanges aufliegt. Die Entfernung der Rillen ist so groß zu wählen, daß unter Berücksichtigung der Ablenkung die Seile sich nicht berühren können. Auf keinen Fall darf ein Seil in der Rille geklemmt werden.

Ausführung: Seile aus Drähten mit 130 und 160 kg/mm² Festigkeit werden blank oder verzinkt, solche mit 180 kg/mm² Festigkeit nur blank geliefert.

Werkstoff: Stahldraht mit 130 bis 180 kg/mm² Festigkeit.

Juli 1923.

Whitworth-Gewinde mit Spitzenspiel

DIN 12

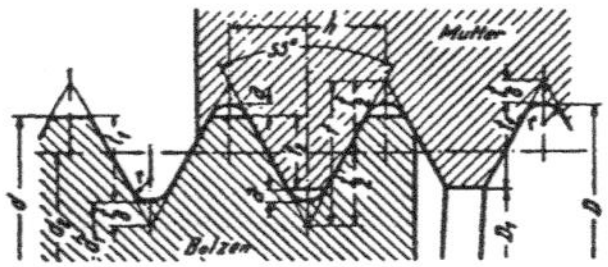

$$h = \frac{25,40095}{z}$$
$$a = 0,074\,h$$
$$r = 0,13733\,h$$
$$t = 0,96049\,h$$
$$t_1 = 0,56633\,h$$
$$t_2 = 0,49233\,h$$

Bezeichnung eines Whitworth-Gewindes mit Spitzenspiel von 2″ Gewindedurchmesser:

mm

Nenndurch-messer	Bolzen					Flankendurch-messer	Steigung	Gangzahl auf 1 Zoll	Tragtiefe	Mutter		Nenndurch-messer
	Gewinde-durchm.	Kern-durchm.	Kern-querschnitt	Gewinde-tiefe	Rundung					Gewinde-durchm.	Kern-durchm.	
Zoll	d	d_1	cm^2	t_1	r	d_2	h	z	t_2	D	D_1	Zoll
(1/4″)	6,162	4,724	0,175	0,719	0,174	5,537	1,270	20	0,625	6,350	4,912	(1/4″)
(5/16″)	7,729	6,131	0,295	0,799	0,194	7,034	1,411	18	0,695	7,938	6,339	(5/16″)
(3/8″)	9,290	7,492	0,441	0,899	0,218	8,509	1,588	16	0,782	9,525	7,727	(3/8″)
(7/16″)	10,844	8,789	0,607	1,028	0,249	9,951	1,814	14	0,893	11,113	9,058	(7/16″)
1/2″	12,389	9,990	0,784	1,199	0,291	11,345	2,117	12	1,042	12,700	10,303	1/2″
5/8″	15,534	12,918	1,311	1,308	0,317	14,397	2,309	11	1,137	15,876	13,260	5/8″
3/4″	18,675	15,798	1,960	1,439	0,349	17,424	2,540	10	1,251	19,051	16,174	3/4″
7/8″	21,808	18,611	2,720	1,598	0,388	20,419	2,822	9	1,390	22,226	19,029	7/8″
1″	24,931	21,335	3,575	1,798	0,436	23,368	3,175	8	1,563	25,401	21,805	1″
1 1/8″	28,039	23,029	4,497	2,055	0,498	26,253	3,629	7	1,787	28,576	24,466	1 1/8″
1 1/4″	31,214	27,104	5,770	2,055	0,498	29,428	3,629	7	1,787	31,751	27,641	1 1/4″

$1^{3}/_{8}$''	34,300	29,505	6,837	2,397	0,581	32,215	4,233	6	2,084	34,926	30,131	$1^{3}/_{8}$''
$1^{1}/_{2}$''	37,475	32,680	8,388	2,397	0,581	35,391	4,233	6	2,084	38,101	33,306	$1^{1}/_{2}$''
$1^{5}/_{8}$''	40,525	34,771	9,495	2,877	0,698	38,024	5,080	5	2,501	41,277	35,522	$1^{5}/_{8}$''
$1^{3}/_{4}$''	43,700	37,946	11,310	2,877	0,698	41,199	5,080	5	2,501	44,452	38,689	$1^{3}/_{4}$''
($1^{7}/_{8}$'')	46,791	40,398	12,818	3,197	0,775	44,012	5,645	$4^{1}/_{2}$	2,779	47,627	41,233	($1^{7}/_{8}$'')
2''	49,966	43,573	14,912	3,197	0,775	47,187	5,645	$4^{1}/_{2}$	2,779	50,802	44,408	2''
$2^{1}/_{4}$''	56,212	49,020	18,873	3,596	0,872	53,086	6,350	4	3,126	57,152	49,960	$2^{1}/_{4}$''
$2^{1}/_{2}$''	62,563	55,370	24,079	3,596	0,872	59,436	6,350	4	3,126	63,502	56,310	$2^{1}/_{2}$''
$2^{3}/_{4}$''	68,779	60,558	28,804	4,110	0,997	65,205	7,257	$3^{1}/_{2}$	3,573	69,853	61,632	$2^{3}/_{4}$''
3''	75,129	66,909	35,161	4,110	0,997	71,556	7,257	$3^{1}/_{2}$	3,573	76,203	67,983	3''
$3^{1}/_{4}$''	81,396	72,544	41,333	4,426	1,073	77,548	7,816	$3^{1}/_{4}$	3,848	82,553	73,701	$3^{1}/_{4}$''
$3^{1}/_{2}$''	87,747	78,894	48,885	4,426	1,073	83,899	7,816	$3^{1}/_{4}$	3,848	88,903	80,051	$3^{1}/_{2}$''
$3^{3}/_{4}$''	94,000	84,410	55,959	4,795	1,163	89,832	8,467	3	4,169	95,254	85,663	$3^{3}/_{4}$''
4''	100,351	90,760	64,697	4,795	1,163	96,182	8,467	3	4,169	101,604	92,014	4''
$4^{1}/_{4}$''	106,646	96,639	73,349	5,004	1,213	102,297	8,835	$2^{7}/_{8}$	4,350	107,954	97,947	$4^{1}/_{4}$''
$4^{1}/_{2}$''	112,997	102,990	83,307	5,004	1,213	108,647	8,835	$2^{7}/_{8}$	4,350	114,304	104,297	$4^{1}/_{2}$''
$4^{3}/_{4}$''	119,287	108,825	93,014	5,231	1,268	114,740	9,237	$2^{3}/_{4}$	4,548	120,655	110,192	$4^{3}/_{4}$''
5''	125,638	115,176	104,185	5,231	1,268	121,090	9,237	$2^{3}/_{4}$	4,548	127,005	116,543	5''
$5^{1}/_{4}$''	131,923	120,963	114,922	5,480	1,329	127,159	9,677	$2^{5}/_{8}$	4,764	133,355	122,395	$5^{1}/_{4}$''
$5^{1}/_{2}$''	138,273	127,313	127,304	5,480	1,339	133,509	9,677	$2^{5}/_{8}$	4,764	139,705	128,745	$5^{1}/_{2}$''
$5^{3}/_{4}$''	144,552	133,043	139,022	5,754	1,395	139,549	10,160	$2^{1}/_{2}$	5,002	146,055	134,547	$5^{3}/_{4}$''
6''	150,902	139,394	152,608	5,754	1,395	145,900	10,160	$2^{1}/_{2}$	5,002	152,406	140,897	6''

Für die Gewinde unter $^{1}/_{2}$'' sind die entsprechenden metrischen Gewinde nach DIN 13 oder 14 zu verwenden. Das eingeklammerte Gewinde $1^{7}/_{8}$'' ist möglichst zu vermeiden.

Die Werte der Zahlentafel sind die theoretischen Abmessungen des Gewindes. Die entsprechenden Schneidwerkzeuge sind in der Form nach DIN 11 herzustellen und den Erfahrungen gemäß stärker oder schwächer zu wählen.

Die Zollwerte beziehen sich auf die englische Temperatur von 62° F = $16^{2}/_{3}$° C, die Millimeterwerte auf die Bezugstemperatur von 20° C (siehe DIN 102), unter Annahme einer Ausdehnungszahl von 0,0000115 (mittlere Ausdehnung von Stahl). Ein Zoll entspricht dann 25,40095 mm.

Umrechnungstabelle englisch Zoll — Millimeter siehe DIN 35.

Juni 1923. 5. (geänderte) Ausgabe.

Metrisches Gewinde von 1 bis 10 mm Durchmesser

DIN 13

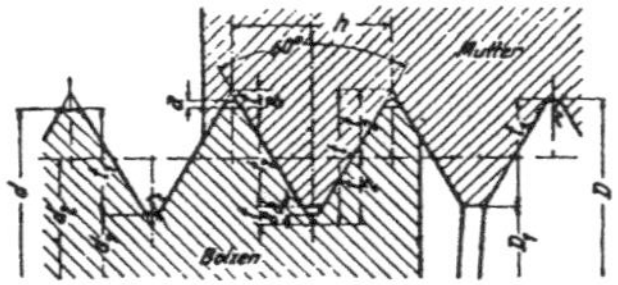

$t = 0{,}8660\,h$
$t_1 = 0{,}6945\,h$
$t_2 = 0{,}6495\,h$
$a = 0{,}045\,h$
$r = 0{,}0633\,h$

Bezeichnung eines Metrischen Gewindes von 10 mm Gewindedurchmesser: M 10

mm

Bolzen								Mutter		
Gewinde-durchmesser	Kern-durchmesser	Kern-querschnitt	Flanken-durchmesser	Steigung	Gewindetiefe	Tragtiefe	Rundung mittel	Gewinde-durchmesser	Kern-durchmesser	Gewinde-durchmesser
d	d_1	cm^2	d_2	h	t_1	t_2	r	D	D_1	d
1	0,652	0,0033	0,838	0,25	0,174	0,162	0,02	1,024	0,676	1
1,2	0,852	0,0057	1,038	0,25	0,174	0,162	0,02	1,224	0,876	1,2
1,4	0,984	0,0076	1,205	0,3	0,208	0,195	0,02	1,426	1,010	1,4
1,7	1,214	0,0116	1,473	0,35	0,243	0,227	0,02	1,732	1,246	1,7
2	1,444	0,0164	1,740	0,4	0,278	0,260	0,03	2,036	1,480	2
2,3	1,744	0,0239	2,040	0,4	0,278	0,260	0,03	2,336	1,780	2,3

2,6	1,974	0,0306	2,308	0,45	0,313	0,292	0,03	2,642	2,016	2,6
3	2,306	0,0418	2,675	0,5	0,347	0,325	0,03	3,044	2,350	3
3,5	2,666	0,0558	3,110	0,6	0,417	0,390	0,04	3,554	2,720	3,5
4	3,028	0,072	3,545	0,7	0,486	0,455	0,04	4,062	3,090	4
(4,5)	3,458	0,094	4,013	0,75	0,521	0,487	0,05	4,568	3,526	(4,5)
5	3,888	0,119	4,480	0,8	0,556	0,520	0,05	5,072	3,960	5
(5,5)	4,250	0,142	4,915	0,9	0,625	0,585	0,06	5,580	4.330	(5,5)
6	4,610	0,167	5,350	1	0,695	0,650	0,06	6,090	4,700	6
(7)	5,610	0,247	6,350	1	0,695	0,650	0,06	7,090	5,700	(7)
8	6,264	0,308	7,188	1,25	0,868	0,812	0,08	8,112	6,376	8
(9)	7,264	0,414	8,188	1,25	0,868	0,812	0,08	9,112	7,376	(9)
10	7,916	0,492	9,026	1,5	1,042	0,974	0,09	10,136	8,052	10

Die eingeklammerten Gewinde sind möglichst zu vermeiden.

Die Gewinde unter 6 mm Durchmesser sind die deutsche Fortsetzung des im Jahre 1898 in Zürich festgelegten internationalen Systemes (S I).

Die Werte der Zahlentafel sind die theoretischen Abmessungen des Gewindes. Die entsprechenden Schneidwerkzeuge sind den Erfahrungen gemäß stärker oder schwächer zu wählen.

Metrisches Gewinde von 6 bis 149 mm Durchmesser

DIN 14

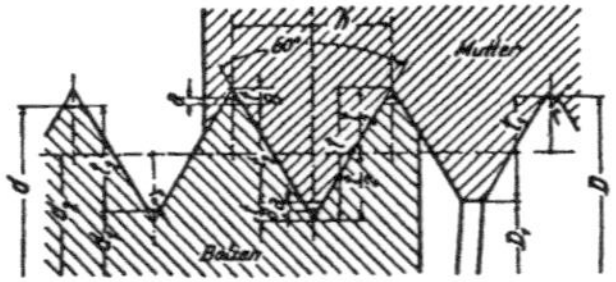

$t = 0{,}8660\ h$
$t_1 = 0{,}6945\ h$
$t_2 = 0{,}6495\ h$
$a = 0{,}045\ h$
$r = 0{,}0633\ h$

Bezeichnung eines Metrischen Gewindes von 30 mm Gewindedurchmesser: M 30

mm

Bolzen			Flanken-durchmesser	Steigung	Gewindetiefe	Tragtiefe	Rundung mittel	Mutter		Gewinde-durchm.
Gewinde-durchm. d	Kern-durch-messer d_1	Kern-quer-schnitt cm²	d_2	h	t_1	t_2	r	Gewinde-durch-messer D	Kern-durch-messer D_1	d
6	4,610	0,167	5,350	1	0,695	0,650	0,06	6,090	4,700	6
(7)	5,610	0,247	6.350	1	0,695	0,650	0,06	7,090	5,700	(7)
8	6,264	0,308	7.188	1,25	0,868	0,812	0,08	8,112	6,376	8
(9)	7,264	0,414	8,188	1,25	0,868	0,812	0,08	9,112	7,376	(9)
10	7,916	0,492	9,026	1,5	1,042	0,974	0,09	10,136	8,052	10
(11)	8,916	0,624	10,026	1,5	1,042	0,974	0,09	11,136	9,052	(11)
12	9,560	0,718	10,863	1,75	1,215	1,137	0,11	12,156	9,726	12
14	11,222	0,989	12,701	2	1,389	1,299	0,13	14,180	11,402	14
16	13,222	1,373	14,701	2	1,389	1,299	0,13	16,180	13,402	16
18	14,528	1,657	16,376	2,5	1,736	1,624	0,16	18,224	14,752	18
20	16,528	2,145	18,376	2,5	1,736	1,624	0,16	20,224	16,752	20
22	18,528	2,696	20,376	2,5	1,736	1,624	0,16	22,224	18,752	22
24	19,832	3,089	22,052	3	2,084	1,949	0,19	24,270	20,102	24

27	22,832	4,094	25,052	3	2,084	1,949	0,19	27,270	23,102	27
30	25,138	4,963	27,727	3,5	2,431	2,273	0,22	30,316	25,454	30
33	28,138	6,218	30,727	3,5	2,431	2,273	0,22	33,316	28,454	33
36	30,444	7,279	33,402	4	2,778	2,598	0,25	36,360	30,804	36
39	33,444	8,785	36,402	4	2,778	2,598	0,25	39,360	33,804	39
42	35,750	10,04	39,077	4,5	3,125	2,923	0,28	42,405	36,154	42
45	38,750	11,79	42,077	4,5	3,125	2,923	0,28	45,405	39,154	45
48	41,054	13,23	44,752	5	3,473	3,248	0,32	48,450	41,504	48
52	45,054	15,94	48,752	5	3,473	3,248	0,32	52,450	45,504	52
56	48,360	18,37	52,428	5,5	3,820	3,572	0,35	56,496	48,856	56
60	52,360	21,53	56,428	5,5	3,820	3,572	0,35	60,496	52,856	60
64	55,666	24,34	60,103	6	4,167	3,897	0,38	64,54	56,206	64
68	59,666	27,96	64,103	6	4,167	3,897	0,38	68,54	60,206	68
72	63,666	31,83	68,103	6	4,167	3,897	0,38	72,54	64,206	72
76	67,666	35,96	72,103	6	4,167	3,897	0,38	76,54	68,206	76
80	71,666	40,34	76,103	6	4,167	3,897	0,38	80,54	72,206	80
84	75,666	44,96	80,103	6	4,167	3,897	0,38	84,54	76,206	84
89	80,666	51,10	85,103	6	4,167	3,897	0,38	89,54	81,206	89
94	85,666	57,64	90,103	6	4,167	3,897	0,38	94,54	86,206	94
99	90,666	64,56	95,103	6	4,167	3,897	0,38	99,54	91,206	99
104	95,666	71,88	100,103	6	4,167	3,897	0,38	104,54	96,206	104
109	100,666	79,59	105,103	6	4,167	3,897	0,38	109,54	101,206	109
114	105,666	87,69	110,103	6	4,167	3,897	0,38	114,54	106,206	114
119	110,666	96,18	115,103	6	4,167	3,897	0,38	119,54	111,206	119
124	115,666	105,07	120,103	6	4,167	3,897	0,38	124,54	116,206	124
129	120,666	114,35	125,103	6	4,167	3,897	0,38	129,54	121,206	129
134	125,666	124,04	130,103	6	4,167	3,897	0,38	134,54	126,206	134
139	130,666	134,09	135,103	6	4,167	3,897	0,38	139,54	131,206	139
144	135,666	144,10	140,103	6	4,167	3,897	0,38	144,54	136,206	144
149	140,666	155,40	145,103	6	4,167	3,897	0,38	149,54	141,206	149

Die eingeklammerten Gewinde sind möglichst zu vermeiden. Die Gewinde über 68 mm Durchmesser sind die deutsche Fortsetzung des im Jahre 1898 in Zürich festgelegten internationalen Systemes (S I).

Die Werte der Zahlentafel sind die theoretischen Abmessungen des Gewindes. Die entsprechenden Schneidwerkzeuge sind den Erfahrungen gemäß stärker oder schwächer zu wählen.

Juni 1923. 5. (geänderte) Ausgabe.

Whitworth-Rohrgewinde mit Spitzenspiel

DIN 260

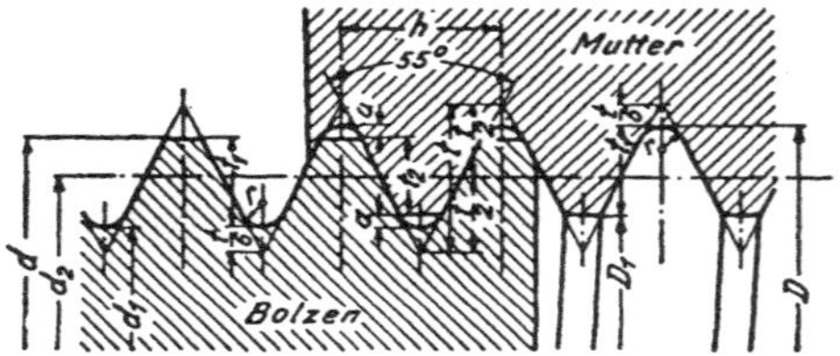

$$h = \frac{25{,}40095}{z}$$

$$a = 0{,}074\,h$$

$$r = 0{,}13733\,h$$

$$t = 0{,}96049\,h$$

$$t_1 = 0{,}56633\,h$$

$$t_2 = 0{,}49233\,h$$

Bezeichnung eines Whitworth-Rohrgewindes von 4'' Nenndurchmesser: R 4''

mm

Nenndurchmesser	Mutter		Bolzen				Flankendurchmesser	Steigung	Gangzahl auf 1 Zoll	Tragtiefe
	Gewindedurchmesser	Kerndurchmesser	Gewindedurchmesser	Kerndurchmesser	Gewindetiefe	Rundung				
Zoll	D	D_1	d	d_1	t_1	r	d_2	h	z	t_2
1/8''	9,729	8,701	9,594	8,567	0,514	0,125	9,148	0,907	28	0,447
1/4''	13,158	11,643	12,960	11,446	0,757	0,184	12,302	1,337	19	0,658
3/8''	16,663	15,149	16,465	14,951	»	»	15,807	»	»	»
1/2''	20,956	18,901	20,687	18,632	1,028	0,249	19,794	1,814	14	0,893
5/8''	22,912	20,857	22,643	20,588	»	»	21,750	»	»	»
3/4''	26,442	24,387	26,174	24,119	»	»	25,281	»	»	»
7/8''	30,202	28,147	29,933	27,878	»	»	29,040	»	»	»
1''	33,250	30,634	32,908	30,293	1,308	0,317	31,771	2,309	11	1,137
(1 1/8'')	37,898	35,283	37,556	34,941	»	»	36,420	»	»	»
1 1/4''	41,912	39,296	41,570	38,954	»	»	40,432	»	»	»
(1 3/8'')	44,325	41,709	43,983	41,367	»	»	42,846	»	»	»

1¹/₈″	47,805	45,189	47,463	44,847	»	»	46,326	»	»	»
1³/₄″	53,748	51,133	53,407	50,791	»	»	52,270	»	»	»
2″	59,616	57,001	59,274	56,659	»	»	58,137	»	»	»
2¹/₄″	65,712	63,097	65,371	62,755	»	»	64,234	»	»	»
2¹/₂″	75,187	72,571	74,845	72,230	»	»	73,708	»	»	»
2³/₄″	81,537	78,922	81,195	78,580	»	»	80,058	»	»	»
3″	87,887	85,272	87,546	84,930	»	»	86,409	»	»	»
3¹/₄″	93,984	91,368	93,642	91,026	»	»	92,505	»	»	»
3¹/₂″	100,334	97,718	99,992	97,376	»	»	98,855	»	»	»
3³/₄″	106,684	104,068	106,342	103,727	»	»	105,205	»	»	»
4″	113,034	110,419	112,692	110,077	»	»	111,556	»	»	»
4¹/₂″	125,735	123,119	125,393	122,777	»	»	124,256	»	»	»
5″	138,435	135,820	138,093	135,478	»	»	136,957	»	»	»
5¹/₂″	151,136	148,520	150,794	148,178	»	»	149,657	»	»	»
6″	163,836	161,221	163,494	160,879	»	»	162,357	»	»	»
7″	189,237	186,360	188,861	185,984	1,439	0,349	187,611	2,540	10	1,251
8″	214,638	211,761	214,262	211,385	»	»	213,012	»	»	»
9″	240,039	237,162	239,663	236,786	»	»	238,412	»	»	»
10″	265,440	262,563	265,064	262,187	»	»	263,813	»	»	»
11″	290,841	287,245	290,371	286,775	1,798	0,436	288,808	3,175	8	1,563
12″	316,242	312,645	315,772	312,176	»	»	314,209	»	»	»
13″	347,485	343,889	347,015	343,419	»	»	345,452	»	»	»
14″	372,886	369,290	372,416	368,820	»	»	370,853	»	»	»
15″	398,287	394,691	397,817	394,221	»	»	396,254	»	»	»
16″	423,688	420,092	423,218	419,622	»	»	421,655	»	»	»
17″	449,089	445,492	448,619	445,023	»	»	447,056	»	»	»
18″	474,490	470,893	474,020	470,424	»	»	472,457	»	»	»

Die eingeklammmerten Werte werden nur bei Kupferrohren für hohen Druck und deren Armaturen verwendet und sind sonst möglichst zu vermeiden.

Die Werte der Zahlentafel sind die theoretischen Abmessungen des Gewindes. Die entsprechenden Schneidwerkzeuge sind in der Form nach DIN 259 herzustellen und deren Erfahrungen gemäß stärker oder schwächer zu wählen.

Die Werte der Zahlentafel beziehen sich auf 20° (siehe DIN 102). Sie sind errechnet nach der englischen Tabelle »Report on British Standard Pipe Threads for Iron or Steel Pipes and Tubes, May 1918« (siehe Beiblatt zu DIN 259), die auf 16²/₃° bezogen ist.

Für die Errechnung ist 1″ = 25,40095 mm zugrundegelegt.

1. April 1922.

Rohe Sechskantschrauben mit Mutter

DIN 418

Schaftdurchmesser annähernd gleich Gewindedurchmesser

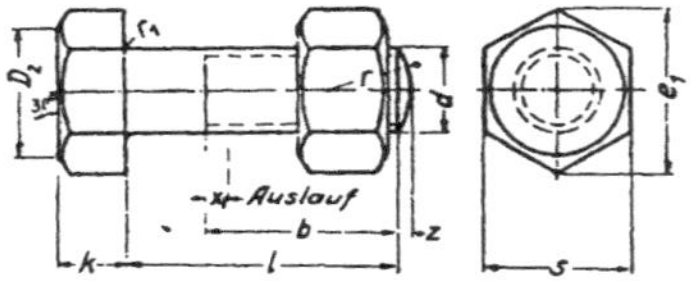

Bezeichnung einer rohen Sechskantschraube mit 1/2" Gewindedurchmesser, 70 mm Länge und Mutter;
Sechskantschraube 1/2" × 70 DIN 418

mm

Nenndurchmesser	5	6	8	10	(7/16")	1/2"	5/8"	3/4"	7/8"	1"	1 1/8"	1 1/4"	1 3/8"	1 1/2"
Gewindedurchmesser d	5	6	8	10	10,84	12,39	15,53	18,68	21,81	24,93	28,04	31,21	34,30	37,48
X_1 Größtmaß	2	2,5	3	4	4	5	5	5	6	7	8	8	9	9
$z\sim$	0,9	1	1,5	1,7	1,7	2,3	2,3	3	3,4	4	4,5	5	5,5	6
r	4	5	6	8	10	10	15	18	20	22	25	30	30	35
r_1	0,5	0,5	0,5	0,5	0,5	0,5	1	1	1	1	1	1	2	2
k Kleinstmaß	4	5	6,5	8	9	10	13	15	17,5	20	22	25	28	30
s Größtmaß	9	11	14	17	19	22	27	32	36	41	46	50	55	60
s Kleinstmaß	8,8	10,7	13,6	16,5	18,4	21,4	26,4	31,2	35,2	40,2	45,2	49,2	54	59
$e_1\sim$	10,4	12,7	16,2	19,6	21,9	25,4	31,2	36,9	41,6	47,3	53,1	57,7	63,5	69,3
D_2	8,5	10	13	16	18	20	25	30	33	38	43	47	52	56

Länge l	Gewindelänge b													
10	9	9												
15	12	12	12	12										
20	15	15	15	15	15									
25	15	15	20	20	20	20								
30	15	15	20	22	25	25	25							
35	15	15	20	22	25	30	30	30						
40	15	15	20	22	25	30	33	35	35					
45	15	15	20	22	25	30	33	35	40					
50	15	15	20	22	25	30	33	35	40	45				
55	15	15	20	22	25	30	33	35	40	45	50			
60	15	15	20	22	25	30	33	35	40	45	50	55		
65		18	20	22	25	30	33	35	40	45	50	55		
70 und 75		18	20	22	25	30	33	35	40	45	50	55	60	
80 ,, 85		18	20	22	25	30	33	35	40	45	50	55	60	65
90 ,, 95			22	25	30	33	35	40	45	50	55	60	65	70
100 ,, 105			22	25	30	33	35	40	45	50	55	60	65	70
110 ,, 115			22	25	30	33	35	40	45	50	55	60	65	70
120 ,, 125					30	33	35	40	45	50	55	60	65	70
130 ,, 135						33	35	40	45	50	55	60	65	70
140 ,, 145						33	35	40	45	50	55	60	65	70
160 ,, 155						33	35	40	45	50	55	60	65	70
160 ,, 165						33	35	40	45	50	55	60	65	70
170 ,, 175						33	35	40	45	50	55	60	65	70
180 ,, 185						33	35	40	45	50	55	60	65	70
190 ,, 195						33	35	40	45	50	55	60	65	70
200						33	35	40	45	50	55	60	65	70

Die eingeklammerte Größe ist möglichst zu vermeiden.

Schrauben über 200 mm Länge sind von 20 zu 20 mm mit den gleichen Gewindelängen wie für 200 mm Schraubenlänge zu stufen. Sind Zwischenstufen unvermeidlich, so sind die Längen mit den Endziffern 2, 5 und 8, z. B. 38 zu wählen.

Die Schrauben werden handelsüblich mit rohen Sechskantmuttern geliefert.

Rohe Sechskantmuttern nach DIN 428.

Gewinde: Metrisch nach DIN 13. Whitworth nach DIN 12.

Ausführung: Kopf und Schaft unbearbeitet.
Die Schrauben und Muttern werden auf Bestellung auch mit gedrehter Auflagefläche, als Ersatz für blanke Schrauben geliefert.

Werkstoff: Flußeisen.

Rohe Scheiben nach DIN 126, Vierkant-U-Scheiben nach DIN 434, Vierkant-T-Scheiben nach DIN 435, Vierkantscheiben nach DIN 436.

Februar 1923

Rohe Vierkantschrauben mit Mutter

(früher Bauschrauben genannt)

DIN 556

Schaftdurchmesser annähernd gleich Gewindedurchmesser

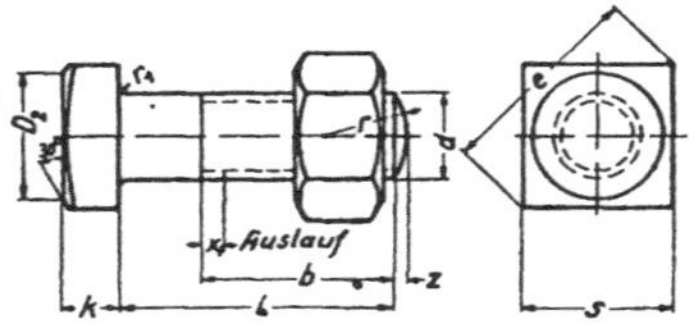

Bezeichnung einer rohen Vierkantschraube mit 1/2'' Gewindedurchmesser, 100 mm Länge und Mutter:
Vierkantschraube 1/2''×100 DIN 556

mm

Nenndurchmesser	5	6	8	10	(7/16'')	1/2''	5/8''	3/4''	7/8''	1''
Gewindedurchmesser d	5	6	8	10	10,84	12,39	15,53	18,68	21,81	24,93
x_1 Größtmaß	2	2,5	3	4	4	5	5	5	6	7
$z \sim$	0,9	1	1,5	1,7	1,7	2,3	2,3	3	3,4	4
r	4	5	6	8	10	10	15	18	20	22
r_1	0,5	0,5	0,5	0,5	0,5	0,5	1	1	1	1
k Kleinstmaß	3,5	4,5	6	7,5	8,7	10	12,2	14	16	18,5
s Größtmaß	9	10,8	13,5	16	18	21	26	31	35	39,5
s Kleinstmaß	8,8	10,5	13,1	15,5	17,5	20,4	25,4	30,2	34,2	38,7
$e \sim$	12	15,5	19	22,5	25,5	29,5	36,5	43,5	49,5	55,5
D_2	8,5	9,8	12,5	15	17	19	24	29	32	35

Länge *l*	Gewindelänge *b*									
10	9	9								
15	12	12	12							
20	15	15	15	15	15					
25	15	15	20	20	20	20				
30	15	15	20	22	25	25	25			
35	15	15	20	22	25	30	30	30		
40	15	15	20	22	25	30	33	35	35	
45	15	15	20	22	25	30	33	35	40	
50	15	15	20	22	25	30	33	35	40	45
55	15	15	20	22	25	30	33	35	40	45
60	15	15	20	22	25	30	33	35	40	45
65		18	20	22	25	30	33	35	40	45
70 und 75		18	20	22	25	30	33	35	40	45
80 ,, 85		18	20	22	28	30	33	35	40	45
90 ,, 95			22	25	28	33	33	40	45	50
100 ,, 105			22	25	28	33	33	40	45	50
110 ,, 115			22	25	28	33	33	40	45	50
120 ,, 125					28	33	33	40	45	50
130 ,, 135						33	33	40	45	50
140 ,, 145						33	33	40	45	50
150 ,, 155						33	33	40	45	50
160 ,, 165						33	33	40	45	50
170 ,, 175						33	33	40	45	50
180 ,, 185						33	33	40	45	50
190 ,, 195						33	33	40	45	50
200						33	33	40	45	50

Die eingeklammerte Größe ist möglichst zu vermeiden.

Die Schrauben mit ½″ Gewinde über 200 mm Länge sind von 10 zu 10 mm bis 360 mm Länge, die mit ⅝″ bis 1″ Gewinde von 20 zu 20 mm bis 500 mm Länge mit den gleichen Gewindelängen wie für 200 mm zu stufen. Sind Zwischenstufen unvermeidlich, so sind die Längen mit den Endziffern 2, 5 und 8, z. B, 38, zu wählen.

Die Schrauben werden handelsüblich mit rohen Sechskantmuttern geliefert.

Rohe Sechskantmuttern nach DIN 428.

Gewinde: Metrisch nach DIN 13. Whitworth nach DIN 12.

Ausführung: Kopf und Schaft unbearbeitet.

Werkstoff: Flußeisen.

Rohe Scheiben nach DIN 126, Vierkant-U-Scheiben nach DIN 434, Vierkant-T-Scheiben nach DIN 435, Vierkantscheiben nach DIN 436.

Februar 1923

Flachrundschrauben mit Vierkantmutter zum Einlassen in Holz

(früher Schloßschrauben genannt)

DIN 559

Schaftdurchmesser annährend gleich Gewindedurchmesser

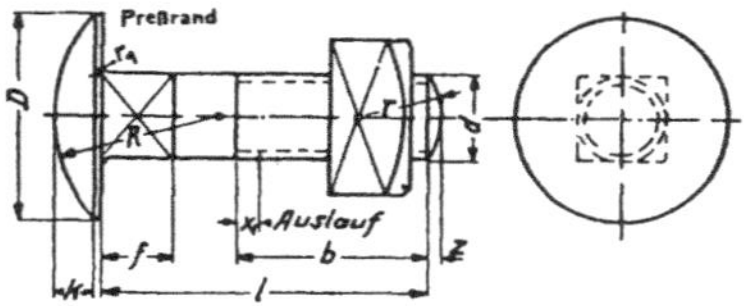

Bezeichnung einer Flachrundschraube mit $^1/_2$″ Gewinde. 70 mm Länge und Mutter:
Flachrundschraube $^1/_2$″×70 Din 559.

mm

Nenndurchmesser	5	6	8	10	($^7/_{16}$″)	$^1/_2$″	$^5/_8$″	$^3/_4$″
Gewindedurchmesser d	5	6	8	10	10,84	12,39	15,53	18,68
X_1 Größtmaß	2	2,5	3	4	4	5	5	5
$z\sim$	0,9	1	1,5	1,7	1,7	2,3	2,3	3
r	4	5	6	8	10	10	15	18
r_1	0,5	0,5	0,5	0,5	0,5	0,5	1	1
f	4	5	6	8	9	10	13	15
$k\sim$	2,3	2,5	3,5	4,4	4,8	5,5	7	9
R	12	14	19	22	23,5	26	29	31,5
D	14	16	22	26	28	32	38	44

Länge l	Gewindelänge b							
15	10	10						
20	12	12	12					
25	15	15	18	16				
30	15	15	18	20	20	20		
35	15	15	20	22	25	25		
40	15	15	20	22	25	25		
45	15	15	20	22	25	30	25	
50	15	15	20	22	25	30	30	
55	15	15	20	22	25	30	33	
60	15	15	20	22	25	30	33	35
65	15	18	20	22	25	30	33	35
70 und 75	15	18	20	22	25	30	33	35
80 ,, 85	15	18	20	22	25	30	33	35
90 ,, 95	15	18	22	25	30	33	33	35
100 ,, 105		18	22	25	30	33	35	40
110 ,, 115		18	22	25	30	33	35	40
120 ,, 125			22	25	30	33	35	40
130 ,, 135			22	25	30	33	35	40
140 ,, 145			22	25	30	33	35	40
150 ,, 155				25	30	33	35	40
160 ,, 165				25	30	33	35	40
170 ,, 175				25	30	33	35	40
180 ,, 185					30	33	35	40
190 ,, 195						33	35	40
200						33	35	40

Die eingeklammerte Größe ist möglichst zu vermeiden.

Längere Schrauben über 200 mm sind von 20 zu 20 mm mit den gleichen Gewindelängen wie für 200 mm Schraubenlänge zu stufen. Sind Zwischenstufen unvermeidlich, so sind die Längen mit den Endziffern 2, 5 und 8, z. B. 38, zu wählen.

Die Schrauben werden handelsüblich mit Vierkantmuttern geliefert.

Vierkantmuttern nach DIN 557.

Gewinde: Metrisch nach DIN 13. Whitworth nach DIN 12.

Ausführung: Kopf und Schaft unbearbeitet.

Werkstoff: Flußeisen.

Rohe Scheiben nach DIN 126, Vierkant-U-Scheiben nach DIN 434, Vierkant-T-Scheiben nach DIN 435 und Vierkantscheiben nach DIN 436.

Februar 1923

Schlüsselweiten

DIN 475

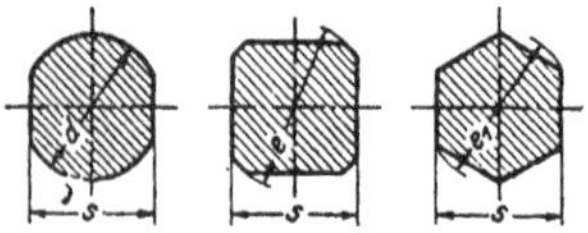

Maße in mm

Schlüsselweite s	2 kant d	4 kant e	∾ 6 kant e_1	Zugehörige Gewindedurchmesser	
3	3,5	4	3,5		1
3,5	4	4,5	4,0		1,2 u. 1,4
4	4,5	5	4,6		1,7
4,5	5	6	5,2		2
5	6	6,5	5,8		2,3
5,5	7	7	6,4		2,6
6	7	8	6,9		3
7	8	9	8,1		3,5
8	9	10	9,2		4
9	10	12	10,4		4,5 u. 5
10	12	13	11,5		5,5
11	13	14	12,7	1/4''	6 u. 7
*12	14	16	13,8	—	—
14	16	18	16,2	5/16''	8
17	19	22	19,6	3/8''	9 u. 10
19	22	25	21,9	7/16''	11
22	25	28	25,4	1/2''	12 u. 14
*24	28	32	27,7	—	—
27	32	36	31,2	5/8''	16
*30	35	40	34,6	—	—
32	38	42	36,9	3/4''	18 u. 20
36	42	48	41,6	7/8''	22 u. 24
41	48	52	47,3	1''	27
46	52	60	53,1	1 1/8''	30
50	58	65	57,7	1 1/4''	33
55	65	72	63,5	1 3/8''	36
60	70	80	69,3	1 1/2''	39
65	75	85	75,0	1 5/8''	42
70	82	92	80,8	1 3/4''	45
75	88	98	86,5	1 7/8''	48
80	92	105	92,4	2''	52
85	98	112	98	2 1/4''	56
90	105	118	104	—	60
95	110	125	110	2 1/2''	64
100	115	132	116	—	68
105	122	138	121	2 3/4''	72
110	128	145	127	3''	76
115	132	152	133	—	80
120	140	160	139	3 1/4''	84
130	150	170	150	3 1/2''	89
135	158	178	156	3 3/4''	94
145	168	190	167	4''	99
150	175	200	173	—	104

Vierkante für Werkzeuge nach DIN 10.
1. Dezember 1921 (2. geänderte Ausgabe).

Schlüsselweite s	∾ 6 kant e_1	Zugehörige Gewindedurchmesser	
155	179	4 1/4''	109
165	191	4 1/2''	114
175	202	4 3/4''	119
180	208	5''	124
185	214	—	129
190	219	5 1/4''	134
200	231	5 1/2''	139
210	242	5 3/4''	144 u. 149
220	254	6''	154
230	266		159
235	271		164
245	283		169 u. 174
255	294		179
265	306		184
270	312		189
280	323		194 u. 199
290	335		204
300	346		209
310	358		214 u. 219
320	370		224
330	381		229
340	393		234 u. 239
350	404		244 u. 249
365	421		254 u. 259
380	439		264 u. 269
395	456		274 u. 279
410	473		284 u. 289
425	491		294 u. 299
440	508		309
455	525		319
470	543		329
480	554		339
495	572		349
510	589		359
525	606		369

* Die Schlüsselweiten 12, 24 und 30 gelten für Verschraubungen, Armaturen usw.

Wird für Schrauben oder Muttern zwecks leichterer Bauart oder geringsten Platzbedarfs Werkstoff von hoher Festigkeit, z. B. Bronze, Stahl oder dgl., verwendet, so können für die angegebenen Gewinde auch kleinere Schlüsselweiten gewählt werden.

Schalenkupplungen für Transmissionen

DIN 115

A. Für gleichen Wellendurchmesser

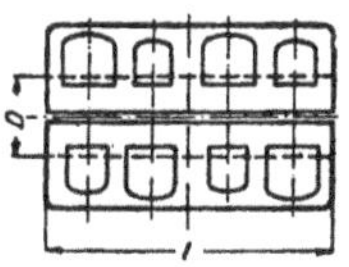

Beispiel für die Bezeichnung einer Schalenkupplung Form A für 2 Wellen mit 55 mm Durchmesser:

Schalenkupplung A 55 DIN 115

B. Für verschiedenen Wellendurchmesser

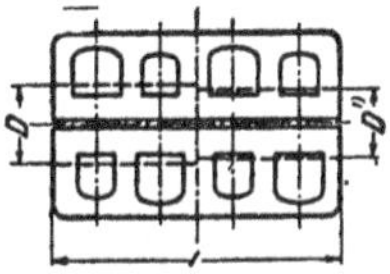

Beispiel für die Bezeichnung einer Schalenkupplung Form B für eine Welle mit 60 mm und eine Welle mit 55 mm Durchmesser:

Schalenkupplung B 60/55 DIN 115

Maße in mm

Wellendurchmesser D	Länge L	Wellendurchmesser D	Länge L
25	130	110	390
30	130	125	430
35	160	140	490
40	160	160	560
45	190	180	630
50	190	200	700
55	220	220	770
60	220	240	840
70	250	360	910
80	280	280	980
90	310	300	1050
100	350		

[1]) Sind die Durchmesser der zu kuppelnden Wellen verschieden groß, so ist das der stärkeren Welle entsprechende Modell zu wählen.

Werkstoff: Gußeisen.

Fehlende Abmessungen sind freie Konstruktionsmaße. Die Kupplung kann daher nicht in einzelnen Hälften, sondern nur im ganzen bestellt werden.

Die Abmaße für den Durchmesser D sind mit dem Hersteller zu vereinbaren.

Paßfedernuten nach DIN 269.

Bei Bestellung ist anzugeben, ob die Kupplung mit oder ohne Nut zu liefern ist.

15. Februar 1922 (3. geänderte Ausgabe).

Scheibenkupplungen für Transmissionen

DIN 116

A. Ohne Zwischenscheibe **B. Mit zweiteiliger Zwischenscheibe**

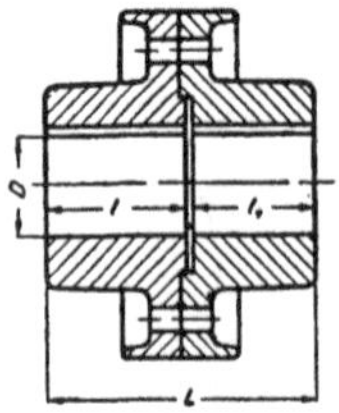

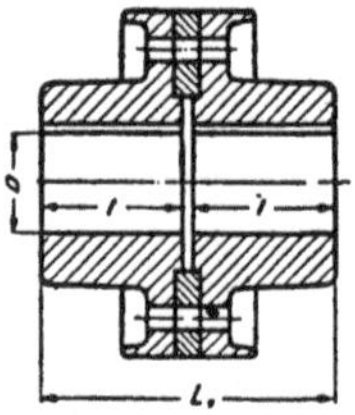

Beispiel für die Bezeichnung einer Scheibenkupplung Form B für 140 mm Wellenmesser:

Scheibenkupplung B 140 DIN 116

Beispiel für die Bezeichnung einer Scheibenkupplung Form A für 90 mm und 100 mm Wellendurchmesser.

Scheibenkupplung A $^{90}/_{100}$ DIN 116

Maße in mm

Wellen-durch-messer D	Nabenlängen höchstens L	L_1	l	l_1	Wellen-durch-messer D	Nabenlängen höchstens L	L_1	l	l_1
25	130	150	70	59	110	320	340	165	154
30	130	150	70	59	125	350	380	185	164
35	150	170	80	69	140	390	420	205	184
40	150	170	80	69	160	430	460	225	204
45	170	190	90	79	180	470	500	245	224
50	170	190	90	79	200	510	540	265	244
55	190	210	100	89	220	550	580	285	264
60	190	210	100	89	240	600	630	310	289
70	210	230	110	99	260	650	680	335	314
80	230	250	120	109	280	700	730	360	339
90	260	280	125	124	300	750	780	385	364
100	290	310	150	139					

Der Abstand der Wellenenden beträgt bei der Kupplung ohne Zwischenscheibe 1 mm, bei der Kupplung mit Zwischenscheibe 10 mm.

Sind die Durchmesser der zu kuppelnden Wellen verschieden groß, so ist das der stärkeren Welle entsprechende Modell zu wählen.

Werkstoff: Gußeisen

Fehlende Abmessungen sind freie Konstrucktionsmaße. Die Kupplung kann daher nicht in einzelnen Hälften, sondern nur im Ganzen bestellt werden.

Die Abmaße für den Durchmesser D sind mit dem Hersteller zu vereinbaren.

Keilnuten nach DIN 141.

Paßfedernuten nach DIN 269.

Bei Bestellung ist anzugeben, ob die Kupplung mit oder ohne Nute zu liefern ist.

15. Februar 1922 (3. geänderte Ausgabe)

Wandarme für Transmissions-Stehlager	DIN 117

Auflagefläche für Lager bearbeiten

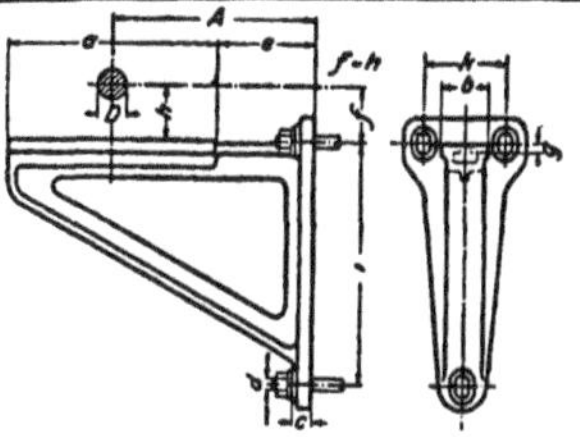

Beispiel für die Bezeichnung eines Wandarmes von 300 bis 400 mm Ausladung für 55 mm Wellendurchmesser:

Wandarm 55/60 × 300/400 DIN 117

Maße in mm

Wellendurchmesser *D*	Lagerhöhe *h*	Auflagefläche Länge *a*	Auflagefläche Breite *b*	Entfernung *e*	Leistenstärke *g*	Ausladung *A*	Schraubenentfernungen *i*	Schraubenentfernungen *k*	Schraubendurchmesser *d* Zoll	Stärke *c*
25 u. 30	65	310	60	95 195	13	200÷300 300÷400	300 400	120	5/8	25
35 u. 40	75	330	70	85 185 285 385	13	200÷300 300÷400 400÷500 500÷600	300 400 500 600	120	5/8	25
45 u. 50	90	370	80	65 165 265 365 465	15	200÷300 300÷400 400÷500 500÷600 600÷700	300 400 500 600 700	140	3/4	30
55 u. 60	100	400	90	150 250 350 450 550	15	300÷400 400÷500 500÷600 600÷700 700÷800	400 500 600 700 800	140	3/4	30
70	110	440	100	130 230 330 430 530	17	300÷400 400÷500 500÷600 600÷700 700÷800	400 500 600 700 800	160	7/8	35
80	125	480	115	110 210 310 410 510	17	300÷400 400÷500 500÷600 600÷700 700÷800	400 500 600 700 800	180	1	40
90	140	520	130	190 290 390 490	19	400÷500 500÷600 600÷700 700÷800	500 600 700 800	200	1 1/8	45
100 u. 110	165	590	160	155 255 355 455	21	400÷500 500÷600 600÷700 700÷800	500 600 700 800	220	1 1/4	50
125 u. 140	200	680	205	210 310 410	25	500÷600 600÷700 700÷800	600 700 800	240	1 3/8	55

1. Februar 1922 (3. geänderte Ausgabe) Schraubenaugen nach DIN 190

Stehlager für Transmissionen

DIN 118

Für 25 ÷ 140 mm Wellendurchmesser | Für 160 ÷ 500 mm Wellendurchmesser

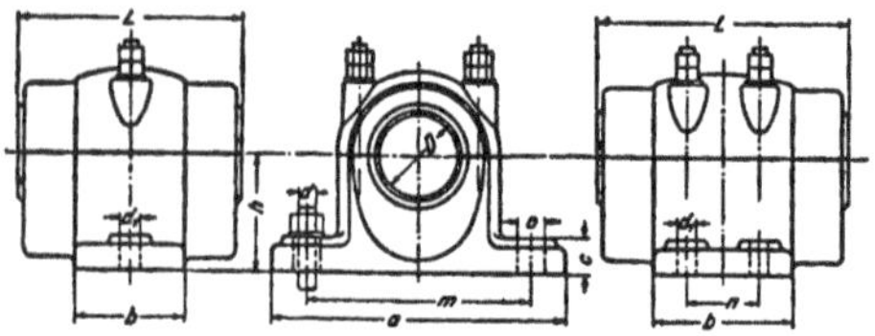

Sohlfläche bearbeitet

A. Kugelstehlager
B. Langes Gleitstehlager
C. Kurzes Gleitstehlager

Bezeichnung eines Kugelstehlagers für 80 mm Wellendurchmesser:
Stehlager A 80 DIN 118

Maße in mm

Wellen-durch-messer	Lager-höhe	Länge L höchstens			Fußplatte			Schraubenlöcher				Schrauben	
		Form A	Form B	Form C	Länge	Breite	Stärke	Abstand		Länge höchstens	Breite	Durchmesser	Anzahl
D	h				a	b	c	m	n	o	d_1	d	
25 u. 30	65	100	140	120	200	55	25	150	—	20	17	1/2″	2
35 u. 40	75	110	180	150	220	65		170					
45 u. 50	90	120	220	180	260	75	30	200	—	25	20	5/8″	
55 u. 60	100	130	260	210	290	85		230					
70	110	140	300	240	330	95	35	260	—	30	23	3/4″	
80	125	150	340	270	370	110		290					
90	140	170	380	300	410	125	40	320	—	34	26	7/8″	
100 u. 110	165	190	460	360	470	150	50	370	—	39	30	1″	
125 u. 140	200	—	550	450	560	195	60	450	—	48	36	1 1/4″	
160 u. 180	250	—	670	550	660	250	70	540	130	44	33	1 1/8″	4
200 u. 220	300	—	790	650	760	310	80	630	170	52	40	1 3/8″	
240 u. 260	350	—	910	750	860	370	95	720	210	58	44	1 1/2″	
280 u. 300	400	—	1030	850	960	440	110	810	250	66	50	1 3/4″	
320 u. 340	450	—	—	950	1070	510	125	900	300	75	58	2″	
360 u. 380	500	—	—	1050	1190	580	140	990	350	82	64	56	
400 u. 420	550	—	—	1150	1310	650	155	1080	400	92	72	64	
440 u. 460	600	—	—	1250	1430	720	170	1170	450	105	80	72	
480 u. 500	650	—	—	1350	1550	800	185	1260	500	115	90	80	

Fehlende Abmessungen sind freie Konstruktionsmaße. Völlige Übereinstimmung der Erzeugnisse von verschiedenen Werken besteht daher nicht.

Schraubenaugen nach DIN 190.

Hammerschrauben nach DIN 188.

15. Februar 1922.

Hängelager für Transmissionen.

DIN
119

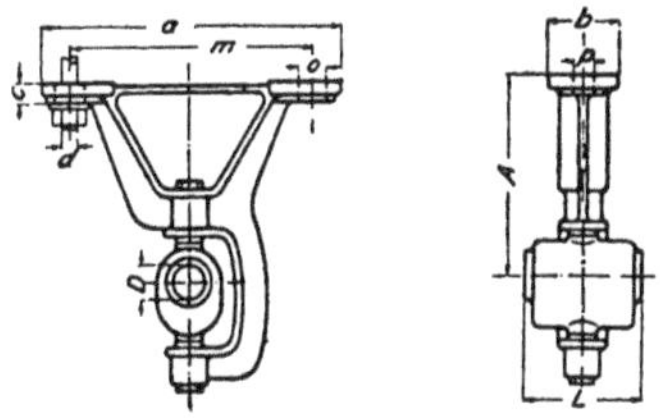

Beispiel für die Bezeichnung eines Hängelagers für 55 mm Wellendurchmesser und 500 mm Ausladung:
Hängelager 55 × 500 DIN 119.

Maße in mm:

Wellendurchmesser	Länge höchstens	Ausladung	Fußplatte			Schraubenaugen			Schraubendurchmesser
			Länge höchstens	Breite	Stärke		höchstens		
D	*L*	*A*	*a*	*b*	*c*	*m*	*o*	*p*	*d*
25 u. 30	140	200 300 400	340 420 500	110	25	240 320 400	25	20	5/8″
35 u. 40	180	300 400 500	420 500 580	120	25	320 400 480	25	20	5/8″
45 u. 50	220	300 400 500 600	430 510 590 670	130	30	320 400 480 560	30	23	3/4″
55 u. 60	260	300 400 500 600	430 510 590 670	140	30	320 400 480 560	30	23	3/4″
70	300	400 500 600 700	520 600 680 760	160	35	400 480 560 640	34	26	7/8″
80	340	400 500 600 700	540 620 700 780	180	40	400 480 560 640	39	30	1″
90	380	400 500 600 700	550 630 710 790	200	55	400 480 560 640	44	33	1 1/8″
100 u 110	460	500 600 700	640 720 800	240	50	480 560 640	48	36	1 1/4″

Schraubenaugen mit Langloch nach DIN 190.
Werkstoff: Gußeisen.

1. Februar 1922 (3. geänderte Ausgabe).

Winkelarme zu Stehlagern für Transmissionen nach DIN 118	DIN 187

Auflagefläche für Lager bearbeiten

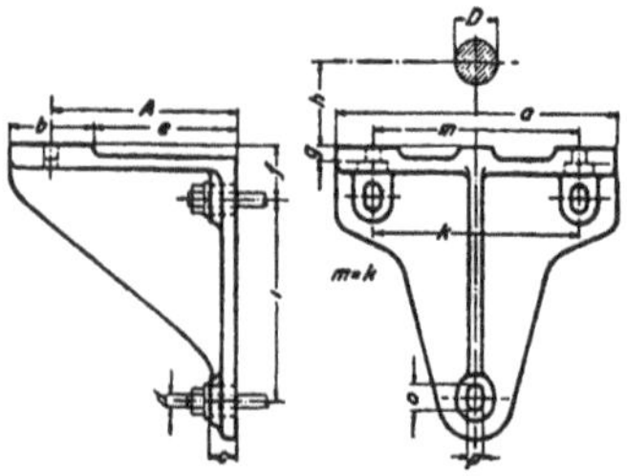

Beispiel für die Bezeichnung eines Winkelarmes zum Stehlager für 60 mm Wellenduı chmesser nach DINORM 118;

Winkelarm 55/60 DIN 187

Maße in mm

Wellen-durchmesser	Ausladung	Lagerhöhe	Auflagefläche: Länge	Auflagefläche: Breite	Stärke	Entfernung	Leistenstärke	Schraubenaugen			höchst.		Schrauben-durchmesser
D	*A*	*h*	*a*	*b*	*c*	*e*	*g*	*f*	*i*	*k*	*o*	*p*	*d*
25 und 30	110	65	210	60	25	80	13	45	110	150	25	20	5/8″
35 ,, 40	130	75	230	70	25	95	13	45	130	170	25	20	5/8″
45 ,, 50	150	90	270	80	30	110	15	50	150	200	30	23	3/4″
55 ,, 60	170	100	300	90	30	125	15	50	170	230	30	23	3/4″
70	190	110	340	100	35	140	17	55	190	260	34	26	7/8″
80	210	125	380	116	40	152	17	60	210	290	39	30	1″
90	240	140	420	130	45	175	19	70	240	320	44	33	1 1/8″
100 und 110	280	165	490	160	50	200	21	80	280	370	48	35	1 1/4″
125 ,, 140	350	200	580	206	55	247	25	90	350	450	52	40	1 3/8″

Schraubenaugen mit Langloch nach DIN 190.
Werkstoff: Gußeisen

1. Februar 1922 (2. geänderte Ausgabe)

Sohlplatten zu Stehlagern für Transmissionen nach DIN 118

DIN 189 Bl. 1

Für 20÷90 mm Durchmesser **Für 100÷140 mm Durchmesser**

Auflagefläche für Lager bearbeitet

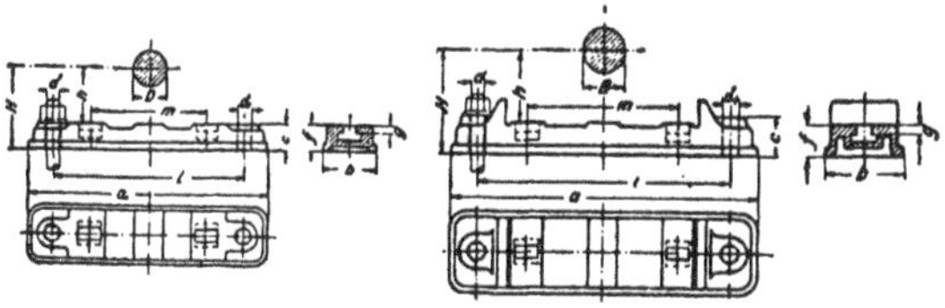

Bezeichnung einer Sohlplatte zum Stehlager für 60 mm Wellendurchmesser:

Sohlplatte 55/60 DIN 189

Maße in mm

Wellendurchmesser	Höhe		Länge	Breite	Stärke	Sohlenabstand	Fußschrauben-Entfernung	Leistenstärke	Schraubenlöcher		Schraubendurchmesser
D	*H*	*h*	*a*	*b*	*c*	*f*	*m*	*g*	*i*	d_1	*d*
25 und 30	100	65	330	65	35	35	150	13	260	20	5/8″
35 und 40	115	75	360	75	40	40	170	13	290	20	5/8″
45 und 50	135	90	410	85	45	45	200	15	330	23	3/4″
55 und 60	150	100	450	95	50	50	230	15	360	23	3/4″
70	165	110	510	110	55	55	200	17	410	26	7/8″
80	185	125	570	125	60	60	290	17	460	30	1″
90	205	140	650	145	65	65	320	19	520	33	1 1/8″
100 und 110	240	165	790	180	90	75	370	21	650	36	1 1/4″
125 und 140	290	200	910	230	110	90	450	25	750	40	1 3/8″

Fehlende Abmessungen sind freie Konstruktionsmaße. Völlige Übereinstimmung der Erzeugnisse von verschiedenen Werken besteht daher nicht.

Schraubenaugen nach DIN 190.

Hammerschrauben nach DIN 261.

15. Februar 1922

Fortsetzung siehe Blatt 2

Sohlplatten zu Stehlagern für Transmissionen nach DIN 118	DIN 189 Bl. 2

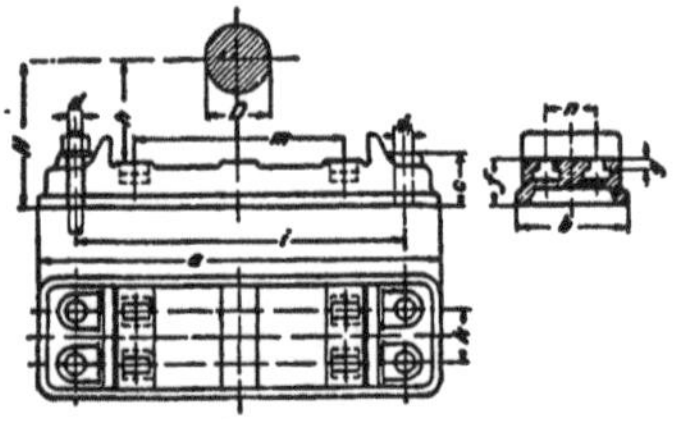

Auflagefläche für Lager bearbeitet

Bezeichnung einer Sohlplatte zum Stehlager für 320 mm Wellendurchmesser:

Sohlplatte 320/340 DIN 189

Maße in mm

Wellen-durchmesser	Höhe		Länge	Breite	Stärke	Sohlenabstand	Fußschrauben-Entfernung		Leistenstärke	Schrauben-löcher			Schrauben-durchmesser
D	*H*	*h*	*a*	*b*	*c*	*f*	*m*	*n*	*g*	*i*	*k*	d_1	*d*
160 und 180	360	250	1020	290	130	110	540	130	23	850	130	36	1¼"
200 und 220	430	300	1180	360	150	130	630	170	27	1000	170	44	1½"
240 und 260	500	350	1350	430	175	150	720	210	30	1150	210	50	1¾"
280 und 300	570	400	1520	500	200	170	810	250	35	1300	250	58	2"
320 und 340	640	450	1690	570	230	190	900	300	40	1450	300	64	56
360 und 380	710	500	1860	650	260	210	990	350	45	1600	350	72	64
400 und 420	780	550	2030	730	290	230	1080	400	50	1750	400	80	72
440 und 460	850	600	2200	810	320	250	1170	450	55	1900	450	90	80
480 und 500	920	650	2370	900	350	270	1260	500	60	2050	500	90	80

Fehlende Abmessungen sind freie Konstruktionsmaße. Völlige Übereinstimmung der Erzeugnisse von verschiedenen Werken besteht daher nicht.

Schraubenaugen nach DIN 190.
Hammerschrauben nach DIN 261.

15. Februar 1922

Mauerkasten zu Stehlagern für Transmissionen nach DIN 118

DIN **193**

Auflagefläche für Lagerbearbeiten

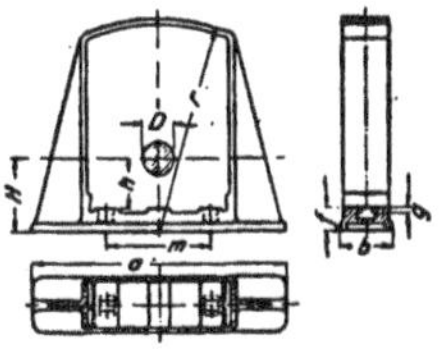

Beispiel für die Bezeichnung eines Mauerkastens zum Stehlager für 60 mm Wellendurchmesser nach DIN 118;

Mauerkasten 55/60 DIN 193

Maße in mm

Wellen-durchmesser D	Höhe H	Höhe h	Länge a	Breite b	Sohlen-abstand f	Leisten-stärke g	Fuß-schrauben-Ent-fernung m	Halb-messer höchst. r
25 und 30	100	65	330	65	35	13	150	300
35 und 40	115	75	360	76	40	13	170	350
45 und 50	135	90	410	85	45	15	200	400
55 und 60	150	100	450	95	50	15	230	450
70	165	110	510	110	55	17	260	500
80	185	125	570	125	60	17	290	550
90	205	140	650	145	65	19	320	600
100 und 110	240	165	790	180	75	21	370	700
125 und 140	290	200	910	230	90	25	450	800

Auflagefläche für Lager bearbeiten

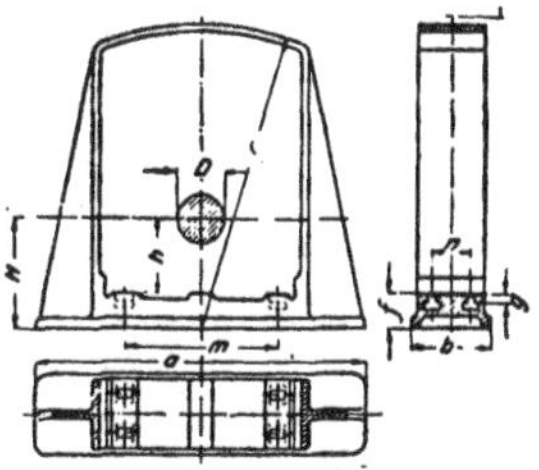

Beispiel für die Bezeichnung eines Mauerkastens zum Stehlager für 160 mm Wellendurchmesser nach DIN 118:

Mauerkasten 160/180 DIN 193

Maße in mm

Wellen-durchmesser D	Höhe H	Höhe h	Länge a	Breite b	Sohlen-abstand f	Leisten-stärke g	Fuß-schrauben-Ent-fernung m	Fuß-schrauben-Ent-fernung n	Halb-messer höchst. r
160 und 180	360	250	1020	290	110	23	540	130	1000
200 und 220	430	300	1180	360	130	27	630	170	1200
240 und 260	500	350	1350	430	150	30	720	210	1400

Fußschrauben nach DIN 188. Werkstoff: Gußeisen.

1. Februar 1922 (2. geänderte Ausgabe)

Hängeböcke zu Stehlagern für Transmissionen nach DIN 118	DIN 194

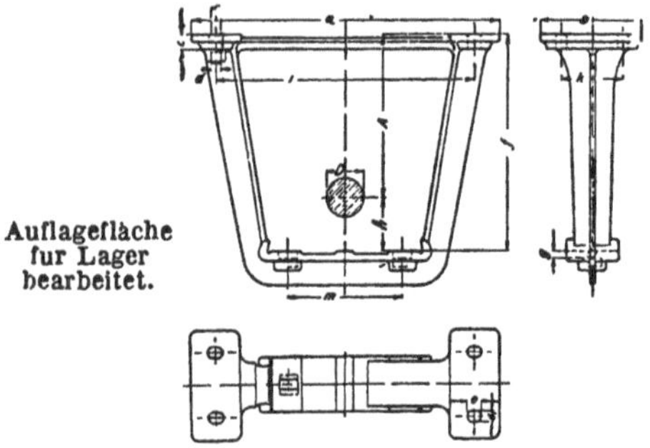

Bezeichnung eines Hängebockes von 700 mm Ausladung zum Stehlager für 100 mm Wellendurchmesser nach DIN 118:

Hängebock 100/110 × 700 DIN 194.

Maße in mm:

Wellendurchmesser	Ausladung	Lagerhöhe	Sohlenabstand	Fußplatte			Fußschraubenentfernung	Leistenstärke	Schraubenaugen				Schraubendurchmesser
				Länge höchst.	Breite	Stärke					höchstens		
D	A	h	f	a	b	c	m	g	i	k	o	d_1	d
55 und 60	500 600 700	100	600 700 800	1020 1120 1220	230	30	230	15	900 1000 1100	140	30	23	3/4″
70	500 600 700	110	610 710 810	1030 1130 1230	260	35	260	17	900 1000 1100	160	34	26	7/8″
80	500 600 700 800	125	625 725 825 925	1050 1150 1250 1350	300	40	290	17	900 1000 1100 1200	180	39	30	1″
90	500 600 700 800	140	640 740 840 940	1060 1160 1260 1360	330	45	320	19	900 1000 1100 1200	200	44	33	1 1/8″
100 und 110	600 700 800 1000	165	765 865 965 1165	1170 1270 1370 1570	360	50	370	21	1000 1100 1200 1400	220	48	36	1 1/4″

Schraubenaugen nach DIN 190.

Bei den Hängeböcken zu Lagern über 110 mm Wellendurchmesser sind für die einzelnen Ausladungen möglichst die gleichen Entfernungen für die Befestigungsschrauben wie bei obigen Hängeböcken zu wählen.

1. Februar 1822 (2. geänderte Ausgabe).

Doppel-Wandankerplatten
zu Wandarmen nach DIN 117

DIN 192

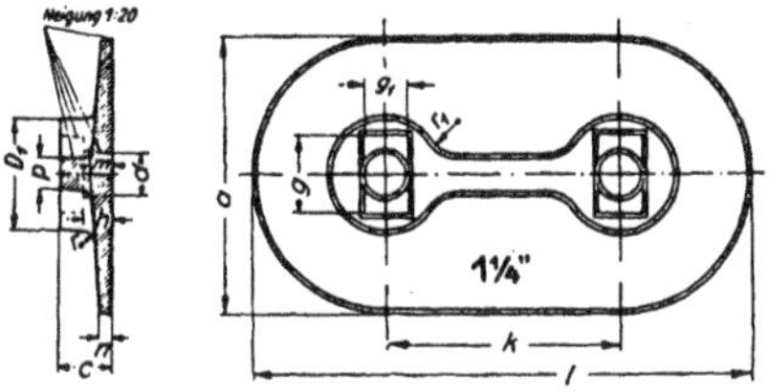

Bezeichnung einer Doppel-Wandankerplatte mit 470 mm Länge:
Doppel-Wandankerplatte 470 DIN 192

mm

l	a	k	c	D_1	d	g	g_1	h	m	n	r	p	r_1	Für Hammerschraube nach DIN 261	Passend zu Wandarm nach DIN 117 für Wellendurchm.	l
245	125	120	28	56	20	35	22	16	16	8	5	20	15	5/8"	25 u. 30 35 u. 40	245
290	150	140	32	64	24	42	25	18	18	9	5	22	15	3/4"	45 u. 50 55 u. 60	290
335	175	160	36	72	27	48	28	20	18	9	6	22	20	7/8"	70	335
380	200	180	40	80	30	56	32	22	20	10	8	25	25	1"	80	380
425	225	200	45	90	34	62	36	25	20	10	10	25	25	1 1/8"	90	425
470	250	220	50	100	38	70	40	28	22	11	10	28	35	1 1/4"	100 u. 110	470
515	275	240	55	112	40	76	42	30	22	11	10	28	35	1 3/8"	125 u. 140	515

Auf die Platten ist der zugehörige Schraubendurchmesser aufzugießen.

Hammerschrauben nach DIN 261.

Werkstoff: Gußeisen.

Juni 1923

Doppel-Ankerplatten für Hammerschrauben

zu Sohlplatten nach DIN 189 Bl. 2

DIN 191

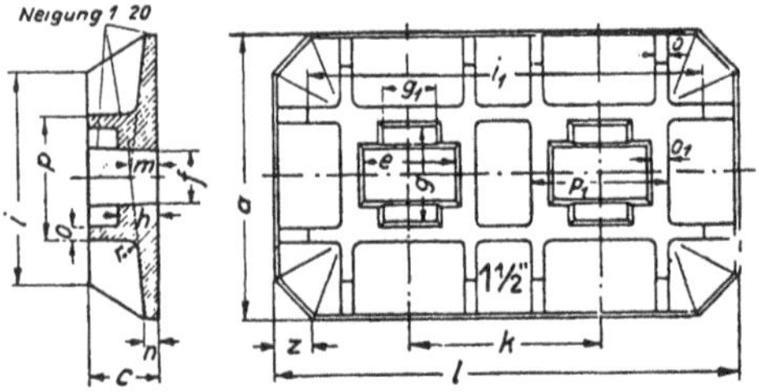

**Bezeichnung einer Doppel-Ankerplatte mit 410 mm Länge:
Doppel-Ankerplatte 410 DIN 191**

mm

l	a	k	c	e	f	g	g_1	h	i	i_1	m	n	o	o_1	p	p_1	r	z	Für Hammerschraube nach DIN 261	Passend zu Sohlplatte nach DIN 189 Bl. 2	l
340	210	130	50	68	38	70	40	28	165	295	22	11	10	13	92	98	10	32	1¼"	160/180	340
410	240	170	60	82	44	84	46	34	180	350	24	12	11	14	108	116	15	34	1½"	200/220	410
480	270	210	68	94	50	96	54	38	205	415	26	13	11	14	120	128	15	36	1¾"	240/260	480
550	300	250	75	102	56	105	60	42	225	475	28	14	12	15	132	140	15	38	2"	280/300	550
630	330	300	82	112	62	115	68	46	250	550	32	16	13	17	145	154	15	40	56	320/340	630
720	370	350	90	125	70	130	76	52	280	630	36	18	14	18	162	170	15	42	64	360/380	720
810	410	400	100	138	80	144	86	56	310	710	40	20	15	19	178	186	15	44	72	400/420	810
900	450	450	110	150	90	155	94	62	340	790	45	22	16	20	192	202	20	46	80	440/460	900
950	450	500								840										480/500	950

Mauernische für eingemauerte Ankerplatten

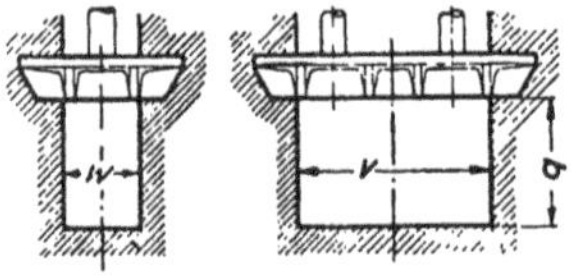

l	Einmauerung		
	w	v	q
340	90	220	150
410	110	280	175
480	120	330	175
550	130	380	250
630	140	440	250
720	150	500	300
810	170	570	300
900	180	630	350
950		680	

Auf die Platten ist der zugehörige Schraubendurchmesser aufzugießen.

Hammerschrauben nach DIN 261.

Werkstoff: Gußeisen.

Juni 1923

Ankerplatten für Hammerschrauben	DIN 794

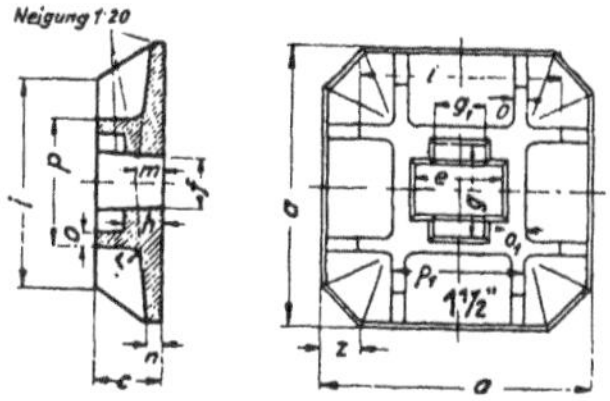

Bezeichnung einer Ankerplatte mit 240 mm Länge:
Ankerplatte 240 DIN 794.

mm

a	*c*	*e*	*f*	*g*	g_1	*h*	*i*	*m*	*n*	*o*	o_1	*p*	p_1	*r*	*z*	Für Hammerschraube nach DIN 261	*a*
180	40	54	30	56	32	22	145	20	10	9	12	76	82	10	30	1''	180
195	45	60	34	62	36	25	155	20	10	9	12	82	88	10	30	1 1/8''	195
210	50	68	38	70	40	28	165	22	11	10	13	92	98	10	32	1 1/4''	210
225	55	74	40	76	42	30	170	22	11	10	13	100	106	10	32	1 3/8''	225
240	60	82	44	84	46	34	180	24	12	11	14	108	116	15	34	1 1/2''	240
270	68	94	50	96	54	38	205	26	13	11	14	120	128	15	36	1 3/4''	270
300	75	102	56	105	60	42	225	28	14	12	15	132	140	15	38	2''	300
330	82	112	62	115	68	46	250	32	16	13	17	145	154	15	40	56	330
370	90	125	70	130	76	52	280	36	18	14	18	162	170	15	42	64	370
410	100	138	80	144	86	56	310	40	20	15	19	178	186	15	44	72	410
450	110	150	90	155	94	62	340	45	22	16	20	192	202	20	46	80	450
500	120	165	100	170	105	68	380	50	25	18	22	210	222	20	48	89	500
550	135	180	110	185	115	76	415	58	30	20	25	230	244	20	50	99	550

Mauernische für eingemauerte Ankerplatten

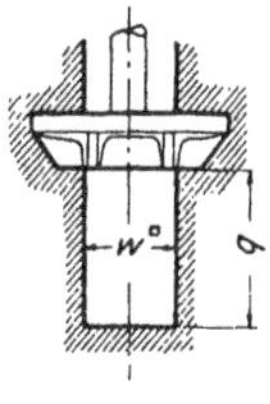

a	Einmauerung	
	w	*q*
180	70	120
195	80	
210	90	150
225	100	
240	110	175
270	120	
300	130	250
330	140	
370	150	300
410	170	
450	180	350
500	200	
550	220	400

Auf die Platten ist der zugehörige Schraubendurchmesser aufzugießen.

Hammerschrauben nach DIN 261.

Werkstoff: Gußeisen.

Juni 1923

Wandankerplatten

DIN **796**

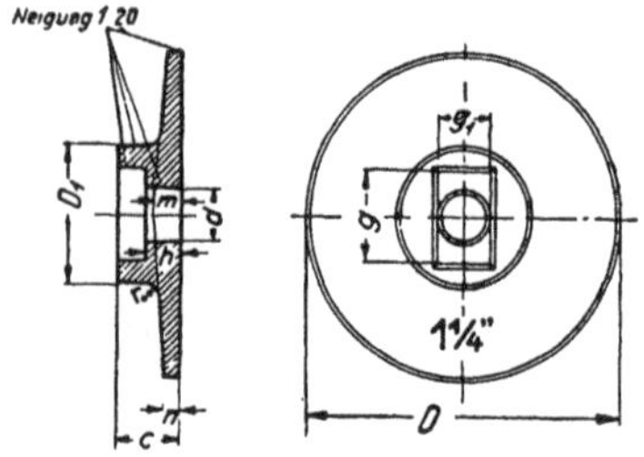

Bezeichnung einer Wandankerplatte mit 200 mm Durchmesser: Wandankerplatte 200 DIN 796

mm

D	c	D_1	d	g	g_1	h	m	n	r	Für Hammerschraube nach DIN 261	D
125	28	56	20	35	22	16	16	8	5	5/8"	125
150	32	64	24	42	25	18	18	9	5	3/4"	150
175	36	72	27	48	28	20	18	9	6	7/8"	175
200	40	80	30	56	32	22	20	10	8	1"	200
225	45	90	34	62	36	25	20	10	10	1 1/8"	225
250	50	100	38	70	40	28	22	11	10	1 1/4"	250
275	55	112	40	76	42	30	22	11	10	1 3/8"	275

Auf die Platten ist der zugehörige Schraubendurchmesser aufzugießen.

Hammerschrauben nach DIN 261.

Werkstoff: Gußeisen.

Juni 1923

Ankerplatten für Ankerschrauben

DIN 795

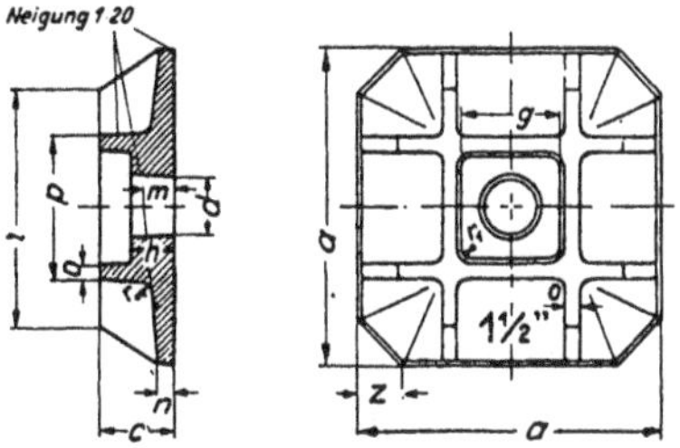

Bezeichnung einer Ankerplatte mit 300 mm Länge:
Ankerplatte 300 DIN 795

mm

a	c	d	g	h	i	m	n	o	p	r	r_1	z	Für Ankerschraube nach DIN 797	a
180	40	30	58	22	145	20	10	9	78	10	6	30	1"	180
195	45	34	64	25	155	20	10	9	84	10	6	30	1⅛"	195
210	50	38	70	28	165	22	11	10	92	10	6	32	1¼"	210
225	55	40	75	30	170	22	11	10	98	10	6	32	1⅜"	225
240	60	44	82	34	180	24	12	11	106	15	8	34	1½"	240
270	68	50	95	38	205	26	13	11	120	15	8	36	1¾"	270
300	75	56	105	42	225	28	14	12	132	15	8	38	2"	300
330	82	62	115	46	250	32	16	13	144	15	8	40	56	330
370	90	70	125	52	280	36	18	14	158	15	8	42	64	370
410	100	80	135	56	310	40	20	15	170	15	8	44	72	410
450	110	90	145	62	340	45	22	16	182	20	10	46	80	450
500	120	100	160	68	380	50	25	18	202	20	10	48	89	500
550	135	110	182	76	415	58	30	20	228	20	10	50	99	550

Mauernische für eingeschobene Ankerplatten

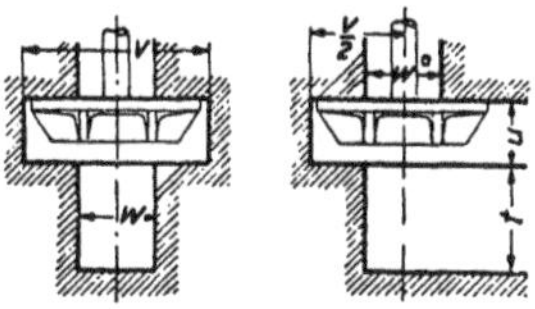

a	Einmauerung			
	w	v	t	u
180	70	210	100	60
195	80	230	100	65
210	90	250	125	75
225	100	270	125	85
240	110	280	150	90
270	120	310	150	100
300	130	350	200	105
330	140	380	200	115
370	150	420	250	130
410	170	460	250	140
450	180	520	300	160
500	200	570	300	175
550	220	620	350	190

Auf die Platten ist der zugehörige Schraubendurchmesser aufzugießen.
Ankerschrauben nach DIN 797.
Werkstoff: Gußeisen.

Juni 1923

Hammerschrauben

DIN 261

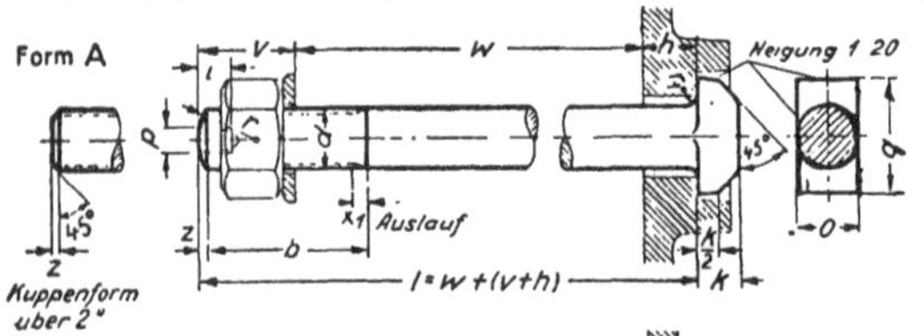

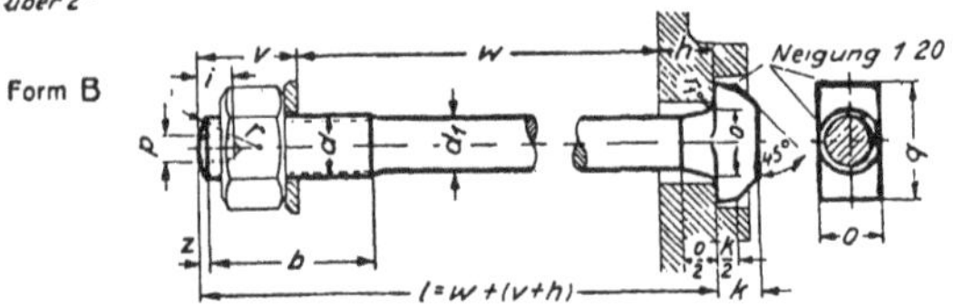

Bezeichnung einer Hammerschraube Form *B* mit 2″ Gewindedurchmesser und ....¹) mm Länge:

Hammerschraube *B* 2″ × ....¹) DIN 261

mm

Nenn-durchm.	5/8″	3/4″	7/8″	1″	1 1/8″	1 1/4″	1 3/8″	1 1/2″	1 3/4″	2″	56	64	72	80	89	99	Nenn-durchm.
Gewinde-durchm. d	15,53	18,68	21,81	24,93	28,04	31,21	34,30	37,48	43,70	49,97	²)	²)	²)	²)	²)	²)	Gewinde-durchm. d
d_1	—	—	—	—	—	—	—	30	36	42	46	54	62	70	80	90	d_1
b	48	55	60	70	80	90	100	110	120	130	140	160	175	190	210	230	b
x_1	5	5	6	7	8	8	9	9	11	12	14	16	16	16	16	16	x_1
q	30	36	42	48	54	62	66	74	84	92	102	115	128	140	155	170	q
k	12	13	16	18	20	22	24	27	32	36	40	45	50	56	62	70	k
o	16	19	22	25	28	32	35	38	44	50	56	64	72	80	90	100	o
r_1	2	2	2	2	2	2	2	2	3	3	3	3	4	4	4	5	r_1
$z \sim$	2,3	3	3,4	4	4,5	5	5,5	6	7	8	6	8	8	8	10	10	$z \sim$
r	15	18	20	22	25	30	30	35	40	45	—	—	—	—	—	—	r
p	—	—	—	M10	M10	M10	M10	1/2″	1/2″	1/2″	5/8″	5/8″	5/8″	3/4″	3/4″	3/4″	p
i	—	—	—	18	18	18	18	24	24	24	28	28	28	34	34	34	i
v	28	34	40	45	47	52	60	64	72	78	84	93	99	108	117	129	v
h	16	18	20	22	25	28	30	34	38	42	46	52	56	62	68	76	h
Länge l																	Länge l

¹) Die Länge ist bei Bestellung anzugeben.

Sollen die Schrauben mit Muttern und Scheiben geliefert werden, so ist die Art derselben bei Bestellung vorzuschreiben.

Ankerplatten nach DIN 191, 192, 794 und 796.

Gewinde: Bis 2″ Whitworth nach DIN 12.

²) Über 2″ ist die Gewindeart vorzuschreiben.

Ausführung: Kopf und Schaft unbearbeitet.

Werkstoff: Flußeisen (Festigkeitswerte folgen).

Juni 1923

Ankerschrauben	DIN 797

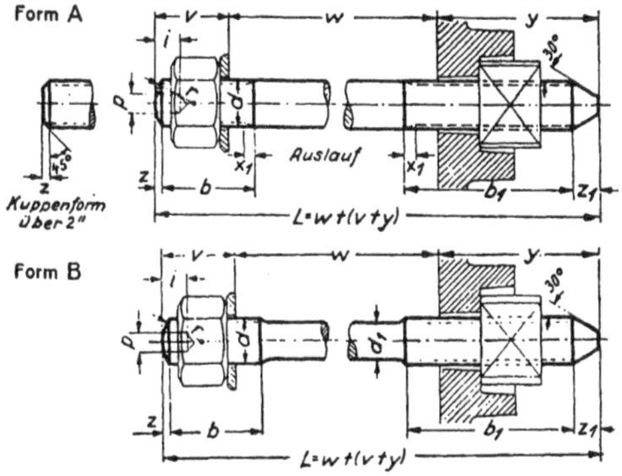

Bezeichnung einer Ankerschraube Form *B* mit 56 mm Gewindedurchmesser und ......[1]) mm Länge:
Ankerschraube *B* 56 × ......[1]) DIN 797

mm

Nenndurchmesser	1"	1⅛"	1¼"	1⅜"	1½"	1¾"	2"	56	64	72	80	89	99	Nenndurchmesser
Gewindedurchm. d	24,93	28,04	31,21	34,30	37,48	43,70	49,97	[2])	[2])	[2])	[2])	[2])	[2])	Gewindedurchm. d
d_1	—	—	—	—	30	36	42	46	54	62	70	80	90	d_1
b	55	60	70	75	85	95	100	110	125	140	150	170	190	b
b_1	105	115	125	140	150	165	180	200	225	250	275	300	330	b_1
x	7	8	8	9	9	11	12	14	16	16	16	16	16	x_1
z_1	14	16	18	20	22	25	28	32	36	40	45	50	56	z_1
$z \sim$	4	4,5	5	5,5	6	7	8	6	8	8	8	10	10	$z \sim$
r	22	25	30	30	35	40	45	—	—	—	—	—	—	r
p	M 10	M 10	M 10	M 10	½"	½"	½"	⅝"	⅝"	⅝"	¾"	¾"	¾"	p
i	18	18	18	18	24	24	24	28	28	28	34	34	34	i
v	38	40	45	50	55	65	70	78	85	90	100	110	120	v
y	102	115	130	140	155	170	190	212	240	270	295	320	355	y
Länge l														Länge l

[1]) Die Länge ist bei Bestellung anzugeben.
Sollen die Schrauben mit Muttern und Scheiben geliefert werden, so ist die Art derselben bei Bestellung vorzuschreiben.
Ankerplatten nach DIN 795.
Untere Ankermutter nach DIN 798.
Gewinde: Bis 2" Whitworth nach DIN 12.
[2]) Über 2" ist die Gewindeart vorzuschreiben.
Ausführung: Schaft unbearbeitet.
Werkstoff: Flußeisen. (Festigkeitswerte folgen).
Juni 1923

Ankermuttern für Ankerschrauben

DIN 798

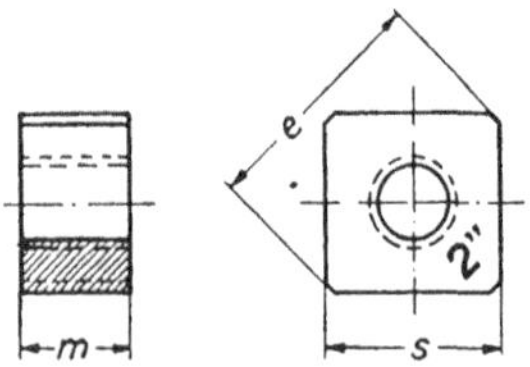

Bezeichnung einer Ankermutter mit 1³/₄" Gewinde:
Ankermutter 1³/₄" DIN 798

mm

Nenn-durch-messer	Gewinde-durch-messer	Höhe m	Schlüssel-weite s	Ecken-maß e	Nenn-durch-messer
1"	25,40	32	50	65	1"
1¹/₈"	28,58	38	55	72	1¹/₈"
1¹/₄"	31,75	42	60	80	1¹/₄"
1³/₈"	34,93	45	65	85	1³/₈"
1¹/₂"	38,10	50	70	92	1¹/₂"
1³/₄"	44,45	58	80	105	1³/₄"
2"	50,80	65	90	118	2"
56	¹)	72	100	132	56
64	¹)	82	110	145	64
72	¹)	95	120	160	72
80	¹)	105	130	170	80
89	¹)	115	145	190	89
99	¹)	125	165	220	99

Der Gewinde-Nenndurchmesser ist an einer Stirnfläche vertieft einzugießen.

Ankerschrauben nach DIN 797.

Gewinde: Bis 2" Whitworth nach DIN 12.

¹) Über 2" ist die Gewindeart vorzuschreiben.

Werkstoff: Gußeisen.

Juni 1923

Hammerschrauben mit Nasen

Fußschrauben zu Stehlagern für Transmissionen nach DIN 118
Transmissionen

Din **188**

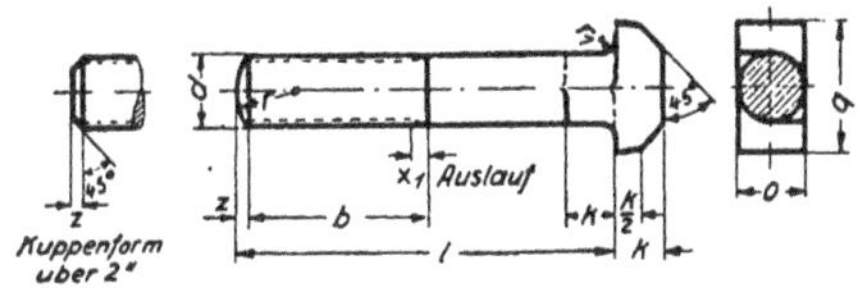

Bezeichnung einer Hammerschraube mit Nasen mit 2″ Gewindedurchmesser:

Hammerschraube 2″ DIN 188

mm

Gewindedurchm. d Zoll	mm	b	l	x_1 ∾	k	o	q	z	r	r_1	Zum Stehlager nach DIN 118
1/2″	12,39	30	60	5	10	13	26	2,3	10	2	25 und 30 35 und 40
5/8″	15,53	35	70	5	12	16	30	2,3	15	2	45 und 50 55 und 60
3/4″	18,68	40	80	5	14	19	36	3	18	2	70 und 80
7/8″	21,81	45	90	6	16	22	42	3,4	20	2	90
1″	24,93	50	105	7	18	25	48	4	22	2	100 und 110
1 1/8″	28,04	55	132	8	20	28	54	4,5	25	2	160 und 180
1 1/4″	31,21	60	128	8	22	32	62	5	30	2	125 und 140
1 3/8″	34,30	65	155	9	24	35	66	5,5	30	2	200 und 220
1 1/2″	37,48	70	175	9	27	38	74	6	35	2	240 und 260
1 3/4″	43,70	80	205	11	32	44	84	7	40	3	280 und 300
2″	49,97	85	230	12	36	50	92	8	45	3	320 und 340
W 56 × 1/4″	55,06	85	258	14	40	56	102	6	—	3	360 und 380
W 64 × 1/4″	63,06	95	282	16	45	64	115	8	—	3	400 und 420
W 72 × 1/4″	71,06	105	310	16	50	72	128	8	—	4	440 und 460
W 80 × 1/4″	79,06	115	340	16	56	80	140	8	—	4	480 und 500

Gewinde: Bis 2″ Whitworth nach DIN 12.
Über 2″ Whitworth-Feingewinde 1 nach DIN 239.

Ausführung: Kopf und Schaft unbearbeitet.

Werkstoff: Flußeisen (Festigkeitswerte folgen).

Juni 1923

Fachnormen des Bauwesens	**Eiserne Fenster**	ʻReichsnorm	DIN 1001

Scheibengrößen

Für eiserne Fenster gelten die Größen:

18 × 25, 25 × 36, 36 × 50 cm

Außer den in DIN 1002 ÷ 1004 gegebenen Ausführungen sollen nur noch solche verwendet werden, die sich aus einer der 3 Scheibengrößen zusammensetzen lassen.

Anschlußmaße

Kittfalz außen

Kittfalz innen

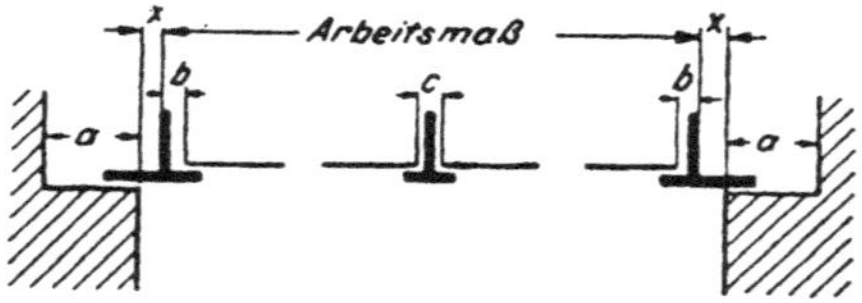

a mindestens 4 bis höchstens 7 cm, $x \leqq 1$ cm, $b = 1$ cm, $c = 1$ cm

Arbeitsmaße siehe DIN 1002 ÷ 1004.

Die Maße b und c sollen durchweg 1 cm betragen. Das Maß c umfaßt die Stegstärke und die beiderseitigen Spielräume der Scheiben, das Maß b den Rahmensteg und den inneren Spielraum der Scheibe. Aus den Scheibengrößen und den Zwischengrößen b und c setzen sich die Arbeitsmaße der Fenster zusammen, die allseitig bis zur Außenkante des Rahmensteges reichen. Der zwischen Außenkante des Rahmensteges und der fertigen (also auch geputzten) Fensterleibung verbleibende Spielraum x wird je nach der Ausführungsart: Putzbau, Ziegelrohbau, Werkstein, Holz usw, von der Bauleitung bestimmt und danach die lichte Öffnung angelegt. Das Maß x darf jedoch 1 cm nicht überschreiten. Die Arbeitsmaße entsprechen bei den Scheibengrößen 18 × 25 cm und 25 × 36 cm genau, bei der Scheibengröße 36 × 50 cm nahezu der Kopfteilung der Reichsformatsteine im Rohbau. Bei Fenstern mit gewölbtem Sturz ist der Halbmesser gleich dem Arbeitsmaß für die Fensterbreite.

Obige Maßangaben sind für das Anlegen der lichten Fensteröffnung bindend, die Hersteller sind somit nicht verpflichtet, für ihre Fenster am Bau die Maße zu nehmen.

Benennung der Lüftungsflügel.

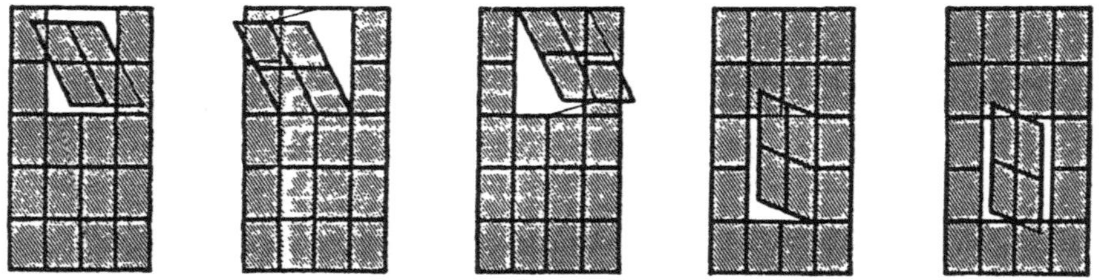

S	Kl	Kl	D	W
Schwingflügel	**Kippflügel**	**Klappflügel**	**Drehflügel**	**Wendeflügel**
mit exzentrischer wagerechter Achse	mit unterer wagerechter Achse	mit oberer wagerechter Achse	mit seitlich senkrechter Achse	mit mittlerer senkrechter Achse

Innenansicht der Fenster.

15. Juli 1921

Eiserne Fenster für Scheiben 18 × 25 cm

Fachnormen des Bauwesens — Reichsnorm — DIN 1002

Bezeichnung eines Fensters aus Flußeisen mit gewölbtem Sturz, Schwingflügel, 77 × 131 cm groß mit 18 × 25 cm Scheiben: Fenster N S 77 × 131 DIN 1002 Flußeisen

Bezeichnung eines Fensters aus Gußeisen mit geradem Sturz, Kippflügel, 96 × 79 cm groß mit 18 × 25 cm Scheiben: Fenster B Ki 96 × 79 DIN 1002 Gußeisen

Maße in cm

Arbeitsmaße	Fenster mit geradem Sturz	Fenster mit gewölbtem Sturz
39 × 53	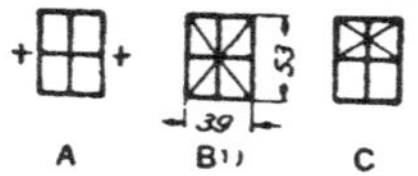	
58 × 53	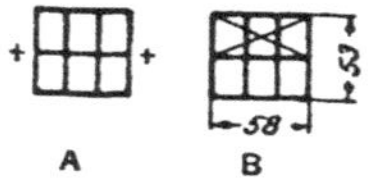	
77 × 53	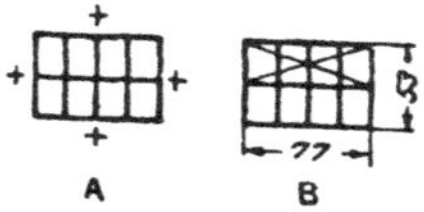	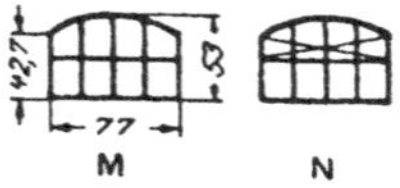
96 × 79	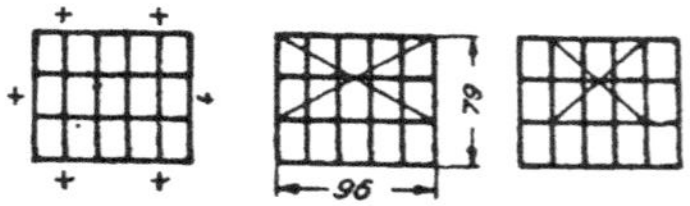	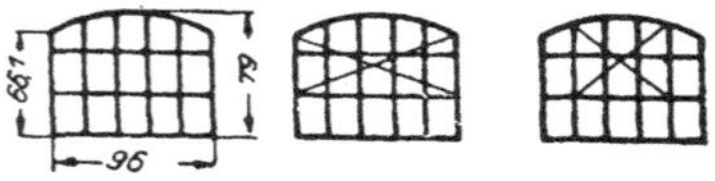

77 × 131

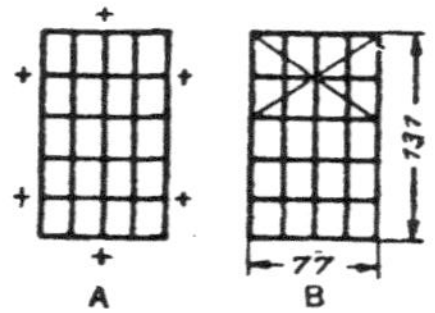

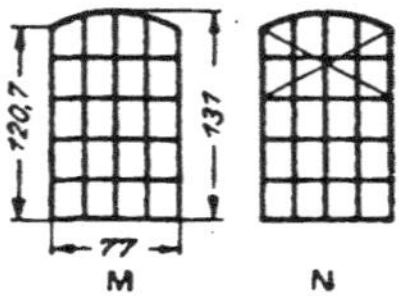

96 × 183

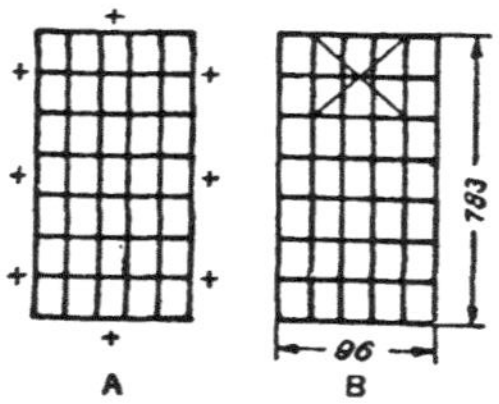

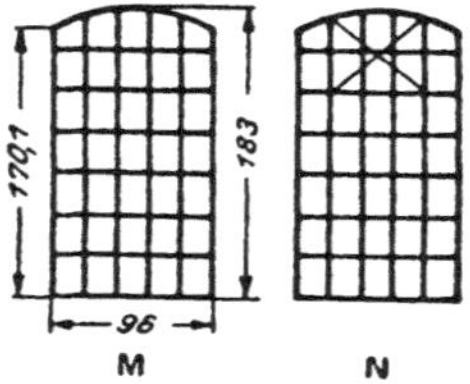

[1]) Öffnungsmöglichkeit als Schwing- (S) oder Drehflügel (D).

Die Lüftungsflügel werden nur als Schwingflügel (S) oder als Kippflügel (Ki) auf Lager gehalten. In den Abbildungen sind die Lüftungsflügel durch Diagonalen gekennzeichnet.

Die Zeichen + bedeuten die Befestigungsstellen im Mauerwerk. Im Beton sind hier Holzdübel einzusetzen.

Bei gewölbtem Sturz ist der Halbmesser gleich dem Arbeitsmaß für die Fensterbreite.

Anschlußmaße nach DIN 1001.

Werkstoff: Flußeisen, Schweißeisen, Gußeisen (Festigkeitswerte folgen).

15. Juli 1921

Fachnormen des Bauwesens	**Eiserne Fenster für Scheiben 25 × 36 cm**	Reichsnorm	DIN **1003** Bl. 1.

Bezeichnung eines Fensters aus Flußeisen mit gewölbtem Sturz, Schwingflügel, 79 × 149 cm groß mit 25 × 36 cm Scheiben: Fenster N S 79 × 149 DIN 1003 Flußeisen

Bezeichnung eines Fensters aus Gußeisen mit geradem Sturz, Kippflügel. 105 × 75 cm groß mit 25 × 36 cm Scheiben: Fenster B Ki 105 × 75 DIN 1003 Gußeisen

Maße in cm

Arbeitsmaße	Fenster mit geradem Sturz	Fenster mit gewölbtem Sturz
53 × 75	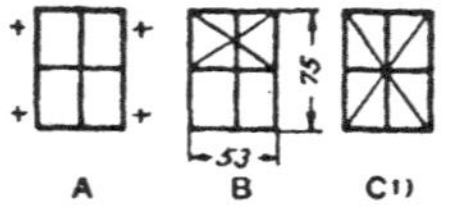	
79 × 75	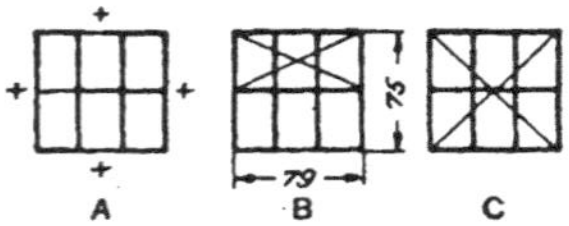	
79 × 149	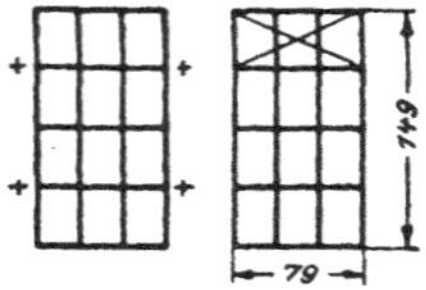	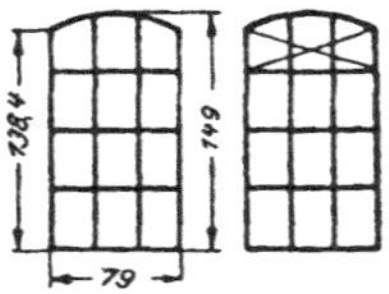

105×75

105×112

105×186

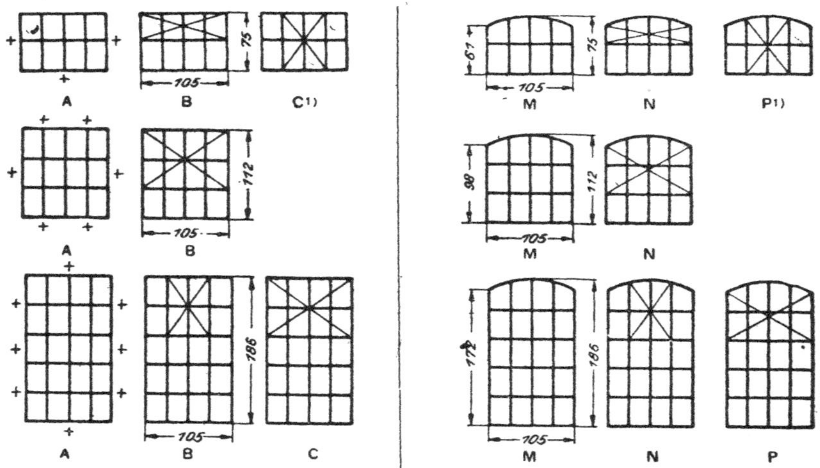

¹) Öffnungsmöglichkeit als Schwing- (S) oder Drehfügel (D).

Die Lüftungsflügel werden nur als Schwingfügel (S) oder als Kippflügel (Ki) auf Lager gehalten. In den Abbildungen sind die Lüftungsflügel durch Diagonalen gekennzeichnet.

Bei gewölbten Sturz ist der Halbmesser gleich dem Arbeitsmaß für die Fensterbreite.

Die Zeichen + bedeuten die Befestigungsstellen im Mauerwerk. Im Beton sind hier Holzdübel einzusetzen. Anschlußmaße nach DIN 1001.

Werkstoff: Flußeisen, Schweißeisen, Gußeisen (Festigkeitswerte folgen).

15. Juli 1921.

Eiserne Fenster für Scheiben 25 × 36 cm

Fachnormen des Bauwesens — Reichsnorm — DIN 1003 Bl. 2

Bezeichnung eines Fensters aus Flußeisen mit gewölbtem Sturz, Schwingflügel 131×223 cm groß mit 25×36 cm Scheiben: Fenster N S 131×223 DIN 1003 Flußeisen

Bezeichnung eines Fensters aus Gußeisen mit geradem Sturz, Kippflügel, 105×223 cm groß mit 25×36 cm Scheiben: Fenster B Ki 105×223 DIN 1003 Gußeisen

Maße in cm

Arbeitsmaße	Fenster mit geradem Sturz	Fenster mit gewölbtem Sturz
105×223	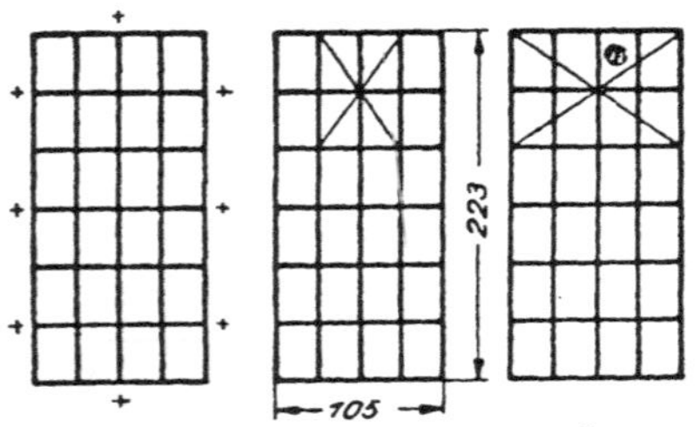 A B C	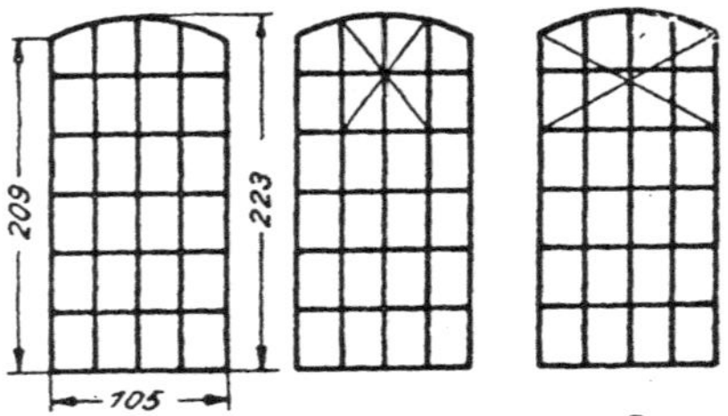 M N P

131 × 223

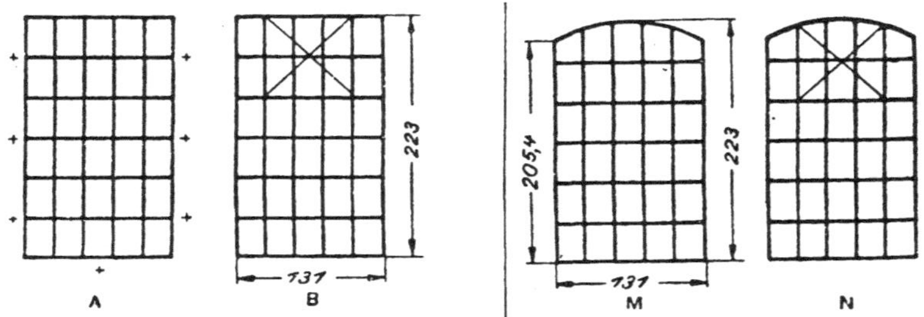

157 × 260

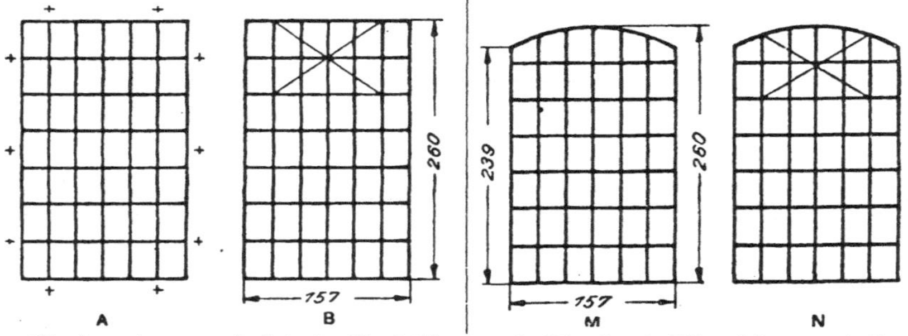

Die Lüftungsflügel werden nur als Schwingflügel (S) oder als Kippflügel (Ki) auf Lager gehalten. In den Abbildungen sind die Lüftungsflügel durch Diagonalen gekennzeichnet.

Die Zeichen + bedeuten die Befestigungsstellen im Mauerwerk. Im Beton sind hier Holzdübel einzusetzen. Bei gewölbtem Sturz ist der Halbmesser gleich dem Arbeitsmaß für die Fensterbreite.

Anschlußmaße nach DIN 1001.

Werkstoff: Flußeisen, Schweißeisen, Gußeisen (Festigkeitswerte folgen).

15. Juli 1921

Eiserne Fenster für Scheiben 36 × 50 cm

Fachnormen des Bauwesens — Reichsnorm — DIN 1004

Bezeichnung eines Fensters aus Flußeisen mit gewölbtem Sturz, Schwingflügel, 112×154 cm groß mit 36×50 cm Scheiben: Fenster N S 112 × 154 DIN 1004 Flußeisen

Bezeichnung eines Fensters aus Gußeisen mit geradem Sturz, Kippflügel. 149×205 cm groß mit 36×50 cm Scheiben: Fenster B Kl 149 × 205 DIN 1004 Gußeisen

Maße in cm

Arbeitsmaße	Fenster mit geradem Sturz	Fenster mit gewölbtem Sturz
112×154	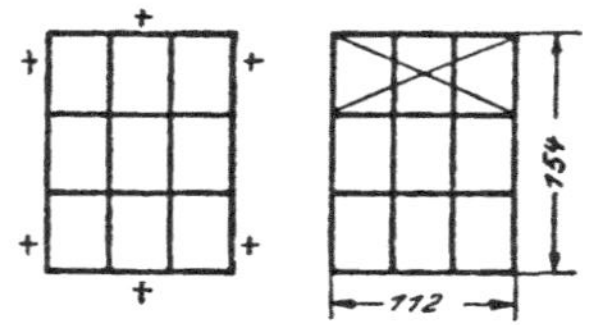 A B	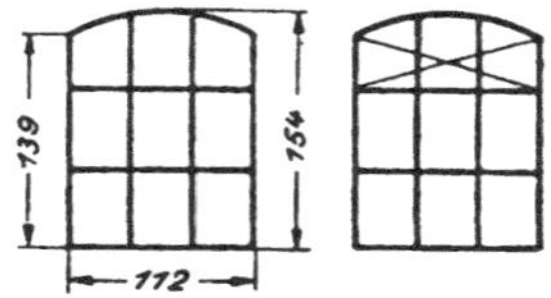 M N
112×205	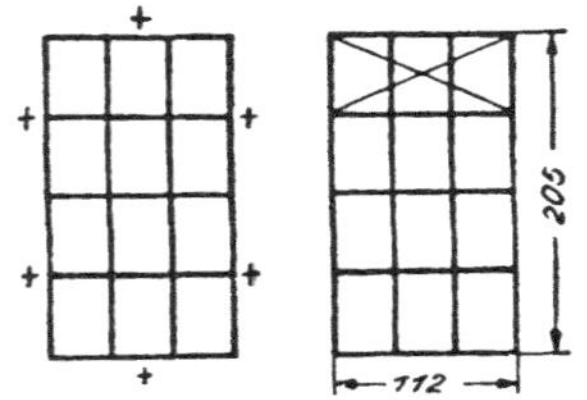	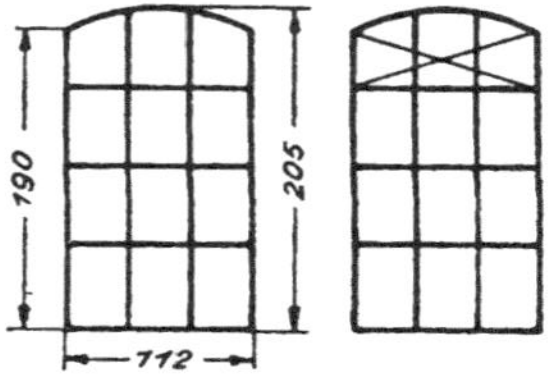

149×205

149×256

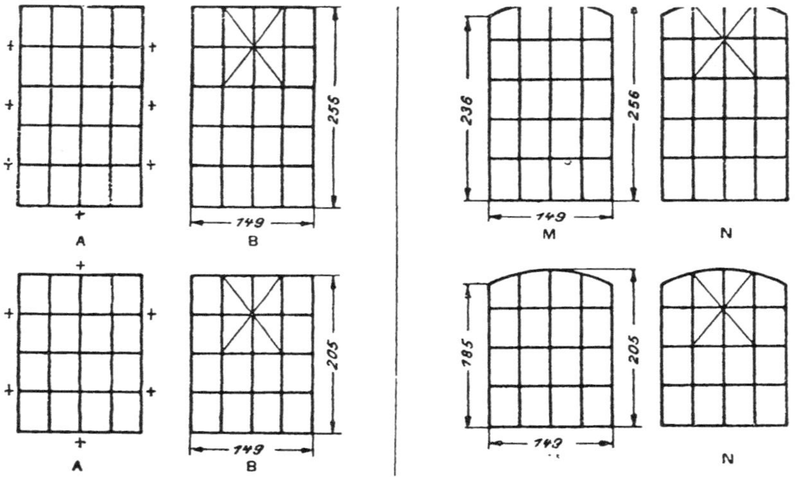

Die Lüftungsflügel werden als Schwingflügel (S) oder als Kippflügel (Ki) auf Lager gehalten. In den Abbildungen sind die Lüftungsflügel durch Diagonalen gekennzeichnet.

Die Zeichen + bedeuten die Befestigungsstellen im Mauerwerk. Im Beton sind hier Holzdübel einzusetzen.

Bei gewölbtem Sturz ist der Halbmesser gleich dem Arbeitsmaß für die Fensterbreite.

Anschlußmaße nach DIN 1001.

Werkstoff: Flußeisen, Schweißeisen, Gußeisen (Festigkeitswerte folgen).

15. Juli 1921

III. Mechanik und Festigkeit.

A. Reibung.

1. Fortschreitende Bewegung. Bezeichnet μ die Reibungszahl, G den Normaldruck, so ist die Reibung $R = \mu G$. Für den Reibungswinkel φ ist $\mu = \operatorname{tang} \varphi$.

1. Zahlen für die gleitende Reibung.

Art der Körper	Lage der Fasern	Zustand der Oberflächen	Reibungszahl μ der Ruhe	Reibungszahl μ der Bewegung
Gußeisen:				
auf Gußeisen oder Bronze .	. . . . . .	wenig fett . .	0,16	0,15
		mit Wasser .	—	0,31
» Eiche.	parallel	trocken. . . .	—	0,49
		trockene Seife	—	0,19
Schmiedeeisen:				
auf Schmiedeeisen	. . . . . .	trocken . . .	—	0,44
» Gußeisen oder Bronze .	. . . . . .	desgl.	0,19	0,18
» Eiche.	parallel	mit Wasser .	0,65	0,26
		» Talg . . .	0,11	0,08
Bronze:				
auf Bronze	. . . . . .	trocken. . . .	—	0,20
» Gußeisen	. . . . . .	desgl.	—	0,21
» Schmiedeeisen	. . . . . .	etwas fettig .	—	0,16
Messing auf Eiche	parallel	trocken. . . .	0,62	—
	parallel	desgl.	0,62	0,48

2. Zapfenreibung. Für liegende Zapfen ist das Reibungsmoment = Zapfendruck × Halbmesser × Reibungskoeffizient, für Stützzapfen halb so groß.

2. Zahlen für die rollende Zapfenreibung.

Art der Körper	Zustand der Oberflächen oder Schmiere	Reibungszahl μ, wenn die Schmiere erneuert wird. auf gewöhnl. Art	Reibungszahl μ, wenn die Schmiere erneuert wird. ununterbrochen
Gußeisen auf Gußeisen	Olivenöl	0,07—0,08	0,054
	fettig	0,14	
Gußeisen auf Bronze.	Olivenöl	0,07—0,08	0,054
	fettig	0,16	
Schmiedeeisen auf Guß	geschmiert. . .	0,07—0,08	0,054
Schmiedeeisen auf Bronze . .	desgl.	0,07—0,08	0,054
	fettig und naß	0,19	
Schmiedeeisen auf Pockholz	geschmiert. . .	0,11	
	fettig	0,19	
Eisenbahnwagenachsen auf Zinnleg. oder Hartblei. . . .	best.geschmiert	—	0,009—0,01
auf Bronze	desgl.	—	0,014

Die Reibungsarbeit einer Achse im Lager ist bei dem Zapfendrucke P und Durchmesser d des Zapfens, n-Umdrehungen der Welle in 1 Minute. $R = \frac{\mu \pi d P n}{60}$ und für eine stehende Welle $= \frac{2}{3} \frac{\mu \pi d P n}{60}$ für 1 Sek.

Ist Q der von einer Treibstange oder Excenterstange ausgeübte Druck, r der Radius des Kurbelzapfens oder des Exzenters, so ist für Zapfen und Exzenter die Reibungsarbeit in der Sekunde $= 0{,}1047\,\mu r Q\, n$.

B. Elastizität und Festigkeit.

a) Zug- und Druckfestigkeit.

Für $P =$ Zug- oder Druckkraft auf dem Querschnitt f ist die Spannung

$$\sigma = \frac{P}{f} \text{ und } P = \sigma f.$$

Bei Berücksichtigung des Eigengewichtes G ist

$$P + G = \sigma f.$$

Ist λ die Änderung, welche die Länge l eines Stabes erfährt, so ist der Dehnungskoeffizient

$$\alpha = \frac{f}{P} \cdot \frac{\lambda}{l}.$$

Wandstärke δ cm von Röhren mit innerem Überdrucke p in kg/qcm, wenn $d =$ innerer Durchmesser in cm, kz die zulässige Anstrengung:

$$\delta = \frac{d}{2} \cdot \frac{p}{kz} + c$$

c ist für Eisenblech 0,3, Gußeisen 0,6—1,0, Messing 0,4, Kupfer 0,5, Blei 0,55, Zink 0,5 cm.

Für Gas und Wasserleitung ist $p \gtrless 10$ kg/qcm zu setzen.

Für hydraulische Preßrohre gilt

$$\delta = \frac{d}{2}\left(\sqrt{\frac{kz + 0{,}75\,p'}{kz - 1{,}25\,p}} - 1\right) \text{cm}.$$

3. Elastizitäts- und Festigkeitswerte in kg bezogen auf qcm nach Bach.

Stoff	1 α Dehnungs- koeffizient $1/\alpha$	2 β Schub- koeffizient $1/\beta$	3 Proportionalitäts- grenze	4 Streck- (Quetsch-) grenze	5 Festigkeit Zug K_z	6 Festigkeit Druck-
Schweißeisen ⊥	2000000	770000	13—1700	22—2800	33—4000	Sp. 4
Schweißeisen ‖	—	—	—	—	28—3500	
Flußeisen	2150000	830000	20—2400	25—3000	34—4400	gebend
Flußstahl	2200000	850000	25—5000	$\gtreqless$ 2800[1])	45-10000	[2])
Federstahl ungehärtet	»	»	>4000	—	75—9000	—
Federstahl gehärtet .	»	»	>7500	—	$\gtreqless$ 8000	—

[1]) Härterer Stoff hat keine Streckgrenze.

[2]) Bei weichem Stoff ist die Quetschgrenze maßgebend; K sonst mit dem Grade der Härte bis über die Zugfestigkeit steigend.

3. Elastizitäts- und Festigkeits-Werte in kg bezogen auf qcm nach Bach.
(Fortsetzung.)

Material	1 α Dehnungs- Zahl 1/α	2 β Schub- Zahl 1/β	3 Proportionalitäts- grenze	4 Streck- (Quetsch-) grenze	5 Festigkeit Zug K_z	6 Festigkeit Druck-
Gußeisen	10500000—750000	400000—290000	—	—	12—1800	70—8000
Stahlguß	2150000	830000	$\geqq$ 2000	$\geqq$ 2800	35—7000	2)
Kupfer, gewalzt .	1100000	—	2400	—	22—2800	5000
Messing	—	—	—	—	1500	—
Rotguß	900000	—	300	—	2000	—
Bronze	1100000	—	300	—	3000	—
» , verdichtet .	1100000	—	900	—	3200	—
» , Phosphor- .	—	—	—	—	4000	—
» , Aluminium	—	—	2200	3500	5880	—
Deltametall	—	—	1800	—	3600	—
» gewalzt . .	1000000	—	2220	3530	5880	—
Blei, Guß-	—	—	—	—	—	50
» , Hart-	—	—	—	—	—	275
Lederriemen, neu .	1250	—	—	—	250—	—
» , gebraucht .	2250	—	—	—	450	—
Hanfseil	—	—	—	—	1000	—
Kiefernholz	57000	—	nahe an Sp. 5	138	230	229
Fichtenholz	61000	—	,,	133	310	209
Eichenholz	108000	—	476	148	964	343
Buchenholz	180000	—	581	102	1340	320
Granit	120000—500000	—	—	—	—	800—2000
Sandstein	50000—370000	—	—	--	—	250—1800
Kalkstein	—	—	—	—	—	4—2000
Ziegelsteine	—	—	—	—	—	1—300
Zementmortel . .	—	—	—	—	—	160—350
Beton	—	—	—	—	—	60

Die Werte für zulässige Anstrengung gelten für ruhende Belastung (*a*); für den Fall wiederholter Dehnung, Biegung, Drehung nach einer Richtung von Null bis zu einem Höchstwerte ist die Anstrengung bis zu $^2/_3$ (*b*), für beliebig wechselnde Belastung zwischen einem größten positiven und einem gleich großen aber negativen Werte, also für wiederholte Biegung, Drehung nach entgegengesetzten Richtungen aber bis zu $^1/_3$ (*c*) der Werte zulässig.

b) Zulässige Beanspruchungen.

Material	Zug k_z a	Druck k a	Biegung k_b a	Schub k_s a	Drehung k_d a
Schweißeisen	900	900	900	720	360
Flußeisen	900—1200	900—1200	900—1200	720—960	600—840
Flußstahl	1200—1500	1200—1500	1200—1500	900—1200	900—1200
Federstahl ungehartet . .	—	—	b) 3600	—	—
Federstahl gehärtet	—	—	b) 4300	—	—

b) Zulässige Beanspruchungen. (Fortsetzung).

Material	Zug k_z a	Druck k a	Biegung k_b a	Schub k_s a	Drehung k_d a
Gußeisen	300	900	[1])	b) 160	150
Stahlguß	600—900	900— 1200	750— 1050	480—840 —	480—840 —
					kg
Hanfseil	90	—	Kalkstein		25
Kiefernholz	100	60	Ziegelsteine . . .		7—14
Fichtenholz	60	50	Zementmörtel . .		12
Eichenholz	100	80	Beton		5
Granit	—	45	Guter Baugrund		2,5—5
Sandstein	—	15—30			

c) Biegungsfestigkeit.

W = Widerstandsmoment = $\frac{J}{e}$ = $\frac{\text{Trägheitsmoment}}{\text{Abstand der äußerst. Faser v. d. neutr. Achse.}}$

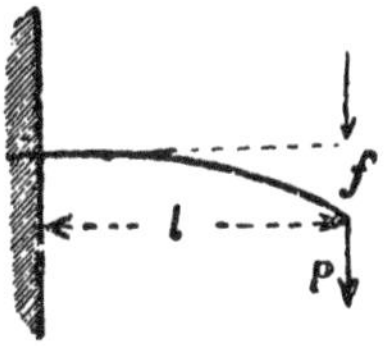

Für die biegende Kraft P und die Beanspruchung k_b ist das Biegungsmoment $M_b = W \cdot k_b$; $k_b = M_b/W$.

Die Durchbiegung f ist $f = \frac{a\, P \cdot l^3}{3 \cdot J}$, bei

---

[1]) Für bearbeitetes Gußeisen ist zu setzen $k_b = 1{,}2\sqrt{e/z_0} \cdot k_z$, worin bedeutet

e den Abstand der am stärksten gespannten Faser der Nullachse,

z_0 „ „ des Schwerpunktes der auf der einen Seite der Nullachse gelegenen Querschnittsfläche von der letzteren.

Versuche ergaben für rechteckigen Querschnitt $k_b = 173\, k_z$,
„ „ $k_k = 215\, k_z$.

Für Rohguß weisen die Versuche eine Verminderung von k_b bis zu einem Sechstel nach.

Der Sicherheitsfaktor S ist etwa

a) bei ruhender, ununterbrochener Belastung, also ohne Stoßwirkung und ohne starke Schwankungen in der Beanspruchung . . . . $S = 4—6$.

b) bei geringeren Stößen und nicht zu häufigem Wechsel der Belastung . $S = 8—10$

c) bei starken Stößen und sehr häufigem Spannungswechsel . . . . $S = 20—30$ und mehr.

Der Einfluß hoher Wärmegrade auf die Festigkeitsverhältnisse ist zu beachten. Schmiede- und Flußeisen hat seine höchste Bruchfestigkeit zwischen 250 und 350° C; erst über 400° tritt eine allmähliche Verminderung ein. Auch Gußeisen erfährt durch Erwärmung bis auf 350° eine geringe Zunahme, darüber hinaus eine Abnahme der Festigkeit. Phosphorbronze hat bei 260° bereits 1/3, Kupfer bei 295° über die Hälfte und Rotguß noch mehr an Festigkeit verloren. — Daß auch erhebliche Kälte die Festigkeit der Baustoffe stark vermindert, ist bekannt, doch fehlen darüber zahlenmäßige Angaben.

Berücksichtigung des Eigengewichtes oder gleichmäßig verteilter Last Q

$$f = \frac{a}{3} \cdot \left(\frac{P+Q}{J}\right) l^3.$$

Zahlentafel für Biegungsmomente.

Belastung	Biegungs-moment	Belastung	Biegungs-moment
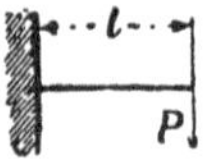	$P \cdot l$	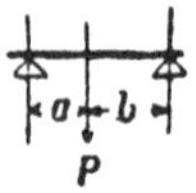	$P \cdot \frac{a\,b}{l}$
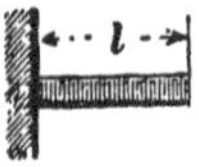	$\frac{Q\,l}{2}$		$\frac{Q \cdot l}{8}$
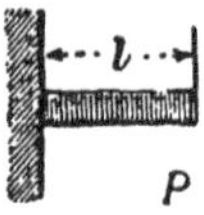	$\left(P + \frac{Q}{2}\right) l$	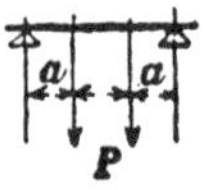	$P \cdot a$
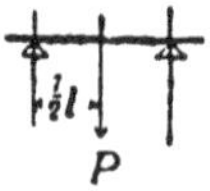	$\frac{P \cdot l}{4}$	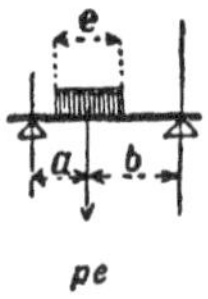	$Q\left(\frac{a \cdot b}{a+b} - \frac{e}{8}\right)$ wenn Q auf die Länge e gleichmäßig verteilt ist.

d) Schubfestigkeit.

Der Widerstand gegen Schub oder Abscherung kann zu $^3/_4$—$^8/_{10}$ der Zugfestigkeit angenommen werden.

Für Hochbauten ist Walzeisen mit 6—6,5 kg, Gußeisen mit 2,3—2,5 kg
„ Hochbauten mit
Erschütterung „ „ 5—5,5 „ „ „ 2 „
Brücken „ „ 4—4,5 „ „ „ 1,5 „
für 1 qmm in Rechnung zu bringen.

Widerstand gegen Lochen von Eisenblech 43 kg für 1 qmm.

c) Zerknickungsfestigkeit.

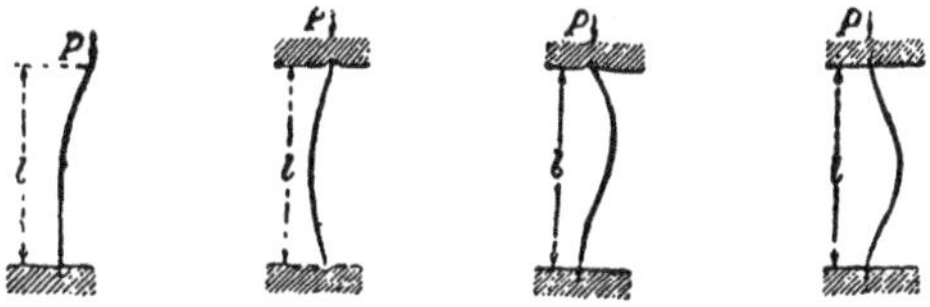

$= \frac{2,5\,J}{m\,l^2\,\alpha}$	$P = \frac{10\,J}{m\,l^2\,\alpha}$	$P = \frac{20\,J}{m\,l^2\,\alpha}$	$P = \frac{40\,J}{m\,l^2\,\alpha}$
$l/d > 10$	$l/d > 20$	$l/d > 30$	$l/d > 40$

Zahlentafel für Trägheitsmoment J und Widerstandsmoment W der gebräuchlichsten Querschnitte.

Querschnitt	Trägheitsmoment J	Widerstandsmoment W
	$J = \frac{b^4}{12}$	$W = \frac{b^3}{6}$
	$J = \frac{b\,h^3}{12}$	$W = \frac{b\,h^2}{6}$
	$J = \frac{b\,h^3}{36}$	$W = \frac{b\,h^2}{24}$
	$J = 0{,}0491\,D^4$ $= 0{,}7854\,r^4$	$W = 0{,}0982\,D^3$ $= 0{,}7854\,r^3$
	$J = \frac{\pi}{64}(D^4 - d^4)$	$W = \frac{\pi}{32}\,\frac{D^4 - d^4}{D}$
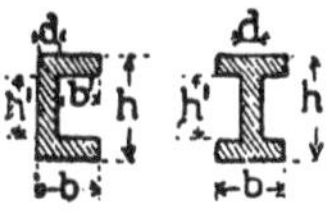	$J = \frac{b\,h^3 - b\,h^3}{12}$	$W = \frac{b\,h^3 - b\,h^3}{6\,h}$

Querschnitt	Trägheitsmoment J	Widerstandsmoment W
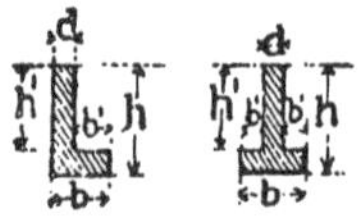	$J = {}^1/_6 \left[\frac{(b h^2 - b h^2)^2}{b h^2 - 2 b_1 h h + b h^2} - \frac{4 b h b k (h - h)^2}{b h^2 - 2 b_1 h h + b h^2} \right]$	
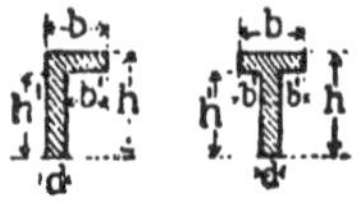	$J = {}^1/_6 \left[b h^2 - b h^2 - \frac{4 b h b_1 h (h - h)^2}{b h^2 - b h^2} \right]$	

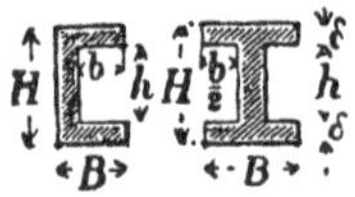	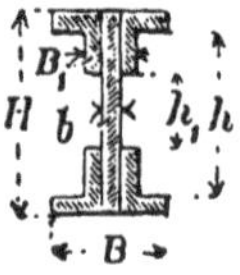	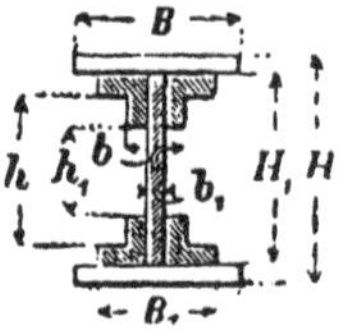
$J = {}^1/_{12} [B H^3 - (B - B_1) H_1^3 - (B_1 - b) h^3 - (b - b_1) h_1^3]$	$\frac{B H^3 \cdot (B - B_1) h^3 - (B_1 - b) h_1^2}{12}$	$\frac{B H^3 - b h^3}{12}$
$W = \frac{2 J}{H}$	$\frac{2 J}{H}$	$\frac{B H^3 - b h^3}{6 H}$

Gibt bei rundem Querschnitt $l/d \geqq 40$, so ist der Stab auf Druck zu berechnen, m = Sicherheitsgrad.

f) Dreh-Festigkeit.

Ist P die Kraft, welche auf Drehung wirkt, 1 Hebelarm dieser Kraft in mm, N Anzahl der zu übertragenden Ps, n Anzahl der Umdrehungen, d Durchmesser der Welle, so ist

$$P r = 716200 \frac{N}{n} \cdot$$

Ist t die zulässige Belastung für Schub, so ist bei Kreisquerschnitt $P r = {}^1/_{16} \pi d^3 t$

$$d = \sqrt[3]{\frac{16 P r}{\pi t}} \cdot$$

Für kreisförmigen, hohlen Querschnitt

$$P r = {}^1/_{16} \frac{D^4 - d^4}{D} \pi t.$$

Für rechteckigen Querschnitt

$$P r = \frac{b^2 h^2}{3 \sqrt{b^2 + h^2}} \cdot$$

Bei einer zusammengesetzten Beanspruchung vom Drehmoment Md und Biegungsmoment Mb ist das ideelle Moment Mi

$$Mi = {}^3/_8\, Mb + {}^5/_8 \sqrt{Mb^2 + Md^2}.$$

g) Tragfähigkeit von Stützen und Säulen.

Nach einer bequemen Erfahrungsformel beträgt die zulässige Belastung, welche ein frei aufstehender Stab in der Längenrichtung aufnehmen kann, $P = \frac{F\,k}{n}$. Hierin ist für F der Querschnitt in qcm, für k 1500 (Gußeisen) bezw. 750 (Schmiedeeisen) zu setzen. Koeffizient n, von dem Verhältnis der Länge l zum Querschnitt abhängig, kann folgender Tabelle entnommen werden. Die Wand- bezw. Rippenstärke δ der Querschnitte c bis g ist für Schmiedeeisen, mit $^1/_{30}\, h$, für Gußeisen mit $^1/_{10}\, h$ angenommen worden.

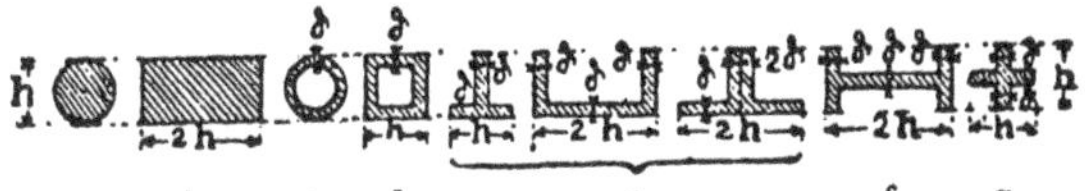

a b c d e f g

$\frac{l}{h}$	Schmiedeeisen Querschnitt						Gußeisen Querschnitt					
	a	b	c	d	e	f	a	b	c	d	e	g
5	1,04	1,03	1,02	1,02	1,16	1,05	1,32	1,24	1,19	1,15	1,24	1,44
10	1,16	1,12	1,09	1,06	1,25	1,18	2,28	1,96	1,78	1,58	1,95	2,77
12	1,23	1,17	1,12	1,09	1,36	1,26	2,84	2,38	2,12	1,84	2,37	3,55
14	1,31	1,24	1,17	1,13	1,49	1,36	3,51	2,88	2,53	2,15	2,86	4,48
16	1,41	1,31	1,22	1,16	1,65	1,46	4,28	3,46	2,99	2,50	3,43	5,54
18	1,52	1,39	1,28	1,21	1,82	1,59	5,14	4,11	3,53	2,90	4,07	6,75
20	1,64	1,48	1,34	1,26	2,01	1,73	6,12	4,84	4,12	3,34	4,79	8,10
22	1,77	1,58	1,41	1,31	2,22	1,89	7,19	5,65	4,78	3,83	5,59	9,59
24	1,92	1,69	1,49	1,37	2,46	2,06	8,34	6.53	5,49	4,37	6,43	11,2
26	2,08	1,81	1,58	1,43	2,71	2,24	9,65	7,49	6,27	4,96	7,41	13,0
28	2,15	1,94	1,67	1,50	2,98	2,43	11,0	8,52	7,12	5,59	8,44	14,9
30	2,44	2,08	1,77	1,58	3,28	2,65	12,5	9,64	8,02	6,26	9,54	17,0
32	2,64	2,23	1,88	1,66	3,59	2,88	14,1	10,8	9,00	7,00	10,7	19,2
34	2,85	2,39	1,99	1,74	3,92	3,12	15,8	12,1	10,0	7,77	12,0	21,5
36	3,07	2,56	2,11	1,83	4,28	3,38	17,6	13,4	11,1	8,58	13,3	24,0
38	3,31	2,73	2,23	1,93	4,65	3,65	19,5	14,9	12,3	9,45	14,7	26,6
40	3,56	2,92	2,37	2,03	5,05	3,93	21,5	15,4	13,5	10,4	16,2	29,4
42	3,82	3,12	2,54	2,13	5,46	4,24	23,6	17,9	14,8	11,3	17,7	32,3
44	4,10	3,32	2,65	2,24	5,90	4,55	25,8	19,6	16,1	12,3	19,4	35,4
46	4,38	3,53	2,81	2,36	6,35	4,88	28,1	21,3	17,5	13,4	21,1	38,6
48	4,69	3,76	2,97	2,48	6,83	5,23	30,5	23,1	19,0	14,5	22,9	41,9
50	5,00	4,00	3,14	2,60	7,32	5,59	33,0	25,0	20,5	15,6	24,7	45,4
55	5,84	4,63	3,59	2,94	8,65	6,55	39,7	30.0	24,6	18,7	29,7	54,7
60	6,76	5,32	4,08	3,31	10,1	7,70	47,1	35,6	29,1	22,1	35,2	64,9
65	7,76	6,07	4,61	3,71	11,7	8,75	55,1	41,6	34,0	25,7	41,1	76,0
70	8,84	6,88	5,19	4,14	13,4	9,99	60,4	48,0	39,3	29,7	47,5	88,0
75	10,0	7,75	5,81	4,61	15,2	11,3	73,0	55,0	44,9	33,9	54,4	101
80	11,2	8,68	6,47	5,10	17,2	12.7	82,9	62,4	50,9	38,5	61,7	115
90	14,0	10,7	7,93	6,19	21,5	15,8	105	78,8	64,2	48,4	77,9	145
100	17,0	13,0	9,55	7,41	26,3	19,3	129	97,0	79,0	59,5	95,9	178

h) Tragfähigkeit gußeiserner Hohlsäulen.

Nr.	Äußerer Durchmesser D mm	Wanddicke δ mm	Gewicht pro Meter kg	Tragfähigkeit d. Säulen in Tonnen bei einer Länge in Metern von: 2,0	2,5	3,0	3,5	4,0	5,0	6,0
10	100	16	30.6	11,3	8,9	7,1	5,7	4,2	2,4	1,6
	,,	18	33,6	12,2	9,6	7,6	6,1	4,4	2,5	1,6
12	120	16	37,9	16,6	13,8	11,4	9,5	7,9	5,0	3,1
	,,	18	41,8	18,1	14,9	12,3	10,2	8,5	5,3	3,3
	,,	20	45,5	19,4	16,0	12,2	10,9	9,0	5,5	3,5
13	130	16	41,5	19,4	16,4	13,8	11,6	9,8	7,2	4,3
	,,	18	45,9	21,1	17,9	14,9	12,5	10,6	7,5	4,6
	,,	20	50,1	22,9	19,2	16,0	13,5	11,3	7,9	4,8
14	140	16	45,2	22,1	19,0	16,3	13,8	11,8	8,8	5,9
	,,	18	50,0	24,2	20,8	17,7	15,0	12,8	9,5	6,1
	,,	20	54,7	26,3	22,5	19,2	16,2	13,8	10,2	6,6
15	150	16	48,9	24,9	21,8	18,8	16,2	14,0	10,5	7,8
	,,	20	59,2	29,8	25,9	22,4	19,2	16,5	12,4	8,8
	,,	24	68,9	34,1	29,5	25,3	21,6	18,5	13,8	9,4
16	160	20	63,8	33,4	29,3	25,6	22,3	19,3	14,7	11,4
	,,	24	74,3	38,3	33,6	29,2	25,2	21,8	16,5	12,7
17	170	20	68,3	36,8	32,8	28 9	25,3	22,2	17,1	13,4
	,,	24	79,8	42,5	37,7	33,0	28,8	25,2	19,3	15,0
18	180	20	72,9	40,5	33,6	32,7	28,9	25,6	20,1	15,9
	,,	24	85,3	46,8	42,0	37,3	32,9	29,0	22,6	17,8
19	190	20	77,4	43,9	39,9	35,9	32,1	28,6	22,7	18,2
	,,	24	90,8	51,1	46,3	41,6	37,2	33,1	26,0	20,8
20	200	20	82,0	47,4	43,5	39,5	35,6	32,0	25,7	20,7
	,,	26	103,0	58,8	53,6	48,5	43,3	38,8	30,8	24,7
	,,	30	116,1	65,8	59,9	53,8	48,2	42,9	34,1	27,2
21	210	20	86,6	50,7	46,8	42,7	38,8	35,0	28,4	23,0
	,,	26	109,0	63,4	58,3	53,2	48,1	43,3	35,0	28,3
	,,	30	123,0	71,1	65,3	59,2	53,4	48,0	38,5	31,0
22	220	20	91,1	54,2	50,3	46,3	42,2	38,3	31,4	25,8
	,,	26	114,9	67,8	62,8	57,5	52,3	47,4	38,7	31,5
	,,	30	129,8	76,1	70,2	64,1	58,2	52,5	42,6	34,6
23	230	20	95,6	57,6	53,8	49,9	45,8	41,8	34,7	28,8
	,,	26	120,8	72,3	67,3	62,1	56,8	51,8	42,6	35,2
	,,	30	136,7	81,2	75,4	69,4	63,3	57,5	47,1	38,6
24	240	20	100,2	61,2	57,6	53,6	49,6	45,7	38,4	32,1
	,,	26	126,7	76,9	72,0	66,9	61,7	56,6	47,2	39,3
	,,	30	143,5	86,5	80,7	74,8	68,7	62,7	52,0	43,1
25	250	22	114,3	70,3	66,3	62,1	67,5	53,3	45,1	37,8
	,,	26	132,7	81,1	76,3	71,0	65,7	60,6	50,9	42,5
	,,	30	150,3	81,8	86,4	80,4	74,4	68,6	57,6	48.1

C. Die physikalische Prüfung des Gußeisens.

Die physikalische Prüfung des Gußeisens geschieht an gegossenen Probestäben, die entweder an die Gußstücke angegossen oder aus dem gleichen Eisen für sich gegossen werden. In beiden Fällen ist eine sichere Gewähr dafür, daß die aus demselben Eisen gegossenen Stäbe auch den Festigkeitseigenschaften der betreffenden Gußstücke entsprechen, nicht gegeben; denn es ist nicht ohne weiteres möglich, für die Gußstücke und Probestäbe auch gleiche Abkühlungsbedingungen zu schaffen, die allein bedingen, daß Gußstücke und Probestäbe dieselben Festigkeitseigenschaften aufweisen.

J. und L. Treuheit haben in einer Arbeit (»Stahl und Eisen« 1912, Nr. 13) die Bedingungen aufgeführt, unter welchen die physikalischen Eigenschaften der Probestäbe und Gußstücke übereinstimmen.

Im allgemeinen wird der nicht bearbeitete runde Probestab von 30 mm ϕ und 650 mm Länge bei einer Auflageentfernung von 600 mm der Biegeprobe unterworfen und die Biegefestigkeit und die Durchbiegung als Wertmesser für die Güte des Gußeisens angesehen.

1. Der Biegeversuch.

Die Biegefestigkeit wird wie folgt berechnet:

$$K_b = \frac{P \cdot l}{4 \cdot W}.$$

Hierin bedeuten:

K_b = die Biegefestigkeit von 1 cm² Querschnitt des Stabes,
P = die Bruchbelastung in kg,
l = die Auflagerlänge in cm,
W = das Widerstandsmoment, welches für runde Probestäbe ist:

$$W = \frac{\pi d^3}{32}.$$

2. Der Zugversuch.

Wüst hat nachgewiesen, daß bearbeitete gußeiserne Stäbe eine höhere Festigkeit aufweisen als rohe Stäbe. In verstärktem Maße trifft dies beim Zugversuch zu.

Im Laufe der Zeit haben sich verschiedene Stabformen für Zerreißproben herausgebildet.

Die Zugfestigkeit K_z berechnet sich:

$$K_z = \frac{P}{F}.$$

Hierin bedeuten:

P = Zerreißbelastung in kg,
F = Querschnitt des Probestabes cm².

3. Die Härteprobe nach Brinell.

Zur Prüfung der Härte des Gußeisens werden zweckmäßig die bei der Biegeprobe anfallenden Bruchstücke verwendet. Man schneidet zu diesem Zweck Stücke von 3 cm Länge heraus und schleift eine der Querschnittsflächen. Sodann wird die geschliffene Fläche des Probeklötzchens dem Drucke einer gehärteten Stahlkugel ausgesetzt. Die Härte bestimmt sich aus dem Inhalte der Kalottenfläche, welche die Stahlkugel unter bestimmtem Drucke und nach bestimmter Zeit hervorgerufen hat. Bedeutet: H die Härtezahl, P den auf die Kugel ausgeübten Druck in kg, F den Inhalt der kugeligen Eindruckfläche in mm, so ist:

$$H = \frac{P}{F}.$$

Der Durchmesser des Eindruckes wird mittels einer mit Meßapparat versehenen Lupe gemessen. Ist dieser Durchmesser gemessen, kann mit Hilfe von Zahlentafeln der Härtegrad ohne weiteres abgelesen werden.

4. Die Druckprobe.

Zur Druckprobe werden sorgfältig bearbeitete Würfel oder zylindrische Probestücke verwendet.

Für die Abmessungen der Höhen und Durchmesser der zylindrischen Probestücke gibt Geiger folgende Zahlen:

d in cm	1,69	2,26	2,88	3,39	4,51	5,64
h in cm	1,50	2,00	2,50	3,00	4,00	5,00

Die Berechnung geschieht ähnlich wie bei der Zugprobe, nur wird bei P an Stelle der Zugbelastung die Druckbelastung eingesetzt.

5. Die Schlagprobe.

Die Schlagprobe wird derart ausgeführt, daß ein Pendel von bestimmtem Gewicht von bestimmter Höhe herabschwingt und auf einen quadratischen, bearbeiteten, eingespannten Probestab von 160 mm Länge und 30 × 30 mm Kantenbreite trifft.

Der Probestab zerbricht hierbei, wodurch ein Teil der lebendigen Kraft des herabschwingenden Pendels vernichtet wird. Daher kommt es, daß das Pendel nunmehr nicht mehr mit derselben Geschwindigkeit weiterschwingt und infolgedessen nach der Gegenseite weniger hoch ausschlägt. Die Höhe dieses Ausschlages wird durch einen Schleppzeiger gemessen.

Die vom Probestabe verrichtete Schlagarbeit entspricht also der Differenz aus der dem Pendel bei ursprünglicher Fallhöhe innewohnenden Energiemenge und der nach erfolgtem Schlage noch geleisteten Energie. Bezeichnet man diese Differenz mit E, so ist die von 1 mm² des Probestabes geleistete Arbeit:

$$A = \frac{E}{F}.$$

Über die Eignung der verschiedenen Verfahren für die Gußeisenprüfung sagt Jüngst (»Beitrag zur Untersuchung des Gußeisens.« Verlag Stahleisen G. m. b. H., 1913) u. a. folgendes:

Die Durchbiegungsziffern haben nicht die erwartete Sicherheit in der Beurteilung des Gußeisens ergeben.

Die Zugprobe hat wegen der sehr schwierigen Probeentnahme ungleiche Ergebnisse gezeitigt.

Als Regel kann angenommen werden, daß die Zugfestigkeitsziffer der Hälfte der Biegefestigkeitsziffer nahesteht.

Die Pendelschlagprobe ist als die empfindlichste und schärfste zu bezeichnen.

Zur Beurteilung der Eigenschaften zerbrochener Gußstücke, bei denen die Biegeprobe nicht stattfinden kann, aus denen jedoch kleine Würfel oder Zylinder geschnitten werden können, gibt die Analyse, die Druckprobe und die Härteprobe sichere Anhaltspunkte.

D. Die Arbeiten des Fachnormenausschusses für Prüfverfahren

(**früher Gruppe I des Werkstoffausschusses Eisen und Stahl beim NDI**).

Die Arbeiten des Fachnormenausschusses für Prüfverfahren sind unter Leitung des Herrn Geh. Reg.-Rat Prof. Dr.-Ing. e. h. Rudeloff bereits wesentlich fortgeschritten, so daß an dieser Stelle eine Wiedergabe der allerdings noch nicht endgültigen Entwürfe und Vorstandsvorlagen angebracht erscheint.

Vorstandsvorlage — Noch nicht endgültig **Werkstoffprüfung** Begriffe — Stahl und Eisen	DIN **1580**

1. **Versuchslänge** l_v ist die gesamte zylindrische oder prismatische Länge des Probestabes zwischen den Übergängen zu seinen Köpfen, bei in der ganzen Länge prismatischen oder zylindrischen Stäben die Länge zwischen den Einspannungen.
2. **Meßlänge** l ist derjenige Teil der Versuchslänge, für den die Formänderung (Längenänderung beim Zug- und Druckversuch, Durchbiegung beim Biegeversuch und Verdrehung beim Verdrehungsversuch gemessen wird.
3. **Stützweite** l_s ist der Abstand zwischen beiden Auflagestellen des Probestabes beim Biegeversuch.
4. Die **Spannungen** σ beim Zug- oder Druckversuch sind gleich dem Quotienten aus Belastung (Spannkraft) P durch Querschnitt F;
$$\left(\sigma = \frac{P}{F}\right).$$
5. Die **Spannungen** σ_P, σ_S, σ_B sind mit dem Querschnitt F zu berechnen, den das Probestück vor Beginn des Versuches hatte.

Vorstandsvorlage — Noch nicht endgültig	DIN
Werkstoffprüfung Begriffe Stahl und Eisen	**1580**

(Fortsetzung.)

6. Spannung an der Fließgrenze ist bei scharfer Ausprägung die Spannung, bei der trotz zunehmender Formänderung die Kraftanzeige unverändert bleibt oder zurückgeht. Je nach der Versuchsart wird die Spannung an der Fließgrenze bezeichnet mit:

   Streckgrenze σ_S bei Zugversuch,
   Quetschgrenze σ_{-S} bei Druckversuch,
   Fließspannung σ_F bei Biegeversuch.

   Ist die Streckgrenze σ_S nicht scharf ausgeprägt, so gilt die Spannung, bei der die bleibende Dehnung 0,2 vH der Meßlänge beträgt, als Streckgrenze.

7. Bruchbelastung (P_B, P_{-B}) ist die höchste von Stabe ertragene Belastung. Mit ihr wird die Bruchspannung (Zugfestigkeit σ_B oder Druckfestigkeit σ_{-B}) berechnet. (Siehe 5.)

8. Verlängerung oder Verkürzung Δl sind die beim Zug- oder Druckversuch gemessenen Längenänderungen in der Kraftrichtung = Meßlänge am Ende des Versuches (l_e) weniger Meßlänge am Anfang des Versuches (l) ($\Delta l = l_e - l$).

   Durchbiegung f ist beim Biegeversuch die in der Stabmitte gemessene Durchbiegung.

9. Dehnung oder Stauchung ε ist beim Zug- oder Druckversuch die auf die ursprüngliche Meßlänge l bezogene Längenänderung Δl

   $$\left(\varepsilon = \frac{\Delta l}{l}\right).$$

10. Die Bruchdehnung δ beim Zugversuch wird in der Regel in vH der ursprünglichen Meßlänge l angegeben $\left(\delta = \frac{\Delta l}{l} \cdot 100\,\text{vH}\right)$. Sinngemäß wird beim Druckversuch der Wert $\delta = \frac{-\Delta l}{l} \cdot 100$ vH berechnet und als Endstauchung bezeichnet.

11. Beim Biegeversuch wird als Meßlänge zur Bestimmung der Durchbiegung in der Regel die Stützweite l_s gewählt. Der Biegepfeil (bezogene Biegung) φ ist in diesem Fall die Durchbiegung f bezogen auf die Stützweite l_s. In der Regel wird φ in vH angegeben $\left(\varphi = \frac{f}{l_s} \cdot 100\,\text{vH}\right)$.

12. Die Querschnittsvergrößerung oder Querschnittsverminderung ΔF ist gleich dem Unterschied zwischen dem Endquerschnitt F_e und dem Anfangsquerschnitt F

    $$(\Delta F = F_e - F).$$

13. Einschnürung oder Ausbauchung ψ ist das Verhältnis der Querschnittsänderung ΔF zum Anfangsquerschnitt F. In der Regel wird ψ in vH angegeben $\left(\psi = \frac{\Delta F}{F} \cdot 100\,\text{vH}\right)$.

14. Brinellhärte H ist die durch den Kugeldruckversuch ermittelte Spannung, d. h. die Belastung, bezogen auf die Einheit der Kalottenfläche des Kugeleindrucks. (Formel siehe DIN 1584.)

30. Juni 1923. Fachnormenausschuß für Prüfverfahren.

Noch nicht endgültig **Werkstoffprüfung** Allgemeines Stahl und Eisen	DIN ENTWURF 1 E 1582

1. Prüfungen allgemeiner Art:
   Zugversuch D I N 1583,
   Kugeldruckversuch D I N 1584,
   Biegeversuch, Rotbruchversuch, Schweißversuch
   D I N 1585.

   Die Normblätter für die einzelnen Erzeugnisse enthalten gegebenenfalls für den Sonderfall Ergänzungen zu diesen Prüfungen allgemeiner Art.
2. Die endgültige Prüfung und Abnahme erfolgt auf dem liefernden Werke, wobei nur die sachlichen Abnahmekosten von diesem zu tragen sind.
3. Die Auswahl der Teile, denen Probestücke entnommen werden, bleibt dem Abnehmer vorbehalten, jedoch sollen möglichst kürzere Teile und Abfallenden oder infolge von Formfehlern unbrauchbare Teile verwendet werden.
4. Probestücke mit sichtbaren, das Versuchsergebnis beeinträchtigenden Fehlern dürfen nicht verwendet werden. Finden sich nach den Versuchen an äußerlich fehlerfrei erscheinenden Probestücken deutlich erkennbare Fehlstellen, so werden die Prüfungsergebnisse nicht berücksichtigt, wenn sie den gestellten Anforderungen nicht genügt haben. Ebenso sind die Versuchsergebnisse nicht maßgebend, wenn sie durch nachweisbar unrichtige Einspannung oder sonstwie beeinflußt sind.
5. Die Probestücke sind, wenn nicht Sondernormen anders bestimmen, aus dem zu untersuchenden Werkstoff so herauszuarbeiten, daß eine Beeinflussung seiner Eigenschaften nicht erfolgt. Wird das Gebrauchstück ausgeglüht, so sind auch die Probestücke in gleicher Weise auszuglühen. Bei Walzeisen ist außer beim Kugeldruckversuch auf den Probestücken möglichst die Walzhaut zu belassen.
6. Zug- und Biegeversuche sind ohne besondere Vereinbarung nur mit Probestücken vorzunehmen, deren Dicke nicht über 30 mm beträgt. Bei größeren Dicken sind besondere Vereinbarungen zu treffen. Wird Kaltherausarbeiten der Probestäbe vereinbart, so sind die Stäbe im allgemeinen am äußeren Umfange des zu prüfenden Stückes zu entnehmen. Wird das Gebrauchsstück aus dem gelieferten Werkstoff später herausgeschmiedet, so ist zweckmäßig auch der Probestab bis auf den der dünnsten Stelle des Gebrauchstückes entsprechenden Querschnitt herabzuschmieden.
7. Entsprechen die Versuche den gestellten Anforderungen, so gelten die zugehörigen[1]) Teile als abgenommen. Entspricht mehr als die Hälfte der untersuchten Probestücke den Anforderungen nicht und ist beim einzelnen Erzeugnis nicht etwas anderes vorgeschrieben oder vereinbart, so kann die zugehörige Teillieferung verworfen werden; andernfalls sind für jedes nicht genügende Probestück zwei neue zu entnehmen. Entspricht eine von diesen wiederum den Anforderungen nicht, so können sämtliche zugehörigen Stücke verworfen werden.
8. Geringe äußere Fehler, welche die Verwendbarkeit der Gebrauchstücke nicht beeinträchtigen, sollen kein Hindernis für die Abnahme bilden. Die Beseitigung von Walzsplittern, Schalen, Schiefern und Rissen von geringer Tiefe ist unter Anwendung geeigneter Mittel gestattet.

---

[1]) Soweit nicht für die einzelnen Erzeugnisse der Geltungsbereich der Probestücke in den Normblättern festgelegt ist, sind besondere Abmachungen über die Menge der zugehörigen Stücke zu treffen.

30. Juni 1923. Fachnormenausschuß für Prüfverfahren.

Noch nicht endgültig **Werkstoffprüfung** Zugversuch	DIN ENTWURF 1 **E 1583**

Abmessungen der Probestäbe.

Der Probestabquerschnitt kann kreisförmig, quadratisch, rechteckig (im allgemeinen mit einem Seitenverhältnis nicht größer als 1:4) oder in Ausnahmefällen auch anderweitig geformt sein; kleine Profilstäbe, Rohre usw. werden als Ganzes zerrissen.

Zu unterscheiden sind folgende Probestabformen:

Benennung		Abmessungen				Zeichen für die Bruchdehnung
		Versuchslänge l_v mindestens mm	Meßlänge l mm	Durchmesser[1]) d mm	Querschnitt F m²	
Langer	Normalstab	$1 + d$	200	20	314	δ 10
Kurzer			100			δ 5
Langer	Proportionalstab		$11{,}3\sqrt{F}$	beliebig	beliebig	δ 10
Kurzer			$5{,}65\sqrt{F}$			δ 5
Langstab			200	beliebig	beliebig	δ_e
Kurzstab			100			δ_k

Der Übergang zum Stabkopf, dessen Form sich im einzelnen nach der Bauart der Zerreißmaschine richtet, darf nicht scharf abgesetzt sein.

Bestimmung der Bruchdehnung.

Die Bruchdehnung kann nach zwei Verfahren bestimmt werden:

1. Die Bruchdehnung wird zwischen den die Meßlänge des Stabes bestimmenden Endmarken gemessen. Erfolgte der Bruch innerhalb eines der Enddrittel der Meßlänge, so ist der Versuch zu wiederholen, falls die Dehnung ungenügend ausfiel. Dieser neue Versuch ist aber nicht als Wiederholungsversuch für eine ungenügende Probe anzusehen.

2. Die Stäbe werden zwischen den Endmarken der Meßlänge auf einen Längsriß mit Teilungen versehen. Anzubringen sind bei den drei langen Stäben 20 Teilungen, bei den drei kurzen Stäben mindestens 10. Genügt die zwischen den Endmarken gemessene Dehnung nicht, so ist sie durch drei Messungen an den Teilungen auf gleiche Länge zu beiden Seiten des Bruches wie folgt auszumessen:

Kurzes Bruchstück langes Bruchstück

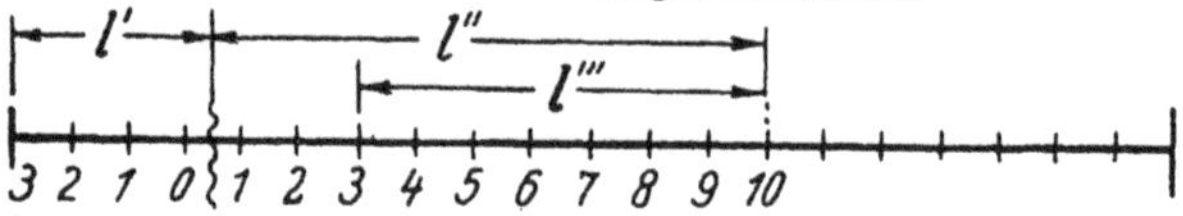

Endmarke Bruch Endmarke

Beispiel für einen Stab mit 20 Teilungen.

---

[1]) Bei anderen als kreisförmigen Querschnitten der Durchmesser der dem Stabquerschnitt entsprechenden Kreisfläche.

Noch nicht endgültig **Werkstoffprüfung** Zugversuch	DIN ENTWURF 1 **E 1583**

(Fortsetzung.)

Messung 1 = Länge l' des kurzen Bruchstückes von der Endmarke der Meßlänge bis zum Bruch.

Messung 2 = Länge l'' des langen Bruchstückes vom Bruch bis zu derjenigen Marke, die vor dem Versuch um die halbe Anzahl der Teilungen von der Bruchstelle entfernt war, also bei 1 = 200 mm über 10 Teilungen. Die Teilung, innerhalb welcher der Bruch erfolgte, wird hierbei als volle Teilung gerechnet.

Messung 3 = Länge l''' auf dem langen Bruchstück, gemessen von der Teilmarke 10 zu Messung 2 über so viele Teilungen nach dem Bruch hin, als bei Messung 1 an 10 vollen Teilungen fehlen. Die Teilung, innerhalb welcher der Bruch erfolgte, wird hierbei an dem kurzen Bruchstück nicht mitgerechnet.

Die Verlängerung in mm ist dann

$$\Delta l = l' + l'' + l''' - l.$$

30. Juni 1923. Fachnormenausschuß für Prüfverfahren.

Vorstandsvorlage Noch nicht endgültig **Werkstoffprüfung** Kugeldruckversuch nach Brinell	DIN **1584**

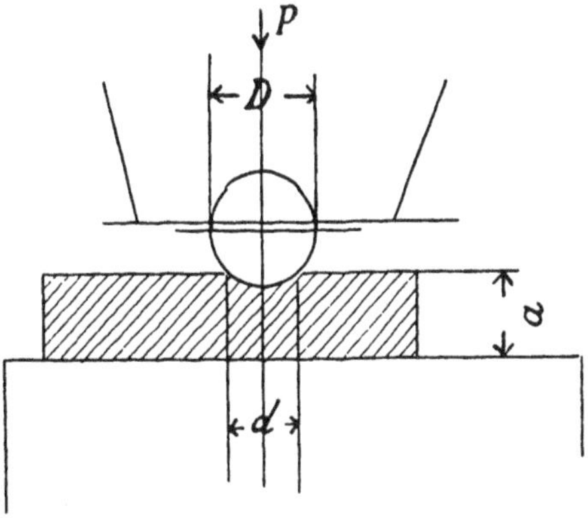

Die Brinellhärte H wird berechnet aus der Formel:

$$H = \frac{2\,P}{\pi\,D\,(D - \sqrt{D^2 - d^2})}\ \text{kg/mm}^2.$$

Vorstandsvorlage	Noch nicht endgültig	DIN
	Werkstoffprüfung Kugeldruckversuch nach Brinell	**1584**

(Fortsetzung.)

Hierin bedeutet: D Kugeldurchmesser in mm,
P Belastung der Kugel in kg,
d Durchmesser der Eindruckfläche in mm.

Beispiel: Die Brinellhärte bei $D = 5$ mm, $P = 250$ kg und 30 sek Belastungsdauer wird bezeichnet mit:

H 5/250/30.

Für H 10/3000/30 wird das Kurzzeichen Hn benutzt (Regelversuch).

Der Druckversuch ist an einer blanken ebenen Fläche auszuführen.

Der Abstand der Eindruckmitte vom Rande der Probe ist so zu wählen, daß keine das Ergebnis wesentlich beeinflussenden Nebenerscheinungen (Aufbeulen des Randes, Ausbauchen) auftreten.

Die Belastung ist stoßfrei während 15 sek gleichmäßig zu steigern und in der Regel 30 sek auf ihrem Endwert zu belassen. Für Stahl von $H > 140$ kg/mm² genügen 10 sek.

Der Eindruckdurchmesser ist bis auf hundertstel mm anzugeben.

Bei unrunden Eindrücken ist der mittlere Durchmesser maßgebend.

Maßgebend ist der Mittelwert aus mindestens zwei Eindrücken.

Anwendung der Kugeln und Belastungen

Kugel-Durchmesser D mm	Dicke der Probe a mm	Belastung P in kg		
		$30\,D^2$ für Eisen und Stahl	$10\,D^2$ für hartes Kupfer, Messing, Bronze u. a.	$2{,}5\,D^2$ für weichere Metalle
10	über 6	3000	1000	250
5	von 6 ÷ 3	750	250	62,5
2,5	unter 3	187,5	62,5	15,625

Werkstoff der Kugeln: Gehärterter Stahl.

Die Härte der Kugeln kann durch Aneinanderdrücken zweier gleich harter Kugeln mit der Belastung $P = 5\,D^2$ kg (D in mm) bestimmt werden, und als Kugelhärte gilt die mittlere Pressung in der Berührungsfläche vom Durchmesser d, also $\frac{P}{\frac{\pi}{4} d^2}$.

Sie ergibt sich für gute Kugeln zu mindestens 630 kg/mm². Kugeln mit einer Härte über 670 kg/mm² kommen nur ausnahmsweise vor.

Zwischen der Brinellhärte H und der Bruchspannung σ_B besteht angenähert die Beziehung:

für Kohlenstoffstahl (Bruchspannung 30 ÷ 100 kg/mm²)

$$\sigma_B = 0{,}36\,H$$

für Chromnickelstahl (Bruchspannung 65 ÷ 100 kg/mm²)

$$\sigma_B = 0{,}34\,H.$$

30. Juni 1923. Fachnormenausschuß für Prüfverfahren.

Noch nicht endgültig **Werkstoffprüfung** Biegeversuch Rotbruchversuch Schweißversuch	DIN ENTWURF 1 **E 1585**

Biegeversuch.

1. Zu Biegeversuchen sind Flachstäbe von möglichst 30 ÷ 50 mm Breite oder Rundstäbe (s. DIN 1582 Satz 5 und 6) zu benutzen, soweit nicht ganze Profile dem Versuch unterworfen werden. Die Kanten der Flachstäbe sind zu runden.

2. Das Biegen soll langsam und stetig erfolgen. Die Außenseite der Biegestelle muß bei Ausführung der Probe frei sichtbar liegen. Die Länge der Dorne muß bei Flachstäben größer sein als deren Breite.

a) Der Stab wird unter der Presse um einen Dorn von vorgeschriebenem Durchmesser D bis zum vorgeschriebenen Winkel gebogen. Die Probe gilt als bedingungsgemäß, wenn bei dem vorgeschriebenen Biegewinkel kein Anbruch (Zugrisse im metallischen Eisen) auf der Zugseite auftritt.

b) Die Probe wird um einen Dorn von beliebigem Durchmesser vorgebogen und dann durch Druck auf die Schenkelenden weiter frei vollständig oder soweit zusammengedrückt, bis auf der Innenseite der Biegestelle Anbruch erfolgt.

Zur Beurteilung der Probe dient der beim Auftreten von Rissen auf der Zugseite mit einem Dorn innen oder mit einer Blechlehre außen gemessene kleinste Biegehalbmesser und die daraus im Zusammenhang mit der Probestabdicke a errechnete sog. Tetmajersche Biegegröße $Bg = 50 \frac{a}{r}$ vH. Hierin bezeichnet r den Biegehalbmesser der neutralen Faser.

Bei der Biegung um einen Dorn von vorgeschriebenem Durchmesser ergeben sich angenähert folgende Biegegrößen:

D =	0	0,5 a	1,0 a	1,5 a	2,0 a	2,5 a	3,0 a
Bg =	100	67	50	40	33	28	25

Rotbruchversuch.

Der Rotbruchversuch dient zum Nachweis der Warmbearbeitbarkeit des Werkstoffes.

Als Rotbruchversuch gilt:
1. Der Biegeversuch mit Probestäben in rotwarmem Zustande oder
2. der Lochversuch.

Der Lochversuch wird mit einem rotwarm auf 6 mm Dicke und 40 mm Breite abgeschmiedeten Probestreifen ausgeführt. Der rotwarm gemachte Probestreifen wird in der Mitte mit einem kegeligen (1:10) Lochstempel von 20 mm kleinstem Durchmesser gelocht. Das Loch wird durch den Stempel nötigenfalls unter wiederholtem Erwärmen des Probestabes auf 30 mm erweitert. Hierbei dürfen keine Einrisse in den Probestreifen entstehen.

Schweißversuch.

Der Schweißversuch dient zum Nachweis der ausreichenden Schweißbarkeit des Werkstoffes.

Die Probestäbe sollen leicht zusammengeschweißt werden können.

Die beiden zusammengeschweißten Teile dürfen sich beim Biegen des Stabes an der Schweißstelle im kalten oder warmen Zustande nicht trennen.

30. Juni 1923. Fachnormenausschuß für Prüfverfahren.

IV. Chemie

1. Die wichtigsten Elemente.

Name	Zeichen und Wertigkeit	Atomgewichte		Volumengewicht 1 l wiegt kg[1])	Spezifische Wärme[2])
		H = 1	O = 16		
Aluminium . .	Al III, IV	26,8	27,1	2,58	0,2143
Antimon . . .	Sb III, V	119,0	120,0	6,71	0,0508
Arsen	As III, V	74,5	75,0	5,73	0,0814
Baryum . . .	Ba II	136,4	137,4	3,75	—
Blei	Pb II, IV	205,4	206,9	11,37	0,0314
Bor	Bo III, V	10,9	11,0	2,5	0,366 bei 233°
Brom	Br I, III, V, VII	79,3	80,0	3,15	0,0843 (fest)
Cadmium. . .	Cd II	111,1	112,0	8,61	0,0567
Calcium . . .	Ca II	39,7	40,0	1,57	0,167
Chlor.	Cl I, III, V, VII	35,2	35,45	3,1797	0,1241
Chrom	Cr IV, VI.	51,7	52,1	6,50	0,100
Eisen	Fe II, IV, VI	55,6	56,0	7,86	0,1138
Fluor	F I	18,9	19,0	?	—
Gold	Au I, III	195,7	197,2	19,32	0,0324
Jod	J I, III, V, VII	125,9	126,85	4,948	0,0541
Kalium. . . .	K I	38,9	39,15	0,87	0,1755
Kobalt	Co II, IV	59,0	59,0	8 8	0,1076
Kohlenstoff .	C IV, II	11,9	12,0	3,52	0,459 bei 985°
Kupfer	Cu II	63,1	63,6	8,92	0,0952
Magnesium . .	Mg II	24,2	24,4	1,74	0,2499
Mangan . . .	Mn II, IV, VI, VII	54,5	55,0	8,0	0,1217
Molybdän . .	Mo VI	95,3	96,0	8,6	0,0722
Natrium . . .	Na I	22,9	23,05	0,978	0,2934
Nickel	Ni II, IV	58,4	58,7	8,9	0,1082
Phosphor. . .	P III, V	30,8	31,0	1,83	0,1895
Platin	Pt II, IV, VI	193,4	194,8	21,50	0,0324
Quecksilber .	Hg II	198,8	200,3	13,60	0,0333
Sauerstoff . .	O II	15,9	16,00	1,4304	0,2175
Schwefel . . .	S II, IV, VI	31,8	32,06	1,96	0,1776
Selen.	Se II, IV, VI	78,4	79,1	4,5—4,8	0,0762
Silber	Ag I	107,1	107,93	10,53	0,0559
Silicium . . .	Si IV	28,2	28,4	2,39	0,203 bei 232
Stickstoff . .	N III, V	13,9	14,04	1,2567	0,2438
Strontium . .	Sr II	87,0	87,6	2,54	—
Titan.	Ti IV	47,8	48,1	—	—
Uran	U VI, IV	237,8	239,5	18,7	0,0276
Wasserstoff. .	H I	1,0	1,01	0,089899	3,4090
Wismut . . .	Bi III, V	207,0	208,5	9,80	0,0308
Wolfram . . .	W IV, VI	182,7	184,0	19,13	0,0334
Zink	Zn II	64,9	65,4	7,15	0,0935
Zinn	Sn IV	118,0	118,5	7,29	0,0559

[1]) Bei gasförmigen Elementen in Grammen.
[2]) Gasförmige Elemente bei gleichbleibendem Druck.

2. Zusammensetzung einiger wichtiger Verbindungen, die bei der Analyse in Anwendung sind.

Zeichen	100 Teile enthalten bzw. entsprechen	Zeichen	100 Teile enthalten bezw. entsprechen	Zeichen	100 Teile enthalten bzw. entsprechen
Ag Br	42,557 Br	Cu S	79,836 Cu	Mn S	63,148 Mn
Ag Cl	75,271 Ag	Fe_2O_3	70,008 Fe		81,540 Mn O
	24,729 Cl		90,003 Fe O	$(NH_4)_2Pt$	6,478 N
	25,428 H Cl	Fe_3O_4	72,421 Fe	$[Cl_6$	7,865 NH_3
Ag C N	19,440 C N		31,035 Fe O	Na Cl	39,399 Na
Ag J	54,031 J		68,965 Fe_2O_3		53,071 Na_2O
Al_2O_3	53,040 Al	Fe O	77,784 Fe	Na_2SO_4	32,431 Na
	46,960 O	$FeCO_3$	48,285 Fe		43,685 Na_2O
As_2S_3	60,959 As		62,076 Fe O	Ni O	78,594 Ni
	80,443 As_2O_3	H_2O	11,136 H	$PbCrO_4$	16,254 Cr
	93,432 As_2O_5	Hg_2Cl_2	84,960 Hg		23,674 Cr_2O_3
$BaCrO_4$	54,063 Ba	Hg S	86,202 Hg		31,093 Cr_2O_3
	60,367 Ba O	K Cl	52,460 K	Pb S	86,584 Pb
Ba O	10,444 O		63,185 K_2O		93,275 Pb O
$BaSO_4$	58,819 Ba	K_2PtCl_6	16,109 K	$PbSO_4$	68,293 Pb
	65,678 Ba O		19,402 K_2O		73,571 Pb O
	13,744 S	K_2SO_4	44,893 K	PdJ_2	.70,441 J
	34,322 SO_3		54,072 K_2O	$PtCl_4$	14,421 N
$BaSiF_6$	49,015 Ba	Mg O	60,000 Mg		17,509 NH_3
	54,731 Ba O		40,000 O	Sb_2O_4	78.993 Sb
Bi^2O_3	89,656 Bi	$MgCO_3$	28,571 Mg		94,733 Sb_2O_3
Bi O Cl	80,168 Bi		47,619 Mg O	Sb_2S_3	71,394 Sb
CO_2	27,273 C		52,381 CO_2		85,685 Sb_2O_3
$CaCO_3$	40,006 Ca	$Mg_2P_2O_7$	21,614 Mg	SiO_2	46,729 Si
	56,004 Ca O		36,024 Mg O		53,271 O
	43,996 CO_2		27,952 P	SnO_2	78,616 Sn
Ca O	71,434 Ca		63,976 P_2O_5	$SrCO_3$	59,327 Sr
	28,566 O	$(NH_4Mg$	39,490 As		70,173 Sr O
CaF_2	48,853 F	$AsO_4)_2$	52,112 As_2O_3	$SrSO_4$	47,674 Sr
$CaSO_4$	29,404 Ca	$+ H_2O$	60,526 As_2O_5		56,389 Sr O
	41,163 Ca O	Mn_3O_4	72,030 Mn	Tl J	38,318 J
Co	127,235 Co O		93,007 Mn O	$Ur_2P_2O_{11}$	8,635 P
$CoSO_4$	37,949 Co	Mn O	77,445 Mn		19,763 P_2O_3
	48,284 Co O		22,555 O	WO_3	79,316 W
BrO_3	68,661 Cr	MnO_2	63,192 Mn	Zn O	80,257 Zn
	131,339 CrO_3		36,808 O	Zn S	66,983 Zn
Cu O	79,835 Cu		81,596 Mn O		83,461 Zn O

3. Schwefelsäure bei 15° C.

Gr. Bé.	spez. Gew.	In 100 Gew.-Teilen: SO_3	SO_4H_2	Säure von: 60°	50°	Gr. Bé.	spez. Gew.	In 100 Gew.-Teilen: SO_3	SO_4H_2	Säure von: 60°	50°
5	1,037	4,53	5,55	7,11	8,88	54	1,597	55,7	66,28	87,50	109,21
10	1,075	8,90	10,90	13,97	17,44	55	1,615	57,1	69,89	89.56	111,8
20	1,162	18,3	22,44	28,76	35,89	59	1,691	62,4	76,45	97,97	122,3
30	1,263	28,5	34,91	44,74	55,84	60	1,711	63,7	78,03	100,00	124,8
40	1,383	39,5	48,35	61,96	77,33	61	1,732	65,3	80,02	102,54	128,0
47	1,483	47,5	58,13	74,49	92,97	64	1,796	70,5	86,30	110,60	138,0
48	1,498	48,6	59,54	76,30	95,22	65	1,820	73,5	90,05	115,40	144,0
49	1,514	49,9	61,12	78,32	97,75	65,5	1,831	75,3	92,30	118,29	147,6
50	1,530	51,0	62,52	80,13	100,00	65,9	1,840	78,0	95,60	122,51	152,9
51	1,540	52,2	63,98	82,00	102,33	·	1,8415	79,8	97,71	125,21	156,2
52	1,563	53,4	65,35	83,75	104,53	·	1,8385	81,59	99,95	128,08	159,9
53	1,580	54,5	66,71	85,49	106,70			81,63	100,0	128,0	159,0

4. Salzsäure bei 150° C.

Gr. Bé	3	5	10	15	16	17	18	19	20	21	22
Spez. Gew.	1,022	1,038	1,075	1,116	1,125	1,134	1,142	1,152	1,163	1,171	1,180
Prozente HCl. . .	4,57	7,58	15,16	23,05	24,78	26,54	28,14	29,95	32,10	33,65	35,39
Prozente 20° . . .	14,2	23,6	47,2	71,8	77,2	82,7	87,7	91,4	100,0	104,8	110,2
Prozente 21° . . .	13,6	22,5	45,1	68,5	73,6	78,9	83,6	89,0	95,4	100,0	105,2
Prozente 22° . . .	12,9	21,4	42,8	65,1	70,0	75,0	79,5	84,6	90,7	95,1	100,0

5. Salpetersäure bei 15° C.

Grad Bé.	Spez. Gew.	Proz. N_2O_5	Grad Bé.	Spez. Gew.	Proz. N_2O_5
10	1,075	11,27	39	1,370	50,91
15	1,116	16,80	40	1,383	53,07
20	1,163	22,85	41	1,397	55,52
25	1,210	28,99	42	1,410	57,86
27	1,231	31,66	43	1,424	59,59
30	1,263	35,82	44	1,438	63,64
32	1,285	38,73	45	1,453	67,00
33	1,297	40,32	46	1,468	70,62
34	1,308	41,75	47	1,483	74,70
35	1,320	43,47	48	1,498	79,94
36	1,332	45,25	49	1,514	84,92
37	1,345	47,08	49,4	1,520	85,44
38	1,357	48,96			

A. Chemische Prüfung von Eisen und Koks.

a) Roheisen.

Die Probenahme bei Roheisensorten geschieht derart, daß von jederein laufenden Wagenladung 10 Masselstücke entnommen und gemäß Abb. 1 gebohrt werden. Zuerst wird das Loch *a* gebohrt, sodann bei *b*, *b*, mit einem größeren Bohrer versenkt. Nunmehr entfernt man die zuerst angefallenen Späne; legt die Probe auf eine erhöhte Unterlage, schiebt einen sauberen Bogen Papier darunter und bohrt nunmehr das Metall *c*—*c* heraus, daß für die Analyse verwendet wird. Öl und Wasser sind von der Probe sorgfältig fernzuhalten.

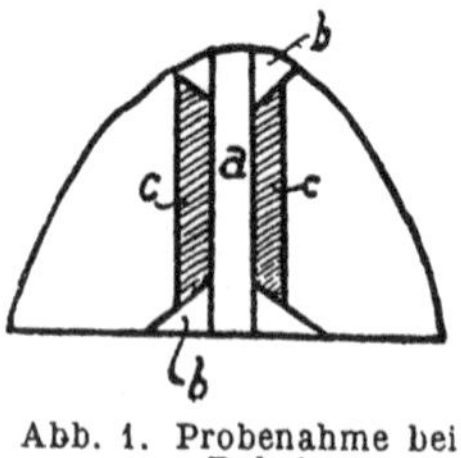

Abb. 1. Probenahme bei Roheisen.

Die Bestimmung des Gesamtkohlenstoffes aller Roheisensorten erfolgt am bequemsten und schnellsten mittels Verbrennung im Sauerstoffstrome und Auffangen der dabei entstehenden Kohlensäure in Natronkalkröhren. Abb. 2 zeigt einen für diese Bestimmung geeignete Einrichtung mit elektrisch geheiztem Verbrennungsofen. An Stelle der elektrischen Heizung kann auch Leuchtgas mit Gebläseluft zur Erzeugung der erforderlichen Hitze benutzt werden.

Dieses Verfahren ist für alle Eisensorten, ob säurelöslich oder nicht, gleich gut anwendbar.

Für in Salpetersäure lösliche Eisensorten ist mit dem Verfahren der trockenen Verbrennung gleichwertig das Verfahren der nassen Verbrennung im Chrom-Schwefelsäuregemisch im Corleiskolben.

Lösung für Gesamtkohlenstoffbestimmungen im Corleiskolben:

50 cm³ gesättigte Chromsäurelösung,
200 » verdünnte Schwefelsäure (1 : 1),
150 » Kupfersulfatlösung (200 g $CuSO_4$, in 1 l Wasser).

Die im Corleiskolben durch nasse Verbrennung entstehende Kohlensäure wird ebenfalls in Natronkalkröhrchen aufgefangen und gewogen.

Zur Bestimmung des Graphits in Gußeisen wird die Eisenprobe in Salpetersäure oder Salzsäure gelöst und durch ein Asbestfilter gegossen. Nach dem Auswaschen des auf dem Asbestfilter zurückbleibenden Graphits mittels heißer verdünnter Salzsäure wird das Glaseimerchen ohne weiteres

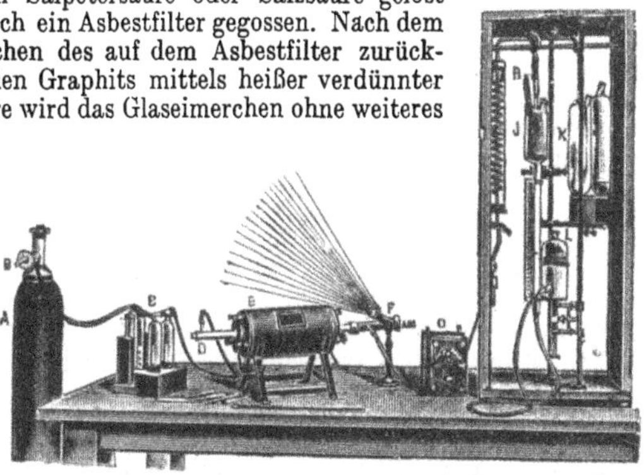

Abb. 2. Neuer Apparat zur volumetrischen Schnell-Bestimmung des Kohlenstoffgehaltes in Stahl und Eisen und deren Legierungen. (Bauart Ströhlein)

in den Corleiskolben verbracht und wie bei der Gesamtkohlenstoffbestimmung verbrannt.

Bei Kohlenstoffstahl und Schmiedeisen bestimmt man den Kohlenstoffgehalt entweder nach einem der vorerwähnten Verfahren oder mittels der kolorimetrischen Methode nach Eggertz dadurch, daß man die unter gleichen Verhältnissen in Salpetersäure gelösten Proben mit der Farbe einer Stahllösung von bekanntem Kohlenstoffgehalte vergleicht. Voraussetzung hierfür ist gleichartige Abkühlungsverhältnisse der zu untersuchenden Stähle sowie des Normalstahles.

Die Menge des gebundenen Kohlenstoffes erhält man aus der Differenz des gebundenen Kohlenstoffes und des Graphites.

Bestimmung des Siliziums. Einwage bei Roheisen 2 g, bei Stahl 10 g. Die Lösung von 2 g Roheisen erfolgt in 50 cm³ folgenden Säuregemisches:

1000 cm³ konzentrierte Schwefelsäure,
250 » » Salpetersäure,
3000 » Wasser.

Nach erfolgtem Lösen wird auf dem Sandbade eingedampft, bis Schwefelsäuredämpfe zu entweichen beginnen. Nach dem Erkalten mit 50 cm³ verdünnter Salzsäure (spez. Gew. = 1,1) kochen, bis alle Sulfatkristalle gelöst sind, und heiß filtrieren. Sodann mit heißem Wasser, welches Salzsäure enthält (100 cm^3 Salzsäure vom spez. Gew. 1,19 auf 1 l Wasser), bis zum Verschwinden der Eisenreaktion (gelbes Blutlaugensalz) waschen.

Das feuchte Filter wird in einen Porzellantiegel gebracht, getrocknet und im Muffelofen geglüht, bis aller Kohlenstoff verbraucht ist und die Probe rein weiß erscheint. Die reine, weiße Kieselsäure wird nach dem Erkaltenlassen im Schwefelsäuretrockner gewogen. Sie enthält 47,02 vH Silizium.

Mitunter erscheint die gefundene Kieselsäure nicht rein weiß, dann ist nicht genügend ausgewaschen und noch Eisen darin enthalten. In diesen Fällen ist sie ohne Verlust in einen Platintiegel zu bringen, glüht nochmals, läßt erkalten und wiegt. Sodann wird die Probe mit etwas verdünnter Schwefelsäure befeuchtet (1 : 1) und einige Tropfen Flußsäure hinzugefügt, bis keine Reaktion mehr erfolgt. Der Tiegel wird nunmehr auf ein Asbestsieb gesetzt und raucht mittels darunter gestellter kleiner Gasflamme vorsichtig ab, so daß nichts durch Spritzen verloren geht. Dann wird nochmals etwa 10 min geglüht, läßt erkalten und wiegt wiederum. Der Unterschied zwischen beiden Wägungen ist die Menge der reinen Kieselsäure.

Bei Ferro-Silizium bis zu etwa 20 vH Si-Gehalt ist ähnlich zu verfahren, nur erfolgt das Lösen in Königswasser. Sobald alles gelöst ist, werden 50 cm^3 Salzsäure ($s = 1{,}1$) und 25 cm^3 verdünnte Schwefelsäure (1 : 1) hinzugefügt, eingedampft, bis reichliche Schwefelsäuredämpfe entweichen usw., wie zuvor.

Ferro-Silizium über 20 vH Si-Gehalt kann nicht mehr mittels Säure gelöst werden. Man schmilzt dieses im Platintiegel mit der zehnfachen Menge eines Gemisches von gleichen Teilen Natriumkarbonat und Kaliumkarbonat zusammen, nachdem die fein gepulverte Probe von 0,5 g zuvor auf das sorgfältigste mit dem Natrium-Kaliumkarbonat vermengt ist. Der Platintiegel muß bedeckt gehalten werden. Anfangs wird mit kleinster Flamme gearbeitet in der Weise, daß der obere Teil des Tiegels zuerst erhitzt wird. Sodann kann die Erhitzung auf den unteren Teil des Tiegels übergehen. Dies hat den Zweck, das Gemisch von oben herunter zum Schmelzen zu bringen, um Verluste zu vermeiden. Sobald die Gasentwicklung im Tiegel aufgehört hat, läßt man erkalten und weicht zunächst in kaltem Wasser auf. Sodann wird der Tiegelinhalt ohne Verluste in eine geräumige Porzellanschale gebracht und vorsichtig Salzsäure hinzugefügt, bis die Lösung sauer geworden ist. Danach wird auf dem Wasserbade eingedampft und die getrocknete Lösung $1/2$ h auf dem Sandbade auf 250° C erhitzt. Man läßt erkalten, fügt 100 cm^3 Salzsäure ($s = 1{,}19$) hinzu, dampft auf dem Wasserbade ein, löst nochmals mit 100 cm^3 Salzsäure ($s = 1{,}1$) und 30 cm^3 Schwefelsäure (1 : 1), dampft auf dem Sandbade ein, bis Schwefelsäuredämpfe entweichen, und verfährt dann weiter, wie zuvor beschrieben.

Um Mangan zu bestimmen, kann man das von der Siliziumbestimmung übrigbleibende Filtrat benutzen. Zu diesem Zwecke filtriert man in einem Meßkolben von 300 bis 500 cm^3 Inhalt und entnimmt nach Auffüllung bis zur Marke genau 100 cm^3 daraus, bringt sie in einen Erlenmeyer-Kolben von etwa 750 cm^3 Inhalt und fügt noch 200 cm^3 Wasser hinzu. Sodann fügt man Wasserstoffsuperoxydlösung hinzu, um alles Eisen zu oxydieren, und kocht etwa 10 min. Man überzeugt sich durch Herausnehmen einiger Tropfen der Lösung und Prüfung derselben mittels rotem Blutlaugensalz, ob alles Eisen oxydiert wurde. Falls keine Blaufärbung sondern Braunfärbung eintritt, ist die Oxydation vollkommen.

Man stumpft nun die Säure der Lösung etwas ab, indem man Natriumkarbonat hinzufügt, bis die Lösung beginnt, einen dunkleren Ton anzunehmen. Sodann wird in Wasser aufgeschlämmtes Zinkoxyd im Überschuß zugegeben, welchen man daran erkennt, daß am Boden außer dem braunen, gefällten Eisenhydroxyd eine Menge weiße Zinkoxydkörnchen vorhanden sind.

Das Zinkoxyd muß durchaus unempfindlich gegen Kaliumpermanganatlösung sein, wovon man sich durch Ausführung eines blinden Versuches überzeugen muß.

Die heiße, soeben noch kochende Probe wird nun mit Kaliumpermanganatlösung (1 : 1000) bis zur Hellrosafärbung titriert. Um die Färbung schneller erkennen zu können, hält man den Erlenmeyer-Kolben schräg, wobei sich der darin enthaltene Satz von Eisenhydroxyd und Zinkoxyd schnell absetzt.

Die Kaliumpermanganatlösung wird für ein Gießereilaboratorium mit hinreichender Genauigkeit mittels Blumendraht eingestellt.

Man verfährt wie folgt: Der 500 cm³ fassende Kolben *A* enthält 75 cm³ H_2SO_4 (25 vH); in *B* befinden sich 150 cm³ H_2O + 20 g $NaHO_3$. In *A* werden etwa 3 g $NaHCO_3$ zugegeben, sodann 0,5 g mit Schmirgelleinwand sorgfältig gereinigter Blumendraht hinzugegeben, beide Kolben verschlossen und *A* mäßig erwärmt, bis alles Fe gelöst ist. Man entfernt dann die Flamme und überläßt den Apparat sich selbst bis zum völligen Erkalten. Danach (Abb. 3) bringt man in einen 500 cm³ fassenden Meßkolben etwa 2 g $NaHCO_3$, gießt den Inhalt von *A* hinein und füllt bis zur Marke auf. Von der Lösung werden genau 100 cm³ abgemessen und unter Umschwenken sofort titriert. Der Eisengehalt des Blumendrahtes wird zu 99,6 vH angenommen. Der Titer auf Fe ergibt sich wie folgt:

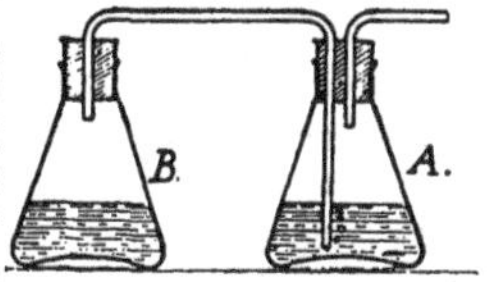

Abb. 3. Vorrichtung für Titerstellung der $KMnO_4$-Lösung.

Es bezeichne *G* das Gewicht des verwendeten Drahtes, *N* die Anzahl cm³ der verbrauchten Kaliumpermanganatlösung, so ist:

$$\frac{G \cdot 0{,}996}{N} = \text{Eisentiterzahl der } KMnO_4\text{-Lösung.}$$

Um den Titer der Lösung auf Mn zu erhalten, multipliziert man den Eisentiter mit 0,308.

Phosphor wird maßanalytisch bestimmt. Man löst von Stahl oder Hämatiteisen 0,5 g, von Eisensorten bis 0,7 vH P 0,25 g, bei Eisensorten über 1 vH P 0,1 g in einen 500 cm³ fassenden Erlenmeyer-Kolben in 20 cm³ HNO_3 ($s = 1{,}2$), oxydiert mit 15 cm³ $KMnO_4$-Lösung (20 g auf 1 l H_2O), kocht und fügt dann 20 cm³ NH_4Cl-Lösung (200 g in 1 l H_2O) hinzu, kocht und dampft auf 30 bis 40 cm³ ein, neutralisiert mit NH_3Cl

bis die Lösung nur noch schwach sauer ist, fügt 30 cm³ Molybdänlösung hinzu und erwärmt auf 60° C. Nach 5 Min. Umschütteln ist aller P gefällt. Man läßt gänzlich erkalten und filtriert durch ein hartes Filter, wäscht mit 1 vH-Lösung Na_2SO_4 schnell eisenfrei, bringt das Filter in den Kolben, in welchem die Lösung erfolgte, fügt 100 cm³ destilliertes Wasser hinzu und titriert mit $\frac{n}{10}$ NaOH-Lauge unter Verwendung von Phenolphthalein als Indikator. Etwa 5 cm³ NaOH werden im Überschuß hinzugesetzt und mit $\frac{n}{10}$ H_2SO_4 bis zur Entfärbung zurücktitriert.

1 ccm $\frac{n}{10}$ NaOH entspricht 0,0013439 g P.

Herstellung der Molybdänlösung. 150 g Ammoniumolybdat in 1 l H_2O lösen und diese gut gekühlte Lösung in feinem Strahle in 1 l gutgekühlte HNO_3 ($s = 1{,}18$) (nicht umgekehrt!) eingießen, einige Tage stehen lassen und filtrieren. Lösung im Dunkeln aufzubewahren!

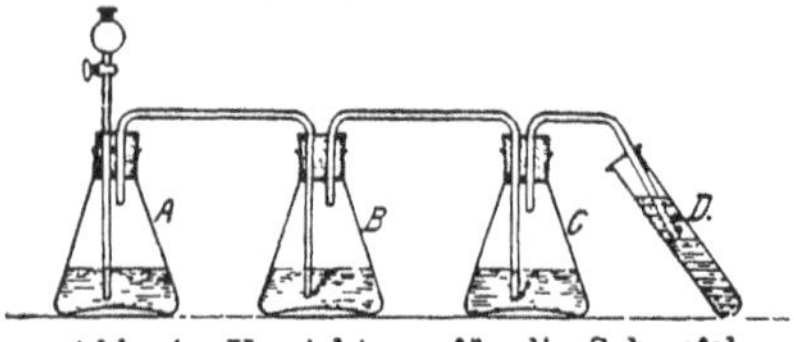

Abb. 4. Vorrichtung für die Schwefelbestimmung.

Schwefel wird ebenfalls maßanalytisch bestimmt. In einem Erlenmeyer-Kolben *A* (Abb. 4) werden 5 g Roheisen oder 10 g Stahl in konzentrierter Salzsäure unter anfangs langsamem Erwärmen gelöst. Die entstehenden H_2S-haltigen Gase durchstreichen die mit Wasser gefüllte Waschflasche *B* und dann die Absorptionsflasche *C*. *C* ist mit ammoniakalischer Kadmiumlösung gefüllt. Das Reagensrohr *D* enthält dieselbe Lösung und dient als Sicherheitsvorlage. Nachdem alles Eisen in *A* gelöst ist, wird die Flamme darunter vergrößert, so daß die Eisenlösung ins Kochen gerät. Die Waschflüssigkeit in *B* wird hierdurch ebenfalls derart erhitzt, daß sie allen H_2S an *S* abgibt. Man unterbricht danach und filtriert das in *C* und *D* niedergeschlagene gelbe Kadmiumsulfid. Filter samt Inhalt wird in einem Erlenmeyer-Kolben mit Wasser zerrührt, mit verdünnter Salzsäure angesäuert und sofort mit $\frac{N}{10}$ Jodlösung, welche man fertig bezieht (Merck, Darmstadt), bis zur Blaufärbung titriert, Indikator ist Stärkelösung. Die Kadmiumlösung stellt man wie folgt her:

20 g Kadmiumsulfat werden in 250 cm³ heißen Wassers gelöst. Man läßt etwas abkühlen und setzt ein Gemisch von 250 cm³ Ammoniaklösung ($s = 0{,}96 \doteq 10$ vH) und 500 cm³ Wasser hinzu. Die Stärkelösung erhält man durch 2stündiges Kochen von 10 g Hoffmannsstärke in 0,5 l Wasser und Hinzufügen von 5 g Salizylsäure.

Weniger häufig wird Eisen auf Cu, As, Ni und Ti untersucht.

b) Koks.

Die Prüfung des Kokses auf Asche wird derart vorgenommen, daß 1 g der fein zerkleinerten Probe, welche einer größeren Anzahl von Stücken der betreffenden Lieferung entnommen werden muß, im Porzellantiegel im Muffelofen verascht wird. Der im Tiegel verbleibende Rückstand wird gewogen und ist die Asche. Die Prüfung auf Schwefel geschieht wie folgt:

1 g der feinstzerkleinerten Probe wird mit der siebenfachen Menge eines Gemisches bestehend aus 2 Teilen Natriumkarbonat und 1 Teil Magnesia in einem Porzellantiegel vermengt und bei bedecktem Tiegel vorsichtig erhitzt. Die Erhitzung darf nur soweit erfolgen, daß etwa das untere Drittel des Tiegels glüht. Häufiges Umrühren mit dem Platinspachtel befördert die Umsetzung. Sobald keine schwarzen Pünktchen mehr erkennbar sind, entfernt man die Flamme, läßt erkalten und schüttet den Tiegelinhalt in 100 cm³ Wasser, welches sich in einem Becherglas von etwa 500 cm³ Inhalt befindet. Der Tiegel wird mit verdünnter Salzsäure ausgekocht und die Lösung ebenfalls in das Becherglas gegeben. Man säuert weiter mit Salzsäure an, bis die Lösung deutlich sauer geworden ist. Sodann wird gekocht und filtriert. Das Filtrat wird auf 200 cm³ eingeengt und 20 cm³ Bariumchloridlösung (1 : 50) hinzugefügt. Man kocht stark, läßt erkalten, absetzen und filtriert durch ein dichtes Filter. Das mit heißem Wasser ausgewaschene Filter wird in einen Porzellantiegel gebracht, getrocknet, vorsichtig verascht und geglüht. Der weiße Rückstand ist Bariumsulfat, welches 13,72 vH Schwefel enthält.

Wasser im Koks wird bestimmt, indem man eine Probe von wenigstens 50 kg gleich beim Einlaufen der Sendung in einen Drahtkorb füllt und wägt. Nach dem Verbleiben während einer Nacht in einer geheizten Trockenkammer wird wieder gewogen. Die Differenz ist Wasser.

B. Metallographie.

Trotz sachgemäßer Probenahme bei Rohstoffen, Zwischen- und Fertigerzeugnissen, kann nicht immer eine Gewähr für die Richtigkeit der Analyse gegeben werden. Vergleichsanalysen von verschiedenen Chemikern mit Spänen aus ein und demselben Stück haben auch oft nur geringeren Wert, da leistet dann die Metallographie zur Feststellung von Verschiedenheiten oft wertvolle Dienste.

Die Metallographie ergänzt in vielen Fällen die chemische Untersuchung, deshalb wird in neuerer Zeit dem chemischen Laboratorium eine metallographische Abteilung angeschlossen. Als wesentlicher Vorteil der metallogr. Untersuchung gegenüber der analytischen muß hervorgehoben werden, daß erstere Aufschluß über den Aufbau des Stoffes und über die Art der Verteilung der Fremdkörper in ihm gibt.

Es kann hier nicht auf Einzelheiten in den Fragen über die Anwendung und Ausführung der metallogr. Untersuchungen eingegangen werden, doch sei auf die grundlegenden Arbeiten der bekannten deutschen Forscher wie Martens, Heyn, Bauer u. a. hingewiesen. Insbesondere sei auf das Handbuch von Bauer-Deiß, Verlag Jul. Springer-Berlin, II. Aufl. 1922 »Probenahme und Analyse von Eisen und Stahl« aufmerksam gemacht. Weitere Werke über Materialprüfung sind im Anhang angegeben.

V. Wärme, Verbrennung und Brennstoffe.

A. Wärmemessung.

Die Wärmeeinheit ist die Kalorie, d. h. diejenige Wärmemenge, welche aufgewendet werden muß, um 1 kg Wasser von 0° C auf 1° C zu erwärmen.

Zur Temperaturmessung dienen Thermometer verschiedener Einteilungen, nach Celsius (C), Réaumur (R) und Fahrenheit (F). Diese verschiedenen Teilungen stehen in folgendem Verhältnis zueinander:

C = Celsius. F = Fahrenheit. R = Réaumur.

n Grad C 32 + $^9/_5$ n Grad F = $^4/_5$ n Grad R

n Grad R 32 + $^9/_4$ n Grad F = $^5/_4$ n Grad C

n Grad F $^5/_9$ $(n-32)$ Grad C = $^4/_9$ $(n-32)$ Grad R

Vergleichs-Zahlenreihe.

C	R	F	C	R	F	C	R	F	C	R	F
—20	—16	—4	23	18,4	73,4	66	52,8	150,8	109	87,2	228,2
—19	—15,2	—2,2	24	19,2	75,2	67	53,6	152,6	110	88,0	230,0
—18	—14,4	—0,4	25	20,0	77,0	68	54,4	154,4	111	88,8	231,8
—17	—13,6	1,4	26	20,8	78,8	69	55,2	156,2	112	89,6	233,6
—16	—12,8	3,2	27	21,6	80,6	70	56,0	158,0	113	90,4	235,4
—15	—12,0	5,0	28	22,4	82,4	71	56,8	159,8	114	91,2	237,2
—14	—11,2	6,8	29	23,2	84,2	72	57,6	161,6	115	92,0	239,0
—13	—10,4	8,6	30	24,0	86,0	73	58,4	163,4	116	92,8	240,8
—12	— 9,6	10,4	31	24,8	87,8	74	59,2	165,2	117	93,6	242,6
—11	— 8,8	12,2	32	25,6	89,6	75	60,0	167,0	118	94,4	244,4
—10	— 8,0	14,0	33	26,4	91,4	76	60,8	168,8	119	95,2	246,2
— 9	— 7,2	15,8	34	27,2	93,2	77	61,6	170,6	120	96,0	248,0
— 8	— 6,4	17,6	35	28,0	95,0	78	62,4	172,4	121	96,8	249,8
— 7	— 5,6	19,4	36	28,8	96,8	79	63,2	174,2	122	97,6	251,6
— 6	— 4,8	21,2	37	29,6	98,6	80	64,0	176,0	123	98,4	253,4
— 5	— 4,0	23,0	38	30,4	100,4	81	64,8	177,8	124	99,2	255,2
— 4	— 3,2	24,8	39	31,2	102,2	82	65,6	179,6	125	100,0	257,0
— 3	— 2,4	26,6	40	32,0	104,0	83	66,4	181,4	126	100,8	258,8
— 2	— 1,6	28,4	41	32,8	105,8	84	67,2	183,2	127	101,6	260,6
— 1	— 0,8	30,2	42	33,6	107,6	85	68,0	185,0	128	102,4	262,4

Vergleichs-Zahlenreihe (Fortsetzung).

C	R	F	C	R	F	C	R	F	C	R	F
0	0	32,0	43	34,4	109,4	86	68,8	186,8	129	103,2	264,2
1	0,8	33,8	44	35,2	111,2	87	69,6	188,6	130	104,8	266,0
2	1,6	35,6	45	36,0	113,0	88	70,4	190,4	131	104,8	267,8
3	2,4	37,4	46	36,8	114,8	89	71,2	192,2	132	105,6	269,6
4	3,2	39,2	47	37,6	116,6	90	72,0	194,0	133	106,4	271,4
5	4,0	41,0	48	38,4	118,4	91	72,8	195,8	134	107,2	273,2
6	4,8	42,8	49	39,2	120,2	92	73,6	197,6	135	108,0	275,0
7	5,6	44,6	50	40,0	122,0	93	74,4	199,4	136	108,8	276,8
8	6,4	46,4	51	40,8	123,8	94	75,2	201,2	137	109,6	278,6
9	7,2	48,2	52	41,6	125,6	95	76,0	203,0	138	110,4	280,4
10	8,0	50,0	53	42,4	127,4	96	76,8	204,8	139	111,2	282,2
11	8,8	51,8	54	43,2	129,2	97	77,6	206,6	140	112,0	284,0
12	9,6	53,6	55	44,0	131,0	98	78,4	208,4	141	112,8	285,8
13	10,4	55,4	56	44,8	132,8	99	79,2	210,2	142	113,6	287,6
14	11,2	57,2	57	45,6	134,6	100	80,0	212,0	143	114,4	289,4
15	12,0	59,0	58	46,4	136,4	101	80,8	213,8	144	115,2	291,2
16	12,8	60,8	59	47,2	138,2	102	81,6	215,6	145	116,0	293,0
17	13,6	62,6	60	48,0	140,0	103	82,4	217,4	146	116,8	294,8
18	14,4	64,4	61	48,8	141,8	104	83,2	219,2	147	117,6	296,6
19	15,2	66,2	62	49,6	143,6	105	84,0	221,0	148	118,4	298,4
20	16,0	68,0	63	50,4	145,4	106	84,8	222,8	149	119,2	300,2
21	16,0	69,8	64	51,2	147,2	107	85,6	224,6	150	120,0	303,0
22	17,6	71,6	65	52,0	149,0	108	86,4	226,4	151	120,8	303,8

Quecksilberthermometer können von —39° C bis + 550° C Verwendung finden.

Für Temperaturen unter —39° C werden mit Alkohol oder Toluol gefüllte Thermometer verwendet.

Für hohe Temperaturen sind elektrische und optische Thermometer, die Pyrometer, im Gebrauch.

Das bekannteste elektrische Pyrometer ist das Le Chatelier-Pyrometer, dessen Thermoelement aus Platin und Platinrhodium besteht. Mit diesem Element können Temperaturen bis 1600° C gemessen werden. Die Messung erfolgt derart, daß die durch die Erhitzung der Lötstelle des Thermoelementes entstehende thermoelektrische Kraft auf ein mit entsprechender Einteilung versehenes Galvanometer einwirkt, von welchem die vorhandene Temperatur unmittelbar abgelesen werden kann.

An optischen Pyrometern hat das fernrohrförmige Wanner-Pyrometer die meiste Verwendung gefunden. Dies Pyrometer beruht auf der Messung der Helligkeit glühender Körper durch Vergleich mit einer bekannten Lichtquelle. Zum Vergleich dient die rote Strahlung der Körper. Die Vergleichslichtquelle ist eine elektrische Glühbirne, deren Helligkeit mittels der Hefnerkerze (Amylazetatlampe) von Zeit zu Zeit eingestellt werden muß. Die Feststellung der vorhandenen Temperatur geschieht durch Ausgleichung zweier Halbkreise auf gleiche Helligkeit. Der eine Halbkreis, welcher von der Glühlampe beleuchtet wird, hat gleichbleibende Helligkeit. Die andere Kreishälfte wird von dem zu messenden Körper aus beleuchtet. Mittels eines Hebels kann die letztgenannte Kreishälfte so beleuchtet werden, daß der ganze Kreis von völlig gleicher Helligkeit beleuchtet erscheint. Die betreffende

Hebelstellung wird abgelesen und aus einer beigegebenen Zahlentafel die entsprechende Temperatur festgestellt.

Für ungefähre Temperaturmessungen dienen die Segerkegel. Segerkegel sind kleine Pyramiden aus Gemischen von Quarzsand, Zettlitzer Ton und Feldspat, deren jede einen bestimmten Schmelzpunkt hat. Die zu prüfenden Materialien werden mit mehreren Segerkegeln von benachbarten Schmelzpunkten gemeinschaftlich der Hitze ausgesetzt, welche gemessen werden soll. In Abb. 5 ist z. B. Segerkegel Nr. 31, 32 und 33

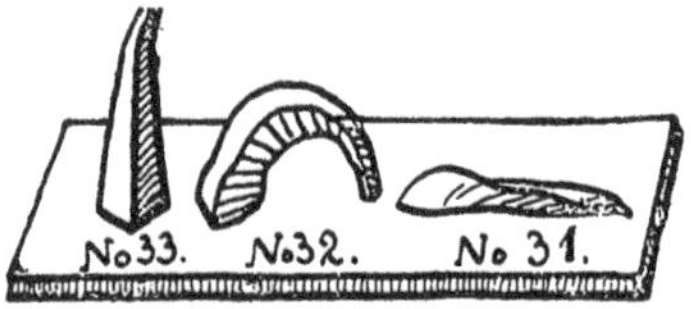

Abb. 5. Segerkegel.

eingesetzt worden. Kegel 33 ist unberührt geblieben, Kegel 32 ist erweicht und berührt mit der Spitze den Boden, Kegel 31 ist vollständig geschmolzen. Die Höchsttemperatur, welcher diese Kegel ausgesetzt waren, wird derjenigen entsprechend angenommen, welche dem erweichten Kegel entspricht, dessen Spitze den Boden berührt, also zu 1710° C. Die zum Brennen von Tonwaren und verwandten Erzeugnissen in Betriebsöfen gebräuchlichen Segerkegel 022 bis 20 sind etwa 6 cm hoch; die zur Bestimmung der Feuerfestigkeit verwendeten Segerkegel 26 bis 42 sind etwa 2,5 cm hoch. Auf besonderen Wunsch werden jedoch auch die erstgenannten Segerkegel 2,5 cm hoch (z. B. für Versuchsöfen) und die kleinen Segerkegel 6 cm hoch (z. B. zur Prüfung des Schmelzpunktes feuerfester Erzeugnisse) geliefert. Die Segerkegel werden ausschließlich in der Staatlichen Porzellan-Manufaktur zu Berlin hergestellt und tragen die gesetzlich geschützte Marke (Szepter).

Die folgende Aufstellung gibt die Nummern der Segerkegel und die Mittelwerte ihrer Schmelztemperaturen nach Celsiusgraden auf Grund der neuesten Messungen mittels thermoelektrischer und optischer Pyrometer an.

022[1]) —600°	07a— 960°	9—1280°	29—1650°
021 —650	06a— 980	10—1300	30—1670
020 —670	05a—1000	11—1320	31—1690
019 —690	04a—1020	12—1350	32—1710
018 —710	03a—1040	13—1380	33—1730
017 —730	02a—1060	14—1410	34—1750
016 —750	01a—1080	15—1435	35—1770
015a[2])—790	1a—1100	16—1460	36—1790
014a —815	2a—1120	17—1480	37—1825
013a —835	3a—1140	18—1500	38—1850
012a —855	4a—1160	19—1520	39—1880
011a —880	5a—1180	20—1530	40—1920
010a —900	6a—1200	26—1580	41—1960
09a —920	7 —1230	27—1610	42—2000
08a —940	8 —1250	28—1630	

[1]) Sprich: Null zweiundzwanzig usw.
[2]) Sprich: Null fünfzehn a usw.

Am richtigsten ist es, auf die Angaben der Schmelztemperaturen ganz zu verzichten und nur die Nummer des gewünschten bzw. geschmolzenen Segerkegels anzuführen, also beispielsweise zu sagen: der Schamotteziegel ist bei Segerkegel 10 gebrannt usw. Durch Angabe der Mittelwerte für die Schmelzpunkte nach Celsiusgraden ist lediglich dem Wunsch mancher Industrieller Rechnung getragen worden. Diese Angaben können aber nur ein gewisses Bild und durchaus keine Gewähr unbedingter Sicherheit bieten, und zwar aus folgendem Grunde. Je nach der Länge der Zeit, die wieder von dem Brennverfahren und von der Größe des zu erwärmenden Raumes abhängt, müssen die Werte der in Celsiusgraden angegebenen Schmelzpunkte der Segerkegel Schwankungen unterworfen sein, weil sich je nach der Höhe der obwaltenden Temperatur, die das Umschmelzen der Segerkegel herbeiführenden pyrochemischen Vorgänge langsamer oder schneller vollziehen.

Segerkegel 26 entspricht dem Schmelzpunkt derjenigen Tone, welche in der Tonindustrie als die niedrigst schmelzenden feuerfesten Tone angesehen werden. Zur Bestimmung der Feuerfestigkeit der Tone, Formsande und anderer feuerfester Rohstoffe sowie der daraus hergestellten Erzeugnisse im Devilleschen Ofen dienen die Segerkegel 26 bis 36; diese haben, wie bereits obenbemerkt, nur eine Höhe von 2,5 cm.

Das Beobachten des Brenngrades mittels der Segerkegel, durch deren Schmelzpunkte die zwischen Rotglut und etwa 2000° liegende Temperatur in 59 Abschnitte zerlegt ist, bietet für das Brennen von feuerbeständigen Ofenbaustoffen vor anderen Beobachtungsverfahren des Fortschreitens der Wärme folgende wesentliche Vorteile.

Die Formlinge sind während des Brennens einer Reihe von pyrochemischen Vorgängen unterworfen, welche einerseits durch eine hohe Temperatur wohl beschleunigt, anderseits aber bei Obwalten einer etwas niedrigeren Temperatur durch die längere Einwirkung derselben gleichfalls zum Abschluß gebracht werden. Würde man daher die Tonwaren nach Thermometergraden abbrennen, ohne die Zeit, namentlich die des Vollfeuers, zu berücksichtigen, so liefe man Gefahr, bald zu hoch gebrannte, bald nicht genügend gebrannte Ware zu erhalten. Aus diesem Grunde läßt man beim Brennen von Tonwaren die Beobachtung der Temperatur nach Graden einer sich dem Quecksilberthermometer anschließenden Skala besser ganz fallen.

Das Beobachten des Umschmelzens des Segerkegels kann jedem Arbeiter übertragen werden, während das Instandsetzen und die Überwachung der Pyrometer irgendwelcher Art einen wissenschaftlich gebildeten Beamten erfordert, der in kleineren Betrieben seltener vorhanden ist.

a) Spezifische Wärme.

Hierunter versteht man die Wärmemenge, welche erforderlich ist, um die Temperatur von 1 kg eines Körpers um 1° C zu erhöhen.

1. Spezifische Wärme einiger fester Körper.

Bezeichnungen	Kalorien
Aluminium	0,2145
Antimon	0,0495
Blei, fest	0,0305
„ flüssig	0,0356
Bronze	0,0862
Flußeisen (mit 0,5 C)	0,113
Stahl, angelassen	0,1188
„ abgeschreckt	0,1178
Gußeisen 20—100°	0,1189
Schmiedbarer Guß	
15—100°	0 1152
15—200°	0,1213
15—300°	0,1275
500°	0,1765
1000—1200°	0,1989
Kupfer	0,0936
Magnesium	0,246
Mangan	0,1217
Messing	0,0917
Neusilber	0.0941
Nickel	0.1084
„ bei 100°	0,1128
„ „ 500°	0,1299
„ „ 1000°	0.1608
Zink	0,0935
Zinn	0,018
„ flüssig	0,0637
Flußspat (Ca F 2)	0,2154
Gaskohle	0,2040
Holzkohle	0,1935
Kalkspat ($CaCO_3$	0,2005
Magnesia	0.2439
Quarz (SiO_2)	0,1881
Quarzsand	0,1910
Schlacke	0,1888
Silicium	0,1833
Steinkohle	0,3120
Ton	0,2240

2. Spezifische Wärme einiger Gase.

	Mittlere spez. Wärme Kalorien	Gew. von 1 m³ kg	Mittlere spez. Wärme v. 1 m³ Kalorien
Kohlensäure (CO^2)			
10°—100°	0,216	1,179	0,43
400°	0,231	—	0,46
800°	0,249	—	0,49
1200°	0,246	—	0,51
Kohlenoxyd	0,245	1,259	0,31
Sauerstoff	0,230	1,430	0,33
Stickstoff	0,246	1,257	0,31
Wasserstoff	3,409	0,090	0,31
Wasserdampf	0,480	0,805	0,39
Methan (CH_4)	0,539	0,716	0,42
Schweflige Säure	0,155	2,864	0,45
Atm. Luft	0,243	1,293	0,31

3. Schmelzpunkt verschiedener Körper.

Aluminium	657° C	Nickel	1470° C
Antimon	430	Platin	1720
Blei	327	Porzellan	1550
Bronze	ca. 900	Schweißeisen	etwa 1500
Cadmium	321	Silber	961
Emaillefarben	960	Stahl	1300—1400
Delta-Metall	950	Weichlote, je nach Zusammensetzung	135—200
Flußeisen	ca. 1400	Wismut	269
Glas	800—1400	Wismutlote, je nach Zusammensetzung	94—128
Gold	1064	Zink	419
Gußeisen, graues	1200	Zinn	232
Gußeisen, weißes	1100		
Kupfer	1084		
Messing	ca. 900		

4. Leicht schmelzende Legierungen.

5 Zinn 1 Blei	192° C	8 Zinn 1 Wismut	200° C
4 „ 1 „	186	2 „ 1 „	168
3 „ 1 „	180	1 „ 1 „	141
2 „ 1 „	171	4 „ 5 „ 1 Blei	119
1 „ 2 „	169	3 „ 5 „ 2 „	100
1 „ 1 „	189	4 „ 8 „ 4 „	94
1 „ 2 „	227	4 „ 15 „ 8 „ 3 Cadmium	68
3 „ 3 „	250		

5. Glühtemperaturen des Stahles.

Im Dunkeln rotglühend	500° C	Dunkelorange	1100° C
Dunkelrot	700°	Hellorange	1200°
Dunkelkirschrot	800°	Weißglut	1300°
Kirschrot	900°	Schweißhitze	1400°
Hellrot	1100°		

6. Anlaßtemperaturen des gehärteten Stahls [1]).

Keine Farbe	bis 220° C	Violett	285° C
Hellgelb	220—230°	Kornblumenblau	295°
Dunkelgelb	240°	Hellblau	310—315°
Gelbbraun	255°	Grau oder meergrün	325—330°
Rotbraun	265°	Keine Farbe	über 330°
Purpurrot	275°		

[1]) Aus Brearley-Schäfer, Die Werkzeugstähle und ihre Wärmebehandlung. 3. Aufl. Berlin 1922. Verlag Julius Springer.

B. Verbrennung.

1. Zusammensetzung der Luft für technische Zwecke.

21 vH Sauerstoff, 79 vH Stickstoff (Raumteile)

oder

23 vH Sauerstoff, 77 vH Stickstoff (Gewichtsteile).

2. Verbrennungswärmen (Taschenbuch »Hütte«).

Brennstoff	Gewicht		Raummenge		
	1 kg verbrannt zu	WE		1 kg verbrannt zu	WE
Kohlenstoff C .	CO_2	8080	0,536	1 m³ CO_2	4337
„	CO	2433	0,536	1 m³ CO	1303
Kohlenoxyd CO	CO_2	2440	1 m³	1 m³ CO_2	3034
Wasserstoff H .	Wasserdampf	28780	1 m³	1 m³ Wasserdampf	2570
CH_4 (Methan) .	CO_2 u. Wasserdampf	12000	1 m³	1 m³ CO_2 u. 2 m³ Wasserdampf	8562
C_2H_2 (Azetylen)	CO_2 u. Wasserdampf	11500	1 m³	2 m³ CO_2 u. 1 m³ Wasserdampf	13350
Aethylen	CO_2 u. Wasserdampf	11145	1 m³	2 m³ CO_2 u. 2 m³ Wasserdampf	13939
Benzoldampf . .	CO_2 u. Wasserdampf	9500	1 m³	6 m³ CO_2 u. 3 m³ Wasserdampf	32978
Fe	FeO	1332			
Fe	Fe_3O_4	1582			
Fe	Fe_2O_3	1796			
Mn	MnO	1724			
Pb	PbO	243			
Cu	CuO	586			
Zn	ZnO	1314			
P	P_2O_5	5960			
S	SO_2	2220			
Ca	CaO	3284			
Mg	MgO	6077			
Al	Al_2O_3	7140			
Si	SiO_2	7830			

3. Gehalt der Rauchgase an CO_2 bei vollständiger Verbrennung.

Die Kenntnis der Zusammensetzung der Verbrennungsgase ist für die Beurteilung von Feuerungen von Wichtigkeit. Bei vollkommener Verbrennung folgender Körper beträgt der Gehalt der Verbrennungsgase an CO_2:

bei	Kohlenstoff	21,0 vH
„	Torf	20,4 „
„	Saarkohle	18,6 „
„	Mineralöl (Petroleum)	15,0 „
„	Leuchtgas	12,0 „

4. Luftbedarf verschiedener Stoffe zur vollständigen Verbrennung

(aus Geiger's Handbuch).

Brennstoff	m^3 Luft	ergibt Verbrennungsgase in Raumteile CO_2	CO	H_2O Dampf	N
1 kg C zu CO_2	8,9108	20,96	—	—	79,04
1 kg C zu CO	4,4554	—	34,66	—	65,34
1 kg H zu H_2O	26,4671	—	—	34,66	65,34
1 m^3 H zu H_2O	2,3855	—	—	34,66	65,34
1 kg CO zu CO_2	1,9094	34,66	—	—	65,34
1 m^3 CO zu CO_2	2,3855	34,66	—	—	65,34
1 kg CH_4 Methan	13,3326	9,49	—	18,97	71,54
1 m^3 CH_4	9,542	9,49	—	18,97	71,54
1 kg C_2H_4 Methan	11,4400	13,06	—	13,06	73,88
1 m^3 C_2H_4	14,313	13,06	—	13,06	73,88
1 kg C_3H_6 Propylen . . .	11,440	13,06	—	13,06	73,88
1 m^3 C_3H_6	21,4695	13,06	—	13,06	73,88
1 kg C_6H_6 Benzol	10,2722	16,09	—	8,05	75,86
1 kg Holz	3,5—4,6				
Torf u. Braunkohle . . .	4,3—5,4				
Koks	7,3				
Kohle	9,0				

C. Brennstoffe.

1. Holz.

Hauptbestandteile des frischen Holzes sind: Zellstoff ($C_6H_{10}O_5$), Wasser und Aschenbestandteilen.

Wasser und Aschengehalte einiger Holzarten.

	Wasser vH	vH Asche grün	vH Asche trocken		Wasser vH	vH Asche grün	vH Asche trocken
Hainbuche	18	1,1—0,8	0,8—0,7	Rotbuche .	40	2	2
Birke . . .	31	1,0—0,7	0,7—0,6	Ulme . . .	44	1,0—0,7	0,7—0,6
Eiche . . .	35	1,2—0,9	0,9—0,8	Fichte . .	45	1,0—0,6	0,5—0,4

Wassergehalt von lufttrockenem Holze: 12 bis 20 vH. Trockenes Holz hat bei der Verbrennung zu Wasserdampf folgende Brennwerte:

Fichte: 4566 WE. Buche: 4486 WE.
Birke: 4484 WE. Eiche: 4421 WE.

Geschichtetes Holz enthält auf 100 Raumteile an Holzmasse bei Klobenholz 75 vH, bei Knüppelholz 60 bis 70 vH, bei Reisig 50 vH.

Gewicht und Laderaum	1 m³ wiegt kg	10t-Ladung faßt m³
Buchen-Scheitholz	400	21
Eichen- »	420	23,8
Fichten- »	320	31,3
Nadelholz in Scheiten	330	30 3
Weißtannen-Scheitholz	340	29,4
durchschnittlich	360 kg	28 cbm

2. Holzkohlen.

Holzart	Asche	Heizwert (Kalorien)	
Nadelholz	1,0	6800—7300	spez. Gew.: 0,2÷0,4
Tanne	1,26	6200	
Fichte	1,24	6500	
Birke	0,9	6400	

Gewicht und Laderaum von Holzkohlen.

Holzkohlen von Weichholz . . . . 10 t = 60—70 cbm
» » Hartholz . . . . 10 t = 45—55 »

Holzkohle wird, ähnlich wie Koks, durch Verkohlung unter Luftabschluß gewonnen; hierbei gibt ein Gewichtsteil Holz etwa 0,2 bis 0,25 Teile Kohle. Gelagerte Holzkohlen enthalten gewöhnlich 5 bis 15 vH Wasser. Die Verwendung in der Industrie ist auf einzelne bestimmte Fälle (Glühen und Härten feiner Gegenstände u. dgl.) beschränkt, im Gießereibetrieb kann die Holzkohle in vielen Fällen entbehrt werden.

3. Torf.

Lufttrockener Torf enthält immer noch 15 bis 20 vH Wasser. Jüngerer Torf hat geringeren Brennwert als älterer Torf. Verfeuerung im Torfgenerator ist möglich (Schmatolla, »Die Gaserzeuger und Gasfeuerungen«).

Aschengehalt: 2 bis 20 vH. Heizwert der trockenen Torfmasse: 3500 WE.

4. Braunkohlen.

Braunkohlen finden in günstig gelegenen Gegenden (auch mit Steinkohlen vermischt) zur Kesselfeuerung vielfach Verwendung. Man unterscheidet Lignite, die jüngste und minderwertigste Förderkohle, Schieferkohlen mit viel erdigen Bestandteilen und Pechkohlen; die Güte dieser drei Arten schwankt je nach ihrem Vorkommen (Gewinnungsort) erheblich. Bei deutschen Förderbraunkohlen ist der Feuchtigkeitsgehalt durchschnittlich 40 bis 50 vH, in ungünstigen Fällen bis 60 vH; der Heizwert geht selten etwas über 3200 WE/kg, sinkt aber bei schlechten Rohkohlen bis an 2100 WE/kg. Der Aschengehalt ist gewöhnlich 3 bis 6 vH. Böhmische Braunkohlen sind allgemein höherwertig; sie enthalten

30 bis 45 vH Wasser, 1,4 bis 4 vH Asche und erreichen bei etwa 3500 WE beginnend, in den besten Sorten einen Heizwert von 6500 bis 7000 WE/kg, also wie gute Steinkohle. Das Braunkohlenbrikett wird aus Grusabfall u. dgl. in rechteckiger oder Würfelform gepreßt; dabei vermindert sich der Feuchtigkeitsgehalt auf 10 bis 20 vH, d. h. auf etwa ⅓ des Wertes von Rohkohlen und der Heizwert steigt bei deutschen Briketts auf 4400 bis 5200 WE.

Hoher Aschen- und Feuchtigkeitsgehalt macht die rohe Braunkohle zuweilen für Kesselfeuerungen ganz ungeeignet; die meisten Rohkohlenarten zerfallen im Freien schnell, und dürfen dann nicht längere Zeit unbenutzt lagern. Die Braunkohlenbriketts sind wetterfest und auch durch ihren reinlichen rauchfreien Brand beliebt; sie ermöglichen eine 4 bis 5,5fache Verdampfung. Braunkohlen bedürfen allgemein besonderer Feuerungskonstruktionen, gewöhnlich Treppen- oder Etagenrost.

Gewicht und Laderaum	1 m³ wiegt kg	10 t-Ladung faßt m³
Lufttrockene Braunkohle in Stücken	659—780	12,8—15,4
durchschnittlich	715½ l	14 m³
Braunkohlenbriketts aus deutscher Kohle (Würfel- oder Industriebriketts)	800—1000	10—11
durchschnittlich	950 kg	10,5 m³

5. Steinkohlen.

Kohlensorte	Beschaffenheit des Kokses	WE Heizwert der Kohle	1 m³ Kohle wiegt kg	Gew. Asch. Geh. vH	Feuchtig-Geh. im lufttrock. Zustand vH
1. Langflammige, nicht backende trockene Kohle	pulverförmig	8200	700—850	—	—
2. Langflammige Backkohlen (Gaskohlen) .	geschmolzen, stark zerklüftet	8600	700—850	—	—
3. Gewöhnl. Backkohlen (Schmiedekohlen) . .	geschmolzen bis mittelmässig kompakt	9000	700—850	2—15	2—4
4. Kurzflammige Backkohlen (Kokskohlen) .	geschmolzen, sehr kompakt wenig zerklüft.	9400	800	—	—
5. Magere Anthracitische Kohlen	Gefrittet oder pulverförmig	9200	700—850	—	—

Steinkohlen sind der verbreitetste Brennstoff; ihre Zusammensetzung und Güte ist aber je nach dem Gewinnungsort außerordentlich verschieden. Gewöhnlich wird bei der Beurteilung der Aschengehalt als Maßstab genommen; besser jedoch ist es, hierbei den absoluten Heizwert bzw. das Verdampfungsvermögen als Anhalt zu nehmen.

Verdampfungsvermögen und Aschegehalt der Steinkohlen einiger größerer Zechen.

(Nach den Dauerversuchen der Staatlichen Werft Wilhelmshaven.)

Es ist *V* Verdampfungsvermögen, d. h. 1 kg der betreffenden Kohle erzeugt *V* kg Dampf; *R* unverbrennbare Rückstände (Asche) in Gewichtsprozenten.

	V	RvH
Zeche Shamrock (Fettkohle)	8,85	4,16
» Viktor in Castrop (Preßkohle)	8,83	6,55
» Prinz-Regent (Fettkohle)	8,79	4,67
» Neu-Iserlohn (Fettkohle)	8,78	3,78
» Viktor (Fettkohle)	8,73	3,65
» Dannenbaum (Fettkohle)	8,71	4,35
» Heinrich Gustav (Fettkohle)	8,70	5,95
» Dowleys Mertyr (engl. Kohle)	8,68	5,95
» v. d. Heyd (Fettkohle)	8,29	8,01
Zeche Siebenplaneten (Preßkohle)	8,22	16,45
Gelsenkirchener Bergwerksgesellschaft (Preßkohle)	6,41	20,14
Zeche Neu-Iserlohn (Preßkohle)	8,67	5,92
» Konsolidation (Fettkohle)	8,59	3,78
» Tremonia (Fettkohle)	8,56	5,13
» Konstantin der Große (Fettkohle)	8,51	5,17
» Erin (Fettkohle)	8,51	5,15
» Nixons Navigation (engl. Kohle)	8,49	5,32
» Karl Georg Viktor Jenny-Grube bei Gottesberg (niederschles. Kohle)	8,44	5,21
Königsgrube (oberschl. Kohle)	7,50	3,85
Aachener Vereinigungsgesellschaft für Steinkohlenbau im Wurmrevier (Preßkohle)	7,46	8,01
Zeche Freie Vogel u. Unverhofft (Preßkohle)	8,20	7,25
» Ringeltaube (Erstkohle)	8,09	10,70
» General Blumenthal (Gaskohle)	8,01	6,69
» Pluto (Gaskohle)	7,91	4,26
» Hibernia (Gaskohle)	7,87	5,89
Zeche Dahlbusch (Gaskohle)	7,69	4,79
Gottesgrube (oberschl. Kohle)	7,64	3,22
Hohenzollerngrube (oberschl. Kohle)	7,43	3,51
Zeche Hannibal (Gaskohle)	7,38	8,81
Walsand- oder New-Castle-Kohle aus Sydney (austral. Kohle)	7,37	8,37
Zeche Königin-Luisegrube (oberschl. Kohle)	7,20	3,60
Cäsargrube, Waldenburg (niederschlesische Kohle)	6,90	6.78
Japanische Kohlen	5,92	11,63
Punta Arenas (amerikanische Kohle)	4,47	22,05

(Eine vollständigere Zusammenstellung der bezüglichen Werte der Kohlen von 226 verschiedenen Zechen enthält das Flugblatt Nr. 3/1897 des Magdeb. Ver. f. Dampfkesselbetrieb.)

Im Durchschnitt kann angenommen werden für:

beste	Steinkohlen,	3vH	Asche,	Heizkraft etwa	7500 WE
gute	»	10 »	»	» »	6800 »
arme	»	25 »	»	» »	6000 »

und weniger.

Nach der Korngröße sind zu unterscheiden bei Stein- und Braunkohlen:

1. Grobkohle (Faustgröße und darüber),
2. Würfelkohle (Kinderfaust- bis Mannesfaustgröße),
3. Nußkohle (Kinderfaust- bis Wallnußgröße, und zwar Nuß I Größe 50/80 mm, Nuß II etwa 30/50 mm, Nuß III etwa 15/30 mm und Nuß IV etwa 7/12 mm),
4. Grus- und Staubkohle (alles was kleinkörniger als 3 ist oder was durch 2 mm Siebmaschinen geht),
5. Kleinkohle (Gemenge aus den Stückgrößen 2, 3 und 4),
6. Förderkohle (wie sie aus der Grube kommt, d. h. in allen Stückgrößen). Sonstige praktische Unterscheidungen sind noch: Mit Rücksicht auf die Farbe: Glanz- und Mattkohlen; mit Bezug auf das Verhalten im Feuer magere oder Sandkohlen, Sinterkohlen, fette oder Backkohlen.

Die sog. Sinterkohle ist die beste Kesselkohle; sie verbrennt mit langer Flamme, wird dabei weich, ohne zu schmelzen und sintert zusammen, ohne Verstopfung des Rostes. Backkohle, die zwar auch langflammig verbrennt, ist für Kesselfeuerung weniger brauchbar, da sie zu einer zusammenhängenden Masse zusammenschmilzt und dadurch den Rost verstopft. Man mischt sie häufig mit Sandkohle, da letztere allein ihrer kurzen Stichflamme wegen mit der Zeit einen schädlichen Einfluß auf die Kessel ausübt, anderseits benutzt man die Backkohle zur Verkokung.

Je mehr Wasserstoff eine Kohle enthält, desto länger ist die bei der Verbrennung entstehende Flamme, während kohlenstoffreiche Sorten stets mit kurzer Flamme verbrennen. Je größer der Aschengehalt, desto schlechter die Kohle. Die Kohlen sollen auf den Feuerrosten in gleichmäßigen Schichten, 80 bis 130 mm hoch (Größe der einzelnen Stücke höchstens faustgroß) liegen, und möglichst trocken auf den Rost gebracht werden, da jede im Brennstoff vorhandene Feuchtigkeit verdampft werden muß und dadurch einen Teil Wärme verzehrt. Anfeuchten ist bei staubigen Braunkohlen und backenden Steinkohlen von Vorteil, damit der Luftzug keine unverbrannten Teilchen mitreißen kann.

Durch langes Lagern im Freien zerfallen die Kohlen, verwittern und werden minderwertig. Größere Kohlenmengen sollten deshalb in Kohlenschuppen gelagert werden, die je nach Jahreszeit und Zechenentfernung für den halben bis ganzen Monatsbedarf oder noch größer zu bemessen sind. Die Schütthöhe soll in Rücksicht auf das bequeme Auf- und Abladen 3,5 bis 4 m nicht überschreiten, größere Schütthöhen begünstigen außerdem eine Selbstentzündung der Steinkohle, die durch Oxydation der inneren Schichten im Sommer namentlich bei lange lagernden Kohlen nicht selten auftritt. Wirklichen Schutz hiergegen gibt es nicht; man kontrolliert die im Innern auftretenden Temperaturen durch eingetriebene Rohrstücke, in die man Thermometer hängt. Durch Selbstentzündung in Brand geratene Kohlenschichten werden isoliert und mit Lehmdecke erstickt.

Anthrazit ist eine sehr kohlenstoffreiche, fast aschenfreie Steinkohlenart, die ohne zu backen oder mürbe zu werden und ohne Flammenbildung verbrennt; er wird in vier verschiedenen Körnungsgrößen (Nuß I bis IV) auf den Markt gebracht, von denen die grobstückigen Nummern I und II hauptsächlich in Füllöfen verwendet werden, während Nuß III jetzt der wichtigste Brennstoff für Sauggaserzeuger ist. Die kleinste Körnung (Erbsanthrazit) läßt sich im gewöhnlichen Sauggenerator nur schwer vergasen.

Gewicht und Laderaum:	1 m³ wiegt kg	10 t-Ladung faßt m³
Ruhrkohle	800—860	16,6—12,5
Saarkohle	720—800	12,5—13,9
Niederschles. Kohle	820—870	11,5—12,2
Oberschl. ,, ...	760—800	12,5—13,2
Zwickauer ,, ...	770—800	12,5—13,0
durchschnittlich	800 kg	12,5 m³
ferner Preßkohle (Briketts . .	1000—1100 kg	9—10 m³

6. Koks.

a) Gaskoks.

1 m³ Gaskoks wiegt 350 bis 450 kg, 10 t enthalten 21 bis 30 m³

Herstellung aus:	Analyse		
	vH Asche	vH Schwefel	Heizwert Kal.
Ruhrkohlen	6,5 —11,18	0,87—1,37	6716—7071
Saarkohlen	6,5 —10,27	0,71—1,00	6936—7271
Oberschles. Kohlen . . .	6,41—13,00	0,89—1,08	6925—7111

b) Hütten- und Gießereikoks.

Bisher gelten die folgenden Anforderungen: dichtes Gefüge, helle Farbe, möglichst große Härte und Festigkeit. Oft zeigt schon der helle Klang, daß ein als Schmelzkoks besonders brauchbarer Koks vorliegt. Ein Aufpreis auf großstückigen ausgesuchten Koks macht sich im Schmelzbetrieb des Schachtofens infolge des besser erschmolzenen Eisens bald bezahlt. Der Schwefelgehalt im Koks soll 1 vH und der Aschengehalt 10 vH nicht übersteigen. Es hat sich erwiesen, daß ein mäßiger Wassergehalt dem Schmelzkoks nicht schadet. Vielmehr schützt dieser Wassergehalt auch vor vorzeitiger Verbrennung. Es ist natürlich beim Kauf des Kokses auf möglichst trockene Ware zu achten, denn niemand wird Wasser an Stelle Koks bezahlen wollen. Bei trockenem Wetter soll der Wassergehalt des Gießereikokses im Waggon nicht über 4 vH betragen.

Schmelzkoks muß beim Abladen sorgfältig behandelt werden, damit nicht die großen Stücke zerschlagen werden.

Zusammensetzung einiger Gießerei-Kokssorten.

Kokssorte	Asche	Schwefel	Heizwert
Ruhrkoks	4,27—13,9	0,92—1,47	6841—7288
Saarkoks	6,52—11,8	0,71—0,98	6887—7271
Oberschl. Koks	6,40—13,0	0,89—1,08	6490—7080

Es sei noch besonders auf die Ausführungen von Koppers, Essen, gelegentlich seines Vortrages in der Hauptversammlung des Vereins deutscher Eisengießereien 1922 in Homburg hingewiesen. Koppers sprach über den Schmelzkoks und seinen Einfluß in der Gießerei und stellte folgende Forderungen:

Bei der heutigen Brennstoffnot und aus Gründen der Wirtschaftlichkeit ist es unbedingt erforderlich, daß man mit dem Mindestverbrauch an Brennstoff auskommt oder mit einer gegebenen Brennstoffmenge eine Höchstmenge erzeugt, wobei die Beschaffenheit der Erzeugnisse natürlich ebenfalls eine wichtige Rolle spielt. Es ist z. B. nicht gleich, ob die Tonne Roheisen, auf aschenfreien Brennstoff bezogen, mit 650 kg oder mit 1100 oder mehr kg erzeugt wird, und es ist ferner von außerordentlicher Tragweite, ob man beim Schmelzen von Roheisen im Kupolofen 7,5 vH oder 15 vH Koks braucht, ob man ein mattes Eisen erschmilzt mit viel Koksverbrauch oder ob man ein heißes Eisen mit geringem Koksverbrauch erschmilzt. Die Frage der Koksbeschaffenheit ist für die Eisen erzeugende und verbrauchende Industrie von ganz ausschlaggebender Bedeutung, und ich schlage vor, sich die nachstehenden Anforderungen an Koks, im besonderen an Gießereikoks sich zu eigen zu machen.

Anforderungen an Koks.

A. Hochofenkoks.

Bisher[1]):

1. Aschengehalt	9 vH	Höchstwert
2. Wassergehalt	5 »	Höchstwert
3. Schwefelgehalt	1 bis 1,25 »	Höchstwert
4. Staub am Empfangsort	6 »	Höchstwert
5. Porenraum	50 »	
6. Druckfestigkeit als Mindestmaß	j0 kg/cm²	

Notwendige Ergänzung:

a) Stückgröße nicht über 120 mm Seitenlänge je nach Möller.
b) Herstellung bei 650 bis 800° C; d. h. bei nochmaliger langsamer Erhitzung soll der Koks bei dieser Temperatur beginnen zu entgasen. Flüchtige Bestandteile bis 3 vH.
c) Stückfestigkeit: Koks über 50 bis 120 mm Seitenlänge soll nach viermaligem Fallen (ca. 50 kg aus 1,85 m Höhe) nicht mehr als 25 vH unter 50 mm ergeben.
d) Abrieb oder Zähigkeit: 50 kg Koks von 50 bis 120 mm Seitenlänge in einer Trommel von 1 m Durchm., 0,5 m Breite, 4 min bei 25 Umdr./min gedreht, soll mindestens 80 vH über 40 mm ergeben.
e) Der Wassergehalt soll 3 vH nicht überschreiten.

Für Hochofenkoks sind alle kokbaren Kohlen brauchbar, sofern der Koks sich drücken läßt, wenn er eine Temperatur von 700 bis 800° C noch nicht überschritten hat.

[1]) Simmersbach, Die Kokschemie, 2. Aufl., S. 243.

B. Gießereikoks.

Bisher[1]):

	Kl. I	Kl. II	
1. Aschengehalt	8vH	9 vH	Höchstwert
2. Wassergehalt	5 »	5 »	Höchstwert
3. Schwefelgehalt	1 »	1,25 »	Höchstwert
4. Staub am Empfangsort	6 »	6 »	Höchstwert
5. Porenraum	40 »	40 »	

6. Druckfestigkeit mindestens Kl. 1 100 kg/cm², Kl. II 100 kg/cm².

Notwendige Ergänzung:

a) Stückgröße von 80 bis 120 mm Seitenlänge.

b) Herstellung bei einer Temperatur von mehr als 1000° C, d. h. bei nochmaliger langsamer Erhitzung soll der Koks erst bei dieser Temperatur beginnen zu entgasen.

c) Stückfestigkeit wie bei Hochofenkoks.

d) Der Wassergehalt soll 3vH nicht überschreiten.

Für Gießereikoks sind nur sauerstoffarme, also gasarme, gut backende Kohlen oder entsprechende Mischungen zu verwenden.

7. Gasförmige Brennstoffe.

a) **Leuchtgas,** mittlere Zusammensetzung:

Nach Firle ist die durchschnittliche Zusammensetzung des Leuchtgases:

	Ungereinigt	Gereinigt
Wasserstoff	38,00	38,00
Grubengas	39,08	39,40
Kohlenoxyd	7,20	4,00
Schwere Kohlenwasserstoffe bes. Acetylen	4,90	4,30
Stickstoff	4,80	9,90
Sauerstoff	0,30	0,60
Kohlensäure	3,00	0,40
Schwefelsäure	1,05	—
Ammoniak	0,95	—
	100,00	96,60

In Hinsicht auf die Leuchtgase sind von diesen Elementen lichtgebende Bestandteile: hauptsächlich die schweren Kohlenwasserstoffe, wie Azetylen, Naphthalin usw., verdünnende Stoffe: Wasserstoff, Sumpfgas, Kohlenoxyd; verunreinigende Stoffe: Kohlensäure, Stickstoff, Schwefelwasserstoff und Ammoniak. Die auf 1 kg Steinkohle kommende Gasmenge hängt vorwiegend von der Güte der Kohle ab; durchschnittlich gibt jedes kg guter Kohle 250 bis 275 l Leuchtgas von 0,35 bis 0,45 spez. Gewicht.

Heizwert 1 m³ i. M. 5400 WE bei der Verbrennung zu Wasserdampf und Kohlensäure. 1 m³ Leuchtgas benötigt zur vollkommenen Verbrennung etwa 4,2 m³ Luft. Kohlensäuregehalt der Verbrennungsgase bei vollständiger Verbrennung bis 12vH. Explosionsbereich bei 8 bis 19vH Leuchtgasgehalt des Gas-Luftgemisches.

b) **Generatorgas (Luftgas).** Zusammensetzung eines günstigen Generatorgases:

[1]) Simmersbach, Die Kokschemie, 2. Aufl., S. 243.

CO	26—32 Vol. %	CO_2	max 4 Vol. %
CH_4	1—3 „ „	O	0,5 „ „
H	8—12 „ „		

Heizwert 1 m³ solchen Gases: 1300 bis 1500 WE.

Explosionsbereich: 4 bis 20 vH Generatorgasgehalt des Gasluftgemisches.

c) Das **Wassergas** gelangt seit einigen Jahren mit gutem Erfolg als Brennstoff beim Schmelzen, Schweißen u. a. metallurgischen Verfahren, vereinzelt auch als Kraftgas in Gasmaschinen zur Verwendung. Er wird in Generatoren derart gewonnen, daß man überhitzten Wasserdampf durch glühende Kohlen leitet, wobei sich der Dampf zersetzt und eine Mischung von Wasserstoffgas und Kohlenoxyd bzw. Kohlensäure bildet. Der Generator wird abwechselnd mit Luft und mit Wasserdampf betrieben, da Wasserdampf allein die Verbrennung nicht unterhalten könnte. 1 m³ Wassergas besteht aus ½ Vol. Wasserstoff, ½ Vol. Kohlenoxyd und entwickelt bei vollkommener Verbrennung (mit 3,1 kg = 2,387 m³ Luft) — 2500 WE und eine Temperatur von über 2800°. An Brennstoff wird angenommen für 1 m³ Wassergas 1 bis 1,5 kg Anthrazit oder Koks. Durch Zufügung von schweren Kohlenwasserstoffen (Karburieren) kann Wassergas auch zu Leuchtzwecken geeignet gemacht werden.

Explosionsbereich bei 12,5 bis 66,6 vH Wassergasgehalt des Gas-Luftgemisches[1]).

d) **Mischgas** (Kraftgas, Sauggas) ist ein Generatorgas besonderer Art, welches fast ausschließlich zum Betrieb von Verbrennungsmotoren erzeugt wird. Es wird hauptsächlich aus Anthrazit (Nuß III) oder Koks, in letzter Zeit auch aus Braunkohlenbriketts (sog. Industriebriketts) gewonnen, und zwar derart, daß man die festen Brennstoffe mit Luft unter gleichzeitiger Einführung von Wasserdampf in die Feuerung vergast.

Das Gas hat 1100 bis 1300 WE/m³ Heizwert und erfordert etwa das 1,1fache seines Volumens an Verbrennungsluft; seine Hauptbestandteile sind Kohlenoxyd (25 bis 30 vH), Wasserstoff (5 bis 8 vH), Kohlensäure (25 bis 28 vH) und Stickstoff (50 bis 55 vH).

e) Das **Azetylen** wird aus Kalziumkarbid erzeugt, indem man es in einfachen Apparaten mit Wasser befeuchtet. Hierbei zersetzt sich das Karbid unter heftiger Reaktion zu Azetylen und Kalkhydrat. Das Kalziumkarbid wird auf elektrochemischem Wege aus Kalk und Kohle gewonnen; es ist eine harte schwarzgraue Masse, die nur im Wasser löslich und gegen Feuer ganz unempfindlich ist. Aus 1 kg Karbid entstehen bei guter Ausbeutung 300 l Azetylen, ein farbloses Kohlenwasserstoffgas von 0,91 spez. Gew. (1 m³ Azetylen wiegt 1,169 kg und 1 kg Azetylen hat ein Volumen von 855 l.) Der Heizwert von 1 m³ Azetylen beträgt rd. 13200 WE (ist also fast $2^2/_3$ mal so hoch wie diejenige des Leuchtgases), und in einer einfachen Azetylenluftflamme lassen sich Temperaturen von 1500 bis 1600° leicht erreichen; der hohe Preis des Karbids steht jedoch einer Verbreitung der Azetylen-

[1]) Es sei auf die Druckschrift »Wassergas, das Industriegas der Zukunft« der Warsteiner Gruben- und Hütten-A.-Ges. aufmerksam gemacht. Diese enthält weitere bemerkenswerte Angaben über Wassergas.

anwendung sehr im Wege, doch findet das Gas bei den meisten neueren autogenen Schweißverfahren ausgedehnte Verwendung.

Explosionsbereich bei 3,5 bis 52,2 vH Azetylengehalt des Gas-Luftgemisches.

8. Erdöl, dessen Destillate, Teeröle.

Gereinigtes Petroleum wird nur vereinzelt in Feuerungen verbrannt, gewinnt dagegen als Krafterzeugungsmittel eine stetig zunehmende Bedeutung. Seine Heizkraft ist 10500 WE/kg (Gewicht von 1 l Petroleum bei 15° 790 bis 920 g).

Rohpetroleum (Massut, Naphtha) wird nur an seinen Gewinnungsorten (Provinz Hannover [Lüneburger Heide], Rußland, Amerika, Rumänien, Galizien, Bukowina) in großem Umfange zu Feuerungszwecken benutzt und verdampft alsdann bei vollkommener Ausnutzung pro kg etwa 15 bis 16 kg Wasser. Heizwert rd. 9963 bis 11130 WE/kg, wie bei gereinigtem Petroleum, spez. Gew. 0,816 bis 0,916.

Benzin, ein leichter Kohlenwasserstoff von sehr niedrigem Entzündungspunkt, hat einen Heizwert von 10700 bis 11000 WE/kg und ein Gewicht von 680 bis 700 g/l. Als eigentlicher Brennstoff ist Benzin wegen seines hohen Preises und seiner Feuergefährlichkeit wenig gebräuchlich; als Krafterzeugungsmittel hingegen für Automobilmotoren ist es viel in Anwendung.

Durch die Einführung der Ölfeuerung für Schmelzofenheizung hat sich das Interesse der Gießereifachleute auch mehr und mehr diesen Ölen und Öldestillaten zugewandt; neben Roherdölen erfordern besonders die Teeröle der Steinkohlendestillation und Verkokung als Brennstoffe weiteres Interesse.

Die zur Heizung verwandten Teeröle sind teils Rohöle, teils Öle, die wegen ihrer chemischen Eigenschaften eine Weiterverarbeitung nicht zulassen und für die deshalb die Ölfeuerung ein willkommenes Absatzgebiet darstellt.

Als solche Öle kommen die Öle der Kokereien, der Teerdestillieranstalten und außerdem die der Braunkohlenteerverwertung (Paraffinfabriken) in Frage. Neuerdings wird auch Rohnaphthalin verwendet. Dieses muß vor der Verbrennung geschmolzen werden, wozu ein Dampfkessel die zum Schmelzen nötige Wärme liefert. Ein ebenfalls mittels Dampf geheizter Behälter dient zur Aufnahme des flüssigen Naphthalins. Sämtliche Naphthalinleitungen müssen mit Dampfmantel versehen sein.

Das sog. Parellin der Rütgerswerke in Rauxel ist ein Erzeugnis der Steinkohlenteerdestillation, das andere Verwertung im chemischen Sinne kaum zuläßt.

Die gewöhnlichen Teeröle dicken bei Abkühlung meist ein, werden aber bei Erwärmung wieder dünnflüssig. Bei Abkühlung tritt oft Naphthalinabscheidung ein, außerdem enthalten die rohen Teeröle bis zu 5 und 6 vH Schmutz beigemengt, der bei unvorsichtiger Handhabung die Leitungen verstopft.

Die Heizkraft ist 8300 bis 9000 WE/kg.

Das spezifische Gewicht wird zu 1 bis 1,1 angegeben.

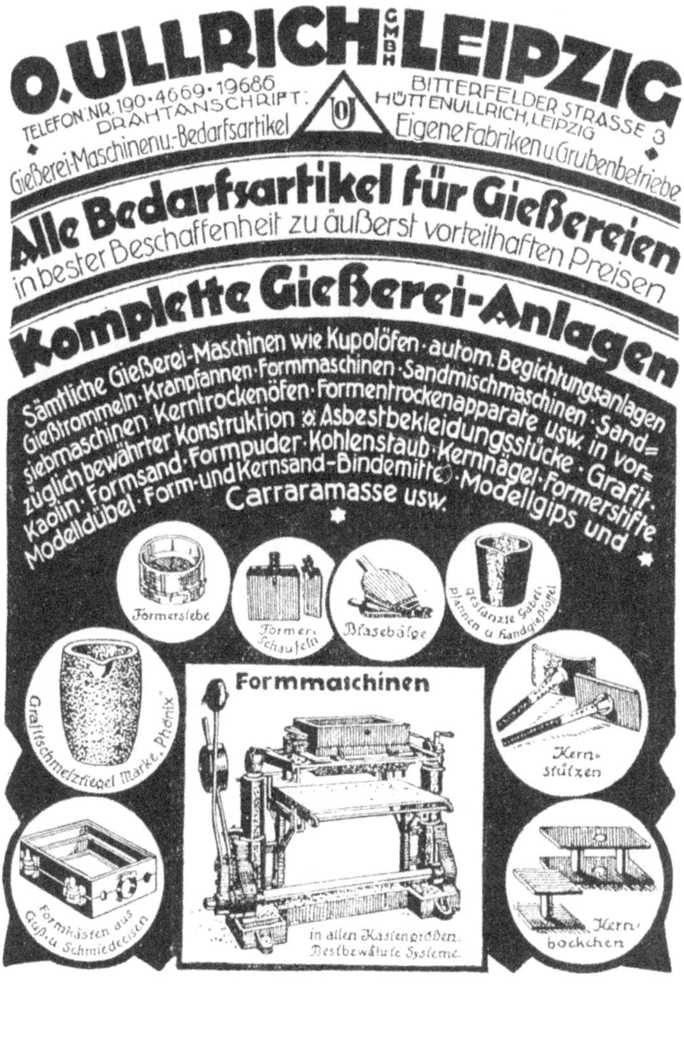

O. ULLRICH G.M.B.H. LEIPZIG
TELEFON: NR. 190 · 4669 · 19686
DRAHTANSCHRIFT:
BITTERFELDER STRASSE 3
HÜTTENULLRICH, LEIPZIG
Gießerei-Maschinen u. -Bedarfsartikel
Eigene Fabriken u. Grubenbetriebe
Alle Bedarfsartikel für Gießereien
in bester Beschaffenheit zu äußerst vorteilhaften Preisen
Komplette Gießerei-Anlagen
Sämtliche Gießerei-Maschinen wie Kupolöfen · autom. Begichtungsanlagen Gießtrommeln · Kranpfannen · Formmaschinen · Sandmischmaschinen · Sandsiebmaschinen · Kerntrockenöfen · Formentrockenapparate usw. in vorzüglich bewährter Konstruktion u. Asbestbekleidungsstücke · Grafit · Kaolin · Formsand · Formpuder · Kohlenstaub · Kernnägel · Formerstifte Modelldübel · Form- und Kernsand-Bindemittel · Modellgips und Carraramasse usw.
Formersiebe
Former-Schaufeln
Blasebälge
gestanzte Gabelpfannen u. Handgießlöffel
Formmaschinen
Grafitschmelztiegel Marke „Phönix"
Kern-stützen
Formkästen aus Guß u. Schmiedeeisen
in allen Kastengrößen. Bestbewährte Systeme.
Kern-böckchen

Ins Riesenhafte
BMS
wächst ständig
unser Absatz
Steinkohlenstaub
in feinstgemahlener gasreicher Qualität
Holzkohlen u. Holzkohlenstaub
Koksstaub
Für Formmaschinen und Nassguss bestbewährter
Formstaub
Formschwärze
1a Stahlformschlichte (Bongschlichte)
Stahlformmasse
gebrauchsfertig und für höchste Beanspruchungen
Kunstgrafit
Dinasmehl
Stampfmasse
für Cupolöfen und Konverter
sowie alle andern Formstoffe und Formstaube in bekannter Güte
Bong'sche Mahlwerke Süchteln (Rhld)
Grösstes Special-Unternehmen für Formstoffe und Formstaube

Gießerei-Taschenbuch.

a) Die Einteilung des gewerblichen Eisens.

Aus Schäfer, Die Konstruktionsstähle. Berlin 1923. Verlag von Julius Springer.

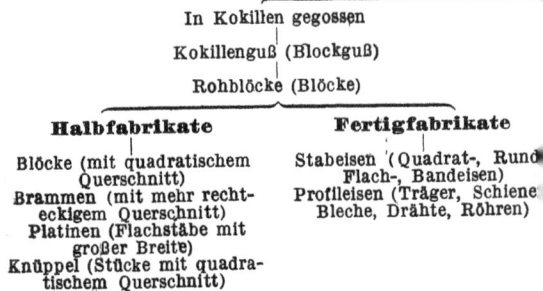

In Kokillen gegossen

Kokillenguß (Blockguß)

Rohblöcke (Blöcke)

Halbfabrikate

Blöcke (mit quadratischem Querschnitt)
Brammen (mit mehr rechteckigem Querschnitt)
Platinen (Flachstäbe mit großer Breite)
Knüppel (Stücke mit quadratischem Querschnitt)

Fertigfabrikate

Stabeisen (Quadrat-, Rund
Flach-, Bandeisen)
Profileisen (Träger, Schiene
Bleche, Drähte, Röhren)

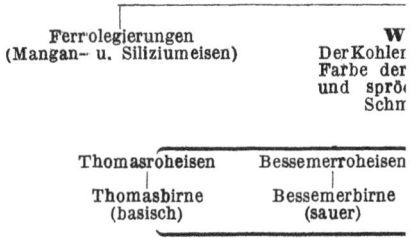

Ferrolegierungen
(Mangan- u. Siliziumeisen)

W
Der Kohler
Farbe der
und sprö
Schm

Thomasroheisen | Bessemerroheisen

Thomasbirne
(basisch)

Bessemerbirne
(sauer)

Schn

Schmiedbar und in gewöhnliche
Beim Erhitzen allmählich bis
Kohlenstof

Flußeisen und **Flußstahl**

Im flüssigen Zustande erzeugt. Schlackenarm
schlackenfrei

Kohlenstoffärmer, weniger fest und weniger hart, aber zäher und geschmeidiger als Flußstahl. Nicht härtbar

Kohlenstoffreicher (0,
Kohlenstoff und darü
Fest und hart. **Här**

Thomasstahl (-flußeisen). Bessemerstahl (-flußeis
S.-M.-Stahl (-flußeisen)

In Formen gegossen

Stahlguß (Stahlformguß)
Beisenguß (Flußeisenformguß)

(Tiege

Werkzeugstähle

unlegiert

art | hart | sehr hart

legiert

niedrig | mittel | hoch

Legierungsstähle (Sonderstähle, Spez

Binärstähle

einfache
(gewöhnliche)
Werkzeug-
stähle

Ternärstähle

Chromstähle,
Wolfram-
stähle

Quaternärstähle

Chromwolfram-
stähle (Schnell-
drehstähle)

Komp

Chro
vana

Qualitätsstähle (Edelstähle)

Eisenerz, Koks, Zuschla

Hochofen

Roheisen

Nicht schmiedbar, spröde. Beim
plötzlich schmelzend. Gehalt an K
mindestens 2,3 v. H.

eißes Roheisen
ıstoff ıst chemischgebunden.
' Bruchfläche weiß, härter
der als graues Roheisen.
ıelzpunkt etwa 1100° C

(Halbiertes Roheisen)

Martinroheisen (Stahleisen) — Siemens-Martinofen (basisch oder sauer).

Puddelroheisen — Puddelofen

iiedbares Eisen
r Temperatur weniger spröde als Roheisen.
zum Schmelzen erweichend. Gehalt an
f weniger als 1,7 v. H.

Ferrole
(Ferrochrom
Ferrosili

)is
;v.H.
ıber).
'tbar

Schweißeisen und **Schweißsta**
Im nichtflüssigen, teigartigen Zustande erze
Schlackenhaltig und aus zahlreichen, einzeln
denen, zusammengeschweißten Eisenkörnern be

Kohlenstoffärmer, weniger fest und weniger hart, aber zäher und geschmeidiger als Schweißstahl. Nicht härtbar

Kohlenstoffreicher
Kohlenstoff und d
Fest und hart. H

ıen).

Puddeleisen, Puddelstahl, Raffinierstahl (Gär
[Zementstahl]). Im Rennfeuer: Rennsta

Tiegel

Tiegelstahl
ılgußstahl, Gußstahl)

Konstruktionsstäh

unlegiert

weich mittel hart

nied

ialstähle)

Legierungsstäh

lexe Stähle
nwolfram-
.dinstähle

Binärstähle
Einfache Stähle z. B. für Einsatzhärtung

Ternärstähle
Nickelstähle, Manganstähle, Siliziumstähle usw.

Q
Ch
Ni

Quali

Tafel I.

en
off

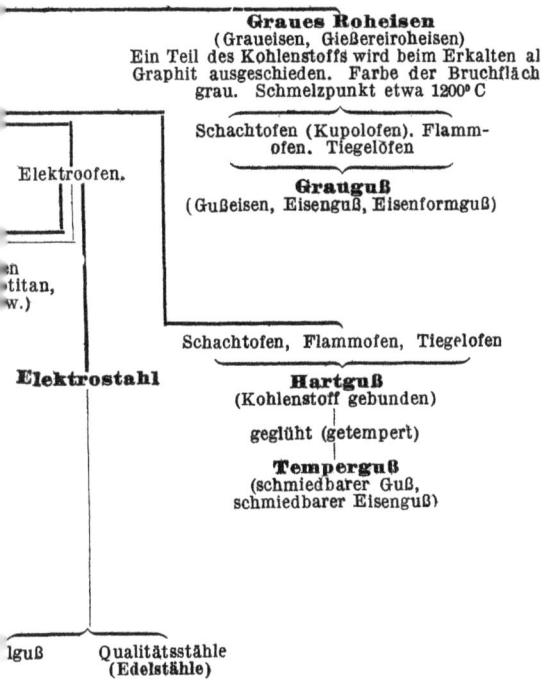

Graues Roheisen
(Graueisen, Gießereiroheisen)
Ein Teil des Kohlenstoffs wird beim Erkalten al
Graphit ausgeschieden. Farbe der Bruchfläch
grau. Schmelzpunkt etwa 1200° C

Schachtofen (Kupolofen). Flammofen. Tiegelöfen

Grauguß
(Gußeisen, Eisenguß, Eisenformguß)

Elektroofen.

n
titan,
w.)

Schachtofen, Flammofen, Tiegelofen

Hartguß
(Kohlenstoff gebunden)

geglüht (getempert)

Temperguß
(schmiedbarer Guß,
schmiedbarer Eisenguß)

Elektrostahl

lguß

Qualitätsstähle
(Edelstähle)

iert

ittel hoch

erstähle, Spezialstähle)

stähle

Komplexe Stähle

lstähle,
ybdän-
usw.

Chromnickel-
vanadinstähle
usw.

e (Edelstähle)

VI. Das Gießereiwesen.

a) Die Einteilung des gewerblichen Eisens (Tafel I).

b) Die Einteilung der Gießereierzeugnisse nach dem Werkstoff.

Zu unterscheiden sind:

1. Gußeisen,
2. Temperguß,
3. Stahlguß (Stahlformguß),
4. Nichteisen-Metallguß.

1. **Gußeisen** wird aus Roheisen allein oder mit Brucheisen, Stahlabfällen und anderen Schmelzzusätzen erschmolzen und in Formen gegossen, jedoch keiner Nachbehandlung zwecks Schmiedbarmachung unterworfen. Je nach der Menge des ausgeschiedenen Graphits ist zu unterscheiden:

a) graues Gußeisen (Grauguß) mit reichlicher Graphitausscheidung,
b) halbgraues Gußeisen mit geringer Graphitausscheidung,
c) weißes Gußeisen ohne oder nur mit Spuren von Graphitausscheidung,
d) Schalengußeisen mit weißer Außenzone und grauem Kern.

2. **Temperguß** (schmiedbarer Guß)[1]. Temperguß wird, wie Gußeisen, aus weißem Roheisen gegossen, aber nachher durch Ausglühen mit einem geeigneten Mittel gefrischt oder schmiedbar gemacht.

3. **Stahlguß** (Stahlformguß)[1]. Stahlguß wird aus Stahl oder Flußeisen im Tiegel-, Martin-, Elektroofen oder in der Birne hergestellt; er ist ohne weitere Behandlung schmiedbar. Gußstücke, die durch nachherige Behandlung im Temperofen stahl- oder flußeisenähnliche Eigenschaften erlangen sollen, sind nicht als Stahlguß oder Stahlformguß zu bezeichnen.

4. **Nichteisen-Metallguß** und nichteisenhaltige Legierungen. Nichteisen-Metallguß wird aus Kupfer, Zinn, Zink, Aluminium, Blei usw. sowie deren Legierungen hergestellt.

---

[1] Bezeichnungen für Gußeisen und Temperguß, die die Art und Herstellung nicht erkennen lassen, z. B. Halbstahl, Stahleisen, Glockenstahl, Temperstahlguß und ähnliche, sind irreführend. Der Normenausschuß der deutschen Industrie hat auf Grund der Beratungen im Fachausschuß für Benennungen der Gießereierzeugnisse beschlossen, auf die Beseitigung der Mißbräuche hinzuwirken. Es sei auf die diesbezüglichen Veröffentlichungen in den Fachzeitschriften verwiesen.

A. Die Herstellung des Gußeisens.

a) Das verwendete Roheisen.

1. Die Einteilung des Roheisens.

a) Nach dem Gefüge: Graues Roheisen und weißes Roheisen. Graues Roheisen hat graues, durch Ausscheidung der Hauptmenge des Kohlenstoffes als Graphit hervorgerufenes Bruchgefüge und entsteht durch hohen Si-, niedrigen Mn-Gehalt oder durch gleichzeitigen Mangel an Mn und Überfluß an Si, ferner durch langsame Abkühlung. Ein Roheisen mit mehr als 5vH Si wird wieder weiß.

Weißes Roheisen entsteht durch hohen Si-, hohen Mn-Gehalt oder durch Mangel an Si und Überfluß an Mn ohne Graphitausscheidung. Auch durch einen hohen Schwefelgehalt (über 0,18vH) kann weißes Roheisen entstehen.

b) Nach der Herstellungsweise: Holzkohlenroheisen, Koksroheisen und das Elektroroheisen.

Das Holzkohlenroheisen ist infolge seiner Herstellungsweise im Holzkohlenhochofen besonders rein an Fremdkörpern, so daß es als Zusatz für höchst beanspruchte Maschinenteile, wie z. B. Zylinder für Explosionsmotoren, für Hartguß usw. Verwendung findet. Zurzeit kommt das Holzkohlenroheisen nur noch in geringen Mengen in den Handel. Es muß damit gerechnet werden, daß es bald vollständig vom Koksroheisen und vom Elektroroheisen verdrängt wird.

Das Koksroheisen findet allgemeine Verwendung. Es stellt die meisten Roheisensorten dar, die in der Gießerei in Frage kommen. Die Fortschritte in der Hüttentechnik haben es möglich gemacht, auch im Kokshochofen ein Roheisen herzustellen, das in vieler Beziehung dem Holzkohlenroheisen gleichwertig erscheint.

Das Elektroroheisen, auf elektrischem Wege hergestellt, bildet eine wertvolle Ergänzung der übrigen Roheisensorten.

Eine besondere Bedeutung hat dieses Eisen für die Erzeugung von Qualitätsstählen, z. B. als Ersatz des Tiegelstahls. Für die Herstellung von Gußeisen kommt es nur weniger in Frage, es sind besonders schwedische, norwegische und finnländische Elektroroheisen, die in Deutschland verarbeitet werden. Auch bei hochwertigen Gußstücken, z. B. Zylindern und Geschoßkörpern findet das Eisen Anwendung und gilt in vielen Fällen als brauchbarer Ersatz für das immer seltener werdende Holzkohlenroheisen.[1])

c) Nach der chemischen Zusammensetzung. Die Beurteilung des Roheisens für Gießereizwecke nach der chemischen Zusammensetzung ergibt zunächst drei Sorten, nämlich:

1. Hämatitroheisen, mit einem Phosphorgehalt unter 0,1vH.
2. Deutsches Gießereiroheisen, nicht mehr als 0,6vH,
3. Luxemburger Roheisen, mit 1 bis 1,7vH Phosphorgehalt.

---

[1]) Erwähnenswert ist auch das synthetische Roheisen, das im Elektroofen durch Aufkohlung von eingeschmolzenen Stahlspänen erzeugt wird.

Unter den zurzeit für Deutschland bestehenden Schwierigkeiten bei der Beschaffung geeigneter Erze, sind die oben genannten Werte des P-Gehaltes nicht maßgebend, die Gießereien müssen infolgedessen Nachsicht üben.

Das Hämatiteisen zeigt neben dem geringen P-Gehalt, nur wenig Schwefel, der unter 0,02 vH beträgt. In den meisten Fällen hat das Hämatiteisen gegenüber dem Luxemburger Roheisen ein weniger grobes Korn.

Das deutsche Gießereiroheisen ist in der Zusammensetzung ebenfalls zurzeit größeren Schwankungen unterworfen; der P-Gehalt steigt bis auf 0,80 vH

Das Luxemburger Roheisen zeigt als besonderes Merkmal einen hohen Phosphorgehalt, der bis zu etwa 2 vH geht.

Die Sonderroheisen. Diese zeigen eine verschiedene Zusammensetzung, sie werden in der Hauptsache als Zusatzeisen verwendet.

d) Ohne eine genaue Prüfung der in der Gießerei eingehenden Roheisensendungen kann infolge der schwankenden Zusammensetzung der Roheisensorten keine Gewähr für ein gleichmäßiges Erzeugnis in den Gußwaren gegeben werden. Infolgedessen gehen schon seit vielen Jahren die Bestrebungen der Gießereiverbände dahin, gewisse Normen in der Zusammensetzung der Hauptroheisensorten zu schaffen. Es sei hier besonders auf die Bemühung des Vereins Deutscher Eisengießereien hingewiesen. Dieser machte bereits im Jahre 1909 für die Einteilung des Roheisens dem Roheisensyndikat bzw. den Deutschen Hochofen-Werken folgenden Vorschlag:

	Silizium nicht weniger als	Mangan nicht mehr als	Phosphor nicht mehr als	Schwefel nicht mehr als
Hämatit I	3,0	0,8	0,1	0,02
„ II	2,5	0,8	0,1	0,03
„ III	1,8	0,8	0,1	0,04
Gießerei-Roheisen I	3,0	0,8	0,6	0,02
„ „ II	2,5	0,8	0,6	0,04
„ „ III	1,8	0,8	0,6	0,06
Luxemb. „ I	3,0	0,7	1,7	0,03
„ „ II	2,5	0,7	1,7	0,04
„ „ III	1,8	0,7	1,7	0,06

Zurzeit ist an die Schaffung derartiger Normen leider nicht zu denken; doch ist die Anregung derart wertvoll, daß hoffentlich nach Gesundung unserer Wirtschaftsverhältnisse die Lösung dieser Frage erneut in Angriff genommen wird.

e) Die Verkaufsregeln des Roheisenverbandes. In diesen Verkaufsregeln ist folgende Zusammensetzung für die obengenannten Roheisensorten vorgesehen:

	Silizium	Mangan	Phosphor	Schwefel
Hämatit-Roheisen	2—3	max. 1,2	max. 0,1	max. 0,06
Gießerei-Roheisen I . . .	2,25—3	,, 1	0,7	,, 0,06
,, ,, III . .	1,8—2,5	,, 1	0,9	,, 0,06
,, engl. Qual. III . .	2—2,5	,, 1,25	1—1,25	,, 0,06
,, Lux.- ,, III . .	1,8—2,5	,, 0,8	1,4—1,8	,, 0,06

Die mit Hämatit- und Gießereieisen bezeichneten Roheisensorten stellen das phosphorarme und die mit Luxemburger Eisen bezeichneten Sorten, zu denen auch das englische III-Eisen zu rechnen ist, das phosphorreiche Roheisen dar. Falls besonders hoher Si- oder besonders niedriger Mn-, P- und S-Gehalt verlangt werden, liefern die Hüttenwerke dieses Sondereisen gegen entsprechenden Aufpreis. Beim Kauf von Roheisen nach Analyse ist stets ein Spielraum in der Zusammensetzung zulässig; denn es ist in der Eigenart des Hochofenbetriebes nicht möglich. stets genau dasselbe Roheisen zu erblasen.

f) Allgemeines über Roheisen. Das Roheisen, wie es von der Hütte in Masseln geliefert wird, ist in der Regel mit Sand behaftet. Dieser Sand kann oft bis 1 vH in Rechnung gestellt werden. Um das hierdurch bedingte Mindergewicht auszugleichen, liefern die Hütten in der Regel ein Übergewicht. Allerdings reicht dieses Übergewicht nicht immer aus, um den Ausfall an Eisen zu decken. Das erstrebenswerte Ziel bleibt deshalb, das Roheisen nicht mehr in Sandformen, sondern in eisernen Dauerformen (Kokillen) zu gießen, wie dies z. B. versuchsweise die Aplerbecker Hütte und die Kupferhütte in Duisburg tun.

2. Die Zusammensetzung der deutschen Roheisensorten.

a) Durchschnittswerte.

Der Verein Deutscher Eisenhüttenleute hat in der 11. Auflage der »Gemeinfaßlichen Darstellung des Eisenhüttenwesens« vom Jahre 1921 eine Zusammenstellung der Roheisenanalysen gegeben, die folgen soll:

Roheisenanalysen.

Roheisen-gattung	Herkunft	Bruchfarbe	Ges. Kohlenstoff vH	Graphit vH	Silizium vH	Mangan vH	Phosphor vH	Schwefel vH
Hämatit-Roheisen	Rhl.-Wf.	grau	3,5—4,5	3,2—4,0	2,3—4,0	0,7—1,0	0,07—0,10	0,01—0,03
,,	O.-Schl.	,,	3,8—4,0	3,5—3,7	2,0—3,5	0,8—1,2	0,07—0,10	0,03—0,06
,,	Rhld.	,,	3,8—4,2	3,5—3,9	2,0—3,0	0,8—1,0	0,07—0,10	0,02—0,05
Gieß.-Roheisen Nr. I	Rhl.-Wf.	,,	3,5—4,5	3,2—4,0	2,5—4,0	0,5—1,0	0,4—0,8	0,02—0,05

Roheisenanalysen (Fortsetzung).

Roheisengattung	Herkunft	Bruchfarbe vH	Ges. Kohlenst. vH	Graphit vH	Silizium vH	Mangan vH	Phosphor vH	Schwefel vH
Nr. I	O.-Schl.	,,	3,5—4,0	3,2—3,6	2,5—4,0	1,0—2,0	0,3—0,7	0,02—0,05
Nr. III	Rhl.-Wf.	,,	3,5—4,0	3,1—3,5	2,0—3,0	0,5—1,0	0,4—0,8	0,03—0,06
Nr. III	Loth.-Lx	,,	3,0—3,7	2,9—3,2	2,0—2,7	0,3—0,5	1,7—1,9	0,02—0,05
Nr. III	O.-Schl.	,,	3,3—3,7	3,0—3,3	2,3—3,0	1,0—2,0	0,3—0,7	0,03—0,07
Nr. V	Loth.-Lx.	,,	3,0—3,4	2,3—2,5	1,3—2,0	0,3—0,5	1,7—1,9	0,05—0,10
engl. III	Rhld.	,,	3,8—4,0	3,3—3,5	2,0—3,0	1,0—1,2	1,0—1,1	0,02—0,05
Gieß.-Holzkohlenroheisen	O.-Schl.	,,	3,4—3,9	2,4—3,1	1,1—1,4	0,4—0,5	0,3—0,7	0,03—0,06
Gieß.-Roheisen kohlenstoffarm	Rhl.-Wf.	,,	2,2—2,8	?	1,3—1,8	0,6—0,9	0,3—0,6	0,02—0,05
Bess.-Roheisen	Rhl.-Wf.	,,	3,0—4,0	?	1,5—2,5	4,0—5,0	0,7—0,08	0,01—0,03
Puddel- ,,	Rhl.-Wf.	weiß	2,0—2,5	—	0,2—0,5	2,0—2,5	0,03—0,7	0,04—0,08
,, ,,	O.-Schl.	grau	?	?	1,5—2,5	1,5—3,0	0,2—0,6	0,05—0,10
,, ,,	O.-Schl.	weiß	?	—	0,5—1,5	1,5—3,0	0,3—0,63	0,05—0,10
Martin- ,,	Rhl.-Wf.	gr.-w.	0,—4,03	—	1,3—2,0	1,5—2,5	0,2—0,3	0,03—0,09
,, ,,	O.-Schl.	weiß	3,0—4,0	?	1,5—2,5	3,0—4,5	0,2—0,3	0,03—0,05
,, ,,	O.-Schl.	,,	3,0—4,0	—	0,8—1,5	3,0—4,5	0,2—0,	0,04—0,05
Stahleisen-Roheisen	Siegerld.	,,	3,0—3,5	—	0,2—0,8	4,0—8,0	0,07—0,09	0,01—0,03
Thomasroheisen Marke Mn	Rhl.-Wf.	,,	?	—	?	n. u. 2,0	1,7—1,9	0,10—0,15
» M. M.	Rhl.-Wf.	,,	3,7—3,9	—	0,5—1,0	um 1,5	1,7—1,9	0,10—0,15
» O. M.	Rhl.-Wf.	,,	3,2—3,7	—	0,5—1,5	unt. 1,0	1,0—1,8	0,10—0,15
» Mn.	Loth.-Lx	,,	2,8—3,4	—	0,4—0,8	unt. 1,5	1,7—1,8	0,04—0,07
» O. M.	Loth.-Lx	,,	2;8—3,4	—	0,4—0,8	0,3—0,4	1,7—1,8	0,08—0,15
Spiegeleisen	Siegerld.	,,	4,0—5,0	—	0,3—0,5	6,0—25	0,06—0,1	0,01—0,02
Ferromangan	Rhl.-Wf.	,,	6,0—7,5	—	1,3—0,2	60—80	0,3—0,4	0,01—0,02
,, Silizium	Rhl.-Wf.	grau	3,0—1,0	—	8—10	0,6—1,0	0,07	0,01—0,02

Nach den Veröffentlichungen der verschiedenen deutschen Hochofen-Werke zeigt die normale Zusammensetzung des deutschen Roheisens die nachfolgenden Werte:

b) Die Analysen der deutschen Roheisensorten.

1. Hämatit-Roheisen.

Hütte	Ges. Kohlenstoff vH	Silizium vH	Mangon vH	Phosphor vH	Schwefel vH
Bochumer Verein	4,36	2,75	1,40	0,08	0,30
Dortmunder Union . . .	4,38	2,36	0,82	0,08	0,40
Friedr. Wilh. Hütte, Mülheim-Ruhr	3,60	2,0—4,5	0,4—1,4	0,09	0,02
Georgs-Marienhütte . . .	4,30	2,1—3,0	0,95	0,09	0,03
Gute Hoffnung Hütte . .	3,5—4,5	2,5—3,5	0,8—1,0	0,09	0,03
Lübeck	3,45	2,50—4,00	0,6—1,2	0,08	0,02

Hütte	Ges. Kohlen-stoff vH	Silizium vH	Mangan vH	Phosphor vH	Schwef vH
A.-G. f. Hütten-Betrieb Meiderich	3,8—4,2	2,5—3,5	0,8—1,1	0,08	0,04
Phönix Hörde	3,45	3,00	1,0	0,08	0,02
Kraft, Kratzwieck	3,80	3,25	1,0	0,12	0,04
Krupp	3,8—4,2	2,0—3,0	0,25—1,0	0,08	0,04
Rhein. Stahlw. Meiderich	4,05	3,0	0,9	0,09	0,03
Niederrh. Hütte, Duisbg. Hochfeld	3,98	2,76	1,00	0,09	0,02
Nordd. Hütte, Emden	3,98	2,76	1,00	0,09	0,02
Phönix. Ruhrort	4,00	2,75	1,1	0,07	0,03
Schalker-Verein	4,50	3,40	0,8	0,09	0,02
Borsigwerk	3,8—4,0	1,8—3,0	1,0—1,25	0,08	0,04
Falvahütte	3,60	2,0—3,5	0,8—1,25	0,08	0,05
Donnersmarckhütte	3,80	2,25—3,5	0,8—1,25	0,08—0,21	0,05

2. Deutsches Gießerei-Roheisen (I und III).

Aplerbeckerhütte	4,02	2,2—2,75	0,75	0,35	0,03
Buderus	3,8—4,0	2,0—2,8	0,70	0,6—0,9	0,04
Cöln-Müsen	4,0	2,0—2,75	0,70	0,45	0,03
Georgs-Marienhütte	—	3,4	0,75	0,59	0,02
Kraft, Kratzwieck	3,80	3,0	1,0	0,4	0,05
Nordd. Hütte, Emden	3,80	2,2—2,75	0,75	0,5—0,95	0,04
Phönix	3,98	2,40	0,60	0,95	0,03
Concordiahütte, Engers	—	1,5—3,5	0,8—1,15	0,8—0,9	0,06
Friedr. Wilh. Hütte, Mülheim-Ruhr	—	1,8—4,0	0,5	0,4—0,8	0,04
Rhein. Stahlw. Meiderich	3,85	2,0	0,8	0,4	0,05
A.-G. f. Hüttenbetrieb Meiderich	3,5—4,2	2,0—3,2	0,6—0,8	0,1	0,04
Gute Hoffnungs-Hütte I	3,5—4,5	2,5—4,0	0,5—0,6	0,3—0,5	0,02
,, ,, III	3,0—4,6	2,0—3,0	0,5—0,6	0,65—0,75	0,03
Krupp	3,6—4,0	1,8—2,6	0,6—0,8	0,5	0,05
Schalke	—	3,0	0,06	0,67	0,02
Nassauer	—	2,0—4,0	0,9	0,5—0,7	0,04
Borsigwerk	3,6—4,0	2,5—3,0	1,5—2,0	0,5—0,5	0,04
Donnersmarkhütte I	3,5—4,0	2,5—4,0	1,0—1,6	0,3—0,6	0,04
Falvahütte	3,5—3,8	2,5—3,5	1,0—1,5	0,5—0,7	0,06
Hubertushütte	3,5—3,8	2,0—3,5	1,25—2,0	0,3—0,7	0,05
Kraft, Stettin	3,6	3,1—3,3	0,49	0,87	0,02
Lübeck Nr. I	1,0—4,2	2,0—3,5	0,6—1,0	0,2—0,30	0,03
,, Nr. III	3,0—4,1	2,5—3,0	0,6—0,9	0,4—0,60	0,02
Gute Hoffnungshütte, Lux. Ersatz	3,5—4,5	2,0—3,0	0,7—1,5	1,1—1,5	0,03
Donnersmarkhütte Engl. III (Ersatz)	3,5	2,5—3,5	0,8—1,0	bis 1,6	0,05
Falvahütte Engl. III (Ersatz)	3,5	3,0—3,5	0,8—1,0	1,2—1,5	0,06
Lübeck Engl. III (Ersatz)	3,8—4,1	2,0—3,0	0,6—0,9	1,0—1,2	0,02
Mathildenhütte III	3,8—4,0	1,7—2,2	0,4—0,6	1,2—1,4	0,03
Amberger II	3,6	3,05	0,3	1,35	0,05
,, V	3,5	1,3	0,3	1,2	0,05
Georgsmarienhütte Lux. Ersatz	3,75	2,15	0,9	1,3	0,02

Die deutschen Gießereiroheisensorten werden als Nr. I bis III gehandelt. P- und S-ärmere und Si-reichere Sorten gelten als Nr. I, P- und S-reichere und Si-ärmere Sorten werden mit Nr. III bezeichnet. Diese Regeln werden aber in sehr vielen Fällen nicht gehalten; ohne Analyse einer jeden Sendung ist also keine Gewähr für ein gleichmäßig zusammengesetztes Erzeugnis zu geben.

3. Luxemburger Roheisen.

Hütte	Ges. Kohlenstoff vH	Silizium vH	Mangan vH	Phosphor vH	Schwefel vH
Luxemburger III	3,0—3,7	2,0—3,0	0,3—0,5	1,7—2,0	0,01—0,05
,, IV	3,0—3,4	1,2—2,24	0,5—0,75	1,1—1,9	0,03—0,09
,, V	3,0—3,5	1,2—1,7	0,4—0,5	1,7—1,9	0,03—0,07

4. Kohlenstoffarmes Roheisen.

Hütte	Marke	Kohlenstoff vH	Silizium vH	Mangan vH	Phosphor vH	Schwefel vH
Concordiahütte						
Hämatit-Art . .	CH	2,5—2,8	1,1—1,8	0,6—0,8	unter 0,1	0,03—0,04
Gießereieisen-Art	CG	2,5—2,8	1,5—1,8	0,6—0,8	0,5—1,0	0,05
Fried.Wilh.Hütte Mülheim-Ruhr (Silbereisen)						
Hämatit-Art . .	Silizium	2,2—2,8	1,3—1,8	0,6—0,9	0,06—0,09	0.02—0,05
Gießereieisen-Art		2,2—2,3	1,3—1,8	0,6—0,9	0,3—0,6	0,02—0,05
Siegerländer . .	bes. Carm	2,10—2,50	1,4—1,9	1,2—1,8	0,35	0,1—0,2

5. Deutsches Holzkohlenroheisen.

Hütte	Kohlenstoff vH	Silizium vH	Mangan vH	Phosphor vH	Schwefel vH
Berg- u. Hüttenverwaltg. Achtal, grau	3,83	1,44	0,34	0,70	0,044
weiß	4,04	0,53	ger. Meng.	0,64	0,047
Harzerwerke zu Rübeland und Zorge, grau	3,72	1,46	0,60	0,71	0,026
Neuhütte J.W.Bleymüller, Schmalkalden, weiß . .	2,45	1,00	6,65	0,10	0,056
weiß . .	3,05	0,79	6,32	0,11	0,031
Staatl. Hüttenamt Rotehütte a. Harz, grau . .	—	1,48	0,63	0,59	0,043
Kupferhütte, Holzkohlen-Roheisen-Ersatz, grau	3,75	1,20	0,15	0,05	0,02
,, meliert	3,50	0,80	0,15	0,05	0,07
,, weiß	3,20	0,50	0,15	0,05	0,17

6. Manganreiche Sonderroheisen.

Hütte	Kohlenstoff vH	Silizium vH	Mangan vH	Phosphor vH	Schwefel vH
Birlenbach kalt erblasen,					
grau	2,5—3,0	1,6—2,0	2,0—3,0	0,1—0,4	0,08
weiß	3,3	0,5—0,8	4,0—5,0	0,1—0,4	0,08
Niederdreisbach	3,25	1,8—2,4	1,7—2,8	0,35	0,08
Cöln-Müsen	3,3	0,15	4,0	0,1	0,01
Gleiwitz, grau	3,1	1,5	1,8	0,6	0,07
weiß	3,3	0,7	2,5	0,5	0,05
Rolandshütte, weiß	3,63	0,55	2,85	0,30	0,05
Spiegeleisen (Geisweid)	—	0,30	12,87	0,09	0,03

7. Hartgußroheisen.

Hütte	Kohlenstoff vH	Silizium vH	Mangan vH	Phosphor vH	Schwefel vH
Krupp, Hartgußroheisen	3,5	0,5	0,7—1,0	0,4	bis 0,11
Niederrh. Hütte	3,0	0,65	0,8	0,5	0,1
„	3,0	0,65	0,8	0,8	0,1

Zu diesen Sorten zählen auch einige Sorten der Kupferhütte in Duisburg (abgesehen von ihrem niedrigen P-Gehalt) und einige Holzkohlenroheisen mit niedrigem Si-Gehalte.

8. Es kommen noch weitere „Roheisensorten" in den Handel, die jedoch, da sie meist aus Brucheisen und Schrott mit Zusätzen erschmolzen werden, vorübergehende Bedeutung haben.

3. Die Zusammensetzung ausländischer Roheisensorten.

1. Gießerei-Roheisen der früheren österr.-ungar. Hüttenwerke.

	Kohlenstoff	Silicium	Mangan	Phosphor	Schwefel
Witkowitz Hämatit					
grobkörnig	3,5—4,0	3,59	0,72	0,16	0,05
feinkörnig	2,5—4,0	2,0—3,0	0,6—1,0	0,19 max.	0,01-0,02
» Nr. I	4,0	2,5	1,25	0,4	0,01
» » III	3,5	1,5	1,25	0,4	0,05
Vareser Holzkohleneisen gr. grobkörnig	4,0	3,0	1,25	0,25	0,034
mittelkörnig	3,7	2,4	1,1	0,25	0,032
feinkörnig	3,5	2,0	1,0	0,25	0,034
weißstrahlig	2,9	0,85	4,6	0,2	0,05
Anina grobkörnig	4,0	3,5	1,0	0,1	0,02
mittelkörnig	3,5	3,0	1,0	0,1	0,03
feinkörnig	3,5	2,0	0,75	0,1	0,05
» Nr. IV	2,9	1,2	0,5	0,1	0,03
Gießereiweißstrahl	2,05	0,8	0,5	0,1	0,1
»	3,05	0,4	0,75	0,1	0,1

Gießerei-Roheisen der früheren österr.-ungar. Hüttenwerke.

(Fortsetzung.)

	Kohlenstoff	Silicium	Mangan	Phosphor	Schwefel
Konkordia grau	3,09	2,6	0,79	0,1	0,043
Ia Holzkohlenroheisen grau	3,2	3,25	1,16	0,09	0,06
Vayda Hunyadakoks-Roheisen grau	3,02	4,36	3,18	0,07	0,04
» » Holz-		1,88	3,18	0,07	0,04
kohlenroheisen grau	3,18	3,0	2,3	0,2	0,06
Csetnecker Ia Holzkohlenroheisen	3,0	3,0	2,6	0,06	0,03
do. grau	3,2	3,07	3,57	0,13	0,025
Dernler Holzkohlen-		1,68	1,47	0,1	0,09
roheisen grau	3,29				
Ersebeter » »	2,9	2,5	2,7	0,04	0,01
Hefter » »	2,8	3,5	3,7	0,1	0,02
» » »	3,2				
Theißholzer » »	2,6	3,14	0,9	0,06	0,045
Turacher » »	3,55	2,28	1,83	Spur	Spur
Vordernberger »	3,30	0,2	0,6	0,06	0,03
Holzkohlenroheisen weiß	3,80	0,3	1,9	0,09	0,04

2. Schwedische Roheisensorten.

Schwedische Roheisensorten (Holzkohleneisen).

	Kohlenstoff	Silicium	Mangan	Phosphor	Schwefel
Björneborgs CAH No. I	2,85	2,38	0,54	0,13	0,14
» » III	3,11	1,91	0,6	0,13	0,08
» » IV	2,5	1,75	0,32	0,27	0,1
STH	3,61	0,1	0,09	0,07	0,02
N: 6: R	3,86	1,14	0,12	0,08	0,013
AB weiß	3,1	0,23	0,32	0,04	0,03
O (mit Krone) grau	3,86	1,3	0,13	0,06	0,01
CD grau	4,03	1,38	0,2	0,06	0,01
SL »	4,37	1,2	0,1	0,05	0,005-0,02

3. Belgische Roheisensorten.

Diese Roheisensorten sind, soweit sie aus einheimischen Erzen erblasen werden, den Luxemburger Sorten ähnlich.

4. Englische Roheisensorten.

a) Hämatit-Roheisen.

	Kohlenstoff	Mangan	Silicium	Phosphor	Schwefel
Frodair	3,15	1,3	1,2	1,10	0,07
Bearcliffe	3,5	0,85	1,0	0,04	0,03
Kittel C. B.	3,2	0,4	0,75	0,39	0,06
Norfield Strong . .	3,57	1,12	1,3	0,03	0,06
Norfield	3,82	1,08	1,0	0,03	0,025

b) Gießerei-Roheisen.

	Silicium	Mangan	Phosphor	Schwefel
Clarence III	3,05	0,56	1,56	0,03
Cleveland III	2,8	0,6	1,55	0,04
Cley Lane III	2,7	0,65	1,63	0,06
Clarence III	1,6	0,55	1,65	0,09
Clarence IV	2,16	0,55	1,60	0,07
Cleveland IV	2,5	0,6	1,65	0,09
do.	2,3	0,6	1,65	0,09

Diese Marken werden auch als Middlesborough III bzw. IV bezeichnet.

c) Schottisches Roheisen.

	Silicium	Mangan	Phosphor	Schwefel
Summerlee III	3,1	0,7	0,8	0,025
Eglington III	2,25	1,25	0,8	0,04
Govan III	4,0	0,65	0,75	0,055
Monkland III	2,4	0,5	0,35	0,03
Dallmellington IV	2,1	1,3	0,9	0,1
Monkland IV	1,85	0,45	0,32	0,04
Schottisch Hämatit	1,55	0,88	0,025	0,03

Das englische Roheisen wird in der Regel noch nach dem Bruchaussehen und nicht nach Analyse gehandelt. Es sei aber erwähnt, daß die Londoner Metallbörse folgende Angaben bezüglich der Durchschnittsanalysen gibt:

Roheisensorten	Silicium vH	Phosphor vH	Schwefel vH
No. I	2,5—3,5	höchstens 1,0	höchstens 0,04
» II . . .	2,5—3,5	» 1,25	» 0,05
» III . . .	1,0—3,5	» 1,65	» 0,08
» IV . . .	1,0—3,0	» 1,75	» 0,1

Für das englische Hämatiteisen gibt Schott auf Grund eigener Untersuchungen folgende Werte:

Hämatit	Silicium vH	Mangan vH	Phosphor vH	Schwefel vH
No. I	3,1	1,0	0,04	0,04
» II	2,7	0,9	0,04	0,05
» III	2,4	0,7	0,04	0,06

Unter der Bezeichnung »Frodair-Eisen« sind die heißerblasenen, und unter »Coldair-Eisen« die kalterblasenen englischen Roheisensorten zu verstehen.

Das englische Roheisen war lange Zeit hindurch in Deutschland in ausgedehnter Verwendung; es galt schlechthin als ein »Qualitätseisen«. Die Fortschritte im deutschen Eisenhüttenwesen haben uns jedoch von dem englischen Roheisen vollständig unabhängig gemacht; es liegt in metallurgischer Beziehung kein Grund vor, englisches Roheisen in Deutschland zu verwenden, denn wir können in den deutschen Hüttenwerken ein in jeder Beziehung mindestens gleichwertiges Roheisen herstellen. Die durch den unglücklichen Ausgang des Weltkrieges herbeigeführten abnormen Verhältnisse in unserer Eisenindustrie ändern hieran nichts, wenn dadurch auch vorübergehend eine schwere Stockung in der Herstellung von Qualitätseisen in den deutschen Hüttenwerken herbeigeführt wird.

Es sei an dieser Stelle bemerkt, daß durch die Versuche bei der Einführung der Spänebriketts aus Gußeisen und Stahlspänen der Beweis erbracht wurde, daß in den meisten Fällen diese Briketts als ein brauchbarer Ersatz des englischen kohlenstoffarmen Roheisens, Verwendung finden konnten.

4. Die Auswahl des Gießerei-Roheisens.

Bei der Auswahl des Roheisens werden noch in vielen Betrieben überholte Gesichtspunkte beachtet, doch wird heute in der Hauptsache die Auswahl des Roheisens auf Grund der Analyse vorgenommen. Jedenfalls kann das Bruchaussehen des Roheisens zu falschen Ergebnissen in der Verwendung des Eisens führen, da bekanntlich nicht nur der Gehalt an Silizium, Mangan, Phosphor und Schwefel, sondern auch die Größe der Massel und die Abkühlung des Eisens beim Gießen in die Masselform von Einfluß sind.

Im allgemeinen gilt die Regel, daß je höher der Siliziumgehalt bei entsprechend niedrigem Gehalt an Mangan, Phosphor und Schwefel ist, um so grauer das Roheisen erscheint, auch um so höher das Bruchaussehen bewertet wird. Anderseits können aber Roheisensorten auch bei niedrigem Si- und Mn-Gehalt und sehr hohem Kohlenstoff im Gefüge noch grau ausfallen. Weitere Einzelheiten hierüber finden sich in den bekannten Handbüchern von Osann und Geiger.

Hiernach ist es also zu verstehen, daß immer mehr danach gestrebt wird, zuverlässigere Prüfungen für die Beurteilung des Roheisens einzuführen. Diese Prüfungen werden sich auf eine ständige Überwachung des Gusses in bezug auf die chemischen und mechanischen Eigenschaften des Eisens erstrecken, so daß dadurch eine dauernd gleichmäßige Zusammensetzung des Gußerzeugnisses ermöglicht wird.

Die chemisch-analytischen Untersuchungen beziehen sich beim Grauguß vorwiegend auf die Bestimmung von Silizium und Mangan; es empfiehlt sich aber, auch die Gehalte an Phosphor und Schwefel zu prüfen und dabei jeweils die Art der Schmelzung, ob im Schachtofen, Flammofen, Tiegel oder Elektroofen, zu berücksichtigen. Hierbei spielt besonders der Kohlenstoffgehalt eine große Rolle, da dieser durch den Zusatz von Spänebriketts, Stahlabfällen oder Sondereisen stark beeinflußt werden kann.

Von Bedeutung für die Bewertung des Roheisens ist auch die Art der Probenahme der Späne zwecks Ausführung der Analyse; es sei hierbei auf das in den vorhergehenden Abschnitten Gesagte hingewiesen.

Weitere Einzelheiten über diese Frage sollen in dem Abschnitt »Eisenmischungen« erörtert werden.

b) Die Sonderroheisen, Eisenlegierungen und Zusatzmetalle.

1. Manganeisensorten, Ferromangan und Silicomanganeisen.

	Graphit	chem. geb. K.	Gesamt-K.	Mangan	Silizium	Schwefel	Phosphor	Kupfer
Spiegeleisen 8/10 vH	—	—	4,00	8,0/10,0	0,40	0,03	0,06	0,30
» 10/12 »	—	—	4,00	10/12,0	0,40	0,03	0,06	0,30
» 12/14 »	—	-	4,00	12/14,0	0,40	0,03	0,06	0,30
Ferro-Mangan 40 »	—	—	5,42	40,30	0,70	—	0,11	—
» 50 »	—	—	5,71	50,11	0,80	—	0,12	—
» 60 »	—	—	6,11	60,07	0,69	—	0,15	—
» 70 »	—	—	6,52	70,55	0,75	—	0,17	—
» 80 »	—	—	6,68	80,23	0,68	—	0,22	—
Silico-Manganeisen 7 »	—	—	1,75	20,25	7,20	—	0,07	—
» 8 »	—	—	1,50	20,30	8,30	—	0,07	—
» 10 »	—	—	1,10	20,35	10,30	—	0,07	—
» 12 »	—	—	1,00	20,41	12,25	—	0,07	—
» 13 »	—	—	1,10	20,32	13,30	—	0,06	—
» 14 »	—	—	1,20	20,25	14,31	—	0,06	—
» 15 »	—	—	1,40	20,42	15,35	—	0,07	—
» 16 »	—	—	1,45	20,36	16,20	—	0,07	—

Ferro-Mangan mit 80 vH Mn-Gehalt und darüber zerfällt an der Luft. Es wird im Hochofen hergestellt. Die Mn-reichen Roheisensorten dienen als Zusatzeisen im Schmelzofen zur Erhöhung des Mn-Gehaltes der Gußeisenmischung. Ferro-Mangan ist als Desoxydationsmittel, vorzugsweise in der Stahlgießerei, aber auch in der Eisengießerei, in Anwendung. Bei hohem Anteil Brucheisen im Schmelzofen ist ein Zusatz von Mn-reichem Eisen zu empfehlen.

2. Siliziumeisen (Ferro-Silizium). Durchschnitts-Analysen.

Si-Gehalt	Kohlenstoff			Mangan	Silizium	Schwefel	Phosphor	Kupfer
	Graphit	chem. geb. K.	Gesamt-K.					
	ss C	a C	C	Mn	Si	S	P	Cu
4,5prozentig	3,00	0,35	3,35	0,63	4,68	0,03	1,50	—
10 »	—	—	2,58	2,20	10,10	0,03	0,09	—
12 »	—	—	1,40	2,50	12,25	0,02	0,05	—
14 »	—	—	1,40	2,50	14,00	0,02	0,05	—
15 »	—	—	1,50	4,00	15,00	0,02	0,04	—
25 »	—	—	0,48	0,36	25,90	0,04	0,12	—
50 »	—	—	0,23	0,16	51,70	0,02	0,06	—
75 »	—	—	0,31	0,26	75,67	0,01	0,04	—

Ferrosilizium wirkt ähnlich wie Ferromangan als Desoxydationsmittel. Es wird in der Eisengießerei benutzt, um den Si-Gehalt in den Eisenmischungen weiter zu erhöhen.

Für die Siliziumanreicherung kommt neben dem siliziumreicheren Hämatiteisen das ebenfalls im Hochofen gewonnene Siliziumeisen und das im Elektroofen erzeugte Ferrosilizium, das bis zu 90vH Silizium enthält, in Frage. Das Hochofensiliziumeisen mit etwa 10 bis 12vH Silizium wird seit langer Zeit wie das gewöhnliche Roheisen in kleinere Stücke zerschlagen, in der erforderlichen Menge der Eisenmischung im Schmelzofen beigegeben. Angenommen, das Siliziumeisen enthält etwa 10vH Silizium, so wird bei einem Eisensatz von 500 kg in der Regel ein Zusatz von 5vH, also 25 kg, genügen, um den Siliziumgehalt des gesetzten Eisens rechnerisch um etwa 2,50 kg, d. h. um 0,5vH des Eisensatzes, zu erhöhen. Dieses Siliziumeisen zeigt allerdings eine recht ungleichmäßige Zusammensetzung; der Siliziumgehalt schwankt zwischen 8 und 12vH und daneben macht sich in neuerer Zeit ein höherer Schwefelgehalt (bis zu 0,25 und mehr) unangenehm bemerkbar. Da in den seltensten Fällen mehr als 5vH Siliziumeisen der Eisenmischung im Ofen beigegeben wird, ist dieser Mangel allerdings von geringerer Bedeutung; immerhin muß er aber beachtet werden. Wenn das Siliziumeisen der Eisenmischung richtig zugesetzt wird, dann erfüllt es auch den Zweck. Durch Versuche konnte festgestellt werden, daß der Abbrand an Silizium nahezu dem Abbrande beim normalen Roheisen mit etwa 15 bis 20vH entspricht. Nach anderen Versuchen, auch von Osann, ist der Abbrand wesentlich höher festgestellt, er soll annähernd 30vH betragen.

Da dieses Siliziumeisen nur in wenigen Hochofenwerken erzeugt wird, gelingt es den Gießereien selten, eine Ladung davon zu beschaffen.

Um dem Mangel an Silizium zu begegnen, wird in neuerer Zeit das hochwertige Ferrosilizium als Zusatz im Schachtofen verwendet. Das im Elektroofen hergestellte Ferrosilizium wird zurzeit meist aus dem Auslande, aus der Schweiz, den Alpenländern sowie Schweden und Norwegen bezogen; es ist aber zu erwarten, daß die deutschen Werke in einiger Zeit den eigenen Bedarf decken können.

Das Ferrosilizium kommt mit einem Siliziumgehalt von 45 bis 90vH in den Handel. Es hat den Vorzug einer weitgehenden Reinheit bei gleichmäßiger Zusammensetzung und beliebig hohem Siliziumgehalt, so daß schon geringe Zusätze in der Eisenmischung eine erhebliche Siliziumanreicherung erzielen.

Der C-Gehalt der Ferrosiliziumlegierungen sinkt mit steigendem Si-Gehalt. Ferrosilizium ist in trockenen, gut gelüfteten Räumen aufzubewahren, da besonders die Sorten mit 30 bis 65vH Si-Gehalt leicht zerbröckeln, wobei giftige und explosive Gase, wie Azetylen, Phosphorwasserstoff und Arsenwasserstoff entweichen.

Das spezifische Gewicht sinkt mit steigendem Si-Gehalte von 6,5 bei 12vH Si bis 3 bei 90vH Si-Gehalt.

10vH Ferrosilizium schmilzt bei 1130° C, solches von 50vH bei 1400° C.

Die Versuche, das Ferrosilizium in roher Form im Gießereischachtofen zu verarbeiten, sind alt; jedoch sind die Verluste durch Abbrand im Schachtofen so wesentlich, daß von einer Wirtschaftlichkeit dieses Zusatzes nicht gesprochen werden kann.

Zuerst wurde das Ferrosilizium stark zerkleinert in die Gießpfanne gegeben, damit es sich im flüssigen Eisenbade auflösen sollte. In dieser

Form wird es nicht voll ausgenutzt, denn 50 vH und mehr des Siliziumgehaltes gehen in die Schlacke. Die dem flüssigen Eisen in der Gießpfanne zugemutete Lösungsarbeit, die durch ein Umrühren des Eisens unterstützt wird, ist auch insofern unwirtschaftlich, als das Eisen in der Regel sehr stark abkühlt und für die Herstellung dünnwandiger Gußteile unbrauchbar wird.

Wenn das rohe Ferrosilizium den Eisenmischungen im Ofen zugefügt wird, so ist die Ausnutzung ebenfalls sehr gering. Nur ein kleiner Teil des zugefügten Siliziums geht in das Eisen über, während die Hauptmenge, wenn sie nicht auf dem Wege durch den Schmelzofen an den Wandungen hängen bleibt, verbrennt oder in die Schlacke übergeht.

3. Die E. K.-Pakete aus FeSi, FeMn und FeP.

Um die Verwendung des FeSi auch im Gießereischachtofen möglichst wirtschaftlich durchzuführen, kam die Maschinenfabrik Eßlingen auf eine sehr praktische Lösung. Sie ging von dem Gedanken aus, dem Ferrosilizium bei der Zuführung im Schmelzofen gegen die oxydierende Wirkung des Gebläsewindes und der aufsteigenden Gase einen Schutz zu geben. Die Maschinenfabrik Eßlingen zerkleinerte das Ferrosilizium auf eine bestimmte Körnung und fertigte unter Benutzung eines geeigneten Bindemittels, des Kalkzements, feste steinharte Formlinge, die mit dem Eisensatz in den jeweils benötigten Mengen in den Ofen gebracht werden. Die Formlinge erwärmen sich auf dem Wege von der Gichtöffnung bis in die Schmelzzone nach und nach, bis sie in der letzteren auf eine Temperatur kommen, die höher liegt als die Schmelztemperatur des Bindemittels selbst. Erst in der Schmelzzone löst sich das Metall von dem Bindemittel, und es wird von dem herabtropfenden Eisen aufgenommen, während das Bindemittel in die Schlacke übergeht.

Es ist bei Verwendung der Siliziumformlinge ebenso wie bei Sonderroheisen notwendig, daß der Schmelzmeister der Beschickung des Ofens entsprechende Sorgfalt widmet, da sonst die Ausnutzung und damit die Wirtschaftlichkeit dieses Zusatzes leicht in Frage gestellt sein kann. Analysen und Bearbeitungsproben sind unerläßlich; auch Leitsätze für den Schmelzbetrieb, die von der Maschinenfabrik Eßlingen und deren Lizenznehmerin, der Allgemeinen Brikettierungs-Gesellschaft, Berlin, herausgegeben sind, verdienen Beachtung; denn diese Leitsätze enthalten wichtige Winke, die nicht nur für die Verwendung der Siliziumformlinge Geltung haben.

Nachdem diese Formlinge seit Jahren in vielen Gießereien Eingang gefunden haben und durch genaue Beobachtungen festgestellt worden ist, daß diese Art der Verwendung des Ferrosiliziums wirtschaftlich günstig ist, können damit, im Interesse der Allgemeinheit, große Ersparnisse an wertvollen Rohstoffen gemacht werden.

Die Siliziumformlinge sollen aber nur ein Hilfsmittel für die Anreicherung der Eisenmischung an Silizium sein. Es ist wohl möglich, bei mangelndem Roheisen vorübergehend den Eisensatz durch die Siliziumformlinge in bezug auf den Siliziumgehalt zu verbessern; aber die Gießereien dürfen es sich nicht zur Gewohnheit werden lassen, etwa lediglich mit Bruchеisen und Siliziumformlingen zu arbeiten. Wenn auch eine Anreicherung an Silizium die härtende Wirkung eines durch übermäßige Brucheisenverwendung entstandenen höheren Schwefelgehaltes teilweise aufhebt, so darf anderseits nicht übersehen werden, daß die gewünschte Festigkeit des Gusses lediglich durch eine Erhöhung des Siliziumgehaltes nicht immer erreicht werden kann.

Der Gießer muß also von Zeit zu Zeit sein Gußeisen prüfen, damit er den etwa fehlenden Gehalt an Mangan oder Phosphor, je nach der Art der Gußstücke und der an sie gestellten Ansprüche, ergänzen kann. Der Zusatz der Formlinge wird zeitweise ausgesetzt, wenn z. B. die Eingüsse und der eigene Bruch eine genügende Anreicherung an Silizium erfahren haben; mit dieser Maßnahme wird die größte Wirtschaftlichkeit in der Ausnutzung des Ferrosiliziums erzielt.

In der gleichen Weise, wie mit der Verarbeitung des hochwertigen Ferrosiliziums aus dem Elektroofen, hat die Maschinenfabrik Eßlingen Formlinge aus Ferrophosphor und aus Ferromangan hergestellt. Der zeitweise große Mangel an phosphorreichem Roheisen kann also von Zeit zu Zeit durch die Verwendung der Phosphorformlinge behoben werden, so daß die Klagen wegen mangelnder Dünnflüssigkeit des erschmolzenen Eisens bei Verwendung dieses Zusatzes aufhören.

4. Aluminium und Ferro-Aluminium.

Aluminium wird als Desoxydationsmittel gebraucht. Ein Zusatz von 0,02 bis 0,05 vH genügt (Geilenkirchen). Höhere Zusätze wirken schädlich. Eine mit Aluminium versetzte Gußeisenschmelze, welche überschüssiges Aluminium enthält, darf nur in getrocknete Formen, dagegen nicht in nasse Formen gegossen werden, da das flüssige Aluminium das im nassen Formsande enthaltene Wasser zersetzt, indem der Sauerstoff des Wassers mit dem Aluminium Aluminiumoxyd bildet, während der ebenfalls freiwerdende Wasserstoff das Gußeisen in Form von Blasen durchsetzt, so daß die Gußstücke unbrauchbar werden. Die Kanten solcher Gußstücke werden häufig weiß. Bei genügend heiß erschmolzenem Gußeisen ist ein Aluminiumzusatz überflüssig, wenn auch mitunter bei solchem Gußeisen noch eine Desoxydation notwendig ist.

5. Ferro-Titan.

Ferrotitan gilt ebenfalls als Desoxydationsmittel und als Mittel zur Bindung des Stickstoffes. Die Ansichten über die Wirksamkeit des Titans auf Gußeisen sind geteilt. Die Versuche von Treuheit (»Stahl und Eisen« 1909 und 1910) lassen keine praktisch wertvolle Wirkungen, weder in hoch- oder niedrigprozentiger Legierung, noch als Titanthermit erkennen. Die Wirkung des Titans auf Gußeisen ist noch nicht vollständig aufgeklärt.

6. Nickel und Ferronickel.

Nickel wird in Form von Nickelthermit der flüssigen Gußeisenschmelze zugesetzt. Ein Nickelzusatz zum Gußeisen macht das Gußeisen gegen chemische Angriffe basischer Stoffe, z. B. für Sodaschmelzkessel widerstandsfähiger. Ferronickel enthält 25 bis 75 vH Nickel und außerdem geringe Mengen von C, Si, Mn, P, S.

7. Sonstige Zusatz-Metalle.

Als weniger häufig verwendete Zusätze seien noch Kalzium, Magnesium, Siliziumkalzium, Magnesiumkalzium und Natrium genannt. Diese Zusätze sind meist in Brikettform im Handel. Sie finden zur Erzielung eines dichten Gusses Anwendung. Erwähnt sei besonders das in letzter Zeit bekannt gewordene Waltersche Desoxydations- und Entschwefelungsbrikett, ferner die Fermasitblöcke. An anderer Stelle wird über die Ergebnisse mit diesen berichtet werden.

c) Gußbrucheisen und Schrott.

Analysen des Gußbrucheisens als Normalwerte aufstellen zu wollen, das ist unmöglich; denn die Unterschiede sind zu groß. Doch die Gießereien sollen nicht versäumen, wenn der Gußbruch als handelsübliche Ware, also gemischt gekauft wird, während des Abladens auszusuchen. Diese Mühe ist nicht groß und macht sich in der besseren Ausnutzung des Alteisens in der Eisenmischung (Gattierung) bezahlt.

Im Handel mit Gußbrucheisen werden in der Regel folgende Sorten unterschieden: 1. Kokillenbruch (Blockformen), 2. Maschinengußbruch, 3. handelsüblicher Gußbruch, 4. Topf- und Ofengußbruch, 5. Hartbruch, 6. Roststäbe und Brandeisen.

1. Der **Kokillengußbruch** ist hochwertig, ähnlich dem Hämatitroheisen und wird der Zusammensetzung nach oft wie dieses verwendet. Eine gewisse Vorsicht ist natürlich am Platz.

2. Der **Maschinengußbruch** darf nur aus Maschinenteilen bestehen. Oft wird ein Unterschied gemacht mit »Prima«-Maschinengußbruch; dieser wird in der Hauptsache Zylinderbrucheisen und ähnlich hochwertige Maschinenbruchstücke enthalten.

3. **Handelsüblicher Gußbruch** besteht aus einem Gemisch aus Maschinenteilen und Baugußteilen, Röhren usw.; aber in diesem Brucheisen darf die minderwertige Sorte Topf- und Ofenguß, Brandeisen und Stahlschrott (Schmiedeeisen) nicht enthalten sein.

4. **Topf- und Ofenbrucheisen** besteht meist aus dünnwandigen Stücken mit hohem Si- und P-Gehalt. Dieses Brucheisen zeigt beim Einschmelzen einen hohen Abbrand. Brandeisen und emaillierte Gußteile dürfen nicht darin enthalten sein.

5. Der **Hartbruch** stammt in der Regel von alten Walzen, Hartgußstükken aller Art; er wird auch meist wieder zu Hartgußzwecken verwendet.

6. **Roststäbe und Brandeisen** (verbranntes Eisen) eignen sich in der Regel nicht für Gießereizwecke; sie gehören in den Hochofen, ebenso sind Flußeisen- und Stahlabfälle aller Art im Gußbrucheisen zu vermeiden; das gilt besonders von verrosteten Teilen, Nieten, Nägeln, Formerstiften usw.

Wie groß die Unterschiede in der Zusammensetzung des Gußbrucheisens sein können, zeigte Orthey 1909 in einer Arbeit in »Stahl und

Eisen«. Er fand in einer Wagenladung folgende Werte für Topfbrucheisen: Si 1,35 bis 2,68, Mn 0,18 bis 1,08, P 0,12 bis 1,16, S 0,39 bis 0,164.

In der nachstehenden Zusammenstellung aus dem »Handbuch der Eisen- und Stahlgießerei« von Geiger, sind weitere Werte von Brucheisensorten aller Art gegeben:

7. Analysen von Gußbrucheisen.

Bezeichnung	Ges. Kohlenstoff	Silizium	Mangan	Phosphor	Schwefel	As u. Kupfer
Hämatitbrucheisen	3,84	2,24	1,00	0,10	0,042	—
Hämatitbrucheisen	3,39	1,46	0,84	0,12	0,124	—
Hämatitbrucheisen	3,50	1,30	0,72	0,16	0,085	—
Kokillenbrucheisen	3,20	2,40	0,40	0,12	0,090	—
Kokilienbrucheisen	3,54	1,69	0,80	0,20	0,090	—
Kokillenbrucheisen	3,60	1,49	0,94	0,11	0,082	—
Dampfzylinder	3,58	2,23	0,65	1,10	0,111	—
Dampfzylinder	3,46	2,00	0,42	0,27	0,174	—
Dampfzylinder	3,47	1,57	0,51	0,59	0,124	—
Dampfzylinder für Schiffsmaschinen	3,34	1,13	0,81	0,57	0,120	—
Dampfzylinder für Schiffsmaschinen	—	1,00	0,53	0,44	0,080	—
Lokomotivzylinder	3,43	1,25	0,60	0,97	0,165	—
Lokomotivzylinder	3,43	1,09	0,94	0,78	0,134	—
Lokomotivzylinder	3,36	1,07	0,69	0,82	0,110	—
Gasmotorenzylinder	—	1,03	1,03	0,33	0,074	—
Gasmotorenzylinder	3,54	0,99	0,98	0,22	0,082	—
Gasmotorenzylinder	3,47	0,71	—	0,69	0,157	—
Automobilzylinder (französisch)	3,47	2,45	0,40	0,72	0,102	—
Automobilzylinder (englisch)	—	2,73	0,41	1,14	0,083	—
Automobilzylinder (Vereinigte Staaten)	3,04	2,55	0,32	0,82	0,100	—
Automobilzylinder (Vereinigte Staaten)	3,91	1,67	0,82	0,44	0,068	—
Automobilzylinder (Mercedes)	3,36	2,29	0,60	0,83	0,090	—
Schieberkasten z. einer Walzenzugmaschine	—	2,02	0,69	0,90	0,134	—
Schieberkasten z. einer Walzenzugmaschine	—	1,45	0,50	0,71	0,119	—
Ventilkopf einer Zweitaktgasmaschine	—	1,15	0,59	0,10	0,095	—
Kolben für eine große Schmiedepresse 12000 kg	—	2,59	0,67	1,53	0,088	—
Gasmotorenrahmen	—	1,45	0,71	0,57	0,070	—
Bajonettrahmen z. einer Walzenzugmaschine	—	1,31	0,87	0,65	0,089	—
Walzenständer	3,07	1,18	0,73	0,33	0,083	—
Lochmaschinenständer	—	1,27	0,78	0,18	0,056	—
Schwungrad	—	1,44	0.96	0,46	0,096	—
Magnetrad	—	1,18	1,01	0,45	0,088	—
Planscheibe (Belgien)	3,12	3,03	0,60	1,64	0,040	As. 0,06
Plunger für hydraulische Presse	3,13	0,58	0,58	0,57	0,104	—
Tisch für hydraulische Presse	3,19	1,60	0,60	0,60	0,141	—
Hartgußwalze	2,07	0,36	0,80	0,32	0,097	Cu. 0,104
Hartgußwalze	2,03	0,49	0,54	0,37	0,063	,, 0,080
Hartgußwalze	2,24	0,69	1,73	0,63	0,041	,, 0,140
Hartgußwalze (Trio-Fertigwalze)	2,59	0,72	1,36	0,56	0,051	,, 1,112
Kupplung	3,16	1,73	0,44	0,14	0,082	,, 0,040
Maschinenbruch, Mischung	3,31	1,93	0,60	0,71	0,070	—
Maschinenbruch, Mischung	3,36	1,55	0,62	0,60	0,080	—
Tempertöpfe, geglüht	0,10	1,70	0,68	0,37	0,781	—
Tempertöpfe, geglüht	0,28	1,45	0,56	0,06	0,315	—
Gußbriketts (Durchschnittswerte)	3,50	2,32	0,60	0,65	0,110	Cu. 0,21
Gußbriketts	3,50	2,21	0.64	0,69	0,108	—
Gußbriketts	3,60	2,51	0,33	0,50	0,105	—

Ofenrecht zerschlagener Bruch wird höher bewertet als wie grobstückige Ware; denn letztere muß vor dem Einbringen in den Schmelzofen oft erst unter dem Fallwerk mit großen Kosten zerkleinert werden.

Ferner sei noch darauf hingewiesen, daß es im Alteisenhandel üblich ist, daß der Käufer, der die Annahme eines Waggons-Brucheisens weigert, über diesen in der Regel nicht weiter verfügt. Wenn er aber ohne Verständigung mit dem Verkäufer den Waggon übernimmt, so begibt er sich nach überwiegender Auffassung der in Frage kommenden Verkehrskreise seiner Ansprüche auf Schadenersatz, Wandlung und Minderung.

8. Die Gußeisenspäne

und ebenso die in der Sandaufbereitung oder beim Entleeren des Schmelzofens fallenden kleinen Eisenteile, gehören eigentlich zum Alteisen. Viele Gießereien und Maschinenfabriken verkaufen diese Abfälle. Die Späne werden, wenn sie nicht an die chemische Industrie zur Verarbeitung gelangen, brikettiert und im Schmelzofen, ähnlich wie Brucheisen gesetzt. Näheres hierüber wird in dem Abschnitt »Eisenmischungen« gebracht.

Das sog. Wascheisen wird oft an die Hochofenwerke verkauft; soll es aber im Schmelzofen der Eisengießerei Verwendung finden, dann empfiehlt es sich, dieses besonders zu verschmelzen, vielleicht am Ende der Schmelzung und das Eisen in Masseln zu vergießen. Bei weniger wichtigen Eisensätzen, wie z. B. bei Bremsklotzeisen, findet es zweckmäßige Verwendung; denn der höhere Schwefelgehalt ist hier erwünscht.

9. Stahl- und Flußeisen-Schrott sowie Stahlspäne.

Der Schrott spielt in der Eisenindustrie eine große Rolle. In der Eisengießerei wird der Stahlschrott nur als Zusatz verwendet, in der Stahlgießerei dagegen oft bis zu 90 vH des Satzes. Es wird Neu- und Altschrott unterschieden. Über die Gewohnheiten im Schrotthandel sei auf die diesbezüglichen Vorschriften in der von dem Verband der Eisenhüttenleute herausgegebenen »Gemeinfaßlichen Darstellung des Eisenhüttenwesens«, 11. Auflage, Düsseldorf 1921, verwiesen.

Der Neuschrott fällt bei der Verarbeitung des Rohstahls, der Altschrott dagegen rührt von verbrauchten Gegenständen aller Art her. Folgende Hauptgruppen sind zu unterscheiden: 1. Kernschrott, 2. Schmelzeisen, 3. Späne und 4. Bleche.

d) Die Eisenmischungen (Gattierungen) für Gußeisen.

1. Die metallurgischen Grundlagen.

Um die Eisenmischung oder Gattierung richtig einstellen zu können, ist es zunächst notwendig, daß der Gießer oder Schmelzer weiß, welchen Anforderungen die Gußstücke entsprechen müssen.

Er muß ferner die Schmelzvorgänge kennen, damit er die oft recht erheblichen Veränderungen des Eisens beim Umschmelzen genügend berücksichtigen kann. Der Gießer muß also die Einflüsse der Eisenbegleiter auf das Gußeisen beachten.

Diese Eisenbegleiter sind in erster Linie: Kohlenstoff, Silizium, Mangan, Phosphor und Schwefel.

a) **Der Kohlenstoff** zeigt sich im Gußeisen als Graphit und graphitische Temperkohle und als Härtungskohle, eine Form, die weder Graphit noch Karbidkohle darstellt. Die zuletzt genannte Kohlenstoffform nennt der Praktiker auch »gebundenen Kohlenstoff«. Die Kohlenstofform ist für die Festlegung der Begriffe für die Gußeisenarten benutzt worden.

Das Fehlen des Graphites ist das Kennzeichen für das weiße Eisen, der Kohlenstoff ist nur in Form von Eisenkarbid und als Härtungskohle vorhanden. Das tiefgraue Roheisen hat bis zu 90 vH Graphitgehalt. Die Arten des Kohlenstoffes lassen sich durch die chemische Untersuchung bestimmen. Nach Art und Menge des im Eisen enthaltenen Kohlenstoffes unterscheidet sich das graue und weiße Roheisen von dem schmiedbaren Eisen.

b) **Das Silizium** fördert die Kohlenstoffausscheidung in Form von Graphit, so daß ein graues, weiches Gußeisen entsteht. Die Bildung von grauem Eisen durch Anwesenheit von Silizium geht aber zurück, sobald der Si-Gehalt etwa 2,75 vH übersteigt. Von diesem Gehalt ab wird das Gußeisen wieder härter und bei noch höherem Si-Gehalt sogar weiß. Die nachstehende Zahlentafel, aus den Versuchen von Wüst und Petersen, 1906, zeigt die Wirkung verschiedener Si-Gehalte auf den Kohlenstoff im Gußeisen, bei einem Mangan-, Phosphor-, Schwefel- und Kupferarmen Gußeisen:

Silizium vH	Geb. Kohlenstoff vH	Graphit vH	Graphit i. vH des Ges. Kohlenstoffs
0,13	4,29	1,47	33,3
1,14	3,95	2,69	68,0
2,07	3,79	3,25	85,8
3,25	4,41	3,33	97,6
5,06	2,86	2,59	90,5
13,54	1,94	1,45	74,7
18,76	1,19	1,05	88,2
26,93	0,87	Spur	Spur

Bei einem Si-Gehalt von 12 bis 13 vH ist Gußeisen eben noch drehbar, jedoch nicht mehr zu bohren (säurebeständiger Guß). Ein niedriger Si-Gehalt vermindert die Ausscheidung des graphitischen Kohlenstoffes, das Gußeisen wird härter und schließlich weiß. Der Grad der Härte richtet sich nach der Schnelligkeit der Abkühlung des Gußstückes. Langsame Abkühlung begünstigt, schnelle Abkühlung erschwert die Graphitausscheidung. Da dünnwandige Stücke schneller abkühlen, benötigen sie einen höheren Si-Gehalt als dickerwandige Stücke. Die richtige Anpassung des Si-Gehaltes ist die Hauptsache bei der Berechnung der Eisenmischung (Gattierung). Ein höherer Gehalt als etwa 3 vH Si ist nicht notwendig, es sei denn, daß es sich um Sonderguß handelt, wie z. B. säurebeständigen Guß, Guß für den Bau von Dynamomaschinen die besonders magnetische Eigenschaften zeigen müssen. Der säurebeständige Thermisilidguß wird mit einem Si-Gehalt bis zu 20 vH hergestellt.

c) **Das Mangan** erschwert die Graphitbildung; es wirkt zwar günstig auf Anreicherung an Kohlenstoff, hindert diesen aber in graphitischer Form auszuscheiden, bewirkt also die Bildung von Weißeisen und das Endergebnis ist ein hartes Gußeisen. Das Mangan übt also den entgegengesetzten Einfluß aus wie das Silizium. Ein erhöhter Mn-Gehalt über 0,8 vH, vermehrt auch die Schwindung des Gußeisens.

Bei hohem P-Gehalt darf der Mn-Gehalt in der Regel etwa 0,7 vH nicht übersteigen, da sonst die Zähigkeit des Gußeisens wesentlich zurückgeht. Im Zylindergußeisen ist ein Mn-Gehalt bis 1,20 vH und auch darüber oft erwünscht. Das Mn gibt dem Gußeisen bessere Festigkeitseigenschaften, es hebt auch den ungünstigen Einfluß des Schwefels im Gußeisen auf.

d) **Der Phosphor** begünstigt ebenfalls die Graphitbildung und erhöht vor allem die Dünnflüssigkeit des Gußeisens; er ist also bei der Herstellung von dünnwandigen Gußstücken, Röhren, Topf und Ofengußteilen Bedingung.

In bezug auf die Festigkeit des Gußeisens ist ein Phosphorgehalt bis etwa 0,70 vH ohne Bedenken; handelt es sich aber um stark beanspruchte Gußteile, dann ist ein höherer P-Gehalt zu vermeiden. Bei Walzenguß oder Zylinderguß soll deshalb ein P-Gehalt von etwa 0,40 nicht überschritten werden.

Gußstücke, die dagegen starkem Temperaturwechsel ausgesetzt sind, müssen möglichst geringen P-Gehalt zeigen (z. B. Blockformen). Der P-Gehalt hat großen Einfluß auf die Lunkerbildung, schon ein geringer P-Gehalt übt einen günstigen Einfluß aus.

Bei dünnwandigen Gußstücken, z. B. Topfguß, Radiatoren usw., wird der durch den hohen P-Gehalt (bis 1,25 vH) bedingten Sprödigkeit durch einen höheren Si-Gehalt (bis 3 vH) entgegengewirkt.

e) **Der Schwefel** ist ein recht unangenehmer Eisenbegleiter, er vermehrt die Härte, Sprödigkeit und die Schwindung ganz erheblich. Schon ein verhältnismäßig geringer Schwefelgehalt erschwert die Graphitbildung. Bei starkwandigen Gußstücken, wie z. B. Walzenständern, schweren Maschinenteilen, bei denen der Graphitbildung entgegengearbeitet werden muß, also ein Si- und C-armes Gußeisen verwendet wird, darf der S-Gehalt etwas höher sein; aber ein zu hoher S-Gehalt wirkt auch hier oft schädlich. Zu den wenigen Gußstücken, die ein S-reicheres Eisen vertragen können, gehören die Bremsklötze; die größere Härte ist hier erwünscht; aber die vermehrte Schwindung im Eisen gibt auch eine größere Lunkerbildung und damit viel Ausschuß.

Bei den heutigen Betriebsverhältnissen, die infolge des Mangels an Sondereisen mit bestimmter Analyse immer schwieriger werden, ist der S-Gehalt wesentlich gestiegen und ein Gußeisen mit 0,15 vH bildet in den Gießereien oft die Regel. Infolgedessen sind in neuerer Zeit einige Entschwefelungsverfahren in Anwendung gekommen, über die an anderer Stelle ausführlicher berichtet werden soll.

Ein erhöhter Mn-Gehalt wirkt den ungünstigen Folgen des hohen S-Gehaltes im Gußeisen entgegen; es sei hierbei auch auf die Versuche mit den Mn-Paketen der Maschinenfabrik Eßlingen, von denen auch noch an anderer Stelle gesprochen wird, hingewiesen.

f) **Das Kupfer** kommt in der Eisengießerei weniger in Betracht, es ist aber ebenfalls ein unerwünschter Begleiter im Gußeisen, seine Wirkung ist ähnlich wie die des Schwefels, die ungünstige Wirkung wird durch gleichzeitige Anwesenheit von Schwefel noch verstärkt.

Roheisen mit einem Cu-Gehalt über 0,30 sollte nicht für Gußeisen Verwendung finden. Ähnlich schädlich wirkt auch das Arsen, sein Einfluß kann mit dem vom S und Cu bewertet werden.

Die sonstigen Eisenbegleiter Chrom, Nickel, Aluminium, Titan usw. finden meist als Zusatz in der Eisenmischung Verwendung, über ihre Einwirkung ist an anderer Stelle berichtet.

2. Die Zusammensetzung des Gußeisens auf Grund der Analyse.

Bei der Herstellung eines brauchbaren Gußeisens muß die Zusammensetzung der zur Verfügung stehenden Roh- und Brucheisensorten einigermaßen genau bekannt sein; denn sonst kann eine richtige Eisenmischung für bestimmte Gußwaren nicht zusammengestellt werden. Wie verschieden diese Zusammensetzung sein kann, sei an Hand einer Zahlenreihe von Wüst, aus der Zeitschrift »Stahl und Eisen« 1905, gezeigt:

Nach dieser Zusammenstellung enthalten:

	Silizium	Mangan	Phosphor	Schwefel
Maschinengußteile				
dünnwandig	1,8—2,4	0,5—0,7	0,6—1,0	unter 0,10
starkwandig	1,4—1,8	0,7—1,0	0,4—0,8	,, 0,12
Dampfzylinder	1,0—1,50	0,8—1,2	0,2—0,5	,, 0,10
Baugußteile	2,0—2,50	0,5—0,7	0,8—1,25	,, 0,10
Röhrenguß	1,5—2,20	0,6—0,8	0,8—1,40	,, 6,10
Hartguß	0,4—0,9	0,3—0,6	0,2—0,50	,, 0,14
Topf- und Ofenguß . . .	2,2—2,8	0,4—0,6	1,0—1,50	,, 0,10
Blockformen (Kokillen) .	2,00	0,4—0,6	0,06—0,10	,, 0,06

Aus diesen Durchschnittswerten geht schon hervor, daß die Einhaltung bestimmter Vorschriften in bezug auf Analyse, Zusammensetzung und Festigkeit des Gußeisens nur möglich ist, wenn die Eisenmischung (Gattierung) an Hand der Ergebnisse der Eisenuntersuchung erfolgt. Damit soll gesagt sein, daß die Auswahl des Roheisens nicht allein nach dem Aussehen der Bruchflächen, sondern möglichst immer nach der Analyse zu erfolgen hat. Das Aussehen des Bruches gibt keinen genauen Aufschluß über die Zusammensetzung des betreffenden Eisens, denn das gleiche Eisen kann, je nach dem es in Eisen- oder Sandform vergossen wurde, tiefgrauen oder hellgrauen, melierten Bruch zeigen. Ferner sei wiederholt bemerkt, daß die von den Hüttenwerken erfolgten Sendungen niemals genau gleichmäßig in der Zusammensetzung des Roheisens ausfallen können; es ist deshalb richtiger, von Zeit zu Zeit die mitgeteilten Zahlenwerte zu überprüfen, d. h. eigene Analysen zu machen.

Um nun die Verwendung der eingegangenen Eisensorten überwachen zu können, empfiehlt es sich, an Hand eines Tagebuches oder einer Lagerliste die Bestände genau zu verfolgen. In diesem Lagerbuch würde dann zweckmäßig auch der zur Verfügung stehende Schmelzkoks nach Menge und Zusammensetzung überwacht und am Ende des Monats die Angaben über Verbrauch in der Betriebsrechnung verwertet. Den Vordruck einer solchen Bestandsführung zeigt die nachstehende Zahlentafel:

	Bestand im Juni 1923					
	Roheisen		Brucheisen		Schmelzkoks	
Bezeichnung .	A.	B.	C.D. usw.	A. B.	A. B.	D.
Waggon-Nr. .	1234	2345	34567	2345	2345	5678
Hütte-Zeche .	Fr. W.	Bud.	Schalke	Conc.	Massen	Conc.
Preis 100 kg .	—	—	—	—	—	—
Analyse;						
Ges. Kohlenstoff . . .	3,65	3,45	3,67	?		
Silizium . .	2,34	2,65	2,18	1,54		
Mangan . .	0,65	0,76	0,87	?		
Phosphor . .	0,45	0,67	0,45	1,06		
Schwefel . .	0,05	0,03	0,03	0,10	1,45	1,32
				Asche	14,0	13,50
Bestand 30/5 .	82123	90500	65000	108000	45,5	35,5
Verbrauch 2/6	10000	10500	5000	18000	4,5	—
Bestand kg	72123	80000	60000	90000	41,0	35,5

Diese Aufstellung dient gleichzeitig am Ende des Monats zur Fertigstellung der Betriebsrechnung.

Aus dieser ordnungsgemäß zu führenden Bestandsaufnahme entnimmt der Betriebsleiter die für den Schmelztag in Frage kommenden Unterlagen für die betreffende Eisenmischung und setzt die Werte in die Rechnung ein. Einzelheiten darüber werden in dem Sonderabschnitt über Schmelzbetrieb gegeben.

Das Wesentliche der Eisenmischung nach der Analyse ist also, die Treffsicherheit in der jeweiligen Gußart zu erhöhen und gleichzeitig auch die Verwendung billigerer Eisensorten zu ermöglichen, in anderen Worten die Wirtschaftlichkeit des Schmelzbetriebes in der Gießerei zu erhöhen.

Damit ergibt sich dann auch die Möglichkeit, für den Gießer, bei bestimmten Gußstücken eine Gewähr für die Gleichmäßigkeit und Brauchbarkeit seiner Erzeugnisse gegenüber dem Besteller einzugehen; dieser Vorteil ist besonders bei der Herstellung von Qualitätsguß, Kraftwagenzylinder, usw., von größter Bedeutung. Die Eisenmischung nach Analyse setzt natürlich immer die sachgemäße Auswahl der Roheisensorten vorraus, hierüber wird an anderer Stelle, im Abschnitt »Beispiele«, noch eingehender gesprochen werden.

Die allgemeinen Gesichtspunkte über die Zusammensetzung der Eisenmischung nach der Analyse lassen sich nun durch eine Reihe vonzweckmäßigen Vorschlägen noch ergänzen. Erwähnt seien hierbei die Anregungen von Treuheit, Leyde, Fichtner u. a. sowie einige weitere Beispiele aus bekannten Eisengießereien, deren Zahlenwerte in verschiedenen Handbüchern (Osann, Geiger u. a.) Aufnahme fanden.

In erster Linie sind die Wandstärken der Gußstücke für die Zusammensetzung des betreffenden Gußeisens maßgebend, dann aber auch die Ansprüche, die an die Bearbeitungsfähigkeit und Dichte sowie an die Widerstandsfähigkeit gegen Abnutzung gestellt werden.

Die von Leyde in der Zeitschrift »Stahl und Eisen« 1904 bereits gegebene Anregung, den Si-Gehalt bei den verschiedenen Wandstärken zu berücksichtigen, hat viel für sich, sie sei an dieser Stelle wiedergegeben.

	Härtestufe	Wandstärke mm	Siliziumgehalt vH		
			erstrebt	Verlust etwa	Einsatz
gesondert	extra weich . . .	unter 5	2,80	0,50	3,30
	sehr weich	5 bis 10	2,60	0,40	3,00
	weich	10 » 15	2,40	0,35	2,75
	mäßig weich . .	15 » 25	2,20	0,30	2,50
	mittel weich . . .	25 » 40	1,90	0,25	2,15
	mäßig hart . . .	40 » 60	1,70	0,20	1,90
	hart	60 » 90	1,50	0,15	1,65
	sehr hart	90 » 140	1,30	0,10	1,40
	extra hart	140 » 200	1,10	0,07	1,17
	spezial	über 200	1,00	0,06	1,06
	und hiervon als Durchschnittszahlen:				
vereinfacht	Weiches G. E. . .	unter 10	2,70	0,45	3,15
	Mittelhartes G.E.	10 bis 40	2,00	0,30	2,30
	Hartes G. E. . . .	40 » 90	1,60	0,15	1,75
	Besonders hart .	über 90	1,30	0,10	1,40

Der Vorschlag von Leyde gibt wohl einen allgemeinen Anhalt über die Zusammensetzung des Gußeisens für einfache Gußstücke, aber als Richtlinien im engeren Sinne können die Zahlenreihen auf der Grundlage des Si-Gehaltes nicht in Frage kommen.

Es müssen vor allen Dingen die Anforderungen, die an die Gußteile gestellt werden, berücksichtigt werden, so daß für den praktischen Gebrauch nur eine Unterteilung nach dem Verwendungszweck gegliedert, für den Gießer nutzbringend sein kann.

Um hier eine Unterlage zu geben, hat der NDI im Werkstoffausschuß, Gruppe »Gußeisen-Temperguß«, einen Vorschlag ausgearbeitet. Der in Frage stehende Entwurf E. 1500, Bl. 2, der Klasseneinteilung für Gußeisen wurde seinerzeit in allen Fachblättern für das Gießereiwesen der öffentlichen Kritik unterbreitet; außerdem ist er in den Gruppen des Vereins deutscher Eisengießereien eingehend geprüft und ergänzt worden.

3. Die Einteilung der Gußeisen-Klassen.

(Nach dem Entwurf des NDI. 1501.)

Klassen	Verwendungsbeispiele	Annähernde Zusammensetzung				
		Ges.-Kohlenstoff vH	Silizium vH	Mangan vH	Phosphor vH	Schwefel vH
Bauguß	a) Säulen	3,3—3,6	2,0—2,5	0,5—0,8	0,6	0,10
	b) Fenster usw. in Kasten- oder Herdguß	3,3—3,6	2,2—2,6	0,6	1,0	0,10
	c) Bau- und Unterlegplatten, Zwischenstücke für Eisen- und Straßenbahnen	3,3—3,6	1,5—2,0	0,6	1,0	0,10
	d) Herde, Öfen, sowie Geschirrguß, roh, emailliert, inoxydiert oder sonstwie verfeinert	3,2—3,8	2,2—2,8	0,6	1,0—1,5	0,10
	e) Heizkörper (Radiatoren), Rippenrohre, Heizkessel, Feuerungsteile dazu, hohle Bügeleisen, Gas, elektrische und Spirituskocher	3,2—3,8	2,0—2,2	0,6	0,8—1,2	0,06
	f) Zubehörteile für Haus- und Straßenentwässerung	3,5—3,8	1,8—2,2	0,8	1,0—1,2	0,10
	g) Abflußrohre und Formstücke dazu	3,5—3,8	2,0—2,4	0,6	1,0—1,2	0,10
	h) Muffen- und Flanschenrohre	3,2—3,6	1,5—2,0	0,8	0,8—1,0	0,10
	i) Formstücke dazu	3,2—3,6	1,5—2,0	0,60—0,8	0,7—0,9	0,08
	k) Piano- und Flügelplatten	3,5—3,8	2,4—2,8	0,8	0,3	0,06
Maschinenguß ohne besondere Vorschriften	für den allgemeinen Maschinenbau einschließlich Schiffbau Werkzeugmaschinen Maschinen der Textilindustrie für die elektrotechnische Industrie	je nach Form, Größe und Wandstärke der Gußstücke sehr verschieden				
	Apparate der Gasindustrie	3,2—3,6	1,8—2,2	0,8	0,8	0,8
	Land-Maschinen, Haus-Maschinen (Nähmaschinen)	3,4—3,6	2,0—2,8	0,6	1,0	0,10
	Schreib- und Rechenmaschinen, Registerkassen	3,4—3,6	2,5—2,8	0,6	1,0—1,2	0,10
Masch.-Guß nach besonderer Vorschrift	für den allgemeinen Maschinenbau, Schiffbau usw.	nach vorgeschriebener Festigkeit oder Zusammensetzung (Analyse)				
	für Dampf-, Gas- und Wasser-Armatureu	3,5	1,5—2,0	0,6—0,8	0,5	0,08
	Dampf-, Gas- und Wasserzylinder	2,8—3,3	1,0—1,5	1,00	0,5	0,10
	Zylinder für Kraftfahrzeuge, Flug- Schiffs- und Pflugmotoren	2,8—3,3	1,5—2,0	0,60	0,5	0,06

Hartguß Schalenguß) (Vollhartguß (ohne Schale durchgehend hart gegossen)	Ringe für Dampfstraßenwalzen (in Sand gegossen, weiße Bruchfl.), Laufräder für Dampfpflüge, und Straßenlokomotiven, hydraulische Kolben, gezahnte Walzen für Koks- und Kohlen*brechmaschinen*	2,8—3,3	0,6—1,2	0,4—1,2	0,50	0,10
Schalenguß mit abgeschreckter Oberfläche	Kollergangsringe und Platten, Kugelmühlplatten, Steinbrecherplatten, Eisenbahnräder (Griffin), Stempel und Ziehringe, sowie ähnliche Verschleißteile	3,0—3,6	0,5—1,00	0,4—1,4	0,10	0,05
Walzenguß	Hartgußwalzen, halbharte Walzen und Lehmgußwalzen für Walzenstraßen (Eisenbleche-Formeisen)	2,8—3,0	0,5—1,0	0,5—0,8	0,03	0,05
	Walzen für Druckerei-, Müllerei-, Papier- und Textilmaschinen, Zuckermühlen usw.	3,0—3,2	1,0—1,5	0,5—0,8	0,03	0,05
Sonderguß	Blockformen (Kokillen) für Stahl- und Nichteisen-Metallwerke	3,3—4,0	2,0—2,5	0,6—0,8	0,10	0,04
	Dauerformen für Handelsgußwaren, Rohrformstücke usw. Dauerformen für die Glasindustrie	3,5—4,0	2,0—2,8	0,60	0,10	0,04
	Geschoßkörper nach Vorschrift	2,8—3,2	1,0—2,0	1,00	0,50	0,04
	Schachtringe (Tübbings)	3,0—3,5	1,5—2,0	0,80	0,40	0,08
	Amboße und ähnliche massive Gußstücke, auch gr. Poller	2,8—3,2	1,2—1,5	1,00	0,30	0,06
	Bremsklötze für Bahnbedarf	3,0—3,3	1,0—1,2	1,0	0,80	über 0,15
Säurebeständiger Guß	Rohre, Schalen, Töpfe, Hähne, Kessel, Säurepumpen für die Aufnahme und Verarbeitung aller Arten Säuren	2,8—3,5	2,0—18,0	0,80	0,50	0,05
Alkalibeständiger Guß	Sodaschmelzkessel, Natronkessel, widerstandsfähig gegen alkalische Laugen	3,5	2,0—18,0	1,20	0,20	0,05
Feuerbeständiger Guß a) ohne besondere Festigkeit	Zubehörteile für Feuerungen, Platten usw., Roststäbe aller Art	3,5—4,0	1,0—2,0	0,5—0,8	0,30	0,08
b) mit besonderer Vorschrift	Schmelzkessel für Nichteisenmetalle, Retorten, Glühtöpfe usw.	3,5—4,5	1,50—2,80	0,5—1,2	0,20	0,06
Feinguß	Zierguß für Säulen, Türen und Möbel, Schmuckkasten, Bilderrahmen, Beleuchtungskörper und ähnliche einfache, kunstgewerbliche Gebrauchsgegenstände	3,5—4,5	2,0—2,5	0,60	0,80—1,2	0,10
Kunstguß	Kunstgegenstände nach besonderen Entwürfen, wie Statuen, Büsten, Reliefs, Tierfiguren, Schalen, Vasen usw.	3,5—4,5	2,0—2,5	0,90	0,80—1,0	0,10

Die Reihenfolge dieser Aufstellung hat keine besondere Bedeutung für die Wertigkeit, Erzeugungsmenge oder Wichtigkeit der betreffenden Gußklasse; es bleibt zunächst den Gießereien überlassen, zweckmäßigere Vorschläge für die Ergänzung zu machen und weitere Sondererzeugnisse an richtiger Stelle einzufügen. Die Angaben über Leistungen und Abnahmebedingungen werden in einem besonderen Abschnitt behandelt.

Die gegebenen Analysen sind natürlich Durchschnittswerte. Diese sind auf Grund der Ergebnisse praktischer Erfahrungen im Gießereibetrieb und Laboratorium zusammengestellt. Eine ähnliche Zusammenstellung findet sich auch in dem Gießerei-Handbuch des Vereins deutscher Eisengießereien vom Jahre 1921 (Verlag Oldenbourg, München-Berlin), Blatt 107, und ebenso hat der bekannte amerikanische Gießereifachmann Moldenke eine sehr bemerkenswerte Zahlentafel über die Zusammensetzung der verschiedensten Gußeisenerzeugnisse veröffentlicht, die auch in einigen deutschen Fachblättern Aufnahme fand.

Bezüglich der chemischen Zusammensetzung des Gußeisens sei betont, daß der Siliziumgehalt für die Qualität ausschlaggebend ist; er steigt vom Hartguß mit etwa 0,35 bis zu etwa 3 vH bei den dünnwandigen und empfindlichen Gußstücken. Ein hoher Si-Gehalt ist notwendig, um dünnwandige Stücke vor dem Hartwerden zu bewahren, stets muß der Si-Gehalt nach der dünnstwandigen Stelle des betreffenden Gußstückes berechnet werden. Auch der Bemessung der Menge des Kohlenstoffes im Gußeisen, ob ein erheblicher Anteil in chemisch gebundener Form oder als kristallinischer Graphit am Platze ist, muß Beachtung geschenkt werden. Hierbei hat die Verwendung von Stahlschrott; zur Erhöhung der Festigkeit im Gußeisen eine besondere Bedeutung, an anderer Stelle wird darüber ausführlicher berichtet werden. Bemerkt sei hier nur, daß des Guten in bezug auf den Stahlzusatz oft zu viel getan wird; für Gußeisen liegt die Grenze bei etwa 30 vH.

Zunächst noch einige Ergänzungen zu der gegebenen Einteilung der Gußeisenklassen.

Es bedarf keiner Frage, daß keine Gießerei in der Lage ist, bei etwa 10 bis 20 und mehr Arten Gußwaren, mit ebensovielen Eisenmischungen zu arbeiten. In der Regel wird der Gießer, je nach der Bedeutung des Betriebes, vielleicht mit 4 bis 8 verschiedenen Eisensätzen auskommen und diese, je nach Bedarf, in besonderen Fällen ergänzen. Unter allen Umständen muß der Gießer aber der Eigenart seiner Gußstücke Rechnung tragen und da, wo es angebracht ist, auf Grund der vorliegenden Erfahrungen, die Eisenmischung zusammensetzen. Um hier fördernd einzugreifen, werden die in vorbildlich arbeitenden Werken gemachten Betriebserfahrungen zur Nachahmung bekanntgegeben, erfreulicherweise von den meisten Betrieben unter Außerachtlassung jeder Geheimniskrämerei.

4. Eigenart und Zusammensetzung der verschiedenen Sorten Gußeisen.

Bezüglich der Gußklassen und deren Unterteilung sei noch folgendes gesagt:

a) **Der Bauguß** wird allgemein als ein minderwertiges Erzeugnis der Eisengießerei angesehen; die Billigkeit dieses Gusses war oft ausschlaggebend; besondere Ansprüche wurden selten gestellt. Mag dies für einfache Stücke, wie Bauplatten usw., eine gewisse Berechtigung haben; für den Säulenguß gilt es ganz gewiß nicht und die Bestrebungen des Vereins deutscher Eisengießereien zeigen, daß es den Gießereien nicht gleichgültig ist, das wichtige Gebiet des Baugusses zu verlieren. Es liegt im Interesse der Gießereien, das verlorene Absatzgebiet zurückzuholen; dazu ist in erster Linie notwendig, bei der zuständigen Stelle die Erhöhung der Beanspruchungen für Gußeisen herbeizuführen. Die Versuche sind dazu seit Jahr und Tag im Gange.

Im normalen Bauguß kommt es in der Hauptsache darauf an, daß der Si-Gehalt genügend hoch ausfällt, damit Spannungen und harter Guß vermieden werden. Die Wandstärken sind jeweils zu berücksichtigen. Ein höherer Phosphorgehalt bis 1 vH schadet nicht. Bei Gußteilen, die großen Spannungen ausgesetzt sind, wie z. B. Fenster, darf der Mangangehalt nicht über etwa 0,70 vH gehen, da sonst ein Reißen eintreten kann. Der Schwefelgehalt muß unter 0,08 vH bleiben.

b) **Hochbeanspruchte Baugußteile**, wozu auch die Zubehörteile für die Entwässerung gehören, sind unbedingt aus einem sorgfältiger zusammengesetztem Gußeisen zu gießen. Besonders die Stücke für den Straßenbau sind dem Verkehr entsprechend genügend kräftig auszuführen. Hier muß ein Gußeisen mit geringerem P-Gehalt Verwendung finden.

c) **Öfen, Herde- und Geschirrguß** können mit einem hohen P-Gehalt gegossen werden; denn das Eisen soll möglichst dünnflüssig sein, daneben kann der Si-Gehalt nach oben gehen; doch ist ein geringer Mn-Gehalt angebracht. Bei diesem Guß wird im weitesten Umfange Gußbrucheisen verwendet; doch ist darauf zu achten, daß der Schwefelgehalt nicht zu hoch geht. Aus diesem Grunde ist auch ein Aussuchen des Brucheisens (vom Waggon aus) sehr notwendig.

d) **Der Guß für Heizkörper, Radiatoren** usw. bedarf ebenfalls besonderer Zusammensetzung; denn es ist bekannt, daß Gußeisen die Berührung mit überhitztem Dampf dauernd nicht vertragen kann. Der P- und S-Gehalt muß bei diesem Guß beobachtet werden und es sei auf die Arbeit von Müller in »Stahl und Eisen« 1911 und 1912 über Radiatorenguß verwiesen.

e) **Gas- und Wasserleitungsrohre.** Die Abnahmevorschriften geben einen Anhalt für die Zusammensetzung des jeweils in Frage kommenden Gußeisens. Je nach der Größe der Rohre wird der Si- und Mn-Gehalt angepaßt; mit dem P-Gehalt wird aus Gründen der Billigkeit der Eisenmischung leider oft zu hoch gegangen, auch der Si-Gehalt vernachlässigt.

Die Grenze für den P-Gehalt liegt bei Druckrohren bei etwa 1vH, die Abflußrohre können noch mit 1,25 gegossen werden, da die dünnen Wandungen ein leichtflüssiges Eisen verlangen.

Die Eisenmischung für große Flanschenformstücke ist dem Maschinenguß anzupassen; es sei hierbei auf die in Aussicht genommenen Normen für Rohrleitungen hingewiesen.

f) **Piano- und Flügelplatten** erhalten ein P-armes Gußeisen. In der Regel werden sie aus Hämatit Roheisen mit Maschinenbrucheisen und eigenen Gießereibrucheisen, d. h. zugehörigen Eingüssen usw. gegossen. Si-Gehalt etwa 2,40vH und wenig Schwefel. Die genannten Platten werden in wenigen Gießereien als Sonderguß hergestellt; die vorliegenden Erfahrungen können also sehr günstig nutzbar gemacht werden.

g) **Der Maschinenguß** stellt in seiner stark verschiedenen Ausführungsform die größten Anforderungen an den Schmelzbetrieb. Neben genügender Festigkeit soll dieser Guß stets die richtige Bearbeitungsfähigkeit besitzen und auch ein dichtes Gefüge haben.

Je nach den Beanspruchungen werden die in der vorhergehenden Gußklasseneinteilung gegebenen Gruppen von Maschinenguß eine besondere Eisenmischung erhalten müssen und es sei an dieser Stelle vorab gesagt, daß die Gewohnheit einiger Gießer, alle Gußstücke aus einer Durchschnittsmischung herzustellen, zu verwerfen ist. Es darf erwartet werden, daß hier die geplanten Normungsarbeiten etwas Wandel schaffen.

In der Hauptsache werden folgende Gruppen zu unterscheiden sein:

I. **Weiches Gußeisen,** z. B. für dünnwandigen oder sperrigen Maschinenguß, Riemscheiben, Gußteile für Land-, Haus- und Textilmaschinen und ähnliche Teile. Der Si-Gehalt kann bis zu 3vH gehen, Mn und P je nach den Stücken bis zu 1vH, aber der Schwefel der Empfindlichkeit der Stücke angepaßt, möglichst niedrig, jedenfalls unter 0,08vH. Der Kohlenstoffgehalt muß hoch sein, damit eine genügende Graphitausscheidung die Weichheit des Gußeisens sichert.

Bezüglich das Mn-Gehaltes sei darauf hingewiesen, daß dieser das Si vor dem Abbrand schützt, mit 0,8vH wird der Mn-Gehalt in der Regel das Richtige treffen, ohne daß eine Härtung des Eisens zu befürchten ist.

II. **Mittelhartes Gußeisen** dient für größere Gußstücke mit entsprechend stärkeren Wandungen und größeren Querschnitten. Für dieses Gußeisen wird in den meisten Fällen eine besondere Eisenmischung, den Maschinenteilen angepaßt, notwendig sein. Der Si-Gehalt ist niedriger zu halten, etwa 1,80 bis 2,20vH, für den Mn- und P-Gehalt ist etwa 0,80vH die Grenze nach oben. Für den Schwefel gilt das oben Gesagte, so niedrig wie möglich, und da heute mit Entschwefelungsverfahren gearbeitet werden kann, gibt es also wenig Schwierigkeiten, dieser Vorschrift zu genügen. Der geringere S-Gehalt vermindert auch die Gefahr des Schwindens.

Der Kohlenstoff ist auf einen geringeren Graphitgehalt einzustellen, so daß ein dichteres Gefüge entsteht; bei 3,50 bis 3,80vH. Ges. C sollen etwa 80 bis 85vH als Graphit ausgeschieden sein.

III. **Hartes Gußeisen** für starkwandige Stücke, z. B. Zylinder der verschiedenen Art, Kolben, Ventile, Kompressoren usw., auch volle Radkörper zum Einschneiden der Zähne. Hier erreicht der Si-Gehalt die unterste Stufe und mit dem Mn-Gehalt muß sehr vorsichtig gearbeitet werden, da große Gußstücke mit Spannungen bei zu hohem Mn-Gehalt leicht reißen. Dies gilt besonders für Grundplatten, Maschinengehäuse usw. mit ungünstigen Querschnitten und Wandungen. Der Si-Gehalt bleibt in der Regel unter 1,50 vH, Mn und P unter 0,70; nur bei besonderen Stücken ist ein höherer Mn-Gehalt erlaubt.

Der Graphitgehalt ist der Stärke der Wandungen jeweils anzupassen, er beträgt etwa 50 bis 70 vH der Menge des ges. C-Gehaltes. Um den C-Gehalt zu beeinflussen, benutzt der Gießer mit Vorliebe einen Zusatz von Stahlabfällen, der bis zu etwa 30 vH den erwünschten Erfolg bringt. Bereits bei einem Zusatz von 10 bis 20 vH im normalen Satz für Maschinengußeisen geht der Ges. C-Gehalt auf etwa 3,25 vH herab, bei größeren Stahlzusätzen im Schachtofen, kann der C-Gehalt auf etwa 2,80 vH gedrückt werden. Hierbei ist naturgemäß ein größerer Satzkoksverbrauch Bedingung.

IV. **Hochwertiges Sondergußeisen.** Dieses Gußeisen wird auch oft als »Halbstahl« bezeichnet, und zwar ganz gleich, ob es aus dem Gießereischachtofen oder aus dem Herdofen erschmolzen wurde. Der Fachausschuß für Benennungen im Gießereinormenausschuß hat mit Recht die Bezeichnung »Halbstahl« abgelehnt. Wenn auch in Amerika und England seit einer Reihe von Jahren der sogenannte »Semi-steel« (Halbstahl) Anklang gefunden hat, so ist doch in diesem Gußeisen mit größerer Festigkeit kein besonderer Fortschritt zu sehen; denn auch in deutschen Gießereien wird seit Jahrzehnten mit Stahlzusätzen im Schachtofen gearbeitet. Die erhöhte Festigkeit im Gußeisen ist kein genügender Grund, um dem Verbraucher die Bezeichnung »Halbstahl« aufzuzwingen; es hat sich auch bei der Unzuverlässigkeit des Stahlzusatzes im Gießereischachtofen gezeigt, daß das Mißtrauen der Verbraucherkreise oft berechtigt war.

Es muß dem NDI bzw. dem Gießereinormenausschuß vorbehalten bleiben, in dieser Frage Klarheit zu schaffen. Jedenfalls weiß der Eisengießer ganz genau, daß unter einem hochwertigen Gußeisen ein Erzeugnis bestimmter Güte mit besonderen Festigkeitseigenschaften zu verstehen ist, wobei der Stahlzusatz nur Mittel zum Zweck sein soll.

Es sei an dieser Stelle auch auf den »Lanz-Perlitguß« hingewiesen, ein Gußeisenerzeugnis in höchster Vollendung. Weitere Mitteilungen über dieses Gußeisen gibt Bauer in »Stahl u. Eisen«, Heft 17 v. 26. April 1923.

Die vom Verein deutscher Eisengießereien vorbereiteten Arbeiten in der Frage der Festigkeitsversuche mit Gußeisen sind aufgenommen worden; die Ergebnisse dieser Versuche werden bei den weiteren Beratungen des Fachausschusses »Gußeisen und Temperguß« im NDI Verwertung finden und es steht zu erwarten, daß damit auch die Unterteilung der Gruppen für das Maschinengußeisen in den Gußklassen die noch notwendige Ergänzung findet. An dieser Stelle eine Angabe über die Zusammensetzung der verschiedenen Maschinengußstücke zu geben, würde zu weit führen.

h) **Das Zylindergußeisen,** als hochwertiges Gußeisen erster Ordnung, verdient besondere Beachtung. Auch hier hat der Zusatz von Stahlabfällen eine Bedeutung, ganz gleich, ob es sich um den

Zylinder für eine Riesen-Gaskraftmaschine oder um die kleinste Bauart für die verschiedensten Kraftwagen handelt. Die weitgehenden Untersuchungen in neuester Zeit haben bestätigt, daß der C-Gehalt in den Zylinderkörpern niedrig gehalten werden muß. Die Zylinderwandungen müssen ein sehr dichtes Gefüge haben; ein geringer Si-Gehalt ist also Bedingung, bei Dampf- und Gaszylindern geht der Gießer in der Regel über 1,50 vH nicht hinaus und richtet sich dabei nach der Wandstärke. Es wird gleichzeitig auf Erhöhung der Festigkeit (bis zu k_z 22 bis 26 kg) Wert gelegt.

Treuheit gibt in »Stahl und Eisen« 1908 eine bemerkenswerte Zahlentafel, in der er Analysenwerte und Festigkeitsergebnisse gegenüberstellt.

Der P-Gehalt muß beim Zylindergußeisen in den niedrigsten Grenzen bleiben, möglichst unter 0,35 vH. Über die Wirkungen des mehr oder weniger hohen S-Gehaltes gehen die Ansichten der Fachleute, nach den Ergebnissen mit der Anwendung des Entschwefelungsverfahrens nicht mehr weit auseinander. Es sei hier auf die Versuche von Scharlibbe bei Borsig und Emmel bei Thyssen hingewiesen. Beide haben die Ergebnisse ihrer Versuche mit Zylindereisen in den Fachzeitschriften bekanntgegeben, worauf verwiesen sei.

Die Bedeutung der deutschen Gießereitechnik in der Herstellung der Kraftwagenzylinder ist längst anerkannt; sie darf als hervorragend bezeichnet werden. Um so mehr muß deshalb davor gewarnt werden, die Herstellung dieser hochwertigen Gußstücke mit untauglichen, d. h. unzulänglichen Einrichtungen aufzunehmen, besonders wenn die Betriebserfahrungen, die unbedingt notwendig sind, fehlen.

Für die Herstellung der Kraftwagenzylinder ist ein sorgfältig zusammengesetztes Gußeisen Grundbedingung. Der Eisensatz wie der Ofengang müssen in Ordnung sein, um das Ergebnis sicherzustellen.

Bei den dünnen Wandungen ist der Si-Gehalt mit etwa 1,60 bis 2 vH bei möglichst niedrigem Mn-Gehalt zu halten. Der Kohlenstoff wird durch den Stahlzusatz, der auf etwa 10 bis 15 vH zu bemessen ist, beeinflußt. Der P-Gehalt bleibt unter 0,25 vH, um die Sprödigkeit des Gußeisens zu vermeiden, selbst bei größerer Härte. Es sei noch erwähnt, daß dieser Guß nur in getrockneten Formen herzustellen ist.

Das gleiche gilt auch für **die Herstellung der Kolbenringkörper.** Im Gegensatz zu den Zylindern müssen die Kolbenringe ein etwas weicheres Gußeisen erhalten, damit das richtige Einarbeiten mit der Zylinderwand erfolgen kann.

i) Für die **Kolbenringe** dient in der Hauptsache Hämatitroheisen, dem zweckmäßig neben den Zusätzen an verlorenen Köpfen und Eingüssen Stahlabfälle beigegeben wird. Je nach der Wandstärke der Ringe ist die Zusammensetzung zu wählen. Während bei großen Ringen über 500 mm Durchm. der Si-Gehalt mit etwa 1,25 bis 1,50 genügt, muß bei den kleinsten Ringen der Si-Gehalt bis zu 2,80 vH gehalten werden, der C-Gehalt wird aber immer unter 3,30 vH bleiben. Es sei hier auf die Berichte von Adämmer in der »Gießereizeitung« 1918 und von Treuheit in der Zeitschrift »Stahl und Eisen« verwiesen.

Zurzeit sind Bestrebungen im Gange, die Zusammensetzung und Bedingungen für die Herstellung der Kolbenringe an Hand einheitlicher

Versuche festzulegen. Vom Verein deutscher Eisengießereien ist ein besonderer Arbeitsausschuß festgesetzt, der unter Leitung von Kühnel vom Eisenbahn-Zentralamt unter Mitwirkung der in Frage kommenden Gießereien, Vorschläge ausarbeitet.[1])

k) **Der Hartguß.** Hierunter werden Gußstücke verstanden, die absichtlich dadurch gehärtet sind, daß in der äußeren Schicht die Graphitausscheidung unterdrückt wurde. In dem Querschnitt eines solchen auf Schalen gegossenen Gußstückes erkennt man deutlich die weiße, halbweiße und graue Zone der Schaleneinwirkung. Die benötigte Eisenmischung liegt auf der Grenze zwischen grauem und weißem Gußeisen.

Für die chemische Zusammensetzung des Hartgusses sind je nach der Art der Stücke verschiedene Werte maßgebend. Bei einem geringen Mn-Gehalt wird auch nur ein geringer Si-Gehalt benötigt. Der einfache Vollhartguß zeigt durchwegs weiße Bruchfläche; er wird also ohne Schale gegossen. Handelt es sich um größere Gußstücke, Walzen usw., so werden sie besser im Flammofen, als im Schachtofen hergestellt. Der Si-Gehalt kann um so niedriger sein, je höher der C-Gehalt ist; denn ein hoher C-Gehalt beeinflußt die Festigkeit weniger, als ein hoher Si-Gehalt. Beim Walzenguß wird der C-Gehalt auf etwa 2,4 bis 3,2 vH gehalten.

Zur Herabminderung des C-Gehaltes wird auch hier ein Zusatz von Stahlabfällen verwendet. Der P-Gehalt darf bis zu 0,50 vH steigen; doch ist ein hoher Schwefelgehalt zu vermeiden, da das Eisen sonst leicht rissig wird. Versuche mit dem Walterschen Entschwefelungsverfahren haben ergeben, daß es ein leichtes ist, den S-Gehalt auf 0,03 vH herabzudrücken und es ergab sich dabei auch die Möglichkeit, den verlorenen Kopf wesentlich niedriger zu machen. Es sei auf die diesbezügliche Zahlentafel an anderer Stelle verwiesen.

Das Holzkohleneisen hat sich als besonders günstig für die Herstellung des Hartgusses erwiesen; jedenfalls sind diejenigen Roheisensorten am zweckmäßigsten, die am wenigsten Fremdkörper enthalten (Osann, Handbuch der Gießerei).

Erwähnt sei noch die Herstellung der Hartgußräder nach Bauart Griffin.

Nach den Mitteilungen amerikanischer Fachleute haben die Griffin-Räder in Nordamerika die größte Verbreitung gefunden. Sie sind sowohl in Güter- als auch in Personenzügen jeder Art in Anwendung, und die Betriebssicherheit soll bisher angeblich nichts zu wünschen übrig gelassen haben. Aus den amerikanischen Fachzeitschriften läßt sich entnehmen, welchen Umfang die Herstellung der Griffin-Räder in einigen Gießereien genommen hat. Nach einem Bericht von Vial (Griffin Wheel & Co. in Chicago) soll die Gesamtleistung der amerikanischen Gießereien etwa 1250000 Stück Räder im Jahr betragen.

Da in den ersten Jahren der Herstellung der Räder, seit 1898, in der Hauptsache Holzkohlenroheisen zur Verwendung gelangte, haben die Räder in bezug auf Haltbarkeit allen Anforderungen genügen können. Später aber, als immer mehr und mehr Koksroheisen als Ersatz verwendet wurde, hat sich eine Verminderung der Lebensdauer der Räder bemerkbar gemacht. Die Eisengießereien bringen dieser Frage erhöhte

[1]) Kühnel, Untersuchungen an Kolbenringen, Gießerei-Heft 23, 1921.

Aufmerksamkeit entgegen, und es scheint, als wenn man der Schwierigkeit zum größten Teil Herr würde. Die vorliegenden Erfahrungen beziehen sich in der Hauptsache auf die Zeit vor dem Weltkriege. Es scheint aber, als ob ähnlich wie bei in den europäischen Ländern auch in den Vereinigten Staaten, als Kriegsfolgeerscheinung eine Verschlechterung der Roheisensorten und sonstigen Schmelzstoffe, die Brauchbarkeit der Gußerzeugnisse nachteilig beeinflusste. Hier wird nicht zuletzt die Schwefelanreicherung sich geltend machen. Es unterliegt keinem Zweifel, daß bei einer Eisenmischung mit 75 vH Radbrucheisen, neben etwa 10 bis 15 vH Stahlabfällen und Roheisen, besonders wenn schwefelreicher Schmelzkoks verwendet werden muß, sich ein weniger zuverlässiges Erzeugnis ergibt, es sei denn, daß für eine genügende Entschwefelung und Desoxydation des flüssigen Eisens rechtzeitig gesorgt wurde.

Auf diesem Gebiete haben die deutschen Gießereien in den letzten Jahren bereits viel gearbeitet, und es ist wohl anzunehmen, daß die hier vorliegenden günstigen Erfahrungen auch in den Vereinigten Staaten erfolgreich ausgenutzt werden.

Der Gießer weiß, daß ein höherer Schwefelgehalt, d. h. über 0,10 bis 0,16 und mehr vH, wie er unter den heutigen Betriebsverhältnissen keine Seltenheit ist, im Hartguß, selbst bei richtig angepaßten Gehalten an Si und Mn viel Unheil anrichtet. Dies gilt besonders für die Hartgußräder. Es kann beobachtet werden, daß bei höherem Schwefelgehalt der Übergang der Härtung zum Graueisen sehr schroff abschneidet.

Es sei auf einen Vortrag von Rüker, Wien, hingewiesen, über den Mehrtens in der Zeitschrift »Die Gießerei« 1922 berichtete, ferner sei erwähnt, daß im April 1923 das millionste Hartgußlaufrad auf dem Krupp-Grusonwerk in Magdeburg-Buckau gegossen wurde. Die mannigfaltige Verwendung des Hartgusses für die verschiedenen Bedarfszwecke ist zum nicht geringen Teil auf die Vollkommenheit zurückzuführen, die das Grusonwerk ihm auf Grund vieljähriger Versuche zu geben verstanden hat.

l) **Der Walzenguß.** Die Herstellung der Walzen ist ein Abschnitt für sich. Für die schweren Walzen ist der Flammofenbetrieb die Regel, schon deshalb, um die großen Bruchstücke der alten Walzen wieder einschmelzen zu können. Die Eisenmischung im Flammofen bedingt einen höheren Si- und Mn-Gehalt; es wird infolgedessen ein Mn-reicheres Roheisen gesetzt. Die hohen Schmelzkosten sprechen wohl gegen den Flammofen, trotzdem wird besonders im Siegerland der Flammofen für den Walzenguß vorgezogen.

Je nach der Härte sind Hart-, Halbhart- und Weichwalzen und nach der Form, Glatt- und Kaliberwalzen zu unterscheiden, Nach dem Verwendungszweck werden auch die Bezeichnungen Warm- und Kaltwalzen gebraucht, hierbei sind die für die Metallbearbeitung dienenden Walzen wohl die wichtigsten. Dieser Art werden bis zu einem Stückgewicht von 40 t gegossen. Den Hauptanteil bilden die Weichwalzen. Bei den Hartwalzen wird die Härte nicht nur durch die Eisenmischung sondern auch durch die Wandstärke der Schale (Kokille) beeinflußt, Diese dürfen nicht zu hart gegossen sein, da sie starken Temperaturwechsel aushalten müssen. Der P-Gehalt wie der Schwefel sind möglichst niedrig zu halten. Die Quer- und Längsrisse in den

Walzen sind in der Regel Fehler, die auf mangelhafte Schalen zurückgeführt werden können, die hohen Schwindungsziffern werden oft nicht genügend berücksichtigt.

Im Handbuch von Osann sind einige bemerkenswerte Analysen von Walzen mitgeteilt; es sei auch auf die Arbeit von Schüz, Leipzig, über die Herstellung der Hartgußwalzen in der Zeitschrift »Stahl und Eisen«, Dezember 1922, hingewiesen.

Schüz kommt zu dem Schluß, daß die gußeiserne Schale wegen ihrer geringen Leitfähigkeit ohne Einfluß auf die Abschreckung der Walze sei. Es braucht also nur auf die Haltbarkeit der Schale geachtet zu werden. Je tiefer die Härteschicht, desto größer sei die Schwindung. Der Guß der Walzen muß heiß erfolgen. Auf die Wiedergabe weiterer Einzelheiten kann hier nicht eingegangen werden.

m) **Blockformen** für Stahlwerke (Kokillen) müssen einer hohen Beanspruchung durch Temperaturwechsel standhalten. Sie gehören mit zu den empfindlichsten Gußstücken; denn geringe Abweichungen in der chemischen Zusammensetzung genügen oft, um ihre Haltbarkeit sehr zu beeinflussen.

Am besten bewährt sich für die Eisenmischung ein reines Hämatiteisen mit möglichst geringem P- und S-Gehalt.

Der Si-Gehalt ist den Wandstärken anzupassen, 1,50 bis 2,50; der Mn-Gehalt nicht über 1,0 vH bei 3,5 bis 4 vH Ges C. In neuerer Zeit, besonders bei dem zeitweiligen Mangel an Hämatitroheisen, werden auch andere Mischungen mit größeren Zusätzen an Stahlabfällen verwendet, es darf dabei aber nicht übersehen werden, daß die Blockformen einen hohen Ges. C-Gehalt benötigen, da sie sonst leicht springen. Es sei auf die diesbezüglichen Arbeiten von Lochner, Simmersbach, Messerschmitt u. a. verwiesen.

In ähnlicher Weise verhalten sich die Dauerformen für Gußwaren verschiedener Art, nach dem Rolle-Verfahren usw. Auch hier wird ein widerstandsfähiges Gußeisen verlangt worüber Rolle[1]) in »Stahl und Eisen« ausführlich berichtet. Das Holzkohleneisen ist besonders widerstandsfähig, leider steht es kaum noch zur Verfügung.

Sämtliche Dauerformen, auch die für die Glasindustrie und Nichteisen-Metallwerke, müssen mit großer Sorgfalt angefertigt werden; es darf nicht planlos ohne Analyse gearbeitet werden; besondere Vorschriften sind durchaus berechtigt.

n) **Die Geschoßkörper,** besonders Granaten, verlangen ebenfalls ein richtig angepaßtes Gußeisen. In der Zeit des Weltkrieges haben hier viele Gießereien Lehrgeld zahlen müssen; denn es gelang nicht allen, den oft sehr hohen Anforderungen gerecht zu werden. Das Gußeisen soll dicht und fest sein, also entsprechend den Wandstärken wenig Si bei höherem Mn-Gehalt, der allerdings 1,20 nicht übersteigen darf. Der Ges. C-Gehalt bleibt unter 3,30 vH, für den P-Gehalt sind die Grenzen ziemlich weit gezogen. Es hat sich gezeigt, daß ein P-Gehalt bis 1 vH noch günstige Ergebnisse brachte. Über den S-Gehalt gehen die Meinungen sehr weit

[1]) Rolle ist im Juni 23 in Berlin gestorben, er hat auf dem Gebiete der Dauerformen den vollen Erfolg seiner Lebensarbeit leider nicht erlebt.

auseinander. Schott gibt in der »Materialkunde« 1920 (Verlag Herm. Meusser, Berlin) an Hand einer Zusammenstellung von Mehrtens bemerkenswerte Aufschlüsse, über Festigkeit und S-Gehalt bei Geschoßkörpern. Nach den Mitteilungen von Mehrtens sind die gegebenen Werte der Zahlentafel sämtlich aus Versuchen mit gleich großen Körpern entnommen, doch entstammen sie verschiedenen Gießereien.

In der Hauptsache werden die Geschoßkörper aus Stahlguß oder Preßstahl hergestellt; Gußeisen kommt nur aushilfsweise in Frage und Temperguß nur für die kleineren Körper der Gewehr- und Handgranaten bzw. Minen.

Es dürfte immerhin für die Gießereien lohnend sein, die Erfahrungen, die bei der Herstellung der Geschoßkörper gesammelt sind, auszuwerten.

o) **Die Schachtringe,** mit dem aus England stammenden Namen »Tübbings« genannt, sind auch als gutes Beispiel anzuführen, welche Widerstandsfähigkeit dieser oft angefeindete Baustoff, das Gußeisen, immer wieder zeigt. Weitgehende Versuche mit gußeisernen Schachtringen, über die Riemer und Humperdinck in den »Technischen Blättern« 1921, Essen, berichteten, haben bestätigt, daß diese Ringe, richtig hergestellt, den höchsten Anforderungen genügen. Die Ringe werden aus Segmenten zusammengebaut; sie erhalten einen Durchmesser bis zu 5 und 6 m. Bedingung ist ein festes Maschinengußeisen; der Si-Gehalt wird zweckmäßig nicht zu niedrig genommen, damit die Bearbeitung der Ringe keine Schwierigkeiten macht.

Ambosse und ähnliche grobe Gußstücke sind aus Harteisen, also mit geringem Si- aber höherem Mn-Gehalt zu gießen.

p) **Das Gußeisen für Bremsklötze** hat lange Zeit unter falscher Flagge, nämlich als sogenannter »Stahlguß«, weil in ihm etwa 10 vH Stahlzusatz verschmolzen wurde, die Gießereien beunruhigt. Dieser Unfug hat aufgehört; die Bezeichnung Stahlguß für diese einfachste Art Gußeisen ist untersagt worden; es genügt Bremsklotzgußeisen. Der Zusatz an Stahlabfällen hat sich bewährt und außerdem wird auf einen hohen Schwefelgehalt Wert gelegt, da dieser eine Härtesteigerung mit sich bringt, die im vorliegenden Falle erwünscht ist.

Ein gewöhnliches Gußeisen mit geringem Si- und hohem S-Gehalt, also über 0,15 vH, aber niedrigem C-Gehalt, ist für Bremsklötze am besten.

q) **Der säurebeständige Guß** hat in den letzten Jahren eine besondere Beachtung erfahren. Eine Reihe bemerkenswerter Erfindungen auf diesem Gebiete bestätigen, daß die Zusammensetzung dieses Gußeisens nicht mehr aus dem Handgelenk, sondern auf Grund wissenschaftlicher Erkenntnis erfolgt. Der Schwefel im Gußeisen machte die meisten Schwierigkeiten. Schwefeleisen wird von den Salz-, Schwefel- und Salpetersäuren unter Bildung von Schwefelwasserstoff zersetzt; der Schwefel ist also ein unangenehmer Begleiter im Gußeisen. Ein mäßiger P-Gehalt ist weniger gefährlich; auch der Mn-Gehalt darf sich in mittleren Grenzen halten; mehr Bedeutung hat aber die Einstellung des Si-Gehaltes. Die hier gegebenen Werte sind von Fall zu Fall anzupassen; denn es wird sich immer darum handeln, welchen Anforderungen die in Frage kommenden Gußstücke ausgesetzt sind. Ein hochsiliziumhaltiges Gußstück (also über 5 bis 18 vH Si) ist hart und spröde, meist kaum zu bearbeiten;

deshalb ist es ausgeschlossen, aus diesem Eisen Stücke anzufertigen, die auf Festigkeit beansprucht werden. Der Besteller muß sich also daran gewöhnen, dem Gießer richtige Angaben über den Verwendungszweck der jeweils in Frage kommenden Gußstücke zu machen; die Zusendung der Zeichnung genügt nicht.

Handelt es sich um säurebeständiges Gußeisen einfacher Art, wie es im Schachtofen (Kupolofen) hergestellt werden kann, dann genügt in vielen Fällen ein S- und P-armes und Si-reiches Eisen, bis etwa 3 vH Si; wird aber auch eine gewisse Festigkeit in den Gußstücken gefordert, dann muß der Si- und Mn-Gehalt angepaßt werden, wobei auf ein feinkörniges Gußeisen mit geringem Graphitgehalt zu achten ist.

Für ein säurebeständiges Gußeisen mit hohem Si-Gehalt über 5 bis 18 vH eignet der einfache Schachtofen sich nicht, diese Eisen-Siliziumverbindung kann besser im Flamm- oder Elektroofen hergestellt werden. Hierbei ist das Verhalten der Eisen-Kohlenstoffverbindungen bei steigendem Si-Gehalt zu beachten; es sei auf die diesbezügliche Arbeit von Wüst und Petersen verwiesen. Bei steigendem Si-Zusatz erfolgt ein Sinken des C-Gehaltes. Es sei auch auf die Ausführungen von Walter über die Herstellung des Thermisilidgusses in der Zeitschrift für »Metallkunde« 1921, Bd. 13, verwiesen. Walter gibt in dieser Arbeit auch einige Schliffbilder von dem englischen »Tantiron« und dem amerikanischen »Ironac«, die ähnlich wie das »Duriron« in zwei Schachtöfen hergestellt werden.

In der »Gießerei-Zeitung« 1923, Heft 7, berichtet auch Baclesse über die Herstellung dieses Gußeisens nach einem Vortrag im Londoner Bezirksverein der britischen Gießer. In Deutschland hat der Thermisilidguß nach Walter weitgehende Einführung gefunden, die Ausführung erfolgt durch die Eßlinger Maschinenfabrik in Eßlingen und Krupp in Essen; Einzelheiten gibt der Bericht von Walter.

r) **Das alkalibeständige Gußeisen** darf wenig Si und P enthalten; denn diese beeinflussen die Alkalibeständigkeit sehr ungünstig, Silizium wird von der Kali- und Natronlauge, Phosphor von der heißen Kalilauge vollständig aufgelöst. Der Schwefelgehalt in mäßigen Grenzen hat hier weniger Bedeutung; es sei aber auch hier erwähnt, daß für die Herstellung des säurebeständigen Gußeisens das Entschwefelungsverfahren größere Wichtigkeit hat; diesbezügliche Versuche brachten sehr günstige Ergebnisse.

Der Mn-Gehalt im alkalibeständigen Gußeisen ist so gering wie möglich zu halten; denn Mn färbt die Laugen braun. Wie beim säurebeständigen Gußeisen dient der Stahlzusatz zur Erlangung eines feinen Korns im Eisen; das Eisen wird dadurch weniger angegriffen.

Versuche ergaben, daß ein Nickelgehalt von etwa 0,3—0,5 in der Gießpfanne, nach dem Goldschmidtschen Verfahren zugeführt, die Haltbarkeit der Gußstücke steigert.

s) **Das feuerbeständige Gußeisen** ist bereits unter dem Abschnitt Blockformen erwähnt; diese müssen nicht nur feuerbeständig, sondern auch in bezug auf Festigkeit recht widerstandsfähig sein. Während bei einfachen Gußstücken, wie z. B. Roststäben, Feuerungsteilen usw., ein hochgekohltes Gußeisen mit wenig Graphitausscheidung genügt, verlangen die Schmelzkessel, Retorten und Glühtöpfe ein sorgfältiger zusammengesetztes Eisen mit wenig P- und Mn sowie geringstem S-Gehalt. Es kommt hier also die Verwendung von Hämatit und Siegerländer oder ähnlichen Roheisensorten in Frage. Auch hier heißt es je nach der Verwendung der Teile, von Fall zu Fall das richtige Gußeisen zusammenzusetzen, um dasselbe vor der Oxydationswirkung zu schützen. Roststäbe und sonstige Feuerungsteile werden vorteilhaft an den der Feuerung ausge setzten Fiächen abgeschreckt.

t) Das für **Fein- und Kunstguß** benötigte Gußeisen soll in erster Linie dünnflüssig sein; ein höherer P-Gehalt ist also am Platz. Wenn es sich um gleichzeitig dünnwandige Stücke handelt, ist auch der Si-Gehalt in den oberen Grenzen zu wählen, also bis 2,80vH bei geringem Mn-Gehalt, um eine nennenswerte Härte in den Gußstücken zu vermeiden. Die schöne Zeit der Verwendung des Holzkohlenroheisens für die Herstellung von Gußeisenkunstguß scheint vorbei zu sein; die Erzeugnisse der deutschen Kunstgießer aus neuester Zeit zeigen aber, daß auch das Koksroheisen für den Kunstguß wohl geeignet ist. Das Sonderheft der Zeitschrift »Die Gießerei« vom 8. Juni 1922 über den deutschen Kunstguß in Eisen, gibt zu dem Gesagten eine wertvolle Ergänzung.

Es sei erwähnt, daß auch die Beschaffenheit des Formsandes bei der Herstellung des Eisenkunstgusses eine große Rolle spielt, die Harzer- und Hannoverschen Gießereien waren in dieser Beziehung besonders verwöhnt; Schott, Ilsenburg, wußte hierüber zu berichten.

Es wäre wünschenswert, wenn der altbeliebte Eisenkunstguß wieder zu Ehren käme; bei den unerschwinglichen Preisen der Nichteisen-Metalle der Jetztzeit besteht dazu die Möglichkeit; es gilt das Verständnis dafür zu wecken. Der Umfang des Taschenbuches gestattet es leider nicht, auf die charakteristischen Merkmale weiterer Gußeisenklassen näher einzugehen; es muß diese Erörterung den Gießerei-Handbüchern überlassen bleiben, auf die auch an anderen Stellen verwiesen wird.

5. Der Einfluß des Umschmelzens und die Berechnung der Eisenmischungen.

Bei dem Umschmelzen des Eisens im Schacht- oder Herdofen ist dasselbe immer mehr oder weniger großen Änderungen unterworfen.

Welche Umwandlungen das Roheisen im Schmelzofen erfährt, ist aus der nachstehenden bekannten Zahlentafel nach Jüngst zu erkennen.

Der Einfluß wiederholten Umschmelzens bei Roheisen.

(Analysen nach Jüngst.)

Roheisen	Gesamt-Kohlenstoff vH	Graphit	Silizium	Mangan	Phosph.	Schwefel
vor dem Umschmelzen	3,10	2,35	2,30	2,00	0,29	0,04
nach 1 mal. Umschmelz.	3,33	2,73	2,42	1,09	0,31	0,04
» 2 » »	3,32	2,57	2,28	0,80	0,32	0,05
» 3 » »	3,30	2,48	1,92	0,66	0,27	0,05
» 4 » »	3,34	2,54	1,38	0,44	0,30	0,09
» 5 » »	3,31	2,16	1,30	0,43	0,30	0,10
» 6 » »	3,34	2,08	1,16	0,36	0,28	0,20

Die Zahlen zeigen, wie der Siliziumgehalt des Eisens, wenn er nicht durch entsprechende Aufbesserung erhöht wird, von Schmelzung zu Schmelzung heruntergeht und wie der Schwefel, die unangenehmste Beimischung im Gußeisen, steigt.

Der hohe Mn-Gehalt hat das Si in der ersten Schmelzung geschützt, in den folgenden Schmelzungen zeigt sich aber die ständige Abnahme. Gleichzeitig mit dem Verlust an Si macht sich die Graphitabnahme bemerkbar.

Je nach der Führung des Ofenbetriebes sind natürlich die Verluste beim Umschmelzen verschieden. Der Eisensilizium- und Mangangehalt erfährt stets eine Abnahme, der Phosphor bleibt unverändert und ebenso der Kohlenstoffgehalt, wenn nicht durch den Zusatz von Stahl- oder Flußeisenabfällen eine Abnahme mit Absicht herbeigeführt wird.

Der Schwefelgehalt erfährt eine Anreicherung bis zu 50 vH und mehr, je nach der Güte des Schmelzkokses, der Höhe des Kokssatzes und der Art und Menge des verwendeten Brucheisens.

Die Verluste an Eisen, Si und Mn werden geringer, wenn der Ofen weniger heiß schmilzt, bei genügender Schlackenbildung durch ausreichenden Kalksteinzusatz und nicht zu großer Luftmenge. Die Schmelzverluste werden größer mit steigender Überhitzung des Eisens, also bei Luftüberschuß und sauerer Schlacke.

Der Eisenabbrand	beträgt	im	Schachtofen	etwa	1	bis	2 vH
Der Si-	»	»	»	»	»	10	»	15	»
Der Mn-	»	»	»	»	»	25	»	50	»

je nach der Höhe des Mangangehaltes im Roheisen und Eisensatz.

Bezüglich der Verwendung des Brucheisens wird auf die Ausführungen an anderer Stelle verwiesen, es ist notwendig, daß das Brucheisen ausgesucht wird, der Schmelzverlust bei Topf- und Ofenbrucheisen ist in der Regel recht erheblich, bis zu 10 vH und mehr.

Auch die Wiederverwendung der Eingüsse und verlorene Köpfe im Eisensatz hat Einfluß auf die Höhe des Schmelzverlustes, denn dieser Anteil schwankt zwischen 25 und 125 vH des gesetzten Eisens, je nachdem ob Kleinguß oder grobe Gußwaren zu gießen sind.

Außer dem Schmelzverlust durch Verbrennung im Schachtofen entstehen noch weitere Verluste beim Vergießen des Eisens, beim Entleeren des Ofens, durch eisenhaltige Schlacken usw., die letztgenannten mechanischen Verluste können aber in der Hauptsache durch Aufbereitung der Schlacken und geeignete Maßnahmen in der Gießerei vermieden werden, so daß der Gesamtverlust in einer ordnungsgemäß geführten Eisengießerei auf etwa 3 bis 5 vH angenommen werden kann. Es gibt Betriebe, die unter 3 vH Schmelzverlust bleiben.

Die Eisenmischungen müssen nun stets auf Grund einer Berechnung an Hand der zur Verfügung stehenden Zahlenwerte der vom Hochofenwerk oder vom Gießereilaboratorium gegebenen Analysen zusammengesetzt werden. Die Berechnung erfolgt an Hand einfacher Gleichungen. Soll ein Gußeisen z. B. 2,60 vH Si enthalten und es wird ein Si-Abbrand von 10 vH zugrunde gelegt, so ergibt sich der gesuchte Si-Gehalt X nach der Gleichung:

$$2{,}60 = X\left(\frac{100-10}{100}\right), \quad \text{also } x = 2{,}60\left(\frac{100}{100-10}\right) = 2{,}86 \text{ vH.}$$

In derselben Weise werden auch die Gehalte der anderen Bestandteile für das betreffende Gußeisen ermittelt.

An Hand einiger Beispiele aus der Praxis des Schmelzbetriebes soll diese Rechnung noch belegt werden.

Unter den heutigen, wenig erfreulichen Verhältnissen, die allem Anschein nach noch längere Zeit ertragen werden müssen, ist es natürlich auch für die Durchführung eines ordnungsmäßigen Schmelzbetriebes außerordentlich schwierig, einheitliche Sätze für bestimmte Gußwaren beizubehalten. Viele Gießereien, wenn nicht die meisten, leben in bezug auf die Belieferung mit Roheisen und Schmelzkoks aus der Hand in den Mund, so daß immer aufs neue, je nach den zur Verfügung stehenden Eisensorten, die Eisenmischungen anzupassen sind.

Da ist es denn für den Gießer doppelt wichtig, zu wissen, wie er in Fällen der Not ein noch brauchbares Gußeisen erschmelzen kann. Während in der Zeit vor dem Weltkrieg jede Gießerei in bezug auf die Belieferung mit Schmelzstoffen besondere Wünsche äußern konnte und die Verwendung von Hilfsstoffen ohne weiteres ablehnte, zwingt der Mangel an Roheisen bestimmter Zusammensetzung heute mehr oder weniger jede Gießerei, zu nehmen, was zu erhalten ist, und das Fehlende durch Ersatzstoffe zu ergänzen.

Da kann es denn als erfreuliche Tatsache bezeichnet werden, daß trotz der zeitweisen Not an Roheisen, die Güte der Erzeugnisse der Gießereiindustrie wenig gelitten hat, denn erfinderische Köpfe haben dafür gesorgt, rechtzeitig brauchbare Hilfsstoffe auf den Markt zu bringen, die in vielen Fällen den Mangel abhelfen konnten.

Abgesehen von den Spänebriketts, die seit etwa 15 Jahren in den Gießereien zur Verwendung gelangen, gibt es auch Zusätze, die als Ergänzung der Zusammensetzung, der verschiedenen Roheisensorten, in kurzer Zeit Eingang gefunden haben. Erwähnt seien hierbei die sogenannten E-K-Pakete der Eßlinger Maschinenfabrik und der Allgemeinen Brikettierungs-Ges., Berlin-Dortmund, die sich als Hilfsmittel für den Schmelzbetrieb in den meisten Gießereien bereits Hausrechte erworben haben. An anderer Stelle soll über die Anwendung der E-K-Pakete noch näher berichtet werden.

In ähnlicher Weise, verbessernd auf das erschmolzene Gußeisen, wirken einige bekannt gewordene Entschwefelungsverfahren, die ebenfalls als Hilfsmittel bei Mangel an Qualitätsroheisen und bei größeren Zusätzen an Gußbrucheisen anzusehen sind. Selbst wenn die Zeit der Eisennot vorüber ist, wird der Gießer, der die Vorteile der genannten Hilfsmittel erprobt hat, diese nicht achtlos beiseite liegen lassen, besonders dann nicht, wenn er erkannt hat, damit den Schmelzbetrieb wirtschaftlicher zu gestalten.

Nach Möglichkeit wird der Eisengießer die Verwendung mehrerer Eisensorten in seinen Mischungen aufrechterhalten. Das Hämatiteisen bildet in der Regel die Grundlage, besonders bei Maschinengußeisen und daneben sind die Gießereisen I und III sowie das Luxemburger Roheisen die Ergänzungen im normalen Betriebe und — zur normalen Zeit. Tag für Tag wird je nach der Art der Gußwaren der Entfall an Trichter und sonstigem Abfalleisen zugesetzt und, um wirtschaftlich zu arbeiten, ein möglichst großer Zusatz an Kaufbrucheisen. Je nach den Ansprüchen, die an die Gußstücke gestellt werden müssen, sind dann unter Anwendung der notwendigen Vorsichtsmaßregeln die Eisenmischungen aufzustellen.

6. Beispiele normaler Eisenmischungen.

I. Gußeisen für Bauguß, Säulen usw.

Einsatz kg	Eisensorte	Silizium		Mangan		Phosphor		Schwefel	
		kg	v H	kg	v H	kg	v H	kg	v H
300	Gieß. III	6,75	2,25	2,55	0,85	2,70	0,90	0,12	0,04
150	Lux. III	3,75	2,50	1,20	0,80	2,25	1,50	0,06	0,04
300	Masch.-Bruch . .	5,55	1,85	2,10	0,70	2,40	0,80	0,33	0,11
250	Eingüße usw. . .	4,65	1,90	1,75	0,70	2,16	0,85	0,25	0,10
1000 kg Satzgewicht . .		20,70		7,60		9,48		0,76	
Gehalt v H			2,07		0,76		0,95		0,076

Die Analyse dieses Eisens ergab:

Si 1,80 Mn 0,64 P 0,94 S 0,120

Demnach hatte der Si-Gehalt um etwa 10 vH und der Mn-Gehalt um etwa 15 vH abgenommen, der P-Gehalt war gleich geblieben und der S-Gehalt um etwa 50 vH angereichert.

Die Berechnung des C-Gehaltes ist im vorliegenden Beispiel außer acht gelassen worden.

II. Gußeisen für Maschinenteile von mittlerer Festigkeit.

Einsatz kg	Eisensorte	Silizium		Mangan		Phosphor		Schwefel	
		v H	kg	v H	kg	v H	kg	v H	kg
100	Hämatit Kraft .	2,20	2,20	1,00	1,00	0,08	0,08	0,01	0,01
275	Buderus III . . .	2,00	5,50	0,7	1,93	0,6	1,65	0,03	0,08
100	Lux. III	2,00	2,00	0,70	0,70	1,60	1,60	0,04	0,04
150	Masch.-Bruch . .	1,85	2,78	0,70	1,05	0,80	1,20	0,11	0,17
300	Eingüße, eig. Bruch	1,50	4,50	0,70	2,10	0,50	1,50	0,12	0,36
75	Stahlabfälle . . .	0,10	0,08	0,4	0,30	0,10	0,08	0,10	0,08
1000 kg Satzgewicht . .			17,06		7,08		6,11		0,74
Gehalt v H		1,76		0,71		0,61		0,074	
Ab- u. Zunahme v H . .		18		10				32	
Berechnet . . . . . v H		1,58		0,61		0,61		0,106	
Nach Analyse		1,50		0,65		0,60		0,11	

III. Gußeisen für starkwandige Maschinenteile.

Einsatz kg	Eisensorte	Silizium vH	Silizium kg	Mangan vH	Mangan kg	Phosphor vH	Phosphor kg	Schwefel vH	Schwefel kg
150	Hämatit Krupp .	3,00	4,50	1,10	1,65	0,08	0,12	0,02	0,03
100	Buderus I	3,40	3,40	1,20	1,20	0,50	0,50	0,02	0,02
150	Schalker III . . .	2,20	3,30	0,75	1,13	0,70	1,05	0,04	0,06
50	Weiß-Eisen . . .	0,40	0,20	10,0	5,00	0,06	0,03	0,03	0,02
200	Masch.-Bruch . .	1,30	2,60	0,80	1,60	0,85	1,70	0,12	0,24
100	Eingüße, eig. Bruch	1,20	1,20	0,70	0,70	0,40	0,40	0,10	0,10
250	Stahlabfälle . . .	0,25	0,63	0,60	1,50	0,10	0,25	0,10	0,25
1000 kg Satzgewicht . .			15,83		12,78		3,65		0,72
Gehalt . . . . v H		1,58		1,28		0,37		0.07	
Ab- oder Zunahme —10		16	— 15	18	±	—	+ 50	35	
Berechnet . . . . . v H		1,42		1,10		0,37		0,105	
Nach Analyse . . . v H		1,38		1,12		0,39		0,125	

In ähnlicher Weise können nun auch Eisenmischungen für jede andere Gußeisensorte zusammengesetzt bzw. einer vorgeschriebenen Analyse angepaßt werden. Je nach den vorhandenen Roheisensorten oder nach den zur Verfügung stehenden Hilfsstoffen für den Schmelzbetrieb, wie z. B. Spänebriketts, E-K-Pakete, Stahlabfälle usw. sind die Eisensätze durchzurechnen und an Hand der Ergebnisse der chemischen Untersuchung von Fall zu Fall zu berichtigen.

Als Ergänzung zu dem Gesagten sei noch eine Zahlenreihe aus den Versuchen mit Briketteisen von Mehrtens aus der Zeitschrift »Stahl und Eisen« wiedergegeben. Einem normalen Satz für mittelstarkwandigen Maschinen- und Bauguß wurden einmal 15 und das andere Mal 20 vH Gußspänebriketts zugefügt, die gefundenen Werte der Analysen zeigen, welche Anreicherungen oder Verluste im Schmelzofen erfolgten.

IV. Gußeisen für einfache Maschinengußteile mit Verwendung von Spänebriketts.

Mischung	vH	Festigkeit k_z	Festigkeit k_b	Durchbiegung mm	Silizium Roheisen kg	Silizium vH	Mangan Roheisen kg	Mangan vH	Phosphor Roheisen kg	Phosphor vH	Schwefel Roheisen kg	Schwefel vH	Ges. Kohlenst. Roheisen kg	Ges. Kohlenst. vH
Hämatit . . .	20	—	—	—	3,10	0,62	0,80	0,16	0,09	0,018	0,04	0,008	3,90	0,78
Luxemb. III .	30	15	27,5		2,20	0,66	0,71	0,21	1,80	0,540	0,01	0,003	3,60	1,08
Brucheisen .	25	16	30,5	13	2,30	0,57	0,60	0,15	1,00	0,250	0,120	0,03	3.70	0,92
Trichter . . .	25	17	31,0		2,00	0,50	0,66	0,16	1,20	0,300	0,110	0,027	3,70	0,92
Im fertigen Guß laut Analyse						2,35	—	0,68	—	1,108	—	0,068	—	3,70
						2,01	—	0,65	—	1,223	—	0,108	—	3,69

Mit 15 vH Brikettzusatz.

Mischung	vH	Festigkeit k_z	Festigkeit k_b	Durchbiegung mm	Silizium Roheisen kg	Silizium vH	Mangan Roheisen kg	Mangan vH	Phosphor Roheisen kg	Phosphor vH	Schwefel Roheisen kg	Schwefel vH	Ges. Kohlenst. Roheisen kg	Ges. Kohlenst. vH
Hämatit . . .	20	—	—	—	3,10	0,62	0,80	0,16	0,09	0,018	0,04	0,008	3,90	0,78
Luxemb. III .	20	20	52,5		2,20	0,44	0,70	0,14	1,80	0,36	0,01	0,002	3,60	0,72
Brucheisen .	20	19,5	32,0	12,5	2,30	0,46	0,60	0,12	1,00	0,20	0,12	0,024	3,70	0,74
Trichter . . .	25	18,5	33,5		2,00	0,50	0,66	0,16	1,20	0,30	0,11	0,027	3,70	0,92
Gußbriketts .	15	—	—	—	1,80	0,27	0,70	0,10	1,20	0,18	0,12	0,018	3,50	0,52
Im fertigen Guß laut Analyse						2,29	—	0,68	—	1,058	—	0,071	—	3,68
						1,82	—	0,48	—	1,126	—	0,107	—	3,54

IV. Gußeisen für einfache Maschinengußteile mit Verwendung von Spänebriketts.

(Fortsetzung.)

Mischung	vH	k_z	k_b	Durchbiegung mm	Silizium Roheisen kg	Silizium vH	Mangan Roheisen kg	Mangan vH	Phosphor Roheisen kg	Phosphor vH	Schwefel Roheisen kg	Schwefel vH	Ges. Kohlenst. Roheisen kg	Ges. Kohlenst. vH
Mit 20 vH Brikettzusatz.														
Hämatit . . .	15	—	—	—	3,10	0,46	0,80	0,12	0,09	0,013	0,04	0,006	3,90	0,58
Luxemb. III .	20	23,7	35,5		2,20	0,44	0,70	0,14	1,80	0,360	0,01	0,002	3,60	0,72
Brucheisen .	20	23,0	34,5	10,5	2,30	0,46	0,60	0,12	1,00	0,200	0,120	0,024	3,70	0,74
Trichter . . .	25	23,6	33,0		2,00	0,50	0,66	0,16	1,20	0,300	0,110	0,027	3,70	0,92
Gußbriketts .	20	—	—	—	1,80	0,36	0,70	0,14	1,20	0,240	0,120	0,024	3,50	0,70
						2,22	—	0,68	—	1,113	—	0,083	—	3,66
Im fertigen Guß laut Analyse						1,69	—	0,52	—	1,101	—	0,101	—	3,48

Um einen weiteren Überblick über die beim Umschmelzen im Schachtofen hervorgerufenen Veränderungen des gesetzten Eisens zu geben, sei eine Versuchsreihe von Zahlenwerten mitgeteilt, die bei der Verwendung von Fe-Si-Paketen gefunden wurde. Es handelt sich wieder um einfaches Maschinengußeisen mittlerer Festigkeit, der leicht bearbeitbar sein sollte. Die Schmelzungen wurden in einen Vorherdofen von etwa 900 mm Durchmesser durchgeführt und bei jedem Abstich Proben entnommen, deren Untersuchungsergebnisse mit 1 bis 6 angegeben sind.

V. Gußeisen für leicht bearbeitbare Maschinenteile mit Zusatz von FeSi-Paketen geschmolzen.

Einsatz kg	Eisensorte	Silizium vH	Silizium kg	Mangan vH	Mangan kg	Phosphor vH	Phosphor kg	Schwefel vH	Schwefel kg	Ges. Kohlenstoff vH	Ges. Kohlenstoff kg
100	Buderus I	2,72	2,72	1,03	1,03	0,63	0,63	—	—	3,50	3,50
100	Zylinderbruch . . .	1,60	1,60	0,70	0,70	0,60	0,60	0,09	0,09	3,40	3,40
150	Masch.-Bruch . . .	1,80	2,70	0,60	0,90	0,80	1,20	0,09	0,13	3,40	5,10
150	Eingüße usw. und 3 Fe Si-Pakete .	2,50	3,75	0,70	1,05	0,60	0,90	0,09	0,15	3,30	4,59
500 kg	Satzgewicht . . .		14,82		3,68		3,33		0,375		16,95
	Gehalt . . . . v H	2,98		0,736		0,66		0,075		3,39	

Werte der Analyse	Silizium	Mangan	Phosphor	Schwefel	Ges. C	Temp. ° C (Rinneneisen)
1 Abstich	2,96	0.64	0,72	0,098	3,30	1220
2 »	2,98	0,65	0,71	0,094	3,32	1240
3 »	2,59	0,60	0,80	0,094	3,30	1240
4 »	2,91	0,64	0,72	0,090	3,29	1250
5 »	2,68	0,62	0,76	0,088	3,31	1270
6 » bei 15000 kg	3,10	0,60	0,72	0,086	3,27	1270

Es ergibt sich für den Si-Gehalt 2,87 und für den Mn-Gehalt 0,62 vH im Durchschnitt der sechs Analysen, so daß also der Si-Gehalt mit etwa 4 vH und der Mn-Gehalt mit etwa 14 vH Abbrand gerechnet werden kann. Ohne Zweifel ist das günstige Ergebnis der geringen Si-Abnahme auf die Einwirkung der Fe-Si-Pakete zurückzuführen.

Über die Einwirkung des Stahlzusatzes im Schachtofen ist bereits an anderer Stelle einiges gesagt worden, hier sei noch auf den Vortrag des leider viel zu früh verstorbenen Gießereifachmannes Adämmer, gelegentlich der Versammlung der Gießereifachleute 1918 zu Berlin, verwiesen. Adämmer berichtete über eigene Versuche mit Stahlzusatz beim Schmelzen von Gußeisen für hochwertigen Maschinenguß wie folgt;

Verwendet wurden:

Einsatz:	Analyse				
	Ges. Kohlenstoff	Silizium	Mangan	Phosphor	Schwefel
Hämatiteisen	3,95	3,10	0,98	0.08	0,031
Flußeisen	0,10	0,04	0,50	0,05	0,050
Maschinenbruch Manganhaltig . . .	3,68	0,43	1,60	0,26	0,066
Eingesetzt wurden:					
Hämatit 25 vH . . .	0,99	0,78	0,24	0,020	0,008
Flußeisen 35 vH . . .	0,03	0,01	0,18	0,018	0,002
Mangan-Bruch 40 vH	1,48	0,17	0,64	0,104	0,026
Zusammensetzung	2,50	0,96	1,06	0,142	0,036 vH

Die Analysen ergaben:

1 Versuch, 1 Abstich					
	Kohlenstoff	Silizium	Mangan	Phosphor	Schwefel
1 Pfanne	—	1,14	0,77	0,33	0,115
3 Pfanne	3,30	0.69	0,81	0,18	0,086
5 Pfanne	2,65	0,27	0,47	0,15	0,107
Mittelwerte	2,97	0,70	0,68	0,22	0,103 vH
2 Abstich	3,34	0,99	0,71	0,25	0,097
3 Abstich	3,26	0,75	0,83	0,15	0,092
4 Abstich	3,11	0,62	0,77	0,11	0,094
5 Abstich	3,11	0,63	0,82	0,13	0,088
6 Abstich	2,58	0,24	0,49	0,14	0,113
Mittelwerte	3,08	0,65	0,72	0,16	0,097 vH

Das Eisen wurde in einem Schachtofen von etwa 800 mm Durchm. mit doppelter Düsenreihe und etwa 100 m^3 Luftmenge in der Minute erschmolzen, bei 10 vH Satzkoks. Die Temperatur des Eisens betrug etwa 1400° C, das Eisen war also sehr heiß erschmolzen. Die Ungleichmäßigkeit in der Zusammensetzung der einzelnen Abstiche läßt sich nicht vermeiden, das Eisen muß deshalb in der Pfanne umgerührt werden.

Aus den Analysen ist zu ersehen, daß das Flußeisen später geschmolzen ist; es hat eine Kohlenstoffanreicherung und eine erhebliche Abnahme des Si- und Mn-Gehaltes stattgefunden, der P- und S-Gehalt blieb unverändert.

Weitere Zahlenreihen mit den Ergebnissen recht bemerkenswerter Schmelzversuche lassen sich noch in großer Anzahl vorführen, auch die Versuche von Fichtner mit Briketteisen und Stahlabfällen seien erwähnt, die 1916 in der Zeitschrift »Stahl und Eisen« veröffentlicht wurden. Auch die Versuche von Schulz über den Einfluß von Spiegel- oder Phosphorspiegeleisen, die in der »Gießerei-Zeitung« 1921 nach einem Vortrag vor den Gießereifachleuten in Dortmund bekanntgegeben sind, müssen der Vollständigkeit halber genannt werden. Schulz verweist in seinen Ausführungen besonders auf die Einwirkung der genannten Zusätze auf die Schwefelverminderung, die an anderer Stelle noch besprochen wird.

Über weitere Eisenmischungen muß auf die Mitteilungen in den Fachzeitschriften für das Gießereiwesen verwiesen werden, auch die Fragekästen und die genannten Handbücher geben wertvolle Aufschlüsse.

7. Die Verwendung der Gußeisen- und Stahlspänebriketts.

In den vorhergehenden Abschnitten ist bereits auf die Metallspänebriketts als Zusatz im Schmelzofen der Eisen- und Stahlgießerei hingewiesen worden. Nachdem dieses eigenartige Zusatzeisen seit vielen Jahren in den Gießereien Verwendung findet, darf wohl angenommen werden, daß die Gießer inzwischen gelernt haben, das Eisen an richtiger Stelle zu verwenden. Durch weitgehende Versuche und nicht zuletzt durch die Untersuchungen von Wüst, die in der Zeitschrift »Ferrum« 1915 veröffentlicht wurden, ist bestätigt worden, daß das Briketteisen wertvolle Eigenschaften besitzt, die durch richtige Anpassung im Eisensatz zur Geltung kommen können. Das heißt also mit anderen Worten, ebenso wie ein Roheisen oder besser noch wie ein Sondereisen mit bestimmter Analyse, ist das Briketteisen in der Eisenmischung da anzuwenden, wo seine besonderen Eigenschaften es hinweisen.

Schmelzversuche mit Brikettzusatz nach Wüst.

Versuch Nr.	Gußspäne-Brikett-zusatz vH	Analysen Silizium	Mangan	Phosphor	Schwefel	Abbrand vH	Brikett-abbrand vH	Schlacken-menge auf 100 kg gesetzten Eisens vH	Temp. in C° vH
I.	0	1,79	0,78	0,536	0,042	1,34	—	5,76	1255
II.	5	1,74	0,73	0,510	0,043	1,69	7,0	5,97	1246
III.	10	1,51	0,74	0,568	0,056	2,05	7,1	6,33	1219
IV.	15	1,50	0,72	0,565	0,060	2,37	8,2	6,68	1262
V.	20	1,50	0,69	0,479	0,056	0,58	8,3	7,33	1290

Schmelzversuche mit Brikettzusatz nach Wüst.

Versuch Nr.	Brikettzusatz	Biegefestigkeit Stäbe 30×30 mm Meßlänge 1000 mm kg/qmm	Biegefestigkeit Stäbe 30×30 mm Meßlänge 1000 mm Einbiegung mm	Biegefestigkeit Stäbe 30 mm Durchmesser Meßlänge 600 mm kg/qmm	Biegefestigkeit Stäbe 30 mm Durchmesser Meßlänge 600 mm Einbiegung mm	Zugfestigkeit aus Vierkantstäben Durchm. = 18 mm kg/mm	Zugfestigkeit aus Rundstäben Durchm. = 18 mm kg/mm	Schlagfestigkeit Stäbe 40×40 mm Auflagerdistanz = 160 mm Fallbärgewicht = 12 kg kg/m	Schlagfestigkeit Fallhöhe	Härte nach Brinell
I.	0	26,45	21,32	29,34	9,20	15,35	15,88	9,75	250 + 300 min. / 400 max.	161,3
II.	5	26,87	21,37	28,69	8,89	15,62	15,67	10,42	250 + 300 min. / 400 max.	161,8
III.	10	27,13	20,95	29,72	9,36	15,80	15,83	12,30	250 + 300 min. / 500 max.	168,0
IV.	15	29,34	22,19	33,60	9,33	18,43	19,90	12,75	250 + 350 min. / 500 max.	176,8
V.	20	34,59	24,67	36,37	10,14	21,10	21,23	19,90	250 + 350 min. / 550 max.	183,9

Nach den Versuchen von Wüst macht sich der Einfluß des Briketteisens auf die Eigenschaften des erschmolzenen Gußeisens wie folgt bemerkbar:

Die Biegungsfestigkeit vermehrt sich bei höherem Brikettzusatz bis über 35 vH. Die Durchbiegung nimmt zu. Die Zerreißfestigkeit wird wesentlich, zum Teil über 50 vH verbessert. Die Schlagfestigkeit steigt unregelmäßig. Die Härte nimmt in geringem Maße zu, die Lunkerbildung wird erschwert, aber die Neigung zum Weißwerden etwas begünstigt. Demnach sind Spänebriketts ein Mittel, das geeignet ist, bei starkwandigen Gußstücken die in der Regel nicht genügenden Festigkeitseigenschaften wesentlich zu steigern, wobei entsprechend der Wandstärke der Gußstücke, der Zusatz an Briketts gewählt werden muß.

Fichtner bestätigt in der schon erwähnten Arbeit in »Stahl und Eisen« die Ergebnisse und bemerkt noch dazu, daß auch durch den Zusatz von Schmiedeeisenabfällen hohe Festigkeitszahlen erreicht werden können. Außerdem weißt er mit Bezugnahme auf die früher erschienenen Arbeiten von Leber, Mehrtens, Schott u. a. darauf hin, daß eine wirtschaftliche Verwendung der Eisenspäne im Schachtofen durch die Brikettierung möglich ist und macht er besonders auf die volkswirtschaftliche Bedeutung der Brikettierung der Späne aufmerksam.

Die bekannten Brikettierungsanlagen in Chemnitz, Kiel, Geislingen, Stollberg, Kassel, Berlin, Wien, Prag usw. sind nach wie vor in Betrieb. Diese Anlagen sind inzwischen durch das neue Warmbrikettierungsverfahren nach Waldmann, Dortmund, noch ergänzt worden. Anlagen der neuen Art befinden sich in Gelsenkirchen, Dortmund und Siegen. Nach Klärung der politischen Verhältnisse werden weitere Anlagen, die nach Angaben der Allgemeinen Brikettierungsgesellschaft, Berlin-Dortmund, vorbereitet sind, in Betrieb kommen.

Die nach dem Heißbrikettierverfahren hergestellten Späneblöcke sind dichter und spezifisch schwerer als die kalt gepreßten Briketts; sie nähern sich in ihren mechanischen Eigenschaften dem Blockschrott. Diese Verbesserung wird auch dazu beitragen, den Gedanken an die angeblich eintretende Schwefelanreicherung bei Gußspänebrikettverwendung zu beseitigen. Außerdem wird dem Mangel des Si-Abbrandes sehr leicht durch die gleichzeitige Verwendung der Fe-Si-Pakete, Eßlingen, abgeholfen, so daß auch bei dünnwandigen Gußteilen die Brikettzusätze gestattet sind. Wenn auch zurzeit durch die Ungunst der Verkehrsverhältnisse, die sogenannte Lohnbrikettierung nicht immer zu ermöglichen ist, bleibt doch für die günstig gelegenen Werke die Wirtschaftlichkeit der Späneverwertung gesichert.

Auf die Einzelheiten der Briketteisenverwendung kann des Raummangels wegen nicht eingegangen werden, es sei auf die diesbezüglichen Arbeiten in den Fachzeitschriften und in den Gießerei-Handbüchern, besonders Geiger und Osann, wiederholt verwiesen. Auf den Wert der Brikettierung für die Nichteisen-Metalle soll an anderer Stelle noch aufmerksam gemacht werden.

8. Die Entschwefelungsverfahren für Gußeisen.

Die seit den Kriegsjahren in den verschiedenen Gießereibetrieben mehr oder weniger stark fühlbare Not an Qualitätseisen und Brennstoffen hat die Lösung der Frage der Entschwefelung des erschmolzenen Gußeisens in den Vordergrund gestellt. Infolge der Beimengungen von Sulfiden oder Sulfaten in den Eisenerzen ist in fast allen Eisensorten ein mehr oder weniger großer Schwefelgehalt vorhanden. Durch die Not der Zeit wurden unsere Hüttenwerke gezwungen, minderwertige Erze zu verarbeiten, daneben sind auch größere Mengen Schrott zugesetzt worden, so daß nach und nach die Anreicherung an Schwefel in den Roheisensorten immer fühlbarer wurde.

Da außerdem auch der Schmelzkoks mit einem höheren Gehalt an Asche und Schwefel geliefert werden mußte, machte sich in den Gießereien sehr bald die unangenehme Folge dieser lästigen Beimengungen auch in den Erzeugnissen der Eisen- und Stahlgießereien bemerkbar.

Der Schwefelgehalt stieg in vielen Gießereien auf das Doppelte und mehr, als wie in normalen Zeiten, dementsprechend wurde auch der Anteil an Fehlguß erheblich größer.

Um diesem Übelstand abzuhelfen sind zweckmäßige Maßnahmen getroffen worden. Basische Schlacken wurden im Ofen zugesetzt, die Zuschläge an Kalkstein und Flußspat erhöht, beide Versuche brachten jedoch keinen Erfolg. Zweckmäßiger erschien die Einwirkung auf die Schwefelerreicherung durch Erhöhung des Mangangehaltes in der Eisenmischung, wobei Versuche von Schulz und Greiner Erfolge brachten.

Die Ergänzung des Kalksteins durch einen Teil Flußspat, als Zusatz im Schmelzofen, erwies sich als günstig, doch wesentlich bessere Erfolge erzielte Walter, indem er dem erschmolzenen Gußeisen oder Stahl Alkalien als Entschwefelungsmittel im Eisensammler oder in der Gießpfanne zufügte.

Über die Wirkungsweise der Walterschen Entschwefelungspakete ist in den Fachzeitschriften berichtet worden, es sind auch verschiedene Zahlenreihen der gefundenen Analysenwerte veröffentlicht, auf die verwiesen werden muß. Eine Zahlentafel von Emmel, gelegentlich des Vortrages von Scharlibbe im Verein deutscher Gießereifachleute, Berlin, sei hier wiedergegeben. Die Zahlen zeigen, daß bei den genannten Versuchen eine Entschwefelung bis zu 77,5 vH in der Gießpfanne eingetreten ist.

Ergebnisse bei Versuchen mit dem Entschwefelungsverfahren Walter.

Pfannen-Inhalt: 1—15 t, Durchschnittsergebnisse aus 1000 Betriebsanalysen.

Zusatz vH	Pfanneninhalt t	Pfannenfutter	Schlackenverdickung	Schwefel- Gehalt vH	Schwefel- Abnahme vH	Probe, entnommen von
ohne	4	Schamottesteine (75vH SiO_2)	Koksgruß	0,152		
0,5				0,057	62,5	Pfannenrest
ohne	14	»	Kalk	0,099		
0,5				0,046	53,5	Pfannenoberfläche
ohne	2×15	»	»	0,140		
0,5				0,038	72,9	Pfannenrest
ohne	3	Schamottesteine (60vH SiO_2)	Koksgruß	0,106		
0,5				0,046	56,6	»
ohne	15	»	»	0,104		
0,5				0,044	57,7	Pfannenoberfläche
ohne	10	Bottroper Sand	Kalk	0,133		
1				0,036	72,2	»
ohne	2,5	»	Kalkmehl	0,133		
1				0,054	59,4	Pfannenrest
ohne	2×15	Schamottesteine (75vH SiO_2)	Koksgruß	0,111		
1				0,025	77,5	Pfannenoberfläche
ohne	2,5		Kalk und Koks	0,165		
1				0,043	73,9	Pfannenrest
ohne	1	Bottroper Sand	Kalkmehl	0,107		
1,2				0,036	66,4	Pfannenoberfläche

Nach den Betriebsergebnissen aus verschiedenen Gießereien bestätigt es sich, daß mit dem Walterschen Entschwefelungsververfahren eine wesentliche Verbesserung des erschmolzenen Gußeisens ermöglicht werden kann. Durch die Schwefelabnahme tritt auch die Lunkerbildung im Eisen zurück, so daß bei vielen Gußkörpern, z. B. Walzen usw. wesentliche Ersparnisse an flüssigen Eisen für verlorene Köpfe und sonstige Aufgüsse gemacht werden können. Gleichzeitig ist damit eine Abnahme der Fehlgußgefahr verbunden, die bei Schwefelausscheidungen in den Wandungen vieler Gußstücke oft recht unangenehm auftreten.

Um den Erfolg bei der Anwendung der Entschwefelungspakete nach Möglichkeit zu sichern, sind Leitsätze aufgestellt, die im nachstehenden wiedergegeben werden:

Das Entschwefelungsverfahren unter Anwendung der Walterschen Briketts kann sowohl im Vorherd, Eisensammler oder Mischer des Schmelzofens, als wie auch in der Gießpfanne durchgeführt werden.

Bei Anwendung des Verfahrens in der Gießpfanne ist darauf zu achten, daß die kieselsauere Ofenschlacke beseitigt wird, es soll möglichst keine Ofenschlacke in die Gießpfanne gelangen. Dieses ist von Wichtigkeit, weil die kieselsauere Ofenschlacke die Entschwefelung behindert und eine Rückschwefelung begünstigt.

Das Einbringen der Entschwefelungsbriketts in die Gießpfanne kann erfolgen, sobald das Eisen etwa 100 mm hoch den Pfannenboden bedeckt. Nach und nach werden dann die weiteren Briketts zugeworfen. Die zum Füllen der Pfanne erforderliche Zeit wird also zweckmäßig für den Entschwefelungsvorgang ausgenutzt.

Unmittelbar nach dem Füllen der Pfanne wird gemahlener, griesiger Kalkstein auf die dünnflüssige Schwefelschlacke geworfen, so daß diese nach kurzem Verrühren mit dem Kalkstein festere Form erhält, und sich leichter abziehen läßt. Das Eisen ist hiernach entschwefelt und gießfertig. Das Abschlacken der Pfannen geschieht zweckmäßig von bestimmten Leuten an einem geeigneten Platze.

Die Gießpfannen werden mit einem tonerdereichen (basischen) Futter ausgestampft, getrocknet und geschwärzt. Unter keinen Umständen darf die Schwefelschlacke mit Formsand oder Mauersand verdickt werden, weil dadurch eine Rückschwefelung eintritt.

Die Entschwefelungsbriketts sind trocken aufzubewahren. Wenn möglich sollen sie vor der Verwendung einige Zeit, etwa eine halbe Stunde, entweder auf dem Vorherd des Schmelzofens, in der Trockenkammer oder an einer sonst geeigneten Stelle vorgewärmt werden. Es empfiehlt sich auch, die Briketts vor dem Gebrauch zu zerschlagen.

Die Untersuchungen der nach diesem Verfahren behandelten Gußeisenmischungen verschiedener Art haben auch die recht bemerkenswerte Tatsache bestätigt, daß nicht nur eine kräftige Entschwefelung, sondern auch eine entsprechende Entgasung des erschmolzenen Eisens eintritt. Welche Bedeutung dieser Einwirkung zuzumessen ist, das werden am besten diejenigen Eisengießer zu schätzen wissen, die recht empfindliche Gußstücke herstellen.

Nach Untersuchungen von Oberhoffer, Aachen, enthalten 100 g Gußeisen nach vier Proben:

Guß-eisen Sorte	Schwefel vH	Ent-schwef. vH	CO_2	CO	H_2	N_2	Ge-samt	Ab-nahme vH	Härte nach Brinell
A 12622	0,096	—	4,43	49,27	31,78	—	85,58	—	315
B 12622	0,052	45,8	1,35	10,34	31,16	1,20	44,05	48,60	293
A 19622	0,089	—	4,13	45,42	11,58	3,79	64,92	—	320
B 19622	0,056	37,1	0,93	33,60	10,32	1,07	45,92	29,20	291

Es sei darauf hingewiesen, daß die Walterpakete nur für die Gießpfanne und für den Vorherd oder Eisensammler bestimmt sind, die Verwendung im Schmelzofen ist ausgeschlossen; denn die Alkalien würden im Ofen verdampfen, ohne mit dem erschmolzenen Eisen in Verbindung gekommen zu sein. Es besteht auch die Möglichkeit, daß eine Zersetzung des Ofenfutters eintritt, dies würde besonders im Elektroofen zu Störungen führen.

Auf die Versuche von Greiner, Eßlingen, mit Mn-Paketen die Entschwefelung zu ermöglichen, ist bereits hingewiesen. Es sind auch andere, ähnlich zusammengesetzte Briketts im Handel, die ebenfalls der Desoxydation und Entschwefelung dienen sollen, wie z. B. die Fermasitblöcke. Diese bestehen in der Hauptsache aus Fe-Mn und Fe-Si mit Graugußspänen gemischt, enthalten keine Alkalien. Nach den Angaben der Fermasit-Gesellschaft werden diese Briketts in der Gießpfanne zur Anwendung gebracht, 3 bis 5 kg Fermasitblöcke genügen auf etwa 1000 kg Eisen, um dieses zu reinigen. Über den Erfolg des Verfahrens ist in der Eisenzeitung berichtet worden.

9. Die Verbesserung des Gußeisens durch Zusätze in der Gießpfanne.

Abgesehen von der Entschwefelung und Desoxydation des erschmolzenen Gußeisens, werden häufig auch andere Zusätze verwendet, um dem Gußeisen besondere Eigenschaften in bezug auf Festigkeit und Dichte zu verleihen.

Nach den Versuchen von Zenzes wird flüssiges Stahleisen in der Gießpfanne zugesetzt, um ein Gußeisen von hoher Festigkeit zu erreichen. Ferner verwenden einige Gießereien Ferrosilizium, Ferromangan und Ferrophosphor als Zusatz in der Gießpfanne, um je nach Bedarf in einzelnen Fällen Gußstücke in besonderer Zusammensetzung herzustellen. Von Ausnahmen abgesehen hat dieser Zusatz keine ständige Anwendung gefunden, denn ohne innige Mischung des Gußeisens ist eine zuverlässige Gleichmäßigkeit nicht zu erzielen und auch dann nur, wenn ein genügend überhitzt erschmolzenes Eisen zur Verfügung steht.

Durch die erwähnten Eßlinger-Pakete ist auf einfachere Weise die gewünschte Anreicherung in einer bestimmten Gußeisensorte im

Schmelzofen zu ermöglichen. Es sei jedoch darauf hingewiesen, daß das Eisen in der Gießpfanne in der Regel ungenügend gemischt ist, so daß zweckmäßig unter Verwendung größerer Pfannen oder besser noch, wie in den amerikanischen Gießereien üblich, unter Verwendung einer Sammelpfanne am Schmelzofen, die kippbar angeordnet ist, die gründliche Mischung, die der Schmelzofen versagt, erfolgen kann.

Übrigens sind in vielen Gießereien, besonders in Süddeutschland, Schilder in Anwendung, die in deutlich lesbarer Schrift die Gießer darauf hinweisen, das Eisen vor dem Vergießen umzurühren. Diese Vorschrift ergänzt die Leitsätze für den Schmelzbetrieb, für die Mehrtens wiederholt eingetreten ist.

Die Anwendung der Goldschmidtschen Thermitzusätze in der Gießpfanne zur Vermeidung der Lunkerbildung bei Gußeisen und Stahlguß ist bekannt, auch die Versuche mit einem Zusatz von Ferrotitan und Ferrovanadium seien erwähnt, wie auch die Versuche mit Cerium im Gußeisen von Moldenke.

Guertler sprach im Verein deutscher Gießereifachleute 1921 über Zusätze neuerer Elemente zur Verbesserung des Gußeisens, ähnlich wie beim Stahl bzw. Edelstahl. Guertler untersuchte die bisher bekannten 92 Elemente auf die Möglichkeit solche zu finden, die geeignet wären, die Eigenschaften des Gußeisens zu verbessern. Er kam zu dem Ergebnis, daß wohl durch einige Zusätze eine Verbesserung der chemischen Eigenschaften und unter Umständen auch eine Erhöhung der Festigkeit möglich sei, aber auf keine Weise vermögen diese Zusätze die Brüchigkeit des Gußeisens aufzuheben und ihm Geschmeidigkeit zu erteilen, da die Träger dieser Brüchigkeit, entweder Eisenkarbid oder Graphit, sich durch keinen dieser Zusätze entfernen oder in andere Zustandsformen umsetzen lassen.

---

e) Die Anlage und der Betrieb der Schmelzöfen für Gußeisen.

Abgesehen von dem unmittelbaren Guß aus dem Hochofen kommt für das Umschmelzverfahren der Tiegelofen, der Flamm- oder Herdofen und der Schachtofen (Kupolofen), in neuerer Zeit aber auch der Elektroofen in Frage. Beim Schmelzen im Tiegelofen ist eine Berührung des Tiegelinhaltes mit dem Brennstoff fast ausgeschlossen. In bezug auf die Schwefelaufnahme beim Koksofen ist dies ein großer Vorteil, aber das Schmelzverfahren ist sehr teuer, es kommt auch nur für kleinste Gußstücke und besonders Qualitätsware in Anwendung.

Der Flammofen ermöglicht die Verwendung roher Brennstoffe und die Verwertung großer Brucheisenstücke (Walzen usw.), die Brennstoffausnutzung ist aber ungünstig und die Bedienung umständlich, deshalb kommt die Anwendung dieser Schmelzöfen nur in Sonderfällen, bei großen Gußstücken, Walzen usw. in Frage.

Das Schmelzen im Schachtofen (Kupolofen) ist am einfachsten, die Anlage- und Unterhaltungskosten geringer und dabei die Ausnutzung der Brennstoffe, richtige Betriebsführung vorausgesetzt, am günstigsten.

Der Elektroofen kann vorläufig, von der Herstellung des Tempergusses abgesehen, in der Hauptsache als Zusatzofen zum Schachtofen angesehen werden, und zwar um ein besonders hochwertiges Gußeisen zu erzeugen. Geilenkirchen hat sich über die Frage der Verwendung des Elektroofen in der Eisengießerei bereits in seinem Vortrage im Verein deutscher Eisengießereien 1921 in München sehr ausführlich geäußert, an anderer Stelle wird auf den Bericht noch näher eingegangen, dabei wird auch auf die Ausführungen von Moldenke in der gleichen Frage hingewiesen werden und an die Berichte von Herkenrath und Kothny erinnert.

1. Das Schmelzen im Tiegelofen.

Das Schmelzen von Gußeisen im Tiegelofen wird noch heute, wenn auch im geringeren Umfange ausgeführt, während für Temperguß nach wie vor, trotz der Tiegelnot, der Tiegelofen für die Herstellung von Qualitätsguß benutzt wird. Allerdings steht der Elektroofen mit dem Tiegelofen in bezug auf die Herstellung von Temperguß im Wettbewerb.

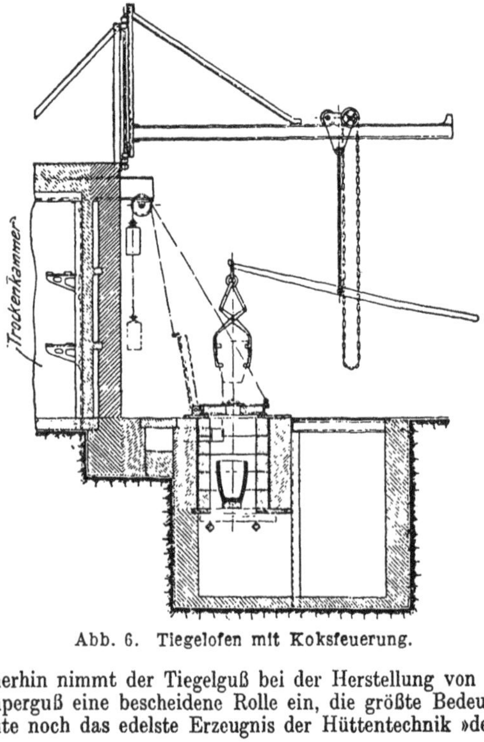

Abb. 6. Tiegelofen mit Koksfeuerung.

Immerhin nimmt der Tiegelguß bei der Herstellung von Gußeisen und Temperguß eine bescheidene Rolle ein, die größte Bedeutung hat auch heute noch das edelste Erzeugnis der Hüttentechnik »der Tiegelstahl«. Die Wichtigkeit der Tiegelbehandlung vor und während der Verwendung sei erwähnt und dabei auf die Merkblätter über die sparsame Verwendung von Graphittiegeln, die der Geschäftsführer der Graphitstelle, Axelrad, 1917 herausgegeben hat, hingewiesen.

Je nach dem verwendeten Brennstoff, ob Koks, Heizöl, Gas oder elektrischer Strom für den Schmelzvorgang in Frage kommt, zeigt der Ofen eine besondere Bauart und Tiegelgröße. Die einfachste Form ist der sogenannte Tiegelschachtofen mit rechteckigem oder rundem Querschnitt für die Aufnahme der Tiegel, für festen Brennstoff (Koks). Die Öfen bestehen aus einem gemauerten, unten mit einem Rost und oben mit einem Deckel versehenen Schacht, der an einen Kamin zur Erzielung des Zuges angeschlossen ist.

Die vorstehende Abbildung zeigt einen derartigen normal zu nennenden Tiegelofen mit Koksfeuerung.

Der Ofen faßt nur einen Tiegel, sie sind aber oft auch mit 2, 3 und 4 Tiegeln ausgerüstet, dementsprechend ist der Querschnitt des Schachtes angepaßt. Mit der Zahl der Tiegel wächst aber auch die Schwierigkeit der gleichmäßigen Erhitzung der Tiegel, deshalb sind Öfen mit mehr als 4 Tiegel und Koksfeuerung sehr selten.

Der Koksverbrauch beim Gußeisenschmelzen im Tiegelofen beträgt etwa 75vH gegenüber 175 bei Hartstahl und 200vH bei Weicheisen, vom Tiegeleinsatz. Bei Gußeisen können Tiegel bis zu 150 kg Fassung, bei Stahl- und Weicheisenguß solche bis zu 35 kg Fassung gebraucht werden. Zur Schonung der Tiegel benutzt der Gießer vor dem Stahlschmelzen in der Regel eine Graugußschmelzung. Bezüglich der Wärmeausnutzung im Tiegelofen gegenüber dem Gießereischachtofen (Kupolofen) geben die folgenden Zahlen, die einem Vortrage von Mathesius, Berlin, entnommen sind, einige Anhaltspunkte:

	Tiegelofen	Schachtofen
Höchsttemperatur	bis 1800°	etwa 1400—1500°
Abgastemperatur	bis 1600°	etwa 400°
Verbrennung von C erfolgt zu	CO_2	teils CO_2 u. CO
Luftbedarf für 1 kg Schmelzkoks	etwa 10,5 cbm	etwa 8,5 cbm
Die nutzbare Wärmeabgabe	gering	groß

Neben den einfachen Tiegelöfen für feste Brennstoffe haben sich eine Reihe von Sonderbauarten dieser Öfen bewährt. Erwähnt seien die Öfen von Piat-Baumann, Basse & Selve, Bad. Maschinenfabrik, Durlach, Pintsch und Debus-Brabandt, die sowohl für Gußeisen als auch für Nichteisen-Metallguß mit Erfolg benutzt werden können. Diese Öfen werden allerdings anstatt mit natürlichem Zug durch den Schornstein, mit Gebläse, also mit künstlichem Zug betrieben. Dadurch wird die Schmelzzeit bedeutend verkürzt, diese Öfen benötigen in der Regel nur ein Viertel der Schmelzzeit. Dabei werden die Tiegel wesentlich geschont, und erheblich an Brennstoff gespart, außerdem ist das Schmelzen nicht vom Wetter abhängig. Die Öfen dieser Art sind kippbar gebaut. Die Tiegelöfen mit flüssigem Brennstoff bieten gegenüber den Koksöfen große Vorteile und sichern sich infolgedessen eine stetige

Verbreitung. Vor allen Dingen ist der Schutz des Tiegelinhaltes vor den Einflüssen der schwefelnden und oxydierenden Einwirkungen der Koks- und Kohlengase von Bedeutung.

Der wesentlich vereinfachte Betrieb und die Ersparnis an Brennstoff und Tiegel gegenüber dem Ofen mit festen Brennstoffen sind Vorteile, die für den Ölofen sprechen. Nachdem die Fortschritte in der Ölfeuerungstechnik erkannt sind, gelangen auch seit Jahren recht brauchbare, wirtschaftlich arbeitende Feuerungen auf den Markt. Leider hindert der Brennstoffmangel zurzeit die schnellere Einführung, aber dessenungeachtet wird durch die ständige Verbesserung der Anlagen für die Weiterverbreitung der Ölfeuerung recht lebhaft gesorgt.

Nach den Erfolgen der Ölschmelzöfen in Amerika und nach den ersten Helbigöfen in Deutschland sind brauchbare Ölöfen in großer Zahl eingeführt worden. Besonders die Firmen Karl Schmidt in Heilbronn und die Buess-Ölfeuerungs-Akt.-Ges., Dortmund, waren es, die in bahnbrechender Weise für die Einführung der Ölfeuerung eintraten. Weitere namhafte Werke, die mit Erfolg auf diesem Gebiete arbeiten, sind Huber & Autenrieth, Stuttgart, Fulmiawerke in Mannheim, Siegen-Lothringer-Werke in Geisweid u. a. m.

Über die Vorzüge der Ölfeuerung gegenüber der Koksfeuerung äußern sich die in Frage kommenden Werke wie folgt:

1. Keine Schwefelaufnahme im Metall wie bei der Koksfeuerung.

2. Ausnutzung des höheren Heizwertes der flüssigen Brennstoffe mit etwa 9000 bis 10000 WE gegenüber dem Koks mit etwa 5000 WE.

3. Das Heizöl wird von einem Hauptbehälter durch zweckmäßig angeordnete Rohrleitungen, gegebenenfalls unter Verwendung der zum Zerstäuben benötigten Druckluft, den Feuerstellen zugeführt. Für feste Brennstoffe, wie Koks, Kohle usw. sind umständlichere Fördereinrichtungen, größere Sammellager und besondere Lagerstellen, die viel Platz beanspruchen und den Betrieb belästigen, bei jeder Feuerung erforderlich.

4. Die Ölfeuerung ermöglicht größte Vereinfachung in der Bauart der Öfen und in der Feuerung, da weder Roststäbe noch sonstige Zubehörteile, die mehr oder weniger dem Verschleiß unterworfen sind, benötigt werden.

5. Erhebliche Ersparnisse an Arbeitslöhnen, denn bei der Ölfeuerung kann ein Mann leicht mehrere Feuerstellen bedienen, während bei festen Brennstoffen meist jedes Feuer einen Hilfsarbeiter für Zerkleinern, Sieben, Nachlegen des Heizstoffes sowie Entfernen der Schlacken, Freimachen der Roststäbe, Fortschaffen der Asche usw. benötigt. Bei der Ölfeuerung wird nur der Brenner richtig eingestellt, dann arbeitet die Feuerung wie ein Uhrwerk.

6. Volle Ausnutzung des Heizöles, da keine Vorwärmung notwendig ist. Die Ölfeuerung liefert die volle Hitze schon nach wenigen Minuten, aber die festen Brennstoffe benötigen bis zur vollen Wirkung wesentlich längere Zeit, oft Stunden. Während feste Brennstoffe noch lange Zeit nachbrennen, kann bei der Ölfeuerung die Ölzufuhr sofort abgestellt werden. Bei flüssigen Brennstoffen ist es möglich, 85 bis 90 vH der WE in Wärme umzusetzen, bei festen Brennstoffen dagegen entweicht ein sehr großer Teil der Wärme unbenutzt als Ruß, Rauch oder Gas, geht also verloren.

7. Der Wirkungsgrad der Ölfeuerung mit 0,9 gegenüber 0,3 bei der Koksfeuerung entspricht den Erfahrungswerten, wonach 1 kg Heizöl ungefähr denselben Erfolg gibt, wie 3 kg Koks. Bei schlechter Beschaffenheit des Kokses ist die Ausbeute desselben noch ungünstiger.

8. Die gleichmäßige und im voraus ziemlich genau zu bestimmende Temperatur, mit der bei einer brauchbaren Ölfeuerungsdüse gearbeitet werden kann, sowie deren leichte Einstellung, gewährleisten die sichere Durchführung besonderer Maßnahmen bei chemischen und metallurgischen Prozessen.

Die hohe Wirtschaftlichkeit der Ölfeuerung, ihre Sauberkeit im Betrieb und ihre leichte Handhabung durch wenig geschulte Arbeiter begründen ihren Ruf als beste Feuerung der Gegenwart.

Die nachstehende Abb. 7 zeigt einen Bueßofen mit Ölfeuerung nach der letzten Bauart.

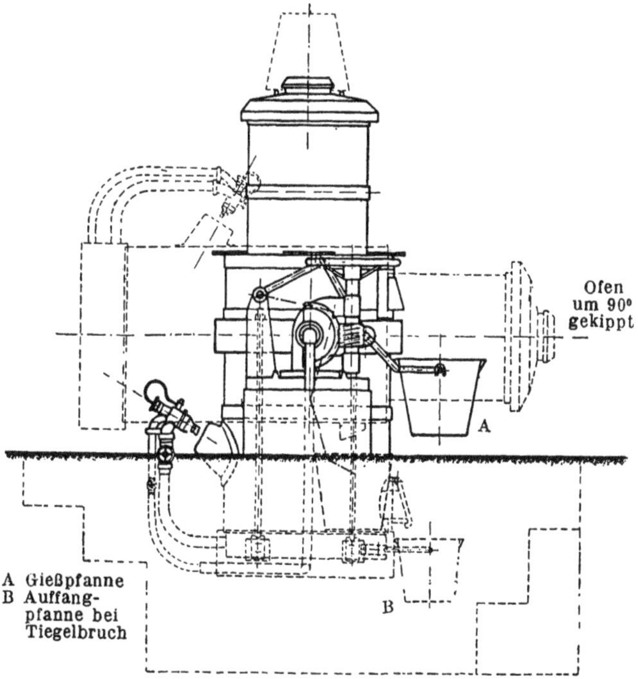

Abb. 7. Der Bueß-Tiegelschmelzofen.

Der in zwei gußeisernen Lagern ruhende, durch Handrad und Schnecke leicht kippbare Ofen liegt etwa bis zur Achsenhöhe unter der Gießereisohle. Der obere Teil schneidet mit dem Ofenaufsatz ungefähr in Brusthöhe ab, so daß der Schmelzer den Ofen leicht bedienen und den Schmelzvorgang gut beobachten kann. Der Ofen besteht in der Hauptsache aus einem Traggestell mit Ausrüstung und dem leicht auswechselbaren Ofenschacht mit Aufsatz.

Die Zuführung der Zerstäubungs- und Verbrennungsluft sowie des Heizöles geschieht durch die hohlen, durch einen Mantelring starr miteinander verbundenen Drehachsen. Hierdurch wird erreicht, daß die der Reinigungsöffnung gerade gegenüberliegende Düse die Kippbewegung des Ofens mitmacht, so daß bei etwaigem Bruch eines Tiegels das in den Ofen eingelaufene flüssige Metall restlos wieder aufgefangen und vergossen werden kann. Auf dem Wege zur Düse wird die Druckluft durch den unter dem Ofen befindlichen Luftbehälter geführt, so daß der am meisten der hohen Temperatur ausgesetzte feuerfeste Ofenboden gekühlt und vor zu frühem Verschleiß bewahrt bleibt. Gleichzeitig wird dabei die Druckluft vorgewärmt und damit die Schmelzleistung des Ofens sowie die Haltbarkeit des Tiegels wesentlich erhöht.

Mittels der genau einstellbaren Düse wird das innige Gemisch von Luft und Öl auf den als Tiegeluntersatz herzförmig ausgebildeten feuerfesten Stein gepreßt. Die voll entwickelten Heizgase werden dann zwangläufig geteilt unmittelbar an der Wandung des Schmelztiegels, dessen Fassungsvermögen noch durch einen gebrauchten, umgekehrt aufgesetzten, aber zum Schmelzen nicht mehr verwendbaren Tiegel verdoppelt wird, bis zur restlosen Ausnutzung heraufgeführt.

Die Düse ist leicht einstellbar, an der Feuerung frei eingebaut, sehr leicht zugänglich und der rückstrahlenden Hitze nicht ausgesetzt. Durch den verstellbaren Düsenkopf kann die Luftzufuhr nach Bedarf vergrößert oder verringert werden, so daß das richtige Verbrennungsverhältnis zur Erlangung bestimmter Temperaturen zweckentsprechend eingestellt werden kann. Die Flamme kann je nach Bedarf sauerstoffarm (reduzierend) oder sauerstoffreich (oxydierend) arbeiten. Bei ausgleichender Einstellung erfolgt die vollständige Verbrennung des Kohlenstoffes zu Kohlensäure.

In der Abb. 8 ist ein kippbarer Tiegelofen nach Bauart Schmidt wiedergegeben.

Gegenüber den Tiegelöfen mit Ölfeuerung wird der Ofen ohne einsetzbaren Tiegel als wirtschaftlicher bezeichnet. Das ist aber nicht immer der Fall, denn der Fachmann weiß, daß besonders bei zinkreichen Legierungen die unmittelbare Einwirkung der Heizgase auf das Metall, je nach der Art des Metalles mehr oder weniger große Schmelzverluste mit sich bringt. Um im tiegellosen Ofen ein genügend heiß erschmolzenes Metall zu erzielen, muß die Oberfläche des Metallbades so reichlich überhitzt werden, daß das Metallbad bis auf die Ofensohle genügende Schmelzwärme erhält. Für hochwertigen Guß ist ein derartiges Einwirken der Heizgase nicht angebracht, es würde Schwierigkeiten machen, die Verunreinigungen aus dem flüssigen Metall wieder herauszubringen.

Die tiegellosen Öfen mit Ölfeuerung sind vielfach für Schmelzungen von Temper- und Stahlguß erprobt worden. Abeking berichtet z. B. darüber in »Stahl und Eisen« 1918, eine nennenswerte Einführung der Öfen für den genannten Zweck ist aber noch nicht erfolgt, die Ölbeschaffung

Abb. 8. Tiegelloser, kippbarer Schmelzofen mit Ölfeuerung, Bauart Schmidt.

wird auch ein Hindernis gewesen sein. In den letzten Jahren hat die Alfred Gutmann-A.-G., Altona-Ottensen, unter der Bezeichnung Schmelzofen »Germania« einen neuen tiegellosen Ofen mit Ölfeuerung herausgebracht.

Dieser Ölofen, der in drei Größen 250/500, 500/750 und 750/1000 kg Einsatzfassung geliefert wird, soll sich nach Angaben von Henning, Kiel, sehr gut bewähren, Anlagen dieser Bauart befinden sich in mehreren Gießereien in ständigem Betrieb. Als Brennstoff kommt sowohl Teeröl als auch Naphthalin in Frage.

Die mit Gas geheizten Tiegelöfen haben sich in den deutschen Gießereien wenig eingeführt, trotzdem sie nach den Ergebnissen der vorgenommenen Versuche am billigsten arbeiten. Nach Berichten in »Stahl und Eisen« 1917 stellten sich die Schmelzkosten bei Gas-, Koks- und Ölfeuerung wie 100 : 135 : 267, neuere Zahlen liegen nicht vor.

Für die Herstellung des Tiegelstahls kommen die nach den Erfindern genannten Siemens-Tiegelflammöfen in Frage. Diese Öfen setzen einen ununterbrochenen Tag- und Nachtbetrieb voraus, für kleine Gießereien ist der Ofen also ungeeignet, die Anlage- und Unterhaltungskosten sind auch sehr hoch, so daß er nur in bestimmten Fällen, wo eine andere Ofenart nicht zuverlässig erscheint, verwendet wird.

Die Elektroschmelzöfen haben in den letzten Jahren eine sehr lebhafte Entwicklung gezeigt, so daß erwartet werden kann, daß sie in den Gießereibetrieben bald festen Fuß fassen. Abgesehen von den kleinen Versuchsöfen, Bauart Helberger (AEG) und Bauart Krupp, Essen, die bereits seit vielen Jahren bekannt sind, kommen für den Gießereibetrieb, sei es Stahlguß, Temperguß oder Gußeisenherstellung, wohl alle Bauarten in Frage. Da diese Öfen, abgesehen von den Versuchsöfen, als tiegellose Öfen zu bezeichnen sind, soll an anderer Stelle noch einiges dazu gesagt werden.

Im übrigen sei auch hier auf die Ausführungen der genannten Fachleute über die Herstellung der Gießereierzeugnisse im Elektroofen in den Zeitschriften verwiesen.

2. Das Schmelzen im Flammofen.

Wie bereits erwähnt, kommt der Flammofen in den deutschen Gießereien nur in Ausnahmefällen und besonders für große Stücke, besonders Walzen, in Frage. Die Brennstoffausnutzung ist schlecht, gegenüber dem Schachtofen mit etwa 40 bis 50 vH, beträgt der Wirkungsgrad nach Osann nur etwa 8 bis 10 vH. Als Brennstoff kommt nur eine beste langflammige Steinkohle zur Verwendung. Die Gasfeuerung kommt in Frage, wenn es sich um Dauerbetrieb handelt.

Der Schmelzverlauf im Flammofen kann gut beobachtet und geregelt werden. Während des Schmelzvorganges läßt sich durch Aufgabe von Sondereisen oder Zusätze der Gehalt an Si, Mn, P usw. mit ziemlicher Sicherheit ändern.

Auch der Schwefelgehalt läßt sich in niedrigen Grenzen halten, da der Brennstoff mit dem flüssigen Metall nicht in unmittelbare Berührung kommt. Das Eisenbad kann auch umgerührt werden, also ist eine große Gleichmäßigkeit im Eisen zu erzielen. Ein großer Vorteil ist es ferner, daß große Eisenmengen auf einmal abgelassen werden können, so daß also für ein großes Gußstück eine ganz bestimmte Eisenmischung hergestellt werden kann.

Für kleine Betriebe kommt der Flammofen nach dem Vorhergesagtem nicht in Betracht, es sei denn, daß der Ofen für die Herstellung von Temperguß bestimmt ist, oder daß kleine Flammöfen, in der vorgenannten Art der tiegellosen Öfen gebraucht werden.

Die Wärmeübertragung erfolgt im Flammofen durch Leitung und Strahlung, den Gasen muß eine bestimmte Aufenthaltszeit im Ofen gegeben werden, damit nicht unnötige Wärmeverluste entstehen. In der nachstehenden Abbildung ist ein einfacher Flammofen deutscher Bauart wiedergegeben.

Die Größe der Herdfläche beträgt für je 1000 kg Einsatz bei großen Öfen mit mehr als 5000 kg Einsatz 0,5 bis 0,6 m², bei kleineren Öfen etwa 0,8 bis 0,10 m².

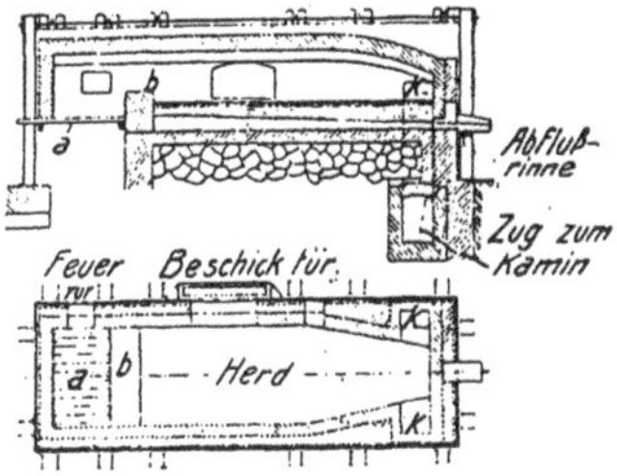

Abb. 9. Flammofen.

Größe der gesamten Rostfläche $a = \frac{1}{3}$ der Herdfläche (bei großen Öfen knapper, bei kleineren Öfen reichlicher bemessen).

Größe der gesamten Rostfläche = $\frac{1}{3}$ bis $\frac{1}{2}$ der gesamten Rostfläche.

Verhältnis der Länge des Rostes (von Rückwand des Ofens bis Feuerbrücke *b*) 0,4 bis 0,5 m.

Breite des Herdes an der Feuerbrücke gleich Rostbreite.

Größe des Flammenlochs (dem Querschnitt des Ofens zwischen Feuerbrücke und Decke) gleich 0,5 bis 0,7 der gesamten Rostfläche. Die Größe des Flammenlochs geteilt durch die Breite (Rostbreite) gleich der Höhe, d. i. Abstand der Ofendecke von Oberkante Feuerbrücke). Diese Abmessung beträgt zweckmäßigerweise nicht weniger als 0,4 m und nicht mehr als 0,7 m.

Querschnitt des Fuchses $\frac{1}{9}$ bis $\frac{1}{20}$ der gesamten Rostfläche.

Querschnitt der Esse an der engsten Stelle = $\frac{1}{4}$ der gesamten Rostfläche.

Höhe der Esse etwa 25 m.

Flammöfen verschiedener Bauart sind in den bekannten Handbüchern von Geiger, Osann und auch West-Schott beschrieben. Rein, Hannover, bringt für den Flammofen als brauchbaren Feuerungsrost die Bauart »Mehrtens-Prometheus« mit wassergekühlten hohlen Roststäben in Vorschlag.

Die Versuche, derartige Flammöfen mit Ölfeuerung zu betreiben, sind noch nicht abgeschlossen, zunächst genügen aber die genannten kleinen kippbaren Öfen, die bis etwa 3000 kg Fassung gebaut werden.

Im Schmelzvorgang wird das Mangan am leichtesten verbrannt, auch das Eisen erleidet durch Verbrennung hohen Verlust, denn es bietet der Einwirkung der Heizgase eine große Oberfläche. Der Mangan- und Siliziumgehalt des Einsatzes ist von großer Bedeutung für die Höhe des Kohlenstoffes im erschmolzenen Eisen. Schwefel und Phosphor bleiben ziemlich unverändert.

3. Das Schmelzen im Gießerei-Schachtofen (Kupolofen).

Dem altbekannten Gießereischachtofen, der unter dem noch heute von den meisten Gießereien gebrauchten Decknamen »Kupolofen«, seit vielen Jahrzehnten ein recht beschauliches Dasein führt, wird in letzter Zeit das Leben etwas schwerer gemacht, denn man mutet ihm zu, daß er sich der Not der Zeit entsprechend mit einem geringeren Schmelzkoksverbrauch begnügt als bisher, d. h. also mit anderen Worten, es ist erkannt worden, daß der alte Schachtofen recht unwirtschaftlich arbeitet, und er muß sich nun, ob er will oder nicht, dem sparsamen Brennstoffverbrauch nach Möglichkeit anpassen.

Seit Jahr und Tag sind Versuche eingeleitet worden, die Wirtschaftlichkeit im Betriebe des Gießereischachtofen zu erhöhen, und die Ergebnisse, die in der letzten Zeit in den Fachblättern bekannt gemacht wurden, lassen erkennen, daß der Erfolg nicht ausbleibt. An erster Stelle ist es der Schürmannofen, der mit gutem Beispiel vorangegangen ist. Es soll über diesen Ofen an anderer Stelle berichtet werden.

Zunächst sei hier über den normalen Schachtofen, wie er in den Eisengießereien überall angetroffen wird, einiges gesagt. Absichtlich soll hier, dem Beispiel von Osann in seinem Lehrbuch über die Eisen- und Stahlgießerei folgend, nach der Anregung von Mehrtens, an Stelle der Bezeichnung »Kupolofen« »Gießereischachtofen« gesagt werden. Es wird mit so vielen alten Gebräuchen gebrochen, da kann auch die irrige Bezeichnung »Kupolofen«, selbst wenn sie schon gewisse Hausrechte erworben hat, verlassen werden.

Wenngleich die Vorgänge im Schmelzbetrieb des Schachtofens sehr einfach erscheinen, so sind sie doch in den Einzelheiten noch nicht genügend geklärt, so daß es sich lohnt, auf einige Einzelheiten im Bau der Öfen und auf gewisse Regeln der Betriebsführung hinzuweisen.

Abgesehen von Fehlern der früheren Zeit, wobei es vorkam, daß einige Ofenbauer den Schachtofen mit dem Hochofen in bezug auf den in beiden sich abspielenden chemischen Vorgängen auf gleichen Fuß stellen wollten, ist heute doch eine gewisse Einheitlichkeit im Aufbau des Gießereischachtofens festzustellen. Der Zweck des Ofens ist, mit möglichst geringem Koksverbrauch in kürzester Zeit bei geringstem Schmelzverlust die eingebrachte Eisenmischung in den flüssigen Zustand überzuführen. Bei raschem Schmelzen ist der Schmelzverlust geringer als bei langsamem Schmelzen, anderseits wird ein rasches Schmelzen durch große Hitze in der Schmelzzone ermöglicht, also eine weitgehende vollkommene Verbrennung des Brennstoffes Bedingung.

Der Kohlenstoff des zugeführten Schmelzkokses liefert zwei Verbrennungsrückstände, nämlich das Kohlenoxyd CO und die Kohlensäure CO_2. Die zuletztgenannte Verbindung des Kohlenstoffes mit der doppelten Menge Sauerstoff stellt die vollständige Verbrennung des Kokses dar. Bei diesem scheinbar vollständigen Verbrennungsvorgang wird aber mit der gleichen Menge Koks eine etwa dreifache Wärmemenge erreicht. Es ist also die Hauptaufgabe beim Bau eines derartigen Schachtofens, den Luftsauerstoff so zuzuführen, daß er zu einer möglichst vollkommenen Verbrennung alles Kohlenstoffes aufgebraucht werden kann.

Die vor den Luftdüsen in der Schmelzzone gebildete Kohlensäure kann sich aber bei längerem Verweilen in der glühenden Koksmasse wieder zu Kohlenoxyd umbilden, nämlich durch Hinzutreten eines weiteren Atoms Kohlenstoff nach der bekannten Gleichung: $CO_2 + C = 2\,CO$. Ob nun die Verbrennung des Schmelzkokses zu Kohlensäure unmittelbar vorsichgeht, nach der Gleichung: $C + 2\,O = CO_2$ oder mittelbar in dem zuerst dasKohlenoxyd sich bildet, $C + O = CO$, daß dann durch weitere Verbrennung die Kohlensäure sich bildet, $CO + O = CO_2$, kann hinsichtlich des Wärmeerfolges gleichgültig bleiben. Es ist nur Rücksicht darauf zu nehmen, daß die Rückbildung der Kohlensäure zu Kohlenoxyd verhütet wird, oder daß dieses wieder durch abermalige Verbrennung zu Kohlensäure umgewandelt wird. Auf die Beachtung dieser Verbrennungsvorgänge müssen alle Gießereischachtöfen gebaut werden.

Abb. 10. Gewöhnliche Gießereischachtöfen mit Eisensammler.

Wie die vorstehende Abbildung zeigt, besteht der Gießereischachtofen in der Hauptsache aus einem einfachen Blechmantel von kreisförmigem Querschnitt. Die Kreisform gibt den Vorteil, daß die Haltbarkeit der Ofenausmauerung gesichert ist. Auch gibt die vollkommen zylindrische Schachtform die günstigste Wärmeausnutzung im Ofen. In der Regel wird der Schacht von der Öffnung an der Gichtbühne nach unten zu etwas weiter ausgeführt, so daß die eingebrachten Gichten sich nicht aufhängen können, und das Mauerwerk von den rutschenden Eisensätzen nicht zu stark beschädigt wird.

Besondere Ausbauchungen im Ofen oder Verengungen des Mauerwerkes in der Schmelzzone bringen keinen nennenswerten Nutzen, selbst dann nicht, wenn an Stelle der Formsteine der Ofen mit feuerfester Masse ausgestampft wird.

Der untere Teil des Schmelzofens dient als Eisensammler und ist dabei zu unterscheiden, daß die Öfen einmal mit und einmal ohne besonders vorgebauten Eisensammler ausgeführt werden. Welche Bauart den Vorzug verdient, das richtet sich ganz nach den Betriebsverhältnissen. Tatsache ist jedenfalls, daß der Ofen mit vorgebautem Eisensammler ein gleichmäßiges Heruntergehen der Schmelzsäule ermöglichen kann, so daß also bei ständigem Ablauf des erschmolzenen Eisens in den vorgebauten Sammler nennenswerte Störungen in der Schmelzzone durch unregelmäßiges Nachfallen der Eisenstücke, bei plötzlichem Entleeren des einfachen Schachtofens, nicht in Frage kommen.

a) **Der Ofenmantel** muß unbedingt stark ausgeführt werden, so daß er den Anforderungen des rohen Betriebes sich gewachsen zeigt. Wenn auch dem Lieferanten der Öfen in der Regel keine Vorschriften über die Blechstärke und sonstige Einzelheiten gemacht werden, so dürfte es doch als selbstverständlich zu bezeichnen sein, daß gewisse Normen eingehalten werden. Jedenfalls ist es unzulässig, wenn Schachtöfen mit etwa 1200 mm Durchm. und größer aus Blechen von 4 bis 5 mm hergestellt werden, denn diese Bleche sind zu schwach, um den Anforderungen des Schmelzbetriebes genügenden Widerstand zu leisten. Als normale Blechstärke müßte im vorliegenden Falle ein Blech von 8 bis 10 mm vorgeschrieben werden, das nach oben, d. h. nach der Gichtbühne zu, vielleicht auf 6 bis 8 mm bemessen werden könnte.

b) **Die Ausmauerung des Ofens** besteht aus besten feuerfesten Steinen. Es ist beim Aufbau des Futters darauf zu achten, daß große Fugen vermieden werden. In letzter Zeit hat es sich als wirtschaftlich erwiesen, an Stelle der Formsteine die Aufstampfmasse zu verwenden, und liegen hierüber aus verschiedenen namhaften Gießereibetrieben sehr günstige Zahlen vor. Bei dem Aufstampfen muß aber darauf geachtet werden, daß die Masse nicht zuviel Wasser enthält, weil ein größerer Wassergehalt die Bildung von Rissen während der Zeit des Trocknens im Gefolge hat. Über die Herstellung der Aufstampfung wird an anderer Stelle noch einiges gesagt werden. Es sei aber betont, daß eine gewisse Erfahrung bei der Ausführung dieses Futters notwendig ist, und nur sorgfältig hergestellte Stampfmasse und Verarbeitung kann einen Vorteil gegenüber den bestgeeigneten feuerfesten Steinen bringen.

c) **Die Berechnung des Schachtofenquerschnittes,** der Größe der Düsen und die Berechnung der dem Ofenquerschnitt zukommenden Luftmenge hat sich auf Erfahrungsgrundsätzen aufgebaut. Hier Einzelheiten anzuführen, das würde zu weit gehen, es muß deshalb auf die Angaben in den Gießereihandbüchern verwiesen werden. Fast allgemein erfolgte früher die Berechnung der für den Schmelzbetrieb notwendigen Luftmengen nach den Analysen der Gichtgase, und die von Lürmann bereits 1891 in »Stahl und Eisen« gegebene nachstehende Zahlentafel über die Schmelzleistungen normaler Schachtöfen bei veränderter Luftzufuhr gaben vielfach eine Unterlage für die Berechnung des Ofenquerschnittes.

Die Schmelzleistung bei veränderter Luftzufuhr (nach Lürmann).

Abmessung des Ofens in der Schmelzzone		Schmelzung in der Stunde	Luftbedarf in der Minute bei einem Satzkoksverbrauch von			
Durchmesser mm	Querschnitt qm	kg	7 vH cbm	8 vH cbm	9 vH cbm	10 vH cbm
500	0,196	1000	11,8	13,3	14,9	16,4
600	0,282	2200	26,0	29,3	32,7	36,0
700	0,384	3400	40,2	45,3	50,5	55,6
800	0,502	4600	54,4	61,4	68,3	75,3
900	0,636	5800	68,6	77,4	86,1	95,0
1000	0,785	7000	82,5	93,4	104,4	114,5
1100	0,950	8200	97,0	109,4	121,8	134,2
1200	1,130	9400	11,2	125,4	139,6	153,8

Nach diesen Angaben benötigt z. B. ein Schmelzofen von 1000 mm l. Durchm. in der Schmelzzone bei 7 vH Satzkoks 82,5 m³ Luft, bei 10 vH Satzkoks aber 114,5 m³ Luft. Wie auch Buzek in »Stahl und Eisen« 1910 ausgeführt hat, sind derartig große Schwankungen in der Luftzufuhr bei verschieden großen Satzkoksmengen in der Praxis nicht immer durchführbar. Es sei denn, daß das Gebläse jeweils den Leistungen des Ofens entsprechend angepaßt werden kann, was heute allerdings mit Turbogebläsen und Windmengenmessern wohl möglich ist. Trotzdem geht der Gießer dieser Arbeit aus dem Wege und arbeitet in der Regel mit normalen Koks- und Luftmengen entsprechend der Größe des Ofenquerschnittes.

Buzek stellte seinerzeit den Grundsatz auf, ein und derselbe Schachtofen soll unter möglichst gleichen Betriebsverhältnissen für die Zeiteinheit stets die gleiche Luftmenge erhalten, ohne Rücksicht auf die Menge des Satzkokses. Auf dieser Grundlage hat Buzek auch eine Zahlentafel aufgebaut, die an Hand der verschieden bemessenen Satzkoksmengen bei gleicher Luftzufuhr eine entsprechend angepaßte Schmelzleistung wiedergibt. Hiernach würde ein normaler Schachtofen auf je 1 m² Querschnitt in der Schmelzzone etwa 100 m³ Luft in der Minute benötigen, und diese Luftmenge, die für die Verbrennung des Kokses bestimmt ist, muß entsprechend der Leistung des Gebläses und der Verluste durch mangelhafte Rohrleitungen ergänzt werden, so daß mit etwa 120 m³ angesaugter Luft in der Minute für 1 m² Ofenquerschnitt gerechnet werden kann.

Die von Buzek aufgestellte Zahlentafel ist der Vollständigkeit halber hier angeführt und zeigt sie, daß die Schmelzleistung des Schachtofens in erster Linie von der zugeführten Luftmenge bei richtig bemessenem Satzkoks abhängig ist.

Die Schmelzleistung bei gleichbleibender Luftzufuhr (nach Buzek).

Abmessungen der Öfen in der Schmelzzone		Luftmenge für 1 Minute in cbm		Schmelzleistung in 1 Stunde bei Satzkoksverbrauch von			
Durchmesser des Ofens mm	Querschnitt qm	Ofenluft	Gebläseluft	7 vH kg	8 vH kg	9 vH kg	10 vH kg
500	0,196	20	24	1700	1500	1330	1200
600	0,282	28	34	2400	2100	1900	1700
700	0,384	38	46	3300	2900	2600	2300
800	0,502	50	60	4300	3700	3300	3000
900	0,636	64	76	5400	4800	4200	3800
1000	0,785	80	95	6700	5900	5200	4700
1100	0,950	95	115	8100	7100	6300	5700
1200	1,131	113	135	9700	8500	7500	6800

Daß es aber zulässig ist, bei einem gegebenen Ofenquerschnitt durch gesteigerte Luftzufuhr die normale Schmelzleistung in bestimmten Grenzen zu erhöhen, ohne dabei den Kokszusatz nennenswert größer zu nehmen, das beweisen die in letzter Zeit bekannt gewordenen Schmelzergebnisse in dem schon genannten Schürmannofen. Über diese Leistungen soll an anderer Stelle ausführlicher berichtet werden, weil der Verbrennungsvorgang im Schürmannofen in anderer Weise unter Ausnutzung der Abgaswärme erfolgt.

Entsprechend den verschiedenen Schachtofenbauarten sind auch Zahl und Form der Luftdüsen je nach Lage und Anordnung angepaßt. In Anbetracht des Umstandes, daß im Verlauf des Schmelzvorganges die gebildete Kohlensäure durch das Einwirken der glühenden Koksmenge wieder zu Kohlenoxyd umgebildet wird, und ferner, weil ein Teil des Kohlenstoffes infolge Luftmangel nur zu Kohlenoxyd verbrennt, ordneten verschiedene Fachleute die zweite Düsenreihe in der Schmelzzone an. Von den oberen Düsen sollte durch die zugeführte Frischluft das Kohlenoxyd zu Kohlensäure verbrannt werden. Diese zweite Düsenreihe schließt aber nicht aus, daß sich über ihr von neuem die Kohlensäure zu Kohlenoxyd verwandelt. Außerdem hat die doppelte Düsenreihe in der Regel den Nachteil, daß die Schmelzzone unnötig erhöht wird, so daß damit ein erhöhter Schmelzverlust sich bemerkbar macht und eine größere Füllkoksmenge oft notwendig wird. Über die diesbezüglichen Ofenbauarten ist an anderer Stelle genügend gesagt. Bemerkt sei hier, daß in bestimmten Betriebsverhältnissen, wie z. B. bei Zusatz von großen Stahlmengen in der Eisenmischung, die doppelte Düsenreihe notwendig erscheint. Bezüglich der Ausführung der Luftdüsen werden zwei Ansichten vertreten. Die eine geht dahin, schräg nach unten die Luftzufuhr in einer schmalen Schmelzzone zu bewirken, um damit auch einen hohen Ofenschaht zu vermeiden, da angeblich der Schmelzvorgang unmittelbar über dem Füllkoks stattfinden soll. Um dies zu ermöglichen, muß die Luftzufuhr unter starker Pressung, also durch Drosselung erfolgen. Die niedrige Schmelzzone soll damit, weil sie den Schmelzvorgang auf einen kleinen Raum begrenzt, die vollständige Ausnutzung des Brennstoffes ermöglichen, also die Kohlensäurebildung erhöhen und eine Umwandlung derselben zu Kohlenoxyd vermeiden. Diesen Öfen wird ferner ein geringerer Schmelzverlust nachgesagt, und als besonderer Vorteil wird der geringste Koksverbrauch betont. Der Erfolg dieser Betriebsweise ist aber in den wenigsten Fällen nachzuweisen möglich gewesen.

Die andere Bauart weist auf den Zweck der Düsen hin, nämlich die zugeführte Luft möglichst gleichmäßig über den gesamten Schachtquerschnitt in der Düsenzone zu verteilen. Dabei ist es den Vertretern dieser Ofenart gleichgültig, ob die Düsen rund, oval oder rechteckig angelegt werden. Es wird also als notwendig hingestellt, einen genügend großen Düsenquerschnitt zu schaffen, so daß die Luft ohne erhöhte Pressung eingeführt wird, damit wird also gesagt, daß nicht die Luftgeschwindigkeit, sondern die in der Zeiteinheit dem Ofen zugeführte Luftmenge von Wichtigkeit ist. Der gesamte Düsenquerschnitt muß demnach mindestens die doppelte Größe der Gebläseaustrittsöffnung zeigen.

Über die Luftmengenbemessung, Düsenquerschnitt usw. sei auf die diesbezüglichen Angaben der bekannten Fachleute verwiesen und sei besonders auf die Ausführungen von Buzek in »Stahl und Eisen« 1910 aufmerksam gemacht.

d) **Das Zustellen des Ofens** erfolgt jedesmal nach sorgfältig vorgenommener Reinigung des Schachtes. Die vorstehenden Schlackenansätze und sonstigen Schmelzrest müssen nach jedem Schmelzbetrieb beseitigt werden und gilt hier die Regel, die Schlackenglasur auf der Ofenwand nicht unnötig zu beschädigen. Nach dem Reinigen erfolgt an denjenigen Stellen, wo es notwendig ist, ein Ausbessern der feuerfesten Auskleidung oder Masse. Abgesehen von den Spalten und Vertiefungen ist eine überflüssige Ausschmierung zu vermeiden, da diese auf der Schlackendecke in der Regel keinen Halt findet. In zeitgemäß geleiteten Gießereien ist es eine Regel geworden, von Tag zu Tag den Ofendurchmesser in der Schmelzzone festzustellen, und nach dem gefundenen Maß, d. h. nach dem jeweiligen Ofenquerschnitt, die Luftmenge einzurichten, d. h. also, das Gebläse anzupassen. Über diese Frage wird noch an anderer Stelle ausführlicher berichtet werden.

Auf die Herrichtung der Herdsohle in richtiger Höhe mit dem Abstichloch ist besonderer Wert zu legen, da diese zu Betriebsstörungen Anlaß gibt. Der Verschluß der Bodenklappe ist recht sorgfältig auszuführen, damit nach Beendigung des Schmelzvorganges ohne Schwierigkeiten durch das Lösen der Stütze oder eines Hakens mit dem Öffnen der Bodenklappe auch die Reste aus dem Ofen herausfallen. Wird die Sandmischung auf der Bodenklappe zu fest genommen, so ergeben sich beim Entleeren des Ofens größere Schwierigkeiten. Es sei besonders erwähnt, daß eine schüsselförmig ausgeführte Herdsohle zu vermeiden ist. Es hat sich eine gleichförmig geneigte Herdsohle am zweckmäßigsten erwiesen, da diese Neigung den günstigsten Verlauf der Schmelzung ermöglicht. Auch hier spielt die Erfahrung eine große Bedeutung. Die Abflußrinne aus Eisenblech, mit feuerfester Masse bekleidet, muß in richtiger Höhe angelegt sein, so daß je nach den Betriebsverhältnissen in der

Gießerei die Gießpfannen zweckmäßig untergestellt werden können und auch das Abfangen des Eisens von Hand in kleinen Pfannen für die Gießer nicht lästig wird. Die Beschaffenheit der Gießrinne während der ganzen Schmelzdauer kennzeichnet den Schmelzer bzw. den Schmelzmeister oder Betriebsleiter.

Für das Öffnen und Schließen des Abstichloches ist genügend Werkzeug in bester Beschaffenheit vorzuhalten, ob die Stopferstangen aus Eisen oder Holz gebraucht werden, ist von nebensächlicher Bedeutung, wenn nur der Schmelzer richtig damit umzugehen weiß und sie in Ordnung hält. In vielen Gießereien, besonders dort, wo häufiger das Eisen abgestoßen werden muß, haben sich mit bestem Erfolg die mechanischen Abstichvorrichtungen eingeführt. Am bekanntesten ist die Vorrichtung von Feldhoff, Barmen, neuerdings hat aber auch Krupp, Essen, eine derartige Vorrichtung eingeführt.

Es berührt eigenartig, wenn in einigen Gießereien diese Abstichvorrichtungen nicht gebraucht werden und während der Schmelzzeit mit Eisendraht hochgebunden am Ofenmantel hängen, bei einigem guten Willen dürfte es nicht schwer fallen, den Schmelzer zur Verwendung dieser Hilfsvorrichtung anzulernen, wenn es nicht anders geht, kann eine Besichtigung in einer Mustergießerei vielleicht von Vorteil sein. Im übrigen sei auf die Gebrauchsanweisungen der genannten Werke hingewiesen.

e) **Die Höhe des Schmelzofens, die Anlage der Gichtbühne und der Funkenkammer** ist auch oft eine Streitfrage gewesen. Ohne Zweifel ist die Höhe des Ofens von dem Ofenquerschnitt abhängig, mit steigendem Durchmesser nimmt die Höhe zu. Je nachdem der Ofen mit oder ohne vorgebautem Eisensammler gebaut wird, muß die Höhe angepaßt werden, dabei ist nicht die Gesamthöhe ausschlaggebend, sondern die wirksame Ofenhöhe über der Schmelzzone. Die Höhe ist also von der Größe der Eisen- und Koksgichten bzw. von der Betriebsdauer der Öfen abhängig. Für die Gesamthöhe von der Herdsohle bis Unterkante Gichtöffnung hat Buzek in der schon erwähnten Arbeit in »Stahl und Eisen« eine Zahlenreihe aufgestellt, aus der hervorgeht, daß mit steigendem Satzkoks, bei gleichbleibendem Ofendurchmesser die Gesamthöhe zunimmt. Die Zahlenreihe sei hier wiedergegeben:

Gesamthöhe der Schachtöfen in m

Ofendurchm. in lichtem. mm		Satzkoksmenge				
		7 vH	8 vH	9 vH	10 vH	12 vH
500	klein	3,142	3,231	3,319	3,408	3,585
600	klein	3,773	3,779	3,886	3,992	4,205
700	klein	4,198	4,322	4,464	4,570	4,818
800	mittel	4,849	4,990	5,132	5,274	5,558
900	mittel	5,374	5,533	5,693	5,852	6,175
1000	mittel	5,910	6,087	6,256	6,442	6,797
1100	groß.	6,650	6,835	7,030	7,225	7,616
1200	groß.	7,176	7,389	7,603	7,815	8,241

In der Höhe der Gichtbühne wird in der Regel eine Funkenkammer angeordnet, damit der Funken- und Aschenauswurf, wie auch die Gicht-

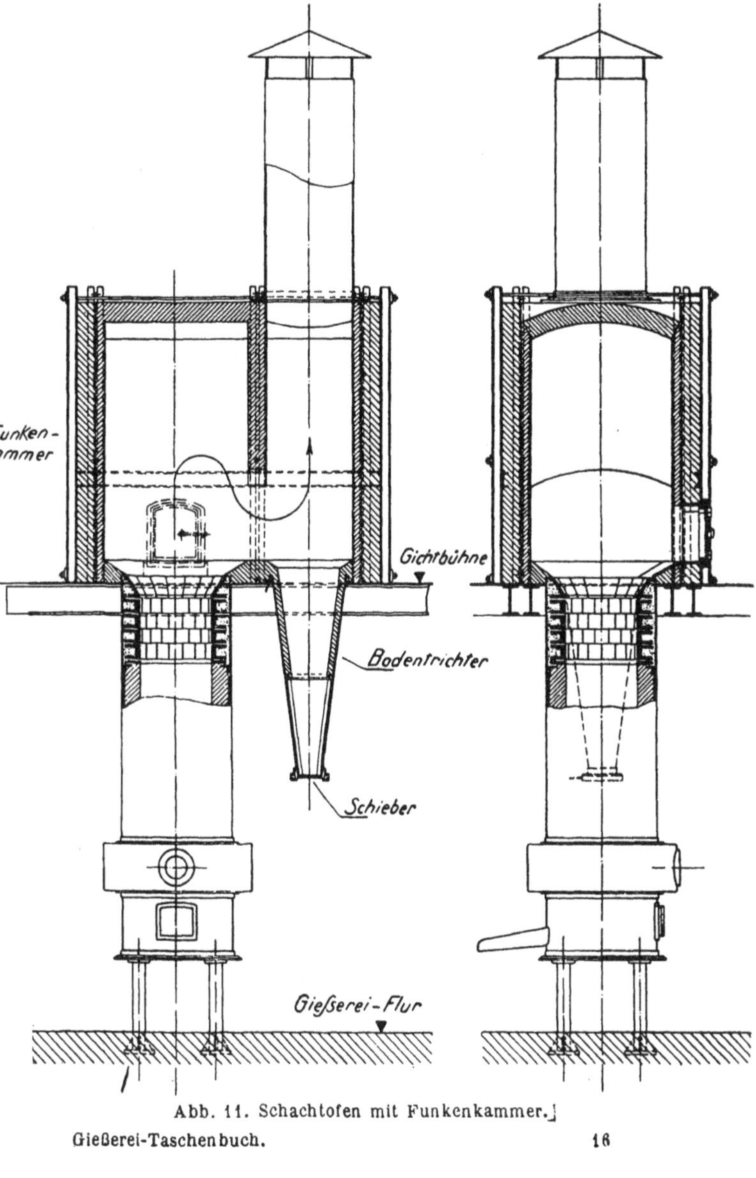

Abb. 11. Schachtofen mit Funkenkammer.

gase nicht unmittelbar ins Freie geführt werden. Die Funkenkammern erhalten größere Abmessungen gegenüber dem Schachtquerschnitt, so daß die Gichtgase und aufsteigenden Funken innerhalb der Kammer eine Richtungsänderung erleiden. Die Funkenkammer ist eine mitunter recht lästige Ergänzung des Schmelzofens, aber besonders in der Nähe der Wohnhäuser, zwecks Vermeidung der mit dem Auswurf der Funken verbundenen Gefahr, nicht zu umgehen. Es ist deshalb notwendig, bei Anlage eines Schmelzofens dieser Bauart gleich auf die Funkenkammer Rücksicht zu nehmen und nicht erst auf die Einwendungen der Nachbarschaft zu warten. In besonderen Fällen, bei einer unbequemen Nachbarschaft z. B., genügt die einfache Funkenkammer nicht, es muß vielmehr auch noch eine Einspritzvorrichtung eingebaut werden, um die Abgase (schweflige Säure) unschädlich zu machen. Diese Wassereinspritzung im Abzugschacht des Ofens ist recht kostspielig in der Anlage und Unterhaltung, es sei auf die bekannten Ausführungen der Ofenbaufirmen Hammelrath-Köln, Rein-Hannover u. a. verwiesen.

Bemerkt sei außerdem, daß der bereits wiederholt genannte Schachtofen nach Bauart Schürmann die Nachteile der Rauchbelästigung, des Funkenauswurfes und auch des Oberfeuers der normalen Öfen, nicht zeigt, so daß also auch für die Arbeiter auf der Gichtbühne mit dem neuen Ofen eine wesentliche Erleichterung geschaffen wird. An anderer Stelle soll über die Eigenart des Schürmannofen noch näher berichtet werden.

Erwähnt sei hier noch, daß die allgemeine Ordnung auf der Gichtbühne in bezug auf Lagerung der Eisen- und Koksvorräte sowohl, als auch in bezug auf die richtige Bedienung der Öfen, meist durch Mangel an Platz, sehr viel zu wünschen übrig läßt. Auch hierüber soll an anderer Stelle noch ein Wort gesagt werden, da die Frage der Erhöhung der Wirtschaftlichkeit in der Gießerei berührt wird.

f) **Die Größe der Eisen- und Schmelzkokssätze** richtet sich zunächst nach der Größe des Ofenquerschnittes in der Schmelzzone. Ist der Kokssatz festgelegt, dann wird je nach dem gewünschten Überhitzungsgrad des flüssigen Eisens, der Eisensatz anzupassen sein. Bei einer Koksschichthöhe von etwa 100 mm ergeben sich für die entsprechenden Satzkoksmengen von 7 bis 12 vH nach Buzek folgende Gewichte für die Eisensätze:

Größe der Eisen- und Kokssätze.

Schmelzofen Durchm. D mm	Schmelzofen Querschn. Q qm	100 mm Kokshöhe etwa kg	Eisensatz in kg bei Satzkoks 7 vH	8 vH	9 vH	10 vH	12 vH
			kg	kg	kg	kg	hg
500	0,1964	10	142	125	111	100	83
600	0,2827	14	200	175	155	140	117
700	0,3848	20	270	247	237	190	158
800	0,5026	25	360	312	278	250	208
900	0,6362	32	460	400	355	320	265
1000	0,7854	40	560	488	433	390	325
1100	0,9504	48	690	600	533	480	400
1200	1,1310	56	800	700	622	560	472
Die Höhe der Eisensätze in mm etwa			285	250	220	200	165

Durch Beobachtung der Schmelzergebnisse lassen sich die vorstehenden Zahlen der Durchschnittswerte leicht ergänzen oder richtigstellen je nach den Raumgewichten des geschichteten Eisens und auch nach der Sorgfalt der Ofenbedienung ändern sich die Abweichungen, allgemein gültige Werte für die Satzgewichte lassen sich nicht geben.

Bei spezifisch leichterem Schmelzkoks ist der Eisensatz kleiner zu bemessen, die Güte des Schmelzkokses ist also jeweils zu berücksichtigen, jede neue Kokssorte erfordert einige Beobachtungen zur Feststellung des Wirkungsgrades des Ofens. Der Grad der Erhitzung des erschmolzenen Eisens hängt bei ordnungsgemäßem Betriebe des Ofens mehr oder weniger immer von der Brauchbarkeit und Menge des Satzkokses ab, bei minderwertigem Koks muß der Gießer sich damit abfinden, bis 10 und 12 vH kg Satzkoks zu verwenden, um ein einigermaßen heißes Eisen zu erreichen.

g) **Der Füllkoks und das Aufgeben der Sätze.** Der Füllkoks hat die Aufgabe, den Ofenschacht vorzuwärmen, außerdem soll er die Höhenlage der Schmelzzone sichern. Die Höhe des Füllkokses geht bei Beginn des Setzens bis etwa 500 mm über Oberkante Düsenreihe. Hierbei ist bester Koks vorausgesetzt, bei minderwertigem Schmelzkoks muß entsprechend mehr Koks gesetzt werden. Durch die Beobachtung des Schmelzganges kann die richtige Höhe des Füllkokses leicht bestimmt werden.

Im Verbrennungsraum des Ofenschachtes sind zu unterscheiden, die Verbrennungszone (Überhitzungszone), die eigentliche Schmelzzone und die Erwärmungszone im Gichtenraum. Die Höhe der Verbrennungszone hängt von der Luftmenge oder von der Luftgeschwindigkeit ab, ferner ob in einer oder zwei Düsenreihen die Luft zugeführt wird und ob die Düsen wagerecht oder schräg nach unten oder nach oben gerichtet sind. Das Ofenfutter läßt nach jeder Schmelzung deutlich erkennen, wo die Schmelzzone liegt.

Viele Fachleute legen großen Wert darauf, die Düsenreihe so tief wie möglich anzuordnen, um eine bessere Ausnutzung des Ofenschachtes zu erzielen. Bei Öfen mit vorgebautem Eisensammler (Vorherd) ist dies auch leicht möglich und immer zu empfehlen. Zweckmäßig wird die Höhe des Füllkokses vor dem Setzen nachgemessen. Ein Nachfüllen von Koks während des Schmelzbetriebes hat wenig Wert.

Nach dem Einbringen des Füllkokses, der möglichst gleichmäßig verteilt liegen soll, ist zunächst leichtes Brucheisen in den Ofen zu werfen, damit der Koks nicht unnötig zerschlagen wird, dann folgt das Roheisen in kleineren Stücken. Es empfiehlt sich auch, besonders bei größeren Schmelzöfen, die ersten Eisensätze geteilt in den Ofen zu werfen, so daß also dem Ofen die Anfangsschmelzarbeit etwas erleichtert wird.

Mit dem Setzen des Eisens soll erst begonnen werden, wenn das Anheizfeuer genügend durchgebrannt ist, also rauchfrei brennt. Um dem Feuer den notwendigen Luftzug zu schaffen, bleiben die Abstichöffnungen und Düsentüren geöffnet und erst beim Beginn des Setzens werden die Öffnungen wieder geöffnet. Erst wenn der Ofen bis zur Höhe der Gichtbühne gefüllt ist, darf das Gebläse angestellt werden.

Je nach den Betriebsverhältnissen sind die Eisensätze entweder vorher oder während der Aufgabe in den Ofen zusammenzustellen, Eisen, Koks, Kalksteine und Flußspat, alle Schmelzstoffe müssen gewogen oder gemessen werden, wenn sie in den Ofen kommen. Auf die gleichmäßige Mischung der Eisensätze ist genau zu achten. Über die Einzelheiten der Ofenbedienung sei auf die nachfolgenden Leitsätze für den Schmelzbetrieb hingewiesen.

Es sei noch erwähnt, daß in einigen Gießereien mit Erfolg eine sogenannte Anfeuerungsdüse, im unteren Teil des Füllkokses, beim Anblasen des Ofens Verwendung findet. Hierdurch soll angeblich jedes matte Eisen aus dem Ofen vermieden werden und nach den ersten Abstichen wird die Düse wieder verschlossen. Bei Öfen mit niedrig liegenden Düsen, also ohne Eisensammler, hat diese Hilfsdüse ohne Zweifel den Vorteil, den Raum für die Eisenansammlung vorzuwärmen, so daß ein Einfrieren des Abstichloches vermieden wird.

h) **Die Zuschläge für den Eisen- und Kokssatz.** Um die Koksasche und die an den Eisenstücken anhaftenden Sand- und Schlackenteile in Form dünnflüssiger Schlacke leicht aus dem Ofen abführen zu können, werden den Sätzen Zuschläge, wie Kalkstein und Flußspat, beigegeben. Je nach dem Aschengehalt des Kokses und der Art des Roh- und Brucheisens, wird nach Erfahrungssätzen der Praxis 20 bis 30 vH des Koksgewichtes oder 2 bis 5 vH des Eisengewichtes im Satz, an Kalkstein zugesetzt. Ein reiner Kalkstein mit dem höchsten Gehalt von Kalziumoxyd (CaO) wirkt am günstigsten.

Bei fehlendem Kalkzusatz wird die Schlacke erheblich eisenreicher. Über die Form des Kalksteinzuschlages wird noch in den Leitsätzen berichtet. Gleichzeitig wirkt der Kalksteinzuschlag gegen die Schwefelaufnahme im Eisen und gibt hierzu die Zahlenreihe nach Wüst einen Anhalt:

Kalkstein auf den Satz:	0	3	4	5	8 kg
» vH des Satzkokses:	0	10	13,3	16,6	26,6
Schwefelgehalt im Eisen:	0,128	0,140	0,114	0,101	0,088 vH.

Je nach dem Schlackengehalt des Kokses wird der Kalksteinzusatz bis zu 50 vH der Kokssatzmenge verwendet, es ergibt sich dabei der geringste Eisenverlust, die Schlacke enthält in der Regel nicht mehr wie etwa 5 bis 6 vH Eisenoxydul (FeO). Bei der Verwendung von Flußspat soll nur etwa ⅓ von diesem neben ⅔ Kalkstein gesetzt werden. Abgesehen vom Preis, wird der Zusatz von Flußspat trotz seiner günstigen Wirkung, infolge des Einflusses auf das Ofenfutter nicht gern verwendet, das Mauerwerk leidet sehr. Über die sonstigen Entschwefelungsmittel ist an anderer Stelle berichtet.

Es sei noch erwähnt, daß der Kalkstein nur in kleinen Stücken, höchstens Faustgröße, verwendet werden soll, dabei ist auf eine günstige Verteilung der Stücke zu achten.

i) **Die Schlacken und der Schlackenabscheider.** Die Menge der Schlacke ist von dem Aschengehalt des Kokses, von der Beschaffenheit des Roheisens, des Brucheisens und der Menge der Zuschläge abhängig. Ferner ist das abgeschmolzene Ofenfutter und der Eisen-Abbrand zu berücksichtigen, so daß an Schlackenanfall bis 10 vH des gesetzten Eisens zu rechnen sind.

Es muß immer auf eine möglichst dünnflüssige Schlacke gesehen werden, der Gehalt an Kieselsäure (SiO_2) erreicht in der Regel bis 50 vH und etwas darüber, also eine saure Schlacke.

Die Schlacke sammelt sich im Ofen auf dem Eisen schwimmend, so daß dieselbe bei Öfen ohne Vorherd leicht in die Düsen treten kann. Der Schachtofen erhält deshalb ein besonderes Schlackenabstichloch, das höher angelegt ist, als der Abstich für das erschmolzene Eisen. Vorteilhaft ist das Sammeln der Schlacke in besonderen Schlackenkästen oder Wagen, dadurch ist leichte Beseitigung der Schlacken möglich ist.

Die Schlacke wird auch zu Schlackensteinen verwendet und beim Ablaufen aus dem Ofen granuliert, indem sie unmittelbar in fließendes Wasser gelassen wird. Es sei auf die Ausführung der Ardeltwerke, Eberswalde, hingewiesen. Im übrigen werden die Schlackensteine in ähnlicher Weise, wie die Steine aus der Hochofenschlacke, hergestellt, näheres hierüber in dem Sonderheft von »Stahl und Eisen« (Verein deutscher Eisenhüttenleute).

Unangenehm ist die Bildung der sogenannten Schlackenwolle, die dann entsteht, wenn der Gebläsewind auf die dünnflüssige Schlacke bläst. Um diesem Mangel abzuhelfen und um eine ständige Entleerung des Ofens oder Eisensammlers von Schlacken zu ermöglichen, hat Rein, Hannover, eine Schlackentasche an den Schachtöfen angeordnet, die gute Dienste leisten kann.

Die Anwendung des Schlackenabscheiders ist in letzter Zeit zum Zwecke der Entschwefelung des erschmolzenen Eisens nach dem Verfahren der Allgem. Brik. Ges. Dr. Schumacher & Co. mit Erfolg durchgeführt worden. Das erschmolzene Eisen fließt nicht mehr gemeinsam mit der sauren Schlacke in den vorgebauten Eisensammler, sondern die letztere wird unmittelbar vom Ofenschacht aus in den Schlackenkasten geleitet. Das Eisen kommt also schlackenfrei in den Vorherd und kann dort, wenn notwendig, mit alkalischen Zusätzen entschwefelt und desoxydiert werden. Das neue Verfahren bringt eine wesentliche Verbesserung des erschmolzenen Gußeisens und ermöglicht gleichzeitig neben den Eingüssen die Verwendung größerer Mengen Brucheisen in der Eisenmischung.

Über die bemerkenswerten Schmelzergebnisse wird noch an anderer Stelle berichtet werden. Das Verfahren selbst ist geschützt. Rein-Hannover hat noch eine Ergänzung des Schlackenabscheiders gebaut, wobei die Schlacke ständig vom Eisen getrennt abläuft. Diese Bauart kommt der Entschwefelung des flüssigen Eisens zugute, denn die saure Schlacke kann nicht im Vorherd mit den zur Entschwefelung benutzten Alkalien zusammenfließen.

k) **Der Schmelzverlust oder Abbrand.** Unter Abbrand oder Schmelzverlust versteht der Gießer den Gewichtsunterschied zwischen dem eingesetzten und ausgebrachten Eisen. Der Abbrand im eigentlichen Sinne ist der Verlust durch Verbrennung im Ofen, also der Verlust an Eisen, Silizium, Mangan, der mit etwa 1 bis 1,5 vH des Eiseneinsatzes gerechnet werden kann. Daneben ist aber der mechanische Verlust, der durch Verspritzen des flüssigen Eisens beim Gießen, beim Entleeren des Ofens oder in der Putzerei usw. entsteht, in der Regel wesentlich größer. Er beträgt je nach der Ordnung in der betreffenden Gießerei 2 bis 6 vH des eingesetzten Eisens, so daß also der Gesamtverlust an Eisen mit etwa 3 bis 8 vH gerechnet werden kann.

Hier muß aber die Aufbereitung der Gießereirückstände eingreifen und den Verlust mindern. Durch eingebaute Schlackenaufbereitungen lassen sich in der Gießerei sehr leicht große Ersparnisse erzielen, berichtet doch Hermanns in »Stahl und Eisen« 1923, Heft 9, daß in einer rheinischen Gießerei bis 7 vH Eisen aus dem Schutt der Großputzerei eines Werkes herausgeholt wurden. Selbst bei den hohen Kosten einer solchen Aufbereitungsanlage kann bei den Schrottpreisen der heutigen Zeit noch mit einer großen Wirtschaftlichkeit in der Sand- und Schlackenaufbereitung gerechnet werden. Jedenfalls darf heute der magnetische Eisenausscheider in keiner Eisengießerei fehlen.

l) **Die Störungen im Schmelzbetrieb.** Der normale Verlauf des Schmelzvorganges ist nicht zuletzt von der mehr oder weniger großen Sorgfalt bei der Ofenbedienung abhängig, es treten aber auch Erscheinungen auf, die, wie z. B. die Explosionen, nicht immer vermieden werden können. Ein lästiges Übel ist das Hängenbleiben der Schmelzsäule. Wenn nicht ein Fehler im Bau des Ofenschachtes vorliegt, Verengung an falscher Stelle, dann ist in der Regel ein recht sperriges Brucheisenstück die Ursache dieser Störung. Die Bruchstücke müssen ebenso wie die Roheisenmasseln richtig zerschlagen werden, sonst kann ein Hängenbleiben der Schmelzsäule und damit oft eine recht empfindliche Störung des Schmelzganges leicht eintreten, wie Osann sagt, wird die richtige Marschgeschwindigkeit im Ofengang unterbrochen und damit das Schmelzergebnis ungünstig beeinflußt. Eine andere Störung von mehr oder weniger Bedeutung ist das zeitweise Abstellen des Ofens bei Überfluß an Eisen oder auch sonstige Störungen, wie Riemenbruch usw. Währt der Stillstand nur wenige Minuten, ist die Störung nicht so schlimm, aber bei Pausen von 10 und mehr Minuten liegt doch die Möglichkeit vor, daß das Schmelzergebnis sehr beeinflußt wird, um so mehr wenn das Abstichloch versagt und die Düsen verschlacken. Diese Störung ist besonders lästig, wenn sie in der zweiten Hälfte der Schmelzzeit eintritt, da der Ofen dann infolge der bereits weniger glatten Ofenausmauerung, durch die Eisen-, Koks- und Schlackenteile der Wiederherstellung des Schmelzganges Schwierigkeiten macht. Das Erglühen des Ofenmantels zeigt in der Regel, daß die Ausmauerung nicht mit der notwendigen Sorgfalt geprüft worden ist, meist wird ein völliges Stillsetzen des Ofens die Folge der Nachlässigkeit sein.

Explosionen im Schachtofen sind keine Seltenheit. Sie beruhen meist auf der plötzlichen Entzündung von Kohlenoxydgas (CO), das während des Stillstandes des Ofens, bei Betriebsstörungen, in den Windmantel, manchmal auch in die Luftleitung bis zum Gebläse, eindringt. Um dieser Gefahr beim Wiederanstellen des Gebläses zu entgehen, müssen stets beim Abstellen des Ofens die Düsen geöffnet werden, damit das Oxydgas zur Verbrennung gelangt. Beim Anblasen des Ofens bleiben die Düsen noch eine kurze Zeit geöffnet, um das Gas ins Freie zu blasen.

Der Schmelzer muß diese Vorschrift befolgen, er begibt sich sonst leicht in eine große Gefahr. Um derartige Explosionen, besonders bei Verwendung der schnell und fast geräuschlos laufenden Turbogebläse, zu vermeiden, sollte deshalb an keinem Schachtofen eine zuverlässige Sicherungsvorrichtung fehlen. In neuerer Zeit haben sich die Sicherheitsventile der Ardeltwerke in Eberswalde in vielen Gießereien eingeführt.

Abb. 12. Sicherheitsventil.

Die vorstehende Abbildung zeigt die Anordnung des Ventiles am Luftkasten des Schachtofens. Es handelt sich um ein Doppelsicherheitsventil, das im unteren Teil als Saugventil (Lufteinlaß) und im oberen als Sicherheitsventil (Luftausblasventil) ausgebildet ist. Die Einzelheiten sind aus den Werbeschriften der genannten Werke zu ersehen.

Die Abmessungen der Ventile richten sich nach der Größe der Öfen bzw. nach der Leistung der Gebläse, es empfiehlt sich, stets zwei Ventile anzuordnen.

Als eine Störung des Schmelzganges sind auch die schon erwähnten Verschlackungen der Düsen anzusehen. Hier hilft vorübergehend das Freimachen mit der Eisenstange. Um diesem Übel besser abzuhelfen, werden viele Öfen mit der doppelten Anzahl Düsen versehen (Bauart Gutmann, Bestenbostel u. a.), die abwechselnd benutzt werden können und die sich nach der Umstellung freischmelzen.

Daß das Versagen des Abstiches auch eine unangenehme Störung im Schmelzgang werden kann, wurde bereits im Abschnitt d) »Das Zustellen des Ofens« erwähnt, es sei hier nochmals auf den Vorzug der mechanischen Abstichvorrichtungen nach Bauart Feldhoff,

Barmen, und Krupp, Essen, hingewiesen. Die Brauchbarkeit dieser Abstichvorrichtungen ist in vielen Eisengießereien erkannt.

m) **Die Zerkleinerung des Roh- und Brucheisens.** In weitaus den meisten Gießereien werden Masseln und Gußbruch noch von Hand zerkleinert; d. h. mit schweren Hämmern zerschlagen. Im Großbetrieb ist diese Arbeit zu zeitraubend und teuer. Außerdem gibt es verschiedene Eisenmasseln (z. B. die Hämatitsorten), die sich von Hand nur sehr schwer oder überhaupt nicht zerkleinern lassen. Man wendet dann Fallwerke oder Backenbrecher an. Das Fallwerk ist in seiner

Abb. 13. Masselbrecher (Bauart Durlach).

Bauart am einfachsten. Ein schweres Fallgewicht wird in einer sog. Rutschschere oder Teufelsklaue vermittelst Kabelwinde in einem Dreibaumgestell hochgezogen und durch Öffnen der Rutschschere zum Niederfallen gebracht. Die Zerkleinerung dieser Art nimmt viel Zeit in Anspruch, ist jedoch zum Zertrümmern großer Bruchstücke die beste Vorrichtung. Früher benutzte man zur Aufstellung des Fallgerüstes gewöhnlich drei kräftige Rundhölzer (Bäume). Träger von I- oder [-Profil sind mehr zu empfehlen; sie werden als Kanten einer dreiseitigen Pyramide aufgestellt, in deren Spitze eine Seilrolle angebracht ist. Das Drahtseil führt an einem der Ständer herunter zu einer zweiten Leitrolle am Boden und von dieser zur Kabeltrommel. Es ist natürlich notwendig, den

Raum, in dem die Zerkleinerung vor sich geht, durch einen starken Pallisadenzaun abzugrenzen. Zum Heben sehr schwerer Fallgewichte ist Dampfkraft oder Elektrizität erforderlich, besonders da durch denselben Seilzug auch das Bruchstück in die Lage unter das Fallgewicht gebracht werden muß.

Die sog. Masselbrecher werden hydraulisch oder elektrisch betrieben. Das Roheisen liegt aus zwei Auflagen hohl und wird durch eine exzentrisch bewegte Brechscheibe gebrochen. Die vorstehende Abb. 13 zeigt die Bauart eines elektrisch betriebenen Masselbrechers in fahrbarer Anordnung der Badischen Maschinenfabrik in Durlach (Baden).

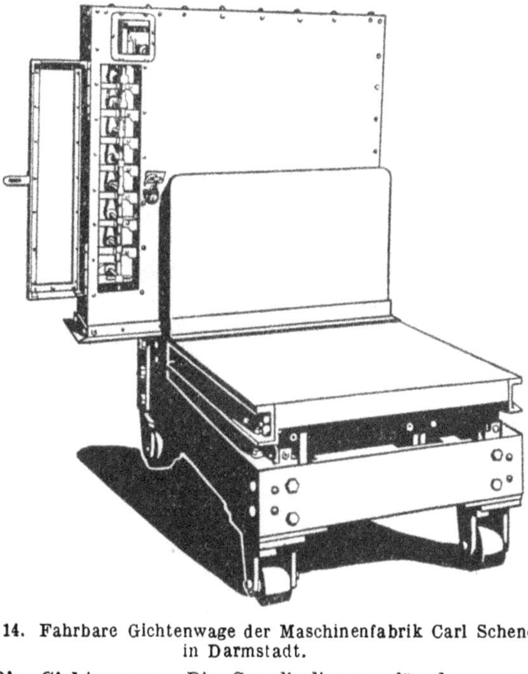

Abb. 14. Fahrbare Gichtenwage der Maschinenfabrik Carl Schenck in Darmstadt.

n) **Die Gichtenwage.** Die Grundbedingung für den geregelten Schmelzbetrieb ist die möglichst genaue Wägung der für den Ofen bestimmten Schmelzstoffe. Besonders das Roh- und Brucheisen müssen der Eisenmischung entsprechend genau gewogen in den Ofen gebracht werden. In den kleinen Gießereien genügt zu diesem Zweck meist schon eine einfache Dezimalwage. Die Sätze werden vor dem Gießen bereits abgewogen gestapelt, so daß sie beim Gichten zur Hand sind. In größeren Gießereien wird diese Arbeitsweise auf der Gichtbühne nicht möglich, infolgedessen wird in der Regel von der Wage in den Ofen gewogen und dabei eine besondere Gichtwage mit mehreren Wagebalken, wie die vorstehende Abbildung 14 der Maschinenfabrik Carl Schenck in Darmstadt zeigt, in Anwendung gebracht.

Die Wagebalken mit einzelnen Schiebegewichten können je nach Bedarf ein- und ausgeschaltet werden. Bei der Verwiegung wird zunächst der obere Wagebalken aus der Festlage befreit, ist das Gleichgewicht hergestellt, dann wird der zweite Balken gelöst usw.

Noch einfacher ist die große Zeigerwage, wie sie auf den Bahnhöfen zum Wiegen des Gepäckes benutzt wird. Diese Wage hat den Vorteil, daß sie, ohne Gewichte austauschen zu müssen, für den ganzen Satz benutzt werden kann. Das Zifferblatt gewährt auch einen schnelleren Überblick.

In großen Gießereianlagen mit Benutzung von Elektrohängebahnen wird das Wiegen der Eisensätze oft auch unmittelbar in dem Begichtungsfahrzeug vorgenommen. In der nachstehenden Abb. 15, eine Ausführung von A. Bleichert & Co., Leipzig, ist diese Anordnung gezeigt.

Abb. 15. Laden und Abwiegen eines Elektro-Hängebahnwagens.

o) **Leitsätze für die Wartung der Gießereischachtöfen.** Ein Hilfsmittel zur Erhöhung der Wirtschaftlichkeit im Schmelzbetrieb der Eisengießerei.

1. Die Bedienung der Schmelzöfen muß in den Händen zuverlässiger Leute liegen, dies gilt ganz besonders für den Abstecher sowie für den ersten Mann auf der Gichtbühne.

2. Die Arbeiten am Ofen sind von dem Betriebsleiter, wenn kein besonderer Schmelzmeister vorhanden ist, zu überwachen, nicht oft genug können die Mannschaften auf eine gewissenhafte Wartung des Ofens hingewiesen werden.

3. Der Beginn des Gießens ist dem ersten Schmelzer so rechtzeitig mitzuteilen, daß nach Instandsetzung des Ofens auch ein ordnungsgemäßes Anfeuern und Füllen möglich ist.

4. Die festen und großen Koksstücke sind stets für den Füllkoks zu verwenden. Die sorgsame Auswahl desselben sichert die Lage der Schmelzzone. Die Füllkokshöhe soll mindestens 500 mm über Düsenoberkante betragen.

5. Durch die während der ganzen Schmelzdauer von Schlacken frei gehaltenen Düsen ergibt sich eine noch bessere gleichmäßigere Luftzuführung in die Schmelzzone.

6. Während des Anheizens bleiben die Düsenklappen offen. Bei Beginn des Setzens muß der Füllkoks durchgebrannt sein, vor dem ersten Eisensatz ist zur Sicherung der Höhenlage der Schmelzzone ein Satz Koks aufzuwerfen.

7. Das Ofenfutter ist nach jedem Schmelztag zu prüfen und wenn notwendig zweckmäßig auszubessern; ein Aufschmieren von feuerfester Masse auf die schlackenglasierte Wandung des Ofenfutters ist zwecklos.

8. Die in der Zeiteinheit zuzuführende Luftmenge ist dem Ofenquerschnitt in der Schmelzzone anzupassen, das Innenmaß des Ofens muß also, als Unterlage für die jeweilige Einstellung der Gebläseleistung, nach jeder Schmelzung neu aufgenommen werden. Die Prüfung der angesaugten Luftmenge erfolgt zweckmäßig durch einen selbsttätigen Luftmengenmesser bekannter Bauart.

9. Jeder Schmelzofen trägt eine Tafel, auf der die den Ofenquerschnitten entsprechenden Gewichte der Eisen- und Kokssätze sowie die in der Minute zuzuführende Luftmenge, nebst annähernder Schmelzleistung in 1 h angegeben sind.

10. Für das Einbringen der Eisen- und Kokssätze gilt die Regel: Zuerst auf den Koks etwa notwendige Stahlabfälle und dann, in handliche Stücke zerschlagen, möglichst gleichmäßig verteilt, das Roheisen. Darauf das Gußbrucheisen und die Eingüsse, in diesen die Schmelzzusätze, Si-Eisen, E.-K.-Pakete u. a. sowie für jeden Satz die Kalksteine mit etwa 3 bis 5 vH der Eisenmenge und dann wieder Satzkoks.

11. Der bis etwa Faustgröße zerkleinerte Kalkstein ist möglichst auf die ganze Fläche des Satzes zu verteilen. Große sperrige Brucheisenstücke sind selbst in großen Öfen in den ersten Sätzen zu vermeiden, denn sie behindern oft den Schmelzgang.

12. Zur Sicherung der Gleichmäßigkeit des Ofenganges und zur Erhöhung der Treffsicherheit in der Zusammensetzung des flüssigen Eisens sind die für jede Eisenmischung bestimmten Eisen- und Koksmengen, wie auch die Kalksteine und sonstigen Zuschläge abzuwiegen oder zu messen.

13. Die verbrauchten Rohstoffmengen werden aus dem Tageszettel in das Schmelzbuch eingetragen, dies gibt täglich oder monatlich genauen Aufschluß über den Erfolg des Schmelzbetriebes.

14. Wie die Messung der dem Ofen zugeführten Luftmenge, ist auch die Prüfung der Temperatur des erschmolzenen Eisens von Zeit zu Zeit notwendig.

15. Bei der Herstellung von hochwertigem Gußeisen sind auch Überprüfungsanalysen und Festigkeitsproben nicht zu vergessen. Alle Prüfungsergebnisse sind in ein besonderes Schmelzbuch zwecks richtiger Auswertung zu vermerken.

16. Der Satzanzeiger am Ofen soll die richtige Verwendung der in Frage kommenden verschiedenen Gußeisensorten in den einzelnen Abteilungen der Gießerei sichern.

17. Die Verwendung einer Sammelpfanne vor dem Schmelzofen, besonders bei Öfen ohne vorgebautem Eisensammler (Vorherd), erhöht die Gleichmäßigkeit des erschmolzenen Eisens.

18. Diese Sammelpfanne leistet auch für die Entschwefelung und Entgasung des Eisens gute Dienste, es muß aber das Ablassen der Schlacke in diese Pfanne vermieden werden.

19. Bei vorübergehenden Betriebsstörungen und Stillstand des Gebläses sind die Düsenklappen zu öffnen.

20. Die Schmelzer sind von Zeit zu Zeit auf die Einhaltung dieser Vorschriften aufmerksam zu machen.

4. Der Gießereischachtofen mit Lufterhitzung.

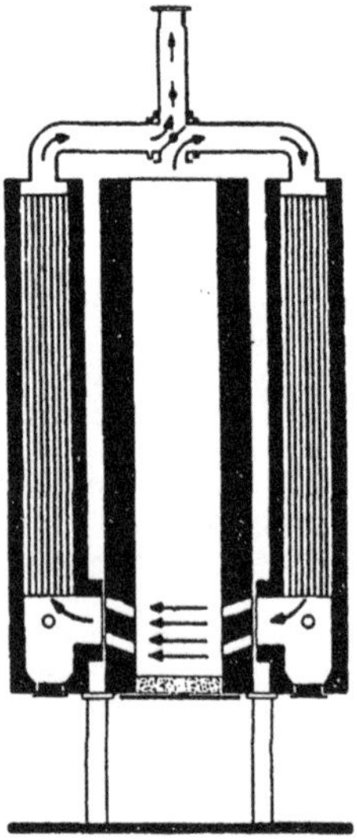

Abb. 16. Schaubild der Luftströmung im Schürmannofen.

Die Frage der Lufterhitzung im Schachtofen ist in den letzten Jahren einer Lösung zugeführt worden, und zwar durch den Ofen nach Bauart Schürmann[1]). Durch eine Reihe von Versuchen ist nachgewiesen worden, daß dieser Ofen unter Ausnutzung der Abgaswärme eine Koksersparnis von etwa 30 vH gegenüber dem einfachen Schachtofen normaler Bauart ermöglicht und daß gleichzeitig verschiedene andere Unannehmlichkeiten des normalen Ofens wie z. B. die Schwefelanreicherung und der Funkenauswurf neben der Gichtgasbelästigung wesentlich in Fortfall kommen.

Nach der Bauart Hörnig & Co. und Schürmann-Ofen-G. m. b. H. gehören zu jedem Ofen zwei Lufterhitzer, die beim Durchströmen der heißen Gase abwechselnd aufgeheizt und beim Durchströmen der Gebläseluft abwechselnd gekühlt werden. Das notwendige Umsteuern erfolgt alle 10 min. Die Lufterhitzer sind mit einem Gitterwerk aus feuerfesten Steinen zugestellt. Nach Mitteilung von Hörnig & Co. genügt auch ein Erhitzerpaar zum abwechselnden Betrieb von zwei Schachtöfen, das zwischen den Öfen eingebaut wird.

[1]) »Gießereiheft« 18, 1922: Hellmund, Der Schürmannofen.

Die nebenstehende Abbildung zeigt den Umlauf der Abgase. Die Gebläseluft und die hoch erhitzten Abgase werden nicht mehr, wie bei den Öfen der alten Bauart, durch die ganze Beschickungssäule im Ofenschacht nach oben geblasen, sondern in Höhe der Schmelzzone quer durch den Ofenschacht hindurchgeführt, wie aus der Abbildung ersichtlich ist.

Abb. 17. Gießereischachtofen mit Lufterhitzer in der Gießerei Ludwig Loewe & Co, Berlin.

Der große Vorteil dieser Betriebsweise besteht darin, daß die wärmeverlusterzeugende Umwandlung der Kohlensäure in Kohlenoxyd fast vollständig beseitigt ist. Diese Umwandlung tritt immer ein, wenn Kohlensäure durch glühende Brennstoffschichten hindurchgeführt wird, wie dies bei dem einfachen Schachtofen bisher die Regel war. Im Vergleich zu der bisher üblichen Betriebsweise ergibt sich im Schachtofen mit Lufterhitzer eine bessere Ausnutzung der Verbrennungswärme, so daß der Satzkoksverbrauch um etwa 30 bis 40 vH, je nach der Leistung des Ofens, heruntergeht.

Infolge des verringerten Koksverbrauches wird die Schwefelanreicherung weniger bemerkbar, die eine Verbesserung des erschmolzenen Eisens, die sich bei der Bearbeitung des Gußeisens zeigt, im Gefolge hat. Nach den vorliegenden Analysen des Eisens aus einem Ofen mit etwa 10 t stündlicher Schmelzleistung, beträgt der Schwefelgehalt etwa 0,08 vH gegenüber 0,120 vH aus dem einfachen Schachtofen, der mit gleichem Schmelzkoks beschickt wurde. Die Härte des erschmolzenen Eisens ist entsprechend dem niedrigen Schwefelgehalt geringer.

Durch das wechselseitige Einblasen der erhitzten Gebläseluft in die Schmelzzone tritt eine Verschlackung der Düsen nicht ein, da nur geringe Mengen Abgase durch den Ofenschacht nach oben ziehen, ist auch die lästige Gichtflammen- und Flugaschenbildung fast ganz beseitigt. Damit werden auch Schäden an den Dächern und Oberlichtern der Gießerei vermieden, so daß auch hierin Ersparnisse liegen.

Nach den Veröffentlichungen in den Gießereifachzeitschriften darf angenommen werden, daß die Ergebnisse des Schmelzbetriebes im Schachtofen mit Lufterhitzer bald weitere Klarheit über die Vorzüge der Öfen bringen, jedenfalls läßt sich schon heute erkennen, daß der neue Ofen gegenüber dem alten Schmelzverfahren wesentliche Vorteile hat, doch wird sich auch hier die Notwendigkeit ergeben, dem Schmelzbetrieb eine bessere Bedienung zu sichern. Die im vorhergehenden Abschnitt gegebenen Leitsätze für den Schmelzbetrieb haben für den Ofen mit Lufterhitzer besondere Bedeutung.

Die zeitweise Brennstoffnot hat auch dazu geführt, die Ölzusatzfeuerung im Schachtofen zur Anwendung zu bringen. Hierbei seien besonders auf die Erfolge mit der

5. Ölzusatzfeuerung Bauart Berthold

hingewiesen.

Ohne Zweifel bringt die Ölzusatzfeuerung eine Verminderung an Satzkoksverbrauch und dementsprechend eine geringere Anreicherung an Schwefel im Eisen, sie kann auch nach den Versuchen von Berthold die Schmelzleistung des Ofens erhöhen, da sie eine bessere Wärmeausnutzung mit sich bringt, aber sie bleibt immer von den Kosten des Brennstoffes abhängig, dessen Beschaffung oft auf Schwierigkeiten stößt[1]).

In neuester Zeit werden auch Versuche gemacht durch Einführung von Wasser in die Schmelzzone der Schachtöfen, eine Ersparnis an Koks zu ermöglichen. Angeblich soll das Ergebnis zufriedenstellend sein, es wird behauptet, nicht eine Wärmeentziehung, sondern eine Wärmezuführung wäre durch die Verbrennung des Wasserstoffes möglich. Abschließende Zahlen liegen aber nicht vor, eine weitere Bearbeitung dieser Frage muß deshalb zurückgestellt werden.

[1]) Zeitschrift »Das Metall«, Neuere Versuche mit Ölfeuerung, Heft 11, 2. Juni 23.

Im übrigen sind die Gießereitechniker auf dem Gebiete des Schmelzofenbaues sehr eifrig tätig, um den Forderungen des sparsamen Verbrauches mit Brennstoffen nach Möglichkeit nachzukommen, es fehlt der Raum, um über alle Neuerungen und noch vorliegenden Patentanmeldungen zu berichten.

6. Das Schmelzen im Elektroofen.

In den vorhergehenden Abschnitten ist bereits auf die Verwendung des Elektroofens in der Eisengießerei hingewiesen worden; es wurde betont, daß dieser Ofen in verschiedenen Werken als Zusatz zum Schachtofen zur Erzeugung von Qualitätsgußeisen angewandt wird. Wenn auch bei den zurzeit bestehenden unklaren Wirtschaftsverhältnissen nicht gesagt werden kann, daß die Grundbedingung für die Einführung dieser Öfen in der Eisengießerei, der billige Strompreis, in absehbarer Zeit erfüllt werden kann, so ist anderseits aber doch die Möglichkeit gegeben, bei hochwertigen Gußteilen, z. B. Kraftwagenzylinder usw., die einen höheren Preis vertragen, die Verbesserung des Gußeisens, wenn es keinen anderen Weg gibt, im Elektroofen durchzuführen.

Es lohnt sich für den Gießereifachmann, die Arbeiten der auf diesem Gebiete bereits mit mehr oder weniger Erfolg tätigen Fachleute zu verfolgen; wenn auch nicht alle Angaben für bare Münze gelten können, so zeigen sie doch, daß die Zeit für den Elektroofen in der Gießerei nahe ist. Die Kostenfrage richtet sich natürlich nach den örtlichen Verhältnissen, es ist deshalb schwer, Vergleiche aufzustellen. Ausschlaggebend für den Zusatzofen ist aber die Verbesserungsmöglichkeit für das im Schachtofen erschmolzene Gußeisen und da ist das bisher Erreichte ein günstiges Zeichen für die Zukunft.

In der Neuauflage des Taschenbuches wird der Elektroofen sicher eine ausgedehntere Behandlung finden können, vorläufig muß auf die Berichte in den Fachzeitschriften verwiesen werden.

7. Die Gebläse für den Betrieb der Schmelzöfen.

Zu den ungelösten Fragen des Gießereibetriebes gehört auch die Frage nach dem richtigen Gebläse für den Schmelzofenbetrieb. Die Erörterungen über diese Frage bilden einen ständigen Streitstoff in den Fachzeitschriften; wenn der eine die Vorzüge der schnellaufenden Ventilatoren für den Schachtofen hervorhebt, behauptet der andere das Gegenteil; in der Regel liegt die Wahrheit in der Mitte. Tatsache ist es, daß der Gießer nicht sehr für die schnellaufenden Maschinen schwärmt, Abgesehen von Ausnahmen, wie z. B. in der Modelltischlerei bei den Holzbearbeitungsmaschinen, will er eine gewisse Ruhe im Gießereibetrieb behalten und deshalb ist vielen das Kapselgebläse willkommener als das Turbogebläse.

Weitere Aufklärungsarbeit ist am Platze, hier fehlt leider der Raum dazu. Für die Schachtöfen ist jedenfalls die Zuführung stets gleichmäßiger Luftmengen eine dringende Notwendigkeit, und da alle

Arten Gebläse im Laufe der letzten Jahre eine weitgehende Verbesserung erfahren haben, müßten sie dieser Forderung gerecht werden können. Aus dem einfachen Ventilator wurde das Turbogebläse und aus dem einfachen Rootsgebläse das Präzisionskapselgebläse, beide Errungenschaften des zeitgemäßen Maschinenbaues können am richtigen Platze Verwendung finden, sodaß unter Verwendung der Luftmengenmesser jedem Schmelzofen sein Recht werden kann.

Der leider zu früh verstorbene Treuheit-Malapane hat bereits 1914 die Vor- und Nachteile der verschiedenen Gebläsearten in einer Versammlung der Gießereifachleute zur Aussprache gebracht, es wird sich vielleicht eine Gelegenheit finden, im Interesse der Erhöhung der Wirtschaftlichkeit des Schmelzbetriebes in der Gießerei, die Gebläsefrage einer entgiltigen Lösung zuzuführen.

Abb. 18. Elektrisch betriebener Hochdruck-Ventilator (Badische Maschinenfabrik).

Die einfachen Schleudergebläse oder Ventilatoren sind noch heute in vielen Gießereien in Benutzung. Das Gebläse nimmt geringen Raum ein, es ist für Riemenantrieb und mit Elektromotor gekuppelt gleich gut geeignet. Für kleine Schmelzleistungen und niedrige Drücke bis 500 mm, geringen Wirkungsgrad bis etwa 50 vH, findet das Gebläse in vielen Fällen Anwendung.

Die nachstehende Zahlentafel gibt die Abmessungen dieser Gebläse für elektrischen Antrieb wieder:

Nr. des Gebläses	Normale Windleistung m³/min	Windpressung in mmWs	Umdrehungen in der Minute etwa	Flügeldurchmesser mm	Ausblasdurchmesser mm	Kraftbedarf in PS	Annäherndes Gewicht des Ventilators ohne Motor und ohne Fundamentplatte kg	Annäherndes Gewicht der Fundamentplatte einschließlich Motorsockel kg
0	6	300	3300	400	120	2,5	100	85
I	9	350	3550	400	120	3	100	85
II	13	400	3800	400	120	4	100	85
III	17	500	3300	475	150	5,5	160	140
IV	25	500	3500	475	150	7	160	140
V	35	500	2600	600	200	9	250	185
Va	45	500	2750	600	200	11	250	185
VI	50	500	2400	675	225	13	300	225
VII	70	500	2200	750	250	16	450	300
VIII	85	600	1900	850	290	23	500	355
IX	100	600	2100	850	290	27	500	355
X	120	600	1850	950	320	30	750	450

Einen wesentlich höheren Wirkungsgrad zeigen die sog. Turbogebläse, der nach den Angaben der Firma Kühnle, Kopp & Kausch in Frankenthal nahezu 100 vH beträgt. Auch die Bauart dieser Gebläse ist sehr einfach und der geringe Raumbedarf ist nicht selten die Ursache, daß diesen Gebläsen der Vorzug gegeben werden muß.

Abb. 19. Jäger-Turbinengebläse mit Motor.

Die Turbogebläse haben den weiteren Vorzug, daß sie sich leicht den geänderten Betriebsverhältnissen anpassen lassen, dies ist für die ständig sich ändernden Querschnitte in der Schmelzzone der Schachtöfen von besonderer Bedeutung. Anderseits verlangen aber diese Gebläse eine sorgsame Wartung und liegt hierin wohl oft der Grund der Abneigung in einigen Gießereien. Über die Abmessungen und Leistungen der Turbogebläse nach Bauart Kühnle, Kopp & Kautsch gibt die nachstehende Zahlentafel Aufklärung. Erwähnt sei noch, daß die Turbogebläse mit einem Mengeregler ausgerüstet werden (Multiplikator), so daß das Gebläse nach den zahlenmäßigen Angaben eingestellt werden kann. Über den Regelungsvorgang wird noch an anderer Stelle berichtet.

Nr. des Gebläses	Normale Luftleistung m³/min	Luftpressung mm Wassersäule	Umdrehungszahl in der Minute	Lichter Φ des Druckstutzens mm	Konisches Druckrohr		Kraftbedarf PS	Vorzusehende Motorleistung PS	Gewicht ca. kg
					Lichter Φ mm	Länge mm			
I	35	500	2920	150	150/250	850	6	7	350
II	50	500	2920	150	150/275	1000	8	10	350
III	70	600	2920	175	175/300	1000	14	16	450
IV	85	600	2920	175	175/300	1000	16,5	19	450
V	100	700	2920	200	200/350	1200	23	26	650
VI	125	700	2920	225	225/400	1400	28	32	850
VII	160	750	2920	280	230/450	1400	38	44	1050
VIII	250	750	2920	310	310/475	2350	60	68	1150

Die Kreiskolbengebläse oder Kapselgebläse fördern die angesaugte Luft zwangläufig, so daß bei einer bestimmten Umdrehungszahl auch die bestimmte Luftmenge in den Ofen gelangt, ganz gleich, ob der Ofen mehr oder weniger gefüllt oder die Düsen zum Teil verschlackt sind. Die Leistung der Gebläse läßt sich in gewissen Grenzen nach oben oder nach unten verändern.

Die nachstehende Abbildung zeigt ein Kapselgebläse nach Bauart Jäger, Leipzig, nebst zugehöriger Zahlentafel.

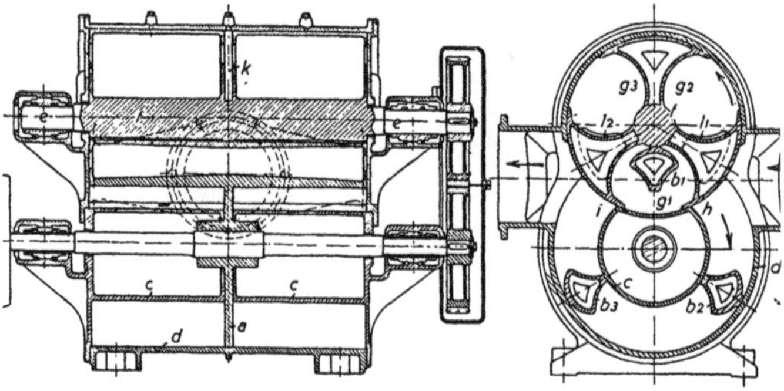

Abb. 20. Jägergebläse.

Nummer des Gebläses	Normale Luftmenge	Luftpressung in	Umdrehungen i. d. Minute	Riemenscheiben		Gebläsestutzen, Durchmesser i. lichten	Kraftbedarf in	Annäherndes Gewicht des Gebläses	
				Durchmesser	Breite			Abb. 20	Abb. 21
	m³/min	mmWS	etwa	mm	mm	mm	PS	etwa kg	etwa kg
IV	14	500	400	280	75	150	2,5	490	610
V	25	500	380	330	100	200	4,4	750	885
VI	40	550	360	400	125	225	7,8	1130	1350
VII	55	600	340	450	150	250	11	1450	1800
VIII	80	600	320	500	175	300	16	2150	2570
IX	114	700	300	650	180	350	26	2770	3450
X	140	800	280	750	200	400	35	3600	4400

Abb. 21. Jäger-Kapselgebläse mit Motor.

Des öfteren werden derartige Kapselgebläse durch Zahnradübertragung direkt mit Elektromotoren gekuppelt. Während man nun einen Zentrifugalventilator leicht ohne Last laufen lassen kann, indem man die Gebläseleitung absperrt, ist dies hier nicht möglich, weil die angesaugte Luft starke Pressung ergibt. Muß man nun aus Gründen des Ofenganges den Wind abdrosseln, oder tritt durch Ungleichmäßigkeit im Ofengang eine starke Windstauung ein, so wirkt das stets zurück auf das Gebläse und damit auf den Antrieb. Die Folgen sind gewöhnlich abgescherte Radzähne und damit unliebsame Betriebsstockungen, die bei Riemenantrieb durch Gleiten oder Abfallen des Riemens stets vorteilhaft vermieden werden, Eine direkte Kupplung des Kapselgebläses mit dem Antriebsmotor ist daher häufig abzuraten.

8. Die Anlage der Luftrohrleitungen und die Anwendung der Luftmengenmesser.

Die Rohrleitungen müssen sorgfältig ausgeführt werden; es sind auch zuverlässige Absperrschieber einzubauen, damit eine ordnungsgemäße Luftzuführung gesichert ist. Trotzdem können 10vH und mehr der zugeführten Luft verloren gehen; mit diesem Verlust sind große Nachteile für den Schmelzgang des Ofens verbunden.

Es empfiehlt sich deshalb, für die Anlage von Rohrleitungen und ür die Luftzuführung folgende Vorschriften zu beachten:

1. Die Luftleitung soll möglichst kurz, also unmittelbar an den Ofen angeschlossen werden.

2. Scharfe Biegungen oder Knicke in der Rohrleitung sind zu vermeiden, dafür sind aber, wenn notwendig, möglich große Bogen oder Krümmungen vorzusehen.

3. Verengungen in der Rohrleitung sind ebenfalls zu vermeiden, andererseits schaden Erweiterungen nichts, weil diese als Ausgleichsraum für die Luftzuführung angesehen werden können.

4. Es ist unbedingt notwendig, für die Sicherung der Anlage, und insbesondere des Gebläses gegen Explosionsschäden, zwischen Gebläse und Schmelzofen eine Rückschlagklappe in die Luftleitung einzubauen. Sicherheitsventile unmittelbar am Ofen (wie z. B. die Bauart Ardeltwerke) können empfohlen werden.

5. Je nach den Betriebsverhältnissen wird zu prüfen sein, ob ein Kapselgebläse oder Turbinengebläse vorteilhafter benutzt werden kann. Die Gebläse müssen groß genug gewählt werden, damit sie, entsprechend dem veränderlichen Querschnitt des Schmelzofens, genügend große Luftmengen, die häufig 25 und mehr vH der normalen Leistung betragen, ausreichen.

6. Wird das Gebläse unmittelbar vom Motor angetrieben, muß auch dieser genügend groß bemessen sein, damit die Drehzahl und damit die Erhöhung der Luftmenge erzielt werden kann.

Greiner-Eßlingen, hat einen Entwurf für die zweckmäßige Aufstellung einer Schmelzanlage in Vorschlag gebracht. Dieser zeigt in der nachstehenden Abbildung je eine Anlage mit einem Ofen und einem Gebläse und mit zwei Öfen und einem Gebläse. Greiner hat für die Bemessung der Luftmengen entsprechend dem jeweiligen Querschnitt in der Schmelzzone der Öfen vorbildliche Maßnahmen getroffen, und die Ergebnisse seines Schmelzbetriebes bestätigen, daß bei sorgsamer Anpassung der Luftmenge die größte Wirtschaftlichkeit erzielt werden kann.

Nach dem im vorhergehenden Abschnitt Gesagten soll das Gebläse nach Möglichkeit auf die in der Zeiteinheit benötigte Luftmenge einstellbar sein. Ist das Gebläse zu klein oder zu groß, immer wird mit diesem Mangel eine mehr oder weniger fühlbare Unwirtschaftlichkeit im Schmelzbetrieb verbunden sein, die Gebläseleistung ist also dem Ofenquerschnitt jeweils anzupassen. Hier greift die Messung der Luftmenge helfend ein, sie ermöglicht die genaue Einstellung des Gebläses.

Die früher allein übliche Messung des Luftdruckes in der Rohrleitung genügt nicht, um von Fall zu Fall das richtige Verbrennungsverhältnis im Schachtofen zu sichern, selbst dann nicht, wenn in Anbe-

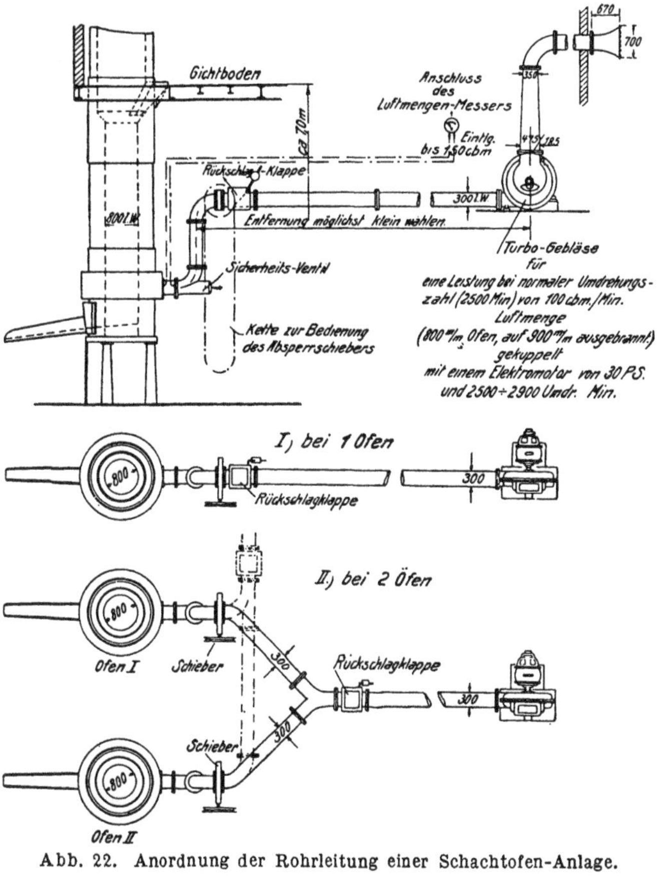

Abb. 22. Anordnung der Rohrleitung einer Schachtofen-Anlage.

tracht der mangelhaften Rohrleitung vielleicht noch ein Luftüberschuß in den Ofen gebracht wird, dessen Größe in der Regel nicht festzustellen ist.

Um diesen Mängeln abzuhelfen, sind mit Erfolg die Luftmengenmeßapparate im Schmelzbetrieb eingeführt worden.

Über die dem einfachen Schachtofen in der Zeiteinheit zukommende Luftmenge ist bereits im Abschnitt c) »Ofenabmessungen« einiges gesagt worden. Es wurde ausgeführt, daß unter normalen Ofenverhältnissen etwa 100 m³ Luft auf 1 m² Ofenquerschnitt in der Schmelzzone genügen, um bei richtiger Satzkoksmenge die verlangte Eisenmenge zu schmelzen. Bei gleichbleibender Luft- und Koksmenge muß dann auch im gleichen Ofenquerschnitt stets annähernd die gleiche Eisenmenge geschmolzen werden. Abgesehen von dem bereits erwähnten Ofen mit Lufterhitzer (Bauart Schürmann), der mit Erfolg einen neuen Weg beschritten hat, indem er bei gleichem Schachtquerschnitt und erhöhter Luftzufuhr den Satzkoks besser ausnutzt, also eine wesentliche Mehrleistung erzielt, soll hier zunächst noch von dem alten, einfachen Schachtofen die Rede sein.

Aber bei allen Schachtöfen, ganz gleich welcher Bauart, ist die Messung der zugeführten Luft zur Sicherung der Leistung des Ofens und der Wirtschaftlichkeit des ganzen Schmelzbetriebes von größter Bedeutung.

Für die Messung der zuströmenden Luft genügte bisher in der Regel die bekannte, einfache, U-förmig gebogene Glasröhre, wobei die Entfernung der beiden Wasserspiegel voneinander, als Druckmesser (Wassersäule) galt. Später wurden auch Federmanometer an Stelle der leicht zerbrechlichen Glasröhren eingeführt.

Aber diese Hilfsmittel hatten auf den Schmelzgang im Ofen wenig oder gar keinen Einfluß, sie wurden oft kaum angesehen. Durch die Berücksichtigung der Luftgeschwindigkeit haben aber die neuzeitlichen Luftmengenmesser eine größere Bedeutung für den Schmelzbetrieb erlangt. Es werden Apparate verschiedener Bauart angewendet. Zunächst die Pitotröhre, die auf Messung des dynamischen Druckes beruht. Apparate dieser Bauart liefern die Firmen: Paul de Bruyn, Hydroapparate-Bauanstalt, Düsseldorf, Fueß, Berlin-Steglitz, Eckardt-Stuttgart u. a.

Nach den Mitteilungen der Askaniawerke in Berlin-Friedenau hat sich die Geschwindigkeitsmessung mittels Staurand oder Düse, abgesehen von den großen Stationsgasmessern, für große Gas- und Luftmengen in Rohrleitungen sehr gut eingeführt, es wird hierüber wie folgt berichtet.

Das Staurandverfahren beruht darauf, daß in die betreffende Leitung an einer Flanschstelle eine Blechscheibe mit kreisrundem Loch eingeschoben wird. Siehe Abb. 23ᵃ, Seite 264. Hierdurch tritt eine Verengung des Rohrquerschnittes ein, und infolge der dadurch erzwungenen Geschwindigkeitssteigerung entsteht vor und hinter dem Staurand ein Druckunterschied, welcher zur Messung der Gasgeschwindigkeit benutzt wird. Dieser Differenzdruck wächst proportional mit dem Quadrat der Gasgeschwindigkeit. Infolge der starken Umlenkung, die die Gasteilchen am Rand des Stauflansches erfahren, ist die Geschwindigkeit über den Durchgangsquerschnitt nicht gleichmäßig verteilt, und man muß deshalb, um die mittlere Geschwindigkeit zu erreichen, mit einem »Kontraktionsfaktor« arbeiten. Die Bestimmung dieser Zahl bringt eine gewisse

Unsicherheit in die Staurandmessung. Nach den neuesten Untersuchungen gibt die nachstehende Formel von Müller die genauesten Werte:

$$Q = \frac{3600 \cdot f \cdot \mu \sqrt{\frac{2g}{\gamma}}}{\sqrt{1 \cdot m^2 \cdot \mu^2}} \cdot \sqrt{h}$$

worin bedeutet:

Q = stündliche Durchflußmenge in m^3,
f = freie Durchgangsfläche des Staurandes bzw. Düse,
μ = Kontraktionszahl nach A. W. Müller,
g = Erdbeschleunigung = 9,81 m/s,
$m = \frac{f}{F} = \frac{\text{freie Durchgangsfläche des Staurandes}}{\text{freie Rohrfläche}}$,
γ = Raumgewicht des Gases,
h = Druckdifferenz vor und hinter dem Staurand in mm WS.

Die Bestimmung der Kontraktionszahl vermeidet man bei Verwendung von Staudüsen, für welche bei richtiger Formgebung der Faktor = 1 ist. Bei großen Leitungen ist jedoch der Einbau dieser Düsen recht kostspielig und zeitraubend. Aus diesen Gründen wird in der Praxis trotz der weniger genauen Meßergebnisse hauptsächlich der außerordentlich bequeme Staurand verwandt.

Beim Einbau eines Staurandes oder einer Düse ist allgemein zu beachten, daß vor und hinter derselben ein längeres gerades Stück vorhanden ist, da sonst die Messung durch Wirbelungen und ungleichmäßig verteilte Strömung beträchtlich beeinflußt werden kann. Stauränder sind in dieser Beziehung empfindlicher als Düsen.

Bei genieteten Windleitungen, wie sie insbesondere bei Hochofenanlagen vorkommen, macht die Anbringung eines Staurandes Schwierigkeiten. Da es sich hier um verhältnismäßig große Strömungen handelt, und es auch mehr auf Vergleichswerte ankommt, so genügt in diesen Fällen das einfache Prandtlsche Staurohr, bei welchem sich die Geschwindigkeit aus dem Staudruck nach folgender Formel berechnet:

$$v = \sqrt{2gh}.$$

Will man die mittlere Strömungsgeschwindigkeit erhalten, so ist die Geschwindigkeitsverteilung über den ganzen Rohrquerschnitt abzutasten, und das Staurohr an einer Stelle befestigen, wo ein dieser mittleren Geschwindigkeit entsprechender Staudruck vorhanden ist. Im allgemeinen ist ein derartiger Punkt etwa $\frac{1}{3}$ vom Rande entfernt vorhanden.

Von der zur Messung erzeugten Geschwindigkeitshöhe wird bei Staurand oder Düse nur ein Teil in Druckhöhe zurückgewonnen, der mit zunehmender Verengung abnimmt. Erfordern nun die Druck- und Geschwindigkeitsverhältnisse zur Erzeugung eines ausreichenden Meßdrucks eine starke Einschnürung, so ist oft aus denselben Gründen der damit verbundene hohe Druckverlust nach Möglichkeit zu vermeiden.

Hier ist das Venturirohr am Platze; siehe Abb. 23d. In seiner, an die Einschnürung anschließenden, langen konischen Erweiterung werden bis zu 80 vH der Strömungsenergie, welche zur Erzeugung des Meßdruckes erforderlich ist, zurückgewonnen, so daß der bleibende Druckverlust nur etwa ¼ des bei Anwendung von Düse oder Staurand eintretenden ist.

Der dadurch erzielten Kraftersparnis stehen beträchtlich höhere Anschaffungskosten, großer Platzbedarf, Notwendigkeit der Eichung jedes Rohres gegenüber, so daß das Venturirohr hauptsächlich für solche Sonderfälle anzuwenden bleibt.

Geschwindigkeitsmeßgeräte mit Metallmembran.

Diese Instrumente haben sich aus normalen Druckschreibern entwickelt und sind in ihrer einfachsten Form Differenzdruckschreiber von überaus hoher Empfindlichkeit. Es ist hiermit möglich, mit einem Druckunterschied von nur 2,5 mm WS bereits den ganzen Meßbereich zu beherrschen!

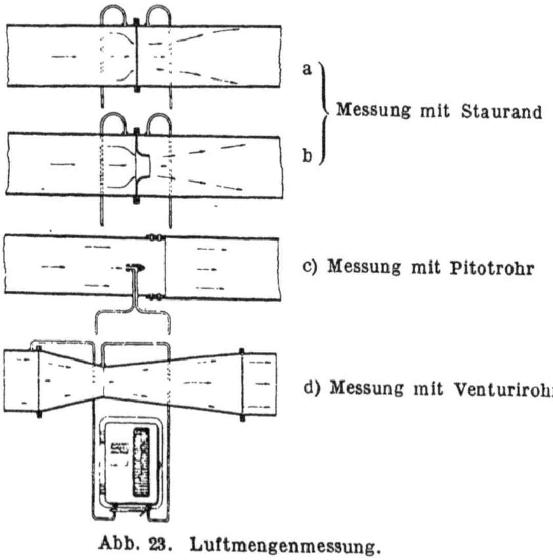

Abb. 23. Luftmengenmessung.

Durch eine einfache, aber äußerst sinnreiche Einrichtung ist es möglich geworden, die Empfindlichkeit des Instrumentes für jeden Skalenwert beliebig einzustellen, so daß damit auch ohne weiteres eine gleichmäßige lineare Skalenteilung bei quadratischem Druckanstieg erzielt werden kann. Die Geschwindigkeitsschreiber dieser Art liefern also beim Anschluß an Staurohr, Staudüse oder Venturirohr unmittelbar ein exakt planimetrierbares Diagramm.

Die Meßmembran wird von beiden Seiten von dem Gasdruck beaufschlagt und wird deshalb nur die Differenz zwischen den beiden Drücken meßtechnisch wirksam. Die Höhe des statischen Druckes ist ohne Einfluß, solange dieser nicht eine die Festigkeit des Apparates gefährdende Höhe erreicht. Die normalen Instrumente sind für Überdrucke bis zu 1 at bemessen, sie können aber auch für noch höhere Drücke ausgeführt werden.

Die Aufzeichnung erfolgt in gradlinigen Koordinaten auf einem ablaufenden Papierstreifen, dessen Vorschub mit 10 mm, 20 mm oder 60 mm/h eingerichtet werden kann. Die Gesamtlänge eines solchen Streifens beträgt etwa 24 m, so daß dieser bei einem Vorschub von 10 mm etwa 100 Tage, bei 20 mm etwa 50 Tage und bei 60 mm etwa 15 Tage ausreicht. Das Registrieruhrwerk mit der Übertragungseinrichtung ist hierbei ganz im obersten Teil des Instrumentengehäuses angeordnet. Der Registrierstreifen läuft über die ganze Länge des Instrumentenkastens hinweg und wird im unteren Teil von einer selbsttätigen Aufwickelung aufgewickelt.· Auch bei geschlossenem Gehäuse ist die aufgezeichnete Kurve auf eine freie Länge von etwa 45 cm dauernd sichtbar.

In der vorstehenden Abbildung 23 ist die Verwendung eines Venturirohres mit einem Differenzdruckschreiber der Askania-Werke-Akt.-Ges. gezeigt. In ähnlicher Weise wird auch von der Firma Siemens & Halske-Wernerwerk ein Venturimesser hergestellt, der in der nachstehenden Abb. 24 gezeigt ist.

Die Luftmengen werden durch ein besonderes Differentialmanometer angezeigt. Der im Venturirohr erzeugte Druckunterschied wird auf das Differentialmanometer im Meßapparat übertragen. Das Differentialmanometer besteht aus zwei Gefäßen, die ineinander angeordnet sind. Die Abbildung zeigt die beiden Gefäße schematisch in getrennter Anordnung. Das innere Gefäß besitzt ein unten offenes Tauchrohr, das in das äußere Gefäß hineinragt. Durch diese Anordnung sind die beiden Gefäße kommunizierend miteinander verbunden.

Der gesamte Apparat erhält dadurch eine gefällige handliche Form. Das äußere Flüssigkeitsgefäß ist so gestaltet, daß die Ausschläge der Flüssigkeitssäule innerhalb des praktischen Meßbereiches den Durchflußmengen direkt proportional sind.

Ein auf der Meßflüssigkeit des Innengefäßes ruhender Schwimmer überträgt die Ausschläge mit Hilfe einer magnetischen Kupplung reibungsfrei aus dem inneren Druckraum auf die äußere Anzeige- bzw. Schreibvorrichtung. Diese Patentkupplung schließt den inneren Druckraum vollständig nach außen ab. Sie ersetzt die bei anderen Bauarten häufig verwendete Stopfbüchsenübertragung, die Ursache vieler Fehler.

Über die weiteren Einzelheiten im Bau und in der Anwendung dieser Luftmengenmeßapparate muß auf die Werbeschriften der genannten Firmen verwiesen werden. Hier sei aber noch ein Betriebsbericht über die Anwendung der Hydroapparate in einer Eisengießerei wiedergegeben.

Zwei Schachtöfen mit gleichen Abmessungen wurden nebeneinander je 23 Tage in Betrieb gesetzt, und zwar ein Ofen nach bisherigen Maßnahmen, dagegen der andere mit selbstanzeigenden Hydroapparaten überwacht.

Es zeigte sich in den ersten Tagen an dem zweiten Ofen mit Hydroapparaten, daß die Windmenge geändert werden mußte, und daß der Satzkoks bedeutend erniedrigt werden konnte. Düsenverschlackungen, die durch geringere Windmenge durch die Apparate angezeigt wurden, konnten sofort beseitigt und der Beginn der Düsenverschlackung rechtzeitig erkannt werden. Der Schmelzer wurde in seiner Tätigkeit durch die Apparate überwacht und somit die gewünschte Durchgangsgeschwindigkeit des zu schmelzenden Eisens im Ofen gesichert.

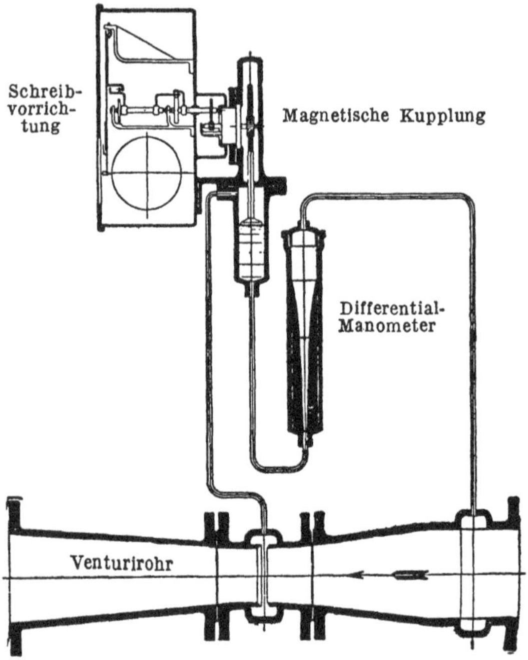

Abb. 24. Wirkungsweise des Venturimessers in schematischer Darstellung.

Beim Abblasen des Ofens konnte die Windzufuhr entsprechend vermindert werden, womit eine Koksersparnis verknüpft war.

Durch die selbstanzeigenden Apparate wurde die als praktisch zulässig erkannte Luftmenge bei gegebenem Druck dem Ofen gleichmäßig zugeführt und hierdurch die Schmelzzeit verkürzt.

Die Anwendung der Apparate führte dazu, mit dem Gießen später zu beginnen, da zeitweises Aussetzen des Schmelzens wegen Nichtfertigstellung der Formen zum Gießen von den Apparaten angezeigt wurde.

Hierdurch war es ebenfalls möglich, flott hintereinander, in kürzerer Zeit zu schmelzen und Schmelzkoks zu sparen.

Die Schmelzkoksersparnisse stellten sich wie folgt:

1. Ofen ohne Überwachung, 23 Betriebstage betrieben:

Täglich 30000 kg Gesamteinsatz an Eisen, Schmelzkokssatz = 10,5 vH, somit täglich 30 t 105 kg Koks = 3150 kg Koks in 23 Arbeitstagen, 23 · 3150 = **72450 kg Schmelzkoks.**

2. Ofen mit Überwachung, durch selbstanzeigenden Hydrowindmengen- und Druckmesser betrieben:

Täglich 30000 kg Gesamteinsatz an Eisen, Schmelzkokssatz = 8 vH, somit täglich 30 t 80 kg Koks = 2400 kg Koks in 23 Arbeitstagen, 23 · 2400 = **55200 kg Schmelzkoks.** Zum Guß gelangten siliziumreiche und phosphorarme Sätze, die in Naßgußformen für Gußstücke von 5 bis 12 mm Wandstärke vergossen wurden.

Der Abbrand war sehr gering und das Eisen sehr heiß (das Wannerpyrometer zeigte 1325 bis 1375° C).

---

9. Die Messungen der Temperaturen im Gießereibetrieb.

Die Temperaturmeßgeräte haben in neuer Zeit für jeden Betrieb eine besondere Bedeutung gewonnen, nicht zuletzt für die Gießereibetriebe.

Abgesehen von den Apparaten für die Trockenkammern und Glühöfen, die an anderer Stelle bereits erwähnt wurden, soll hier insbesondere einiges über die Temperaturmessung des erschmolzenen Eisens gesagt werden.

Die Temperatur des erschmolzenen Eisens zeigt oft große Unterschiede, bekannt ist auch, daß durch mattes Eisen manches Gußstück, sonst einwandfrei in der Form hergestellt, unbrauchbar wurde. Hier lohnen sich also Messungen, um so mehr wenn diese gleichzeitig über den Ofengang Aufschluß geben können. Die Angaben über die richtige Temperatur des jeweils in Frage kommenden Rinnen- oder Pfanneneisens gehen zwar oft weit auseinander (wie z. B. beim Walzenguß), aber dessenungeachtet kann das Hilfsmittel der Temperaturmessung beim Guß oft wertvolle Dienste leisten, auch sei bemerkt, daß zu heiß erschmolzenes Eisen oft genug »Koksvergeudung« bedeutet.

Über zweckmäßige Temperaturen für Gußeisen darf auf die Berichte in den Fachblättern verwiesen werden, dabei sei ein Aufsatz von Treuheit, Elberfeld, erwähnt, der wertvolle Winke für den Betriebsleiter enthält.

Je nach der Bauart und den Eigenschaften sind drei Hauptklassen elektrischer Temperaturmeßapparate zu unterscheiden: Thermoelektrische Pyrometer, Widerstandsthermometer, optische Pyrometer.

Der Hauptteil der thermoelektrischen Pyrometer bildet das Thermoelement, das in seiner einfachsten Form aus zwei Drähten verschiedenartigen Stoffes besteht, die an einem Ende verschweißt sind und am anderen Ende mit einem Meßapparat verbunden werden. Bei der Erhitzung der Schweißstelle entseht in dem Stromkreis eine Spannung, die mit einfachen Mitteln gemessen werden kann. Über Einzelheiten dieser Apparate sei auf den Aufsatz von Schwenn in der »Gießerei-Zeitung« 1913, Heft 5, 6 und 7, hingewiesen.

Ein Vorteil der thermoelektrischen Messung ist, daß die Meßapparate selbstschreibend ausgebildet werden können, so daß dauernd Aufzeichnungen an einer beliebigen Stelle, vom Zimmer des Betriebsleiters aus, möglich sind.

Für Temperöfen und ähnliche Glühöfen sind diese Messungen am zweckmäßigsten.

Die Widerstandsthermometer eignen sich besonders für niedrige Temperaturen, also für Trockenkammern.

Größere Bedeutung in der Gießerei erlangten die optischen Pyrometer. Der Vorteil dieses Pyrometers besteht darin, daß während der Messung der zu messende Gegenstand stets vor Augen ist, die richtige Einstellung des Fernrohres, des Hauptbestandteiles des Apparates, nicht täuschen kann.

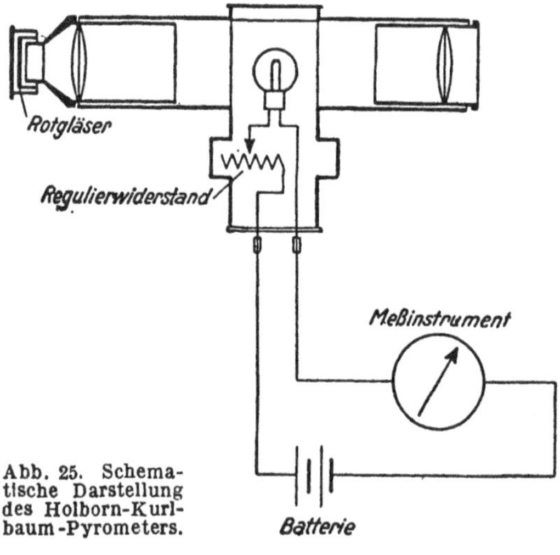

Abb. 25. Schematische Darstellung des Holborn-Kurlbaum-Pyrometers.

Bekannt ist das Pyrometer nach Holborn und Kurlbaum der Firma Siemens & Halske-Wernerwerk. Die vorstehende Abb. 25 zeigt die schematische Darstellung des Pyrometers.

Das optische Pyrometer nach Holborn-Kurlbaum besteht aus einem Fernrohr mit Okkular- und Objektivlinse. Zwischen beiden befindet sich die von einem zweizelligen Akkumulator gespeiste Vergleichslampe, die mit einem Drehwiderstand zusammen in den Fernrohrkörper eingebaut ist. Die Okularlinse wird durch den Beobachter so weit verschoben, bis er das Bild des Leuchtfadens scharf sieht. Danach wird die Objektivlinse auf den zu prüfenden Körper eingestellt, so daß dem Be-

Abb. 26. Messung mit dem Glühfaden-Pyrometer.

obachter beide Bilder scharf erscheinen. Nunmehr wird der Drehwiderstand so lange verstellt, bis das Bild des Glühfadenbügels auf dem hellen Untergrund verschwindet. Dann wird an dem Strommesser entweder die Temperatur unmittelbar abgelesen oder aus der Stromstärke und einer Hilfstafel ermittelt. Der Helligkeitsvergleich zwischen Glühfaden und zu messendem Körper wird bei einer bestimmten Wellenlänge, mit anderen Worten einer bestimmten Farbe, die durch Zwischenfügen eines Filters aus Rotglas erzeugt wird, vorgenommen. Nur durch diese Maßnahme ist es möglich, verschiedenfarbige Lichtquellen zu vergleichen. Bleibt das Filter weg, dann wird die Einstellung bei verschiedenfarbigen, nichtschwarzen Strahlern sehr erschwert.

Die vorstehende Abbildung 26 zeigt die Anwendung des Glühfadenpyrometers in einem Stahlwerk beim Messen der Gießtemperatur des ausfließenden Stahles. In ähnlicher Weise können auch die Temperaturen in Martinöfen und Kleinbirnen gemessen werden. Die Entfernung des Beobachters kann dabei ziemlich groß sein, es muß nur ein Stück des ausfließenden Strahles oder ein kleines Schauloch mit dem Vergleichsfaden zur Deckung gebracht werden. Bei Temperaturen über 1000° C wird zur Schonung des Auges eine Rotscheibe vor das Okular gesetzt, bei Temperaturen über 1400° C eine zweite. Der Meßbereich dieser Einrichtung geht bis 1600° C. Für höhere Temperaturen wird vor das Objektiv eine Rauchglasplatte gesetzt, wodurch der Meßbereich je nach der Dicke der Platte beliebig erweitert werden kann. Die normalen Holborn-Kurlbaum-Pyrometer für die Eisenindustrie haben einen Meßbereich von 1000 bis 2000° C.

Als weiteres optisches Pyrometer hat sich auch das Wanner-Pyrometer von Dr. Hase-Hannover, in den Gießereien gut eingeführt und bringt diese Firma in letzter Zeit unter dem Namen »Pyro« auch ein Strahlungspyrometer auf den Markt, das, nach den Berichten in den Fachzeitschriften zu schließen, die Vorteile der thermoelektrsichen und optischen Pyrometer vereinigen müßte. In der Zeitschrift »Die Gießerei« ist ein ausführlicher Bericht erschienen, der weitere Einzelheiten des Pyrometer wiedergibt, ausführliche Betriebsergebnisse, die die Zuverlässigkeit des Strahlungspyrometers bestätigen, liegen allerdings noch nicht vor.

---

f) Die Form- und Hilfsstoffe in der Gießerei.

1. Der Formsand und seine Aufbereitung.

Ein brauchbarer Formsand soll drei Haupteigenschaften haben, nämlich: Bildsamkeit, Durchlässigkeit und Feuerbeständigkeit. Fehlt es an diesen Eigenschaften, dann darf der Gießer nicht überrascht sein, wenn das Aussehen der Gußstücke sehr zu wünschen übrig läßt, oder der Ausschuß steigt. Bei der Auswahl der Formsandsorten muß aber auch auf die chemische Beschaffenheit geachtet werden, denn die mehr oder weniger stark auftretenden Beimengen an Eisenoxyd (Fe_2O_3), Kalkerde (CaO), Magnesia (MgO) und Alkalien (K_2O, Na_2O) wirken, besonders wenn in grünen Formen gearbeitet wird, oft recht nachteilig auf den Erfolg des Gusses.

Damit soll aber nicht gesagt sein, etwa den Formsand auf Grund der chemischen Untersuchungen zu bewerten, aber diese müssen neben den physikalischen Prüfungen die Brauchbarkeit des Formsandes bestimmen.

Die Untersuchungen der deutschen Formsandlagerstätten, die in den letzten Jahren mit einigen Unterbrechungen von der Preußisch-Geologischen Landesanstalt durch Behr, gemeinsam mit Wache und Pfeiffer, im Auftrage des Vereins Deutscher Eisengießereien und des Vereins Deutscher Gießereifachleute durchgeführt sind, wurden inzwischen zu einem gewissen Abschluß gebracht. Es war allerdings nicht möglich, alle Formsandgruben (es sind etwa 250 Gruben vorhanden) zu untersuchen. Im allgemeinen waren schon die zur Untersuchung eingeforderten Sandproben wenig zuverlässig, ein persönlicher Besuch in allen Fundstätten zur unmittelbaren Probenahme war aber nicht möglich. Die Untersuchungsergebnisse wurden deshalb so gruppiert, daß genügende Vergleichsunterlagen gewonnen werden konnten. Die Untersuchungen erstreckten sich auf die Bestimmung der drei Haupteigenschaften der Formsande: 1. die Luftdurchlässigkeit, 2. die Größe der Bindekraft, 3. die Feuerbeständigkeit. Um den Gießereien zunächst einen Überblick über die in ihrer nächsten Nähe befindlichen Formsandgruben zu geben, veröffentlicht der Verein Deutscher Eisengießereien, mit den anderen Gießereiverbänden, zwei von Dr. Behr bearbeitete Übersichtskarten im ungefähren Maßstabe von 1:1300000. Die eine Karte umfaßt Norddeutschland, es liegt ihr die Blatteinteilung der Geologischen Landesaufnahme zugrunde. Durch besondere, blaue Bezeichnung ist der Stand der Geologischen Landesaufnahme dargestellt. Die Lage der Formsandgruben ist durch Aufdruck roter Zahlen, die am unteren Kartenrande eine Erklärung finden, hervorgehoben. Die zweite Karte umfaßt die Süddeutschen Bundesstaaten und den Freistaat Sachsen. Mit Rücksicht auf Ungleichmäßigkeiten in der Landesvermessung wurde für diese Karte die Blatteinteilung der Karte des Deutschen Reiches 1:100000 benutzt, unter Beibehaltung des Maßstabes der ersten Karte, so daß beide zu einer Übersichtskarte vereinigt werden können.

Da der Platz es gestattete, wurden die Namen der Fundorte unmittelbar in die Karte gedruckt. Jeder Karte wird ein kleines Heft mit Erläuterungen beigegeben, in dem nähere Angaben über die Lage, Besitzer oder Pächter der Grube, Verwendungsort des Sandes und geologische Verhältnisse der Lagerstätte gemacht werden. Da die Karten auch das Eisenbahnnetz enthalten, erleichtern sie die Frachtberechnung und geben auch sonst eine klare Übersicht. Der Versand der Karte erfolgt zunächst durch die Vertriebsstelle der Preußischen Geologischen Landesanstalt, Berlin N 4, Invalidenstraße 44. Über Preise und Versandkosten werden in den Fachzeitschriften entsprechende Mitteilungen bekanntgegeben.

Die Bildsamkeit des Formsandes wird oft mit der Hand geprüft; das Maß der Bildsamkeit ist jedoch von der Form des Kornes abhängig, sowie von der Wasseraufnahme und dem Tongehalt. Ein hochtonhaltiger

Sand wird als fett und ein Sand mit geringem Tongehalt als mager bezeichnet. Die nachstehenden Analysen einiger bekannter Formsandsorten geben hierzu eine Ergänzung:

Bezeichnung	Kieselsäure SiO_2	Tonerde Al_2O_3	Kalk CaO	Eisenoxyd Fe_2O_3
Aschersleben Sand, grau	84,35	5,96	0,44	6,45
„ „ gelb	78,45	7,22	1,84	4,22
Halberstädter (Frohwein) grün	86.70	4.20	0,60	3,95
Offlebener „ gelb	83,07	3,11	0,50	6,25
Elsterwerdaer Sand, grün	82,90	10,28	0,01	2,76
Harburger „ fett	89,84	7,02	—	3,14
„ „ mager	96,16	1,48	—	2,36
Rendsburger	93,18	4,23	—	2,59
Bottroper Sand, fett	87,50	8,30	—	2,30
„ „ mager	89,70	5,20	—	1,10
Alt-Ranft, mager	80,10	2,96	9,84	2 00
„ „ fett	75,18	3,80	5,35	2,40
Ellrich-Sand, rot	85,76	6,00	2,60	3,30
Harzer Kristall-Quarzsand (Kernsand)	98,58	0,76	0,123	0,27

Ein tonerdereicher Sand beschränkt die Gasdurchlässigkeit, für Feinguß ist solcher Sand weniger geeignet, um so mehr für große Gußstücke, die in getrockneten Formen hergestellt werden müssen. Lehm und Masse dürfen also einen hohen Tongehalt besitzen.

Die richtige Kornbeschaffenheit und Korngröße gibt auch eine günstige Gasdurchlässigkeit. Bevorzugte Sande dieser Art finden sich in Hannover, Harz, Halle usw. In gröberer Körnung, für große Gußstücke besonders geeignet, auch recht gasdurchlässig, erweist sich der Bottroper Sand.

Durch wiederholten Gebrauch verliert der Formsand seine besonderen Eigenschaften, er muß infolgedessen aufgefrischt werden. Über den Erfolg einer solchen Auffrischung mit Ton berichtete Treuheit-Elberfeld in der letzten Versammlung des Ausschusses für Gießereiwesen. Bei einmaliger Eisentrennung des Altsandes wurde durchschnittlich 1 vH Eisen entfernt, bei einer weiteren drei- bis viermaligen Trennung zusammen dieselben Eisenmengen, wie bei der ersten Trennung. Treuheit hat den aufgefrischten Formsand, ohne Zusatz von neuem Sand, als sehr feuerfesten und billigen Formstoff kennen gelernt. Notwendig bei der Aufbereitung von Altsand ist allerdings die Einschaltung mehrerer Elektromagnete und eine kräftige Entstaubung. Das Aussehen der Gußstücke in Altsand, aufgefrischt geformt, soll sauberer sein, als wie bei Zusatz von frischem Formsand zu Altsanden. Die Versuche werden fortgesetzt und erfolgen an anderer Stelle Berichte über die Ergebnisse.

Über die Prüfung der Formsande für bestimmte Zwecke wird in den Handbüchern, von Geiger, Osann, Schott u. a., und auch in den Fachzeitschriften ausführlich berichtet, infolge Raummangel muß hierauf verwiesen werden. Etwas ausführlicher sei aber die Formsandaufbereitung erörtert. Was auf diesem Gebiete in den letzten Jahren von dem deutschen Gießereimaschinenbau geleistet worden ist, das zeigt ein Blick in die Werbeschriften der in Frage kommenden Werke, wie z. B. Badische Maschinenfabrik-Durlach; Gutmann-Altona; Hannover-Hainholz; Stotz-Stuttgart u. a. m.

In früheren Jahren herrschte die Ansicht vor, und selbst heute findet man dieselbe noch, daß für die Gießerei, die gegenüber den anderen Betrieben hinsichtlich ihrer Einrichtung vernachlässigt ist, gewöhnliche und billige Maschinen gerade gut genug seien. Allmählich jedoch hat sich die Erkenntnis Bahn gebrochen, daß, wie in den übrigen Werkstätten, auch in der Gießerei sich durch leistungsfähige maschinelle Einrichtungen ganz bedeutende Vorteile erzielen lassen. Dies gilt besonders für die Sandaufbereitung, der in früheren Jahren wenig oder gar keine Bedeutung beigelegt und die in den meisten Gießereien nur mit allereinfachsten Maschinen durchgeführt wurde.

Im letzten Jahrzehnt hat sich die Erkenntnis durchgesetzt daß je mehr der Sandaufbereitung durch sorgfältigstes Vorbereiten des Formstoffes Aufmerksamkeit geschenkt wird, sich desto leichter ein Mißlingen des Gusses verhindern läßt und auch die Gußwaren ein bedeutend saubereres Aussehen erhalten, die denselben im Wettbewerb den Vorrang sichern. Dazu kam, unter dem Einfluß der ständig wachsenden Löhne und des Mangels an geschulten Arbeitern, die Notwendigkeit, an Arbeitskräften zu sparen, sich also möglichst vom Arbeiter unabhängig zu machen. So kam man dazu, den Sandaufbereitungsmaschinen eine erhöhte Aufmerksamkeit zu schenken und die einzelnen Apparate durch Zusammenfassen zu selbsttätig arbeitenden Anlagen auszubauen, bei denen schließlich die Beschäftigung des Arbeiters darauf beschränkt blieb, die Sande, aus denen der Formsand zusammengesetzt werden soll, in die Maschine nach Vorschrift aufzugeben und den fertigen Formsand abzufahren.

Was bedeutet Formsandaufbereitung und welche Vorteile bietet sie?

Der in der Natur vorkommende und als Beigabe zum alten Formsand dienende neue Sand besitzt in der Regel nicht jene Eigenschaften, welche ihn unmittelbar geeignet erscheinen lassen. Er muß daher gewöhnlich erst einer Reihe von Arbeitsvorgängen unterworfen werden, die ihn brauchbar machen. Hierzu gehört das Trocknen, Mahlen und Sieben des Sandes. Ersteres ist notwendig, um den noch feuchten Sand für die weitere Verarbeitung des Mahlens und Siebens geeigneter zu machen, während letztere beiden Behandlungen erfolgen, um dem Sand die notwendigen Feinheitsgrade zu geben.

Der alte oder gebrauchte Sand ist meist klumpig, er enthält allerlei Fremdkörper, wie Kerne oder Stütznägel, Spritzeisen usw. Daher muß dieser Sand vor seiner Wiederverwendung zerkleinert, gesiebt und gereinigt werden.

An eine zeitgemäße Formsandaufbereitung sind im allgemeinen folgende Anforderungen zu stellen:

Die Aufbereitung soll mechanisch erfolgen, jede Handarbeit ist nach Möglichkeit zu vermeiden.

Mischung und Anfeuchtung des Sandes müssen stets gleichmäßig sein. Zur Herstellung verschiedener Sandsorten soll das Mischungsverhältnis jederzeit rasch und bestimmt geändert werden können. Keinesfalls darf die Geschicklichkeit des Arbeiters dabei von Einfluß sein. Jede Einstellungsstufe muß immer einer bestimmten Sorte Formsand entsprechen.

Die Bewegung der für den Formsand nötigen Stoffe soll innerhalb der Aufbereitungsanlage möglichst wenig Vorrichtungen erfordern, die Maschinen sollen möglichst selbst als Fördermittel wirken oder so angeordnet sein, daß solche entbehrlich werden. Besonders angefeuchteter Sand darf, wenn irgend möglich, keine der Abnutzung ausgesetzten Fördermittel mehr durchlaufen.

Die Aufbereitung der Einzelbestandteile, wie Altsand und Neusand, sowie des Fertigsandes soll unabhängig voneinander oder gleichzeitig erfolgen können. Es ist zu vermeiden, daß bei Schadhaftwerden eines Teiles sofort die ganze Anlage stilliegen muß.

Die Vorrichtungen der Aufbereitungsanlage müssen möglichst groß bemessen werden, damit sie die Tagesmenge Formsand in kurzer Zeit liefern können. Kurze Betriebszeiten ergeben eine lange Lebensdauer der Anlage, niedrige Abschreibungs-, Unterhaltungs- und Bedienungskosten.

Alle Teile sind aus besten Stoffen herzustellen und gegen schmirgelnde Einflüsse zu schützen. Außerdem muß auf leichte Zugänglichkeit und Auswechslung aller Teile Bedacht genommen werden.

Je nach der Art des Betriebes wird die Entscheidung über die Auswahl der in Frage kommenden Maschinen zu treffen sein. Werden grobe, schwere Maschinenteile hergestellt, die in getrocknete Formen gegossen werden, zu deren Anfertigung verhältnismäßig wenig Modellsand und viel Stampfsand zum Hinterfüllen gebraucht wird, so wäre es untunlich, eine große Sandaufbereitungsanlage anzuschaffen, besonders wenn Sande zur Verfügung stehen, die man nach Mischen mit gebrauchtem Sand sofort gebrauchen kann. Ist aber die Gießerei für Massenguß bestimmt, der noch dazu zum größten Teil auf Formmaschinen hergestellt wird, so ist eine mechanische Aufbereitungsanlage am Platze, die die Handarbeit durch ineinanderwirkende Maschinen ersetzt. In vielen großen Gießereien, die in der Anfertigung von Maschinenguss auf der Höhe snd, mischt der Former bzw. der ihm beigegebene Hilfsarbeiter selbst den Modellsand, indem er neuen Sand mit altem in einem bestimmten Verhältnis zusammengibt und durch ein Sieb wirft. Die getrocknete Form für große Gußstücke läßt sich aus diesem grobgemischten Sand billiger und ebenso gasdurchlässig herstellen, wie aus einem maschinell aufbereiteten. Es soll jedoch ausdrücklich bemerkt werden, daß viele Sande einen sofortigen Gebrauch aus der Grube gar nicht zulassen, da sie sehr ungleichmäßig zusammengesetzt sind, d. h. neben faustgroßen Tonknollen ganze Nester mageren, kiesigen Sandes führen. Die Tonknollen würden beimPassieren des Kollerganges nur plattgedrückt werden, eine innige Mischung bliebe ausgeschlossen und Schülpen im Guß wären die Folge. Andere Sande bestehen aus verwittertem, rotem Sandstein, durch den sich Adern fetteren und mageren Sandes, auch harte Schichten ziehen, je nachdem, wie diese Sandlager durch Aufschwemmen entstanden sind. Auch hier würde man mit einfachen Sandaufbereitungsmaschinen wenig erreichen und ist gezwungen, zuerst eine Trocknung vorzunehmen, wodurch der Sand mahlfähiger wird, und einen Teil seiner Bindefähigkeit durch Austreiben des Wassers verliert. Als Trockenraum benutzt man die Decke einer geräumigen Trockenkammer, auf der der Sand ausgebreitet wird. Die Decke ist in diesem Falle aus gußeisernen Abdeckplatten gebildet, die stets mit zu trocknendem Sand bedeckt sein sollen, um die Wärmeausströmung völlig auszunutzen, und auch um die Hitze dem Kammerraum nicht zu sehr zu entziehen.

Abb. 27. Kollergang für Sand und Masse.

Zum Mahlen des getrockneten Formsandes dient vornehmlich der Kollergang.

Doch auch die Kugelmühlen eignen sich zur Vermahlung trockenen Sandes, Graphit, Kohle, Schamotte usw., mit ihnen ist jeder Feinheitsgrad zu erzielen.

Für die Zerkleinerung der Sandbrocken, Knollen usw. werden Walzwerke benutzt, die in der Regel mit einem elektrischen Eisenausscheider ausgestattet werden.

Die Sandsiebmaschinen finden in neuerer Zeit in allen Gießereien Anwendung. Das alte Durchwurfsieb verschwindet immer mehr, da der Vorteil der schnell arbeitenden Maschinen erkannt ist. Das elektrische Schüttelsieb wird ebenfalls in Verbindung mit dem Eisenausscheider ausgeführt und in verschiedenen Größen, je nach Leistung und Verwendungsart gebaut. Die nachstehende Abbildung zeigt ein fahrbares elektrisches Schüttelsieb, Bauart Hainholz.

Als besonders wichtig für die Sandaufbereitung sind auch die Sandmischmaschinen zu bezeichnen; sie sind in der Gießerei unentbehrlich geworden. Sie geben dem aufbereiteten Formsand die letzten notwendigen Eigenschaften, indem sie ein inniges Vermischen des neuen und alten Formsandes mit dem Kohlenstaub usw. herbeiführen und damit den Sand weich, flockig, locker und besonders luftdurchlässig machen. Auf die Wichtigkeit dieser Arbeit kann nicht oft genug hingewiesen werden.

Abb. 28. Elektr. Schüttelsieb, Bauart Hainholz.

In größeren Gießereien mit Formmaschinenbetrieb hat die selbständig arbeitende Formsandaufbereitung überall Anwendung gefunden. Bei dieser Aufbereitung sind in der Regel drei getrennte Gruppen zu unterscheiden, nämlich: die Neusandgruppe, die Altsandgruppe und die Formsandgruppe.

Die Beschreibung dieser Aufbereitung ist in allen Druckschriften der genannten Werke für Gießereimaschinen zu finden und sei hier lediglich eine Abbildung solcher Aufbereitung nach Bauart A. Stotz, Stuttgart, wiedergegeben.

Die Hauptvorteile, welche mit einer solchen Formsandaufbereitung erzielt werden, bestehen:

1. in der Raumersparnis,

2. in der Ersparnis an Rohmaterialien, da die sorgfältige Aufbereitung des Altsandes eine bedeutende Einschränkung des Neusandzusatzes gestattet,

3. in der stets gleichmäßigen Zusammensetzung und Mischung des Formsandes,

4. in der leichten und sicheren Änderung der Sandmischung,

5. in der gleichmäßigen Feuchtigkeit und der leichten Änderung des Feuchtigkeitsgrades,

6. in der großen Ersparnis an Arbeitslöhnen für die Herstellung des Formsandes, da die Bedienung der Aufbereitung sich auf die Aufgabe des Neusandes, des Altsandes und des Kohlenstaubes beschränkt,

7. in der Einschränkung des Ausschußgusses,

8. in der Erzielung eines besonders sauberen Gusses und damit in der Ersparnis an Arbeitslöhnen in der Putzerei und in der Maschinenfabrik,

9. in der Rückgewinnung des Spritzeisens und anderer Eisenteile,

10. in der sicheren Ausscheidung von Fremdkörpern aus dem Sand, wie Holz, Steine, Papier usw.,

11. in der Unabhängigkeit von der Geschicklichkeit und Zuverlässigkeit der Arbeiter,

12. in der bedeutend glatteren Abwicklung des gesamten Gießereibetriebes.

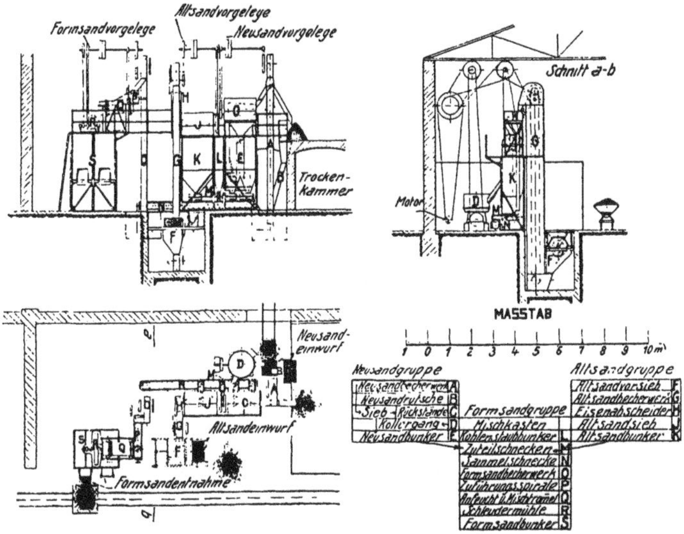

Abb. 29. Sandaufbereitungsanlage. (Bauart Stotz).

Wenn all diese Vorteile für den betreffenden Gießereibetrieb nutzbar gemacht werden sollen, dann ist eine Bedingung vorher zu erfüllen, nämlich die Anlage muß den Verhältnissen möglichst genau angepaßt werden und unter sachkundiger Wartung bleiben.

Des beschränkten Raumes wegen muß von der Bekanntgabe bewährter Formsandmischungen Abstand genommen werden, dieser Mangel kann aber bei der Neuauflage beseitigt werden, da dann wahrscheinlich die Ergebnisse der Untersuchungen, des vom Verein deutscher Eisengießereien eingesetzten Arbeitsausschusses für Formsand vorliegen und auch die Auswertung weiterer Versuche mit Altsand im Auffrischverfahren, erfolgen kann.

Es sei noch auf ein weiteres wichtiges Glied in der Formsandaufbereitung hingewiesen, auf die Förderanlagen für Formsand. Auf diesem Gebiete ist in den letzten Jahren viel geleistet worden. Auch hier heißt es, den Betriebsverhältnissen nach Möglichkeit Rechnung tragen. Es sind in der Hauptsache zwei Bauarten zu unterscheiden, entweder Förderung zu ebener Erde oder mittels hochgelegter Fahrbahn. Wenn es irgendwie zu ermöglichen ist, wird die Bahn zu Form- und Gießzwecken benutzt, aber auch hier entscheidet Art des Betriebes. Bei

Abb. 30. Förderbahn für Formsand. (Bauart Bleichert).

Formmaschinenguß wird die Rückförderung des gebrauchten Formsandes zur Aufbereitungsanlage eine große Rolle spielen. Hierbei finden die verschiedenartigsten Fördermittel, wie Schüttelrinnen, Förderbänder, Becherwerke, Förderschnecken usw. Verwendung, die je nach Beanspruchung, also Leistung der in Frage kommenden Anlage, bewertet werden müssen.

Auf Einzelheiten in der Wiedergabe solcher Anlagen kann nicht eingegangen werden, es sei aber auf die mustergültigen Anlagen dieser Art, der bereits genannten Werke: Maschinenfabrik-Hainholz; A. Stotz-Stuttgart; Bleichert & Co.-Leipzig-Gohlis u. a. hingewiesen, deren Ausführungen mehr oder weniger in den Fachblättern beschrieben sind. Die Erfahrungen haben gelehrt, daß in bezug auf den Ausbau dieser Förderanlagen auch zu weit gegangen werden kann, es muß deshalb von Fall zu Fall geprüft werden, welche Fördermittel angebracht sind, da sonst sehr leicht die Wirtschaftlichkeit der Anlage in Frage gestellt ist.

2. Masse, Lehm und Kernsand.

Unter Masse versteht der Gießer ein Gemenge von Sand und Ton, das durch größeren Zusatz von Wasser unter Beimengung von weiteren feuerfesten Zusätzen in geeigneter Form, besonders für Gußstücke mit größerer Wandung Verwendung findet. Sie kommt sowohl für Gußeisen als auch für Stahlguß in Anwendung. Bedingung ist eine möglichst hohe Festigkeit der getrockneten Form, die besonders bei Stahlguß auf Feuerbeständigkeit beansprucht wird.

Bei der Gußeisenmasse wird noch auf eine gute Bildsamkeit Wert gelegt, so daß in vielen Fällen ein sandiger Ton den Anforderungen genügen kann, dem feuerfester Ton und nach Bedarf Magerungsmittel beigemischt werden, damit die Form vor dem Rissigwerden geschützt wird. Eine derartige Form widersteht viel besser der Schmelzhitze des Eisens, als wie der gewöhnliche Formsand, sie behält auch die scharfen Kanten, da sie im getrockneten Zustande fast steinhart wird, ein Treiben der Form ist also ausgeschlossen. Die Masseform hat sich für Dauerformen als brauchbar erwiesen, wobei an das Verfahren nach Bosselmann erinnert sei.

Die Stahlgußmasse muß entsprechend den höheren Wärmegraden, die die Form zu ertragen hat, besonders feuerfest sein, die Grundmasse besteht demnach aus rohem und gebranntem Ton, dem Magerungsmittel, um das Anbrennen zu verhüten, beigemengt sind.

Der Lehm gelangt hauptsächlich da zur Verwendung, wo eine Form nicht nach Modell, sondern mit Hilfe von Schablonen hergestellt wird. Durchgängig besteht der Formlehm aus einem tonigen Sand, der mit Magerungsmitteln, am besten gesiebtem Pferdedung und Wasser zu einem Brei angerührt wird. Hinsichtlich der Feuerbeständigkeit steht der Lehm weit hinter der Masse zurück. Wo stark tonführender Sand fehlt, benutzt man den gewöhnlichen Grubenlehm, ein Gemenge von 30 bis 50vH Ton, mit Eisenoxyd, Quarzsand usw., der je nach seinem Eisengehalt eine hellere oder dunklere, gelbe bis gelbbraune Farbe hat. Da der Lehm beim Trocknen stark schwindet und rissig wird, werden ihm Magerungsmittel beigefügt, die als organische Stoffe beim Trocknen verkohlen und Hohlräume hinterlassen, durch die den Gasen ein leichterer Abzug gewährt wird. Als bester Magerungszusatz wird der Pferdedung gebraucht, auch Kuhmist eignet sich vortrefflich; als Ersatz für beides dient Gerberlohe, Torf, Sägemehl, Kuhhaar usw. Außer der Magerung und der daraus erfolgenden Verringerung der Brenn- bzw. Trockenschwindung dient der Pferdemist auch noch mit zur Erhöhung und Herbeiführung der Luftdurchlässigkeit der Form. Bei der getrockneten Lehmform handelt es sich nicht so sehr um ein Durchlassen der beim Gießen auftretenden Gase und ein Entweichenlassen der Luft aus der Form, denn die stark anpolierte Haut auf der Form ist durchlässig, aber in dem Formstoff tritt Wasserdampfentwicklung usw. auf und diese Gase müssen nach außen entweichen können. Die vom Pferdemist gebildeten Poren bieten dazu ebenfalls einen Weg. Auch Flachsscheeben finden für die gleichen Zwecke Verwendung.

Will man zum Durchkneten des Formlehms keine Lehmknetmaschine anwenden, was sich im Großbetrieb lohnt, wird der Kollergang zur Lehmaufbereitung benutzt.

Zum Aufbauen der rohen Lehmform werden Lehmsteine benötigt, wozu der schlechte, gebrauchte Gießereisand mit wenig Lehm gemischt verwendet wird. Die Steine werden in der Trockenkammer getrocknet und haben gegenüber den Ziegelsteinen den Vorzug der Billigkeit, der größeren Porosität und der leichteren Bearbeitungsfähigkeit. Werden in der Lehmformerei viel Zylinder, Kondensatoren und ähnliche Körper hergestellt, so gibt man den Steinen eine Form, ähnlich der der Schornsteinmauersteine, wodurch man die Arbeit des Zuhauens mit dem Lehmmesser erspart. Solche Steine lösen sich auch bedeutend leichter aus der Steinform los, die man aus starkem 3 bis 4 mm Blech fertigt, und rechts und links mit Griffen versieht. Ungefähre Maße gibt die Abbildung 31.

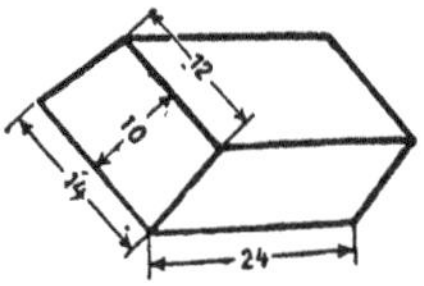

Abb. 31. Lehmstein. (Abmessungen in cm).

Der Lehm wird vorzugsweise für die Herstellung zylindrischer Kerne benutzt, auch ist es möglich, gezogene Lehmkerne ohne Eiseneinlagen zu verwenden.

Der Kernsand wird nach der Korngröße bewertet. Je gleichmäßiger das Korn, desto fester wird, gleiche Verwendungsverhältnisse vorausgesetzt, der Kern, dabei ist es von nebensächlicher Bedeutung, ob künstliche oder natürliche Bindemittel benutzt wurden.

Je nach der Größe des Kernes und seines Verwendungszweckes muß der Sand zusammengesetzt werden. Für kleine Kerne ist der Hauptbestandteil ein reiner kieselsäurereicher Sand (Flußsand, Mauersand oder Silbersand genannt), dem in der Regel ein organisches Bindemittel zugesetzt wird. Dieses verbrennt nach dem Guß und der Kern ist, da er dadurch sein Bindevermögen verloren hat, aus dem Gußstück leicht zu entfernen. Kalkhaltige Kernsande sind zu vermeiden, denn der gebrannte Kalk verstopft die Luftwege und die entweichende Kohlensäure, die bei der Zersetzung des Kalkes während des Gießens entsteht, führt leicht zu Ausschuß oder Fehlguß.

Eine große Bedeutung haben die **Kernsandbindemittel** in der Gießerei erlangt. Besonders bei recht schwierigen Kernen, die vielfach sehr dünn und auch ungetrocknet zur Verwendung gelangen, sind große Fortschritte gemacht worden. Während durch besondere Auswahl und Behandlung des Kernsandes, bei entsprechender Formvorrichtung, auch grüne Kerne verwendet werden können, wie z. B. in den Ardeltwerken, Eberswalde, bei der Herstellung der dünnwandigen

Abflußrohre und Formstücke, sind in der Hauptsache für empfindlichen Guß doch die Bindemittel im getrockneten Kern in Anwendung.

Erwähnt seien hier als besonders brauchbar die Leinöle und deren Ersatzstoffe, die Sulfitlauge, die auch zur Auffrischung des Formsandes mit Erfolg Verwendung findet, die Melasse, die Harze, die Kernmehle, darunter die Quelline, das Dextrin und viele andere mehr.

Über Einzelheiten in der Zusammensetzung der Stoffe und deren zweckmäßige Anwendung sei auf die Handbücher und Werbeschriften der in Frage kommenden Erzeuger verwiesen. Auch Irresberger berichtet in seinem Handbuch über die Formstoffe in der Eisen- und Stahlgießerei sehr ausführlich über dieses Gebiet. Im übrigen sei auf den Anzeigenteil im Anhang aufmerksam gemacht.

3. Die Hilfsstoffe in der Formerei.

Als wichtigster Zusatzstoff für den Formsand sei **der Steinkohlenstaub** genannt. Dieser wird dem Formsand beigemengt, um ein Festbrennen des Sandes am Gußstück zu verhüten, um also dem Gußstück eine glatte Oberfläche zu geben.

Wie wichtig es ist, auf eine saubere Außenfläche der Gußstücke den allergrößten Wert zu legen, braucht nicht ausführlich dargelegt zu werden. Es sei nur auf zwei Punkte hingewiesen: Je weniger der Formsand eingebrannt ist, um so schneller und bequemer ist die Putzarbeit, um so geringer der Aufwand an Arbeitslöhnen, und je glatter die Oberfläche, um so leichter die Bearbeitbarkeit des Gusses in der mechanischen Werkstätte. Es ist eine bekannte Tatsache, daß eingebrannter Formsand die Bearbeitungswerkzeuge in kurzer Zeit unbrauchbar macht.

Es geschieht aber leider oft, daß der Gießer, von dem Wunsch beseelt, möglichst billig zu arbeiten, den Zusatz des Steinkohlenstaubes zu gering bemißt oder aber der Preisfrage wegen sich zur Verwendung eines minderwertigen Erzeugnisses verleiten und dabei völlig außer acht läßt, daß scheinbar kleine Ersparnisse beim Verbrauch hohe Verluste durch vermehrte Arbeitslöhne und raschen Verschleiß der Werkzeuge in der Bearbeitungswerkstatt zur Folge haben.

Die Rolle, die der Steinkohlenstaub zur Erzielung eines nutzbringenden Gießereibetriebes zu spielen hat, dürfte hiernach ohne weiteres klar sein.

Seine Wirkungsweise besteht nun darin, daß die feingemahlene, mit dem Sand innig gemischte Steinkohle beim Einlaufen des flüssigen Eisens in die Form durch die hohe Temperatur zur Vergasung gebracht wird und im Augenblicke des Gießens jedes Sandkörnchen mit einer Gasschicht umgibt. Letztere wirkt isolierend zwischen Eisen und Sand und verhütet damit eine Verbindung zwischen beiden, das sogenannte Anbrennen.

Die Wertbemessung des Steinkohlenstaubes muß daher nur nach seinem Gasgehalt geschehen.

Hierauf hat bereits Henning 1910 in einer Versammlung der Gießereifachleute hingewiesen und sei die von ihm seinerzeit gebrachte Zahlentafel wiedergegeben:

Steinkohlenstaub.

1	2	3	4	5	6	7	8	9	10	11
Lieferant	Wasser vH	Asche vH	Flüchtige Bestandteile vH	Koksausbeute vH	Preis für 1 t Verwendungsort M.[1])	Mittlerer Wassergehalt vH	Preis für 1 t wasserfreien Kohlenstaubes M.[1])	Mittlerer Gasgehalt vH	Preis für 100 kg Gas im trock. Staube M.[1])	Preisvergleich in vH für gleiche Werte
I	2,4 4,25	6,2 14,3	16,9 18,1	83,6 81,9	23,00	3,32	23,80	17,5	13,60	140
II	2,2 2,1 1,3 1,75	16,9 14,2 17,6 19,8	24,1 23,1 29,5 28,2	75,9 76,9 70,5 71,8	25,00	1,84	25,50	26,2	9,73	100
III	1,2 1,2 1,5 0,8 0,8	11,8 13,0 9,8 10,2 10,8	11,5 15,6 12,0 20,0 15,0	88,5 84,4 88,0 80,0 85,0	22,00	1,1	23,30	14,8	15,07	152

In Spalte 8 ist der Preis des bei 100° C getrockneten Staubes berechnet, da der bestimmte Gasgehalt sich auf trockene Ware bezieht. Spalte 10 gibt den für 100 kg Gas berechneten Preis an, welcher der wirkliche Gradmesser für den Preis des Staubes ist. Es zeigt sich, daß demnach der Staub I 40 vH, der Staub III 52 vH teurer ist als Staub II, welcher den höchsten Bezugspreis unter den drei Sorten besitzt.

Es würden nachstehende Schlußfolgerungen zu ziehen sein:

1. Wenn eine Gießerei für ihre Modellsandverhältnisse und Gußstücke einmal einen bestimmten Kohlenstaubgehalt und damit einen bestimmten Gasgehalt, welcher sich am besten bewährte, festgestellt hat, so sollte dieser Gasgehalt im Modellsand immer möglichst gleich gehalten werden. Zu diesem Zweck muß der durchschnittliche Gasgehalt jeder Kohlensendung analytisch bestimmt und daraus die zu verwendende Kohlenstaubmenge berechnet werden.

2. Der Steinkohlenstaub sollte auf Grund seines Gehaltes an flüchtigen Bestandteilen bewertet und auch bezahlt werden bzw. es sollten seitens des Lieferanten bestimmte Zahlen für den Gasgehalt verlangt werden.

Es wird sich das zwar vorerst wohl schwer durchsetzen lassen. Das beste Mittel für große Gießereien, um stets gleichmäßig feinen Staub von gleichem Gasgehalt zu erhalten, ist, die beste gasreichste und gewaschene Kohle in einer Kugelmühle selbst zu mahlen.

Welche Kohlen würden hierfür zu kaufen sein? Zweifellos die gasreichsten! Aber die gasreiche Sandflammkohle, welche nicht backt, hat den Vorteil vor der langflammigen Backkohle oder Gaskohle, und

[1]) Preise in Goldmark.

zwar im Hinblick auf den im Formsand, zurückbleibenden Koksstaub.

Für das Einstauben der Modelle wird in vielen Gießereien der **Holzkohlenstaub** verwendet, der Formsand löst sich dadurch leichter von den Modellen.

Besonders bevorzugt sind die Staube aus Birken- oder Erlenholzkohle, weil sie leichter und feiner als die der schweren Holzsorten, z. B. der Buche, sind und einen größeren Gasgehalt aufweisen. Die Staube aus Nadelholzkohlen sind weniger geschätzt, weil die Form des Staubes, wie das Mikroskop zeigt, mehr faserig als körnig ist, und weil er leichter verbrennt.

Die nachstehende Zahlentafel aus dem genannten Vortrage von Henning 1910 gibt nebeneinander die Analysen von Stauben aus reiner Holzkohle und gekaufter Staube, welche starke Abweichungen von den ersteren zeigen, und deren Zusammensetzung erkennen läßt, daß sie stark verunreinigt, also wertloser sind.

Holzkohlenstaub.

	Staub aus reiner Kohle			Gekaufter Staub von Lieferant I		Gekaufter Staub von Lieferant II	
	Buche	Birke	Kiefer	Buche	Birke	Birke	Birke, spätere Lieferung
Raumgewicht . .	0,483	0,316	0,277	0,5347	0,499	0,6065	0,144
Feuchtigkeitsgehalt	3,88 vH	4,17 vH	3,80 vH	5,12 vH	4,35 vH	4,37 vH	4,95 vH
Aschengehalt . .	1,10 »	0,72 »	1,33 »	2,96 »	3,14 »	6,45 »	3,50 »
Alkalität der Asche auf Kohlensäure berechnet	10,22 »	8,90 »	15,77 »	5,81 »	5,65 »	4,66 »	5,61 »
Glühverlust im Wasserstoffstrom in 30 Minuten bei gleicher Flamme	20,70 »	16,4 »	20,6 »	8,2 »	17,20 »	16,3 »	20,0 »

Die Raumgewichte sind bei sämtlichen gekauften Holzkohlenstauben erheblich höher als bei Staub aus reinen Kohlen. Der Birkenkohlenstaub von Lieferant I ist dabei höher um 0,499—0,316 = 0,183 = 57 vH. Birkenkohlenstaub II ist höher um 0,6065—0,316 = 0,290 = 92 vH.

Das zu hohe Raumgewicht ist ein Zeichen, daß die gelieferten Holzkohlenmehle fremde Beimengungen enthielten von höherem spezifischem Gewicht, als Mehl aus reiner Birkenkohle hat.

Der Feuchtigkeitsgehalt der gekauften Holzkohlenmehle weicht wenig von dem als normal festgestellten ab; dies kann auf Zufälligkeiten der Witterung beruhen.

Der Aschengehalt ist bei den gekauften Holzkohlenmehlen viel höher als bei den aus reinen Holzkohlen hergestellten Mehlen, eine Bestätigung des unter Volumengewicht Gesagten, daß fremde Zusätze bzw. Beimengungen vorhanden sind.

Der Birkenkohlenstaub I hat 3,14 — 0,72 = 2,42 = 336 vH zu viel Asche.

Der Birkenkohlenstaub II hat 6,45 — 0,72 = 5,73 = 800 vH zu viel Asche.

Die Alkalität der Asche ist bei den gekauften Holzkohlenmehlen ebenfalls wesentlich geringer als bei den aus reiner Holzkohle hergestellten, wodurch wiederum fremde Beimengungen nachgewiesen werden.

Der Birkenkohlenstaub I hat 8,90 — 5,65 = 3,25 = 36 vH zu geringe Alkalität.

Der Birkenkohlenstaub II hat 8,90 — 4,66 = 4,24 = 47 vH zu geringe Alkalität.

Der Glühverlust (Gasgehalt) stimmt bei den Holzkohlenmehlen I und II mit den Mehlen aus reiner Birkenkohle annähernd überein. Es beweist das, daß die oben gekennzeichneten Beimengungen aus einem Stoff bestehen, welcher annähernd den gleichen Glühverlust besitzt, wie reines Holzkohlenmehl.

Man ersieht aus dieser Kritik der Analysen, wie notwendig es ist, auch die Zusammensetzung der gekauften Holzkohlenstaube zu überwachen.

Als Ersatz für Holzkohlenstaub wird manchmal ein Gemenge von getrocknetem Kaolin und Koks verwendet, doch erweist sich dieses Hilfsmittel als wenig erfolgreich.

Um so besser ist aber der Graphit und seine Ersatzmittel. Infolge seiner hohen Feuerbeständigkeit ist der Graphit das wirksamste Schutzmittel gegen die Einwirkungen des flüssigen Eisens. Bei grünen Formen wird der Graphit aufgestaubt und nachher aufpoliert, bei getrockneten Formen verwendet der Gießer dagegen die flüssige Schwärze.

Unter Schwärze werden allgemein die Graphitlösungen bezeichnet. Sie sind aus Wasser, Graphit, Ton und anderen Zusätzen zusammengesetzt, wobei der Ton als Klebemittel wirkt. Die Zusammensetzung ist von der Art, Form und Größe der Gußstücke sowie von der Beschaffenheit der Formstoffe abhängig. Einige brauchbare Gebrauchsanweisungen sind in den Handbüchern von Osann, Ledebur, Messerschmidt u. a. enthalten und sei hierbei besonders auf die Werbeschriften der in Frage kommenden Mahlwerke aufmerksam gemacht Die Firmen Decken in Lippoldberg; Bongsche Mahlwerke in Süchteln; Gebr. Lüngen in Erkrath; Möncheberger Gewerkschaft in Kassel u. a. geben seit Jahren die mit ihren Erzeugnissen gesammelten Erfahrungen in den Fachkreisen bekannt, so daß es sich erübrigt, auf alle Sonderheiten in der Anwendung der verschiedenen Schwärzen näher einzugehen.

Zum innigen Mischen und Vorbereiten dieser Schwärzen wird mit großem Vorteil eine besondere Schwärzemischmaschine benutzt, die in bekannter Bauart von verschiedenen Werken des Gießereimaschinenbaues geliefert werden kann.

Um das Anhaften des Formsandes zu verhüten, werden neben dem Holzkohlenstaub auch noch besondere Formpuder in umfangreichen Maße in den Gießereien benutzt. Besonders mit der Entwicklung des Formmaschinenbetriebes hat die Verwendung dieser Schutzstoffe und Hilfsmittel lebhaft zugenommen. Als besonders wirksam gilt das Lycopodium. Dieses ermöglicht selbst bei sparsamster Verwendung ein leichtes Abheben des Modells und trägt viel dazu bei, den Abgüssen eine glatte Oberfläche zu geben. An Stelle des sehr kostspieligen Lycopodiums sind seit Jåhren eine Reihe mehr oder weniger brauchbarer Ersatzmittel getreten, die unter den verschiedensten Namen in den Handel kommen. Erwähnt sei der Lycopodiumersatz aus Bernsteinpulver, Holzmehl, Korkmehl, Speckstein usw., alle Mischungen bleiben aber Ersatzmittel mit mehr oder weniger guten Eigenschaften. Auch Braunkohlenpulver ist in neuerer Zeit als Formpudererersatz verwendet worden.

Als bekannte Sorten seien die Erzeugnisse der Firma Kripke & Co., Berlin genannt.

Eine ähnliche Bedeutung, wie der Kohlenstaub beim Formsand, haben der Pferdedünger und seine Ersatzstoffe bei der Aufbereitung des Form- und Kernlehmes. Für besondere Arbeiten wird auch oft ein Zusatz von Kuhdünger verwendet, der den Kernen eine glattere Oberfläche gibt.

Der Bedarf an Pferdedünger kann in vielen Gießereien nicht immer gedeckt werden, infolgedessen werden als Ersatz Häcksel, Spreu, Torfgrus, Flachsscheven und auch Kälberhaare verwendet.

Über die Einzelheiten der Verwendung muß auch hier wieder auf besonderen Mitteilungen in den genannten Lehrbüchern verwiesen werden, besonders Irresberger gibt sehr wertvolle Fingerzeige.

g) Die Herstellung der Modelle.

Das Modell ist das Vorbild eines Abgusses, es muß deshalb, unter Berücksichtigung des Schwindmasses, der Gestalt des Gußstückes entsprechen. Über Schwindung ist in dem Abschnitt IIB. bereits einiges gesagt, es kann darauf verwiesen werden. Unter den Herstellungsarten, Gußformen anzufertigen, ist die nach einem Modell die einfachste.

Die meisten Modelle sind aus Holz gefertigt, die deutsche und die russiche Erle verdienen unter den Holzarten den Vorzug. Die Erle ist nicht übermäßig astreich, das Holz splittert nicht, ist weich und eignet sich ebenso zum Drehen, als zu Bildhauerarbeiten. Bei großen Modellen, bei denen die Erle zu kostspielig ist, wird Kiefer- oder Tannenholz verwendet.

Das Modellholz soll gut ausgetrocknet sein und vor der Verwendung längere Zeit luftig gelagert haben; man muß daher in der Modelltischlerei den Bestand an Holz eher ergänzen, als der Vorrat zur Neige geht. Die Verwendung zu wenig gelagerten, unausgetrockneten Holzes ist für Modellherstellung ein erheblicher Nachteil, weil daraus gefertigte Modelle sich verziehen und unganz werden. Als Modellhölzer für kleine Modelle kommen noch Buche, Nußbaum und Linde, für große Modelle außerdem Fichte in Frage. Der Anlage geeigneter Holztrocknungsanlagen und besonders auch geeigneter Holzlagerräume mit guter Ventilation ist weitgehendste Berücksichtigung zu widmen. Modelle sind immer kostspielig und daher ist der Verwendung gut trockenen und besten Holzes die nötige Beachtung zu schenken.

Für Modelle, nach denen viele Abgüsse hergestellt werden sollen, oder solche, die wegen dünner Wandstärken sich im nassen Formsande verziehen würden, wird Eisen, Messing, Bronze, Zink, Lagermetall usw. verwandt. Messing ist wohl am besten und eignet sich besonders für Formmaschinenmodelle. Auch Modelle aus Gips werden benutzt; in Bildgießereien auch Ton- und Wachsmodelle.

Auf eine praktische Modellteilung, die es dem Former möglich macht, das Modell auf einfache Art aus der Form zu heben, ist besonders Wert zu legen. Um das Losklopfen im Sande zu ermöglichen, werden größere Modelle mit eingelassenen und verschraubten Eisenplatten versehen, in die zwecks Einführung eines angespitzten Losklopfeisens ein Loch gebohrt ist. Ebenso sollen an größeren Modellen Eisen zum Ausheben angebracht sein. Modelle, die tief in den Formboden eingestampft werden, zu deren Hebung Krane notwendig sind, sind mit Eisen zu versehen, die durch den Modellkörper führen und auf der unteren Seite verlascht und verschraubt sind, um zu verhüten, daß das Modell auseinandergerissen wird.

Die Frage, was unter einem formgerechten Modell zu verstehen ist, wurde wiederholt aufgeworfen und in letzter Zeit, infolge weiterer Anregungen von Seiten des Normenausschusses der Deutschen Industrie, der Lösung nähergebracht.

Hegerkamp-Düsseldorf berichtete in der Versammlung der Gießereifachleute 1914 über diese Frage und der Verein deutscher Eisengießereien hat in verschiedenen Beratungen auf die Wichtigkeit der einheitlichen Modellanfertigung hingewiesen und Vorschläge für Richtlinien gemacht.

Das Modell muß so hergestellt sein, daß es leicht im ganzen oder in einzelnen Teilen aus der Form herausgezogen werden kann. Zu diesem Zweck sollen die Wände nach Möglichkeit etwas geneigt und die Rippen etwas verjüngt sein.

Der Zeichner soll bei allen Gelegenheiten in erster Linie auf den formgerechten Entwurf des Modelles bedacht sein und deshalb überflüssige Teilungen des Modells nach Möglichkeit zu vermeiden suchen, da sonst die Anfertigung der Gußstücke zu teuer wird.

Mit einem Preisausschreiben auf Grundlage eines Vorberichtes gelegentlich der letzten Sitzung in Homburg 1922, im Technischen Hauptausschuß für Gießereiwesen, hofft der Verein deutscher Eisengießereien neue Unterlagen über die Frage der zweckmäßigen Bauart von Gußstücken, besonders für Gußeisen zu gewinnen. Es steht zu erwarten, daß diese Anregung recht umfangreiche Vorschläge bringt, sodaß danach Leitsätze für den Modellbau ausgearbeitet werden können.

Inzwischen sind andere Anregungen auf dem Gebiete des Modellwesens durch den Normenausschuß für das Gießereiwesen zum Abschluß gebracht worden, dabei auch das Normenblatt über den Modellanstrich. Dieses Blatt ist nach Berichten von Mehrtens ausgebaut und in den Fachzeitschriften veröffentlicht. Wenn keine nennenswerten Änderungsvorschläge gemacht werden, dürfte es demnächst als »Blatt I Modellwesen« in den Betriebs-Normenblättern aufgenommen werden.

Der nachstehende Entwurf wurde auf Grund verschiedener Anregungen aus den Gießereiverbänden im Fach-Normenausschuß für Gießereiwesen »Gina« ausgearbeitet. Besonders von den Lohngießereien sind seit vielen Jahren dringende Wünsche bezüglich Schaffung einheitlicher Modellanstriche geäußert worden, der Technische Hauptausschuß für das Gießereiwesen, unter Führung des Vereins deutscher Eisengießereien, nahm deshalb die Angelegenheit in die Hand.

Nach einer Rundfrage bei den Verbänden bzw. deren Mitgliedern sind Vorschläge eingegangen, und am 25. September 1922 konnte in der Sitzung des Technischen Hauptausschusses für Gießereiwesen in Düsseldorf an Hand eines Vorentwurfes für den einheitlichen Anstrich von Gußeisen-, Stahlguß-, Temperguß- und Nichteisen-Metallguß-Modellen berichtet werden. Der Inhalt dieses Vorentwurfes wurde nach Aussprache und Ergänzung von dem Hauptausschuß gutgeheißen und seine Veröffentlichung als Entwurf 1 genehmigt.

Mit wenigen Ausnahmen sind von den Gießereien als Grundfarben für die Modelle: »rot«, »blau« und »farblos« (z. B. Schellack) angenommen. Die Kernlager (neue Bezeichnung anstatt »Kernmarke«) erhalten einheitlichen schwarzen Anstrich und für einzeln zu bearbeitende Flächen ist der gelbe Anstrich gewählt.

Nur wenige Wünsche, die sich in der Hauptsache auf den Anstrich der verlorenen Köpfe, Abrundungen, Sitzstellen loser Modellteile bezogen, konnten nicht berücksichtigt werden. Dies geschah nicht allein deshalb, weil vielleicht die Farbenkarte zu bunt geworden wäre, sondern hauptsächlich, um unnötige Mehrarbeit im Anstrich und dadurch Kosten nach Möglichkeit zu vermeiden.

Einige Werke haben geglaubt, der Kosten wegen, die Grundfarbe für die Stahlgußmodelle mit »blau« ablehnen zu müssen, die große Mehrzahl der Stahlgießereien hat aber die Grundfarbe »blau« angenommen. Damit ist ein besseres Kennzeichen gegenüber den Modellen für Gußeisen mit der Grundfarbe »rot« gegeben.

Bemerkt sei noch, daß sich das blaue Stahlgußmodell bereits mit bestem Erfolg in vielen Gießereien eingeführt hat, ähnlich wie das »farblose« Modell für Nichteisen-Metallguß.

Es sei darauf hingewiesen, daß mit Rücksicht auf die Kosten und die zurzeit besonders schwierigen Betriebsverhältnisse keine Gießerei gezwungen werden soll, den Anstrich an vorhandenen Modellen zu ändern, bei Anfertigung von neuen Modellen wird jedoch empfohlen, den einheitlichen Anstrich durchzuführen.

Wünsche zwecks Ergänzung oder Änderung des Blattes müssen umgehend an die Geschäftsstelle des Gina oder an den DIN eingereicht werden.

Modelle und Zubehör Anstrich und Beschriftung	Noch nicht endgültig Gießereiwesen	DIN ENTWURF 1 E 1511

Anstrich

Anwendung	Grauguß	Temperguß Stahlguß	Nichteisenmetallguß
unbearbeitet bleibende Flächen	rot	blau	farbloserLack (z. B. Schellack)
einzeln zu bearbeitende Flächen	gelb	gelb	gelb
allseitig bearbeitet	rot mit gelben Streifen	blau mit gelben Streifen	farbloserLack (z. B. Schellack) mit gelben Streifen
Sitzstellen loser Modellteile am Modell oder Kernkasten	grün		
Kerne und Kernlager[1])	schwarz		
Schrift auf Modellen, Modellteilen u. Kernkästen	schwarz		
vorzunehmende Abrundungen	schwarz umrandet		
verlorene Köpfe, Aufgüsse und verstärkte Bearbeitungszugaben	schwarze Beschriftung u. schwarze Streifen an der Grenze des Kopfes		
Dämmleisten	farbloser Lack (z. B. Schellack) mit gekreuzten schwarzen Strichen.		

[1]) Sind an einem Modell mehrere gleiche Kernlager vorhanden, so sind die zugehörigen Kerne gegen Verwechslung zu sichern.

Beschriftung

Durch schwarze Beschriftung werden angegeben:

1. Kernlager für einzugießende Abschreckdorne, Stellen für Abschreckplatten.
2. Anzahl der Kernkästen, Schablonen und losen Teile auf Modellen oder Schablonen, z. B. Modell
   Nr. 123 (Lagerfuß)
   3 Kernkästen
   2 Schablonen
   5 lose Teile am Modell
3. Der Druck, mit dem Gußstücke auf Innendruck abzupressen sind.

„Gina" Fachnormenausschuß für Gießereiwesen

14. April 1923

h) Die Formverfahren.

Es sind zunächst zwei Arten von Formverfahren, nämlich in offenen und geschlossenen Formen zu unterscheiden. Die offenen Formen, der »Herdguß«; werden in der Herd- oder Hüttensohle, die geschlossenen Gußformen dagegen, je nachdem halb oder ganz im Boden oder Herd, aber gedeckt, sowie ganz im Formkasten hergestellt, sie werden als Formen für Kastenguß oder Schablonenguß bezeichnet. Ferner sind zu unterscheiden: einmalige und dauernde Formen, zu letzteren gehören auch die Hartgußformen, Schalen oder Kokillen im beschränkten Sinne. In bezug auf die Formstoffe sind auch Sand-Masse-, Lehm- und Dauerformen aus Metall zu unterscheiden.

1. Der Herdguß.

Die offene Form für den Herdguß ist die einfachste. Man drückt den Gegenstand, den man formen will, in eine Schicht feinen Sandes, wobei zu beachten ist, daß das Modell in horizontaler Lage liegt und hebt es darauf wieder aus. Um beim Einformen des Modelles sich nicht jedesmal von der wagerechten Lage durch Aufsetzen der Wasserwage überzeugen zu müssen, formt man den Herdguß auf dem sogenannten Plattenbett. Dies ist eine nach jeder Richtung horizontal liegende Sandfläche, möglichst lose aufgeschüttet und mindestens um 200 bis 300 mm hoch über dem festeren Formgrund liegend, damit Feuchtigkeit, d. h. Dampf und Gase schnell wegziehen können. Wo viel Herdguß erzeugt wird, ist das Plattenbett auf zwei Seiten durch eiserne Schienen, die in einer Horizontalebene liegen, begrenzt. Wesentlich ist, daß das Bett im Herd gut vorgearbeitet und gut gas- und luftdurchlässig ausgeführt wurde; es muß gegen das Versickern des flüssigen Metalls ebenso sicher, hart und fest sein, wie es frei von Feuchtigkeit sein muß. Eine zu große Härte ist aber an der Oberfläche deshalb zu vermeiden, weil sonst der Guß wegen der Undurchlässigkeit harter Oberflächen nicht ruhig erfolgt.

Herdguß wird fast immer auf der nach oben liegenden Seite rauhe, blasige, poröse Struktur zeigen, und aus diesem Grunde ist er nur für solche Gußstücke anzuwenden, bei denen es auf glatte Oberfläche nicht ankommt (Gegengewichte, schwere Ofenarmaturen, gewöhnliche Formkasten, einfache Roststäbe, Abdeckplatten usw.).

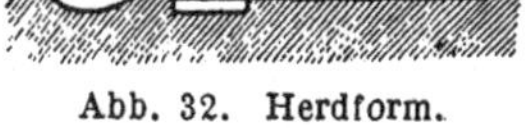

Abb. 32. Herdform.

Bei großen Platten, die auf dem Herd gegossen werden, bringt man zum Eingießen seitlich einen Lauf an, einen aus Sand sauber gefertigten Sumpf, der die Schlacke etwas zurückhält und ein gleichmäßiges Überfluten des Bettes mit Eisen gestattet. Da beim Aufgießen auf das Bett häufig der Sand losgespült wird, wird vor dem Lauf ein Lehmdeckel eingelegt (siehe Abbildung).

Bei der Anlage des Plattenbettes ist möglichst trockener, schon gebrauchter Gießereisand zu verwenden.

2. Der Kastenguß.

Weitaus die größte Menge aller Erzeugnisse der Gießerei wird im Formkasten hergestellt.

Die Formkasten sind ein wertvolles Werkzeug im Gießereibetriebe und soll auf Behandlung und Herstellung derselben Wert gelegt werden. Schmiedeeiserne Formkästen bieten den gußeisernen gegenüber keinen Vorteil; sie sind etwas leichter, verziehen sich aber um so mehr und rosten, besonders wenn sie im Freien gelagert sind, viel schneller durch. Zum gußeisernen Kasten soll kein minderwertiges Gußeisen verwandt werden. Die starken Temperaturschwankungen, denen er ausgesetzt ist, rufen nur zu leicht Sprünge und oft vollständiges Unbrauchbarwerden hervor. Schwefelreiches und hartes Eisen ist also zu vermeiden. Handkasten gibt man schmiedeeiserne Griffe, angegossene Zapfen zum Heben werden oft abgestoßen. Oft wird es am dienlichsten sein, den Kasten an den zwei Kopfseiten rechts und links nur mit angegossenen Augen zu versehen, in die zum Abheben Griffe eingeführt werden (siehe Abb. 33). Solche Kasten lassen sich auch vorteilhafter aufstapeln, da keine hervorstehende Griffe den Platz versperren.

Abb. 33. Formkastengriff.

Doppelkasten oder mehrteilige Kasten tragen Lappen, die mit Führungsbolzen ausgerüstet sind; es ist praktisch, in die Führungsstifte Längsschlitze einzulassen, durch die ein Flachkeil mit schwachem Anzug eingeschoben werden kann. Es ist dies vorteilhaft bei Wenden zusammengehöriger Kasten, sowie bei der Zustellung der fertigen Form, die man nach guter Versicherung mit Keilen, nicht zu beschweren braucht. Große Kasten, die zum Handtransport nicht mehr geeignet sind, sollen mit starken, gußeisernen Nocken, besser eingegossenen schmiedeeisernen, vorn mit Bund versehenen Bolzen ausgerüstet sein, um die sich die Ketten oder Hängeeisen der Hebezeuge legen lassen. Sobald der lichte Querschnitt eines Formkastens zu groß wird, um den in seine Wände eingepreßten Sand zu tragen, so muß er durch Querrippen oder »Schoren« in kleinere Abteilungen geteilt werden. In flache Kästen können die Schoren in der Regel eingegossen werden, wobei sie nach Möglichkeit der Modellform anzupassen sind. Bei größeren Kästen werden die Schoren aus Holz angefertigt, wenn nicht in besonderen Fällen die Schoren eingeschraubt werden. In diesem Falle erhält der Formkasten auch eine größere Haltbarkeit, die sonst auch durch besondere Anker verstärkt wird.

In amerikanischen Gießereien hat sich der Formkasten aus Holz eingeführt, eine nennenswerte Betriebsersparnis ist damit aber nur zu erzielen, wenn das Holz recht billig ist, und dieser Fall scheidet in den deutschen Gießereien aus.

Eine Bemerkung sei noch über die Anwendung von Formkastenführungen gemacht, da diese oft die Ursache des mangelhaften Gusses sind. Um diesem Übel abzuhelfen, sind in letzter Zeit eine Reihe neuer Formkastenführungen eingeführt worden, wobei auch die Führung

Bauart »Springer« erwähnt sei. Die bisher in den Gießereien allgemein gebrauchten Formkastenführungen bestehen aus zwei oder mehreren runden Stiften, die in entsprechend gebohrte Löcher eingepaßt sind. Passen diese Stifte genau, dann gehen die Kastenteile schwer auseinander; kommt dann auch noch Rostbildung hinzu, so können die Kästen häufig nur mit Gewalt auseinandergebracht werden, in allen Fällen macht das Abheben der Kastenteile Schwierigkeiten. Die Former helfen dann gewöhnlich mit der Feile oder auch mit Hammer und Meißel nach, um das Loch für die Führungsstifte zu vergrößern, so daß auf diese Weise in kurzer Zeit die genaue Führung der Kastenteile verloren geht. Derselbe Nachteil tritt ein, wenn die Formkästen lange Zeit unbenutzt auf dem Hofe

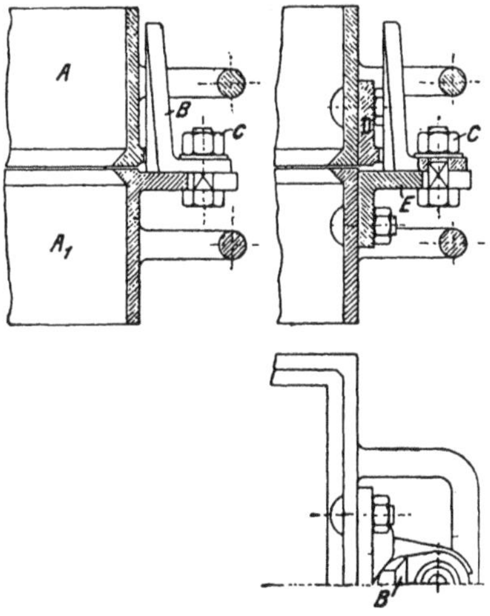

Abb. 34. Lösbare Führung an Formkästen.

stehen, denn im Wind und Wetter verrosten die Formkastenstifte sehr leicht, die Kastenteile versetzen sich dann und geben zu Betriebsverlusten Veranlassung.

Die vorstehend gezeigte Formkastenführung Bauart »Springer« Abb. 34 kann hier Abhilfe schaffen. Diese Führung kann sowohl an alten wie neuen Formkästen angebracht werden. Die Einstellung ist leicht und liegt die Möglichkeit vor, diese Führungsteile nach Gebrauch großer Kästen abzunehmen und im Werkzeuglager oder im Meisterzimmer aufzubewahren.

Derartige Führungen spielen besonders im Formmaschinenbetrieb eine große Rolle, wenn auch bei kleinen Maschinen sehr oft ohne Führungsstifte, mit dem sog. Zentrierrahmen gearbeitet werden kann.

3. Das Formen mit Zieh- oder Modellbretter (Schablonen).

Dieses Formverfahren sowohl in Sand, Masse und besonders seit alter Zeit in Lehm ausgeführt, stellt an den Betrieb die höchsten An-

Abb. 35. Schablonen-Formerei.

forderungen. Abgesehen von der einfachen Anwendung der Formbretter beim Glockenguß, die in der vorstehenden Abbildung aus einer Glockengießerei in Apolda wiedergegeben ist, wird heute in der Lehmformerei so ziemlich jedes Gußstück bis zu den größten Abmessungen und in den gewagtesten Formen hergestellt.

Abb. 36. Formen ohne Modell.

Wird die Form nicht mit Ziehbrett gezogen, dann arbeitet der Former an der Spindel, die drehbar gelagert leicht jeder Bewegung nachgibt. Die Spindel ist je nach der Anwendung im Boden oder auch oben festgehalten und trägt einen Arm für die Anbringung der Formbretter.

Je nach dem Gußstück kann die Spindel senkrecht und wagerecht benutzt werden und bei der Herstellung von Formen für große Schwungräder und Scheiben wird die Formlehre an einer exzentrischen Drehvorrichtung angebracht, so daß an der Teilstelle des Gußstückes genügend Bearbeitung zugegeben werden kann. Über die Einzelheiten der Anfertigung solcher Gußstücke ist in den genannten Lehrbüchern von Geiger, Osann u. a. sowie in den Fachzeitschriften näheres zu finden und sei hierbei auch auf die Herstellung der Gußformen ohne Modell mit Innen- und Außenkernen hingewiesen. Über diese Herstellungsverfahren, die besonders für große Drehbankbetten usw. Anwendung finden, haben Leber in »Stahl und Eisen« sowie Mehrtens in der »Gießereizeitung« wiederholt berichtet.

4. Die Kernmacherei.

Die Herstellung der Kerne erfolgt entweder in Kernkästen oder nach Lehren oder Ziehbretter (Schablonen). Der Kern wird überall dort eingelegt, wo ein Hohlraum entstehen soll, nach dem Guß muß der Kern also wieder entfernt werden können. Die Kerne sind, wie in den Regeln für den formgerechten Entwurf für Gußstücke gesagt wird, ein notwendiges Übel an Gußstücken, sie sollten deshalb nach Möglichkeit vermieden werden, besonders da, wo die Hohlräume oder Durchbrechungen durch mechanische Bearbeitung (Bohren usw.) nach dem Guß leichter hergestellt werden können.

Die Kerne müssen in zweckmäßiger Lagerung leicht eingelegt werden können und einen genügenden Abzug für die Kernluft ermöglichen. Die Form der Kerne ist so zu wählen, daß sie leicht, wenn möglich mit der Formmaschine herzustellen sind. Auch in dieser Beziehung haben die Gießereimaschinenfabriken Hervorragendes geleistet, worüber an anderer Stelle noch berichtet werden soll.

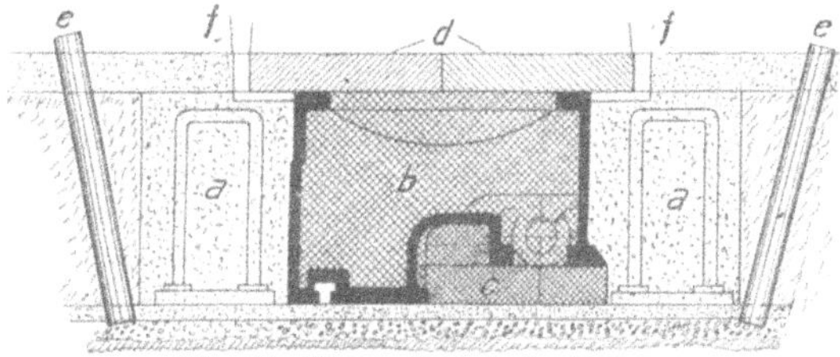

Abb. 37. Innen- und Außenkerne.

In der Putzerei werden die Kerne aus den Hohlräumen entfernt, deshalb ist es notwendig, daß alle Hohlräume der Gußstücke von Putzerwerkzeugen erreicht werden können.

Es ist besonders darauf zu achten, daß etwa notwendige Kernversteifungen (Kerneisen) aus den Gußstücken wieder herausgeholt werden können.

Wie bereits in dem vorhergehenden Abschnitt erwähnt, gibt es auch Formverfahren, wobei nur mit Kernstücken gearbeitet wird, wie z. B. in der Kunstgußherstellung. Daneben sind auch Formverfahren mit Außenkernen oft in Anwendung. Die vorstehenden Abb. 36 und 37, aus dem Aufsatz Mehrtens, »Die Herstellung großer Gußstücke ohne Modell« in der Gießerei-Zeitung, zeigt die Anwendung derartiger Außenkerne. In der Abbildung bedeuten *a—a* die Außenkerne, *b* den Innenkern, *c* den Bodenkern, *d* den Deckkern, *e* die Luftlöcher und *f* die Steiger am Gußstück. Über die zur Herstellung der Kerne benutzten Rohstoffe und Zusätze ist bereits an anderer Stelle berichtet worden. Da der Kern in der mehr wie die Formwand vom flüssigen Metall umgeben ist, entwickelt sich in ihm eine erhebliche Menge Gas, für deren gefahrlose Abführung Sorge zu tragen ist. Die Kerne werden zu diesem Zweck mit Kanälen durchzogen, die durch Einlagen aller Art und je nach der Größe der Kerne gewählt werden. Kokseinlagen wie Strohseile erleichtern die Gasabführung, außerdem muß der Kernmasse die notwendige Durchlässigkeit gegeben werden, nicht zuletzt um den Vorgang des Trocknens zu fördern.

Die großen Kerne und besonders die gedrehten Hohlkerne bedürfen, um bewegt werden zu können und um dem Druck des flüssigen Eisens zu widerstehen, einer Versteifung aus Eiseneinlagen, die je nach der Kernform und Größe untereinander kräftig verbunden sein müssen. Wenn irgend möglich werden die Einlagen aus Gußeisen angefertigt, damit sie leicht aus dem Gußstück entfernt werden können, in anderen Fällen wird jedoch auch Rundeisen benutzt, das nach Gebrauch wieder gerichtet wird. Um diesen Kostenpunkt in der Gießerei möglichst gering zu halten, benutzen große Gießereien eine Kerneisenrichtmaschine, in der die verbogenen und verschlagenen Eisen aus der Putzerei wieder zu geraden Stäben ausgestreckt werden.

Die oft schwierig durchzuführende Art, schmale und gebogene Kerne mit Luftkanälen auszustatten, führte dazu, Kernstoffe zu wählen, die schon fast entgast sind. Hierzu verwendet man z. B. gewöhnlichen Mauersand, der vorher im Trockenofen gut ausgetrocknet ist und vermengt ihn mit Melasse; oder besser mit Melasse und rohem Leinöl, etwa in dem Verhältnisse 100 Teile Sand, 10 Teile Melasse, 2 Teile Leinöl. Die Mischung muß eine recht innige sein und es empfiehlt sich, den so zubereiteten Kernsand ein- oder zweimal durch ein engmaschiges Sieb zu schütteln. Auch den trockenen Mauersand sollte man am besten durch ein Sieb von ca. 1 bis 2 mm Maschenweite gut durcharbeiten. Auch rohes Leinsamenöl ist gut verwendbar.

Als Zusatz zu großen Massekernen, deren Sand, um billig zu zu arbeiten, zum großen Teil aus altem, mager gewordenen Gießereisand besteht, läßt sich ebenfalls Melasse gut verwenden, desgleichen die Ablauge der Papierfabriken, die mit Holzzellstoff arbeiten, die sog. Sulfitlauge. Auch Gemische von Sulfitlauge und Melasse haben sich bewährt. Ein brauchbares Bindemittel ist auch die unter dem Namen »Quelline« in den Handel kommende Kernbindemasse, mit der aus wiederholt gebrauchtem Sand gute Kerne herzustellen

In neuester Zeit sind in der Gießereitechnik viele Kernherstellungsverfahren aufgetaucht, die mehr oder weniger eine Vervollkommnung und Verbesserung der bisherigen Kernherstellung herbeigeführt haben. Es ist aber mit solchen Verfahren nicht so ohne weiteres möglich, brauchbare Kerne herzustellen, weil diese Verfahren noch meistens Vorbereitungsarbeiten erfordern, bei denen man durch Außerachtlassung auch nur eines einzigen Punktes Fehlschlägen und Mißerfolgen ausgesetzt ist.

Sowohl bei Melasse als wie bei der Sulfitlauge und Quelline muß das Mischungsverhältnis dem Sande angepaßt werden, die wirtschaftliche Herstellung und Anwendung solcher Kerne kann erst nach längeren Versuchen erreicht werden. Manche dieser Kerne, besonders die nur mit Melasse (ohne Ölzusatz) angefertigten, haben die unangenehme Eigenschaft, bei längerem Stehen in der Form Wasser anzuziehen und zu zerfallen. Der Vorteil dieser Verfahren liegt daran, einen Kern zu erhalten, der nach dem Trocknen steinhart und sehr widerstandsfähig wird, wenig Gase entwickelt, keiner oder weniger Kerneisen bedarf und der aus dem gegossenen Stück als Staub herausrieselt, das langwierige Ausstoßen mit dem Putzstahl also unnötig macht.

Große Kerne, besonders solche von zylindrischer Form oder kreisförmigem Querschnitt werden, um die Kosten für Kernkasten zu sparen, mittels Schablonen hergestellt. Man mauert mit Lehm und Ziegelsteinen oder Lehmsteinen den betreffenden Kern roh auf und umgibt ihn unter Verwendung der Schablonen mit einer glatten Lehmschicht.

Für hohe Zylinderkerne mit großem Durchmesser empfiehlt sich die feststehende Schablone mit leicht in Kugeln gelagerter Drehscheibe.

Beim Aufmauern mit Ziegelsteinen sind hier und da Stroh- oder Heubüschel zwischen die Steinschichten einzulegen, um leichteren Gasabzug zu bewirken. Bei ausgedehnter Lehmformerei und Kernmacherei ist es zweckmäßig, Lehmsteine zu verwenden.

Weitaus die meisten walzenförmigen Kerne werden mit Stroh- oder Holzwollseil und Lehm auf der Kernspindel gedreht. Als Spindel dient gezogenes oder Gußrohr, dessen Wand von vielen kleinen Durchlochungen unterbrochen wird, die den Kerngasen den Eintritt in die Spindel gestatten, aus der das Gas abgeleitet wird. Zur Befestigung des Strohseiles dienen gußeiserne, kreisförmige Roste oder Platten, die mit Keilen auf der Spindel angebracht werden.

Eine Strohseilspinnmaschine dürfte sich in Gießereien empfehlen, die sehr viele Drehkerne benötigen (Rohrgießereien usw.). Entschieden leichter, aber mit Vorsicht zu verarbeiten, ist das Holzwollseil, das in allen Stärken zu beziehen ist.

Beim Seilspinnen wird das Stroh meist durch einen Faden umwickelt, der den Halt des Seiles gibt. An Stelle des Fadens wird auch mit wechselndem Erfolg feiner Bindedraht angewandt.

Erwähnt sei noch die Anfertigung von Kernbüchsen aus Gußeisen und Metallguß. Diese sind vorzuziehen, wenn eine große Anzahl gleicher Kerne hersgestellt werden muß, auch oft dann, wenn die Form eines Kernes, die Anfertigung eines Holzkernkastens erschwert.

Einen besonderen Abschnitt in der Kernherstellung bildet die Verwendung der Formmaschine. Die in großer Zahl vorkommenden Kerne, besonders in der Massengußherstellung, werden vorteilhaft auf der Kernformmaschine angefertigt, wobei ganz erheblich an Arbeitskräften und Löhnen gespart werden kann. Oft ist es nur mit Kernformmaschinen möglich, die für eine große Leistung der Gießerei benötigten Kerne wirtschaftlich herzustellen. Es würde zu weit führen, die Einzelheiten in den Bauarten der Kernformmaschinen zu erläutern, es sei wie an anderer Stelle auf die Werbeschriften der in Frage kommenden Gießereimaschinenfabriken und dabei z. B. auf die Druckschrift der Maschinenfabrik Hannover-Hainholz über den Werdegang der Kernherstellung verwiesen.

Abb. 38. Kernkasten aus Gußeisen.

In neuerer Zeit ist auch die Anwendung der in grünem Sand hergestellten Kerne, wie z. B. bei der Anfertigung der Abflußrohre, eingeführt. Die vorstehende Abbildung 38 zeigt einen aufklappbaren Kernkasten aus Gußeisen für Rohrformstücke, der in vielen Rohrgießereien in Gebrauch ist.

Abb. 39. Kernkasten für Rohrkerne.

Derartige Kerne werden für gerade Rohre bis zu 200 mm Durchmesser und 2 m Länge nach dem Verfahren der Ardeltwerke, Eberswalde, aus grünem Formsand mit denkbar bestem Erfolg hergestellt. Die Abbildung 39 zeigt den geraden Kernkasten.

Auf die Wichtigkeit der Kernstützen, insbesondere deren sorgfältige Anfertigung in Form und Verzinnung, machte Westhoff, gelegentlich der Versammlung der Gießereifachleute 1910 aufmerksam. Westhoff stellte folgende Fragen:

I. Wirkt Blei als Überzug von Kernstützen schädlich?

II. Ist ein gewisser Bleizusatz zuzugestehen und in welcher Höhe?

Zur ersten Frage ist zu bemerken, daß die Kernstützen rostfrei zur Verwendung kommen sollen, um gut zu verschweißen. Daher der Überzug von Zinn auf die rostfrei gemachten Stützen. Zinn ist eben gegen die Angriffe der Luft ein wenig empfindlicher Körper, während Blei bekanntlich leicht oxydiert. Daraus ergibt sich schon, daß Blei ein nicht geeigneter Körper für diesen Überzug sein kann.

In der Aussprache wurde von allen Seiten bestätigt, daß durch stark bleihaltige Kernstützen viel Ausschuß entstehen kann, es ist deshalb wünschenswert, die Hersteller oder Verkäufer von Kernstützen auf vorkommende Mängel hinzuweisen.

Ob schmiedeeiserne oder gußeiserne Kernstützen am Platze sind, das ist von Fall zu Fall zu entscheiden. Tatsache ist aber, daß die letzteren, in zu starken Abmessungen und an falschen Stellen angewandt, oft zu Ausschuß führen. Die gußeisernen Kernstützen schweißen schlecht ein und sollten vermieden werden, wenn das zu vergießende Eisen nicht genügend überhitzt vergossen werden darf, wie z. B. bei säurebeständigem Gußeisen mit hohem Si-Gehalt.

Im übrigen sind auf dem Gebiete des Gießereibedarfes, an Kernstützen und ähnlichen Hilfsmitteln, in den letzten Jahren recht bemerkenswerte Fortschritte gemacht worden, besonders die Erzeugnisse von Klotz-Hamburg, in Sonderstützen, Kühlspiralen, Einlagen, verdienen die Aufmerksamkeit der Fachleute.

Im Vortrag Gilles, über die Ausbildung der Gießereilehrlinge, im Verein deutscher Gießereifachleute, Gruppe Brandenburg, 1923, wurde betont, daß die Eisengießereien alle Ursache haben, auch der Ausbildung der Lehrlinge für die Kernmacherei mehr Aufmerksamkeit zu schenken. Paschke-Berlin, bemerkte mit Recht, daß in vielen Fällen der Kern für ein Gußstück wesentlich mehr Sachkenntnis und Fertigkeit erfordere wie die Herstellung der Form, insbesondere wenn die letztere auf der Formmaschine angefertigt wird.

Es sei hier an die für Ventilgehäuse und ähnliche äußerst schwierig herzustellenden Kerne erinnert, deren Anfertigung nicht jeder Gießerei gelingt, dann ist die Forderung nach geschulten Kernmachern verständlich.

---

i) Die Anwendung der Formmaschinen und Formplatten.

Die Fortschritte in der Maschinenformerei sind in den letzten Jahren bedeutend gewesen und nicht zuletzt die Bestrebungen, durch die Normung die Wirtschaftlichkeit der Betriebe zu heben, haben in der Gießerei dazu beigetragen, die Entwicklung der Formmaschine zu fördern.

Die Grundlage der weiteren Einführung der Formmaschine wird in wirtschaftlicher Hinsicht, wie Lohse - Hamburg, in der »Gießereizeitung« 1922 ausführte, in erster Linie durch die Massenerzeugung gebildet; daß daneben die hohen Löhne der gelernten Former und ihr oft beklagter, der Zahl nach ungenügender Nachwuchs den

Übergang zur Maschinenformerei begünstigten, braucht nicht erst gesagt zu werden.

Mit welchem Erfolg an der Ergänzung und Umgestaltung der Formmaschine gearbeitet wird, das zeigte die Ausstellung des Vereins deutscher Eisengießereien in München 1922. Auf die Leistungen dürfen die deutschen Gießereimaschinenfabriken mit Recht stolz sein, neue Wege sind gezeigt, wie die schwierige Aufgabe der Herstellung von Sandformen auf der Formmaschine gelöst werden kann.

Die Formmaschine ist heute ein unentbehrliches Werkzeug in fast jeder Gießerei. Ihre Anwendung ist in der Hauptsache auf die Benutzung der Formplatten zurückzuführen. Die Maschine ermöglicht ein einfaches Abheben des Formkastens oder das Ausheben des Modelles in irgendeiner Weise, sei es senkrecht nach oben oder nach unten, je nachdem das Modell oder der Formkasten bewegt werden muß.

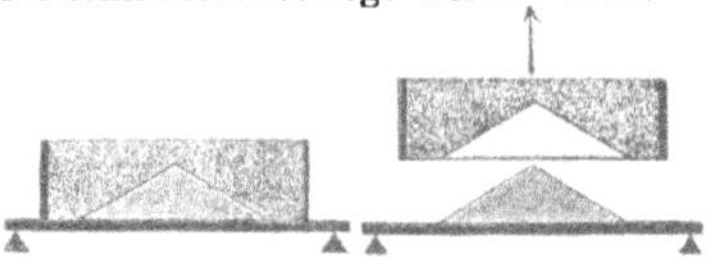

a) Die Modellplatte bleibt liegen und der Kasten wird nach oben abgehoben.

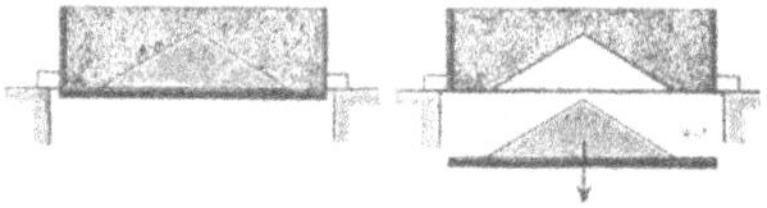

b) Der Kasten bleibt liegen und die Modellplatte wird nach unten gesenk

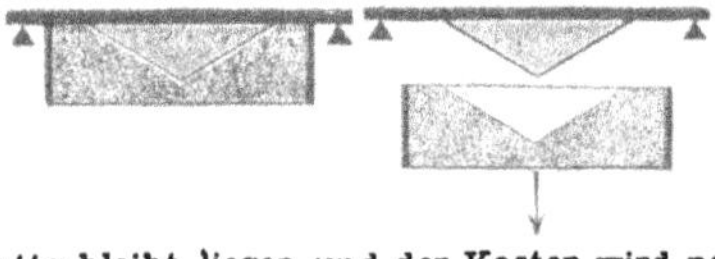

c) Die Modellplatte bleibt liegen und der Kasten wird nach unten gesenkt.

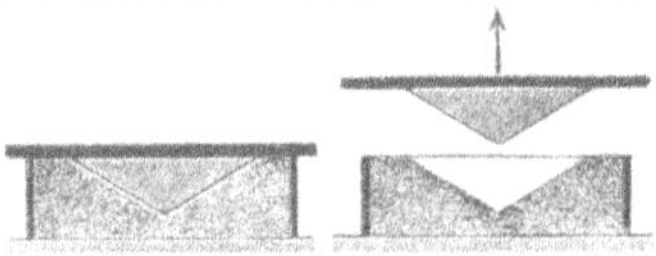

d) Der Kasten bleibt liegen und das Modell wird nach oben aus der Form gehoben.

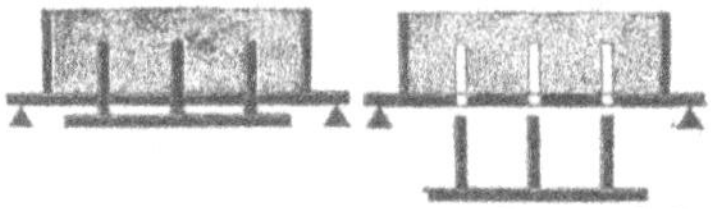

e) Modellplatte und Formkasten bleiben stehen und das Modell wird nach unten durch die Modellplatte hindurch aus dem Sande gezogen.

Abb. 40. Darstellung der verschiedenen Arbeitsweisen der Formmaschinen. (Modellplatte und Formkasten in Bezug auf die Trennung von Modell und Sand).

Die vorstehenden Abbildungen 40 a—e, aus der Druckschrift der Maschinenfabrik Hainholz, zeigen die verschiedenen Arbeitsweisen der Formmaschinen.

Wie aus Berichten hervorgeht, ist als erste Formmaschine für den Gießereibetrieb[1]) die von Sebold in Durlach, dem Gründer der Badischen Maschinenfabrik, gebaute Wendeplattenmaschine anzusprechen. Sebold darf also als Vater des deutschen Formmaschinenwesens bezeichnet werden. Nach ihm kam Dehne-Halberstadt, 1877 mit seiner bekannten Wendeplattenformmaschine auf den Markt. Wie Hoffmann, Hannover, ausführt, ist es das Verdienst von Dehne, daß er eine wesentliche Verbilligung der Modellplatten ermöglichte, indem er die doppelseitigen Modellplatten schuf.

Dieselbe wird noch heute von allen Gießereimaschinen-

Abb. 41. Formmaschine mit Wendeplatte.

Die **Wendeplattenformmaschine** ist im Laufe der Jahrzehnte wesentlich verbessert worden, die vorstehende Abbildung 41 zeigt eine Bauart der Maschinenfabrik Durlach.

Die Wendeplatte ist eine in Zapfen drehbar gelagerte, starke Gußplatte zur Aufnahme der Modelle und Formkasten. Auf der einen Seite der Platte ist die dem Unterkasten entsprechende Modellhälfte, auf der andern die Oberkastenhälfte aufgeschraubt. Unter der Wendeplatte befindet sich ein auf Schienen laufender Plattformwagen.

[1]) In Deutschland.

Zum Betrieb der Maschine werden auf beiden Seiten der Wendeplatte Formkästen aufgesetzt, die vor dem Abrutschen durch Klammern oder Flachkeile in den Schlitzen der Führungsbolzen geschützt sind.

Ist der oben befindliche Kasten mit Sand vollgestampft, so wird die Platte mit den befestigtem Kasten gedreht, was entweder einfach ohne Vorrichtung oder mittels Schneckenbetriebes geschieht, dann wird der Gegenkasten gefüllt und aufgestampft.

Die Lager der Wendeplatte oder des Tisches ruhen auf den Kopfen zweier Säulen, die im Hohlzylinder vermittelst Hebelübertragung oder Schneckengetriebes gehoben und gesenkt werden können.

Nach Fertigstellung beider Kasten auf der Maschine wird der Plattformwagen untergefahren und durch Senken der Wendeplatte der Kasten auf den Wagen aufgelegt, die Haltevorrichtung des Kastens gelöst und der Tisch langsam emporgehoben. Hierbei zieht sich das Modell aus der Form, die vermittelst des Wagens unter der Maschine vorgezogen und abgesetzt wird. Ebenso erfolgt das Lösen des Gegenkastens.

Auf kleineren Maschinen bis zur Kastengröße 500 × 500 mm, die von einem Mann bequem gehoben werden können, ist es möglich, 30 bis 40 fertige Formen pro Tag herzustellen.

Die Modellhälften werden entweder auf die Wendeplatte aufgeschraubt oder als sog. Gipsrahmen ausgebildet.

Zur Herstellung des Gipsrahmens gießt man entweder die Holz- oder Metallmodelle selbst in einem Gipsboden fest, oder stellt Modell und Platte ganz aus Gips oder einem Magnesiazement (kaustisch gebranntem Magnesit und Chlormagnesiumlösung) her. Oft setzt man dem Gips, um ihn geschmeidiger zu machen, etwas Dextrin und mischt zur Erleichterung der Masse Sägespäne hinzu.

Das Modell wird gewöhnlich in einem Doppelkasten in Sand eingeformt, die Form nach dem Ausheben des Modells mit Lycopodium (oder Ersatz) eingestaubt. Auf die beiden Formkastenhälften werden dann niedrige mit Führungsstiften versehene Rahmen aus Gußeisen aufgesetzt, die mit Lehm abgedichtet werden. Diese Rahmen sind dann mit Gips auszugießen und nach dem Abbinden abzuheben. Die Gipsabgüsse werden noch etwas nachgearbeitet und lackiert.

Einfacher in der Bauart ist die Abhebeformmaschine mit fester Tischplatte. Diese von Hillerscheid und Karbaum in Berlin zuerst angefertigte, aber von Keyling, dem Gründer der Gießerei Keyling & Thomas, Berlin, erfundene Maschine, war das Ergebnis der Erkenntnis, daß flache Modelle sich auch ohne Wendeplatte durch unmittelbare Abhebung formen lassen und daß man dann rascher arbeitet als mit einer Wendeplattenformmaschine. Darauf fußend, entstand, die bekannte Abhebeformmaschine (Abb. 42), bei welcher auch zum erstenmal der Handhebel für die Sandpressung in Aufnahme kam. Diese bekannte Maschine hat sich fast unverändert bis auf den heutigen Tag erhalten; sie wird von allen Formmaschinenfabriken geliefert, sie hat, dank ihrer Billigkeit, weiteste Verbreitung gefunden; aber häufig läßt die Ausführung zu wünschen übrig. Sie hat im allgemeinen ihre ursprüngliche Form beibehalten, Doch wird die Pressung auch von oben statt von unten durchgeführt; ob mit Vorteil oder Nachteil, das soll dahingestellt bleiben. Die Modellaushebung erfolgt durch vier Abhebestifte, die durch Exzenter bewegt werden, sie ist bei allen Bauarten

Abb. 42. Formmaschine mit Stiftenabhebung und Handhebelpressung.

beibehalten worden. Auch diese Maschine wird bald das 50jährige Jubiläum feiern. Ihrer weiteren Verbreitung hat allerdings die Einführung der Hydraulik im Formmaschinenbau Abbruch getan, sie hat sich aber angepaßt und vielfach für hydraulische Pressung umgebaut worden.

Das Verdienst, die erste hydraulische Formmaschine auf den Markt gebracht und damit den Anstoß zur Entwicklung der hydraulischen Formmaschine gegeben zu haben, gebührt der Schmirgelfabrik Hainholz. — Die erste Maschine dieser Art war die kastenlose Formmaschine

(Abb. 43) die im Jahre 1891 berechtigtes Aufsehen erregte. Diese Maschine hat sich ebenfalls lange gehalten und auch heute noch nicht überlebt, im Gegenteil, sie wird mehr verlangt, als das früher der Fall war. Sie kommt für die verschiedensten Teile in Anwendung, nicht nur für flache, sondern auch für hohe Gußstücke. Im großen und ganzen hat sie ihre ursprüngliche Gestalt, die sich in zahlreichen Ausführungen

Abb. 43. Kastenlose Formmaschine, Bauart Hainholz.

bestens bewährt hat, beibehalten. In der Regel wird mit zwei Maschinen gearbeitet, von denen jede für sich Ober- oder Unterkasten herstellt.

Hainholz hat neben der kastenlosen Formmaschine auch eine hydraulische Abhebeformmaschine und eine ebensolche Wendeplattenformmaschine eingeführt. Dabei wurde soweit wie irgend möglich, die Modellaushebung von Hand ausgeführt, während für die Pressung die Hydraulik zur Anwendung kam. Man ging von der Erwägung aus, daß die Modellaushebung leicht von Hand ohne besonderen Kraftaufwand und ohne Leistungsbeeinträchtigung erfolgen kann und daß anderseits Betriebssicherheit erste Bedingung für eine Formmaschine ist; diese hängt aber letzten Endes von der Anzahl der Dichtungen ab, die an einer Maschine vorhanden sind. Wenn die Modellaushebung von Hand benötigt wird, ist natürlich nur der Preßkolben vorhanden und nur eine Manschettendichtung, außer der selbstverständlich überall vorhandenen Steuerung. Die Modellaushebung von Hand wurde aus dem Grunde gewählt, weil sie so leicht wie irgend möglich betätigt werden kann, namentlich im Anfange der Bewegung, die für ein leichtes Herausgehen des Modelles aus dem Sande entscheidend ist. Der Arbeiter hat es im Gefühl und kann, langsam beginnend, nach der Trennung von Modell

Abb. 44. Formmaschinenbetrieb in der Hannoverschen Eisengießerei Akt.-Ges. Misburg.

und Sand die Abhebung rascher betätigen. Es entstanden auf diese Weise eine Reihe von Formmaschinen, welche eigentlich aus einer Handformmaschine bestanden, die entweder in eine hydraulische Presse hineingesetzt oder mit einer solchen versehen wurden. Vielfach wurden auch bestehende Handformmaschinen auf solche Weise in hydraulische Maschinen umgebaut. Derartige Maschinen, ob von Hause aus für hydraulische Pressung vorgesehen oder später dazu umgebaut, haben sich im Laufe der Jahre durchaus bewährt und weiteste Verbreitung gefunden. Sie werden heute noch verlangt und ziemlich in der ursprünglichen Form ausgeführt. Es gab eine Wendeplatten- und eine Stiftenabhebeformmaschine dieser Art. Hainholz führte diese Maschine, namentlich die kleinere, mit zurücklegbarer Gegenpressplatte aus, ähnlich wie die Handhebelpressen. Die größeren und insbesondere die hydraulischen Wende-

sie durch bereits bekannt war plattenformmaschinen versah man mit zurückfahrbarer Gegenpreßplatte und schuf dabei das charakteristische Preßgestell (Abb. 45), bei welchem die vier Säulen nach rückwärts verlegt wurden. Andere Werke machten die Gegenpreßplatte ebenfalls ausfahrbar, ließen sie aber auf Schienen laufen, und so um die Ma-

Abb. 45. Hydraulische Formmaschine mit Wendeplatte.

schine herumfassen, daß sie unter entsprechende Ansätze oder Klauen griffen, die dann bei der Pressung den Druck aufnahmen.

Es würde zu weit führen, alle Einzelheiten in den Fortschritten des Formmaschinenbaues aufzuzählen, das Gebiet ist so umfangreich geworden, daß selbst schon die Aufzählung der Werke, die den Bau von Sonderformmaschinen betreiben, lückenhaft bleibt.

Die Verwendung der Handpreßformmaschine hat in neuester Zeit weitere Fortschritte gemacht, und es ist gelungen, diese Maschine in Verbindung mit einem Formsandwagen und anderen Hilfseinrichtungen so

Abb. 46. 150 kastenlose Formen mit je 2 hohen Herdfüßen fertig zum Abgießen auf einer Handformmaschine mit regelbarem Hebelpreßdruck. Leichte Einstellung für verschiedene Kastenhöhen. Auswechseln der Abziehkasten in 2 Minuten möglich. Sichtbare Ober- und Unterfläche der fertig gepreßten Form. Durchgehen der Form unmöglich bei Verwendung unserer Unterböden. D. R. P. Losschlagen durch Preßluft betrieben während des Abhebens beliebig zu gebrauchen. Jede Form gleichmäßig gepreßt. – Abhebevorrichtung ausgewichtet. Handformmaschine und Formsandwagen fahrbar. Formsandwagen mit Heizvorrichtung für Formplatte und Abstellbörten für Formwerkzeug.

auszuführen, daß bei geringstem Kraft- und Zeitaufwand dauernd, also ohne nennenswerte Ermüdung des Formers, die Höchstleistung erzielt werden kann. Diese Maschine für kastenlose Formen und Stapelguß, auf vier Rädern beweglich angeordnet, nach Bauart Vosswerke-A.-G. Sarstedt leistet bei 6½ h Arbeitszeit etwa 150 Formen fertig zum Guß; eine höchstbeachtenswerte Leistung, die vielleicht mit dem 8-h-Arbeitstag auszusöhnen geeignet erscheint.

Die vorstehende Abb. 46 zeigt eine Formmaschine dieser Bauart mit der Tagesleistung in fertigen Formen. Der Erbauer, der auch im besten Schaffensalter, April 1923 starb, hat die Maschine auf den

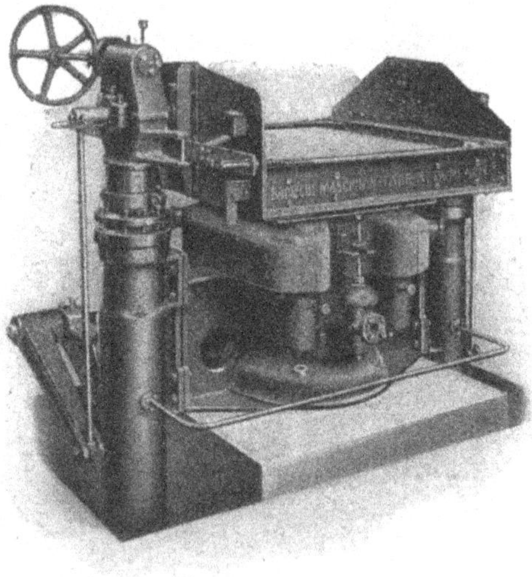

Abb. 47. Rüttelformmaschine, Bauart Durlach.

letzten Gießereifachausstellungen mit Erfolg vorführen können. Die Maschine ist leicht anpassungsfähig, sie findet besonders für leichten Handelsguß günstige Anwendung.

Der Ausbau der hydraulischen Formmaschine brachte eine Reihe recht bemerkenswerter Anlagen, an deren weiterer Ausbildung sämtliche führenden Werke des Formmaschinenbaues beteiligt sind. Die Badische Maschinenfabrik, Wasseralfingen; Gutmann-Altona; Hannover-Hainholz; Zimmermann-Düsseldorf u. a., alle haben an den Erfolgen Anteil, es lohnt sich für den Fachmann, die Arbeiten in den Druckschriften der Firmen zu verfolgen. Als Eigenart unter den hydraulischen Formmaschinen darf die Bauart Zimmermann, Düsseldorf, bezeichnet werden. Diese Maschinen haben sich in verschiedenen Ausführungen bewährt, wenn auch die Anordnung des oberen Preßkolbens nicht immer Beifall findet. Durch eine zweckmäßige Sicherung ist der Gefahr vorgebeugt, daß die Sandpresse unter Druck gesetzt wird, bevor der das Preßquerhaupt mit dem Formtisch verbindende Zughaken vollständig eingeklinkt ist.

Nach den von Amerika gekommenen Anregungen sind auch in Deutschland in neuer Zeit die Rüttelformmaschinen in Anwendung gebracht worden. Zur Verdichtung des Sandes wird bei dieser Maschinenart an Stelle des Pressens das Rütteln angewendet, daß sich besonders bei hohen Modellen als recht vorteilhaft erwiesen hat.

Abb. 48. Verdichtung des Formsandes beim Rütteln.

Der Unterschied zwischen dem Rütteln und Pressen besteht darin, daß bei letzterem die Sandverdichtung von oben nach unten in einem Drucke vor sich geht, während beim Rütteln durch ein wiederholtesAufstoßen der Tischplatte oder der Modellplatte auf eine feste Unterlage ein Zusammensacken des Sandes von oben nach unten stattfindet. Beim Pressen ist also die Verdichtung des Sandes oben stärker als unten, infolgedessen müssen die unteren Schichten im Kasten vorgestampft werden. Beim Rütteln dagegen ist die Verdichtung des Sandes in den unteren Schichten am größten, nimmt nach oben hin ab und erfordert deshalb in der Regel ein Nachstampfen der oberen Sandschichten, diese Arbeit ist aber ohne Zweifel leichter auszuführen, als wie das Vorstampfen der Sandform zum Pressen. Wie die Sandverdichtung beim Rütteln erfolgt, ist an Hand des vorstehenden Schaubildes der Maschinenfabrik Hannover-Hainholz, die Arbeit einer Zugrüttelformmaschine, Bauart Ötling, zu erkennen.

Abb. 49 und 50. Rüttelformmaschine, Bauart Gutmann.

Durch weißen Sand wurde die ganze Sandmenge in einzelne gleich hohe Schichten abgeteilt. Nach Fortnahme des Formsandes und Bloßlegung des Modells und Abschneiden der vorderen Sandmenge konnte das Zusammensacken des Formsandes an verschiedenen Modellen sichtbar gemacht werden.

Der Erfolg der Rüttelformmaschine ist bald bemerkbar geworden, so daß die Anwendung dieses Hilfsmittels in den Großgießereien als selbstverständlich angesehen wird.

Von der kleinsten Ausführung, Bauart Leber, für Kerne und Formen zu Klein- und Mittelguß, bis zu den größten Abmessungen und Nutzlasten, mit Riemenantrieb, Druckluft oder Elektromotor betrieben, mit Wendeplatte und Abhebevorrichtung wird diese Maschine fast von allen Werken für Gießereimaschinen gebaut.

Die Rüttler mit Wendeplatte verschiedener Bauart haben sich in der Praxis bewährt, doch treten die Vorzüge dieser Maschinen erst voll in die Erscheinung, wenn Sandhöhen über 250 mm in Frage kommen.

Abb. 51. Zahnradformmaschine.

Bei großen Formen wird die Maschine auch mit hydraulischer oder Preßluftabhebung für die Wendeplatte gebaut. In der Münchener Ausstellung zeigte die Maschinenfabrik Gutmann-Altona, eine neue Rüttelformmaschine mit Umrollvorrichtung, wie solche seit Jahren unter dem Namen »rollover-machine« in Amerika eingeführt sind. Diese Maschinen sind auf deutsche Verhältnisse verbessert worden und haben auch in unseren Gießereien Bedeutung erlangt. Über Einzelheiten im Bau dieser Maschinen (Abb. 49 und 50) geben die Druckschriften Auskunft, im übrigen sind auch in den Fachzeitschriften ausführliche Berichte erschienen. Das Gebiet der Anwendung der Rüttelformmaschine ist, wenn auf die richtige Kastenhöhe geachtet wird, unbegrenzt, so daß dieser Maschine eine günstige Zukunft vorausgesagt werden kann.

Auf allen Gebieten der Gußwarenerzeugung kommen noch Sonderformmaschinen in Frage. Zunächst die Topf-, Kessel-, sowie Badewannen-Formmaschinen, die sowohl für Handstampfung als auch für Preßwasserdruck, elektrisch und als Rüttelformmaschinen gebaut werden. Dann die Zahnräderformmaschinen, die für große Räder zur Ersparnis der hohen Modellkosten, mit Hilfe eines Zahnsegmentsmodells arbeiten. Abb. 51. Auf diesen Maschinen werden auch Turbinenräder und ähnliche Gußstücke geformt, auch hier heißt es, Anpassung an den Betrieb.

Ferner muß noch der selbsttätig arbeitenden Formmaschine nach der amerikanischen Bauart gedacht werden. Bei dieser ist eine Sandaufbereitung und Sandaufgebevorrichtung mit einer Preßformmaschine verbunden, derartige Maschinen sind von Vogel & Schemann in Kabel i. W. in verschiedenen Gießereien eingeführt worden.

Eine besondere Stellung nehmen die Kernformmaschinen in der Gießerei ein, es sei dabei auf die Bauart Knüttel hingewiesen.

Die Herstellung des Kleingusses im Massenbetrieb erfordert für viele Hohlformen schwierige Kerne, die naturgemäß nicht durch Handarbeit herzustellen sind, namentlich nicht bei den bedeutend gestiegenen Löhnen der meist in Tagelohn arbeitenden Kernmacher; da hilft die Kernformmaschine. Derartige Gußstücke verlangen weniger einfache Rund- und Vierkantkerne, es kann deshalb die wagerecht pressende Kernformmaschine Knüttel verwendet werden, die die Herstellung der schwierigsten Kleinkernformen, deren Achsen allerdings in einer Ebene liegen müssen, gestattet. Bei diesen sehr vorteilhaft arbeitenden Maschinen von hoher Leistungsfähigkeit, trägt die in einem Drehrahmen gelagerte untere Kernplatte den Formsand mit den eingelegten, meist aus Draht hergestellten Kerneisen. Es wird nun eine sog. Annäherungsplatte aus Hartholz aufgelegt, deren Kernaussparungen von trapezförmigem Querschnitt sind und den Grad der Zusammendrückung der Kernmasse zu der gewünschten Kernform ergeben; durch die obere Preßplatte wird dann nach Wegnahme der Annäherungsplatte die endgültige Form gepreßt. Durch Wenden der fertig gepreßten Kernformplatte, die in den Lagerhälsen von zwei Ständern drehbar gelagert ist, werden die Kerne auf eine Blechplatte oder Blechschale abgelegt und ohne Berührung mit der Hand dem Brennofen zugeführt und sachgemäß getrocknet. Die Sandmischungen enthalten meist Mehl und Leinölbeimischungen; die auf Grund langjähriger Erfahrungen zusammengestellt sind. Die Kerne sind nach der Pressung in der Maschine noch weich, vertragen also kein Angreifen mit der Hand; nach dem Brennen sind sie jedoch bei außerordentlicher Porosität hart wie Sandstein; nach dem Guß zerfallen sie ohne weiteres und gewährleisten durchaus glatte Innenwandungen. Die Kernsandmischungen machen diese eigenartige Kernformmaschine für Sonderguß wertvoll. Bei einer Kernplattengröße von 300×400 mm ist in 3 bis 8 min (letztere Zeit für schwierige Kerne) eine gepreßte Kernplatte herzustellen, demnach bei etwa zehn Kernen in einer Kernplatte eine mittlere Stundenleistung von ungefähr 150 Kernen, die bei hydraulischer Pressung und angelernten Leuten auf das Doppelte gesteigert werden kann, so daß eine Kernformmaschine mehrere Formmaschinen für den Massenkleinguß bedienen kann. Die Kernformmaschinen, Bauart Knüttel, bilden daher eine zweckmäßige Ergänzung der Formmaschinen und ergeben wesentliche Ersparnisse an Kernmacherlöhnen. Die Maschine ist nicht nur für Kleinkerne, sondern auch für Kerne des mittelschweren Gusses eingeführt.

Für einfache, runde Kerne hat sich die Kernformmaschine mit Schneckenpressung sehr gut bewährt. Sie wird von verschiedenen Werken, z. B. Zimmermann in Düsseldorf gebaut.

Um den wirtschaftlichen Betrieb der Formmaschinen zu ermöglichen, ist die **Herstellung einwandfreier Formplatten** eine Hauptbedingung. Um diese zu erfüllen, muß die Modellschlosserei unter der Leitung eines tüchtigen, mit den Formarbeiten vertrauten Fachmannes stehen. Auf die gehobelten Platten werden die geteilten Modelle mit genau schließenden Stiften befestigt. Man kann die Formplatten auch in einer gering schwindenden Legierung herstellen; die Metallmodelle werden dann in eine Gips- oder Marmorzementmasse eingebettet, wobei die Gipsblöcke in Sparrahmen mit Verjüngung, am besten auswechselbar, eingelagert sind. In die so hergestellten Gipsformen werden dann die Formplatten mit Modellen eingegossen.

In der sachgemäßen Anwendung der Formplatten, durch billige und vor allem schnelle Herstellung, unter Gewährleistung genauester Formgebung der Gußstücke, liegt die Einträglichkeit des Formmaschinenbetriebes begründet.

Es ist wichtig, die Formplatten nach einheitlichen Gesichtspunkten herzustellen; dann werden sie stets vorzügliche Dienste leisten.[1]) Der Formmaschinenbetrieb bedarf der zielbewußten Leitung eines Gießereifachmannes, der dieses Gebiet in allen Einzelheiten beherrscht. Nicht die Maschine allein zeitigt die erhofften Ergebnisse, sondern vor allem ihre Ausgestaltung mit geeigneten Formplatten. Ferner gehört dazu eine ständige Aufsicht über die vorliegenden Arbeiten, derart, daß in der gleichmäßig wirkenden Leistung der Formmaschinen keine Lücken entstehen. Je nachdem diese Gesichtspunkte beachtet werden, erklärt sich die verschiedene Leistungsfähigkeit gleicher Formmaschinen mit gleichen Kastengrößen und Gußstücken in verschiedenen Gießereien.

Abgesehen von der Anfertigung einfachster Modellplatten mit ungeteilten, glatten Modellen macht die Herstellung der Platten mit mehreren Modellen, die gleichgeordnet (symmetrisch) zueinander liegen und die durch einen gemeinsamen Einguß verbunden sind, wesentlich mehr Arbeit. Diese Platten nach Bonvillain als Reversiermodellplatten genannt, von Bleeker aber besser als Wechsel- oder Umlegeplatten bezeichnet, müssen mit besonderer Sorgfalt angefertigt werden.

Diese Wechselplatten erhalten bei kleineren Gußstücken, nebeneinanderliegend zugleich Ober- und Unterteil des zu formenden Modelles, es genügt also eine Platte und demnach auch eine Maschine, um die Abgüsse anzufertigen.

Beispiele dieser Art sind in reicher Auswahl in den Druckschriften der Gießereimaschinenfabriken zu finden.

Eine besondere Erwähnung verdienen die Gießmaschinen und Dauerformen. Die Versuche der Anwendung solcher Dauerformen sind so alt, wie die Gießtechnik selbst.

---

[1]) Die Aufstellung von Richtlinien für die Herstellung der Formplatten ist in Aussicht genommen.

In Deutschland hat sich Rolle-Eberswalde, um den Ausbau der Gießereimaschinen unter Verwendung gußeiserner Dauerformen verdient gemacht. Über die Ergebnisse berichtete er in der Zeitschrift »Stahl und Eisen« sowie Mehrtens in der »Gießereizeitung«. Das Verwendungsgebiet für Dauerformen ist begrenzt, doch sind die Erfahrungen mit diesen Formen als günstig zu bezeichnen. Besonders für Rohrformstücke und ähnliche Gußteile einfacher Art eignen sie sich und es ist wünschenswert, das Verfahren weiter auszubauen.

Gießmaschinen und Dauerformen nach Bauart Rolle werden z. Zt. von den Ardeltwerken, Eberswalde, und von den Schwäbischen Hüttenwerken, Wasseralfingen, ausgeführt.

In letzter Zeit ist das Rollesche Verfahren auch auf die Herstellung kleiner Teile in Temperguß angewendet, eine Gießmaschine dieser Art war auf der Gießereifachausstellung in München 1922 gezeigt worden.

Über die bleibenden Formen aus feuerfester Masse ist bereits einiges in dem vorhergehenden Abschnitt gesagt worden, es sei hierbei auf das Verfahren Büsselmann hingewiesen und auch die Kurzesche Formweise erwähnt. Das Kurze-Verfahren hat für die Herstellung von Blockformen (Kokillen) zeitweise eine Bedeutung gehabt.

Die Anwendung der Dauerform bei der Herstellung der Geschoßkörper hat keine nennenswerten Erfolge gebracht; an Versuchen hat es zwar nicht gefehlt, aber abschließende Ergebnisse liegen nicht vor und die Berichte in den amerikanischen Fachblättern scheinen nicht ganz einwandfrei zu sein.

Als Formmaschine im weiteren Sinne ist auch die Ardeltsche Rohrformmaschine zu erwähnen. Diese Rohrstampfmaschine beseitigt die Handstampfung vollständig, sie macht die Gießerei von den Arbeitern unabhängiger und erspart viele Leute. Die Rohre werden bei Maschinenstampfung viel gleichmäßiger und sauberer und wird der Betrieb leistungsfähiger bei geringeren Gestehungskosten. Über Einzelheiten der Anlagen sei auf die Berichte in der Zeitschrift »Stahl und Eisen« (Die Röhrengießerei der Hannoverschen Eisengießerei-A.-G., Anderten-Misburg u. a.) verwiesen. Das Verfahren des Naßgusses von Abflußrohren der Ardeltwerke ist bereits im vorhergehenden Abschnitt erwähnt worden.

---

k) Die Trockenvorrichtungen für Formen und Kerne.

Nicht nur in den Schmelzöfen der Gießereibetriebe, sondern auch in vielen anderen Feuerstellen, z. B. in den Trockenkammern, ist die Notwendigkeit einer sparsamen Brennstoffwirtschaft erkannt worden. Die Not der schweren Zeit zwingt den Gießereileiter, in jeder Weise darauf bedacht zu sein, auch mit minderwertigen Brennstoffen auszukommen. Es sind in letzter Zeit neue Feuerungseinrichtungen für den Gießereibetrieb geschaffen wurde, die der Forderung in weitestem Maße gerecht werden. Es genügt aber nicht, an Stelle von Gießereikoks, wie es bisher üblich war, nur etwa Gaskoks oder Braunkohlen und Briketts als Ersatz zu verwenden, sondern die Hauptsache ist, auch diese Brennstoffe wirtschaftlich so weit wie möglich, d. h. auf ihren vollen Heizwert, auszunutzen. Zu diesem Zwecke sind auch in der Gießerei neuzeitliche Untersuchungen angestellt, die den Beweis sehr bald erbrachten, welcher Raubbau bisher mit den Brennstoffen getrieben wurde.

Zunächst einige allgemeine Angaben über Trockenkammern.

Je nach der Art der Gießereierzeugnisse nehmen die Trockenkammern einen mehr oder weniger großen Raum ein. Es sind meist freistehende, aus Ziegelsteinen gemauerte Kammern, die einer Hitze von 150 bis 350° C standhalten müssen. Der Zweck der Trockenkammer ist, die Formen und Kerne von ihrem Wassergehalt zu befreien, sie wird also nicht übermäßig stark beansprucht, trotzdem muß der Bau möglichst sorgfältig ausgeführt und durch Verankerungen gesichert werden, da sonst sehr leicht ein Auseinandertreiben der Wände eintreten kann.

Die nach dem Gießereiraum gelegene Tür nimmt gewöhnlich die Größe der ganzen Stirnwand ein, damit große Lehmkerne und zusammengestellte größere Formen unbehindert eingebracht werden können. Die Tür aus Blech, mit mehreren aufgenieteten Flacheisen verstrebt hergestellt, ist, in seitlichen Gleitschienen geführt, auf- und abwärts zu bewegen. Um das Öffnen und Schließen zu erleichtern, sind Gegengewichte an Drahtseilen, die sich über Rollen führen, angebracht. Türen in Kloben, zu seitlichem Öffnen versperren unnötig Raum. Die Bewegung der Türen geschieht am besten durch Windwerk; hydraulischer Antrieb hat sich trotz gewisser Vorzüge in der Praxis nicht bewährt.

Der Feuerungsraum darf nicht über der Kammersohle liegen, damit die nach oben streichenden Heizgase die Kammer vom Boden bis zur Decke anwärmen. In Trockenkammern, wo gleichmäßige und nicht hohe Temperatur lange anhalten soll, wie das bei Kernen aus Patentsand (reiner Kiessand mit organischem Bindemittel) erwünscht sein kann, werden die Heizgase auch durch Röhren geleitet.

Der Kamin, der die Gase und den Wasserdampf nach außen leitet, erhält an der Decke der Trockenkammer und in der Nähe des Bodens zwei Schieber. Während des Anfeuerns bleibt der obere Schieber geöffnet, damit die sich entwickelnden Gase schnell abziehen. Ist der Koks in Glut, so schließt man den oberen Schieber und der schwache Zug am tiefer gelegenen, alsdann geöffneten, genügt noch, Gas- und Wasserdampf abzuleiten.

Die Feuerstelle ist meist ein gewöhnlicher, aus Stäben zusammengelegter Rost, 300 bis 500 mm unter Kammersohle. In gleicher Höhe umstellt man den Feuerherd mit starken Gußrosten. Der Aschenfallraum ist durch Einsteigeschacht von außen zugänglich, desgleichen die Feuerstelle selbst, durch eine sich oberhalb befindliche Tür, damit während der Heizdauer neuer Brennstoff aufgegeben werden kann.

Nach Ledebur ist die Rostfläche bei Koks als Brennstoff:

für mehr als 100 m³ Rauminhalt der Kammer. 1—2 m²
» 25—100 m³ Rauminhalt der Kammer . . 0,8—1 »
» weniger als 25 m³ Rauminhalt der Kammer 0,6—0,8 »

Die Decke der Kammer besteht aus flachen Gewölben in I-Trägern. Es kann unter Umständen praktisch sein, die Decke mit Gußplatten (ohne Untermauerung) abzudecken, um auf der Kammer Form- und Kernsand zu trocknen (siehe Sandaufbereitung). Aus der Kammer führt ein Schienenstrang in den Gießereiraum, so daß der darauf befindliche Wagen vom Kran bedient werden kann.

Die Räder des Trockenkammerwagens sind auf den Achsen aufgekeilt, und diese vor dem Herausgleiten vom Wagengestell durch starke untergeschraubte Hemmklötze geschützt. Einbauen der Achsen in Lagern ist untunlich, da Öl oder sonstiges Schmiermaterial während des Betriebes der Kammer verbrennt. Das Wagengestell selbst besteht aus zwei Längs-I-Eisen, nur gering über die Schienenspur ausladend, die unter sich wieder durch I-Eisen mit Winkeln verbunden sind.

Als Belag des Gestelles dienen Gußplatten.

Während in der Vorkriegszeit für die Erzeugnisse aus Gußeisen, in der Trockenkammer in der Hauptsache Gießereikoks verarbeitet wurde, sind heute viele Gießereien dazu übergegangen, minderwertige Brennstoffe, Rohbraunkohle, Koksgrus und Brikettgrus zu verheizen. Die Rohbraunkohle enthält 50 bis 60 vH Wasser neben etwa 3 bis 5 vH Asche. Der Brikettgrus als Abfall der Braunkohlenbriketts etwa 13 bis 15 vH Wasser und 10 bis 15 vH Asche. Der Koksgrus ist der bei den einzelnen Lieferungen sich bildende Abfall vom Gießereikoks. Für diese Brennstoffe sind von Erbreich-Tangerhütte, einige Trockenkammern umgebaut worden und berichtet über die Ergebnisse der Versuche in der »Gießerei-zeitung« und in der »Gießerei« wie folgt:

Da der größte Teil der Brennstoffe feinkörnig ist, mußten engspaltige Roste gewählt werden. Um die Verbrennung solcher dicht lagernden Brennstoffe zu ermöglichen, wurde nicht natürlicher Zug, sondern Unterwind gewählt. Wird dieser bei Trockenkammern angewandt, so ist eine bestimmte Windmenge, wie bei den Feuerungen an Dampfkesseln, nicht nötig. Während dort eine Erhöhung der Windmenge die Verbrennungstemperatur heruntersetzt und dadurch einen schlechten Wirkungsgrad der Feuerung, bezogen auf den erzeugten Dampf, herbeiführt, liegen die Verhältnisse bei einer Trockenkammerfeuerung günstiger, wie nachher bewiesen wird. Die Trocknung der Formen vollzieht sich folgendermaßen:

Die von der Feuerung aufsteigenden heißen Feuergase streichen über die Formen und an den Wänden der Trockenkammern entlang und geben ihre Wärme ab. Diese äußere Wärmeleitfähigkeit von einem Stoff zum anderen ist von der Art der Stoffe, von der wärmeübertragenden Oberfläche, der Zeit und dem Temperaturunterschied des wärmeabgebenden und wärmeaufnehmenden Stoffes abhängig, dagegen unabhängig von der Dicke des wärmeaufnehmenden Stoffes.

Je heißer demnach die Feuergase sind und je größer ihre Geschwindigkeit ist, desto besser erfolgt die Wärmeabgabe. Wird also Unterwind derart zugeführt, daß die früher bei Verwendung von hochwertigen Brennstoffen in den Kammern herrschende Temperatur nicht unterschritten wird, so kann die Wärmeabgabe besser erfolgen, als ohne Unterwind. Richtig zugeführter Unterwind erhöht aber die Temperatur im Feuerungsraum, da die Brennstoffe in der Zeiteinheit schneller verbrennen und wir daher geringe Strahlungsverluste in der Zeiteinheit haben. Die Wärmeabgabe wird also durch die Unterwindfeuerung begünstigt.

Die der Oberfläche der Form übertragene Wärme muß nun in das Innere der Form eindringen, um das dort befindliche Wasser an die Oberfläche der Form zu bringen. Diese innere Wärmeleitfähigkeit ist von der Art und der Stärke des Stoffes, seiner Oberfläche, dem Temperaturunterschied und der Zeit abhängig. Auf diese Wärmeleitfähigkeit ist der Unterwind nur insofern von Bedeutung, als er den Temperaturunterschied in den einzelnen Schichten der Form erhöht. Hierdurch wird ein schnelles Trocknen der Form herbeigeführt.

Die erzeugten Wasserdämpfe müssen von den Feuergasen aufgenommen und der äußeren Luft mittels des Schornsteines dampfförmig überführt werden. Die Aufnahmefähigkeit der Feuergase für den Wasserdampf ist von dem Sättigungsgrade der Luft an Wasserdampf abhängig. Je heißer die Luft ist, desto mehr Wasserdampf kann sie aufnehmen. Nachstehende Zahlentafel gibt den Sättigungsgrad der Luft bis 150° an.

Luft	von	0°	ist	gesättigt,	wenn	1 m^3	4,9	g	H_2O
»	»	10°	»	»	»	1 »	9,3	»	»
»	»	50°	»	»	»	1 »	83	»	»
»	»	100°	»	»	»	1 »	106	»	»
»	»	150°	»	»	»	1 »	2590	»	»

erreicht.

Es ist also für die Trocknung förderlich, mit hoher Temperatur zu arbeiten.

Es kann ferner die Aufnahmefähigkeit der Luft für den Wasserdampf gefördert werden, wenn die Luft stark bewegt wird. Dies wird durch Unterwind in höherem Maße als durch Essenzug erreicht.

Verarbeiten wir nun Rohbraunkohle, so sind die Feuergase schon an und für sich an Wasserdampf reicher als die Abgase einer Koksfeuerung. Diesem Übelstande kann nur durch Zuführung einer größeren Luftmenge, als es bei natürlichem Essenzug der Fall ist, abgeholfen werden. Ohne Unterwind ist eine Beheizung von Trockenkammern mit mulmiger Rohbraunkohle ausgeschlossen.

Temperatur und Geschwindigkeit der Feuergase muß natürlich der Art der zu trocknenden Formen angepaßt werden. Sind z. B. bei Kernen künstliche Bindemittel beigegeben, so ist besonders auf die Höhe der Temperatur zu achten, damit die Kerne nicht zerbröckeln. Beim Trocknen von Formen kann viel sorgloser gearbeitet werden. Es ist daher dringend notwendig, die Trockenkammern mit Temperaturmeßapparaten auszustatten, die für den Heizer gut sichtbar angebracht sein müssen. Die Wartung einer Unterwindfeuerung verlangt gut ausgebildete Wärter, um große Ersparnisse im Brennstoffverbrauch zu erzielen. Es verhält sich hier genau wie bei den Dampfkesselfeurungen, wo ein schlechter Heizer den Wirkungsgrad der Feuerung außerordentlich stark heruntersetzen kann.

Beheizt wurde eine Trockenkammer von $10 \times 3 \times 4{,}4 = 132\ m^3$ Inhalt, einschließlich des Raumes für den Wagen (Abb. 52). Die Roste der Feuerung haben eine schräge Lage, wie wir es bei Treppenrostfeuerungen gewöhnt sind. Der Teil *a* besteht aus einer Herdgußplatte mit angegossenen Zacken, die den aufgeklebten Schamott festhalten soll. Durch die in der Feuerung herrschende Temperatur wird der Teilraum über *a* sehr heiß bleiben. Wird nun Braunkohle auf die Platte *a* geworfen, so ist zu beobachten, daß Wasserdämpfe aufsteigen, denen bald Schwelgase folgen. Da die Rohbraunkohle sich schon bei 130° entzündet, sind in der Mitte und am Ende des Vorwärmers *a* kleine Flammen bemerkbar, die nach *b* zu immer stärker werden. Merkt der Heizer, daß die aufgeworfene Rohbraunkohle entzündet ist, so stößt er

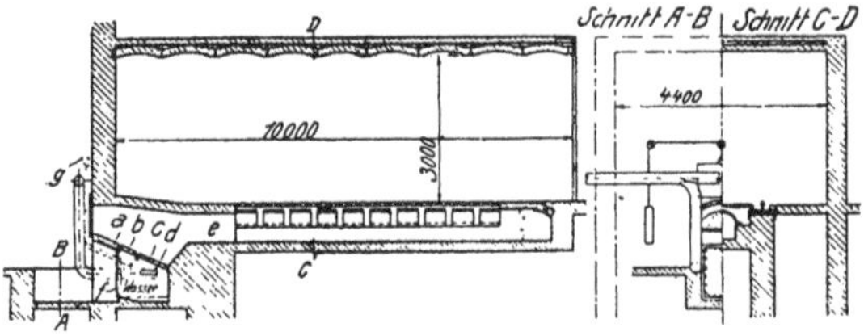

Abb. 52. Trockenkammer nach Erbreich.

sie nach *b* und *c* zu. Diese Teile bestehen aus engspaltigen Rosten, durch welche der Unterwind von *d* bläst. Auf den Rosten von *b* und *c* findet jetzt eine lebhafte Verbrennung statt. Wir sehen Flammen, die weit in den Kanal *e* hineinschlagen und die Schamottwände hoch erhitzen. Durch diese Erhitzung der Schamottwände sind wir in der Lage, mehr Wind zuzuführen, der die Wärme von den Wänden in sich aufspeichert. Der Heizer hat es nun in der Hand, durch Aufgabe von großen und kleinen Mengen Brennstoff und Regelung des Windes in kurzer oder in längerer Zeit, je nach Befehl, die verlangte Temperatur zu erzielen. Der Erfolg der Feuerung hängt demnach, wie schon oben erwähnt, sehr von der Geschicklichkeit des Heizers ab. Der Raum unter den Rosten wird durch die Klappe *f* abgeschlossen, die an Scharnieren befestigt ist. Soll unter den Rosten gereinigt werden, so kann die Klappe hochgestellt werden. Der Raum unter den Rosten hat ein Wasserbad, dessen Füllung von *g* aus während des Betriebes besorgt werden kann. Dieses Wasserbad muß vorgesehen sein, damit die durch den Rost fallenden glühenden Ascheteilchen sofort gelöscht werden. Andernfalls besteht die Gefahr, daß die Klappe *f* zu heiß wird und sich verzieht. Der Luftkanal liegt im Mauerwerk und hindert daher die Leute beim Reinigen des Rostes nicht. Der Austritt des Windes unter dem Rost ist aus der Abb. 52 ersichtlich. Die Gase gehen durch den Kanal *e* und steigen in die Höhe. Bei den Versuchen hat es sich gezeigt, daß die durch den Schornstein abziehenden Gase noch dieselbe Temperatur aufweisen, wie sie in der Mitte der Kammer herrscht. Die Gase müssen daher in der Kammer noch zurückgeleitet werden. Ein Abzug für sie ist bei der Feuerung anzubringen.

Anderseits zeigen diese Messungen, daß man bei Anwendung von Unterwind die Kammer viel länger als üblich machen kann.

Wie oben erwähnt, hatte die Versuchskammer einen Inhalt von $10 \times 3 \times 4{,}4 = 132\ m^3$. Sie war ursprünglich mit einem Planrost ausgerüstet und verbrauchte in einer Nacht 725 kg Koks. Es wurde ein Treppenrost eingebaut. Der Brikettverbrauch stellte sich auf 800 kg in einer Nacht. Die Trocknung mit Briketts war aber nicht so gut wie mit Koks. Vielfach mußten die Formen nochmals in die Kammern. Jetzt wird verbraucht:

a) 300 kg Koksgrus,
500 » Rohbraunkohle oder

b) 250 » Koksgrus,
250 » Brikettgrus,
300 » Rohbraunkohle.

Die Formen sind genau so gut wie früher mit Koks getrocknet.

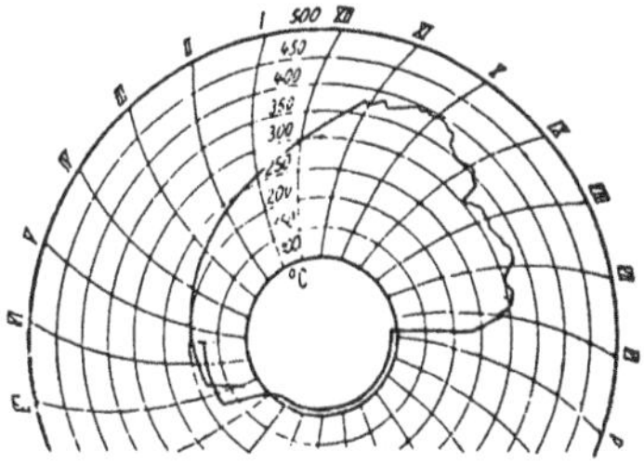

Abb. 53. Heiz-Schaulinie.

Wie schnell die Temperatur mittels der Unterwindfeuerung steigt, geht aus den Schaulinien hervor. In der kurzen Zeit von $^3/_4$ h war in der Mitte der Kammer eine Temperatur von 380°, die sich ohne Schwierigkeiten durch richtiges Heizen auf 500° steigern läßt.

Die ständigen Betriebsrechnungen ergeben bei der Unterluftfeuerung sehr große Ersparnisse gegenüber der Brikett- und Koksheizung. Der Stromverbrauch für den Ventilator beträgt bei sechs angeschlossenen Kammern 6,6 kWh, also für eine Kammer 1,1 kWh, es wird etwa 4 h geblasen, die Stromkosten können als mäßig bezeichnet werden. Erbreich betont, daß je größer die Kammerinhalte sind, entsprechend der Brennstoffverbrauch geringer wird. Die nachstehende Zahlenreihe gibt dazu eine Bestätigung.

Versuche in Gießerei II.

Nr.	Länge m	Breite m	Höhe m	Inhalt m³	Verbraucht in einer Nacht	Getrocknet	Temp. °C	Brennstoff auf 1 m³ Inhalt
1	9	7	2	126	456 kg Rohbraunk. 90 kg Brik.-Grus	Lehm- und Sandkohle	280	6 kg
2	9	7,0	2	126	456 kg Rohbraunk. 90 kg Brik.-Grus	Kl. Formen u. Sand-K.	280	6 kg
3	11	7,5	2,20	180	90 kg Brik.-Grus 595 kg Rohbraunk. 90 kg Koksgrus	Sandkohle Lehmkohle	280	4,3 kg
4	12,50 7,40	7,80 7,80	2,20 2,20	} 440	90 kg Brik.-Grus 680 kg Rohbraunk. 90 kg Koks-Grus	Sandkohle	250	2,0 kg

Geheizt wurde nur Rohbraunkohle, Koksgrus und Brikettgrus.

Abb. 54. Trockenkammereinrichtung, Bauart Gutmann-Altona.

Adämmer, Wasseralfingen, hat in seinem Bericht in der Sitzung des Technischen Hauptausschusses für Gießereiwesen, 1920 in Düsseldorf die Ausführungen von Erbreich, bestätigen können.

Adämmer bemerkte allerdings, daß sich nicht jede einfache Trockenkammer ohne weiteres an Stelle mit Koks mit Braunkohle beschicken läßt, er konnte aber Vergleichszahlen mitteilen, die bestätigen, daß in einer alten Trockenkammer etwa 550 kg Koks im Wirkungsgrad etwa 750 kg Briketts gleich waren. Die Kammer hatte etwa 148 m^3 Inhalt. Trotz der schnellen Temperatursteigerung bei der Verwendung der Briketts hat sich ein Reißen der Formen nicht gezeigt.

Nach wie vor hat sich, von einzelnen Fällen abgesehen, die unmittelbare Beheizung der Trockenkammern durch feste oder gasförmige Brennstoffe als am zweckmäßigsten erwiesen. Die Dampfheizung ist zwar auch versuchsweise angewendet worden, wie z. B. die Bauart Jahn, Leipzig, aber aus Gründen der Wirtschaftlichkeit hat sie keine nennenswerte Einführung finden können. Die Gasheizung hat dafür mehr Anklang gefunden, wobei besonders der Braunkohlengenerator Verwendung findet. Halbgasfeuerungen für Trockenkammerheizung haben sich ebenfalls nicht bewährt.

In den letzten Jahren hat sich auch die Voithsche Saugwindfeuerung für die Trockenkammerheizung sehr gut eingeführt. Bei dieser Feuerung führt ein Ventilator die Luft oben ein. Dieser Luftstrom saugt Luft durch die Rostspalten, so daß ein Gemisch von Luft und Feuergasen unter Druck in die Kammer gelangt, wo es durch Öffnungen im Boden einen Kanal, nach außen zu, durchströmt. Nach den vorliegenden Berichten hat sich die Feuerung gut bewährt, sie ist auch in Trockenkammern unter Hüttensohle, wie z. B. in der Gießerei der Maschinenfabrik Eßlingen mit besten Ergebnissen seit Jahren in Betrieb.

Die letztgenannten Unterflurtrockenkammern oder besser gesagt Trockengruben können auch mit Erfolg mit beweglichen Trockenvorrichtungen, also Trockenapparaten, nach der bekannten Bauart der Wilhelmshütte in Waldenburg oder Briegleb & Hansen in Gotha beheizt werden. Diese Trockenapparate in mannigfaltiger Ausführung sind in letzter Zeit besonders durch die Bauart Oehm, Düsseldorf, lebhafter zur Anwendung gelangt.

Das unwirtschaftlichste Verfahren zum Trocknen der Formen war bisher das offene Feuer, das entweder auf einem über die Form gelegten Blech oder im Feuerkorb entzündet wird; die meiste Hitze geht so ungenutzt verloren, abgesehen von der langwierigen Arbeit des Feueraufbringens und -Entfernens und der ungleichmäßigen Trocknung.

Wo viel größere Formen im Boden hergestellt werden, ist der bewegliche Luftofen zur Trocknung der Formen mittels erhitzter Luft unbedingt zu empfehlen. Die Luftöfen sind kleine, ausgemauerte, gewöhnlich viereckige Schachtöfen, die durch eine senkrechte Zwischenwand in zwei Hälften geteilt sind. Die zugeleitete Luft tritt in die brennende Koksmasse ein, diese in ständiger Glut erhaltend, zieht hoch erhitzt über die Scheidewand und in die leere Abteilung des Ofens, die mit ihrer angebrachten Abzugsöffnung auf einem der Trichter der zu trocknenden Form ruht. So wird die Form von heißer Luft dauernd durchstrichen, trocknet gleichmäßig und wird nicht rissig.

In die Windzuleitung eingebaute Ventilklappen ermöglichen es, einen Teil der kalten Luft sofort in die leere Kammer des Ofens eintreten zu lassen, um sie hier mit den heißen Gasen zu mischen, wovon man zu Beginn der Trocknung Anwendung macht, um die Formwände allmählich anzuwärmen.

Bei elektrischem Betriebe, besonders da, wo auch die Former sich lektrischer Handlampen bedienen, wird der Wind von kleinen, auf oder neben dem Ofen betriebenen Ventilatoren erzeugt, die mit entsprechendem Motor gekuppelt sind.

Im anderen Fall liegen den Wänden der Gießerei entlang Rohrstränge, durch die gepreßte Luft vom Gebläse getrieben wird. An

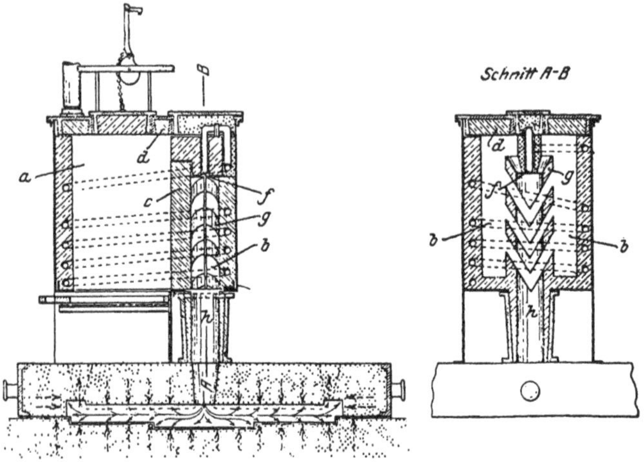

Abb. 55. Formtrockenofen, Bauart Oehm.

vielen Stellen angebrachte Anschlußstutzen ermöglichen schnelles Anbringen von dünnen Blechrohrleitungen bis zum Windofen, der auf der betreffenden Form steht. Auch Preßluftsaugdüsen, die den Hauptanteil der nötigen Luft aus dem Arbeitsraume aussaugen, haben sich bewährt.

Der neue Formtrockenofen[1]) von Hüttenes & Oehm zeigt einen großen Fortschritt im Trocknen von Bodenformen und verdient der Ofen größte Beachtung.

Er besteht, wie die Abb. 55 zeigt, aus einem Hauptverbrennungsraume *a* und einem Nachverbrennungsraume *b*. Der Hauptverbrennungsraum wird durch einen einfachen zylindrischen Schacht mit flachem

[1]) Vgl. St. u. E. 1920, 23./30. Dez., S. 1731.

schlange zur Vorwärmung der durch die feine Düse *f* in den Nachverbrennungsraum tretenden Druckluft angeordnet. Bei Inbetriebsetzung des Ofens wird durch den scharfen Druck der Düse *f* reichlich Luft in ganzer Rostbreite des Schachtes *a* angesaugt. Infolge der beträchtlichen Brennstoffhöhe bildet sich verhältnismäßig viel Kohlenoxyd, das mit den Schwelgasen durch einen schmalen Schlitz zwischen dem Deckel *d* und der Zwischenwand *c* in den Nachverbrennungsraum *b* tritt. Hier streichen die Gase an den pfeilartig eingesetzten Schamottekörpern *g* vorbei, entzünden sich und verbrennen unter der Wirkung der sie unmittelbar in einem Wirbel treffenden Druckluft. Sie gelangen mit großer Geschwindigkeit durch den Stutzen *h* in die zu trocknende Form. Durch richtige Einstellung der Druckluft läßt sich sowohl Rauchbildung als auch Luftüberschuß weitgehend einschränken. Wie die erzeugende Firma mitteilt, hat eine Reihe von Gasanalysen das Fehlen von freiem Sauerstoff und von Kohlenoxyd in den Endgasen dargetan.

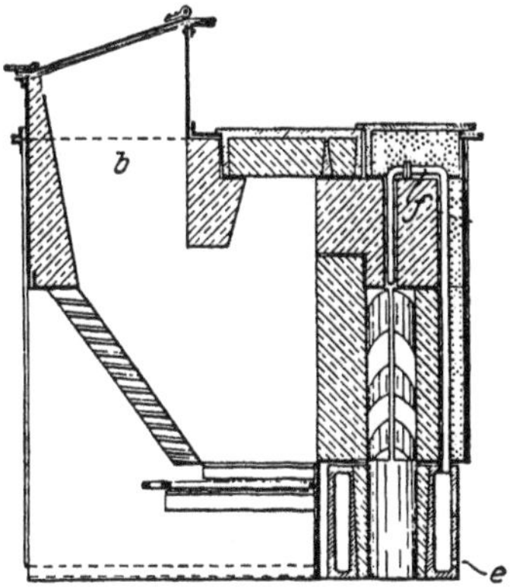

Abb. 56. Formtrockenofen, mit Schrägrost nach Oehm.

Durch diese Beschaffenheit der Endgase und infolge ihres hohen Druckes kommt gegenüber den bisher verwendeten Trockenapparaten eine ganz andere Trockenwirkung zustande. Bei den üblichen mit Ventilatoren betriebenen Apparaten war man infolge des geringen Druckes genötigt, die sich in der Form entwickelnden Dämpfe durch die Trichteröffnungen ins Freie treten zu lassen. Die heiße Luft trocknete zwar die Oberflächen der Form, vermochte aber nicht, ins Innere ihres Sandkörpers zu dringen. Es bildete sich rasch eine mehr oder weniger harte Kruste, die der weiteren Trockenwirkung hinderlich war. Die sich entwickelnden Dämpfe strebten den Formoberflächen zu (siehe die gestrichelten Pfeile in Abb. 55), trieben die Form auseinander und bewirkten Risse und Abblätterungen der Schwärzeschicht. So getrocknete Formen neigen auch zum Entstehen von Schülpen, so daß mancherorts derartige Trockeneinrichtungen wieder aufgegeben wurden.

Bei dem Oehmschen Trockenverfahren werden alle Öffnungen und Ausgänge der Form sorgfältig verstopft. Durch den vorhandenen scharfen Druck werden die entstehenden Dämpfe in den Sandkörper der Form getrieben, um schließlich durch denselben hindurch ins Freie zu gelangen. Die Schwärze wird fest an die Wandungen der Form gepreßt, und die durch die Formmasse getriebenen Dämpfe erzeugen eine poröse Form, was dem Gusse sehr zustatten kommt. Ein Verbrennen der Form ist bei einiger Aufmerksamkeit leicht zu vermeiden. Solange in der Form noch Wasserdämpfe vorhanden sind, ist auch bei den höchsten in Frage kommenden Wärmegraden eine Verbrennungsgefahr ausgeschlossen.

Die Kosten des Druckluftverbrauches sind bei diesem Verfahren allerdings größer wie bei Ventilatorbetrieb, trotzdem bringt das neue Verfahren große Vorteile.

Ein 10 m langes Bett erforderte bei der Trocknung mit vier Ventilatoren in 8 h etwa 980 kg Koks. Dieselbe Form benötigte bei 2 Oehmschen Apparaten in 3 h Trocknungzeit nur etwa 160 kg Koks. Abgesehen von über 80 vH Koksersparnis wurden infolge der kürzeren Trockendauer auch etwa 40 vH Strom erspart.

Bei Stahlgußformen ist die Wirtschaftlichkeit noch größer, die Oehmschen Apparate haben sich hierbei bestens bewährt. Die Abb. 56 zeigt einen Trockenofen, für Rohbraunkohle eingerichtet. Die Preßluft wird bei *e* eingeleitet, wo sie sich erwärmt, um dann in die Düse *f* zu gelangen. Der Fülltrichter *b* ist zur Aufnahme möglichst großer Mengen Brennstoff entsprechend weit gehalten.

Nach den vorliegenden Betriebsergebnissen können die folgenden Vorzüge des neuen Trockenofens erwähnt werden:

1. Er ist einfach in Bauart und Bedienung.
2. Neuanlagen sind nicht nötig.
3. Er benötigt nur 9 bis 11 m³ Luft pro h (Preßluftwerkzeuge gebrauchen stündlich 11 bis 13 m³ Luft).
4. Der Apparat verbrennt jeden, auch minderwertigen Brennstoff, vor allem die backende, mulmige Rohbraunkohle, ohne Vorwärmung, was bisher nirgends gelungen ist.
5. Der Apparat verbrennt jeden Brennstoff fast vollkommen; daher nur ganz geringe Aschenrückstände.
6. Bei Verbrennung von Koks beträgt die Temperatur der Abgase 1200 bis 1300°, bei Rohbraunkohle 500 bis 800°. Trotzdem verbrennen die Formen nicht, da sie allseitig dicht verschlossen werden. Infolge des hohen Druckes werden die heißen Gase durch die Formwandungen hindurchgetrieben. Dadurch werden Abblättern, Risse- und Schülpenbildungen verhindert, Nachschwärzen der Form fällt fort.
7. Der Apparat trocknet jede Form bis in die äußersten Winkel.
8. Die im Ofen erzeugte Hitze geht restlos in die zu trocknende Form.
9. Der Apparat trocknet in einer mindestens dreimal kürzeren Zeit als alle anderen Systeme.
10. Der Apparat spart gegenüber anderen Systemen mindestens 60 bis 80 vH an Brennstoff.

Über den Ausbau der Trockenkammern bringen die Gießereihandbücher von Geiger und Osann noch weitere Unterlagen, es sei auch auf die ständigen Berichte in den Fachzeitschriften verwiesen.

---

i) Die wirtschaftliche Ausnutzung der Brennstoffe.

Nach wie vor behält die Frage über die sparsame Wirtschaft mit Brennstoffen in den Gießereibetrieben die größte Bedeutung. In keiner Sitzung der gießereitechnischen Verbände wird versäumt, immer wieder darauf hinzuweisen, daß wir durch die wirtschaftspolitischen Verhältnisse gezwungen sind, mit unseren Brennstoffen, mehr wie je, recht sparsam umzugehen. Der Verein deutscher Eisengießereien, wie der Verein deutscher Eisenhüttenleute und der Verein deutscher Ingenieure[1]) haben brennkrafttechnische Beratungsstellen geschaffen, die alle Erfahrungen auf dem Gebiete der Brennstoffverarbeitung sammeln und diese den ratfordernden Gießereien und anderen Werken zur Verfügung stellen.

In den vorhergehenden Abschnitten über Schmelzbetrieb, Trockenöfen u. a. ist bereits auf die verschiedenen Fehlerquellen unserer Brennstoffwirtschaft hingewiesen und es sei an dieser Stelle auch eine Reihe recht bemerkenswerter Aufsätze in den Fachzeitschriften erwähnt, in denen viele beherzigenswerte Anregungen gegeben werden, wie dem Mißbrauch mit Kohlen und Koks gesteuert werden kann.

Abgesehen von verschiedenen anderen Arbeiten sei die Preisarbeit von Hörnig, Dresden, in der »Bergwerkszeitung« 1922, Nr. 6, »Kupolofen« genannt. Hörnig berichtet über die bessere Wärmeausnutzung in Eisenumschmelzbetrieben, um dann auf die Vorzüge des neuen Schachtofens, Bauart Schürmann, mit Lufterhitzung einzugehen. Dabei betont er die gründlichere Erziehung der Ofenarbeiter und Betriebsbeamten als Notwendigkeit zur Erzielung einer möglichst vollständigen Wärmeausnutzung im Schachtofen der Gießerei, eine Forderung, der auch Mehrtens mit den von ihm angeregten Leitsätzen voll zustimmt.

Das was über die mangelhafte Ausnutzung des Kokses im Schachtofen gesagt ist, gilt auch von den Brennstoffen in den Trockenöfen und Kammern. Hier sei auf die Berichte von Erbreich und Adämmer in den Sitzungen des Technischen Hauptausschusses für das Gießereiwesen verwiesen. Es steht zu erwarten, daß der Anregung von Dr. Werner über die weiteren Untersuchungen im sparsamen Verbrauch der Brennstoffe bei derartigen Feuerungen günstige Ergebnisse folgen werden. Dazu wird die in Hamburg 1923 stattfindende Ausstellung »Die Wissenschaft in der Gießerei« gewiß Gelegenheit geben.

Von der Hauptstelle für Wärmewirtschaft sind wärmetechnische Kurse eingerichtet, um die Inhaber und die technischen Beamten industrieller Betriebe für die wärmetechnischen Bestrebungen zu gewinnen, sie von den erreichbaren Vorteilen zu überzeugen und ihnen die Wege zur Verbesserung ihrer Betriebe zu erleichtern. Es wurde wieder eine

[1]) Zeitschrift »Archiv für Wärmewirtschaft«, herausgegeben vom V.d.Ing.

Anzahl wärmetechnischer Kurse in Berlin, Darmstadt, Kaiserslautern, Kottbus, Plauen, Senftenberg, Weihenstephan bei München abgehalten. Gemeinsam mit der Wärmestelle für die Glasindustrie in Frankfurt a. M. wurden Sonderkurse für die Betriebsbeamten der Glasindustrie in Düsseldorf, Görlitz und Ilmenau ermöglicht; außerdem hat die genannte Wärmestelle in Dresden einen Stocherkurs für Generatorenbetrieb in Glashütten durchgeführt. Trotz der recht großen Zahl derartiger Kurse in allen Teilen Deutschlands, ist die Beteiligung der Industrie immer noch recht groß, und besonders ist die Tatsache zu schätzen, daß die örtlichen Wärmestellen nach der Abhaltung solcher Kurse stets eine starke Belebung des Interesses für wärmetechnische Fragen feststellen.

Neben den Kursen können auch Einzelvorträge oder Vortragsreihen sehr fördernd für die wärmewirtschaftliche Betätigung wirken. Die Durchführung solcher Vortragsreihen würde den einzelnen Wärmestellen eine sehr gute Gelegenheit geben, die beteiligten industriellen Kreise zur Teilnahme an den wärmetechnischen Aufgaben anzuregen.

Um diese Kleineisenindustrie von den großen Wärmeverlusten ihrer Öfen zu überzeugen, um ihr zu beweisen, daß deren größter Teil mit Wärmeausnutzungsziffer von 10 bis 15 vH arbeitet und daß bei vielen Öfen mehr als 50 vH der Kohlenwärme mit den Abgasen in den Schornstein entweichen, mußten genaue Versuche an einer Reihe solcher Öfen durchgeführt und die Ergebnisse möglichst eindringlich den Beteiligten bekannt gemacht werden. Das aus den bisherigen Untersuchungen gewonnene Zahlenmaterial ist bereits veröffentlicht und in Vorträgen sowie einigen Ausstellungen verwertet worden; eine demnächst erscheinende Schrift wird die bisherigen Veröffentlichungen, besonders in der Richtung der kleinen offenen Schmiedefeuer, ergänzen. Ein Teil der Untersuchungen wurde gemeinsam mit der Wärmestelle der Kleineisenindustrie in Hagen i. W. durchgeführt.

---

m) Die Ursachen des Fehlgusses (Ausschuß) und einige Winke zur Vermeidung der Fehler.

Unter allen Unannehmlichkeiten, die der Gießereibetrieb mit sich bringt, ist der Ausschuß- oder Fehlguß in vielen Fällen besonders geeignet, den Erfolg ungünstig zu beeinflussen. Nicht nur, weil er die Selbstkosten für den Guß mehr oder weniger erhöht, Liefertermine umstößt und dadurch die Kundschaft ungeduldig macht oder gar vertreibt, sondern auch, weil er oft die Ursache zu Streitigkeiten gibt, die infolge Ausschuß zwischen den Formern und der Gießereileitung entstehen. Es handelt sich hierbei in der Regel um die Entschädigung, die der Arbeiter für den Ausschuß verlangt. In den seltensten Fällen wird ein Former ohne weiteres zugeben, daß er durch eigene Fahrlässigkeit an dem Ausfall des betreffenden Stückes Schuld trägt, und ebensowenig wird die Betriebsleitung oder der Meister eingestehen, daß vielleicht durch unrichtige Anordnungen, Stoffehler oder dgl. der Fehlguß entstanden ist.

Die **Fehlerquellen,** die zum Ausschuß führen, sind leider recht zahlreich. Es könnten unterschieden werden: Zeichen-, Modell-, Form-, Kern- und Fehler in der Zusammensetzung des Eisens; ferner Fehler beim Zurichten der Form und beim Gießen. Das Gelingen des Gusses hängt aber nicht zuletzt von der Tüchtigkeit des betreffenden Formers ab und von der mehr oder weniger zweckmäßigen Einrichtung der Gießerei und deren Leitung.

Neben der zeitgemäßen Betriebseinrichtung, ist für jede Gießerei ein Stamm tüchtiger, zuverlässiger Arbeiter von höchstem Wert, und, wenn irgend möglich, müßten in jedem Betrieb die Arbeiter stets nur mit den ihrem Können entsprechenden Arbeiten von der Betriebsleitung betraut werden.

Hier mangelt es in vielen Gießereien bedenklich, viele Fehler würden bei »offenen« Augen vermieden. Es empfiehlt sich, häufiger vorkommende Stücke oder Stücke ähnlicher Art, stets dem gleichen Former zur Ausführung zu geben. Dieser bietet bei stets gleicher Arbeit größere Gewähr für brauchbaren Guß. Form- und Kernfehler entstehen meistens durch mangelnde Geschicklichkeit und ungenügende Sachkenntnis des Arbeiters; der er häufig nicht die Ausbildung besitzt, die ihn in den Stand setzt, in allen Formverfahren gleich gute Arbeit zu liefern.

In einigen Gießereien macht sich der Mangel an tüchtigen, selbständig arbeitenden Leuten schon seit längerer Zeit bemerkbar; es ist deshalb notwendig, der Ausbildung der Formerlehrlinge größere Aufmerksamkeit als bisher zu widmen. Leider mangelt es an vielen Stellen an Lehrlingen; oft genug wenden sich die jungen Leute, wenn sie die Schule verlassen haben, den einfacheren Berufen zu, die keine Lehrzeit erfordern.

Der Verein deutscher Eisengießereien hat eine Anfrage an seine Mitglieder ergehen lassen, welche Einrichtungen getroffen sind, um eine gute theoretische und praktische Ausbildung der Lehrlinge in der Eisengießerei herbeizuführen. Es handelt sich dabei um die Organisation der praktischen Ausbildung in der Werkstatt und um die theoretische Ausbildung in der Fortbildungsschule. Das Ergebnis dieser Umfrage dürfte ein klares Bild zeigen, in welchem Umfange bereits Fachkurse für Gießereilehrlinge vorhanden sind.

Den großen und mittleren Werken kann es nicht schwer werden, ihren Lehrlingen den geeigneten Fachunterricht zu erteilen, um so ungünstiger ist die Frage der Fachausbildung in den kleineren Werken zu lösen; hier müßten die Forbildungsschulen aushelfen und entsprechende Fachkurse einrichten. Jedenfalls dürften sich, geeignete Mittel und Wege zur Lösung dieser Frage finden. Die Kosten, die dem Arbeitgeber durch die Ausbildung der Lehrlinge erwachsen, sind gegenüber den Vorteilen, die besser geschulte Arbeiter bringen, unbedeutend. Allerdings werden viele Gießereien nur wenige der ausgebildeten Lehrlinge nach Ablauf der Lehrzeit behalten, einzelne kommen aber, nachdem sie einige Jahre in fremden Gießereien tätig gewesen sind, mit erweiterten Kenntnissen und Fähigkeiten zurück und sichern dem Werk einen festen Stamm tüchtiger Arbeitskräfte.

Es soll mit dem Vorhergehenden gesagt sein, daß unter allen Umständen durch die gründlichere Fachausbildung der Gießereilehrlinge auch die Qualität der geleisteten Arbeit steigt und dementsprechend, soweit eben die Tüchtigkeit des Formers in Frage kommt, auch der Ausschuß geringer wird.

In bezug auf diejenigen Fehler, die durch unzweckmäßigen Entwurf der Gußstücke, also schon in der Zeichnung in Erscheinung treten können, ist bereits im Abschnitt über Modellwesen einiges gesagt worden. Hier sei nochmals auf die Anregung des Vereins deutscher Eisengießereien eingegangen, Regeln für den Entwurf der Gußstücke aufzustellen. Der erste Entwurf wurde in der Sitzung des Technischen Hauptausschusses für Gießereiwesen zu Homburg 1922 vorgelegt, er lautet wie folgt:

Regeln für den Entwurf zweckmäßiger Gußstücke.

Die nachstehenden Regeln für den Entwurf von Gußstücken sollen für den Zeichner und Ingenieur eine Zusammenstellung der wichtigsten Gesichtspunkte bilden, die jeder Zeichner bei dem Entwurf der Gußstücke zu beachten hat. Sie sind ganz allgemein gehalten, setzen aber bei jedem Zeichner eine gewisse gießereitechnische Erfahrung voraus. Maschinenbauer oder Zeichner, die mit der Gießereitechnik nicht genügend vertraut sind, müssen ihre Entwürfe vor der entgültigen Fertigstellung mit einem Gießereifachmann besprechen, das ist besonders dann nötig, wenn es sich um den Neuentwurf schwieriger oder wertvoller Gußstücke handelt, oder wenn die Gußstücke in großer Anzahl hergestellt werden sollen.

Allgemeines. Jeder Entwurf ist nicht nur im Hinblick auf den Verwendungszweck zu entwerfen, sondern muß auch auf die Eigenschaften der zu verwendenden Baustoffe und auf die Formgebung der einzelnen Bauteile Rücksicht nehmen. Bei Gußstücken setzt sich diese Formgebung aus der Herstellung der Gußform, aus dem Gießen und dem Putzen zusammen; demnach müssen die Gußstücke stoffgerecht, formgerecht, gießgerecht und putzgerecht entworfen sein.

Allgemein ist zu beachten: Es ist meistens vorteilhafter, große und gleichzeitig schwierige Gußstücke aus mehreren Teilen zusammenzubauen, dadurch verringert sich die Gefahr, daß die Stücke schon beim Gießen Ausschuß werden, oder durch Eigenspannungen beim Gebrauch an Betriebssicherheit verlieren.

Stoffgerechter Entwurf. Jeder gegossene und nicht durch Schmieden, Pressen oder Walzen weiter bearbeitete und verdichtete Werkstoff hat körniges Gefüge und verhält sich demnach gegenüber mechanischen Beanspruchungen ähnlich, wie beispielsweise natürliches Gestein oder Beton und wesentlich anders als faserige Stoffe, z. B. Holz- oder Walzeisen. Der Ingenieur muß also immer darauf Rücksicht nehmen, daß die Kohäsion der kleinsten Teile des Gußstückes, von der die

Festigkeitseigenschaften abhängen, lediglich auf der ursprünglichen Anordnung der Kristalle beruht und nicht durch nachträgliche mechanische Behandlung in bestimmter Richtung verstärkt ist. An die Gußstücke können also nur Beanspruchungen gestellt werden, ähnlich denjenigen, wie man sie etwa an aus Stein gehauene Stücke, nicht aber an aus Formeisen und Blechen zusammengesetzte stellen kann. Gußeisen hat bei hoher Druckfestigkeit eine verhältnismäßig geringe Zugfestigkeit; daher sind bei Gußstücken Entwurfsformen, welche im wesentlichen auf Zug beansprucht werden, nach Möglichkeit zu vermeiden, ebenso wie man z. B. in steinerne Brücken keine Bauglieder hineinlegt, die auf Zug beansprucht werden. Dies gilt z. B. für schwachwandige und weit ausladende Versteifungsrippen; sie sind nicht stoffgerecht, erfüllen daher nicht ihren Verwendungszweck und wirken unschön.

Formgerechter Entwurf. Das Modell muß so hergestellt sein, daß es sich leicht im ganzen oder in einzelnen Teilen aus der Form herausziehen läßt. Zu diesem Zweck sollen die Wände nach Möglichkeit etwas geneigt und die Rippen etwas verjüngt sein.

Man muß sehen, daß man mit einer einfachen Teilung des Modells auskommt; das Arbeiten mit zwei- oder mehrfach geteilten Modellen und Formkästen ist teuer. Seitliche Ansätze und am Modell lose bleibende Teile sind, wenn es geht, zu vermeiden. Außenkanten sind möglichst abzurunden. Verstärkungsleisten, Füße und Warzen sind möglichst so anzuordnen, daß sie fest am Modell befestigt sind und mit diesem ohne Mühe herausgezogen werden können; Unterschneidungen sind möglichst zu vermeiden.

Kerne sind ein notwendiges Übel an Gußstücken; sie sollten daher nach Möglichkeit vermieden werden, besonders da, wo die Durchbrechungen durch mechanische Arbeiten (z. B. Bohren) nach dem Guß leichter hergestellt werden können. Jedenfalls müssen die Kerne ausreichend gelagert sein und guten Abzug für die Kernluft ermöglichen; auch ist darauf zu achten, daß sie gut eingelegt werden können. Die Form der Kerne sollte man so wählen, daß sie leicht, wenn möglich, auch auf Kernformmaschinen hergestellt werden können.

Gießgerechter Entwurf. Alle Wandstärken und alle sonstigen Querschnitte sind so zu bemessen, daß das flüssige Eisen beim Gießen ohne Schwierigkeit in sie einzudringen vermag. Die Gase, die sich beim Gießen im Formmantel und in den Kernen bilden, müssen überall ohne Widerstand und möglichst nach oben entweichen können.

Die beim Gießen unten liegenden Teile eines Gußstückes sind stets am reinsten und dichtesten; deshalb werden viele Stücke umgekehrt gegossen; hierauf ist bei dem Entwurf zu achten. In dieser Hinsicht werden an die Gießereien oft unerfüllbare Anforderungen gestellt. Viele Modelle sind nur durch besondere Kniffe gießbar, die erst nach vielen Mißerfolgen herausgefunden werden.

Der Querschnitt des Gußstückes ist oft infolge Bearbeitungszugaben und ähnlichem (z. B. beim Zahnkranz eines Zahnrades) bedeutend größer als der Entwurf erscheinen läßt. Der Gießer muß vielfach Bearbeitungsflächen zugeben, die der Zeichner nicht vorgesehen hat. Das ist mit Rücksicht auf die gleichmäßige Stoffverteilung zu beachten.

Bei dem Entwurf von Gußstücken ist in ganz besonderem Maße auf die Verkleinerung der Abmessungen Rücksicht zu nehmen, denen sie während der Abkühlung unterworfen sind: Die Gußstücke schrumpfen oder schwinden. Das Schwindmaß ist abhängig von der Form des Stückes und schwankt zwischen 0,5 bis 0,9vH. Die Folge dieser Schwindung ist die Bildung von Schwindhohlräumen (Lunker, Saugstellen), die Entstehung von Gußspannungen oder Schrumpfrissen.

a) Lunker. Schwindhohlräume entstehen dort, wo das Eisen am längsten flüssig bleibt, d. h. in den dicksten Querschnitten des Abgusses. Deswegen müssen Gußstücke möglichst gleiche Wandstärken erhalten und Metallanhäufungen, wie sie z. B. beim Zusammentreffen von Rippen entstehen, vermieden werden; Aussparungen und Durchbrechungen mildern die Wirkung von Stoffanhäufungen. Wo solche in dem Entwurf nicht zu umgehen sind, muß der Former durch Aufsetzen eines verlorenen Kopfes, Trichters und Steigers die Bildung von Lunkern vermeiden. Das Gußstück muß die Anbringung dieser verlorenen Köpfe und auch ihre wirtschaftliche Abtrennung möglich machen. Oft macht sich die Lunkerbildung an den betroffenen Stellen nur durch Porosität und Undichtigkeit, oft auch nur durch eine wesentliche Verminderung der Festigkeits- und Zähigkeitswerte bemerkbar.

b) Gußspannungen und Risse. Falsch entworfene Gußstücke werden oft durch innere Spannungen mehr beansprucht als durch Nutzbeanspruchungen. Solche Spannungen entstehen durch ungleichmäßige Abkühlung, also ungleichmäßige Schwindung der verschiedenen Teile des Gußstückes; sie treten also um so mehr bei Gußstücken auf, je ungleichmäßiger die Querschnitte sind. Zur Vermeidung von inneren Spannungen sind die Stoffverteilung und die Querschnitte so zu bemessen, daß alle Teile möglichst gleichmäßig erstarren. Schroffe Übergänge sind zu vermeiden. Spannungsausgleich kann durch gewölbte Flächen- und Linienbegrenzung erzielt werden.

Die Spannungen können leicht beim Abkühlen oder später durch Bildung von Spannungsrissen ausgelöst werden; diese gehen meist von scharfen Außenkanten aus. Vielfach entstehen auch beim Abkühlen langer Gußstücke durch die Spannungen Verwerfungen; schwierige Gußstücke sind zur Entspannung zu teilen.

In der Form verschieden gekühlte Stellen des Gußstückes verhalten sich im Betrieb verschieden. Dies ist zu beachten, wenn die Gußstücke betriebsmäßig erhitzt werden (z. B. Motorenzylinder). Gußspannungen können dann unter Umständen im Gebrauch der Stücke vermehrt oder vermindert werden.

Putzgerechter Entwurf. In der Putzerei werden die Kerne aus den Hohlräumen des Gußstückes entfernt werden. Es ist also notwendig, daß alle Hohlräume und ihre Teile von den Werkzeugen der Gußputzer leicht erreicht werden.

Insbesondere ist bei der Form der Kerne darauf zu achten, daß notwendige Kernversteifungen (Kerneisen) aus dem Gußstück wieder herausgeholt werden können.

Zur Klärung des Zusammenhanges zwischen Schwindung und Eisenmischung beim Gußeisen hat der Technische Hauptausschuß für Gießereiwesen 1921 beschlossen, Professor Bauer vom staatlichen Materialprüfungsamt in Berlin-Gr.-Lichterfelde die Weiterführung der diesbezüglichen Arbeiten zu übertragen.

In einer Vorbesprechung des zur Förderung dieser Versuche eingesetzten Unterausschusses, dem außer Bauer, Sipp-Mannheim, und Freiherr v. Gienanth-Eisenberg (Pfalz), angehören, wurde nach Festlegung der bis zum Jahre 1914 auf diesem Gebiete geleisteten Arbeiten die Feststellung gemacht, daß in einer sehr großen Zahl von Fällen der Mißstand in der Praxis, daß bei gleicher Analyse des Gusses plötzliche Saugung und Lunkerbildung eintritt, in anderen Fällen wieder nicht, schon durch reine konstruktions- und gießereitechnische Maßnahmen behoben werden könnte. Vorbedingung ist aber, daß Konstruktionsbureau und Gießerei Hand in Hand arbeiten, und daß gießereitechnisch die richtigen Maßnahmen getroffen werden, wie z. B. sachgemäße Durchkonstruktion des Modells, richtige Anwendung eines verlorenen Kopfes, richtige Anordnung der Eingüsse im Steigetrichter, richtige Gießereitemperatur, geeigneter Formsand usw. Mit diesen Fragen soll sich die Arbeit der Kommission nicht beschäftigen; dagegen soll sie die grundlegende Frage zu klären versuchen: Welche Umstände bedingen im Gußeisen erhöhte Lunkerbildung und welche wirken ihr entgegen? Nach den bisher vorliegenden Arbeiten ergibt sich folgendes:

1. Zwischen Schwindung und Lunkerung besteht ein ursächlicher Zusammenhang. Je größer das Gesamtschwindmaß ist, um so größer wird auch die Neigung zur Lunkerbildung sein.

2. Auf das Maß der Schwindung und damit auch der Neigung zur Lunkerbildung haben folgende Faktoren Einfluß:

a) die chemische Zusammensetzung des Gußeisens (Gehalt an Gesamtkohlenstoff, Silizium, Mangan, Phosphor, Schwefel),

b) das Verhältnis zwischen Graphit und gebundener Kohle bei sonst gleichem Gesamtkohlenstoffgehalt,

c) die Gießtemperatur und die Abkühlungsgeschwindigkeit, da die Graphitmenge sowie die Art der Graphitausscheidung (grobe Graphitblätter, feine Graphitblätter) nächst der chemischen Zusammensetzung in hohem Maße von der Geschwindigkeit des Durchganges durch das Erstarrungsintervall abhängt. Im allgemeinen gilt, daß mit steigendem Graphitgehalt das Gesamtschwindmaß abnimmt. Alle Umstände, die die Graphitausscheidung im Gußeisen begünstigen (hoher Siliziumgehalt, langsame Abkühlung, auch reichlicher Phosphorgehalt), müßten demnach die Lunkerbildung verringern. Damit stehen aber vielfach die parktischen Erfahrungen im Widerspruch.

d) Das Temperaturgefälle zwischen Außen- und Innentemperatur des Gußstückes bei der Erstarrung ist von einschneidender Bedeutung für die Lunkerbildung. Ist das Temperaturgefälle groß, so wird auch der Lunker größer sein als bei kleinem Temperaturgefälle. In gewissen Fällen wird sich durch geeignete Konstruktion des Gußstückes und durch besondere Maßnahmen, wie z. B. nach Sipp durch Kühlung des Kernes, das Temperaturgefälle vermindern lassen. In vielen Fällen wird aber eine wesentliche Beeinflussung des unvermeidlichen Temperaturunterschiedes zwischen Außen- und Innentemperatur nicht möglich sein. Verwendung von Gußeisen, das möglichst geringe Neigung zur Schwindung und Lunkerbildung zeigt, ist daher erforderlich.

Der Ausschuß will daher durch eine Reihe von systematisch durchgeführten Versuchen die nächste grundlegende Frage klären: Welche Stoffe erhöhen und welche verringern das Schwindmaß und damit auch die Neigung zur Lunkerbildung beim Gußeisen, und zwar bei »kaltem« und »heißem« Guß? Ein ausführlicher Arbeitsplan ist bereits aufgestellt.

Es ist eine bekannte Tatsache, daß in sehr vielen Fällen der Fehlguß auf mangelnde Kenntnis der Schwindungs- und Abkühlungsverhältnisse des Gußeisens zurückzuführen ist, so daß also die vorgenannten Arbeiten von großer Bedeutung für die weitere Entwicklung der Gießereitechnik sein müssen.[1])

In den nachfolgenden Ausführungen sei nun noch auf eine Reihe weiterer Fehler in der Herstellung der Gußstücke hingewiesen.

Bei großen Riemscheiben und Schwungrädern kommt es häufig vor, daß infolge der unverhältnismäßig starken Naben und schweren Radkränze, bei leichten Armen Hohlstellen in den Übergangsstellen entstehen. Ist eine Änderung des Entwurfes nicht möglich, so müssen durch Anordnung starker Steiger auf der Nabe und Nachgießen von frischem Eisen die Hohlräume beseitigt werden.

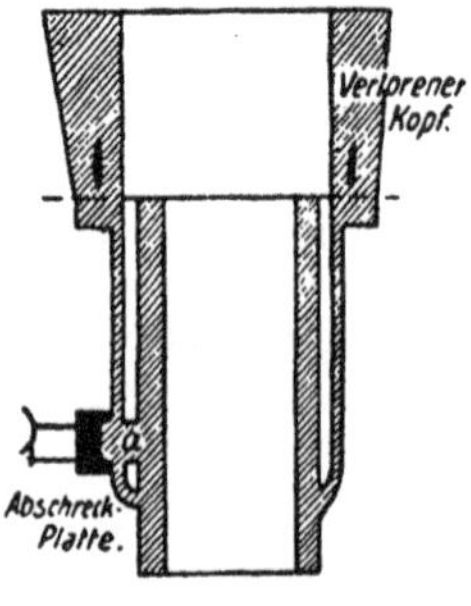

Abb. 57. Der verlorene Kopf und die Abschreckplatte.

Die Ursache dieser Hohlstellenbildung ist ein zu frühes Abkühlen der Arme im Gegensatz zu der Nabe. Die Abkühlung erfolgt von außen nach innen; die Arme und die Wände der Nabe sind schon im Erstarren begriffen; während das Innere der Nabe noch flüssig ist, die Abkühlung schreitet nach außen zu weiter fort, indem das flüssige Metall sich an das bereits erstarrte ankristallisiert, und so in der Mitte einen Hohlraum zurückläßt.

Ein anderes Mittel zur Verhütung dieser Hohlräume ist **der verlorene Kopf** (s. Abb. 57), der allerdings nur beschränkte Anwendung finden kann. Der verlorene Kopf ist eine

[1]) Es sei noch auf den Vortrag von Wüst: »Einfluß einiger Fremdkörper auf die Schwindung des Eisens«, Stahl und Eisen 1923, Heft 22, verwiesen.

Verlängerung des Abgusses möglichst im ganzen Maß des Querschnittes, an der nach oben geformten Seite. Bei einem dickwandigen Flanschenrohr, das hohen Druck auszuhalten hat, würde die nach oben gegossene Flansche anstatt der etwa vorgeschriebenen Stärke von 40 mm, 300 bis 400 mm stark zu machen sein. In diesem Teil der Form sammelt sich die Unreinigkeit, die während des Gießens im Eisen noch entstanden ist, an. Die Flansche muß unbedingt an der Stelle, wo sie in die Formwand übergeht, dicht werden, da zum Nachsaugen reichlich flüssiges Metall im verlorenen Kopf enthalten ist. Da die meisten der Gußstücke, bei denen diese Hilfsmaßregel anwendbar ist, ohnedies zum Bearbeiten auf die Drehbank gespannt werden, ist das Abstechen des verlorenen Kopfes mit geringen Kosten verbunden.

Während durch die genannten Mittel den betreffenden Gußstücken in der Abkühlung flüssiges Eisen zur Verhütung der Saugstellen zugeführt wurde, bezweckt **die Abschreckplatte** den Ausgleich der Abkühlungsverhältnisse (s. auch Hartguß), indem sie eine rasche und gleichmäßige Erstarrung bewirkt. Abb. 57. Abschreckplatten werden aus Gußeisen hergestellt und entsprechen in ihrer Gestaltung der Stelle der Form, an der man eine schnellere Abkühlung hervorrufen will. Die Abbildung zeigt einen Zylinder mit Kühlmantel. Die Wasserkühlungsrinne ist an der Stelle *a* durch einen runden Nocken durchbrochen und zeigt, wo dieser in den Außenmantel übergeht, poröse Stellen, da der Mantel bereits erstarrt ist, wenn das Innere des Nockens sich noch in flüssigem Zustand befindet.

Die in die Form eingelassene, gußeiserne Abschreckplatte, die mit eingegossenen Haken versehen ist, um ihr im Formsand Halt zu verleihen, ruft eine frühere Erstarrung des Nockens hervor und beseitigt die Porenbildung.

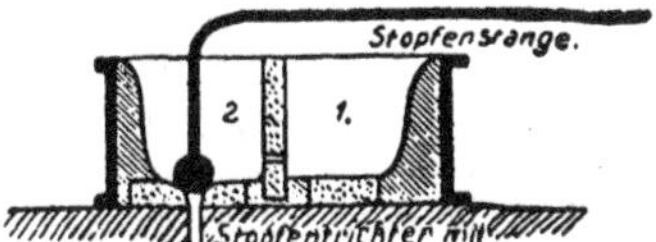

Abb. 58. Einguß mit Schlackenwand.

Porenbildung in Gußstücken kann auch die Folge mitgeflossener Schlackenteile sein. Auf das sorgfältige Abkrammen mittels des Krammstockes ist besonders zu achten. Außerdem sollen Einläufe und Trichter ebenso sauber sein, wie die Form selbst; eine getrocknete Form soll auch getrocknete Eingüsse haben. Um die Schlacke im Einguß zurückzuhalten, empfiehlt sich die Anwendung des Stopfentrichters, der in einem größeren Formkasten eingebaut, durch eine mit flachem Schlitz versehene Lehmwand in zwei Teile getrennt wird (s. Abb. 58). Der Boden der Hälfte 1 ist mit einem Lehmdeckel gegen das Aufspülen geschützt. Die Stopfenstange trägt an ihrem untern Ende eine angegossene Kugel, und ist an allen Stellen, an denen sie mit dem flüssigen

Eisen in Berührung kommt, mit einer dicken feuerfesten Schwärzeschicht bekleidet. Die Kugel ist durch Aufreiben im Lehmdeckel genau schließend gemacht.[1])

Allzufestes Stampfen, besonders bei grünen Formen, die nur wenig mit dem Luftspieß bearbeitet wurden, kann auch die Ursache porösen Gusses sein.

Das aus dem Formstoff sich in reicher Menge entwickelnde Gas, ferner die durch die Gießhitze entstandenen Wasserdämpfe müssen möglichst schnell aus der Form entweichen können. Ist die Sandmasse durch festes Stampfen zu fest, so wählt sich das Gas den leichteren Weg und steigt blasenbildend in dem flüssigen Eisen empor. »Die Form kocht«, sagt der Gießer.

Das Kochen der Form hat auch häufig seine Ursache in schlecht entlüfteten oder getrockneten Kernen (s. Kernmacherei).

Wird der Formsand zu naß verwendet, oder wird die zu trocknende Form nicht hinreichend ausgetrocknet, so ist die Dampfbildung zu groß, um ruhig durch den Sand entweichen zu können; blasige Stellen im Guß sind die Folge.

Schlecht verzinnte oder rostig gewordene Kernstützen rufen undichte Stellen hervor. Ist der Grund nur in mangelhaftem Festgießen der Stütze zu suchen, so kann der Schaden oft durch einfaches Verstemmen beseitigt werden. Bei höherer Inanspruchnahme dichtet einfaches Verstemmen nicht mehr ab; die Stütze muß ausgebohrt, das Bohrloch mit Gasgewinde versehen und mit einem Bolzen verschraubt werden. Stark bleihaltige Verzinnung kann, außer schlechtem Festgießen, mürbe Stellen in der Nähe der Kernstützen hervorrufen, da das Blei bei der Berührung mit dem flüssigen Eisen verdampft. Beim Einkaufen von Kernstützen soll der Zinngehalt entscheiden, bleihaltige Verzinnung zurückweisen. Kernstützen sollen nur mit reinem Zinn verzinnt sein. Weiteres hierüber im Abschnitt Seite 281.

Das Reißen oder Zerspringen der Gußstücke während der Abkühlung ist eine häufig auftretende Erscheinung. Am meisten ist das Zerspringen bei Riemenscheiben und Fensterguß zu beobachten. Zerspringen ist die Folge einer durch ungleichmäßige Abkühlung entstandenen Spannung. Z. B. bei Fenster mit starkem Rahmen und dünnen Sprossen erstarren diese zuerst, saugen aus dem noch flüssigen Rahmen Metall nach, so daß sie beim völligen Erstarren noch fast die Länge der Form besitzen, ohne merklich geschwunden zu sein. Kühlt nun der Rahmen ab, so findet er an den dazwischenliegenden Sprossen Widerstand; er drückt diesen zusammen, so daß sie sich nach außen durchbiegen, wobei es nicht selten zum Bruch der Stäbe kommt. Sind die Sprossen zu stark um sich durchzubiegen, so reißt selbst der stärkere Rahmen durch. Dasselbe tritt ein bei Riemenscheiben mit dünnem Kranz und starken Armen. Hier reißen die Arme vom Kranz, da dieser schon erkaltet ist und dem Zusammenziehen der Arme nicht mehr

[1]) Es sei noch auf die beiden Werbeblätter — »Eingüsse« — des deutschen Ausschusses, im Abschnitt Lehrlingsausbildung, Seite 460—463 hingewiesen.

folgen kann. Es ist das Abkühlen bei den Armen zu beschleunigen, durch Offenlegen der Form und Ausstoßen des Sandes zwischen den Armen, nach dem Gießen den Bohrungskern ausstoßen, um die Abkühlung zu beschleunigen.

Führen derartige Spannungen auch nicht gleich zum Bruch, so vermögen sie doch, die Brauchbarkeit des Stückes oft in Frage zu stellen, da später einwirkende Erschütterungen, Stoß, Schlag usw., nachträglich das Zerspringen hervorrufen können. Große Schwungräder sind deshalb geteilt, in zwei Hälften zu gießen, bei kleinen wird die Verwendung des Sprengbleches vorgezogen.

Der auf dieser Seite gezeichnete Kessel erfordert aus irgendeinem Grunde einen starken Flansch, im Gegensatz zu den dünnen Wandungen. Da der Flansch beim Abkühlen durch den bereits erstarrten Kessel im Schwinden gehindert wird, reißt die Verbindungsstelle des Flansches mit der Kesselwand ein. Die bei *a a* eingesetzten Sprengbleche, Abb. 59, die sofort nach dem Gießen gezogen werden, verhüten das Ausschußwerden des Gußstückes. Sie hinterlassen einen ca. 8 mm starken Schlitz in der Flansche, der Raum zum Schwinden bietet. Die beiden Schlitze werden später durch eingefügte Flacheisen dicht verschlossen. Starke Sprengbleche gießt man sich in der nötigen Form und überzieht sie mit einer dick geschwärzten Lehmschicht. Für dünne Sprengbleche eignet sich durchlochtes Blech sehr gut, auf dem die feuerfeste Masse besser haftet.

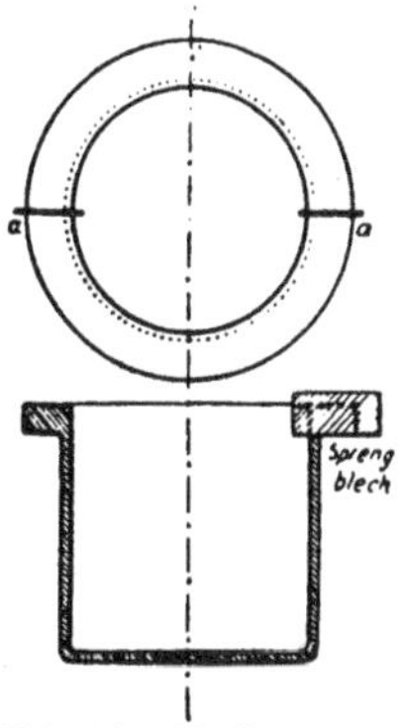

Abb. 59. Einlegen des Sprengbleches.

Das Verziehen und Krummwerden der Gußstücke ist ebenfalls eine Folge behinderter oder unregelmäßiger Schwindung. Bei langen Drehbankbetten ruft die ungleiche Schwindung oft ein so starkes Krummziehen hervor, daß die Zugabe für Bearbeitung auf den Gleitprismen nicht mehr ausreicht.

Um dem Verziehen langer Stücke von vornherein vorzubeugen, wendet der Former das Durchformen an. Er zieht die Herdfläche, auf der er das betreffende Stück formen will, nicht genau gerade ab, sondern wölbt sie um das der später wahrscheinlich auftretenden Durchbiegung entsprechende Maß.

In vielen Fällen ist auch der Kern eine Ursache zu Ausbiegungen oder Rissen. Ist das Material des Kernes zu hart und findet das ihn einschließende Metall beim Schwinden Widerstand, so tritt Verziehen, wenn nicht gar Reißen ein. Aus diesem Grunde schon sind große Kerne hohl zu gestalten und mit leichter zusammendrückbarem Stoffen, Koks, zu füllen; keinesfalls dürfen aber die Kerneisen bis nahe an die Oberfläche des Kernes reichen, sondern müssen, soweit es die Haltbarkeit erlaubt (30 bis 40 mm), zurückstehen. Aus ähnlichem Grunde kann ein Gußstück zerreißen, dem die Kasteneinlagen beim Schwinden ein Hindernis boten; auch diese sollen je nach der Größe und Art des Stückes 30 bis 40 mm Spielraum für den Formsand lassen.

Selbst einfache große Herdgußplatten verziehen sich infolge ungleicher Abkühlung. Man bedecke sie deshalb nach dem Gießen mit einer dichten Schicht trockenen Sandes, wobei die Mitte des Stückes freibleibt, weil sich hier die Abkühlung am längsten verzögert.

Ein Treiben der Gußstücke tritt ein, wenn die Formwandungen durch nicht genügend festes Stampfen, oder durch mangelhafte Trocknung dem Druck des flüssigen Eisens nicht gewachsen sind. Den Druck gegen die Seitenwände muß der Formkasten aufnehmen; liegt die Form zum Teil im Boden und ist von beträchtlicher Ausdehnung, so stellt man die vorher ausgeworfene Grube mit starken, gußeisernen Platten aus, stampft in weiterer Entfernung von der Form Eisenbarren mit auf und versieht während des Aufstampfens die einzelnen Sandschichten mit Eisenstücken, alten Rosten, Kerneisen usw., die vorher mit Lehm- oder Tonwasser anzufeuchten sind.

Ein bedeutender Druck macht sich auch gegen die Abdeckung der Form geltend, die deshalb durch aufgelegte Gewichte oder durch Verschraubungen zu sichern ist.

Je höher der Einguß über der Form liegt, um so größer ist der Druck, den das flüssige Eisen auf den Oberkasten ausübt.

Aus Höhe des Eisengusses und Oberfläche der Form kann man den Auftrieb des Eisens annähernd berechnen und die Masse des entgegenwirkenden Beschwergewichtes feststellen.

Hier gilt die Formel: Trichterhöhe × Oberfläche des Gußstückes (in qcm) × 0,00725 = Auftrieb.

Beispiel: Drehbankplanscheibe vom Durchmesser 200 cm, Trichterhöhe 30 cm:

$$30 \times 31\,416 \times 0{,}00\,725 = \text{ca. } 6900 \text{ kg.}$$

Diese Berechnung ist aber nur bei Platten und Gußstücken mit glatter Oberfläche anzuwenden, bei Formen, in denen viele Kerne gegen den Oberkasten abgestützt sind, wird bei verhältnismäßig kleiner Oberfläche der Druck stärker, da der Auftrieb auf die Oberfläche des ganzen Kernes wirkt.

Die Bestimmung des Belastungsgewichtes wird daher in der Praxis stets Erfahrungssache bleiben, ein bedeutendes Zuviel ist auf jeden Fall besser als eine Spur zu wenig.

Belastungsgewichte gießt man in langen Prismen von quadratischem oder rechteckigem Querschnitt bei Verwendung des Abfall-Eisens.

In schwere Krangewichte werden Griffe eingegossen, Rundeisenbügel, die in einer Aussparung im Gewicht selbst liegen, um beim Aufeinandersetzen der Gewichte nicht störend zu wirken. Runde Gewichtssteine sind unpraktisch.

Bei Herstellung einer großen Form wird meistens eine starke gußeiserne Platte auf den Boden der Formgrube gelegt, oder auch ein ausgestampfter Formkasten, an diesem werden nach oben starke, rundeiserne Stangen, die Gewinde und Mutter tragen, befestigt. So ist das Beschweren ganz zu vermeiden, indem nach Fertigstellen der Form, durch übergelegte Träger, Laschen und Schrauben, die in dem Formgrund ruhende Eisenplatte mit dem Oberkasten fest verbunden wird.

Die Führungsstifte der Doppelkasten sind mit Schlitzen für passende Schließkeile (Splinte) zu versehen, größere Doppelkasten werden nach Entfernung der Führungsbolzen verschraubt.

Häufig vorkommende Fehler sind die **Schülpen.**

Ihre Entstehung ist oft ein Verschulden des Formers, fehlerhaftes Stampfen. Der größte Teil der Schülpen hat aber mangelnde Trocknung als Ursache. Ist bei einer getrockneten Form die Feuchtigkeit nicht bis tief in die Formwand hinein verdunstet, was bei zu schnellem, oberflächlichen Trocknen der Fall ist, so bläht sich die obere Schicht der Formwandungen infolge der dahinter entstehenden Dampfspannungen beim Gießen auf und drückt sich in das noch flüssige Metall. Diese Stelle zeigt am fertigen Gußstück eine Einbeulung.

Geschah das Aufblähen so heftig, daß die Sandschicht platzte, so dringt das Metall in die Formwand ein, auf dem Gußstück eine rauhe Erhöhung bildend, die Sandteilchen eingeschlossen hält. Auch starke Gasentwicklung bei schlecht entlüfteten Formen oder Kernen können dieselben Erscheinungen zeitigen.

Schülpen entstehen ferner durch unachtsames Polieren der Formschwärze, die sich bei oftmaliger Berührung mit dem Poliereisen leicht abzieht. Jede polierte Form ist deshalb mit Wasser nachzuziehen, bei stark angetrockneter Schwärze und beim Polieren von Lehmstücken sind die Werkzeuge mit Wasser anzufeuchten. Auch die Art der Zusammensetzung der Schwärze kann fallweise Schuld am Ausschuß sein. Deshalb ist darauf zu achten, daß die Schwärzemischung für den jeweils vorliegenden Fall auch die richtige Zusammensetzung besitzt und besonders, daß sie stets genügend gasdurchlässig ist.[1])

Ähnliche Schülpen entstehen durch Aufflicken von Sand auf glatte Flächen. Beim Flicken ist die betreffende Stelle stets vorher aufzurauhen; der Former tut überhaupt am besten, nur mit dem Finger anzuflicken und die Werkzeuge lediglich zum Glätten zu gebrauchen.

Das sogenannte Flicken mit dem Wasserpinsel ist eine von vielen Formern gebrauchte durchaus falsche Arbeitsweise, die stets unschöne, wenn nicht mit Schülpen behaftete Gußstücke fördert. Der Sand soll sowohl beim Stampfen wie beim Flicken nicht mehr Wasser enthalten als zu seiner Bindefähigkeit notwendig ist.

Schülpen im Oberkasten sind oft die Folge unrichtigen Gießens. Zeigt sich bei einer Form mit großem, flachem Oberkasten in einem der Steigetrichter das emporstrebende Eisen, so ist das Gießen nicht zu hastig abzustellen. Das flüssige Metall ist in einer weiten Form in wellenartiger Bewegung, und trifft eine solche Welle den Oberkasten, um sich alsbald wieder davon zurückzuziehen, so kann durch diese Art Saugwirkung eine Sandschicht abgelöst werden. Oberkästen, die eine große Eisenfläche bedecken, wie bei Richtplatten, Betten, Hobelbanktischen usw. sind daher mit Plattkopfformstiften reichlich zu versehen. Beim Gießen

---

[1]) Das Schwärzen selbst muß viel sorgfältiger erfolgen, als wie es in der Regel geschieht, meist läßt das Gußstück die verschmierte Form erkennen.

sind die Steiger mit Lehmstopfen verschlossen zu halten, wodurch eine schwankende Bewegung des Eisens in der Form verhindert wird, die Ränder der Steigetrichter werden außerdem nicht durch lange Stichflammen verbrannt, was häufig ein Abfallen des Sandes hervorruft.

Beim Ausstampfen der Form soll die Stampferschärfe immer 3 bis 4 cm vom Modell entfernt bleiben. Dies ist besonders für grüne Formen wichtig. Wird das Modell vom Stampfer getroffen, so wird der zusammengesetzte Sand zu fest, zudem klebt er an der betreffenden Stelle, am Modell an, und wird beim Ausheben des Modells losgezogen, ohne aber mit emporgehoben zu werden. Hier fehlt also dem Sand die Verbindung mit der darübergestampften Schicht und bietet so Anlaß zu Schülpen.

Sandhaken und sonstige zum Versteifen der Form nötige Eisen, auch Schoren, sind mit Tonwasser zu bestreichen, etwa anhängender verbrannter Sand ist vorher mit der Drahtbürste zu entfernen, damit der aufgegebene frische Sand daran haftet. Ebenso ist darauf zu achten, daß beim Herstellen der Form keine Eisensplitter oder alte Formstifte in unmittelbarer Nähe des Modells eingestampft werden. Beide können Anlaß zu Schülpen geben, besonders tun dies Formstifte durch federnde Lage.

Kaltschweißen sind eine Folge matten Eisens. Je dünnwandiger der Guß, um so heißer flüssiges Eisen ist zu verwenden. Kühlt sich das Metall in der Form sehr ab, so daß höher gelegene Stellen nur noch von mattem Eisen getroffen werden, so ordnet man verschiedene Eingüsse an und läßt diese nacheinander angießen.

Große Lehm- oder Masseformen werden vor dem Gießen noch einmal mittels eines Windofens warm geblasen, um das Eisen nicht abzuschrecken. Nach völligem Trocknen läßt man die Form noch einige Minuten offen, ehe man den Oberkasten zulegt, und prüft mit einem Leuchtdraht, ob noch brennbare Gase unter Kernen oder in Formrissen vorhanden sind.

Einseitige Wandungen sind Fehler, die besonders bei Hohlgußstücken, Rohrformstücken usw. oft vorkommen. Fast immer ist ihre Ursache in der Unterschätzung des Auftriebes zu suchen, wodurch der Kern an die Oberfläche des flüssigen Eisens strebt. Eine Stangenstütze soll nie allein auf losem Lehm- oder Sandkern stehen, sondern auf einer im Kern eingelassenen, genügend großen ßen Eisenplatte. Besondere Vorsicht ist bei liegend gegossenen Säulen und Röhren notwendig, es genügt bei großer Länge des Drehkernes nicht, die Enden der Spindel abzustützen. Der Auftrieb ist oft stark genug, um die Spindel durchzubiegen, eine starke Kernstütze auf der Mitte des Kernes ist unerläßlich. Mangelhaft belastete Formkasten können natürlich auch die Ursache einseitiger Wandstärke sein.

Ebenso wie ungleiche Wandstärke ist auch **übersetzter Guß** die Folge nachlässiger Arbeit. Vor dem Aufstampfen des Oberkastens überzeuge sich der Former, daß die Führungsstifte genau schließen und ein Verrücken der Kasten nicht erfolgen kann. Als Führungspfähle auf dem Boden der Formerei sollen nur bei kleinen Kästen Holzpfähle gebraucht werden; bei größeren Kästen sind starke eiserne Stangen zu verwenden, die außerdem noch mit Holzkeilen im Boden festgerammt werden. Äußerst praktisch sind zugespitzte T- und ┌-Eisen, die zu diesem Zwecke als ständiges Werkzeug in der Gießerei gebraucht werden (s. Abb. 60).

Es würde zu weit führen, das ganze Gebiet der Möglichkeiten zum Ausschußgießen hier zu erörtern; nicht nur die Gießereihandbücher, auch die Fachschriften bieten reichlich Gelegenheit, diese Frage zu verfolgen und besonders der Fragekasten in einigen Fachblättern bringt häufig Anregungen zur Beseitigung des recht lästigen Übels.

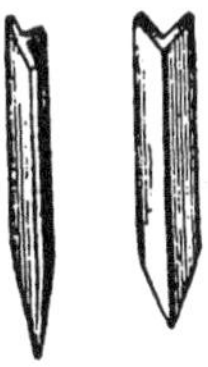

Abb. 60. Formkasten-Pfähle.

Es sei noch auf eine Neuerung hingewiesen, mittels sog. **Kühlspiralen** auf die Beseitigung der Lunkerbildung bei Gußstücken einzuwirken. Diese Kühlspiralen haben sich sowohl bei Gußeisen als wie auch bei Stahlguß bewährt, Einzelheiten der Anwendung gibt die Druckschrift der Firma Klotz Hamburg.

Ein weiteres, in bezug auf die Entstehung von Ausschuß recht bemerkenswertes Gebiet, liegt in den **Seigerungserscheinungen** der Eisenmischungen. Unter Seigern (von sickern abgeleitet) ist das Zerfallen einer Metallmischung zu verstehen. Bei einem Gemisch von Metallen mit verschiedenen Schmelzpunkten wird bei der Verflüssigung immer der leichtest schmelzende Körper sich ausseigern. Diese Erscheinung kann bei Roheisenmasseln und auch bei Gußstücken, die von außen nach innen oder von unten nach oben verschiedene Zusammensetzung zeigen, beobachtet werden. Näheres hierüber in den Handbüchern von Ledebur, Osann, Geiger, sowie in den Fachzeitschriften.

Folgeerscheinungen dieser Ausseigerungen sind die Spritzkugeln und der umgekehrte Hartguß, harte Stellen in den Gußstücken, über die namhafte Fachleute in letzter Zeit in den Fachzeitschriften recht ausgiebig berichtet haben.

Auch Gase, die beim Gießen nicht aus der Form entweichen und solche, die im flüssigen Eisen enthalten sind, geben Hohlräume im Guß und damit Ausschuß. Diesem Nachteil kann durch sorgfältige Führung des Schmelzbetriebes mit bestem Erfolge begegnet werden, es sei nochmals auf die Versuche mit dem Reinigungsverfahren für Gußeisen hingewiesen.

---

n) Die Schweißverfahren für Gußstücke.

Wenn im Gießereibetrieb ein größeres Gußstück durch irgendeinen Fehler minderwertig oder Ausschuß geworden ist, wird immer noch zu prüfen sein, ob nicht durch ein erlaubtes Ausbesserungsverfahren das Stück gerettet werden kann.

Handelt es sich um einfache kleine Schönheitsfehler, so wird der Ausbesserung nicht viel im Wege stehen, aber bei großen wichtigeren Stücken wird manches Mal auch ein etwas umständlicheres Verfahren gestattet sein, um einen Verlust zu vermeiden. Das am meisten angewandte Verfahren ist das Aufgießen oder Aufschweißen mit flüssigem Eisen. Hierbei wird die schadhafte Stelle solange mit flüssigem Eisen bearbeitet, bis die Stelle selbst flüssig wird und sich mit dem aufgegossenen Eisen verbindet. Die Hauptursache des Mißlingens ist die ungleichmäßige Erhitzung, die Spannungen und Zerspringen zur Folge hat. Man begegnet der einseitigen Erhitzung durch vorheriges Anwärmen des Gußstückes im Trockenkammerraum, oder durch Holzkohle- und Koksfeuer. Dabei ist darauf zu achten, daß das betreffende Gußstück nicht nur an der zu schweißenden Stelle erhitzt wird, sondern auch da, wo dessen Ausdehnung bei der nachfolgenden Temperaturerhöhung durch das flüssige Eisen am meisten behindert ist; die Erhitzung kann, wenn möglich, bis zur Rotglut gehen.

Das Schweißen mit Thermit bietet in der Gießerei keinen Vorteil, besonders nicht, da die Erhitzung äußerst plötzlich auf hohe Temperatur erfolgt und die Gefahr des Zerspringens des Stückes um so näher liegt. Das Thermitschweißen kann von Vorteil sein, wenn es sich um Ausbesserung eingebauter oder nicht in die Nähe der Gießerei zu bringende Maschinenstücke handelt, ein vorheriges Anwärmen ist mit starken Lötlampen und Holzkohlenfeuern, unbedingt zu empfehlen. Für diese Arbeiten eignet sich noch besser das Gasgebläse, das entweder mit Sauerstoff und Wasserstoff, Azetylen und Sauerstoff, Leuchtgas und Sauerstoff oder andern Gasgemengen eine Stichflamme erzeugt, in der das Eisen leicht in Schmelzfluß gerät. Dieselben Apparate lassen sich auch zum Vorwärmen benutzen, wenn man sie aus weiterer Entfernung wirken läßt. Als Anwärmeapparat ist außerdem auch die Ölfackel zu nennen, die neuerdings zum Anzünden von Schachtöfen und von Trockenkammern an Stelle von Holz vorteilhaft anwendet. [1])

Selbst **Weichlötungen** lassen sich an Gußstücken vornehmen, manches Gußstück, das keinem hohen Druck ausgesetzt ist, kann durch Löten mit Weichlot noch dem Gebrauch erhalten werden. (Wasserbehälter, Brunnentröge, Skrubber usw.). Man glättet die Ränder des Sprunges mit Meißel und Feile und verbreitet diesen in eine keilförmige Furche, die man im Riß durch eine schmale Rinne vertieft. Diese Rinne wird mit blankem Blechstreifen ausgestemmt, über dem die eingekreuzte Furche zugelötet wird. Als Flußmittel dient gewöhnliche Salzsäure, in der Zink aufgelöst war, sog. Lötwasser (Chlorzinklösung).

Nach einem Vortrage von Schimpke-Chemnitz, haben sich die neueren Schweißverfahren in verhältnismäßig kurzer Zeit weite, ihnen bisher verschlossene Gebiete erobert. Während aber einige dieser Verfahren nur für bestimmte, begrenzte Gebiete in Frage kommen — z. B. die Thermitschweißung vor allem für Ausbesserungen

---

[1]) Bemerkenswerte Beispiele über Thermitschweißung gibt die Druckschrift der Elektro-Thermit-Ges. Berlin SW 11.

und Schienenschweißung, die Wassergasschweißung für das Schweißen dickwandiger Blechkörper —, findet das autogene und elektrische Schweißen immer ausgedehntere Anwendung nicht nur auf alle möglichen Reparaturschweißungen, sondern auch auf Stumpfschweißungen und die Herstellung der schwierigsten Blech- und Hohlkörper und auf die Schweißung schwer schweißbarer Metalle und Legierungen, wie z. B. Kupfer Aluminium, Messing, Bronze usw. Kaum auf einem anderen Gebiet der Metallverarbeitung konnte man aber bisher so große Unterschiede in der Güte der einzelnen Arbeiten feststellen als bei den am meisten verwendeten neueren Schweißverfahren. Erklären läßt sich dieser Umstand in der Hauptsache durch die sehr unterschiedlichen Leistungen der einzelnen Schweißer und durch die nicht genügende Kenntnis der Verfahren auf seiten der Ingenieure und Meister. Es ist daher notwendig, daß in den Betrieben nur solche Schweißer mit wichtigeren Schweißarbeiten betraut werden, die in den neueren Schweißverfahren, vor allem im autogenen und elektrischen Schweißen, gründlich ausgebildet worden sind, und daß ferner auch die Betriebsingenieure und Meister und schließlich auch die Konstrukteure sich mit den neueren Schweißverfahren und ihrer richtigen Anwendung gründlich vertraut machen.

In der richtigen Erkenntnis der außerordentlichen Bedeutung, die die möglichst weitgehende Verbreitung der grundlegenden Kenntnisse über die neueren Schweißverfahren in allen in Betracht kommenden technischen Kreisen für gute Schweißungen sowohl als auch für Verbesserung und Weiterausbildung dieser Verfahren hat, sind bereits vor dem Weltkrieg an verschiedenen Stellen Vortragskurse und auch praktische Übungen, vor allem im autogenen Schweißen, eingerichtet worden. So hat sich z. B. Kautny durch Abhaltung von Kursen an der Kölner Maschinenbauschule nach dieser Richtung hin betätigt, und auch in Hamburg fanden schon seit 1910 an den dortigen Technischen Staatslehranstalten Kurse für autogene Metallbearbeitung statt. Nach dem Krieg hat sich — es soll hier selbstverständlich nur von deutschen Arbeiten auf diesem Gebiet die Rede sein — insbesondere der Verband für autogene Metallbearbeitung solcher Kurse, wie auch der Weitervervollkommnung der neueren Schweißverfahren, angenommen. Die Ortsgruppe Groß-Hamburg des Verbandes veranlaßte die Weiterausgestaltung der jetzt im Rahmen des Technischen Vorlesungswesens zu Hamburg stattfindenden »Kurse für Schmelzschweißung«, in denen in getrennten Kursen das autogene und das elektrische Schweißen behandelt werden. Im November und Dezember 1922 hat sodann die neugegründete Ortsgruppe Chemnitz desselben Verbandes in den Räumen der Staatlichen Gewerbeakademie den ersten Kursus für autogene Metallbearbeitung zu Ende geführt, dem sich, wie in Hamburg, in regelmäßigen Zeitabständen weitere Kurse und im Laufe des Sommers 1923 auch Kurse über elektrisches Schweißen anschließen werden. In Oberschlesien sind in Gleiwitz und Beuthen seit 1921 ähnliche Kurse im Gange. Ferner hat z. B. die Reichsbahnverwaltung neuerdings auf der Hauptwerkstatt Magdeburg-Buckau eine Schweißschule für Kupferschweißung eingerichtet — in Erkenntnis der großen Vorteile der Ausbesserung kupferner

Lokomotivfeuerbüchsen mit Hilfe des autogenen Schweißens — und hat weiter Ausbildungskurse für Schweißer bei mehreren anderen Werkstätten in Aussicht genommen.

Das Interesse der Industrie und der Fachkreise für diese Schweißkurse ist, wie z. B. die Kurse in Hamburg und Chemnitz beweisen, ein außerordentlich großes. Teils werden Ingenieure, Meister und Schweißer auf Kosten der Werke von diesen zu den Kursen geschickt, teils kommen sie in großer Anzahl und bestreiten selbst die Teilnehmergebühren. In Chemnitz z. B. sind schon alle 1923 noch stattfindenden Kurse voll besetzt, und in Hamburg ist der Andrang mindestens ebenso groß. Vorläufig nehmen wohl noch an den meisten Stellen Ingenieure, Meister und Schweißer gemeinsam an ein und demselben Kursus teil. An verschiedenen Orten, z. B. in Chemnitz, ist aber für später eine Trennung in Ingenieure und Meister einerseits und Schweißer anderseits geplant, um den doch verschieden gerichteten Bedürfnissen dieser Gruppen besser gerecht werden zu können. Bei Ingenieuren wird man wohl mehr den theoretischen und wirtschaftlichen Teil, bei Schweißern mehr die praktischen Übungen in den Vordergrund zu stellen haben, ohne etwa deshalb das eine oder andere zu vernachlässigen.

Auch der Technische Hauptausschuß für das Gießereiwesen beschäftigt sich sehr eifrig mit der Frage der Verbesserung und Anwendung der Schweißverfahren für Gußeisen und Stahlguß. Werner wie Wedemeyer haben in ihren Berichten auf die Wichtigkeit des Ausbaues der bisher bekannten Verfahren hingewiesen und sei auf die Vorträge von Neese, Gutehoffnungshütte, über Schweißen von Grauguß und Treuheit, über Schweißen von Stahlguß, die 1922 veröffentlicht wurden, aufmerksam gemacht.

Recht bemerkenswert ist auch ein Bericht von Bardtke-Wittenberge, über elektrisches Schweißen von Dampfzylindern usw. Zylinder, die stark beschädigt waren, konnten durch elektrische Lichtbogenschweißung wieder völlig brauchbar gemacht werden.

Daß das Schweißen von Stahlguß besondere Bedeutung gewonnen hat, geht aus allen Berichten hervor, Treuheit betont, daß von allen Schweißverfahren das elektrische und das Azetylensauerstoffverfahren den Anforderungen der Technik am meisten genügen.

Viele Gußstücke, die nur Schönheitsfehler aufweisen, lassen sich durch geeignete Spachtelmassen oder Kitte ausbessern, u. a. mit Gußkitt von Kripke, Berlin-Neukölln.

Rezepte für Eisenkitte: 90 Teile Eisenfeile, 5 Teile Schwefelblume, 5 Teile Salmiak mit Essig angerührt und in dünnem Brei eingestrichen (rostet äußerst fest und läßt sich feilen).

Bleiglätte und Mennige in gleichen Teilen mit Leinöl oder Glyzerin zum Brei angerührt, eignet sich vorzüglich zum Ausstreichen von Rissen; diese werden vollkommen wasserdicht.

40 Teile Asphalt, 30 Teile Eisenpulver, 10 Teile Schwefelblumen, 10 Teile Schellack, 10 Teile Caput mortuum im eisernen Tiegel zusammengeschmolzen und zu handlichen Stangen, wie Siegellack, ausgeformt.

Diesen Kitt läßt man mittels eines glühenden Eisens erwärmt in die Fehlstellen tropfen und streicht das Überflüssige mit dem warmen Eisen ab, er ist äußerst beständig, widersteht Wasser, Säuren und auch Temperaturschwankungen.

C. Der Temperguß.

Nachdem der Fachnormenausschuß für Gießereierzeugnisse seine Tätigkeit aufgenommen hat, ist auch für den Temperguß eine Begriffsbestimmung festgelegt worden. Demnach soll Temperguß ein Erzeugnis sein, das wie Gußeisen aus weißem Roheisen gegossen, das aber nachher durch Ausglühen mit einem geeigneten Mittel gefrischt oder schmiedbar gemacht wird.

Der Temperguß wird im Schachtofen, Flammofen, Tiegelofen und Siemens-Martinofen hergestellt, in neuester Zeit, wenn auch nur erst vereinzelt, auch im Elektroofen. Die Entwicklung des letzteren wird dem schmiedbaren Guß sehr zustatten kommen, d. h. wenn es sich als wirtschaftlich erweist, aus diesem Ofen neben Flußeisenguß für kleine dünnwandige Teile auch schmiedbaren Guß zu erzeugen. Die Herstellung des schmiedbaren Gusses aus der Kleinbirne ist trotz eifriger Werbearbeit der in Frage kommenden Fachleute bisher noch wenig erfolgt.

Die Tempergußschmelzung im einfachen Schachtofen ist in Deutschland am meisten in Anwendung. Sie ist auch am wirtschaftlichsten und leicht zu übersehen, aber sie gibt, und das ist das Unangenehme dabei, auch das mindestwertige Erzeugnis. Der hohe Schwefelgehalt, oft bis zu 0,5 vH, die Anreicherung des flüssigen Eisens an Kohlenstoff, der im Rohguß in der Regel 3 bis 3,3 vH beträgt (wodurch eine längere Frischdauer (Glühzeit) bedingt ist), sind neben einer stärkeren Verbrennung des Eisens im Ofen die Ursachen des weniger brauchbaren Gusses. Es soll nicht gesagt sein, daß aus dem Schachtofen nicht auch brauchbarer Temperguß hergestellt werden kann. Das bessere Ergebnis aus dem Schachtofen bildet aber leider die Ausnahme. Trotz dieser Tatsache wird im Handel mit »Temperguß« aus dem Schachtofen der größte Unfug getrieben. Der sog. »Temperstahlguß« und der »Temperstahl« sind in der Regel Erzeugnisse des Schachtofens. Wie Geiger in seinem Handbuch ausführt, ist unter Temperstahlguß gegenüber anderen Tempergußarten ausnahmslos die minderwertige Ware zu verstehen. Osann spricht in seinem Lehrbuch sogar über die Berechtigung der Bezeichnung »Temperstahlguß«. Er sagt dort, die Ausdrücke schmiedbarer Guß und Temperstahlguß bedeuten etwas Verschiedenes. Seine Erklärung über den wahren Begriff des Temperstahlgusses ist aber nicht stichhaltig. Entweder Temperguß (d. h. schmiedbarer Guß) oder Stahlguß und Flußeisenguß, ein Zwitterding bleibt ein Unding. Deshalb ist es zu begrüßen, daß dieser irreführende Name »Temperstahlguß«, der den größten Widerspruch in sich trägt (wie ähnliche Bezeichnungen), aus Betrieb und Handel verschwindet.

Stotz-Kornwestheim, der sich bereit erklärt hat, die Leitung der Normungsarbeiten über Temperguß in der Gruppe »Gußeisen-Temperguß« im NDI zu übernehmen, hat dem Arbeitsausschuß folgenden Bericht erstattet:

Für die Normung von Temperguß bestehen zurzeit noch ganz besondere Schwierigkeiten, die auf verschiedene Ursachen zurückzuführen sind: Die Festigkeitseigenschaften von Tempergußstücken, die aus dem gleichen Eisen gegossen und in dem gleichen Ofen getempert wurden, können je nach der Dicke der Wandstärke ganz verschieden sein. Ein Beispiel hierfür gibt Leuenberger[1]), der als Mittel aus je 10 aus gleichem Schachtofeneisen im gleichen Glühtopf getemperten Stäben die in Zahlentafel 1 wiedergegebenen Werte feststellte.

1. Abhängigkeit der Festigkeitseigenschaften von der Wandstärke.

Durchmesser in mm	11	14	17	21	23
Zugfestigkeit in kg/mm²	30,9	31,5	31,5	32,2	31,8
Dehnung auf 100 mm Meßlänge	6	4,5	2,5	1,5	1

Je dicker der Abguß, desto weniger stark ist die Entkohlung, desto geringer im allgemeinen die Dehnung und desto größer die Zugfestigkeit. Demnach kann es sogar leicht vorkommen, daß ein und dasselbe Gußstück mit verschiedenen Wandstärken ganz verschiedene Festigkeit besitzen kann. Ferner sind die physikalischen Eigenschaften eines Tempergußstückes ganz besonders stark von seinem Herstellungsverfahren abhängig, also beispielsweise davon, ob es nach »deutschem Verfahren weißkernig« oder nach »amerikanischem Verfahren schwarzkernig« getempert oder ob es aus dem Schacht-, Tiegel- oder Siemens-Martinofen gegossen wurde.

Ein weiterer, die Normungsarbeit sehr erschwerender Umstand ist der, daß in der Tempergußherstellung immer noch eine althergebrachte Geheimnistuerei herrscht, wodurch sehr schwer sichere Unterlagen zu erhalten sind. Wir haben in Deutschland über 160 Tempergießereien, von denen aber nur wenige ihren Betrieb nach wissenschaftlichen Grundsätzen leiten, während viele Gießereien ihr »Handwerk« als ein vom Vater übernommenes, streng zu bewahrendes Geheimnis ansehen.

Über einwandfreie vergleichbare Festigkeitsuntersuchungen ist im deutschen Schrifttum leider noch nicht viel zu finden. Im Jahre 1907 veröffentlichte Wüst[2]) das Ergebnis von 80 Zerreißversuchen, die

[1]) Leuenberger: Über den Einfluß des Siliziums und der Glühdauer auf die mechanischen Eigenschaften des Tempergusses. Stahl und Eisen 1917, S. 514.

[2]) Wüst: Untersuchungen über die Festigkeitseigenschaften und Zusammensetzung des Tempergusses. Mitteilungen a. d. eisenhüttenm. Inst. d. t. Hochschule Aachen 1908. 2. Bd. S. 44.

er an Rundstäben aus fünf verschiedenen Gießereien angestellt hatte. Diese Stäbe hatten 15 mm Durchm., 300 mm Gesamtlänge und einen 150 mm langen, zylindrischen Teil zur Feststellung der Dehnung; sie wurden »oberflächlich abgedreht, so daß die durch das Tempern hervorgerufene rauhe Oberfläche verschwand«.

Auf Zahlentafel 2 sind die Mittelwerte aus den einzelnen Zerreißversuchen angegeben; die Dehnung ist durchwegs etwas gering, da wohl das Entfernen der zähen Gußhaut, die große Meßlänge und vielleicht auch kleine Lunkerstellen einen ungünstigen Einfluß ausübten.

2. Mittelwerte für Festigkeitsergebnisse für Temperguß verschiedener Gießereien, nach Wüst.

Gußart	Anzahl der Zerreiß-versuche	Mittelwerte für		
		Zug-festigkeit kg/mm²	Dehnung vH	Kon-traktion vH
Schachtofenguß . .	35	37,8	1,43	1,55
» . . .	5	34,7	1,73	1,91
Tiegelguß	26	40,1	2,11	2,67
»	11	37,9	2,85	3,23
Siemens-Martinguß	1	46,05	1,33	3,19

Aus einer Arbeit von Wüst und Stotz[1]) läßt sich die Zugfestigkeit bei Tiegelguß als Mittel aus 54 Zerreißversuchen an Probestäben mit 12 mm Durchm. zu 40,8 kg/mm², bei Schachtofenguß als Mittel aus 12 Versuchen zu 42,6 kg/mm² berechnen; die »Dehnung« wurde hierbei wegen zu kleiner Meßlänge nicht festgestellt.

Eingehende Versuche hat Leuenberger[2]) (A.-G. der Eisen- und Stahlwerke vorm. Fischer in Singen) angestellt. Als Zugfestigkeit von Stäben mit 12 mm Durchm. und 100 mm Meßlänge erhielt er als Mittel aus 27 Versuchen mit Schachtofenguß 35,9 kg/mm² Zugfestigkeit, 2,7 vH Dehnung zu 9,8 vH Kontraktion und als Mittel aus 22 Probestäben aus Ölflammofenguß 40 kg/mm² Zugfestigkeit bei 5,1 vH Dehnung und 11,5 vH Kontraktion.

Allgemein anerkannte Abnahmevorschriften für Temperguß gibt es in Europa bis heute noch nicht. Während des Weltkrieges wurde aber vom »Fabrikationsbüro Spandau« versucht, Unterlagen für solche Abnahmevorschriften zu beschaffen. Enßlin (Maschinenbauschule-Eßlingen) untersuchte hierzu Probestäbe von mehreren Tempergießereien, in den verschiedensten Abmessungen, auf ihre Festigkeitseigenschaften. Als Mittel aus fünf gleichartigen Versuchsstäben erhielt E. für die Zugfestigkeit und Dehnung die folgenden Werte.

---

[1]) Wüst und Stotz: Über das Tempern mit einer Mischung von Kohlendioxyd und Kohlenmonoxyd. Ferrum 1916 Dez. S. 33.

[2]) Wüst und Leuenberger: Über den Einfluß der Glühdauer auf die Qualität des Tempergusses. »Ferrum« 1916. S. 161.

3. Festigkeitseigenschaften von Temperguß verschiedener Gießereien und mit verschiedener Querschnittsform.

	Tiegel-Temperguß			Temperguß			Schacht-ofen Temperguß		Siem. M.-Ofen Temperguß		Temperg.
Querschnitts-form . . mm	10	25×8	30×6×12	10	10	25×8	10	25×8	10	25×8	19×8
Meßlänge . . .	100	100	100	50	50	100	100	100	50	100	
kg/mm²	43,6	43,1	47,5	35,8	33,6	29,1	31,9	28,7	39,5	37,3	29,0
vH Dehnung .	3,5	3,1	3,4	3,5	8,8	2,1	4,5	0,8	9,1	1,3	7,5

Für die während des Weltkrieges erzeugten Wurfgranaten wurde bei der Abnahme die sehr mäßige Anforderung gestellt, daß angegossene Probestäbe mit 10 mm Durchm. und 50 mm Meßlänge mindestens eine Zugfestigkeit von 30 kg/mm² und eine Dehnung von 10 vH aufwiesen. Je nach der Betriebsführung der betreffenden Tempergießerei wurde dieser Vorschrift leicht oder schwer genügt, es betrug das Mittel der Zugfestigkeit von 35 hintereinander geprüften Zerreißstäben 40,1 kg/mm² bei 2,2 vH Dehnung.

In anderen Gießereien entstanden Schwierigkeiten, da diese nicht unterrichtet waren, was vom Temperguß verlangt werden darf. Als Beispiel sei eine Gießerei erwähnt, die ihren Angeboten für Temperguß ein gedrucktes »Prüfungszeugnis« beilegte, laut welchem die Zugfestigkeit ihrer Probestäbe 37,70 kg/mm² bei 1,15 vH Dehnung betrug.

Eine weitere Tempergießerei wirbt dagegen für ihre Erzeugnisse »Temperguß« und »Temperstahlguß«, indem sie in ihren Angeboten eine Zugfestigkeit von 45 bis 50 kg/mm² bei 3 bis 5 vH Dehnung angibt, Werte, die als sehr gut angesehen werden müßten.

Die amerikanischen Fachblätter bringen, besonders in neuerer Zeit, ziemlich viele Mitteilungen von Festigkeitsprüfungen. Hierzu hat besonders der Umstand beigetragen, daß sich eine Anzahl amerikanischer Tempergießereien zu einem Verband zusammengeschlossen haben, die täglich Zerreißproben an eine gemeinsam gehaltene Materialprüfungsanstalt (unter Tonceda-Albany N. Y.) zur Untersuchung einsenden und bei Nichterreichung der festgesetzten Mindestfestigkeit zur Abhilfe von der Anstalt Rat erhalten. Während vordem die Zugfestigkeit des amerikanischen Tempergusses häufig unter 28 kg/mm² lag, konnte im Jahre 1919 die Zugfestigkeit von runden Probestäben mit 12 mm Durchm. auf mindestens 31,7 kg/mm², bei mindestens 7,5 vH Dehnung auf 50,8 mm Meßlänge in Übereinstimmung mit dem Amerikanischen Verband für Materialprüfung festgestellt werden, welche Werte von über der Hälfte der angeschlossenen 62 Gießereien während eines Zeitraumes von 3 Monaten ohne Fehlguß erreicht wurden.

Die amerikanische, schwarzkernige Tempergußart besitzt ihrem Gefüge entsprechend andere Festigkeitseigenschaften als der in Europa vorherrschende weißkernige Temperguß: Ersterer ist eine geringere Zugfestigkeit aber eine sehr hohe Dehnung selbst bei dicken Wandstärken eigentümlich; letzterer erreicht leicht eine höhere Zugfestigkeit, dagegen schwieriger eine hohe Dehnung. So wurde beispielsweise von amerikanischen Fachleuten festgestellt:

H. E. Diller, durchschnittliche Zugfestigkeit: 35 kg/mm² bei 10 vH Dehnung;

W. H. Hatfield, durchschnittliche Zugfestigkeit: 31 bis 39 kg/mm² bei 15 bis 20 vH Dehnung;

W. R. Beau, Höchstwerte aus neun Versuchen: Zugfestigkeit 33,3 kg/mm² bei 13 vH Dehnung; schlechteste Werte aus neun Versuchen: Zugfestigkeit 28 kg/mm² bei 9 vH Dehnung.

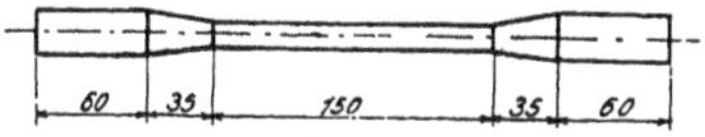

Abb. 61. Probestab für Temperguß.

In Amerika sind auch zu vergleichbaren technologischen Untersuchungen gewisse Probekörperformen schon ziemlich verbreitet: Ein Probestab mit Abmessungen nach Abb. 61 wird der Biegeprobe unterworfen, nötigenfalls am einfachsten durch Einspannen am einen Ende und Umbiegen des anderen Endes mit Hilfe eines Rohrstückes, wobei die beiden Schenkel einen Winkel von mindestens 110 bis 150° einschließen sollen.

Ferner werden vielfach Schlagproben an Keilen ausgeführt, die bei 152 mm Länge von 12 × 25 mm Querschnitt auf 1,6 × 25 mm Querschnitt sich verjüngen. Durch Schläge auf das dünne Ende rollt sich das

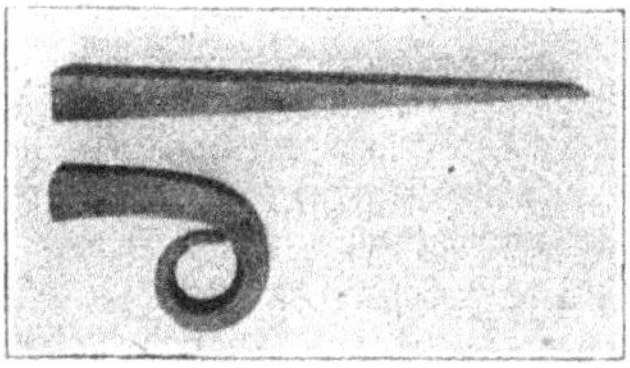

Abb. 62. Probestücke für Temperguß.

Stück an diesem Ende spiralförnig auf, wie auf Abb. 62 wiedergegeben ist, so daß die Größe dieser Spirale und auch die bis zum Bruch hierzu aufgewendete Schlagzahl ein Maß für die Zähigkeit des Gusses abgibt.

In Deutschland werden bisher von Werken und Behörden für Temperguß noch keine bestimmten Festigkeitswerte verlangt, sondern meistens ganz allgemeine technologische Bedingungen gestellt. Wie z. B. daß sich Stücke von 2 bis 3 mm Stärke kalt um einen nicht zu dicken Dorn um 180° biegen und die umgebogenen Enden dicht auf einanderschlagen lassen, ohne zu brechen, oder nur die Bedingung: Temperguß muß sich kalt hämmern, strecken und richten lassen, ohne zu brechen.

Aus diesen bis jetzt bekannt gewordenen Abnahmebedingungen ist zu ersehen, daß für den Temperguß Schwierigkeiten bestehen, bestimmte Normen festzulegen; es entsteht sogar die Frage, ob solche überhaupt ein Bedürfnis für Erzeuger oder Abnehmer sind. Um hierüber die Ansichten der Tempergießereien kennen zu lernen, ist ein Fragebogen ausgearbeitet und an einige größere Tempergießereien sowie an den »Verein deutscher Tempergießereien« in Hagen i. W. gesandt. Der Fragebogen wurde auf der Hauptversammlung des »Vereins deutscher Tempergießereien« besprochen und zunächst an sämtliche Tempergießereien zur Stellungnahme übersandt.

Auf die Fragebogen sind bisher nur wenige Antworten eingegangen, die im allgemeinen mit den Ausführungen von Stotz übereinstimmen. Eine Tempergießerei lehnt die Schaffung von Normen über Temperguß überhaupt ab, eine andere ist, dafür die Bezeichnung »schmiedbarer Guß« fallen zu lassen und begründet den Einspruch damit, weil auch der Stahlguß schmiedbar ist, mit der Bezeichnung »Temperguß« aber jede Verwechslung ausgeschlossen sei.

Stotz schließt sich dieser Begründung an und bemerkt noch, daß der nach amerikanischer Art hergestellte Temperguß mit schwarzem Kern sich auch wohl schmieden läßt, aber der ursprünglich weiche, zähe Guß wird hart und spröde. Ferner lassen sich dickwandige Tempergußstücke nicht gut schmieden, deshalb dürfte es sich empfehlen, in der Begriffsbestimmung von dem Zusatz »schmiedebar« abzusehen und vielleicht »hämmerbar« zu setzen. Da die Arbeiten im Werkstoffausschuß, Gruppe »Gußeisen und Temperguß« noch weitergehen, muß zunächst davon Abstand genommen werden, die bisherigen Ergebnisse im vollen Umfange bekanntzugeben. Es steht aber zu erwarten, daß in der Neuauflage dieses Taschenbuches die Beschlüsse vorliegen.

Nach dem Vorhergesagten ist der Temperguß also ein durch Gießen erzeugtes und durch das Glühfrischen nachbehandeltes Gußeisen. Über den Vorgang der Entkohlung sind sich die Fachleute noch nicht ganz einig; es werden zwei Erklärungen gegeben.

Nach der ersten wird der Kohlenstoff an der Oberfläche der Gußstücke durch Sauerstoff aus Eisenoxyden verschiedener Oxydationsstufen, wie sie z. B. Roteisenstein, Hammerschlag, Walzsinter usw. darstellen, verbrannt und entweicht glasförmig in den Ofenraum. Daher tritt infolge der ziemlichen Höhe der Temperatur ein labiler Gleichgewichtszustand des Kohlenstoffes der inneren Partien ebenfalls ein und der Kohlenstoffgehalt der einzelnen Schichten vom Innern des Gußstückes nach außen gleicht sich aus, so daß der Kohlenstoff gewissermaßen vom Innern der Abgüsse nach dem Äußeren zu wandert. Diese ältere von Ledebur aufgestellte Theorie hat viel Anschaulichkeit für sich, da sich daraus auch leicht die Zunahme des Kohlenstoffgehaltes der Abgüsse nach dem Innern der Stücke zu erklären ließe; doch ist der Beweis dafür nicht erbracht.

Die andere Theorie ist die von Wüst aufgestellte, nach der der Sauerstoff direkt oder in Verbindung mit anderen Elementen, etwa als Kohlensäure in Gasform in die Stücke während der Glühperiode eindringt und dort den Kohlenstoff oxydiert, der dann in Form von Kohlenoxyd entweicht. Da nun aber beim Glühen im Sauerstoffstrome doch eine ziemlich rasche Oxydation des Eisens stattfinden würde, so daß das Innere der Gußstücke unentkohlt bliebe, während das Eisen verbrennt, nimmt man entweder Kohlensäure oder Luft als Oxydationsmittel, verdünnt die Luft mit größeren Mengen Kohlenoxyd, eine Vorschriftsmaßregel, die auch bei Kohlensäure angewandt wird, und läßt die Gase auf den Kohlenstoff des Eisens wirken. In gleicher Weise wirkt auch das durch Berührung des Rohgusses mit Tempererz entstehende Kohlensäuregas, so daß der Temperprozeß in der üblichen Weise durchgeführt, auch durch die neue Theorie zu erklären ist.

Von großer Bedeutung für den Ausfall des Gusses ist die Zusammensetzung des zu vergießenden Eisens. Der Bruch muß weiß sein. Ist der Mangangehalt zu hoch, so tempert sich das Eisen schwer, ist der Siliziumgehalt zu hoch, so wird leicht Kohlenstoff in graphitischer oder amorpher Form ausgeschieden. Der Si-Gehalt soll je nach der Wandstärke und nach dem C-Gehalt etwa 0,45 bis zu 1,20 vH, der Mn-Gehalt nicht über 0,4 vH betragen, P höchstens 0,10 vH und der Schwefel möglichst unter 0,10 vH. Nach den Versuchen von Wüst werden die Dehnbarkeit und Zähigkeit des Tempergusses durch einen S-Gehalt über 0,15 vH sehr heruntergedrückt; im übrigen ist die Festigkeit des Tempergusses unabhängig von dem Si- und P-Gehalt, wenn die Gehalte 1,20, 0,20 und 0,10 vH nicht überschreiten.

Die für Temperguß in Frage kommenden Roheisensorten oder sonstigen Schmelzzusätze richten sich im wesentlichen nach dem Schmelzverfahren. Zu unterscheiden sind:

Das Schmelzen im Tiegel-, Schacht-, Flamm- und Martinofen, ferner in neuerer Zeit im Elektroofen und auch in der Kleinbirne.

Das Schmelzen im Tiegelofen ist das älteste Verfahren; es gibt bei sorgfältiger Auswahl der Eisensorten auch ein ganz hervorragendes Erzeugnis mit großer Gleichmäßigkeit.

Wirtschaftlicher ist aber das Schmelzen im Schacht- oder Martinofen bzw. Flammofen. Die Tiegelöfen sind zumeist für zwei bis sechs Tiegel Einsatz gebaut. Die Schmelzdauer hängt, wenn man nicht mit Gebläse arbeitet, und das ist nur seltener der Fall, vom Zug der Öfen ab und beträgt im Durchschnitt 1½ bis 2 h. Der Koksverbrauch bewegt sich dabei zwischen 50 und 80 vH des Einsatzes. Günstiger arbeiten die Tiegelöfen mit Gasfeuerung, wie sie auch für Metallguß und besonders für Stahlguß in Anwendung kommen, doch verwendet man auch öfter, neben den gewöhnlichen Tiegelschachtöfen die zeitgemäßen, kippbaren Tiegelöfen, wie sie z. B. die Badische Maschinenfabrik, Basse & Selve oder Baumann in Zürich, bauen. Neueste Versuche haben ergeben, daß das Schmelzen in Tiegelöfen mit Ölheizung besondere Vorteile bietet.

Erwähnt seien die Ölöfen der Buess-A.-G., die Schmidtöfen, ferner die tiegellosen Öfen von Gutmann in Altona-Ottensen u. a. Als Roheisen für den Tiegelofen kommen die besten Sorten in Frage, entweder die Koksroheisen deutschen Ursprungs (z. B. Kupferhütter, ferner solches vom Siegerland (es gibt dafür Sonderroheisen, deren Mangangehalt nicht zu hoch ist), von Rothehütte im Harz u. a. m. oder die Koksroheisen englischen Ursprungs (B. F. weiß und grau, H. C. M. weiß und grau, D. T. N. weiß und grau u. a.) oder aber die schwedischen Holzkohlenroheisen oder steyrische. Man setzt nach den jeweils anzufertigenden oder auch den nachstehenden Durchschnittsanalysen, wobei Schmiedeschrott, Temperschrott eigener Erzeugung, Bruch und Trichter eigener Erzeugung mit in Anrechnung gebracht werden.

Analysen einiger Temperroheisensorten:

		Kohlenstoff	Silizium	Mangan	Phosphor	Schwefel
Deutsches Koksroheisen	Duisburger Kupferhütte	3,28	1,20	0,18	0,061	0,062
	dasselbe . . .	3,28	0,65	0,26	0,056	0,121
Temperroheisen derNiederrhein. Hütte	grau	3,85	0,95	0,30	0,06	0,08
	weiß	—	0,60	0,15	0,06	0,15
Schwedisches Holzkohlenroheisen	B Pfeil	3,94	1,13	0,23	0,050	0,058
	S L	3,90	1,09	0,18	0,077	0,020
	K N F	4,50	0,82	0,30	0,068	0,009
	K N F	4,03	0,21	0,21	0,071	0,016
	K NF M . . .	—	—	0,40	0,050	0,015
	F Krone grau	—	—	0,120	0,075	0,015
	F Krone weiß	—	—	0,120	0.075	0,015
	C D weiß . .	4,07	0,18	0,25	0,062	0,015
	C D grau . .	4,03	1,44	0,35	0,042	0,025
	AB	3,10	0,23	0,32	0,069	0,03
	Krone	3,27	1,61	0,86	0,153	0,030
	Krone	3,70	0,31	0,53	0,103	0,030
Engl. Koksroheisen	H B grau . .	3,69	1,46	0,50	0,061	0,108
	H B weiß . .	2,80	0,80	0,26	0,037	0,439
	H C M grau .	3,81	1,53	0,15	0,056	0,376
	H C M weiß .	2,13	0,86	0,11	0,040	0,430
	D T N grau .	3,69	1,71	0,19	0,050	0,058
	D T N weiß .	2,98	0,47	0,27	0,057	0,403

Das Schmelzen von Temperrohguß im einfachen Schachtofen erfolgt unter Zusatz von größeren Mengen Flußeisenabfällen sowie Eingüssen und eigenem Temperschrott mit grauem und weißem Roheisen je nach der Wandstärke der in Frage kommenden Gußstücke. Die nachstehende Zusammensetzung gibt ein Beispiel für mittelstarken Guß.

Waggon-Nr.	Bezeichnung	Anteil an 100 kg	Gesamt-Kohlenst. vH	Gesamt-Kohlenst. Gewichtsanteil	Silizium vH	Silizium Gewichtsanteil	Mangan vH	Mangan Gewichtsanteil	Phosphor vH	Phosphor Gewichtsanteil	Schwefel vH	Schwefel Gewichtsanteil
5380	Kupferhütte, grau . . .	15	3,75	0,5625	1,5	0,2250	0,25	0,0375	0,051	0,0076	0,054	0,0081
7850	D.T.N., weiß	20	3,5	0,7000	0,65	0,1300	0,15	0,0300	0,042	0,0084	0,137	0,0274
	Schmiedeeisen . . .	25	0,08	0,0200	0,16	0,0400	0,52	0,1300	0,05	0,0125	0,05	0,0125
	Eingüsse und Trichter .	40	3,4	1,3600	0,52	0,2080	0,23	0,0920	0,07	0,0280	0,22	0,0880
Gesamtgewicht		100	—	2,6425	—	0,6030	—	0,2895	—	0,0565	—	0,1360
Durchschnitt			2,64	—	0,603	—	0,2895	—	0,0565	—	0,136	—
Schmelzverlust . .			—	—	0,042	—	0,0435	—	—	—	—	—
Zunahme			0,7	—	—	—	—	—	10 vH 0,0057	—	0,088	—
errechnet			3,34	—	0,56	—	0,246	—	0,062	—	0,224	—
Analysenwerte . . .			3,35	—	0,57	—	0,25	—	0,07	—	0,23	—
Das fertig getemperte Gußstück ergab			1,2		0,57	—	0,25	—	0,078	—	0,25	—

Im Gegensatz zu Mangan und Silizium erleidet der ursprünglich in der Eisengicht vorhandene Kohlenstoff beim Schachtofenschmelzen von schmiedbarem Guß eine Zunahme. Der Grund hierfür liegt darin, daß zur Herstellung von Temperrohguß im Schachtofen ein verhältnismäßig kohlenstoffarmes Eisen verarbeitet wird, das nach seiner Verflüssigung ungeachtet der Verbrennung im Ofen beim Heruntertropfen über den glühenden Koks Kohlenstoff bis zu seiner Sättigungsgrenze aufnimmt. Würde jedoch mit einer kohlenstoffreichen Mischung, die durchschnittlich 4vH Kohlenstoff enthält, gearbeitet, so würde eine Kohlenstoffverminderung eintreten. Diese würde etwa 10vH des ursprünglich vorhanden gewesenen Kohlenstoffs betragen, so daß in diesem Falle das aus dem Schachtofen fließende Eisen etwa 3,6vH Gesamtkohlenstoff aufweisen würde. Weil das kohlenstoffarme Eisen beim Durchgang durch den Schachtofen Gelegenheit hat, sich an Kohlenstoff bis zu seiner Sättigungsgrenze anzureichern, ist es unmöglich, im Schachtofen einen Guß zu erschmelzen, dessen Kohlenstoffgehalt wesentlich geringer ist als 2,80 vH.

Selbst wenn die Eisengicht nur aus den kohlenstoffärmsten Eisensorten, wie Fluß- und Schweißeisen, bestehen würde, müßte der Kohlenstoff des geschmolzenen Eisens etwa 2,80 vH betragen. Die Kohlenstoffaufnahme wird daher um so größer sein, je kohlenstoffärmer der Einsatz, d. h. je höher der Zusatz an Schmiedeeisenabfällen ist. Anderseits hängt die Höhe des aufgenommenen Kohlenstoffs, wenn auch im geringeren Maße, vom Ofengang ab. Es liegt nämlich in der Natur des Schachtofenschmelzens begründet, daß die Eisengicht, insbesondere ihr kohlenstoffarmer Bestandteil, beim Durchgang durch den Ofen einer Kohlung unterworfen ist und erst nach Erreichung eines gewissen Grads derselben zur Schmelzung kommt, nach deren Eintritt dann das Eisen den höher kohlenden Einflüssen entzogen wird. Natürlicherweise erfolgt im heißgehenden Ofen unter sonst gleichen Umständen die Schmelzung bei einem niedrigeren Kohlungsgrad als im kaltgehenden Ofen, so daß das Gußeisen im ersteren Falle weniger Kohlenstoff aufweisen wird als im letzteren Falle. Osann fand im abgestochenen Eisen, das beim heißen Ofengang erzeugt wurde, 3,301 vH C, während bei einer kälteren Schmelze der Kohlenstoff 3,382 vH betrug.

Recht lästig wirkt im Schachtofenschmelzen für Temperguß die starke Schwefelaufnahme, hierüber wird noch an anderer Stelle berichtet werden.

Die nachstehende Zahlentafel von Wüst zeigt die Beziehungen zwischen Analyse und Festigkeit verschiedener Tempergußsorten.

Versuch Nr.	Zerreiß-festigkeit kg/mm	Dehnung vH	Kon-traktion vH	Silizium	Mangan	Phosphor	Schwefel	Ges. C	Temper-kohle	Geb. Kohle	Bemerkung
1	41,8	1,89	1,98	0,46	0,17	0,102	9,287	1,70	1,38	0,32	Schachtofenguß einmal getempert
2	26,0	1,12	2,20	0,52	0,19	0,094	0,265	1,73	1,40	0,33	
3	37,1	1,48	1,47	0,56	0,25	0,072	0,212	1,73	1,05	0,68	
4	34,3	1,09	2,13	0,63	0,21	0,091	0,268	1,97	1,17	0,80	
5	38,2	1,56	1,52	0,64	0,21	0,098	0,259	1,81	1,20	0,61	
6	39,5	1,49	0,78	0,80	0,21	0,106	0,238	2,36	1,32	1,04	
7	38,2	1,29	0,77	1,18	0,16	0,109	0,242	2,10	1,23	0,97	
8	33,8	1,57	1,56	0,31	0,20	0,075	0,072	1,82	0,95	0,87	Tiegelguß einmal getempert
9	37,4	1,78	2,38	0,39	0,25	0,079	0,092	1,84	1,15	0,69	
10	42,9	2,21	3,24	0,45	0,27	0,078	0,104	1,76	1,12	0,64	
11	42,3	3,06	3,06	0,56	0,24	0,072	0,092	1,71	0,85	0,86	
12	41,3	2,15	2,67	0,70	0,24	0,072	0,096	1,68	1,32	0,36	
13	42,7	1,90	3,10	0,66	0,23	0,069	0,124	1,57	0,73	0,84	
14	31,23	2,37	2,13	0,55	0,13	0,079	0,217	1,58	0,80	0,78	Schachtofenguß
15	36,37	2,86	2,74	0,40	0,13	0,088	0,210	1,46	1,07	0,30	
16	37,82	1,32	1,78	0,39	0,26	0,068	0,254	1,67	0,86	0,81	
17	36,77	1,21	1,95	0,49	0,28	0,063	0,188	2,14	1,14	1,00	
18	31,50	0,89	0,93	0,87	0,15	0,082	0,161	1,80	0,81	0,99	
19	46,05	1,33	3,19	0,61	0,155	0,041	0,095	1,76	0,62	1,14	Martinofenguß
20	32,91	1,14	3,46	0,55	5,13	0,079	0,177	1,76	0,81	0,95	Tiegelguß
21	40,58	1,92	1,41	0,82	0,28	0.041	0,080	2,25	1,28	0,97	
22	38,48	1,44	1,05	0,54	0,20	0,066	0,091	2,32	1,36	0,96	
23	30,63	4,01	4,15	0,37	0,21	0,061	0,046	2,56	1,84	0,72	
24	31,10	3,93	3,74	0,31	0,18	0,054	0,035	2,39	1,93	0,46	
25	42,36	4,11	6,56	0,63	0,23	0,031	0,150	1,33	0,75	0,58	
26	39,26	3,03	2,47	0,56	0,36	0,084	0,085	2,36	1,58	0,78	
27	39,54	5,17	4,27	0,64	0,41	9,068	0,086	2,19	1,47	0,72	
28	39,32	1,06	2,57	0,77	0,31	0,055	0,296	2,25	1,10	1,15	
29	44,39	2,68	2,57	0,66	0,15	0,056	0,071	1,70	0,92	0,78	

Das Schmelzen im Flammofen wird unter deutschen Verhältnissen im sauren Martinofen ausgeführt und verlangt ein sorgfältiges Setzen des Eisens nach Analyse, wobei sich hinsichtlich der Gehalte an Silizium,

Mangan usw. bis zu einem gewissen Grade die Schmelzung verbessernde bzw. verändernde Einflüsse ausüben. Wie bei den vorgenannten Schmelzungen, so ist auch hier die Vermeidung hoch phosphorhaltiger Einsatzeisen Bedingung, da der Phosphorgehalt, ebenso wie ein etwaiger Schwefelgehalt beim Glühfrischen unverändert im Eisen bleiben und das Erzeugnis ungünstig beeinflussen würde. Das Schmelzen im Flammofen bzw. Martinofen liefert bei gewissenhafter Beobachtung der Schmelzvorgänge nach Analyse das beste Erzeugnis für den Großbetrieb und zwar arbeitet dies Verfahren billiger als das Tiegelschmelzverfahren und liefert ein wesentlich besseres Erzeugnis, als der Schachtofen, da man den Schmelzverlauf genau führen kann, was beim Schachtofen nicht möglich ist. Wesentlich ist dabei, daß auch auf den Kohlenstoffgehalt eingewirkt werden kann, der bei dem Tiegelschmelzverfahren entweder vom Einsatz, oder aber auch noch vom Einfluß des Graphittiegels abhängt, während der Schachtofen hierbei überhaupt nicht, oder nur unmittelbar einen Einfluß ausübt.

Ein besonders brauchbarer Schmelzofen für Temperguß ist der bei den Flammöfen beschriebene kippbare Ölflammofen, der rasch und nach Art des Martinofens arbeitet.

Die Herstellung der Formen ist von derjenigen bei Grauguß insofern verschieden, als das weiße Gußeisen stark zum Saugen neigt, und deshalb die Eingüsse verhältnismäßig stärker gehalten und an geeigneten Stellen, besonders bei schwachen Stücken, besondere Saugköpfe oder verlorene Köpfe von erheblicher Stärke anzusetzen sind. Ferner ist das höhere Schwindmaß dieses Gusses zu beachten, das zu etwa 2vH angenommen wird.

Das Tempern wird im allgemeinen nach den bisher üblichen Verfahren in der Weise vorgenommen, daß die aus weißem Eisen bestehenden, sauber vom Formsand befreiten Gußstücke mit pulvrigem oder auch grobkörnigem Roteisenstein in Töpfen oder Kisten verpackt werden.

Der Roteisenstein, der als Entkohlungsmittel dient, wird, um seine Wirkung nicht zu stark oxydierend auf das Eisen ausüben zu lassen, mit gebrauchtem Roteisenstein und mit Hammerschlag oder Walzsinter gemischt.

Die Töpfe bestehen aus Gußeisen, am besten Hämatiteisen, aber auch aus schmiedbarem Eisen von alten Flamm- oder Siederohren.

Die Füllung der Töpfe, deren Querschnitt rund und viereckig sein kann, oder der Kisten muß natürlich möglichst sorgfältig geschehen, damit sich die zu tempernden Stücke beim Glühen nicht verziehen können. Bei älteren Öfen sowie bei den Kisten wird im Ofen gepackt, bei den neuen Öfen, die entweder mit abnehmbarer Decke versehen sind, oder aber ein Hineinfahren der Topfsätze zu ebener Erde, also vom Hüttenflur aus, gestatten, wird, was ja auch viel bequemer ist, außerhalb des Ofens gepackt und die Töpfe werden mit den zusammengehörigen Sätzen auf einmal eingesetzt.

Das Glühen des Tempergusses geschieht in besonderen Öfen verschiedenster Bauart, je nach den Mengen der Erzeugung und nach dem zur Verfügung stehenden Brennstoff. Die einfachen Temperöfen mit Rostfeuerung, die innen eingebaut sind, werden meistens mit Steinkohlen geheizt; ihre Wartung muß recht sorgfältig sein, damit stets gleichmäßige Temperatur im Ofen vorhanden ist. Besser und auch wirtschaftlicher arbeiten die Öfen mit Halbgas Abb. 63 oder Vollgas-Generatorgasfeuerung. Diese letzteren Öfen werden in der Regel für größere Leistungen gebaut, es arbeiten jeweils mehrere Kammeröfen nebeneinander, so daß eine günstige Ausnutzung der Heizgase ermöglicht werden kann. Diese Öfen werden meist mit abhebbarer Decke gebaut und von einem Kran bedient, so daß die Entleerung der Öfen recht schnell und einfach erfolgen kann. Bekannt sind die Ausführungen der Firma Poetter Düsseldorf (Abb. 63) sowie die der Stellawerke in Berg. Gladbach. Einzelheiten darüber in den Handbüchern.

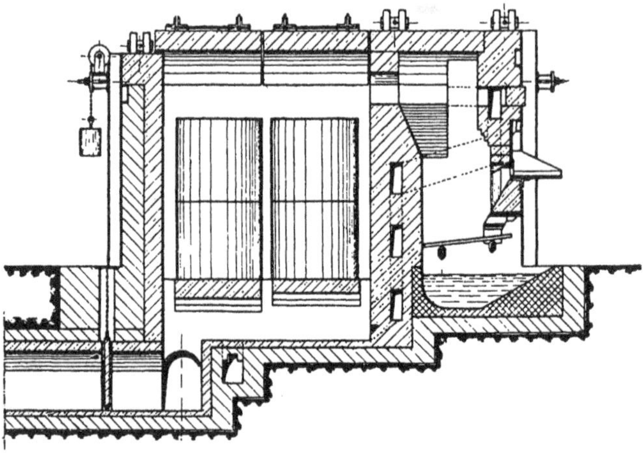

Abb. 63. Temperofen mit Halbgasfeuerung, Bauart Poetter.

Der Ofen wird in der Regel für 4 bis 6 Doppeltöpfe gebaut und kann bis 6 t Gußwaren tempern. Temperzeit 5 bis 6 Tage je nach Brennstoff, Kohlenverbrauch 90—100 vH. Bei Luftvorwärmung u. Gasfeuerung 85 vH.

Als letzte Neuheit auf dem Gebiete des Temperofenbaues darf wohl der Dauerofen mit Halbgasfeuerung der Stettiner Chamottefabrik vorm. Didier-A.-G. genannt werden. Dieser Ofen, als sog. Tunnelofen gebaut, kann dauernd beschickt werden. Nach den Betriebsberichten arbeitet dieser Ofen sehr günstig; Einzelheiten darüber sind den Fachzeitschriften zu entnehmen.

Wie bereits betont, ist die ständige Überwachung des Glühvorganges von größter Bedeutung für den Ausfall des Erzeugnisses. Bei Tag und bei Nacht muß für die Einhaltung der zweckmäßigen Temperatur gesorgt werden können, und für diesen Zweck sind die Pyrometer notwendig. In der Regel werden diese in die Öfen eingebaut und mit Fernleitungen verbunden, damit die Apparate an irgendeiner Stelle, im Bureau des Betriebsleiters oder sonst leicht sichtbar sind. Es werden auch selbstanzeigende oder Alarmpyrometer angeordnet, die beim Überschreiten der Normaltemperatur ein Läutewerk ertönen lassen.

Über das Fertigmachen des Tempergusses wird in dem Abschnitte Putzerei noch einiges gesagt werden, im übrigen sind Einzelheiten über Formen und Formplatten aus dem Abschnitt Gußeisen zu entnehmen.

Ohne Zweifel wird die Herstellung des Tempergusses mit dem weiteren Ausbau der Elektroöfen Fortschritte machen, schon heute haben die wenigen Werke, die mit diesen Öfen arbeiten, gegenüber den andern, die nach den alten Verfahren arbeiten, wesentliche Vorteile. Auch hier ist die Frage der Brennstoffe ausschlaggebend, denn mit dem billigeren Strompreis fallen viele Bedenken bezüglich der Einführung des Elektroofens in die Eisengießerei.

D. Der Stahlguß (Stahlformguß).

Der gewöhnliche Eisenguß hat, seit die Herstellung des Stahlgusses (Flußeisenguß) und des schmiedbaren Gusses (Temperguß) immer weitere Fortschritte machte, als Baustoff für stark beanspruchte Maschinenteile wesentliche Einschränkung erfahren. In den letzten Jahrzehnten ist der Stahlguß nicht nur als Ersatz für Eisenguß, sondern auch für Schmiedeteile verschiedenster Art in bedeutendem Umfange in Anwendung gekommen, und daneben findet auch der schmiedbare Guß für viele Zwecke eine steigende, lebhafte Nachfrage. Die Herstellung von Formstücken in Stahlguß, mögen diese im Stoff wie in den Abmessungen auch noch so große Ansprüche stellen, macht in einem zeitgemäß geführten Gießereibetrieb heute keine nennenswerten Schwierigkeiten mehr. Infolgedessen erschließen sich dem Stahlguß, seiner großen Anpassungsfähigkeit nach, immer weitere Gebiete. Welche Bedeutung der Stahlguß bei der Erzeugung der gewaltigen Mengen Geschoßkörper und des sonstigen Kriegsbedarfes im Verlaufe des Weltkrieges gewonnen hat, das ist von berufener Seite geschildert worden; die in Frage kommenden Werke dürfen jedenfalls auf den Erfolg stolz sein.[1])

In bezug auf die zur Erzeugung des Stahlgusses benötigten Rohstoffe, die Sonderart der Schmelzöfen und sonstigen Gießereibetriebs-

[1]) »Stahl und Eisen« 1918, Heft 17, »Stahlformguß« von Dr.-Ing. Krieger.

einrichtungen und nicht zuletzt auf die Tüchtigkeit der Gießereileiter und Arbeiter werden gegenüber dem Eisenguß wesentlich höhere Anforderungen gestellt.

Der Stahlguß ist und bleibt, ganz gleich aus welchem Ofen er erzeugt wird, eine Vertrauensware allerersten Ranges. Aus diesem Grunde muß gegen alle minderwertigeren Gießereierzeugnisse, die mit dem Stahlguß in Wettbewerb treten wollen, den gestellten Ansprüchen aber nicht genügen können oder sogar in betrügerischer Absicht (unter falscher Flagge) auf den Markt kommen, scharf vorgegangen werden. Es ist nötig, auf diesem Gebiete völlige Klarheit zu schaffen, damit eine einheitliche Benennung der hochwertigen Gießereierzeugnisse durchgeführt werden kann, die dem unlauteren Wettbewerb den Boden entzieht.

Wie Schäfer in der Gießereizeitung, »Der Stahlguß als Werkstoff«, August 1922, ausführt, ist die Bezeichnung »Stahlguß« in der Technik heute noch nicht allgemein üblich; es wird häufig von Stahlformguß gesprochen, womit angedeutet werden soll, daß der flüssige Stahl seine endgültige Gestalt bereits in der Gußform erhält, oder aber, daß man es mit einem Siemens-Martinerzeugnis zu tun hat, da der weitaus größte Teil des Stahlgusses im Siemens-Martinofen erschmolzen wird. Wurden doch in Deutschland im Jahre 1915 allein im Siemens-Martinofen etwa 700000 t Stahlguß erzeugt. Die Bestrebungen des Normenausschusses der Deutschen Industrie waren darauf gerichtet, die Bezeichnung »Stahlformguß« auszuschalten und ganz allgemein hierfür »Stahlguß« zu setzen, wie es ja auch nicht üblich ist, von Eisenformguß anstatt Gußeisen zu sprechen. Die Anregungen des Normenausschusses müssen nachdrücklichst unterstützt werden, da es auch für die Eisenindustrie wichtig ist, einheitliche Benennungen einzuführen und ihnen Geltung zu verschaffen. Auf Wunsch des Vereins deutscher Stahlgießereien, der diese Bestrebungen fördert, ist aber zunächst die Anwendung beider Bezeichnungen, neben einander, gestattet worden.

Die Benennung »Flußeisenguß« ist weniger geläufig als »Stahlguß«, die letztere herrscht daher in der Gießerei- und Konstruktionstechnik vor. Nur in den Gütevorschriften der Staatseisenbahnverwaltung und auch in den vom Verein Deutscher Eisenhüttenleute aufgestellten »Vorschriften für die Lieferung von Eisen und Stahl« findet sich für besondere Teile die Bezeichnung »Flußeisenguß«. Flußeisenguß deutet auf weichere Sorten mit geringstem Kohlenstoffgehalt und daher mäßiger Zerreißfestigkeit, aber höherer Dehnung hin, während Stahlguß für härtere, also höher gekohlte Sorten mit entsprechend höherer Zerreißfestigkeit, aber geringerer Dehnung gilt. Die Grenze zwischen diesen beiden Arten liegt bei etwa 45 bis 50 kg/mm² Zerreißfestigkeit, die bekanntlich auch für »Flußeisen« und »Flußstahl« bzw. »Schweißeisen« und »Schweißstahl« aufgestellt ist. Unterhalb dieser Grenze liegt das Gebiet des Flußeisens und Flußeisengusses, oberhalb das des Stahles und des Stahlgusses. In den folgenden Ausführungen wird im Einklang mit der allgemeinen handelsüblichen Gepflogenheit nur von Stahlguß die Rede sein, auch wenn der Kohlenstoffgehalt sehr gering bemessen ist. Nur soll noch angedeutet werden, daß für kleinere Stücke mit geringen Wandstärken in der Regel die Bessemerbirne vorgezogen wird (Flußeisenguß), während für die Fertigung auch der schwersten Stücke der Siemens-Martinofen oder auch der Elektroofen die gegebenen Schmelzeinrichtungen darstellen. Der Tiegel wird nur noch in wenigen Fällen herangezogen, da dieses Verfahren für die Massenerzeugung verhältnismäßig kostspielig ist.

Nach diesen Darlegungen ist der Begriff »Stahlguß« eindeutig festgelegt, die jeden Irrtum ausschließen. Höchstens wäre, um noch weiteren Zweifeln zu begegnen, der Stahlguß je nach der Art des verwendeten Schmelzofens mit dem betreffenden Kennwort zu versehen. So sind folgende Benennungen anzutreffen: Siemens-Martinstahlguß, Bessemerstahlguß, Tiegelstahlguß, Elektrostahlguß.

Trotzdem gibt es vielfach Gießereierzeugnisse, die alles andere denn Stahlguß sind. Wenn auch dem Hersteller eine bewußte Täuschung nicht immer untergeschoben werden soll, so wird aber oft der Verbraucher im unklaren darüber bleiben, welchen Werkstoff er in Wirklichkeit bezogen hat. Die Tatsache bleibt bestehen, daß auf dem Gebiete des Stahlgußhandels Mißstände vorhanden sind, die nicht aufkommen könnten, wenn die Verbraucher über Namen und Art der von ihnen gekauften Gußwaren besser unterrichtet wären. Da die Einkäufer selbst größerer Werke meist Nurkaufleute sind, für die schließlich die Preisfrage entscheidet, so kann es nicht wundernehmen, wenn sie allem, was mit Stahl in Beziehung gebracht wird, eine ganz besondere Wertschätzung entgegenbringen. Die Einkäufer, aber auch die Konstrukteure müssen wissen, daß die ihnen angebotenen Erzeugnisse: Temperstahlguß, Temperstahl, Formstahl, Halbstahl, Stahleisen usw. mit Stahlguß nicht das geringste zu tun haben, die man schließlich durch mechanische, chemische und mikroskopische Prüfungen als das erkennen kann, was sie sind, wenn man namentlich die Dehnung als wichtiges Kennzeichen für Stahlguß in die Wagschale wirft. Da aber vielfach auf eine nachträgliche Untersuchung der eingekauften Gußwaren verzichtet wird, so sollten dem Einkäufer wenigstens technische Berater beigegeben werden, die über genügende Kenntnisse verfügen und ihr Urteil abzugeben haben, wenn irgendwelche Meinungsverschiedenheiten zwischen Erzeuger und Verbraucher aufkommen oder Aufklärungen beim Einkauf notwendig sind. Hierdurch werden spätere Beanstandungen möglichst ausgeschaltet, die sich oft bei der Auslegung des Begriffes Stahlguß zu gerichtlichen Auseinandersetzungen zuspitzen. Aber auch die Außenvertreter der Gießereien, die zumeist ebenfalls Nurkaufleute sind, müßten so viel Schulung besitzen, um bei Verkaufsverhandlungen über alle technischen Fragen sachlich Auskunft geben zu können, ohne erst das eigene Werk anzugehen.

Um nun diesen Mißständen nach Möglichkeit abzuhelfen, hat der Normenausschuß der Deutschen Industrie im Werkstoffausschuß für Stahlguß beschlossen, ein Betriebsblatt herauszugeben, das alle Aufschlüsse über Beschaffenheit, Güteklassen usw. des Stahlgusses enthält. Der Entwurf des Blattes (E. 1505) hat folgenden Wortlaut:

Normenblatt über Stahlformguß (Stahlguß).

Stahlformguß (Stahlguß)	DIN ENTWURF 1 E 1505

Begriff

Stahlformguß oder Stahlguß wird aus Stahl oder Flußeisen im Tiegel-, Martin-, Elektroofen oder in der Birne hergestellt und ist ohne weitere Behandlung schmiedbar. Gußstücke, die durch nachherige Behandlung im Temperofen stahl- oder flußeisenähnliche Eigenschaften erlangen sollen, sind nicht als Stahlformguß zu bezeichnen.

Güteklassen

Es sind 5 Güteklassen unterschieden, die durch die Abkürzung des Wortes Stahlformguß (Stf) und die Mindestfestigkeit in kg/mm² (z. B. 38) bezeichnet werden:

Stf 38
Stf 45
Stf L
Stf 52
Stf 60 } Eigenschaften siehe Abnahmeproben.

Bei Bestellung ist die Güteklasse anzugeben und zu bestimmen, ob und welche Abnahmeproben verlangt werden.

Beschaffenheit

Stahlformgußstücke dürfen keine Gußfehler haben, die die Verwendbarkeit des Stückes beeinträchtigen. Die Abgüsse müssen zweckentsprechend ausgeglüht sein, wenn nicht anders vorgeschrieben wird.

Gewicht und Bearbeitungszugaben

Der Gewichtsberechnung ist das Einheitsgewicht 8 kg/dm³ zugrunde zu legen. Der Unterschied zwischen dem errechneten Gewicht und dem Versandgewicht darf je nach Form und Größe des Stückes in der Regel 15 vH nicht überschreiten.

Die Bearbeitungszugabe soll im allgemeinen 5 ÷ 20 mm betragen.

Probenentnahme

Die Werkstoffeigenschaften der Abgüsse werden auf Wunsch durch angegossene Probestäbe oder, falls das Angießen aus gießtechnischen Gründen nicht angängig ist, durch lose, aus der Schmelzung mitgegossene, Probestäbe ermittelt. Probestäbe sind so anzugießen, daß eine möglichst fehlerfreie Beschaffenheit derselben erreicht und eine Gefährdung des Gußstückes vermieden wird. Es muß deshalb der Gießerei überlassen bleiben, zu bestimmen, an welchen Stellen des Gußstückes die Probestäbe am zweckmäßigsten anzugießen sind. Die Probestäbe dürfen zur Prüfung keiner Sonderbehandlung unterworfen werden.

Für die Abnahme in bezug auf die Festigkeitseigenschaften sind allein die Ergebnisse der angegossenen Probestäbe maßgebend.

Normenblatt über Stahlformguß (Stahlguß).

(Fortsetzung.)

Stahlformguß (Stahlguß)	DIN ENTWURF 1 E 1505

Abnahmeproben

Zugversuch nach DIN ... Die nachstehenden Werte sind auf Kurzstäbe von 20 mm Durchmesser und 100 mm Meßlänge bei 120 mm Versuchslänge bezogen.

Güteklasse	Festigkeit kg/mm² mindestens	Dehnung vH mindestens
Stf 38	38	20
Stf 45	45	16
Stf L[1])	50	16
Stf 52	52	12
Stf 60	60	8

[1]) Nur für Lokomotivbau.

Magnetisierungsversuch nach DIN ...

Magnetische Induktion $\mathfrak{B} = 12000$ bei 7,7 Ampere-Windungen
» » $\mathfrak{B} = 15000$ » 25 » »
» » $\mathfrak{B} = 17500$ » 100 » »

Abpressen. Wird bei Hohlgußkörpern Abpressen auf Dichtigkeit vorgeschrieben, so darf der vorgeschriebene Probedruck den Betriebsdruck um höchstens 25 vH überschreiten.

Besondere Vereinbarungen. Andere Gütevorschriften, vorzugsweise bei Sonderstählen, unterliegen der Vereinbarung.

April 1923

Um für die Verwendung und für den Entwurf von Stahlgußstücken den Konstrukteuren und Zeichnern Richtlinien zu geben, hat Krieger-Düsseldorf, für den Verein deutscher Stahlformgießereien ein Betriebsblatt entworfen. Da dieses Blatt weitgehende Beachtung verdient, sei der Wortlaut hier wiedergegeben.

Für Konstrukteure und Betriebsbeamte	Der Stahlformguß (Stahlguß)	Betriebsblatt

I. Allgemeines.

1. Der Konstrukteur berücksichtige beim Entwerfen von Stahlgußstücken nicht nur den Verwendungszweck, sondern auch die diesem Werkstoff eigentümlichen Eigenschaften und die dadurch bedingten Schwierigkeiten der Herstellung. Vermeidet er diese Vorsicht, so gefährdet er den guten Ausfall des Gußstückes, erhöht das Wagnis des Gusses und verteuert die Anfertigung, wenn er nicht gar eine fehlerfreie Herstellung des Abgusses unmöglich macht. Sehr zu empfehlen ist es allgemein, daß der Konstrukteur sich in Zweifelsfällen oder beim Entwurf neuartiger Gußstücke auch bezüglich der mechanischen Eigenschaften zuvor mit dem für die Ausführung in Frage kommenden Stahlgußfachmann verständigt.
2. Die Schwierigkeit, Stahl in Formen zu vergießen, ist in seiner Eigenschaft begründet, sich beim Erstarren sehr stark zusammenzuziehen, zu schrumpfen oder zu schwinden. Das Schwindmaß beträgt je nach Art des Stückes und des Stahles etwa 1,5 bis 2 vH.
3. Die Folgen dieser Eigentümlichkeit sind die Bildung von Schwindhohlräumen (Lunker, Saugstellen) und das Entstehen von Wärmespannungen, die sich als Gußspannungen oder als Kalt- und Warmrisse (Schrumpfrisse) zeigen.

II. Schwindhohlräume (Lunker).

4. In einem Stahlformgußstück wird sich dort ein Schwindhohlraum bilden, wo der Stahl zuletzt erstarrt, d. h. in den dicksten Querschnitten des Abgusses (s. Bild 1).

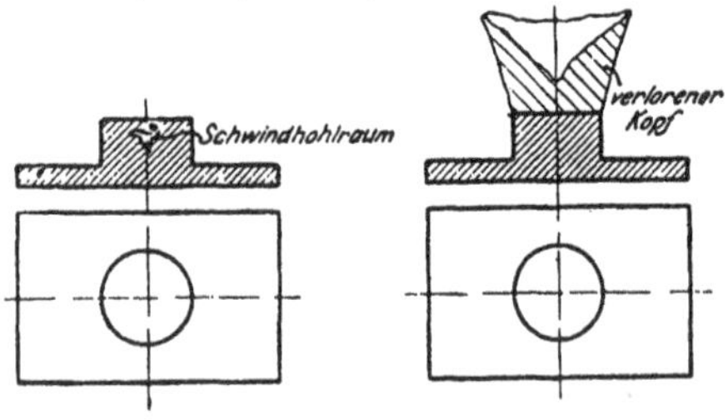

Abb. 1. Abb. 2.

5. Man vereitelt die Bildung eines Lunkers dadurch, daß man auf diesen Stellen einen Aufguß (verlorener Kopf, Trichter, Steiger) anordnet, aus dem flüssiger Stahl so lange in die sich bildenden Hohlräume nachfließen kann, bis die Schrumpfung vollendet ist (siehe Bild 2).
6. Daraus folgt, daß ein verlorener Kopf nur dann seinen Zweck erfüllt, a) wenn sich der Stahl darin länger flüssig hält als in den zu speisenden Teilen des Gußstückes, d. h. wenn er mindestens den gleichen Querschnitt wie jene besitzt, und b) wenn bei Gußstücken mit verschiedenen Querschnitten alle Teile größter Wandstärke oder Stoffanhäufung mit Trichtern versehen werden können.

Für Konstrukteure und Betriebsbeamte	Der Stahlformguß (Stahlguß)	Betriebsblatt

(Fortsetzung.)

7. Damit ergeben sich für den Konstrukteur folgende 3 Forderungen:
   a) Ein Stahlgußstück soll möglichst mit annähernd gleichen Wandstärken unter Vermeidung unnötiger Stoffanhäufung konstruiert werden, um die Zahl der verlorenen Köpfe auf ein Mindestmaß zu beschränken;
   b) die Konstruktion des Gußstückes muß die Anordnung von Trichtern an allen Stellen größter Stoffanhäufung zulassen:
   c) das Abtrennen dieser Angüsse muß nicht nur möglich sein, sondern auch so wirtschaftlich wie möglich ausgeführt werden können.
8. Der Konstrukteur soll um so mehr diese Forderungen erfüllen, als bei der außerordentlich starken Neigung des Stahles zum Lunkern zuweilen schon verhältnismäßig geringfügige Unterschiede in der Wandstärke die Bildung von Saugstellen hervorrufen.

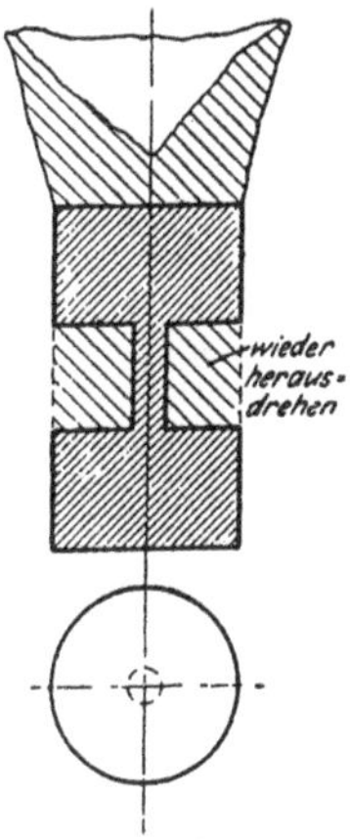

Abb. 3.

9. Lassen Konstruktionszweck und andere Umstände das Anbringen eines verlorenen Kopfes an einer durch Lunker gefährdeten Stelle nicht zu, so sollte die Konstruktion wenigstens die Anwendung besonderer Hilfsmittel zur Beseitigung dieser Gefahr ermöglichen. Schließt z. B. die Konstruktion das Anbringen eines verlorenen Kopfes an einem dickwandigen Teile eines Abgusses aus, und verhindern gleichzeitig die benachbarten dünnwandigen Stellen das Nachfließen flüssigen Stahles aus einem anderen Trichter, so kann eine entsprechende Verstärkung der dünnwandigen Teile Hilfe bringen, vorausgesetzt, daß die Konstruktion nicht nur eine solche Verstärkung, sondern auch eine wirtschaftliche Beseitigung derselben nach dem Gießen zuläßt, wie in Bild 3 veranschaulicht. Weiter sollte die Anbringung von Aussparungen wo irgend möglich zur Vermeidung von Lunkerbildung angestrebt werden.

III. Wärmespannungen, Kalt- und Warmrisse.

10. Kühlen unbeweglich miteinander verbundene Teile eines Gußstückes, die nicht ausweichen und sich nicht verziehen können, verschieden schnell ab, so entstehen Gußspannungen, die zu Kaltrissen führen, oder auch bei plötzlicher Auslösung der Spannungen explosionsartig zur vollständigen Zertrümmerung eines Gußstückes führen können. Da die Gußspannungen um so größer sind, je ungleichmäßiger das Stück abkühlt, so hilft der Konstrukteur das Entstehen solcher Spannungen verringern, wenn er für eine gleichmäßig fortschreitende Abkühlung aller Querschnitte sorgt.
11. Können Teile eines Gußstückes dem Druck der Wärmespannungen teilweise ausweichen, so verzieht es sich, oder wird windschief. Durch gleichmäßige Massenverteilung und richtig gewählte Stärkeverhältnisse der Teile untereinander kann der Konstrukteur diese Gefahr wesentlich mindern. Z. B. ist es falsch, einem Schwungrad mit schwerem, vollem Kranz nur deshalb ein leichtes Speichensystem zu geben, weil es rechnerisch den Beanspruchungen genügt, während sich die Speichen beim Guß unter dem Schrumpfdruck des Kranzes völlig verziehen.

Für Konstrukteure und Betriebsbeamte	Der Stahlformguß (Stahlguß)	Betriebsblatt

(Fortsetzung.)

12. Warm- oder Schrumpfrisse entstehen, wenn das Schwinden eines Abgusses während des Erstarrens und Abkühlens des Stahles durch irgendeinen Umstand gehindert wird und gleichzeitig die entstehenden Spannungen die jeweilige Bruchgrenze des Stahles überschreiten. Die Gefahr der Warmrißbildung ist deshalb so groß, weil der Stahl während seiner Erstarrung und unmittelbar nachher so wenig widerstandsfähig ist, daß eine verhältnismäßig geringfügige Beanspruchung zur Beschädigung oder zum vollständigen Zerreißen des Gußstückes führen kann.
13. Deshalb sollte die Konstruktion eines Gußstückes ein möglichst hemmungsloses Schrumpfen desselben zulassen. Da der Konstruktionszweck leider in den meisten Fällen die restlose Erfüllung dieser Forderung ausschließt, so ist es Pflicht des Konstrukteurs, dem Stahlgießer die Verwendung aller Hilfsmittel, die der Minderung oder Beseitigung der Warmrißgefahr dienen, zu ermöglichen und zu erleichtern.
14. Die beiden wichtigsten Hilfsmittel sind a) das Anbringen von Schrumpf- oder Schwindrippen, die Wärme ableiten und früher erstarren als die zu schützenden Stellen, und b) das rechtzeitige Aufbrechen der Gußform und das Zerstören der Kerne. Daraus folgt:

    Zu a) Die Konstruktion muß das Anbringen solcher Rippen zulassen, oder noch besser, der Konstrukteur sollte sie in seinem Entwurf nach Rücksprache mit dem ausführenden Stahlgußfachmann als Teil seiner Konstruktion ausbilden.

    Zu b) Die Konstruktion muß ein schnelles Freilegen der durch Schrumpfdruck gefährdeten Teile des Gußstückes nach dem Gießen durch Zerstören der Form und der Kerne gestatten. So wird z. B. ein Speichenrad, vom gießtechnischen Standpunkt aus betrachtet, einem Scheibenrad vorzuziehen sein, weil jenes bei sofortiger Zertrümmerung des Speichenkernes ungehinderter schrumpfen kann als dieses, oder ein Abguß von I oder ähnlichem Querschnitt einem solchen von geschlossener Kastenform, weil bei letzterer die Kerne unzugänglich sind.
15. Lunkerbildung fördert aus leicht erklärlichen Gründen die Neigung zum Reißen. Folglich wird eine Konstruktion, die auf lunkerfreie Herstellung eines Gußstückes Rücksicht nimmt, auch die Gefahr des Reißens vermindern, so daß die unter Lunker angegebenen Richtlinien auch hier Gültigkeit haben.

Ausschuß für wirtschaftliche Fertigung beim Reichskuratorium für Wirtschaftlichkeit in Industrie und Handwerk.

Dieses Betriebsblatt ist von den in Frage kommenden Verbänden und der Industrie endgültig angenommen, nennenswerte Änderungen sind nicht mehr zu erwarten, das Merkblatt kann also den technischen Bureaus zur Anschaffung empfohlen werden.

Einen Überblick über die Zusammensetzung einiger Stahlgußstücke gewährt die Zahlentafel mit den Analysenwerten einiger bemerkenswerter Stücke, hergestellt nach den bekannten Verfahren im Tiegel, Siemens-Martinofen (basisch und sauer), in der Birne, sowie im Elektroofen, aus dem Aufsatz von Schäfer, »Der Stahlguß als Werkstoff«,

Chemische Zusammensetzung von Stahlgußstücken.

Werkstück	Kohlenstoff vH	Silizium vH	Mangan vH	Phosphor vH	Schwefel vH	Schmelzofen
Exzenterscheiben, Vorwalzen	0,35	0,17	0,82	0,040	0,033	S.-M. basisch
Preßzylinder, Traversen	0,37	0,54	0,75	0,080	0,055	S.-M. sauer
Lokomotivachsbuchsen	0,36	0,25	0,72	0,027	0,05	
Ring für Roheisenmischer, Scherenständer	0,38	0,49	0,62	0,085	0,065	S.-M. sauer
Zahnräder	0,385	0,128	0,98	0,046	0,040	S.-M. basisch
Motorguß	0,39	0,30	0,79	0,015	0,017	
Herzstücke, Matrizen	0,40	0,156	0,60	0,050	0,042	S.-M. basisch
Preßzylinder	0,41	0,32	0,89	0,048	0,036	Birne
Brückenauflager	0,416	0,32	0,66	0,009	0,012	Elektroofen
Winkelräder	0,43	0,168	0,63	0,055	0,044	S.M.-basisch
Kammwalzen	0.435	0,21	0,71	0,031	0,023	Elektroofen
Baggerbuchsen	0,44	0,26	0,56	0,048	0,043	Tiegel
Geschoßkörper	0,45	0,40	0,55	0,15	0,10	Birne
Fertigwalzen für große Straßen	0,46	0,13	0,80	0,044	0,054	S.-M. basisch
Mühlgehäuse	0,46	0,24	0,74	0,033	0,046	
Zahnräder, Rollen Grubenräder	0,47	0,48	0,66	0,081	0,050	S.-M. sauer
Kollergangsringe	0,485	0,12	0,85	0,036	0,038	S.-M. basisch
Kollergangsplatten	0,49	0,21	0,50	0,049	0,027	Tiegel
Ventilkörper	0,49	0,37	0,50	0,079	0,064	S.-M. sauer
Brückenauflager	0,49	0,37	0,50	0,079	0,064	S.-M. sauer
Ambosse, Laufringe	0,50	0,41	0,74	0,074	0,054	S.-M. sauer
Brechbacken	0,50	0,21	0,65	0,044	0,045	S.-M. basisch
Fertigwalzen für kleine Straßen	0,53	0,21	0,99	0,047	0,035	S.-M. basisch
Mühlräder	0,54	0,25	0,72	0,027	0,007	
Zahnräder	0,55	0,36	0,85	0,016	0,018	Birne
Kettenscheib., Schnecken für Transportanlagen	0,56	0,45	0,67	0,088	0,065	S.-M. sauer
Kammwalzen	0,56	0,11	0,84	0,056	0,069	S.-M. basisch
Schneckenräder	0,58	0,37	0,53	0,011	0,018	Tiegel
Glühtöpfe, Seitenkeile für Brecher	0,58	0,48	1,00	0,085	0,042	S.-M. sauer
Ventilteile	0,59	0,25	0,75	0,021	0,022	Elektroofen
Geschoßkörper	0,60	0,30	0,44	0,018	0,08	S.-M. basisch
Walzen für kleine Triostraßen	0,64	0,016	0,46	0,010	0,016	Elektroofen
Zahnräder	0.66	0,25	0,55	0,010	0,018	Elektroofen
Sprenggranaten	0,68-0,75	0,50-0,70	0,60 0,75	0,022	0,019	Tiegel
Ring für Erzwalzen	0,71	0,22	0,73	0,087	0,060	Tiegel
Kolben für Gasmotoren	0,73	0,10	0,82	0,020	0,014	Elektroofen
Kollergangsteile	0.74	0,25	0,90	0,027	0,014	Birne
Baggerbolzen	0,80	0,16	0,43	0,011	0,021	Tiegel
Ventile, Kolben	0,81	0,12	1,10	0,026	0,040	S.-M. basisch
Zerkleinerungsplatten für Kugelmühlen	0,86	0,30	1,10	0,013	0,018	Elektroofen
Lochdorne für Schrägwalzwerke (Manganstahl)	0,95	0,25	9,80	0,038	0,014	Elektroofen
Steinbrecherbacken	1,12	0,14	0,62	0,013	0,023	Tiegel
Hartgußwalzen	1,20	0,27	0,73	0,03	0,02	

Für das Schmelzverfahren kommt in der Stahlgießerei der Tiegel, der Martinofen, die Kleinbirne und der Elektroofen in Frage. In besonderen Fällen ergänzen sich auch die Öfen, wie z. B. der Elektroofen mit der Kleinbirne, indem der in der letzteren erschmolzene Stahl im Elektroofen verbessert wird.

Auch der bereits erwähnte Ölofen kann in einzelnen Fällen für die Herstellung von Stahlguß in Frage kommen, neben den genannten Bauarten der Ölöfen sei auch der Siemens-Martinofen mit Ölfeuerung nach Bauart Eckardt, Berlin, angeführt.

Das Schmelzen im Tiegelofen ist sehr teuer. Abgesehen von den Ölöfen, Buess, Schmidt usw. sind auch die Kokstiegelöfen noch in Gebrauch und daneben die Gastiegelöfen mit Generatorgasfeuerung. Der Tiegelofen kommt aber nur bei kleinen Erzeugungsmengen, jedoch hohen Anforderungen an die Qualität des erschmolzenen Stahls in Frage. Über Einzelheiten in der Tiegelstahlherstellung muß auf die Handbücher verwiesen werden.

Der Siemens-Martinofen kommt sowohl mit basischem als wie mit saurem Herd in Anwendung. Der basische Herd wird aus Dolomit und Magnesit hergestellt; er ermöglicht den Zusatz von Kalk, so daß der Phosphor als Kalziumphosphat abgeschieden werden kann. Dieser Herd wird für die Herstellung großer Erzeugungsmengen bevorzugt, Blöcke usw. Der saure Herd aus einem mehr tonhaltigen Sand aufgestampft, wird für phosphorarme Einsätze gewählt; in diesem Ofen wird ein härterer Stahlguß hergestellt als im basischen Ofen. Der P-Gehalt bleibt im sauren Ofen unter 0,10 vH.

Der basische Ofen ergibt einen weicheren Stahl mit hohen Dehnungs- und Biegungszahlen. In den Martinöfen können große Schrottmengen verarbeitet werden, auch die Spänebriketts, nach den verschiedenen Verfahren hergestellt, finden hier günstige Verwendung. Gußeisenspänebriketts kommen weniger in Frage; sie schmelzen auch nicht so leicht ab wie die Stahlbriketts.

Da im sauren Ofen stets reinere Einsätze verwendet werden, ermöglicht der Ofen auch in der Regel bessere Erzeugnisse.

Martinöfen mit kleinen Einsätzen, bis etwa 1500 kg, werden mit Erfolg mit Öl geheizt, hierüber berichtet Ring, Magdeburg, in »Stahl und Eisen« 1914. Ferner sei auf die Öfen mit angebauten Generatoren nach Bauart Boßhardt verwiesen. Diese Öfen mit Einsätzen bis etwa 2000 kg sind in verschiedenen Stahlgießereien des In- und Auslandes in Betrieb; es wird über die Ergebnisse günstig berichtet. Die Anlagen bei Dingler in Zweibrücken und bei der Berliner A.-G. vorm. Freund in Charlottenburg u. a. erzeugen einen hochwertigen Stahlguß, der allen Anforderungen in bezug auf Festigkeit genügt.

Der Boßhardtofen ist sehr anpassungsfähig; es können leichte und schwere Stücke aus ihm gegossen werden; über Einzelheiten wird auf die Berichte in den Fachzeitschriften verwiesen.

Die Anwendung des Bessemer-Verfahrens in der Kleinbirne hat nicht zuletzt in der Zeit des Weltkrieges wesentliche Fortschritte gemacht; die Erfolge bei der Herstellung der Stahlgußteile für Heeresbedarf gaben davon ein Zeugnis.

Die Größe der Einsatzmengen in der Birne sind von 500 bis 1500 kg, bis auf 10000 kg und darüber gestiegen, besonders Treuheit, Elberfeld, berichtete hierüber gelegentlich seines Vortrages in der Versammlung der Gießereifachleute, Mai 1919 in Düsseldorf. Der Bericht (»Stahl und Eisen«) gibt recht bemerkenswerte Aufschlüsse über Stahl-, Gas- und Schlackenuntersuchungen.

Als Einsatz wird ein phosphorarmes, nicht zu siliziumreiches Roheisen mit Schrottzusätzen im Schachtofen verwendet. Der Schmelzgang beruht auf der Verbrennung von Silizium, Mangan und Kohlenstoff im flüssigen Eisen durch die Einwirkung der eingeblasenen Verbrennungsluft. Dabei wird in noch erheblicherem Maße wie beim Martinofen die Temperatur des Eisens gesteigert, so daß der erblasene Stahl für den dünnwandigsten Guß genügend heiß ist.

Der in der Kleinbessemerei hergestellte Stahlguß weist in bezug auf die Qualität gegenüber dem im Martinofenbetrieb erzeugten Stahlguß, insbesondere des Schwefel- und Phosphorgehaltes wegen, einige Unterschiede auf, die nicht zu seinen Gunsten sprechen. Es ist aber die Möglichkeit gegeben, mit Hilfe der Kleinbirne einen hoch überhitzten Stahl zu erzeugen, der besonders für die Herstellung dünnwandiger Stahlgußstücke geeignet ist, infolgedessen ist die Kleinbessemerei ein unentbehrliches Hilfsmittel für die Stahlgießerei geworden, und die Bestrebungen sind darauf gerichtet, die Qualität des Stahlgusses aus der Kleinbirne weiter zu verbessern.

Der P-Gehalt, meist beträchtlich höher als erwünscht, stammt aus dem verwendeten Roheisen. Der Satz für das im Schachtofen erschmolzene Rinneneisen besteht in der Regel aus etwa 50 vH Hämatit und 50 vH Eingüssen mit eigenem Bruch sowie gekauftem Stahlschrott.

Mit Ausnahme des Stahlschrottes enthält das gesetzte Eisen etwa 0,1 vH Phosphor und darüber, die Möglichkeit der Phosphorverminderung wächst also mit der Steigerung der Schrottzusätze.

Für die Durchführung des Schmelzganges in der Kleinbirne ist aber auch ein bestimmter Si-Gehalt im Rinneneisen notwendig, um diejenigen Wärmemengen zu erzeugen, die das Fertigmachen des Stahls in der Birne benötigt. Der Stahlgießer ist also gezwungen, bei der Verwendung größerer Stahlzusätze im Schachtofen durch Verwendung von Ferrosilizium einen Ausgleich zu schaffen. Hierbei haben sich die FeSi-Pakete infolge ihrer Treffsicherheit, bezüglich der Anreicherung mit Si im Rinneneisen, bestens bewährt.

Im Kleinbessemerbetrieb müssen die einzelnen Sätze zweckmäßig ungefähr wie folgt verlaufen:

1. Satz:	Silicium-Gehalt	etwa	1,6 vH,	Blasdauer	18	Minuten
2. »	»	»	1,4 vH,	»	15	»
3. »	»	»	1,2 vH,	»	13	»

Bei den weiteren Sätzen kann mit dem S-Gehalt noch etwas heruntergegangen werden. Es ist bei einem sorgfältig geführten Schachtofenbetrieb ohne weiteres möglich, auch ohne Roheisen das Rinneneisen herzustellen, wenn geeigneter Stahlschrott (insbesondere Schienenenden, Trägerabschnitte usw.) zur Verfügung steht. In diesem Falle läßt es sich ermöglichen, den Phosphorgehalt auf etwa 0,05 vH zu halten.

Der lästige Schwefelgehalt kann durch die Behandlung des Rinneneisens mit dem erwähnten Entschwefelungsverfahren (nach Walter) wesentlich erniedrigt werden. In diesem Falle ist aber stets das Rinneneisen zu behandeln und nicht der fertige Stahl nach dem Blasen in der Birne. Wie die Ergebnisse in verschiedenen Stahlgießereien bestätigen, ist es möglich, den Schwefelgehalt bis auf 0,03 vH herabzuholen; 0,04 und 0,05 vH Schwefelgehalt bilden die Regel.

Über weitere Einzelheiten in der Führung des Kleinbessemereibetriebes sei auf die bereits genannten Gießereihandbücher aufmerksam gemacht sowie auf die Tagesberichte in den Fachzeitschriften verwiesen. Osann berichtete unter anderen über die Zusätze im Kleinkonverter, die Berechnung der Sätze und über die Wichtigkeit der Entgasung des Rinneneisens, auf diese Frage wird an anderer Stelle noch eingegangen.

Als letzte, aber bedeutungsvollste Gruppe von Schmelzöfen für die Stahlgußherstellung kommen die Elektroöfen in Frage. Mit Bezug auf

Selbstkosten für den flüssigen Stahl

5 t-Martinofen.
Stahlgußausbringen = 54 vH je t Stahlguß.
1,8 t flüssigen Stahl = 2 t Einsatz.

	Einsatz und Herstellung	Verbrauch je t Stahlguß kg	1913 Preis/t M.	1913 Aufwand je t Stahlguß M.	1920 Preis/t M.	1920 Aufwand je t Stahlguß M.
Einsatz und Desoxydation	Roheisen	440	7,5	33,00	1 700	748
	Schrott	1000	6,5	65,00	1 200	1200
	Späne	500	4,0	20,00	1 000	500
	Ferromangan 80 vH	20	25,0	5 00	10 000	200
	Ferrosilizium 50 vH	16	26,0	4,16	4 500	72
	Spiegeleisen	20	8,5	1,70	1 800	36
	Aluminium	0,2	150,0	0,30	150 000	30
				129,16		2786
Zuschläge	Kalk	200	1,5	3,00	160	32
	Koks	10	2,0	0,20	350	3,5
	Erz	10	2,4	0,24	200	2,0
	Dolomit o. Magnesit	50	6,0	3,00	1 200	60
				6,44		97,5
Betriebskosten	Löhne und Gehälter	1800	0,6	10,80	100	180,0
	Brennstoff	720	1,4	10,00	250	180,0
	Erhaltungskosten	1800	0,4	7,20	80	144,0
	Sonstiges	1800	0,5	9,00	100	180,0
				37,00		684,0
			Gesamtkosten	**172,60**		**3567,50**

Martinofen: Elektroofen (Dampfkr): Elektroofen (Wasserkr.) = 100:103,5:910 1913.

Martinofen: Elektroofen (Dampfkr.): Elektroofen (Wasserkr.) = 100:970:850 1920.

Einsatz und Desoxydation: Herstellungsaufwand = 1:0,286 1913.

Einsatz und Desoxydation: Herstellungsaufwand = 1:0,246 1920.

die Ausführungen an anderen Stellen sei hier ein Bericht aus einem Vortrag von Kothny gegeben.

Der Elektroofen, der seit dem Jahre 1905 in der Eisenindustrie Eingang gefunden hat, hat auch für alle drei Gruppen der Gießereibetriebe, d. i. die Stahl-, Grau- und Tempergießerei, eine besondere Bedeutung. In der Stahlgießerei tritt der Elektroofen mit dem Martinofen, dem Kleinkonverter und dem Tiegelofen in Wettbewerb. Eine Gegenüberstellung der Selbstkosten des flüssigen Stahls für die Tonne fertigen Stahlgusses ergibt, daß der Elektroofen in den Selbstkosten für den flüssigen Stahl je t fertigen Stahlgusses 1920 dem Martinofen auch bei durch Dampfkraft erzeugter elektrischer Energie gleichkommt. Die nachstehende Zahlentafel gibt eine Gegenüberstellung der Selbstkosten des flüssigen Stahls je t fertigen Stahlgusses für einen 5-t-Martin- und Elektroofen für 1913 und 1920 wieder.

für die Tonne Stahlguß (Kleinguß).

5-t-Elektroofen.
Stahlgußausbringen = 60 vH je t Stahlguß.
1,66 t flüssigen Stahl = 1,8 t Einsatz.

	Einsatz und Herstellung	Verbrauch je t Stahlguß kg	1913 Preis/t M.	1913 Aufwand je t Stahlguß M.	1920 Preis/t M.	1920 Aufwand je t Stahlguß M.
Einsatz und Desoxydation	Schrott	1320	65	85,80	1 200	1584
	Späne	450	40	18,00	1 000	450
	Ferromangan 80 vH	15	250	3,75	10 000	150
	Ferrosilizium 50 vH	15	260	3,90	4 500	67,5
	Aluminium	0,2	1500	0,30	150 000	30,0
				111,75		2281,5
Zuschläge	Kalk	100	15	1,50	160	16,0
	Koks	20	20	0,40	350	7,0
	Erz	10	24	0,24	200	2,0
	Dolomit o. Magnesit	50	60	3,00	1 200	60,0
				5,14		85,0
Betriebskosten	Löhne und Gehälter	1666	5	8,30	100	166,6
	Strom KWst	1100	0,04	44,00	0,6	660,0
	Elektroden	25	70	1,75	2 750	68,0
	Erhaltungskosten	1666	4	6,64	80	132,8
	Sonstiges	1666	5	8,30	010	166,6
				68,99		1194,0
Gesamtkosten bei Dampfkraft				185,88		3560,5
Ersparnis in der Gießerei				7,00		100,0
Aufwand für Stahl bei Dampfkraft				**178,88**		**3460,5**
Ersparnis bei Wasserkraft			0,02	22,00	0,20	440,0
Aufwand für Stahl bei Wasserkraft				**156,88**		**3020,5**

1913 Einsatz und Desoxydation: Herstellungsaufwand (Dampfkr.): Herstellungsaufwand (Wasserkr.) = 1:0,618:0,42.
1920 Einsatz und Desoxydation: Herstellungsaufwand (Dampfkr.): Herstellungsaufwand (Wasserkr.) = 1:0,523:0,33.

Aus derselben geht hervor, daß, während zur Friedenszeit der Elektroofen nur für die Kleingießerei den Martinofen erfolgreich ersetzen konnte, er heute wegen seines günstigen Ausbringens, der Güte und der Möglichkeit, ohne Roheisen zu arbeiten, dem Martinofen auch in der Großgießerei überlegen ist. — Auch in bezug auf die Brennstofffrage ist der Elektroofen, obwohl er mehr Energie für seinen Betrieb benötigt, dem Martinofen gegenüber nicht im Nachteil. Der Elektroofen braucht nicht hochwertigen Brennstoff für seinen Betrieb; denn die elektrische Energie kann auch mit minderwertigem Brennstoff oder sogar aus Abfallenergie erzeugt werden. Es ist also heute der Betrieb des Elektroofens viel gesicherter als der des Martinofens. Die Überlegenheit des Elektroofens gegenüber dem Martinofen wird aber noch durch betriebstechnische und metallurgische Vorteile gesteigert. Der Elektroofen paßt sich viel besser den Betriebsverhältnissen an; die Zahl der Arbeitstage ist im Jahre eine größere als beim Martinofen. Er ist in der Lage, jede gewünschte Qualität aus normalem Einsatz zu erzeugen. Außerdem ist der Abbrand an Legierungsmetall bei Herstellung von legiertem Stahlguß im Elektroofen geringer als im Martinofen. Da die Ansprüche in bezug auf Qualität immer größer werden, nachdem Deutschland auf dem Weltmarkte nur durch Güte wettbewerbsfähig bleiben kann, so ist der Elektroofen dem Martinofen überlegen. Dem Kleinkonverter und dem Tiegelofen gegenüber steht seine Wettbewerbsfähigkeit außer Frage. Diese beiden Schmelzöfen sind durch ihre Abhängigkeit von besonderem Einsatzmaterial dem Elektroofen gegenüber im Nachteil. Der Elektroofen ist heute daher als der Universalofen der Stahlgießerei zu bezeichnen.

In manchen Fällen wird auch ein Zusammenarbeiten von Elektroöfen und Kleinbirne möglich sein. Der Elektroofen erhält den Einsatz im flüssigen Zustande aus dem Schacht- oder Flammofen, also Rinnen- oder Martinofeneisen, das im Elektroofen weiter behandelt wird. Der Elektroofen dient also zur Veredlung des erschmolzenen Stahls, der zur Herstellung von hochwertigen Gußstücken Verwendung findet.

Über weitere Einzelheiten und Betriebsergebnisse mit Elektroöfen sei auf die Berichte von Geilenkirchen, Kothny, Kölla, Linke, Herkenrath und Vogl in den Gießereifachzeitschriften verwiesen. Geilenkirchen berichtete bereits 1908.

In der Stahlgießerei verlangt die Aufbereitung und Auswahl der Formstoffe ganz besondere Aufmerksamkeit. Der sehr heiß vergossene Stahl benötigt einen hochfeuerfesten Formsand oder in der getrockneten Form ein Gemenge aus feuerfestem Ton mit gebranntem gemahlenem Ton und Koksmehl. Die jeweils in Frage kommende Mischung muß nach den Gußstücken erprobt werden.

Da die Kosten der Aufbereitung mit den Preisen der Rohstoffe eine recht erhebliche Belastung der Gießerei darstellen, sind sehr viele Stahlgießereien dazu übergegangen, mit Rohsanden zu arbeiten, wie sie in der Natur vorkommen. Morawiek, Rothehütte, berichtet über derartige Formsande für die Herstellung von Stahlguß in grünen Formen in der »Gießereizeitung« 1922, Nr. 1. Er betont, daß derartige Sande an vielen Stellen gefunden werden, und empfiehlt darauf zu achten, daß keine kohlenstoffhaltigen Zusätze im Sande verwendet werden, da diese dem in der Form fließenden Stahl Gelegenheit geben, Kohlenstoff aufzunehmen. Als brauchbarer Sand wird der von Bong & Co. in Süchteln gelieferte Rosenthaler Formsand für Stahlguß genannt.

Als Schwärze dient Graphit, oder Gemenge von Graphit, Holzkohle, abgebundenem, fein gemahlenem Gips und Dextrin in Wasser angerührt (auf 8 Teile Graphit 1 Teil Holzkohlenpulver, 1 Teil Gips und Wasser, mit etwas Dextrin zu einem seimigen Gemisch angerührt und vor dem jedesmaligen Gebrauch gut durchgerührt). In gleicher Weise sind auch mit Vorteil die Schlichte der Möncheberger Gewerkschaft in Kassel und ähnliche fertige Schlichten zu verwenden.

Die Formen werden nach Modellen mit etwa 2vH Schwindmaß mit besonderen Steigern, starken Anschnitten und verlorenen Köpfen hergestellt, da die Stücke sehr zum Nachsaugen neigen. Auch hier ist besonders hervorzuheben, daß bei den in Stahlguß herzustellenden Teilen viel zu oft die Vorsichtsmaßregeln außer acht gelassen werden. Es sei an dieser Stelle auf den recht bemerkenswerten Aufsatz von Oeking über Stahlformgußstücke in »Stahl und Eisen« 1923 Heft 26 hingewiesen. Erhebliche Unterschiede in den Wandstärken dürfen nicht auftreten, wenn nicht das Gußstück in seiner inneren Gefügebeschaffenheit hinsichtlich Dichte, Poren- und Lunkerfreiheit sowie Dehnung erheblich geschädigt werden soll. Ganz abgesehen davon stellen die Konstrukteure oft so erhebliche Anforderungen an den Stahlgießer, daß dieser nur durch Anbringen von besonderen Steigern, verlorenen Köpfen, Rippen usw. derartigen Übelständen begegnen kann, wodurch der Guß selbst wesentlich verteuert wird, wenn er überhaupt gelingt.

Die Formen müssen sehr fest gestampft werden, je nachdem von Hand oder auch mit Maschine, wobei wiederum hydraulische Formmaschinen mit großer Pressung (100 at) eine nicht unwesentliche Rolle spielen. Das Stampfen geschieht bei größeren Formen auch vorteilhaft mit Preßluftstampfern, die von deutschen Firmen in mustergültiger Ausführung auf den Markt kommen.

Die Formen trocknen meist bei dunkler Rotglut in Trockenkammern, die eine allmähliche Steigerung der Temperatur zulassen. Die Trockenkammern, mit Trockenwagen versehen, werden entweder unmittelbar mit Kohlenheizung oder mit Gas gefeuert. Letztere Art hat sich wegen ihrer bedeutenden Brennstoffersparnis und sauberen Arbeitsweise sehr gut bewährt und bereits allenthalben Eingang gefunden.

Die Putzerei des Stahlgusses geschieht am vorteilhaftesten mit Sandstrahl unter Druck, wobei sich die bekannteren Verfahren der Drucksandstrahlgebläse, z. B. Gutmann, Altona-Ottensen, auch für Putzhäuser besonders bewährt haben.

Das Nachputzen geschieht mit Hilfe von Hammer und Meisel und besonders durch Preßluftwerkzeuge, die sich gut eingeführt haben.

Nach dem Putzen wird der Rohguß geglüht, um ihn einerseits weich zu machen, anderseits um Gußspannungen auszugleichen. Zum Glühen dienen teils Glühgruben, teils Glühöfen, die man auch mit geeigneten Wagen zum Aus- und Einfahren des Gusses versieht. Die Glühöfen, auf mittlere bis helle Rotglut erhitzt, werden mit direkter Kohlen- oder aber mit Generatorgasfeuerung geheizt. Die Glühdauer bei höchster Temperatur von etwa 900° C ist auf 12 bis 18 h je nach Dicke der Stücke zu halten; nachher läßt man rasch auf dunkle Rotglut sinken, um ein feinkörniges Gefüge zu erzielen, indem die Heizung abgestellt wird und Luft von außen eintritt; nachher wird die Abkühlung wieder verzögert, bis die Außentemperatur der Umgebung erreicht ist, indem der Ofen allseitig geschlossen wird.

E. Der Nichteisen-Metallguß.

Die Herstellung des Nichteisen-Metallgusses erfolgt in Tiegel- und Flammöfen und in neuester Zeit auch in Elektroöfen verschiedener Bauart.

In vielen Metallgießereien haben trotz der höheren Anschaffungskosten die Ölfeuerungsöfen Eingang gefunden, die mit Roh- oder Steinkohlenteeröl betrieben werden. Das Öl wird mittels Düse unter Druck gleichzeitig mit Preßluft eingeführt, so daß eine vollständige Verbrennung möglich wird. Bei ungenügender Luftzufuhr gibt das Öl eine stark rußende Flamme, ohne daß die notwendige Schmelzhitze erzielt werden kann. Die erzeugte Hitze genügt in der Regel nicht, um höhere Temperaturen für Stahl- und Eisenschmelzungen durchzuführen. Die Ölfeuerung wirkt entweder unmittelbar auf die schmelzenden Metalle oder Legierungen, oder aber sie heizt zunächst den Tiegel, der dem Angrff der Heizgase ganz erheblichen Widerstand entgegensetzt. Aus diesem Grunde wird dem Tiegelofen gegenüber dem Ölflammofen häufig der Vorzug gegeben, denn das Metall ist im Tiegelofen vor Überhitzung und Oxydation geschützt.

Die Gasfeuerung kommt, abgesehen von den Stahlöfen, bei Tiegelöfen weniger in Frage, die Koksheizung wird aber immer mehr von der Ölfeuerung verdrängt. Bei der Koksheizung ist darauf zu achten, daß der Tiegel stets allseitig von glühendem Koks umgeben wird, damit kein Hohlbrennen und keine einseitige Abkühlung des Tiegels eintritt, eine Zerstörung des Tiegels wäre die baldige Folge. Es ist deshalb notwendig, sowohl bei Öfen mit natürlichem Zug, als wie bei Gebläseluftöfen den Koks in bestimmten Zwischenräumen niederzustoßen. Dann wird frischer Koks nachgeworfen, der aber nicht mit dem glühenden Tiegel in unmittelbarer Berührung kommen darf.

Ein möglichst aschenarmer Koks vermindert die Schlackenansätze am Tiegel und erhöht deren Lebensdauer. Das Kaltblasen der Tiegel ist zu vermeiden. Nähere Vorschriften über die Behandlung der Schmelztiegel finden sich im Abschnitt »G« unter Schmelztiegel.

Der Flammofen bietet bei der Metallschmelzung gegenüber dem Tiegelofen den Vorteil, daß in ihm große Mengen Metall gleichzeitig erschmolzen werden können. Dies kommt auch der Metallspäneschmelzung zugute. Dreh-, Bohr- und Hobelspäne, die beim Einschmelzen großen Raum erfordern, werden besser im Flammofen erschmolzen, wenn man nicht vorzieht die Späne vorteilhaft zu brikettieren. Da die Nichteisenspäne wertvoller sind, macht sich in der Regel die Brikettierung durch die wesentlich geringere Oxydation des Einsatzes bezahlt.

Für die Herstellung großer Statuen in Bronze oder großer Glocken kommt nach wie vor der Flammofen in Frage, der für diesen Zweck meist mit Holzfeuerung ausgerüstet ist. Diese Flammöfen sind in der Regel neben der Gießgrube angeordnet.

Von großer Bedeutung für die Nichteisenmetallschmelzung ist neben dem Ölofen, **der Elektroofen** in verschiedenartiger Ausführung. In der Versammlung des Verbandes deutscher Metallgießereien in Friedrichsroda (1922) hielt Ruß einen recht bemerkenswerten Vortrag über die Verwendung dieses Ofens. Er führte aus, daß das elektrische Schmelzen von Kupfer und Kupferlegierungen ein zukunftsreiches Gebiet darstelle, und versuchte nachzuweisen, daß die Wirtschaftlichkeit dieses neuen Schmelzverfahrens sich insbesondere in dem niedrigen Metallabbrand, Verzicht auf Tiegel, genaue Temperaturregelung und einfachere Bedienung ausdrückt. Die Flüchtigkeit des Zinkes bei Messingguß, kann durch genaue Temperaturregelung, häufige Verminderung der Badoberfläche und hermetischen Verschluß des Herdes so weitgehend ermäßigt werden wie es mit den bisherigen Schmelzeinrichtungen nicht annähernd zu erreichen war. Sodann sind die Schwierigkeiten beim Einschmelzen von feinen Spänen im Elektroofen überwunden, nachdem es möglich geworden ist, in einem neutralen Schmelzraum zu arbeiten. Bei der Verarbeitung von Rotguß-, Bronze- und Kupferspänen ist dieses von besonderer wirtschaftlicher Bedeutung. An Hand verschiedener Betriebsunkostenberechnungen konnte Ruß nachweisen, daß die Abbrandverluste bei hohen Metallpreisen den Ausschlag geben, und daß schon ein geringer Unterschied der Abbrandziffern zwischen dem elektrischen Schmelzen und zwischen dem Schmelzen mittels Koks oder Öl die Betriebskosten so merklich beeinflussen, daß die Anschaffung elektrischer Schmelzöfen dadurch oft gesichert ist.

Aus den Beispielen ist zu entnehmen, daß nicht nur die geringen Abbrandverluste, sondern auch der Fortfall teurer Tiegel, die große Haltbarkeit der Zustellung aus Schamotte und die einfache Bedienung eines Elektroofens zur wirtschaftlichen Verbesserung des Schmelzbetriebes beitragen.

Die betriebstechnische Bedeutung des Elektroofens ist eine fast ebenso große wie die wirtschaftliche. Die Inbetriebsetzung von Gaserzeugern, das Unterhalten von Herdfeuern, das Anwärmen der Öfen und Tiegel u. dgl. fällt beim Elektroofen weg. Mit dem zur Verfügung stehenden Strom kann sofort geschmolzen werden. Dadurch wird der Ofen gut ausgenutzt bzw. die Ofenleistung erhöht. Auch fallen überflüssige Löhne fort, die bei anderen Schmelzverfahren häufig aufzuwenden sind. Aufbewahrungsräume für Brennstoffe, Kohlenbunker, explosionssichere Kammern u. dgl. sind beim Elektroofen nicht nötig. Ebenso verzichtet er auf Kamine, Gaskammern, Gasgeneratorenanlagen, Kanäle, Gasventile und Nebeneinrichtungen.

Die zur Verwendung geeigneten Ofenarten sind:

1. Lichtbogenöfen, bei denen nur die strahlende Wärme des Bogens zum Schmelzen verwendet wird;
2. Lichtbogenöfen, bei denen die Schmelze zur Stromleitung mit benutzt wird;
3. Widerstandsöfen;
4. Induktionsöfen.

Während in Amerika die Öfen 1 und 3 bevorzugt werden, finden in Deutschland vor allem die Induktionsöfen besondere Beachtung. Zu beachten ist jedenfalls, daß man bei den Widerstandsöfen und Induktionsöfen nur mit einem verschwindend kleinen Metallabbrand zu rechnen hat, während der Metallverlust bei den Lichtbogenöfen recht beträchtlich werden kann.

Die Lichtbogenöfen, bei welchen das Schmelzen nur durch die strahlende Wärme des Lichtbogens erfolgt, sind meist so gebaut, daß über dem Herd, in welchen das Schmelzgut eingebracht wird, ein oder mehrere Kohlenpaare je nach Stromart eingeführt sind, zwischen welchen ein Lichtbogen gebildet wird. Durch die strahlende Wärme dieser Lichtbogen, die dadurch zusammengehalten wird, daß die Ofen allseitig geschlossen sind, kommt der Ofeneinsatz rasch zum Schmelzen. Da die Hitze sehr groß ist, wird der Metallverlust, besonders bei Legierungen mit Metallzusätzen, die leicht verdampfen, ziemlich groß und kann 4 bis 5 vH und mehr betragen. Vor allem müssen bei derartigen Öfen Einrichtungen getroffen werden, daß der Lichtbogen nicht zur Schmelze überspringen kann und zeitweise von Elektrode zu Metall und von da zu Elektrode verläuft. Hierdurch würden ganz bedeutende örtliche Überhitzungen entstehen, durch die der Metallverlust auf ein vielfaches gebracht werden kann.

Die Lichtbogenöfen mit unmittelbarer Ausnutzung des Lichtbogens zum Schmelzen, unter Verwendung der Leitfähigkeit des Metalls, wo also der Lichtbogen zwischen Schmelze und Elektrode eingeleitet wird, sind in ihren Haupteinzelheiten mit den Eisen- und Stahlschmelzofen gleichbedeutend. Naturgemäß ist der Abbrand verhältnismäßig hoch, so daß sie sich z. B. zum Messingschmelzen nicht eignen, weil zu viel Zink verdampft, und weil der Zinkdampf leicht den Lichtbogen zum Erlöschen bringen und das Wiederzünden verhindern kann.

Bei den Widerstandsöfen wird die Joulesche Wärme von stromdurchflossenen Leitern durch Wärmeleitung auf die Schmelze übertragen. Auch diese Öfen, deren Prinzip z. B. auch bei den elektrischen Härteöfen angewendet wird, sollen sich recht gut bewährt haben. Ihr Hauptvorteil gegenüber den Lichtbogenöfen wird vor allem darin zu sehen sein, daß die Metallverluste durch Abbrand auf eine Mindestmenge gebracht sind.

Der in Deutschland während des Krieges in Verwendung gekommene Induktionsofen hat in bezug auf den Metallabbrand die gleichen Vorteile wie der Widerstandsofen. Sein Prinzip ist die Schmelze zur kurz geschlossenen Sekundärwicklung eines Transformators zu machen, so daß sich die gesamte zugeführte Energie in Wärme, wie es in der Stahlfabrikation bei den Öfen, Bauart Röchling-Rodenhauser, zur Anwendung kommt.

Daß auch im Schmelzofen mit Ölfeuerung sehr günstige Ergebnisse erzielt werden können, zeigt die nachstehende Zahlentafel über Schmelzungen im Bueß-Tiegelofen.

Zahlentafel über neue Schmelzversuche im Bueßofen:

Datum	Ofen	Nr. d. Schmelzung	Eingesetztes Metall	Gesamt-Menge kg	Schmelzergebnis Beginn	Ende	Dauer Min.	Ergebnis kg	Schmelz-Verlust kg	vH	Bemerkungen
4.4.1923	Bueß-Ofen	1	Bronzelagermetall	200,—	9^{13}	10^{02}	42	197,3	2,7	1,35	7 Minuten beschicken von Anheizzeit abrechnen
4.4.1923	»	2	Rotgußspäne	190,—	10^{28}	12^{11}	58	187,6	2,4	1,26	18 Min. für Nachsetzen 27 Min. Störung durch Gießpfanne
4.4.1923	»	3	Sperrg. Altkupf. 88 Rotgußspäne 50 Rotgußbruch 50 Zinn 10 Zinn, oxydiert 2	200,—	12^{59}	2^{12}	46	199,0	1,0	0,5	6 Min. für Nachsetzen 21 Minuten Sicherung für Motor durchgebrannt.
4.4.1923	»	4	wie bei Schmelzung Nr. 3	200,—	2^{37}	3^{41}	48	197,4	1,6	0,8	15 Min. Kompr.-Riemen abgefallen 11 Min. für Nachsetzen
5.4.1923	»	5	Rotgußspäne mit Eisen verunreinigt	180,—	11^{00}	12^{28}	77	179,0	1,—	0,55	11 Min. für Nachsetzen und Einsetzen
5.4.1923	»	6	Altkupfer 88 Rotgußspäne 40 Rotgußbruch 60 Zinn 10 Zink 2	200,—	12^{57}	2^{06}	51	198,3	1,7	0,85	11 Min. für Einsetzen 7 Minuten Motorstörung

Was das Gießen selbst anbetrifft, so ist ein rasches Füllen der Formen stets von Vorteil. Die Metallegierungen und Metalle sollen, um Veränderungen durch oxydierende Einflüsse u. dgl. zu vermeiden, nicht wesentlich überhitzt, erschmolzen werden, sodaß weder eine Metallverdampfung, noch eine Oxydation, sondern nur möglichst große Leichtflüssigkeit erzielt wird. Das Metall wird meist nach dem Flüssigwerden mit einem Holzstab, besser noch mit einem Rührstab aus Retortengraphit, umgerührt, prüft so die Dünnflüssigkeit und gießt alsbald, da ein zu langes Erhitzen nicht günstig auf das Metall einwirkt. Rührstäbe aus Retortengraphit liefern die Fabriken für elektrische Bogenlampenkohlen. Besonders neigen viele Metalle und Metallegierungen zur Aufnahme von Schwefel aus den Brennstoffen, von Sauerstoff aus der Verbrennungsluft, und, wenn solcher vorhanden, oft auch zur Wasserstoffaufnahme, auch deshalb ist das Schmelzen im Tiegel dem Schmelzen im Flammofen vorzuziehen.

Die meisten Metallgußstücke werden sich beim Formen im Sand fast ebenso verhalten, wie die Graugußstücke. Ist dabei der Sand verhältnismäßig leicht sinternd bzw. schmelzbar (was an der Anwesenheit leicht schmelzbarer Bindemittel liegt), so brennt der Sand, wenn die Formen nicht besonders überzogen sind, an. Es ist deshalb auf einen Sand zu achten, der bei diesen Gießereitemperaturen derartige Eigenschaften nicht zeigt. Man hat noch besondere Gußverfahren, die sich für leichter schmelzbare Legierungen eignen; hierzu gehören der Sturz- oder Schwenkguß, bei dem wird die Form ganz oder teilweise vollgegossen, die Form nach kurzer Zeit umschwenkt, am Einguß, gegebenenfalls, die Metallkruste durchstößt und das überschüssige Metall wieder in den Tiegel zurückfließen läßt. Die Hohlkörper (Figuren, Statuetten, Lampenfüße usw.) werden so ohne Anwendung von Kernen erzeugt. Als Metallguß dienen meist Zinklegierungen. Die Formen sind für solche Zwecke meist bleibende aus Metall.

Die in der Metallgießerei zur Verarbeitung gelangenden Nichteisenmetalle sind in der Hauptsache: Kupfer, Zinn, Zink, Nickel, Blei, Antimon, Aluminium, Magnesium und deren Legierungen. Um auf diesem umfangreichen Gebiet der Metallindustrie eine Grundlage für die Erhöhung der Wirtschaftlichkeit in der Herstellung der Nichteisenmetallerzeugnisse zu schaffen, hat der Normenausschuß der Deutschen Industrie einen besonderen Fachausschuß ins Leben gerufen, der Werkstoffnormen aufstellt. Diese Werkstoffnormen umfassen sowohl die reinen Metalle, als wie auch die daraus gebildeten Legierungen. Soweit die Arbeiten bereits abgeschlossen sind oder im Entwurf vorliegen, sollen die Vorlagen hier in den einzelnen Abschnitten mitgeteilt werden, eine spätere Ergänzung bleibt vorbehalten.

a) Die Metalle.

1. **Das Kupfer**[1]) ist eines der verbreitetsten Metalle auf der Erde, doch kommt es selten gediegen vor, sondern an Sauerstoff und besonders an Schwefel gebunden. Diese Verbindungen bezeichnet man in ihrem Naturvorkommen als Erze, und gewinnt daraus durch besondere hüttenmännische oder elektrolytische Verfahren das Kupfer als mehr oder weniger reines Metall. Das Kupfer besitzt rote Farbe und neben seiner ganz bedeutenden Härte große Dehnbarkeit, so daß es sich zu Blechen, Drähten usw. auswalzen läßt. Reines Kupfer besitzt hohen Metallglanz und ist sehr politurfähig. Es gehört zu den strengflüssigen Metallen, sein Schmelzpunkt liegt bei 1054° C. Sein spezifisches Gewicht ist 8,9, doch zeigt das gewöhnliche Handelskupfer, je nach dem Grade der Verunreinigung ein spezifisches Gewicht von 8,2 bis 8,5. Während des Schmelzens saugt es Sauerstoff, Wasserstoff und schweflige Säure auf, die sich beim Erstarren teilweise wieder davon trennen, so daß ein Steigen des Metalls in der Form hervorgerufen wird. Um dies zu vermeiden, müssen Zusätze, besonders von Phosphor, Mangan oder Silizium dazugegeben werden, die diese Gase unschädlich machen, indem sie Verbindungen bilden, die während des Schmelzens aus dem Metall herausgehen. An trockener Luft ist das Kupfer sehr beständig, doch überzieht es sich bei feuchter Luft mit Grünspan. Beim Schmelzen an der Luft bildet sich auch Kupferoxydul, das vom Kupfer gelöst wird und die physikalischen Eigenschaften des Metalls ungünstig beeinflußt, durch die genannten Zusätze wird diesem Übelstand vorgebeugt. Durch saure Dämpfe von schwachen Säuren (z. B. Essigsäure) durch Fette, fette Öle,

[1]) Die Normung des Cu ist noch nicht abgeschlossen.

Ammoniak, Alkalien, Kochsalzlösungen usw. wird die Oxydation des Kupfers im festen Zustande befördert. Die entstehenden Kupfersalze schmecken unangenehm und sind, wie alle Kupfersalze, sehr giftig, weshalb Kupfer zu Eß- und Trinkgeräten nicht benutzt wird.

Von besonderer Wichtigkeit sind die Legierungen des Kupfers mit Zink, Nickel, Zinn, Silber usw., die sich durch Härte, Dehnbarkeit, Festigkeit, Zähigkeit, Politurfähigkeit und gute Gießbarkeit auszeichnen.

DIN Ges.gesch.	Noch nicht endgültig! **Zink**	ENTWURF 1 E 327

Bezeichnung von Zink.
Zn DIN ....
Bezeichnung: eingießen oder aufschlagen.

Bezeichnung		Zn-Gehalt vH	Zulässige Abweichung vH	Höchstzulässige Beimengung
besondere	abgekürzte			
Feinzink I	Zn 99,9	$\geqq$ 99,9	$\leqq$ 0,05	Rest
Feinzink II	Zn 99,8	$\geqq$ 99,8	$\leqq$ 0,05	»
Rohzink, Raffinadezink ..	—	Angaben folgen später		
Ungeschmolzenes Zink	Zn u	Aus Altzink ohne oder mit Zugabe von Rohzink erschmolzen. Zusammensetzung oder Reinheit nicht festgelegt.		

2. **Das Zink** findet sich ebenfalls in großen Mengen in Form von Erzen in der Natur und wird durch Hüttenverfahren gewonnen. Es ist ein bläulichweißes, stark glänzendes Metall von grob oder fein kristallinischer Struktur, die je nach dem Erkaltungsvorgang gröber oder feiner ausfällt. Das spezifische Gewicht des gegossenen Zinks schwankt zwischen 7,15 und 6,85, im Mittel 7 die ungefähr richtige Zahl. Bei gewöhnlicher Temperatur ist chemisch reines Zink etwas dehnbar, das gewöhnliche Zink jedoch ist infolge der darin enthaltenen geringen Verunreinigungen spröde. Es ist etwas härter als Zinn, läßt sich aber nur schwer mit der gewöhnlichen Feile bearbeiten. Die Festigkeit ist gering, doch läßt es sich bei Erhitzung über 100 bis etwa 150° C walzen und ziehen. Geht die Erhitzung höher, so wird es wieder spröde, und zwar so sehr, daß es leicht zu Pulver zerstoßen werden kann. Zink ist gut gießbar, es erleidet aber durch die Wärme eine sehr große Ausdehnung, und zwar die stärkste unter allen Metallen. Es schmilzt bei 419° C, verdampft bei etwas höherer Temperatur und siedet bei 1040°. Blei nimmt es nur wenig auf, doch verleihen schon 0,5 vH dem Zink eine größere Geschmeidigkeit. Es wird durch Eisen, Arsen, Antimon, Schwefel usw. verunreinigt, die bei geringen Mengen keinen Einfluß ausüben, größere Mengen aber machen es spröde, hart und brüchig. Ist Zinkoxyd im Zink zum Guß gelöst, so wird die Gußware schwer bearbeitbar. Reines Wasser und trockene Kohlensäure greifen das Zink nicht an, ist aber

beides gleichzeitig vorhanden, so wird das Zink unansehnlich grau, doch ist die entstehende Überzugsschicht sehr dünn und schützt vor weiterer Korrosion. Wegen dieser Eigenschaft wird es als Dachbedeckung angewandt, auch die Verwendung mit Blechform zu Klempnerarbeiten beim Hausbau hängt damit zusammen. Man benutzt es vielfach zu billigem Zinkkunstguß, der nachher galvanisch zu bronzeartigen Statuetten umgewandelt wird. Deutschland und Belgien sind die Haupthersteller für dieses, besonders zu Legierungen, vielseitig verwandte Metall. Besonders sei hier auf die Verwendung des Zinkes in den Legierungen für Geschoßkörperzünder hingewiesen.

DIN Ges. gesch.	Noch nicht endgültig! **Zinn** Werkstoffe	ENTWURF 1 **E 1704**

Bezeichnung von Zinn mit 99vH Reingehalt:
Sn 99 DIN ......
Bezeichnung ist einzugießen oder aufzuschlagen.

Benennung	Kurzzeichen	Sn Reingehalt in vH	Höchstzulässige Beimengungen[1]) in vH			Höchstzulässige Analysenunterschiede der Sn-Bestimmung in vH
			Fe	Zn	Al	
Zinn 99,8	Sn 99,8	99,80	0,015	0	0	± 0,05
Zinn 99,5	Sn 99,5	99.50 }	0,025	0	0	± 0,1
Zinn 99	Sn 99	99,— }				± 0,1
Zinn 98	Sn 98	98 — }				± 0,2

[1]) Für die anderen Beimengungen wird keine Vorschrift aufgenommen. Das spezifische Gewicht beträgt 7,3.

3. **Das Zinn** ist, trotzdem es nur an verhältnismäßig wenig Orten als Erz vorkommt, schon lange bekannt und wird sehr viel gebraucht. Seine Gewinnung ist eine besondere Hüttentechnik, die nur bisweilen mit den anderen Metallen in größerem Maße gemeinsam betrieben wird. Das Zinn hat eine fast silberweiße Farbe mit schwachem Stich ins Bläuliche und besitzt sehr hohen Metallglanz. Es hat ein kristallinisches Gefüge, wodurch der beim Biegen beobachtete eigentümliche Klang, das Schreien, herrührt. Beim Ätzen der glatten Metallfläche mit Salzsäure oder Chlorzinnlösung zeigt es eisblumenartige Bilder, sog. Moiré, auf der Fläche.

Das spezifische Gewicht liegt bei 7,293, es ist härter als Blei, aber weicher als Gold. Mit dem Finger kann man es noch ritzen, aber es läßt sich mit gewöhnlichen Feilen nur schwer feilen, da die Feile, wie bei Blei und Zink, verschmiert. Man benutzt daher besondere Feilen für vorkommende Fälle. Es ist sehr geschmeidig und kann daher zu sehr dünnen Blättchen (Folien) ausgewalzt werden. Erhitzt man bis 200° C, so wird es so spröde, daß ein Pulvern möglich ist. Das Zinn ist leicht gießbar, wie die Herstellung der dünnen Zinnfiguren beweist. Der

Schmelzpunkt liegt bei 230° C. Bei starker Kälte, aber auch bei langem Lagern ändert sich die Form des besten kristallinen Zinns in eine graue pulverförmige (sog. Zinnpest) und bewirkt einen Zerfall der daraus gefertigten Gegenstände. Durch Umschmelzen kann man das Metall wieder regenerieren. Man stellt dennoch sehr viele Gerätschaften aus Zinn her, obgleich die größte Menge wohl zu Legierungen Verwendung findet. Durch Eisen wird das Zinn hart und spröde, durch Blei und Kupfer dagegen erhöht sich seine Festigkeit, doch wirkt Blei sowie Arsen und Eisen ungünstig auf die Farbe, während Arsen, Wismut und Antimon die Geschmeidigkeit herabsetzen.

Beim Liegen an der Luft, abgesehen von der seltenen und zufällig auftretenden Zinnpest, wird reines Zinn nur wenig verändert.

4. **Das Nickel** ist nicht so allgemein verbreitet, wie die vorgenannten Metalle, dennoch ist es ziemlich häufig und wird sowohl rein, als in Legierungen vielfach angewandt. In reinem Zustande zeigt es eine eigentümlich weiße, mehr ins gelbliche und graue neigende Farbe, es ist außerordentlich politurfähig und ist bedeutend fester als Eisen. Ferner besitzt es große Dehnbarkeit, weshalb es zu dünnen Blechen und dünnen Drähten leicht ausgewalzt werden kann. Das spezifische Gewicht liegt zwischen 8,82 und 8,92, sein Schmelzpunkt ist bei etwa 1400 bis 1420° zu suchen. In reiner Luft, die aber ebensowohl trocken als feucht sein kann, bleibt das Metall unverändert, weshalb man es als Überzugsmetall für leichter oxydierbare Metalle verwendet. Das Nickel gibt, wie es vom Eisen bekannt ist, mit Silizium und Kohlenstoff Legierungen, die aber spröder und weniger fest sind, als das reine Metall und deren Schmelztemperatur sich sehr erniedrigt. Gegen Säure ist es bei gewöhnlicher Temperatur ziemlich unempfindlich, nur Salpetersäure löst es leicht auf. Anorganische Säuren, wie Salz- und Schwefelsäure wirken auch dann noch nicht, weshalb reine Nickelgeräte für Küchenzwecke gut verwendbar sind. Im geschmolzenen Zustand löst das Nickel leicht Kohlenoxyd aus den Heizgasen auf, ebenso löst es noch andere Gase, es wird dadurch spröde und beim Erstarren porös (es lunkt stark). Nickelsalze sind starke Gifte.

Die Hauptverwendung findet es zu Legierungen, wie sie auch die Münzen (Kupfernickellegierungen mit 25 vH Nickel und 75 vH Kupfer) darstellen. In den Legierungen wirkt das Nickel besonders stark weißfärbend, wie unter den Legierungen noch erwähnt werden wird. Wesentlich ist auch, daß eisenfreie Nickellegierungen mit Nickelgehalten von etwa 15 vH und mehr hohe Beständigkeit gegen Seewasser besitzen. Der Nickelgehalt steigert auch die Festigkeit der Legierungen ganz wesentlich.

5. **Das Blei** wird aus Erzen in großen Mengen gewonnen und findet eine weitgehende Verwendung in der Industrie, sowohl in reinem Zustande, als in Legierungen. An frischen Schnittflächen zeigt es sich als bläulichweißes Metall von vollkommenem Metallglanz, doch läuft es an der Luft bald an un gibt dann das bekannte graublaue oder bläulichgraue Oberflächenaussehen, das für das Blei im allgemeinen charakteristisch ist. Sez. Gew. 11,25—11,37.

Das Blei ist sehr weich und läßt sich daher mit dem Messer leicht schneiden, auf Papier gibt es einen grauen Strich. Blei ist sehr dehnbar und läßt sich zu Blechen und Drähten, auch zu Rohren verarbeiten, es besitzt aber keine große Festigkeit, weshalb derartige Produkte ziemlich dick ausfallen müssen, wenn sie haltbar sein sollen. Der Schmelzpunkt liegt bei 326° C, bei Weißglut verdampft es, die Bleidämpfe sind sehr giftig, ebenso wie alle Bleisalze und Bleipräparate stark giftig wirken. Kohlensäure in Gegenwart von Wasser löst das Blei und bildet Bleikarbonat, das in überschüssiger Kohlensäure im Wasser löslich ist. Salpetersäure löst das Blei leicht auf, Schwefelsäure wirkt nur schwach, in Verdünnung fast gar nicht. Salzsäure wirkt ebenfalls nur wenig, da das Bleichlorid sehr schwer löslich ist. Essigsäure und ähnliche organische Säuren, z. B. Fruchtsäuren, greifen das Blei leicht an und bilden sehr giftige Salze, so daß man für Gegenstände, die mit Nahrungsmitteln in Berührung kommen, bleihaltige Metallgegenstände bzw. Legierungen mit Blei nicht verwenden darf. Eine weitgehende Verwendung findet es zu Legierungen mit Antimon, Zinn als Hartblei. usw.

6. **Das Antimon** findet sich in der Natur teils gediegen, teils als Erz und wird bei hüttenmännischen Prozessen, die gleichzeitig der Gewinnung von Blei, Silber usw. gewidmet werden, gewonnen. Es ist ein silberweißer, stark metallisch glänzender Körper, der einen eigentümlichen Stich ins Bläuliche zeigt. Läßt man es aus dem geschmolzenen Zustande langsam erkalten, so gibt es grobe blättrige Kritallaggregate, bei raschem Erkalten wird es feinblättrig oder feinkörnig. Es ist härter als Kupfer und sehr spröde, so daß man es leicht pulvern kann. Das spezifische Gewicht ist etwa 6,7. Der Schmelzpunkt liegt bei 430° C, der Siedepunkt der Schmelze bei etwa 1100°, bei höheren Temperaturen ist es flüchtig und bei Luftabschluß sublimierbar. An der Luft ist es bei gewöhnlicher Temperatur beständig, beim Erhitzen dagegen verbrennt es mit bläulicher Flamme unter Bildung eines weißen, oxydischen Rauches. Bei gewöhnlicher Temperatur wird es nur von Salpetersäure unter Oxydation angegriffen, bei höherer Temperatur aber wirken auch die anderen bekannten anorganischen Säuren ein, auch Königswasser löst es leicht auf.

Das Antimon dient als Zusatz zu Legierungen, um die Metalle härter zu machen, so z. B. für Lagermetalle, Letternmetall usw.

Außerdem kommen noch bisweilen Wismut, Arsen, aber auch die Edelmetalle Silber, Gold und Platin für Legierungen in Frage, doch kann hier von einer ausführlichen Behandlung Abstand genommen werden, da sie die Gießerei weniger berünren. Es sei aber auf die Eigenschaften der Metalle Aluminium und Magnesium etwas eingegangen, da beide sowohl zu Legierungen, als auch als Zusätze zur Reinigung der Metallschmelzen Verwendung finden.

7. **Das Aluminium.** Das in so ausgedehntem Maße im Luftschiffbau verwendete Aluminium ist kaum 100 Jahre alt. Die grundlegende Entdeckung, die zu seiner Ermittlung führte, war die von Humphrey Davy, der 1808 darlegte, daß Tonerde und einige Felsarten durch einen noch unbekannten Stoff gebildet würden. Diesen Stoff nannte er Aluminium, doch gelang es ihm nicht, es zu trennen und rein herzustellen. Erst im Jahre 1856 stellte Deville Aluminium in ziemlich reinem Zustand her. 1 kg Aluminium kostete zu dieser Zeit etwa M. 700.

Doch infolge der Vervollkommnung der chemischen Herstellung sank der Preis beständig, bis er 1870 ungefähr M. 110 betrug. Mit den elektrischen Verfahren konnte dann 1885 die Aluminiumdarstellung in größerem Maßstabe aufgenommen werden, so daß der Preis 1889 nur noch M. 18 betrug. Von 1889 ab sanken die Preise schnell, bis sie sich 1904 auf M. 2 beliefen. 1911 kostete 1 kg Aluminium M. 1,50 und 1914 M. 1,10. Mit diesem Sinken der Preise stieg die Herstellungsmenge. 1886 wurden nur rd. 1½ t hergestellt, die 1891 bereits auf 75 t gestiegen waren. 1896 wurden 650 t erzeugt, 1901 bereits 3576 t. Zehn Jahre später (1911) betrug die Aluminiumerzeugung 23062 t und im Jahre 1913 63377 t, 1920 etwa 155350 t, davon die Vereinigten Staaten allein 1913 30000 t und 1920 etwa 101000 t.

Das Aluminium ist das in der Natur verbreitetste Metall, da es den Grundbestandteil der Tonerde, die sich in den meisten Gesteinen vorfindet, bildet. Es kommt aber nie gediegen vor, sondern muß durch elektro-metallurgische Schmelzverfahren im Lichtbogenofen aus dem Ton gewonnen werden. Seine Farbe ist silberweiß, es ist sehr politurfähig und bietet dann hohen Glanz, das reine Metall zeigt kristallinen Bruch, wie es die meisten Metalle tun. Der Schmelzpunkt liegt bei etwa 657° C, das spezifische Gewicht ist 2,58, seine Festigkeit im gegossenen Zustand ist 10 bis 12 kg/m² bei ca. 3vH Dehnung. Es ist sehr dehnbar und läßt sich ziehen und walzen. Gegen Einflüsse der Atmosphäre ist es bei gewöhnlicher Temperatur sehr widerstandsfähig, es oxydiert auf seiner Oberfläche nur eine ganz dünne Schicht, die aber das Metall vor weiteren Angriffen dauernd zu schützen vermag. Auch beim Gießen und Schmelzen kommt dieser Umstand der Verwendbarkeit des Metalles wesentlich zugute. Gegen Salpetersäure und gegen Wasser ist es sehr widerstandsfähig, Schwefelsäure wirkt nur sehr langsam darauf ein, Salzsäure und Natron- sowie Kalilauge wirken zerstörend auf das Aluminium, auch Soda- und Seifenlösungen, wenn auch langsam.

Aus geschmolzenen Metallen vermag es deren Sauerstoffverbindungen rasch zu entfernen, indem es Oxyde bildet, es wird deshalb vielfach zum Reinigen von Nickel, Kupfer, Eisen, Stahl und anderen Metallen benutzt. Es legiert sich mit den meisten Metallen und gibt, wie noch erklärt wird, sehr viele weitgehend angewandte Metallegierungen.

8. **Das Magnesium** ist ebenfalls weit in der Natur verbreitet, es wird ähnlich dem Aluminium, aus seinen Oxyden, der Magnesia, elektrometallurgisch gewonnen und bildet ein ziemlich leicht oxydierbares, aber für Legierungen und Reinigungszwecke der durch Oxyde verunreinigten Metalle sehr brauchbares Metall. Spez. Gew. 1,74. Es kommt in Stücken, Stäben, Stangen, Blech oder dgl. zur Verwendung, die leichter als Aluminium sind, meist grauweiße Farbe besitzen und bei genügender Entzündungstemperatur an der Luft mit bläulichweißer, heller, blendender Flamme verbrennen. Man braucht es sehr oft zum Desoxydieren von Metallen an Stelle von Aluminium, da es noch rascher als dieses wirkt. In Legierungen ist es besonders mit Aluminium als Magnalium bekannt geworden, auch andere Legierungen mit Kupfer u. a. Metallen sind hergestellt. Die Metalle dienen aber in weit höherem Maße als Zusatzmetalle zu Legierungen, die einer Reinigung unterzogen werden sollen,

oder zur Reinigung der Metalle bei der Gewinnung selbst, als zur Erzeugung neuer Legierungen oder als solche selbst (Duraluminium u. a.).

Einen recht bemerkenswerten Bericht über die Fortschritte in der Verwendung des Aluminiums gibt Czochralski in der Zeitschrift »Aluminium« im Juniheft 1922.

b) Die Legierungen.

Durch die Mischung eines Metalles mit einem anderen Metall oder auch mit einem Nichtmetalle können die Eigenschaften des Ausgangsmetalles ganz wesentlich beeinflußt werden, oft genügen kleine Mengen eines vom Metall aufgenommenen Fremdkörpers, um recht deutliche Sonderwirkungen hervorzubringen, daraus erklärt es sich auch, daß Legierungen oder Metallmischungen viel häufiger als reine Metalle verwendet werden. Es werden zwei und mehr Metalle miteinander legiert, um ein Sondermetall, d. h. eine Legierung, zu erhalten.

Ihrem Wesen nach bilden die Metalle Lösungen ineinander, im erstarrten Zustand sind die Metalle also nicht als chemische Verbindungen und ebensowenig als mechanische Gemenge anzusehen, denn ihre Mengenverhältnisse haben mit den Atomgewichtsverhältnissen wenig oder gar nichts gemein. Es ist deshalb bei Neubildung einer Legierung auch nicht möglich, mit einiger Sicherheit die Sondereigenschaften derselben vorauszusagen.

Bei den Legierungen bildet ein Metall das Lösemittel, die anderen sind darin nach den physikalisch-chemischen Lösungssätzen (vgl. Heyn und Bauer, Metallographie, Sammlung Göschen) aufgelöst und nach dem Erstarren in der obwaltenden Gleichgewichtsanlage für die jeweils herrschende Temperatur festgehalten. Daraus erklärt es sich auch, daß die Schmelztemperatur der Legierung zweier Metalle sich nicht etwa aus der Menge und den beiden Schmelzpunkten berechnen läßt, sondern dieser Schmelzpunkt liegt nach physikalisch-chemischen Lösungsgrundregeln genau fest, so daß man bei Erzeugung von Legierungen bestimmte Reihen und aus den Erstarrungspunkten für die jeweils hergestellten Legierungen bestimmte Kurven in Ordinatensystemen aufstellen kann. Aus den für die meisten Legierungen, die für allgemeine Zwecke in fast gleichbleibender Art hergestellt werden, aufgestellten Erstarrungspunktkurven ist auch zu erkennen, daß es dabei meist eine, bisweilen auch zwei ganz verschiedene Legierungen gibt, die innerhalb gewisser Grenzen den niedrigsten Schmelzpunkt haben, der dann bedeutend niedriger liegt, als der niedrigst gelegene Schmelzpunkt eines der darin enthaltenen Metalle. Diese Legierung mit dem niedrigsten Schmelzpunkt ist die »leichtflüssigste« oder »eutektische« Legierung, man trifft diese in allen Metallegierungen an. Diese leichtflüssige Legierung bildet dann bei genau dafür im Gewichte stimmenden Zusammensetzungsverhältnissen ein einheitliches Ganzes, das auch keinerlei Entmischung oder Saigerung zeigt. Herrscht aber eines der beiden anderen Metalle in der Legierung vor, so ist die eutektische Legierung in der anderen Metallmasse gelöst, solange das Ganze flüssig ist; tritt Erstarrung ein, so bleibt die eutektische Legierung am längsten flüssig, während die andere Metallmasse sich krystallinisch auszuscheiden beginnt und es ist alsdann, besonders bei großen Unterschieden im spezifischen Gewicht sehr leicht möglich, daß diese Ausscheidung sich auf einen Punkt der Masse zusammendrängt und so eine Entmischung oder Saigerung entsteht. Die leichtflüssigste Legierung bildet dann also meist das Lösungsmittel für die anderen Metallanteile, doch kann z. B. bei Kupferlegierungen ein großer Überschuß von Kupfer sehr leicht als Lösungsmittel auch für das in der Lösung enthaltene Eutektikum dienen, wenn dieses nicht Gelegenheit gefunden hat, während des Erstarrungsvorganges sich auf einem Punkte zusammenzuziehen. Bei der Prüfung mit dem Mikroskop, nach der metallurgischen Vorbereitung, zeigt auch das Eutektikum, daß es beim Erstarren in seine Bestandteile zerfällt, aber diese bilden ein inniges Kristallgewirr, das sich metallographisch als Charakteristikum für die einzelnen Metalle feststellen läßt. (Genaueres enthalten das angegebene Werk von Heyn Bauer, die Mitteilungen des Materialprüfungsamtes, Berlin, und die Fachzeitschriften, auch sei auf die bemerkenswerten Arbeiten von Guertler u. a. hingewiesen.)

Durch die Legierung werden in der Regel besser gießbare Metalle erzeugt, die Legierungen haben auch meist niedrige Schmelzpunkte wie die reinen Metalle. Das Legieren gibt den Metallen besonders gewünschte Eigenschaften in bezug auf Härte, Festigkeit, Dehnung, Widerstandsfähigkeit gegen atmosphärische und chemische Einflüsse; außerdem läßt sich dabei ein Metall zum Gießen mit schöner Oberflächenfarbe erzeugen, und damit — was oft auch wesentlich ist — den jeweiligen Anforderungen entsprechende Gußstücke billiger herstellen, als dies bei dem Guß reiner Metalle der Fall wäre.

Die Kupferlegierungen: Das Kupfer findet in Form von Legierungen eine sehr weitgehende Verwendung, da es sich mit fast allen Metallen gut legieren läßt und da die Kupferlegierungen sich meist durch Festigkeit, schöne Farbe und eine gewisse Härte auszeichnen. Zu unterscheiden sind in der Hauptsache die als Bronzen bekannten Kupferlegierungen und die Kupferzinklegierungen, die als Messing und als Rotguß bezeichnet werden. Eine besondere Bedeutung haben die Silberkupferlegierungen, die Nickelkupferlegierungen und die Aluminiumkupferlegierungen gewonnen.

Die Bronzen, die meist als Kupferzinnlegierungen, aber auch als Aluminium-, Mangan-, Silizium-, Phosphor- und bisweilen auch als Zinkbronzen in Anwendung kommen, haben je nach der Menge des Zusatzes verschiedene Farben, z. B. bei den Zinnkupferbronzen Farbenübergänge von blaßrot bis weiß über goldgelb und andere Farben. Die neueren Zinkkupferlegierungen, wie Rübelbronze u. dgl., sind keine Bronzen im eigentlichen Sinne, man hat sie nur als Bronzen bezeichnet, um ihnen den Weg in die Praxis zu erleichtern. Meist enthalten die Bronzen neben Zinn und Kupfer geringe Mengen anderer Metalle, die dann das Verhalten der Bronze wesentlich zu beeinflussen vermögen. Die Zinnbronze, als echte Bronze bezeichnet, besteht in der Hauptsache aus Kupfer und Zinn, wobei das erstere den Hauptanteil in Anspruch nimmt. Je nach der Zusammensetzung hat die Bronze ganz verschiedene Eigenschaften. Durch die Anwesenheit des Zinnes wird vor allem der Schmelzpunkt ganz bedeutend erniedrigt, die Legierung ist viel dünnlüssiger als Kupfer und eignet sich viel besser zu Gießereizwecken, als dieses, besonders weil es dichte Güsse ergibt, die sehr gut bearbeitbar und sehr politurfähig sind.

Legierungen von 99 vH Kupfer und 1 vH Zinn sind blaßrot körnig im Bruch und solche

mit	95 vH	Kupfer	und	5 vH	Zinn	rötlichgelb, feinkörnig, dabei weich und zähe, aber härter,
»	90 »	»	»	10 »	»	rötlichgelb, hakig, körnig und gut feilbar,
»	80 »	»	»	20 »	»	blaß goldgelb, nur etwas hakig im Bruch, härter als die vorigen und sehr spröde,
»	75 »	»	»	25 »	»	blaß weißgelb, glatt, aber noch härter, dennoch feilbar, aber sehr spröde,
»	65 »	»	»	35 »	»	ist die Farbe grauweiß, der Bruch weniger glatt und die Feilbarkeit geringer,
»	50 »	»	»	50 »	»	ist die Farbe ebenfalls grauweiß, der Bruch ist ebenfalls weniger glatt, die Legierung ist aber leicht brüchig,
»	40 »	»	»	60 »	»	ist die Farbe mattweiß, der Bruch

wie vorher, die Feilbarkeit aber nimmt zu und damit aber auch die Politurfähigkeit. Diese Eigenschaften, im zunehmenden Maße, zeigen auch die nachfolgenden Legierungen, und zwar die Legierungen mit 30 vH Kupfer und 70 vH Zinn, die mattweiß von Farbe sind und blättrigen Bruch zeigen, ganz ähnlich verhalten sich die Legierungen mit 20 vH Kupfer und 80 vH Zinn, während solche mit 90 vH Zinn und 10 vH Kupfer ganz weiß sind, körnigen Bruch zeigen und sehr leicht feilbar sind. Sie zeigen die letztere Eigenschaft als einen Einfluß der Kupferzumischung, denn reines Zinn ist, wie schon erwähnt, nur sehr schlecht feilbar.

Manche Legierungen enthalten nicht nur zufällige Beimischungen von anderen Metallen, sondern absichtlich andere Metalle. So bewirkt bei den Zinnbronzen ein geringer Zinkzusatz die Erzielung dichterer Abgüsse, so daß die Formen blasenfrei gut ausgefüllt werden, größere Mengen Zink dagegen erteilen der Bronze eine matte, messinggelbe Färbung und sind bei Kunstbronzen besonders deshalb auch zu vermeiden, weil sie die Bildung der grünen natürlichen Patina verhindern. (Trotzdem werden bedeutende Mengen sog. Kunstgusses, wie z. B. Nachbildungen von Antiken aus Ausgrabungen, in mehr messing- als bronzeartigen Legierungen hergestellt, man kann durch geeignetes Beizen das Zink etwas von der oberen Schicht entfernen und damit die Patinierung eintreten lassen, meist aber wird die Patinierung mit dem Pinsel aufgeschmiert bzw. aufgemalt, solche »Antiken« bilden eine lohnende Ausfuhr nach Ländern, die durch Ausgrabungen berühmt sind.)

Abgesehen von dieser Einwirkung des Zinks ist auch noch eine Verminderung der Härte und Zähigkeit der Legierung zu merken, und deshalb sollen wirkliche Bronzen nicht mehr als 2 vH Zink enthalten, damit dichter, blasenfreier Guß entsteht, die Einwirkung des Zinks im nachteiligen Sinne ganz vermieden wird. Manche Bronzen enthalten

Zusätze von Blei, dieses wirkt stets nachteilig, weil es schon bei Mengen von ½ vH aussaigert und infolgedessen auf eine Entmischung in der Bronze hinarbeitet. Eisen kommt in Bronze kaum in Frage, es verschlechtert die Farbe und erhöht den Schmelzpunkt. Nickel macht die Bronze härter und verringert ihre Zähigkeit, und zwar wirkt schon ein Zusatz von 1 bis 1½ vH in diesem Sinne, ebenso erhöht es den Schmelzpunkt. Arsen, Antimon und Schwefel wirken bereits mit 0,1 vH härtend und sprödemachend.

Die in der Praxis in Anwendung befindlichen Bronzen werden noch häufig für die jeweiligen Zwecke mit besonderen Namen, wie Kanonenbronze, Glockenbronze, Spiegelbronze, Maschinenbronze, Medaillonbronze usw. benannt.

Da das Aluminium auf das Kupfer fast ähnlich einwirkt, wie das Zinn, hat man es ebenfalls zur Erzeugung von Spezialbronzen angewandt und man bezeichnet daher die Kupferaluminiumlegierungen mit einem vorwiegenden Gehalt an Kupfer als Aluminiumbronzen. Die Kupferaluminiumlegierungen mit mehr als 10 vH Aluminium sind meist sehr spröde, doch wirkt ein Aluminiumgehalt bis zu 10 vH sehr günstig, so daß man sich dieser Zusatzmenge sehr oft bedient. Legierungen mit 10 vH Aluminium sind sehr gut gießbar, hämmer- und walzbar, sehr politurfähig und zeigen schöne, goldgelbe Farbe. Reine Aluminiumbronze, die also nur aus Aluminium bis zu 10 vH und Kupfer bis 90 vH und darüber besteht, ist sehr widerstandsfähig gegen chemische Einflüsse, gegen die Atmosphäre und gegen Meerwasser, so daß man sich ihrer für Gußstücke, die derartigen Angriffen ausgesetzt werden, mit Vorteil bedient. Infolge ihrer hohen Festigkeit, Zähigkeit und Härte eignet sich die Aluminiumbronze sehr gut zu hochbeanspruchten Maschinenteilen, im Schiff- und Autobau.

Die unter dem Namen **Phosphorbronze** vorkommenden Legierungen sind meist Kupferzinnbronzen, die durch einen Phosphorzusatz (in Form käuflichen Phosphorzinns oder Phosphorkupfers) von dem in der Legierung befindlichen Sauerstoff befreit hat. In der sog. Phosphorbronze sollte demnach eigentlich Phosphor nicht mehr enthalten sein, denn ein Phosphorgehalt vermindert die Zähigkeit der Legierung, besonders wenn er 1 vH übersteigt, ganz erheblich. So behandelte Bronze ist nicht mehr zähflüssig, läßt sich also sehr gut gießen und darin liegt der ganze Wert und Zweck des Phosphorzusatzes. Ähnlich wirken Silizium und Mangan aus Zinnbronze und man bezeichnet die mit diesen Zusätzen behandelten Bronzen als Siliziumbronze und Manganbronze, doch wirken Überschüsse von Silizium und besonders von Mangan nie schädlich auf das Gußstück, während Phosphor schon be geringsten Überschüssen sich als härtend und spröde machend erweist. Als Zusatz dient, wie beim Phosphor, die käufliche hochprozentige Legierung dieser Metalle mit Kupfer; die Erzeugnisse sind frei von Sauerstoff, sehr rein, zähe und fest. Ihre Hauptverwendung haben sie in Gußstücken und Walzerzeugnissen für die elektrische Industrie gefunden.

Im allgemeinen wird mit der Bezeichnung Phosphorbronze ziemlich viel Unfug getrieben, die meisten Konstrukteure setzen in den Stücklisten diese Bezeichnung ein, ohne sich im klaren zu sein, was eigentlich unter Phosphorbronze zu verstehen ist.

Die Legierungen des Kupfers mit dem Zink bezeichnet man meist als Messing oder Gelbguß, während die eisenhaltigen Kupferzinklegierungen als das bekannte Deltametall in den Handel kommen. Zu dieser Gruppe gehören auch viele sog. Bronzen, z. B. Rubelbronze u. a. Zink und Kupfer lassen sich so ziemlich in allen Verhältnissen miteinander legieren und die Farben der Legierungen gehen mit zunehmendem Zinkgehalt vom Rot über Gelb ins Weiße über. Messingarten mit 35 bis 42 vH Zink sind schmiedbar, desgleichen ist Deltametall mit 5,6 vH Cu 2 Fe und 42 Zn gut bei Rotglut schmiedbar.

Als **Messing** bezeichnet man dabei vorwiegend die Legierungen, die mehr als 18 vH Zink enthalten. Sie zeichnen sich vor allem durch leichte Gießbarkeit, Billigkeit und bei nicht zu hohem Zinkgehalt durch gute Bearbeitbarkeit aus, sie sind allerdings nicht so fest und hart als die Zinnbronzen, außerdem enthalten sie meist außer Kupfer und Zink noch andere Metalle, wenigstens in Spuren. Legierungen mit 36 bis 40 vH Zink lassen sich sowohl in der Kälte, als in der Hitze gut verarbeiten, steigert man aber den Zinkgehalt, so nimmt die Dehnbarkeit rasch ab und Legierungen, deren Zinkgehalt zwischen 60 und 67 vH liegt, sind sehr spröde. Das Tafelmessing, oder Blechmessing, auch Drahtmessing, das in der Messinggießerei oft als Einschmelzmaterial in Form von Stanzputzen usw. zur Verwendung kommt, hat im allgemeinen zwischen 27 und 34 vH Zinkgehalt, aber es kommen auch solche Blechmaterialien vor, deren Zinkgehalt, damit die Zähigkeit und Streckbarkeit zunimmt, bis mit 37 vH steigt.

Das Gußmessing enthält meist bis zu 40 vH Zink und ist infolgedessen härter und spröder als das Tafel- und Drahtmessing. Außerdem ist es oft, da zu seiner Herstellung vielfach Späne, Abfälle aller Art verwendet werden, mit Zinn, Blei, Eisen, Nickel usw. verunreinigt, so daß die Zusammensetzung nicht immer ganz feststeht. Das Gußmessing läßt sich leicht bearbeiten.

Es würde zu weit führen, an dieser Stelle alle sonstigen Metalllegierungen zu erörtern, es muß vielmehr auf die Lehrbücher und Fachzeitschriften verwiesen werden. Da aber auf dem Gebiete der Metallkunde in den letzten Jahren insbesondere der Normenausschuß für Werkstoffe sehr wichtige Arbeiten in bezug auf die Prüfung und Bewertung der Metalle und Legierungen begonnen und zum Teil abgeschlossen hat, sei an dieser Stelle auf diese Arbeiten besonders hingewiesen.

c) Normungsarbeiten über Metallguß.

Die Arbeiten, die nicht zuletzt von dem leider viel zu früh verstorbenen Forscher in der Metallkunde, Heyn, gefördert wurden, werden in Form von Merkblättern in den Fachzeitschrften regelmäßig veröffentlicht und sei hierüber wie folgt berichtet

Die Normung der Metalle und Legierungen erfolgt zu dem Zwecke, eine größere Wirtschaftlichkeit durch die Förderung einer Massenfertigung zu erzielen; die dabei maßgebenden Gesichtspunkte sind mehrfach veröffentlicht[1]).

[1]) Metall und Erz 1919, S. 544/45, 591/600; 1920, S. 4 u. 119; Werft und Reederei 1920, S. 23.

Bei den weiteren Arbeiten hat es sich als zweckmäßig erwiesen, zwischen der Normung technischer Leistungsbedingungen und den eigentlichen vollständigen Lieferbedingungen zu unterscheiden. Da die letztgenannten auch die Zahlungs-, Transportbedingungen und andere Umstände berücksichtigen müssen, die je nach dem vorliegenden Falle verschieden ausfallen, wird sich der Normenausschuß nicht mit diesen vollständigen Lieferbedingungen sondern nur mit den Leistungsbedingungen beschäftigen.

Daneben hat der Ausschuß als erste Arbeit eine einheitliche Bezeichnung (Nomenklatur) der Metalle und Metallegierungen zu behandeln. Diese sind zu kennzeichnen durch die ungefähre chemische Zusammensetzung ohne Angabe der Grenzen und Toleranzen; diese Normen sollen aber außerdem die Vereinbarung über die Abkürzungen sowie die verschiedenen Verwendungsgebiete enthalten. In die technischen Leistungsbedingungen sollen darüber hinaus, soweit dieses praktisch als zweckmäßig und durchführbar erachtet wird, die Grenzen und Anpassungen in der chemischen Zusammensetzung und in der Verunreinigung aufgenommen werden. Außerdem sind Festigkeit und Dehnung für die verschiedenen Bearbeitungszustände und etwaige sonstige Eigenschaften aufzuführen, die durch besondere chemische oder physikalische Proben festzustellen sind. Bei diesen Arbeiten sind weiterhin vorhandene Abnahmevorschriften sowie Auslandsnormen nach Möglichkeit zu berücksichtigen. Demnach sind zu unterscheiden:

1. Normen für Bezeichnungen (Nomenklatur),
2. Normblätter für Leistungen.

Zu 1. Die Normen erstrecken sich auf die Festlegung:

a) bestimmter Bezeichnungen,
b) der ungefähren Zusammensetzung von Normallegierungen,
c) ihrer Hauptverwendungsgebiete.

Zu 2. Die Leistungsnormen beziehen sich auf:

d) die Festlegung chemischer Eigenschaften (Abweichungen und Reinheitsgrade),
e) die Festlegung der mechanischen Haupteigenschaften (Festigkeit, Dehnung usw.),
f) die Festlegung möglichst einheitlicher Abnahmevorschriften und
g) weitestmögliche Berücksichtigung der Auslandsnormen.

Die Bezeichnungen für Bronzen sind auf Grund von Vorschlägen der Industrie unter Berücksichtigung der Hauptverbände der Metallgießereien aufgestellt worden.

Bei der Wahl der Bezeichnungen wurde auf bereits eingeführte Namen Rücksicht genommen; daher sind vielfach zwei Ausdrücke eingesetzt, von denen der in Klammern stehende in vielen Gegenden Deutschlands der einzig übliche ist oder sich in einzelnen Industriezweigen schon gut eingebürgert hat. Außerdem sind für die Bezeichnungen Abkürzungen vorgesehen. Systematisch bezeichnet man die Legierungen im allgemeinen durch Aufzählung der in ihnen enthaltenen Metalle derart, daß die mit größtem Gehalte vorkommenden Metalle zuletzt genannt werden.

Die Zahlentafel bezweckt nur eine Gliederung der einzelnen Bronzen mit Angabe der ungefähren Zusammensetzung, Haupteigenschaften und Verwendung. Der Wert der Zahlentafel liegt hauptsächlich darin, durch eine solche Aufstellung neuauftauchende und in der Regel recht teuere Werbemarken mehr in den Hintergrund zu drängen.

Für die Normung der Leistungen (chemische und physikalische Eigenschaften usw.) von Bronzen wird nur eine beschränkte Anzahl in Betracht kommen.

Normblatt für Bronze und Rotguß. Entwurf 1, E 327.

In der Sitzung vom 22. März 1921 hatte die Normprüfstelle beschlossen, den ihr vorgelegten Entwurf über Bronzen zwar nicht als DI-Norm, aber zur Bekanntgabe und Stellungnahme der Industrie mit einem Erläuterungsbericht zu veröffentlichen (»Der Betrieb« vom 25. April 1921, Heft 15, S. 222). Der Haupteinwand gegen diesen Entwurf besagte, daß die beiden darin vorgesehenen Gruppen: Gruppe II, Rotgußbronzen, und Gruppe III, Rotguß, in eine Gruppe Rotguß (Maschinenbronze) zusammengefaßt werden müßten, namentlich deshalb, weil bei der Verwendung von Altmaterial die Trennung von Rotgußsorten in solche, in die absichtlich, und solche, in die unabsichtlich Blei hineingenommen wurde, außerordentlich schwierig sei. Anderseits wurde in der Oktobersitzung 1921 (»Der Betrieb«, Heft 6, 4. Jahrg.) darauf hingewiesen, daß der Gesamtverband Deutscher Metallgießereien wegen wirtschaftlicher Verhältnisse im Hinblick auf das Ausland bei der seit längerer Zeit eingeführten Bezeichnung der Legierungen 92 ($Cu + Sn \geq 92$) als Bronze, und 92 ($Cu + Sn < 92$) als Rotguß beharren müsse. Ein Vergleich kam dadurch zustande, daß der Gesamtverband die Grenze von 92 auf 94 erweiterte und daß teilweise (z. B. vom Eisenbahnzentralamt) der wirtschaftliche Beweggrund anerkannt wurde. Daher wurden die vom Gesamtverband Deutscher Metallgießereien aufgestellten Begriffsbestimmungen von Bronze und Rotguß in der Sitzung in Hildesheim am 15. September 1922 angenommen (»Zeitschr. f. Metallkunde«, Oktoberheft 1922, S. 414), allerdings gegen den Widerspruch des Vertreters des Handelsschiff-Normenausschusses, der wiederholt dafür eintrat, die Legierung 86/10/4, die im Schiffbau als Rotguß bezeichnet werde, auch Rotguß und nicht Bronze zu nennen, zumal die wenig abweichende Eisenbahnlegierung 85/9/6 auch Rotguß genannt werde.

Auch in der Sitzung vom 18. Oktober 1922 in Essen wurde von dieser Seite vorgeschlagen, grundsätzlich alle im Normblatt aufgeführten Cu-Sn-Legierungen als Bronze und alle Cu-Sn-Zn-Legierungen als Rotguß zu bezeichnen und die für einen bestimmten Kreis von Herstellern maßgebenden wirtschaftlichen Gründe hinter die sachlichen Gründe einer Vereinfachung der Normen zurückzustellen. Der Vertreter des Gesamtverbandes Deutscher Metallgießereien erklärte sich bereit, die Bezeichnung Maschinenbronze fallen zu lassen zugunsten eines Vorschlages, der noch zu machen sei. Diesen Vorschlag enthält das beifolgend veröffentlichte Blatt E 327. Die einzelnen Sorten der Rotgußreihe sind dabei so gruppiert worden, daß zuerst die bleifreien und dann die bleihaltigen Legierungen aufgeführt werden.

DIN ges. gesch.	**Bronze und Rotguß** Benennung und Verwendung	Noch nicht endgültig!	ENT-WURF 1 E 327

Zinn- oder Phosphorbronze ist eine Legierung aus reinem Kupfer und Zinn, der nur Phosphor, Kupfer oder Phosphorzinn zur Desoxydation zugesetzt werden darf.
Rotguß ist eine Legierung von Kupfer, Zink, Zinn u. gegebenenfalls Blei.

Sonderbronze ist eine Legierung, die aus mindestens 78 vH Kupfer besteht und die außer Kupfer noch bis zu 3 Zusatzmetalle enthält. Lediglich aus handelsüblichem Kupfer und Zink bestehende Legierungen gelten nicht als Sonderbronze.

Gruppe	Benennung	Kurzzeichen	Zusammensetzung in vH (angenähert)					Verwendung
			Cu	Sn	Zn	Pb	Al	
Zinnbronzen (Phosphorbronzen)	Gußbronze 20	G-Bz 20	80	20	—	—	—	Hochbeanspruchte Teile mit starkem Verschleiß, z. B. Spurlager, Verschleißplatten, Glocken, Schieberspiegel.
	Gußbronze 14	G-Bz 15	86	14	—	—	—	Harte Legierung für hochbeanspruchte Lagerschalen, Zahnräder und Schnecken, Ventilsitze und hydraulische Apparate.
	Gußbronze 10	G-Bz 10	90	10	—	—	—	Weiche Legierung für Flügelräder, Armaturen für Treib- und Heizöl.
	Walzbronze 6	Wz-Bz 6	94	6	—	—	—	Drähte, Bleche, Bänder.
	Walzbronze 3	Wz-Bz 3	97	3	—	—	—	Leitungsdrähte für große chemische Widerstandsfähigkeit, Bänder, Stangen, Federn.
Rotguß	Rotguß 10	Rg 10	86	10	4	—	—	Ventile, Hähne, Krümmer, Stutzen, Wellenrohre, Wellenböcke, Pumpen-, Kondensator-, Maschinenzubehörteile, Mutter und Lager der Steuerschraube für Lokomotiven.
	Rotguß 9	Rg 9	85	9	6	—	—	Für Eisenbahnzwecke, insbesondere Armaturen.
	Rotguß 4	Rg 4	93	4	3	—	—	Rohrflansche und andere hart zu lötende Teile.
	Rotguß 8	Rg 8	82	8	10 (Zn + Pb)		—	Harte Legierung für Maschinengußteile mit Verschleiß.
	Rotguß 5	Rg 5	85	5	10 (Zn + Pb)		—	Weiche Legierung für Maschinengußteile, Ventile, Hähne, blanke Maschinenarmaturen.
Sonderbronzen	Bleizinnbronze 10	Bl-Bz 10	86	10	—	4	—	Dynamolager, Lager für Warmwalzwerke, Pleuel- und Kuppelstangenlager.
	Bleizinnbronze 8	Bl-Bz 8	79	8	—	13	—	Lager mit hohem Flächendruck (Kaltwalzwerke).
	Aluminiumbronze	Al-Bz	90-95	—	—	—	10-5	Dünne Bleche, Stangen, Schmiedestücke, Drähte, seewasserbeständige Teile.

Güte und Leistungen siehe DIN

DIN ges. gesch.	Messing	Noch nicht endgültig!	ENT-WURF 1 E 479 Bl. 1

Nr.	Bezeichnungen Allgem.	Besondere	Abgekürzte	Zusammensetzung in vH Ku	Pb	Fe	Mn	Al	Zn	Verwendung Allgemeine	Besondere
1	I Messing (ohne absichtliche Zusätze)	Hartmessing (Schraubenmessing)	Ms 58	58	2	—	—	—	Rest	Warmpressen und Schmieden, geeignet für Verarbeitung mit schneidenden Werkzeugen.	Stangen f. Schrauben, Drehteile, Profile f. Elektrotechnik, Füllstücke f. Dampfturbinen, Instrumente, Schaufenster u. sonstige Bauteile, Warmpreßstücke für Armaturen, Beschläge, Ersatz f. Guß z. d. mannigfaltigsten Arbeiten, Bleche f. Uhren, Harmoniken, Taschenmesser, Schloßteile.
2		Schmiedmessing (Muntzmetall)	Ms 60	60	—	—	—	—	Rest	Wie für 1. und zu Arbeiten, die Biegungen und Prägungen in mäßigem Umfange erfordern.	Stangen, Drähte, Bleche und Röhren für mannigfaltige Zwecke, besonders für den Schiffbau zu Kondensatorrohrplatten, Beschläge, Vorwärmer- und Kühlerröhren.
3		Druckmessing	Ms 63	63	—	—	—	—	Rest	Gezogene, gedrückte u. geprägte Artikel, sowie f. Zwecke, die nicht allzu hohe Forderung, an Hartlötbarkeit (m. leichtflüssig. Schlaglot oder Silberlot) stellen.	Stangen, Profile, Bleche, Bänder, Drähte, im Schiffbau auch zu Röhren.
4		Halbtombak (Lötmessing)	Ms 67	67	—	—	—	—	Rest	Kaltbearbeitung zum Ziehen, Drücken, Hartlöten bei hohen Anforderungen.	Stangen, Profile, Röhren (gelötete) Bleche (u. a. f. die Musikinstrumente), Drähte, Holzschrauben, Federn usw.
5		Gußmessing	Ms 67 Guß	67	—	—	—	—	Rest	Geeignet für Verarbeitung mit schneidenden Werkzeugen.	Gehäuse und sonstige Gußstücke mit stärkeren Wandungen, Armaturen.
6		Gelbtombak (Schaufelmessing)	Ms 72	72	—	—	—	—	Rest	Kaltbearbeitung bei höchsten Anforderungen auf Dehn- und Haltbarkeit.	Profile für Turbinenschaufeln, Drähte, Patronen.
7		Hellrottombak	Ms 80	80	—	—	—	—	Rest	Kaltbearbeitung, Verwendung im Kunstgewerbe.	Bleche, Metalltücher, Metallwaren.
8		Mittelrottbk. (Goldtbk.)	Ms 85	85	—	—	—	—	Rest		
9		Rottombak	Ms 90	90	—	—	—	—	Rest		
10	II. Sondermessing (m. absichtlichen Zusätzen)	Sondermessing gegossen	So.-Ms Guß	55 ÷ 59	Zusammen etwa 3 ÷ 5				Rest	Gußstücke für hohe Anforderungen in bezug auf Festigkeit.	Propeller, kleine Lager, Überwurfmuttern, Grundringe, Beschlagteile, Fenster.
11		Sondermessing gewalzt	So.-Ms	55 ÷ 59	—	—	—	—	Rest	Warmbearbeitung und Schmieden.	Kolbenstangen, Verschraubungen, Stangen zu Ventilspindeln, Profile, Bleche, Warmgesenkstücke für Konstruktionsteile, die hohe Anforderung an die Festigkeit stellen.

15. Oktober 1921

Normblatt für Lagerweißmetall. Entwurf 2, E. 1703.

Nachstehend wird der zweite Entwurf des Normblattes für Lagerweißmetall E 1703 veröffentlicht, der die Abänderungen gegenüber dem ersten Entwurf (Veröffentlichung in »Z. f. M.«, Maiheft 1922, S. 228) enthält. Einsprüche gegen das Blatt sind in zweifacher Ausfertigung an die Geschäftsstelle des Fachnormenausschusses für Nichteisenmetalle, z. Hd. Hrn. Dipl.-Ing. H. Groeck, Berlin NW 7, Sommerstr. 4a, zu richten.

DIN Ges. gesch.	Noch nicht endgültig! **Lagerweißmetall** Werkstoffe	ENT- WURF 2 E 1703

früh. Entwurf 1
Bezeichnung von Lagerweißmetall mit 70 vH Zinn: E 328
LW 70 DIN . . . .

Bezeichnung ist einzugießen und aufzuschlagen.

Benennung	Kurszeichen	Zusammsetzung in vH				Zulässige Abweichung in vH			
		Sn	Sb	Cu	Pb	Sn	Sb	Cu	Pb
Lagerweißmetall 80 F	LW 80F[1]	80	10	10	—	± 1	± 1	± 1	± 1
Lagerweißmetall 80	LW 80	80	12	6	2	± 1	± 1	± 1	± 1
Lagerweißmetall 70	LW 70	70	13	5	12	± 1	± 1	± 1	± 1
Lagerweißmetall 50	LW 50[2]	50	14	3	33	± 1	± 1	± 0,5	± 1
Lagerweißmetall 42	LW 42	42	14	3	41	± 1	± 1	± 0,5	± 1
Lagerweißmetall 20	LW 20	20	14	2	64	± 1	± 1	± 0,5	± 1
Lagerweißmetall 10	LW 10	10	15	1,5	73,5	± 0,5	± 1	± 0,5	± 1
Lagerweißmetall 5	LW 5	5	15	1,5	78,5	± 0,5	± 1	± 0,5	± 1

Höchstzulässige Verunreinigung: Fe = 0,05 vH
Zn = 0,05 vH
Al = 0,05 vH

[1]) LW 80 F soll nur verwendet werden, wenn Bleifreiheit unerläßlich ist, im übrigen ist es möglichst durch LW 80 zu ersetzen.

[2]) LW 50 ist möglichst durch LW 42 zu ersetzen.

Lieferart: in Blöcken, Barren oder Platten nach Gewicht.

DIN Ges. gesch.	Noch nicht endgültig! **Lötzinn** (Weichlot)	ENT-WURF 1 E 329

Bezeichnung eines Lötzinnes mit 40 vH Zinn.
Lötzinn 40 DIN . . . .

Bezeichnung abgekürzt	Zusammensetzung in vH		Verwendung
	Sn	Pb	
L 25	25	75	Flammenlötung, nicht geeignet für Kolbenlötung
L 30	30	70	Bau- und gröbere Klempnerarbeiten,
L 33	33	67	Zinkbleche und verzinkte Bleche
L 40	40	60	Messing- und Weißblechlötung
L 50	50	50	Messing- und Weißblechlötung für Elektrizitäts- und Gasmesser und Konservendosen-Industrie
L 60	60	40	Lötung leicht schmelzender Metallgegenstände und feine Lötungen, z. B. in der Elektrizitätsindustrie
L 90	90	10	Besondere durch gesundheitliche Rücksichten bedingte Anwendungen

Die höchstzulässige Abweichung im Zinngehalt darf $\pm 0{,}5$ vH betragen.

Antimongehalt: Als Vorlegierung zur Herstellung von Lötzinn wird in der Regel »Mischzinn« verwendet, das 54,5 vH Zinn und 3,6 vH Antimon enthält. Daher darf in Lötzinn Antimon zu Zinn höchstens im Verhältnis von 3,6:54,5 enthalten sein.

Verunreinigung: Das Lötzinn soll technisch frei von fremden schädlichen Bestandteilen, insbesondere von Zink, Eisen und Arsen sein.

Besondere Vereinbarungen: Wird ein geringerer Gehalt an Antimon oder Antimonfreiheit gewünscht, so ist dieses bei der Bestellung anzugeben.

Lieferart: In Blöcken, Platten und Stangen in kg und g.

Wenn auch die vorstehenden Normenblattentwürfe über Nichteisenmetalle und Legierungen erkennen lassen, daß die Arbeiten erst in absehbarer Zeit abgeschlossen werden können, so zeigen die Unterlagen doch, wie wichtig es ist, diese Gebiete des Gießereiwesens weiter zu erforschen. Es mag dem einen und dem anderen Gießer unangenehm sein, wenn alte ihm vertraut gewordene Bezeichnungen und Gewohnheiten durch neue zeitgemäße Vorschriften ersetzt werden, aber der Zwang zur sparsamen Wirtschaft verlangt diese Umstellung.

d) Der Fertigguß (Preß- oder Spritzguß).

Der Fertigguß, der auch unter der falschen Bezeichnung »Spritzguß« in Deutschland in den Handel geht, wird durch Pressen von flüssigem Metall in genau gearbeitete Dauerformen aus Eisen und Stahl hergestellt. Der Guß zeigt alle Feinheiten der Form, er kommt also im wahren Sinne des Wortes als »Fertigguß« aus der Form.

Über die Arten der Spritzgußmaschinen und der in Anwendung kommenden Gießverfahren berichtet Uhlmann in seinem Werk über den »Spritzguß«.

Der Vorgang ist einfach. In einem flüssigen Metallbade wird mittels Pumpe das flüssige Metall durch eine Düse in die Fertigform gepreßt, das Metall erstarrt sofort an den Wänden der Form, die auf der angemessenen Temperatur gehalten, ein Abschrecken hervorrufen. Beim Öffnen der Form fällt das fertige Stück, durch besondere Vorrichtungen vom Kern befreit, heraus. Je nach der Art des angewendeten Verfahrens ergeben sich die Grenzen für die Anwendung. Über die Forderungen für ein Gelingen des Fertiggusses mit verschiedenen Legierungen berichtet Kaufmann in der »Zeitschr. f. Metallkunde« 1922.

Die Legierungen mit Blei und Zinn als Grundstoffe können als idealste Legierungen bezeichnet werden, aber entsprechend dem niedrigen Schmelzpunkt vertragen sie keine Erwärmung über 100°, auch keine höhere Beanspruchung.

Als zweites und wichtigstes Gebiet kommen Legierungen mit Zink als Grundstoff in Frage. Während derartige Legierungen in Amerika bereits seit etwa 15 Jahren im Gebrauch sind, wurden sie in Deutschland erst während des Krieges eingeführt, so daß sie hierdurch in den Ruf der Kriegsersatzstoffe kamen. Leider ist vielfach kein Wert auf die geeignete Zusammensetzung der Legierung gelegt worden, da die Behörde nur »Spritzguß« vorschrieb und die Verwendung von Zinn von vornherein ausgeschlossen war.

Reines Zink ist als Fertiggußmetall nicht brauchbar, weil es durchaus keine Erstarrungsfestigkeit hat und infolge der Beanspruchung beim Schwinden und Ausstoßen aus der Form zerfällt. Die Festigkeit wird durch Zusatz von Kupfer in Verbindung mit einem Zinnzusatz erhöht. Um das Schwindmaß zu verringern, bleibt als bisher einziges Mittel der Zinnzusatz, der jedoch die Festigkeitseigenschaften nicht verbessert, sondern eher auf die Härte und Festigkeit ungünstig einwirkt. Trotzdem sind die zinnhaltigen Zinklegierungen die am meisten verbreiteten Fertiggußlegierungen, da diese Legierungen leicht fließen, wenig Schwierigkeiten bei komplizierten Formgebungen und Kernen machen und immerhin Festigkeiten bis zu 15 kg/mm² haben. Da sie jahrelang im Gebrauch sind und sich bewährt haben, so wird man gut tun, sie in allen den Fällen zu verwenden, in denen es weniger auf hohe Festigkeit ankommt. Bei diesen Legierungen besteht anscheinend die Gefahr der Entmischung beim Strömen durch die kalte Form, indem sich an den Formwänden die zuerst erstarrenden Zinklegierungskristalle anhäufen, während eine leichtflüssige Zinnlegierung im Innern weiterströmt.

Diesen Zinklegierungen stehen sozusagen feindlich gegenüber diejenigen mit Kupfer-Aluminium als einzigen Zusatz. Sie zeichnen sich durch bedeutend höhere Festigkeit aus. Die bekannte Spandauer Legierung wird vielfach als Fertiggußlegierung angewendet und ist in gewissen Grenzen eine ideale Legierung hierfür. Die Grenzen der Anwendung ergeben sich, weil die starke Schwindung bei Gußstücken mit großen Kernen Spannungen hervorrufen kann, wenn es nicht möglich ist, den Kern rasch genug aus dem Gußstück zu entfernen, da anscheinend eine Plastizität im Erstarrungspunkt nicht vorhanden ist und die Dehnung durch die verhinderte Schwindung die zulässige Beanspruchung übersteigen kann. Ein erhöhter Zusatz von Aluminium wirkt günstig ein, indem die Festigkeit nach der Erstarrung erhöht wird und die Gußstücke trotz stärkeren Schwindmaßes infolgedessen standhalten. Hierher gehört u. a. die sogenannte Tennax-Legierung, die während des Krieges in der Hauptsache als Stangenmaterial und später, nach ersten Versuchen, die von der Fertigguß-G. m. b. H., Berlin, vorgenommen wurden, als Spritzgußlegierung eingeführt worden ist. Diese Legierung erreicht im Spritzgußstück eine Festigkeit von höchstens 20 kg/mm². Häufig genannte höhere Zahlen beziehen sich auf gezogenes Material. Außerdem werden Legierungen angewendet mit 4 vH Kupfer, 4 vH Aluminium, 5 vH Kupfer, 5 vH Aluminium usw. Diese Legierungen weichen in ihren Eigenschaften nicht wesentlich voneinander ab.

Für Aluminiumfertigguß sind bisher nur Legierungen mit einem verhältnismäßig niedrigen Schmelzpunkt angewendet worden. Ein besonderer Vorteil des Verfahrens ist die große Genauigkeit der hergestellten Stücke. Diese beträgt beispielsweise bei Teilen, die in keiner Richtung 25 mm überschreiten, rd. 0,01 mm. Die Oberflächen sind glatt und können ohne mechanische Bearbeitung poliert werden. Stücke im Gewichte von 10 bis 12 kg werden heute schon in größeren Mengen nach dem Fertiggußverfahren hergestellt: Aluminiumkolben und andere Teile für Automobil- und Flugmotoren, die hohen Temperaturen ausgesetzt werden.

Bei den ersten Versuchen zur Herstellung von Aluminiumfertigguß bereitete die Wahl des geeigneten Stoffes für die Gußformen erhebliche Schwierigkeiten, die jedoch heute durch die Verwendung geeigneter Stahllegierungen überwunden sind. Meist wird Chromvanadiumstahl benutzt, jedoch haben sich auch gußeiserne Formen für einfachere Stücke als brauchbar erwiesen. Der Erfolg des Fertiggußverfahrens hängt auch von der Anordnung der Eingüsse und Luftkanäle ab. Von Wichtigkeit ist ferner die Lösungsfähigkeit der eisenenthaltenden Legierungen der Form und der Gießkellen, die nicht zu groß sein darf, da überhitztes Aluminium Eisen sehr schnell löst. Analysen von im Handel befindlichen Fertiggußteilen zeigen einen Eisengehalt von 1 bis 3 vH. Wenn auch der Eisengehalt für das Aluminium nicht nachteilig ist, so wird doch durch einen Gehalt von mehr als 3 vH der Schmelzpunkt unzulässig erhöht, die Legierung wird dickflüssig und für Fertigguß ungeeignet.

Die Möglichkeit, eine Legierung zum Fertiggießen zu verwenden, wird maßgebend durch ihre Dehnung beeinflußt, und zwar nicht nur durch die Dehnung in kaltem Zustande, sondern auch bei verschiedenen Temperaturen zwischen dem Schmelzpunkt und dem gewöhnlichen Temperaturzustande.

Eine Legierung mit 92 vH Al, 7 vH Cu und 1 vH Mn ergibt günstige Ergebnisse, da diese Legierung niedrigen Schmelzpunkt mit hoher Zugfestigkeit und Dehnung bei höheren, in der Nähe des Schmelzpunktes liegenden Temperaturen verbindet.

Die Schmelzung des Metalls für den Fertigguß erfolgt in Tiegeln bei einer 10° über dem Schmelzpunkt liegenden Temperatur. Die Temperatur muß durch Pyrometer ständig beobachtet und auf gleichmäßiger Höhe gehalten werden. Es empfiehlt sich, die Gußformen von Zeit zu Zeit zu schmieren, da hierdurch die Herausnahme der Gußstücke erleichtert und die Form geschont wird.

Die Berichte über die Betriebsergebnisse in der Herstellung des Fertiggusses bestätigen, daß besonders auf dem Gebiete der hier verwendbaren Legierungen noch eine fühlbare Unsicherheit herrscht. In der Beurteilung vieler schädlicher Einflüsse und der inneren Vorgänge solcher Legierungen sind wir noch weit zurück und es ist deshalb zu begrüßen, wenn namhafte Metallurgen bemüht sind, durch gründliche Untersuchungen der Vorgänge, den Schwierigkeiten abzuhelfen. Uhlmann sagt mit Recht, daß die Analyse über die vorliegenden Fragen nicht genügend Aufschluß gibt, das physikalische Verhalten der Legierungen und nicht zuletzt das thermoelektrische Verhalten wird vielleicht zu zuverlässigen Grundlagen führen. Uhlmann berichtete vor einiger Zeit über ein neues Gußverfahren für Legierungen unter Verwendung des elektrischen Stromes, wobei das Metall zusammengefrittet werden soll. Die Versuche haben anscheinend noch kein günstiges Ergebnis gebracht, so daß das Verfahren noch nicht der Praxis zugeführt werden kann.

Eine wesentliche Bedeutung in der Herstellung von Metallguß hat die **Verwendung von Altmetall.** Da nämlich die Abfälle der Verarbeitung von Blech und Draht sowie Stangenmetall, ferner aber auch die Späne zur Herstellung von Walzmetall nicht Verwendung finden, weil sie sich aus technischen Gründen nur schwer wieder zu bestimmter Zusammensetzung eignen, so ist ein großer Teil der Metallgießereien auf diese Stoffe angewiesen. Das Verfahren der Verarbeitung, die meist in dem Einschmelzen unter Zusatz von Zink und Blei geschieht, ist meist rein erfahrungsmäßig. Der Gießer schmilzt eine Probe ein, setzt die Zusätze zu und prüft den Bruch. Ist das Bruchaussehen befriedigend, so wird das Altmetall in dieser Weise verarbeitet und die meisten Metallabgüsse dürfen auf eine Einreihung in eine bestimmte Klasse überhaupt keinen Anspruch erheben.

Die Späneverwertung hat sich in Form von Briketts bei Metallspänen als besonders vorteilhaft erwiesen. So wurden z. B. in der Metallgießerei der Lokomotivfabrik von Henschel und Sohn in Kassel bei losen Spänen im Durchschnitt Abbrandverluste von 7,5 bis 10 vH, bei Briketts aus der gleichen Spänesorte nur 3,5 bis 4,25 vH gefunden. Dadurch ist der Wert der Brikettierung für Metallspäne deutlich erwiesen. Auch Späne, lose oder in Brikettform, werden in der Praxis vielfach mit Zusätzen von Zink und Blei zu neuen Abgüssen weiter verarbeitet. Das Buch Schott, »Metallgießerei«, Leipzig, gibt weitere Aufschlüsse.

Eine gleiche Verarbeitung findet die aus den Rückständen der Gießerei, aus Sand usw., herausgemahlene, abgesiebte und herausgewaschene Krätze, der jeder Metallgießer eine weitgehende Aufmerksamkeit widmen sollte.

Die beste Art der Verarbeitung derartiger Altmetalle, Rückstände und Abfälle bietet das Umschmelzen derselben in größeren Posten, möglichst unter Mischung verschiedenartiger Abfälle, z. B. Altmetall, Spänebriketts und Krätze zusammen. In kippbaren Flammöfen mit Ölfeuerung ist dies bei Einsätzen von 2000 bis 3000 kg sehr gut ausführbar. Die Schmelze, zur innigen Mischung gut durchgerührt, wird in Blockformen ausgegossen, die Blöcke analysiert und je nachdem mit Zusätzen von Kupfer, Zinn, Zink, Blei oder dgl. zu Abgüssen verarbeitet. Diese Verwendungsart bietet den Vorteil großer Zuverlässigkeit und schützt vor Metallverlusten.

Für Gußmetalle bzw. Gußlegierungen in Bronze- und Messingarten gibt die deutsche Reichsmarine sehr genaue Vorschriften, die auszugsweise wie folgt hier angeführt seien:

I. Rohmetalle und Herstellung.

a) Alle zum Guß zu verwendeten Metalle und Legierungen müssen neu und beste reinste Handelsmarken sein. Eingüsse von bekannten reinen Legierungen dürfen nur unter Aufsicht der Baubeaufsichtigung verwendet werden. Es darf sowohl Hütten- als elektrolytisches Kupfer benutzt werden.

Den Werften ist die Verwendung alter Bronze gestattet, sofern dies nach dem Verwendungszweck der betreffenden Gußstücke zulässig erscheint.

b) In den Vorschriften sind bewährte Legierungen aufgeführt, welche für die angegebenen Zwecke benutzt werden sollen. Sind für den gleichen Zweck mehrere Legierungen gestattet, so hat die Bauwerft die nach ihren Erfahrungen zweckmäßigste zu wählen. Kleinere Abweichungen und auch neue Legierungen sind den Bauwerften unter eigener Verantwortung gestattet, wenn die für die vorgeschriebene Legierung bestimmten Festigkeitsziffern innegehalten werden. Die Privatwerften haben hierfür die Genehmigung des Marineamts einzuholen.

c) Die Gußstücke sind in Übereinstimmung mit den Zeichnungen und Einzelangaben auszuführen und müssen von gleichmäßigem Gefüge, frei von Hohlräumen und ohne sonstige Fehler sein.

II. Chemische Analyse.

Falls nicht bestimmte Grenzen angegeben sind, wird bei der chemischen Analyse für Zink eine Abweichung von 3 vH, sonst eine solche von 2 vH des Gewichtes jedes Bestandteils der Legierung nach oben und unten gestattet. Fremde Beimengungen dürfen, soweit nicht anders gestattet ist, zusammen nur in dem Satz nachweisbar sein, wie sie sich in den besten reinsten Handelsmarken von Kupfer usw. vorfinden. Als Grenze wird 0,6 vH festgesetzt. An Arsen, Wismut und Antimon dürfen nur Spuren vorhanden sein.

Das **Putzen der Metallgußwaren** geschieht am besten durch Sandstrahl. Bei kleineren Gußstücken in großen Massen ist die Anwendung von Trommelsandstrahlgebläsen zu empfehlen, wenn diese eine gleichmäßige Bestreuung der Putzfläche ergeben. Für größere Stücke kann es von Vorteil sein, das Putzen auf Drehtischen oder mit Freistrahl anzuwenden.

Bisweilen wird der Guß gebeizt, besonders kann dies bei Legierungen, deren Oberflächenaussehen man ändern will, z. B. aus gelber Messingfläche eine bronzeartige Fläche, von Vorteil sein. Je nach den Legierungen ist dann das Beizmittel verschieden, doch eignet sich vorwiegend für Kupferlegierungen Salpetersäure und bisweilen auch Salzsäure, seltener Schwefelsäure, überhaupt ist die Beizflüssigkeit der Eigenart der Metalle anzupassen. Bei beiden Putzmethoden ist auf eine Abführung gesundheitsschädlichen Staubes oder derartiger Säuredämpfe usw. besonders Rücksicht zu nehmen.

Die für Metallgießereien so wichtige Frage der **Staubabführung** bietet in ihrer technischen Lösung manche Schwierigkeit. Die beim Schmelzen und Ausgießen der Metalle entstehende große Qualmentwicklung fordert nicht nur hygienisch, sondern auch betriebstechnisch dringend eine Abhilfe. Besonders unangenehm ist die Bildung von Zinkoxyd in Flockenform. **Allgemeine Lüftungsanlagen** werden hier stets nur einen Notbehelf darstellen, vermögen aber niemals eine einwandfreie Lösung der Frage zu bringen. Die bekannten Entlüftungsvorrichtungen an der Wand oder Decke, die Ventilatoren oder Dachreiter, werden in der Regel nur teilweise wirksam. Zunächst steigt der heiße Qualm in die Höhe, doch ist bis zur Erreichung des Dachreiters die Abkühlung meist so weit eingetreten, daß der Qualm hierdurch schwerer als die Luft wird, so daß sich der Rauch wieder zur Erde niederschlägt. Es bildet sich so in dem Arbeitsraum eine ziemlich starke, feststehende Dunstschicht, die in Verbindung mit dem heißen Qualm eine große Belästigung der Arbeiter bedeutet. Diesen Zustand vermag eine Wand- oder Deckenventilation kaum zu beseitigen. Hier vermag allein eine unmittelbare Absaugung des Qualms an der Entstehungsstelle, also über den Schmelzöfen, Abhilfe zu schaffen. Das gleiche hat an denjenigen Stellen zu geschehen, wo das Metall in die Formen gegossen wird.

Das eigentliche Mittel bildet hier die Rauchauffanghaube, die in verschiedenen Formen zur Ausbildung gekommen ist. Es kommt hier die feststehende Haube und die Schwenkhaube in Betracht. Am einfachsten gestaltet sich die Absaugung an den Schmelzöfen, da diese ortsfest sind und demgemäß nur feststehende Hauben erhalten. Viel schwieriger gestaltet sich die direkte Absaugung des Qualms an den Gießstellen, sofern nicht eine ortsfeste Gießstelle besteht. Ist die Anzahl der Gießstellen gering oder liegen sie räumlich mehr beieinander, so ist eine ortsfeste Abzughaube anwendbar. In größeren Gießereien ist jedoch mit einer derartigen nahen Anordnung der Gießstellen kaum zu rechnen und muß dann zu Schwenkhauben gegriffen werden. Die Schwenkhauben, in ihrer Bewegungsmöglichkeit an einen Drehkran erinnernd, bestreichen ein Arbeitsfeld mit einem Radius von 5 bis 8 m und mehr.

In den sog. Brennen der Gelbgießereien spielt die Dunstabsaugung eine große Rolle. Durch das Abbeizen der Messingteile entwickeln sich äußerst säurehaltige Dämpfe, die der Gesundheit recht schädlich sind. Nicht nur die Atmungsorgane werden stark in Mitleidenschaft gezogen, auch die metallischen Bauteile der Arbeitsräume sind schädlichen, zerstörenden Angriffen ausgesetzt. Dies hat dazu geführt, daß in den Gelbbrennen, soweit die Betriebsanlagen in Frage kommen, nur möglichst säurefeste Materialien, wie Blei, Ton, Hartgummi oder Holz verwendet werden.

Vorschriften für Metallbeizereien.

Für Arbeiter und Betriebsbeamte	ENTWURF1 Noch nicht endgültig! **Vorschriften für Metallbeizereien**	Betriebsblatt

1. Der unbefugte Aufenthalt in Beizereien ist verboten.
2. Beim Ausgießen oder Umfüllen von Säuren sind Kipp- oder Entleerungsvorrichtungen zu benutzen und Schutzbrillen zu tragen.
3. Kleinere Mengen von Säuren dürfen nur in Steinkrügen oder in Glasflaschen mit entsprechender Aufschrift aufbewahrt werden, die ihrer Form nach mit Bier- oder anderen Getränkeflaschen nicht verwechselt werden können.
4. Der Fußboden der Beizereien ist aus säurebeständigem, undurchlässigem Stoff herzustellen und mit Fußbodenentwässerungen zu versehen. Die Arbeitsstellen vor den Säuregefäßen sind mit Holzrosten zu belegen. Die Abwässer sind vor Ableitung in die Kanalisation durch Kalk zu neutralisieren.
5. Die zum Beizen benutzten Gefäße sind mit einem gut wirkenden Abzug zu versehen, unter dem auch das Ansetzen der Säure zu erfolgen hat. Die abgesaugten Säuredämpfe müssen bei größeren Anlagen gewaschen oder durch einen Kalksteinfilter geleitet werden, bevor man sie in den Schornstein einführt.
6. Verschüttete Salpetersäure oder Mischsäure darf nicht mit Sägespänen, Stroh, Putzwolle oder dergleichen aufgenommen werden, weil hierdurch eine heftige Entwicklung von nitrosen Gasen herbeigeführt wird. Auch Aufwerfen von Sand, Erde oder dergleichen ist nutzlos und gefährlich. Zur Aufnahme von verschütteter Salpetersäure ist r e i n e r Sand sehr geeignet. Die Arbeiter müssen sich so schnell wie möglich aus dem Bereich der entwickelten Dämpfe entfernen. Die ausgelaufene Säure wird am zweckmäßigsten unter reichlicher Verwendung von Wasser fortgespült unter Vermeidung unnötiger Annäherung.
7. Das Einatmen der rotbraunen Dämpfe kann unter Umständen lebensgefährliche Folgen haben. Diese bestehen in heftigem Hustenreiz, häufig mit blutigem Auswurf, in anderen Fällen in Atemnot oder in Blaufärbung der Haut, sowie in Herzbeschwerden. Die Folgen zeigen sich meist bald, manchmal aber auch erst bis zu 24 Stunden nach der Einatmung. Auf jeden Fall ist anzuraten, nach Einatmung größerer Mengen dieser Dämpfe sofort den Arzt aufzusuchen und Gegenmittel anzuwenden. Sauerstoffatmung ist als Gegenmittel zu empfehlen. Vor Einatmung von nitrosen Gasen schützt die Benutzung von Atemfiltern.
8. Schutzmittel, wie Brillen, Handschuhe, Gamaschen, Holzschuhe usw. sind bereitzuhalten und zu benutzen.
9. Bei Nichtbenutzung sind die Beizgefäße dicht abzudecken. Fußboden und Seitenwände sind durch Abspritzen mit Wasser dauernd sauber zu halten.
10. Jede kleine Verletzung an den Händen muß beachtet werden. Die Arbeit ist sofort zu unterbrechen und die Verletzung durch einen Verband zu schützen. Blutende Wunden dürfen nicht ausgewaschen werden.

Ausschuß für wirtschaftliche Fertigung beim Reichskuratorium für Wirtschaftlichkeit in Industrie und Handwerk.

F. Die Gußputzerei.

Die früher in der Gußputzerei üblichen Handwerkzeuge (Hammer, Meißel, Feile und Stahlbürste) sind heute, wenn sie auch nicht unentbehrlich geworden sind, selbst in kleineren Betrieben schon durch geeignete Maschinen ersetzt. Wie überhaupt die Preßluft in jüngerer Zeit zu einem wirtschaftlichen und beliebten Antriebsmittel für Maschinen geworden ist, so hat gerade der Gießereibetrieb sich diese Kraft zunutze gemacht. Bei Freistrahlgebläse, Preßluftstampfer, Preßlufthämmer und Meißel ist allerdings eine Kompressoranlage auf 6 bis 7 at notwendig. Zur gleichmäßigen Einstellung des Druckes ist zwischen Kompressor und Werkzeug ein Windkessel einzuschalten.

Ein Preßluftmeißel ersetzt, besonders in Gießereien für große Gußstücke, mit Leichtigkeit die Arbeit von 3 bis 4 Putzern, die sich des Handmeißels und Hammers bedienen.

In keiner größeren Gießerei fehlt heute ein Sandstrahlgebläse, und seine Verbreitung, die es in verhältnismäßig kurzer Zeit gefunden hat, spricht für den praktischen Erfolg und die Ersparnisse, die damit erzielt werden.

Bei allen Sandstrahlgebläsen wird vermittelst eines kräftigen Luftstromes scharfkantiger, trockener Flußsand von grobem Korn auf die zu reinigenden Stücke geblasen. Die großen Vorteile, die diese Putzart mit sich bringt, sind folgende:

1. Häufig gegliederte Stücke mit starken Formunterscheidungen werden vom Sandstrahl viel sauberer gereinigt als von Hand möglich.
2. An Meißeln und Feilen, die durch rauhe Oberfläche und eingebrannten Sand stark abgenutzt werden, wird gespart.
3. Der Sandstrahl verleiht dem Gußstück eine gleichmäßige, glatte Oberfläche.
4. Ein starker Sandstrahl vermag sogar die oberste, harte Schicht des Gußstückes so abzuschleifen, daß Drehmeißel oder Hobeleisen sofort angreifen.
5. Große Zeitersparnis, die bei richtiger Ausnutzung der Anlage die Anschaffungskosten bald bezahlt macht und die Handarbeit mehrerer Gußputzer ersetzt.
6. Die mittels Sandstrahl gesäuberten (dekapierten) Gußstücke nehmen in Zink- und Emaillebad den Überzug leichter an und lassen diesen auch besser haften.

Zu unterscheiden sind drei verschiedene Arten: Das Druck-, Saug- und Schwerkraftverfahren.

Bei ersterem wird Sand vermittelst gepreßter Luft in einem besonderen Druckkessel unter Druck gebracht und durch Schlauch- oder Rohrleitungen zur Blasdüse geleitet. Die Bauart ist für starke und rasche Leistungen die wirksamste, ihr wird durch das Schwerkraftverfahren erfolgreicher Wettbewerb gemacht.

Beim Saugverfahren wird der Sand in einer Leitung bis zu einer Mischdüse angesaugt, um von hier mit Preßluft gemischt zur Strahldüse geleitet zu werden. Der Vorteil dieses Verfahrens beruht auf dem geringeren Reibungsverlust an Schläuchen und Rohrwandungen und deren entsprechend geringerem Verschleiß. Die Wirkung ist nicht so kräftig, wie beim Druckverfahren.

Das Schwerkraftverfahren bezweckt Zuführung des Sandes durch die eigene Schwere aus höher gelegenem Behälter. Es erfordert also ein Becherwerk, um Sand beständig dem Kessel zuzuführen. Die Anschaffungskosten sind höher wie die der vorigen Einrichtung, doch findet die Bauart durch die völlige Ausnutzung des gepreßten Windes und den geringen Verschleiß der Strahldüse vielen Anklang und ist im Betriebe billiger als das Saugverfahren, so daß die Anschaffungskosten durch die Kosten der Unterhaltung bald wieder aufgewogen werden.

Vor der Beschaffung einer Sandstrahlgebläseanlage ist daher die Entscheidung zu treffen, welche Bauart für den in Frage kommenden Zweck am vorteilhaftesten ist. Es entscheiden hierbei vorwiegend die Fragen über Leistung, Wirtschaftlichkeit und Betriebssicherheit sowie Anschaffungskosten, wobei je nach den vorzunehmenden Arbeiten auf die eine oder andere Eigenschaft der zu beschaffenden Anlage besonderer Wert zu legen sein wird. Die Leistungen der verschiedenen Sandstrahlverfahren lassen sich auf verschiedene Weise miteinander vergleichen, z. B. durch Messung der Abnutzung, welche unter sonst gleichen Bedingungen durch den Sandstrahl auf Glastafeln erzeugt wird oder durch Entzunderungsversuche mit Blechtafeln u. dgl.

Die Betriebssicherheit dürfte bei dem äußerst einfachen und leicht zugänglichen Saugverfahren am größten sein. Sandstrahlgebläse, die nach dem Schwerkraftverfahren arbeiten, bedürfen eines Sandbecherwerkes oder dgl., um den Sand den Düsen zuzuführen, sie sind im übrigen ebenfalls sehr einfach und leicht zugänglich, so daß sie allen Anforderungen hinsichtlich Betriebssicherheit entsprechen. Bei dem Druckverfahren neigen insbesondere Mehrkammerapparate leichter zu Betriebsstörungen wie die erstgenannten Bauarten. Immerhin ist aber bei sachverständiger Wartung auch mit diesen Gebläsen ein zufriedenstellendes Arbeiten möglich. Die Anschaffungskosten sind bei dem Saugverfahren am geringsten und bei dem Schwerkraft- und Druckverfahren etwa gleich.

Die umstehende Abbildung zeigt eine vollständige Sandstrahlgebläseanlage der Maschinenfabrik Oerlikon (Schweiz), die Anlage mit Putzhaus, Drehtisch und Drehtrommel ist von Gutmann, Altona gebaut.

Die Gußstücke vor den Gebläsen zeigen die Leistungen in 1 h.

Für kleine oder wenig benutzte Apparate sowie für untergeordnete Zwecke dürfte dem einfachen, leicht bedienbaren und in der Anschaffung billigen Sauggebläse der Vorzug zu geben sein. Für Freistrahlgebläse, mit welchen die größeren Stücke von Hand abgestrahlt werden können, hat sich das Druckgebläse in Verbindung mit einfachen Einkammerdruckapparaten sehr gut bewährt, es ist für diesen Zweck auch das bestgeeignetste. Am schwierigsten ist die Frage nach einer geeigneten Bauart bei größeren Sandstrahlgebläsen mit Drehtischen, Sprossentischen,

Trommeln u. dgl. sowie bei besonderen Maschinen zu beantworten, da sich hier zum Teil entgegengesetzte Forderungen gegenüberstehen. Beim Druckgebläse stehen der hohen Leistung öftere Ausbesserungen und Ersatzteile und die dadurch bedingten Betriebsunterbrechungen gegenüber, während beim Schwerkraftgebläse bei etwas geringerer Leistung sich die Unterhaltungskosten niedriger belaufen. Außerdem sind die Schwerkraftmaschinen sehr einfach, was bei den schwierigen Betriebsverhältnissen, unter denen Sandstrahlgebläse zu arbeiten haben, oft zu ihren Gunsten entscheidet. Auch läßt sich insbesondere bei mehreren Düsen die Sand- und Luftzuführung bei dem Schwerkraftgebläse mit einfacheren Mitteln ohne Verwendung von Schläuchen u. dgl. durchführen als bei dem Druckgebläse. Es ist empfehlenswert, bei größeren Sandstrahlgebläsen auf Grund einer eingehenden Prüfung der jeweiligen Verhältnisse eine Entscheidung zu treffen.

Unter Anwendung der vorgenannten Verfahren werden für die Gußputzerei die verschiedensten Gebläse gebaut, die jeweils den Verwendungszwecken angepaßt werden können. In der Hauptsache haben sich die in der vorstehenden Abbildung gezeigten Drehtisch-Sandstrahlgebläse und daneben die Freistrahlgebläse eingeführt. Ferner kommen für bestimmte Zwecke, z. B. Rohre, die Sprossentische und außerdem die Trommelgebläse für Kleinguß aller Art in Anwendung. Einzelheiten über diese Ausführungen bringen in reicher Auswahl die Preislisten der in Frage kommenden Gießereimaschinenfabriken, wie z. B. Gutmann, Altona, Vogel & Schemann in Kabel, Hannover-Hainholz, Durlach usw.

Für besonders große Gußstücke wird das **Freistrahlgebläse** benutzt, das, wie auf der Abbildung sichtbar, in einem Putzhause untergebracht werden kann. Es muß gesagt werden, daß dieses Gebläse trotz der großen Vorzüge noch immer nicht weitgehende Beachtung in den Putzereien gefunden hat.

Es vermag mit kräftigem Sandstrahl sogar Kerne zu entfernen und dünne Gratreste wegzuschleifen. Besonders wertvoll ist dieses Putzen für zu bearbeitende Teile, und zwar deshalb, weil, anhaftender Sand die Bearbeitungswerkzeuge verschleißt. Aus diesem Grunde sollte bei großen Stücken, wie Dampfzylinder, Maschinenbetten, der Sandstrahlputzerei noch viel größere Beachtung geschenkt werden.

Die einfachste Maschine, die bei glatten, kleineren Gußstücken das Abbürsten und oberflächliche Reinigen erspart, ist die **Putztrommel,** bestehend aus einem starken Stahlblechzylinder, aus durchlochtem Blech, ähnlich der Kugelmühle, um Zapfen horizontal drehbar. Durch gegenseitiges Scheuern der eingebrachten Gußteile werden diese vom anhaftendem Sande befreit. Um bei runden, wenig reibenden Gußstücken die Scheuerwirkung zu vergrößern, gibt man rauhe harte Steinbrocken mit in die Trommel.

Bei der umseitig abgebildeten Maschine sind die Laufzapfen an den Stirnseiten der Putztrommel, die immerhin eine ganz bedeutende Reibung aufzunehmen haben und daher zur Umdrehung nicht geringe Kraft erfordern, durch Laufrollen, in deren Spur die Trommel auf aufgezogenen Schienen sich dreht, ersetzt. Scharfkantige Teile werden in der gewöhnlichen Putztrommel aber unscheinbar und erhalten bestoßene Kanten, so daß die Sandstrahlputztrommel oder der Sandstrahlputztisch dafür vorzuziehen ist.

Zum Abschleifen der Gußnähte dienen **Schmirgelsteine,** deren gewöhnlich zwei auf einer Welle in geeignetem Lagerbock laufen. Die Steine machen je nach ihrem Durchmesser 800 bis 3000 Umdrehungen. Um bei etwaigem Zerspringen den Arbeiter vor Verletzungen zu schützen, umgibt den Stein, bis auf die zu benutzende Stelle an der Schleifauflage, eine starke Blechkappe. Der sich entwickelnde Staub, der außerdem noch mit den kleinen Eisen- oder Metallspänchen untermischt ist, wird durch einen Ventilator abgesaugt; Die abgesaugte Luft läßt man durch ein Tuchfilter oder einen anderen Staubsammler gehen, die die Staubteilchen aufnehmen.

Abb. 65. Putztrommel, Bauart Durlach.

Auch an den Werktischen der Putzer ist diese Absaugung anzubringen, indem die Tischfläche als Rost ausgebildet und die Tische selbst kastenartig mit Nut- und Federbrettern dicht verschalt werden. In diesen so gebildeten Putztisch führen Saugrohre des Sauggebläses.

Solche Werktische werden auch mit Befestigungsstellen für die Schraubstöcke, freistehend, oder an eine Wand anlehnend aus Eisen gefertigt. Hierbei sei erwähnt, daß bei der Neuanlage einer Gießerei auf die Staubentfernung aus Putz- und Schleifräumen die größte Rücksicht genommen werden muß. Hierzu zwingen nicht nur die Forderungen der Hygiene, sondern auch die Rücksicht auf alle laufenden und reibenden Maschinenteile an Putzereiwerkzeugen, Kranen, Gebläsen usw.

In den Putzereien und Schleifereien ist die Staubentwicklung nicht unerheblich, die auch beim Ausschlagen der Formen und in der Formsandaufbereitung eintritt. Seitdem das alte Verfahren, durch Handputzerei die harte Gußkruste von den Gußstücken zu entfernen, mehr und mehr aufgegeben wird und an dessen Stelle das Sandstrahlgebläse und die Schmirgelscheibe getreten ist, verursachen diese Gußputzmaschinen eine Staubbildung, die infolge ihrer hygienischen Gefahr zu einer mechanischen Entstaubung zwingt. Von den verschiedenen Staubarten sind die aus den Gießereibetrieben stammenden hinsichtlich ihrer Schädlichkeit als besonders ungünstig zu beurteilen, denn die durch die Sandstrahlgebläse entstehende Staubluft pflegt besonders scharfkantige Bestandteile zu enthalten. Seitdem sich in der Putzerei das Sandstrahlgebläse eine herrschende Stellung geischert hat, wurde die Schaffung von Staubabsaugungsanlagen zur Notwendigkeit. Mit letzterem werden Vorrichtungen zur Rückgewinnung des Sandes erforderlich. Das Sandstrahlgebläse, welches bekanntlich einen besonders feinen Staub erzeugt, muß durch einen Blechmantel gut eingekapselt sein, so daß lediglich die Ein- und Austrittsöffnungen für die zu putzenden Gegenstände freibleiben.

Ein ausreichend kräftiger Luftstrom saugt den aufwirbelnden Staub ab, so daß der Arbeiter vom Staub nicht belästigt wird. Der Staub nimmt in der Absaugerohrleitung den üblichen Weg, um unschädlich gemacht zu werden.

Im übrigen sei auf die **Ausstellung für Arbeiterwohlfahrt** (Reichsanstalt) in Charlottenburg aufmerksam gemacht, in dieser sind auch Putzerei-Einrichtungen zur Darstellung gebracht.

G. Die Gießpfannen und Schmelztiegel.

a) Gießpfannen.

Zum Fortschaffen des erschmolzenen Eisens und Stahles, sowie der Nichteisenmetalle vom Schmelzofen zur Gießstelle werden Gießpfannen verwendet. Abgesehen von den kleinen Handgießlöffeln, die hin und wieder noch aus Gußeisen hergestellt sind, werden die Pfannen ihrer Größe entsprechend, aus genügend starkem Eisenblech angefertigt und mit Masse, Lehm oder feuerfestem Sande ausgekleidet. Es sind zu unterscheiden: Handpfannen und Gießlöffel, Gabeltrag- oder Scherenpfannen und die größte Ausführung als Kranpfannen verschiedener Art.

Die letzteren unterscheiden sich auch nach der Bauart, ob sie für Gußeisen oder Stahl Verwendung finden sollen und dann auch, ob sie als Gieß- oder Sammelpfannen gelten.

Die Sammelpfanne wird in der Regel ihren Platz vor dem Schmelzofen behalten, sie dient in erster Linie der Mischung des erschmolzenen Eisens und anderseits auch der Reinigung des Eisens in bezug auf die Entschwefelung und Entgasung.

Die Handgießpfannen und Gabeltragpfannen werden normal in genieteter, gepreßter Eorm und autogen geschweißt ausgeführt. Die konischen Böden sind gepreßt und werden von innen in den Mantel eingesetzt und vernietet. Ein Herausfallen des Bodens ist infolgedessen ausgeschlossen. Die Traggabeln werden aus einem Stück geschmiedet.

Kranpfannen sollen, wenn sie über 500 kg fassen, mit Schneckengetriebe zum Kippen versehen sein; das Kippen an der Schere erfordert mehr Hilfskräfte und ist nie so sicher als mittels des Handrades. An jeder Kranpfanne befindet sich eine Feststellvorrichtung zur Vermeidung des Kippens beim Fahren; die am Pfannenrad befestigt, beim Zustellen den Bügel einschließt. Der Aufhängepunkt der Pfanne, die Drehzapfen, sollen nicht unter der Mitte der Pfannenstiele, besser über dieser liegen. Die Drehzapfen sind in den starken, die Pfanne umgebenden Ring eingeschweißt. Als Pfannenwand wird genügend starkes Blech verwendet, die Nieten sind zu versenken. Der aus dickerem Blech gefertigte Boden kann beiderseits mit Rundkopfnieten gehalten werden, falls das Bodenfutter diese Nietenreihe übersteigt. Als Pfannenfutter dient jeder feuerfeste Sand und Lehm auch Schamotte, es ist nie zu versäumen, zwecks Ableitung der entstehenden Gase aus dem Futter Strohhalme oder Wachsschnur, bei größeren Pfannen dünnes Holzwollseil vom Boden bis zum Pfannenrand zu führen. Nietlöcher und Nähte brauchen nicht dicht zu schließen, auch diese Fugen erleichtern das Abziehen der Gase.

Abb. 66. Gießpfannen, Bauart Bornum.

	Inhalt kg	Durchmesser oben mm	Durchmesser unten mm	Höhe mm	Blechstärke mm	Gewicht ohne Stiel kg	Gewicht mit Stiel kg
Handgießpfannen	15—20	200	170	210	$2^1/_2 \times 2^1/_2$	2,5	5,5
	25	220	175	220	$2^1/_2 \times 2^1/_2$	3,5	6,5

	Inhalt kg	Durchmesser oben mm	Durchmesser unten mm	Höhe mm	Blechstärke mm	Gewicht Pfanne kg	Gewicht Gabel kg
Gabel-Tragpfannen	50	270	220	260	3×4	7,5	17
	75	300	260	310	4×5	13	18
	100	325	275	340	4×5	15,5	19
	125	340	290	380	4×5	17,5	20
	150	360	310	400	4×5	19,5	22
	200	400	340	420	4×5	23	25

Kranpfannen mit Kippvorrichtung.

Abb. 67. Gießpfannen, Bauart Ardelt.

Inhalt nach dem Aus-schmieren kg	Durchmesser		Höhe	Blech-stärke	Gewicht
	oben mm	unten mm	mm	mm	kg
500	520	440	580	5×6	130
750	600	520	630	6×6	155
1000	630	530	730	6×7	200
1250	700	620	750	6×7	270
1500	730	650	800	6×8	300
2000	800	700	900	7×8	380
2500	850	750	950	7×8	450
3000	900	800	1000	8×9	560
4000	1000	900	1050	9×11	700
5000	1060	950	1200	9×13	850
6000	1100	1000	1300	9×13	1100
8000	1260	1150	1400	10×15	1300
10000	1375	1300	1430	10×15	1550

Die gegebenen Zahlentafeln und Abbildungen sind den Preislisten der Harzer Achsenwerke in Bornum a. H. und der Ardeltwerke in Eberswalde entnommen. Die Zahlen decken sich auch im großen und ganzen mit den Angaben der Firma Senssenbrenner in Düsseldorf und sei noch bemerkt, daß unter Leitung von Treuheit-Elberfeld, auf Anregung des NDI ein Fachausschuß berufen wurde, der für Gießpfannen normaler Bauart einheitliche Abmessungen festlegen soll. Daß derartige Normen für Gießpfannen Berechtigung haben, geht aus dem Vortrag von Treuheit in der Versammlung der Gießereifachleute 1919 hervor, auch der Bericht in der Festschrift der Firma Senssenbrenner-Düsseldorf, gelegentlich ihres 25jährigen Bestehens, bestätigt die Notwendigkeit der Normung der Gießpfannen.

Zum Vergießen des flüssigen Stahls werden besondere Stopfenverschlüsse an den Pfannen angebracht und diese im allgemeinen etwas kräftiger gebaut. Sie erhalten auch eine stärkere Ausfütterung mit feuerfestem Sand bzw. Schamotte.

Unter den fahrbar angeordneten Gießpfannen erfreut sich die Trommelpfanne großer Beliebtheit, weil diese Pfannenbauart das Eisen vor Abkühlung schützt. Die nachstehende Abbildung zeigt die Trommelpfanne als Eisenverteiler in der Gießerei.

Abb. 68. Trommel-Gießpfanne.

In zweckmäßiger Weise ist diese Pfanne auch mit einer Zwischenwand ausgerüstet, die den Vorteil hat, daß die Schlacke zurückgehalten werden kann. Dieser Vorteil kommt auch der Verwendung von Entschwefelungsmitteln zugute und sei auf die Anordnung der Gießpfanne Dechesne hingewiesen. Diese Zwischenwand in der Sammelpfanne am Ofen ist seit vielen Jahren durch die Veröffentlichungen in den Gießereilehrbüchern bekannt, (Ledebur), es wäre zu begrüßen, wenn die Anordnung größere Anwendung fände, denn entsprechend den Anforderungen, die in bezug auf Festigkeit und Gleichmäßigkeit heute mehr denn je an Gußeisenerzeugnisse gestellt werden müssen, ist der Gießer oft gezwungen, das aus dem Schmelzofen fließende Eisen, wenn es nicht im Eisensammler (Vorherd) gereinigt wird, einer Nachbehandlung in der Gießpfanne zu unterziehen. Für den Erfolg bei der Anwendung dieses Reinigungsverfahrens ist es von größter Bedeutung, daß die saure Schlacke des Schachtofens (Kupolofen) nicht mit in die Gießpfanne gelangt.[1])

---

[1]) In vielen Gießereien werden mit bestem Erfolg kippbare Eisensammler, nach amerikanischem Muster angewendet.

b) Schmelztiegel.

Die Behandlung der Schmelztiegel ist bereits in dem Abschnitt »Tiegelöfen« kurz erwähnt worden, hier sei noch auf das Merkblatt von Axelrad-Charlottenburg, die Behandlung der Graphitschmelztiegel Bezug genommen.

Um festzustellen, ob ein Metall im Graphittiegel geschmolzen werden muß, oder ob die Schmelzung durch ein anderes Schmelzverfahren ersetzt werden kann, ist es in erster Linie notwendig, die durch den Schmelzvorgang bedingte Beanspruchung der feuerfesten Hülle zu kennen. Diese ergibt sich aus der Höhe des Schmelzpunktes und der erforderlichen Überhitzung, d. h. der Gießtemperatur der betreffenden Metallegierung. Erst in zweiter Linie kommen die besonderen Eigenschaften des Schmelzgutes, die chemischen und physikalischen Veränderungen durch das Schmelzverfahren und schließlich die wirtschaftlichen Gründe in Betracht. Diese Erwägungen sind auch entscheidend für die Wahl von Eintags- oder Mehrfachgußtiegeln.

Der Tiegelguß nimmt bei der Eisen- und Stahlerzeugung eine verhältnismäßig bescheidene Stellung ein. Er stellt den teuersten, aber auch den edelsten Guß der Hüttentechnik dar. Seit langer Zeit werden eine Reihe von Stahlsorten als »Tiegel«-Stahl mit den gleichen physikalischen Eigenschaften und zudem wirtschaftlicher im Martin- oder Elektroofen, teilweise unter Benutzung des Konverters hergestellt. Die bisher als »Tiegel«-Stahl bekannten und als solche vorgeschriebenen Sonderarten, wie Werkzeugstahl, Gewehrlaufstahl, Kanonenrohrstahl, Nickelchromstahl und ähnliche, können heute ohne Graphitschmelztiegel erzeugt werden.

Ein umstrittenes Gebiet ist die Herstellung von Temperguß, welcher noch von vielen kleineren Gießereien im Graphittiegel vorgenommen wird. Es ist erwiesen, daß fast jede Tempergußart einwandfrei im Schachtofen, Elektroofen, Martinofen bzw. im Kleinkonverter geschmolzen werden kann.

Als Ersatz für Graphittiegel neben dem Kleinschachtofen und Martinofen werden auch Tontiegel benutzt, die bei entsprechend vorsichtiger Behandlung und bei geeigneter Gasfeuerung den gestellten Beanspruchungen genügen. Graphittiegel kommen aus diesen Gründen für Temperguß nur in besonderen Ausnahmefällen für kleine Schmelzungen von sehr hoch beanspruchten Sondererzeugnissen in Frage. Ebenso ist es mit gewöhnlichem Stahlguß, für welchen der Martinofen und die Kleinbirne das wirtschaftlichere und meist ausreichende Schmelzverfahren bleibt.

Kupfer und dessen Legierungen, Messing, Rotguß, Phosphor-, Mangan-, Silizium-, Aluminium-, Wismut-, Nickel-, Stahl- und sonstige Bronzen, auch Lagermetalle und Hartlote, deren Hauptbestandteil Kupfer bildet, werden im allgemeinen im Graphittiegel erschmolzen.

Kalium, Natrium, Zinn, Wismut, Kadmium, Blei, Zink, Antimon, Magnesium, Aluminium; ferner die Lagerweißmetalle und die Weichlote werden meist in eisernen oder stählernen Tiegeln und Kesseln mit entsprechender neutralisierender Ausfütterung oder im Flammofen geschmolzen. Die Verwendung von Graphittiegeln für die vorgenannten Metalle muß als eine Verschwendung angesehen werden, eine Ausnahme bildet nur das Schmelzen von Reinaluminium sowie Reinzink, und teilweise das Schmelzen von Spänen aus der sog. Spandauer Zinkzünderlegierung. Zur Vermeidung eines zu hohen Abbrandes des in der Spandauer Zinkzünderlegierung enthaltenen Aluminiums wird diese zuweilen nach einem Sonderverfahren im Salzbade unter Benutzung eines Graphittiegels niedergeschmolzen. Bei entsprechenden Vorsichtsmaßnahmen, insbesondere bei Verwendung von Aufsätzen, Schutzhauben, Deckeln, Einbringen in siebartige Behälter usw. ist auch das Schmelzen derartiger Späne ohne besonders hohen Verlust in Flammöfen und eisernen Tiegeln möglich, feuchte und durch langes Lagern verrottete Späne schmelzen schwerer als frische und reine Späne, da zu ihrer Raffination eine starke Überhitzung erforderlich ist.

Die Behandlung der Schmelztiegel ist ein Gebiet für sich. Werden diese nicht mit der allergrößten Schonung und Sachkenntnis behandelt, wird dementsprechend der gesteigerte Bedarf an Ersatztiegeln sein. Schon das Ausladen, Auspacken usw. muß sehr vorsichtig geschehen. Hartes Stoßen und Gegeneinanderschlagen der Tiegel ist unbedingt zu vermeiden. Der Lagerraum muß mit passenden Regalen ausgerüstet, gegen Regen und Zugwind geschützt, trocken, warm und möglichst heizbar sein. Keller und sonstige feuchte Räume sind ungeeignet. Es sei darauf hingewiesen, daß die hellere oder dunklere Farbe der Tiegel von der Art des Brennens herrührt und einen Schluß auf die Güte des Erzeugnisses nicht zuläßt.

Vor dem ersten Gebrauch ist jeder Tiegel genügend lange durch allmähliche Steigerung der Temperatur bis auf mindestens 120° C auszuglühen, wobei jedoch eine direkte Flamme vermieden werden muß. Er wird mit der Öffnung nach unten auf ein hohes, durchbrochenes Eisengerüst gesetzt, unter welchem die Heizgase allseitig und gleichmäßig ringsherum hinwegstreichen. Wo keine besonderen Wärmeöfen für diesen Zweck zur Verfügung stehen, kann das Ausglühen auch in einem soeben gebrauchten, in der Feuerung abgedeckten und entsprechend abgekühlten Schmelzofen vorgenommen werden.

Ein weiteres Mittel, die Haltbarkeit neuer Tiegel zu verlängern, ist das Bestreichen der Innenwand (nach vorheriger Anwärmung) mit einem dicken Brei aus sehr fein gemahlenen Tiegelscherben, Ton oder Schamotte und Wasser; die Oberfläche dieser Schutzschicht wird dann mit einem nassen Pinsel geglättet und gut getrocknet. Je glatter die Tiegelwand ist, um so leichter vollzieht sich nachher das Ausgießen. Viele Gießereien bestreichen nach Gebrauch auch die Außenwand in ähnlicher Weise; sie muß natürlich erst von Schlacken befreit und mit der Drahtbürste gereinigt werden. Bei Verwendung der Ölschmelzöfen läßt sich durch geeignete Brennereinstellung bzw. durch eine stark rauchige Flamme auf der Außenwand des neu eingesetzten Tiegels künstlich eine gleichmäßige, dicke Schutzschlacke hervorbringen.

Auch beim Füllen des Tiegels ist jede gewaltsame Behandlung zu vermeiden. Das rohe Hineinpressen oder Hineinschlagen sperriger Einsatz- und Legierungsstücke kann nicht nur die Tiegelwand sprengen, sondern erzeugt auch Spannungen, die bei der späteren hohen pyrometrischen Beanspruchung ein plötzliches Reißen zur Folge haben können. Der Tiegel darf selbstverständlich während seiner Füllung nicht auf kaltem Boden oder auf nassem Sande stehen; die vorhergegangene sorgfältige Austrocknung wäre dann ganz zwecklos. Er wird am besten auf einem besonderen, angewärmten, gemauerten Untersatz gefüllt.

Ist der Schmelzofen gut entschlackt, die Feuerung in Ordnung und der Einsatz sachgemäß eingefüllt, so erfolgt das Einsetzen des Tiegels mit geeigneten Zangen in den Ofen. Er darf nicht auf dem Rost stehen, sondern es wird zum Ausgleich der Temperaturunterschiede und zur Abhaltung der kalten Luft ein genügend hoher, dem Tiegelboden genau angepaßter Untersatz (»Käse« genannt) zwischengeschaltet. Bei Öfen mit Koksfeuerung ist auf ein dauerndes Nachstoßen des Brennmaterials zu achten, damit die Tiegelwand allseitig und gleichmäßig bedeckt ist. Das Nachfüllen des Einsatzes geschieht am besten im angewärmten Zustande (wie z. B. mit Vorwärmer beim Bueß-Ofen). Beim Einsetzen des Tiegels sowie beim Nachstoßen des Kokses und beim Umrühren der Schmelze ist jede Unachtsamkeit und rohe Gewalt zu vermeiden.

Noch viel mehr Vorsicht muß beim Ausheben der Tiegel nach erfolgter Schmelzung angewandt werden. Oft backt der Tiegel am Untersatz fest und muß dann losgerissen werden, wobei des öfteren eine Zerstörung des Tiegelbodens eintritt. Durch Zwischenstreuen von Holzkohlenpulver oder Koksasche wird derartigen Störungen vorgebeugt.

Viel gesündigt wird beim Ausheben der Tiegel durch Benutzung schlecht passender Zangen, welche den in der hohen Temperatur weich gewordenen Tiegel zerdrücken. Die Aushebezangen müssen in den Schenkeln leicht und federnd sein und die Tiegel mit einem herzförmigen, der Tiegelform genau entsprechendem Maul korbartig und gleichmäßig, möglichst in der Nähe des Bodens, umgreifen, damit sich der Druck auf eine große Fläche verteilt; ein zu scharfes Anpacken ist dann überflüssig. Es sei auch an dieser Stelle nochmals auf die kippbaren Ölöfen hingewiesen, bei denen die Tiegel dauernd eine sichere Lage beibehalten, und deren Vorzüge auch die Gefahren des Aushebens ausschalten. Die Trag- und Gießgabeln müssen gleichfalls der Tiegelform gut angepaßt sein. Auf genügende Vorwärmung der Zangen, Rührstangen und sonstigen Hilfswerkzeuge ist zu achten.

Was für Graphittiegel im besonderen gilt, ist auch für alle Schmelztiegel im allgemeinen anwendbar. Je nach den verschiedenen Zwecken und nach ihrer Beanspruchung, der erforderlichen Temperatur und dem Verhalten gegen chemische Einflüsse auf das Schmelzgut, ihrer wirtschaftlichen Eignung usw. kommen außer den Graphittiegeln folgende Tiegelarten in Frage: Ton-, Schamotte-, Porzellan-, Elektrodenkohle-, Kalk-, Magnesia-, Magnesit-, Bauxit-, Alundum-, Dynamidon-, Korubin-, Koralbit-, ferner Stahl-, Stahlguß-, gußeiserne, Silber-, Platin-, Wolfram- und sonstige Edelmetalltiegel.

Ihre Größe richtet sich nach der Menge des zu schmelzenden Metalles, ihre Form nach erprobten Erfahrungen und nach ihrer bequemen Handhabung in feststehenden oder kippbaren Öfen, beim Ausgießen usw. Neben der zylindrischen und bauchigen Form mit kreisrunder Öffnung (mit und ohne Schnauze) sind auch solche mit dreieckiger Öffnung im Gebrauch. Für besondere Zwecke werden noch Schalen, Kessel, Wannen, Kästen, Deckel, Hauben, Retorten, Untersätze, Trichter usw. benutzt.

In den meisten Fällen wird als Ersatz des Graphittiegels der Tontiegel gebraucht, der allerdings einer ungleich stark wirkenden Feuerung, insbesondere der Stichflamme sowie der plötzlichen Erhitzung und Abkühlung gegenüber empfindlicher als der Graphittiegel ist. Man setzt ihn am besten in einen Ofen mit leicht einstellbarer Gasfeuerung.

H. Die Hebezeuge und Förderanlagen in der Gießerei.

Die Wirtschaftlichkeit einer Gießereianlage ist nicht zuletzt von den mehr oder weniger zweckmäßig eingebauten Hebezeugen und Förderanlagen abhängig, mit diesen ist eine Verminderung der Handarbeit und eine Steigerung der Leistung in den einzelnen Betriebsabteilungen in den meisten Fällen gesichert. Überflüssige Hebezeuge und Förderanlagen belasten aber den Betrieb ganz erheblich, deshalb ist bei der Errichtung einer neuen Gießerei oder bei der Erweiterung einer alten Anlage zunächst zu prüfen, ob eine mechanische Förderung der Stoffe und Erzeugnisse, von der Eingangsstelle, durch die verschiedenen Werkstätten bis zur Versandtabteilung überhaupt in Frage kommt.

In den nachstehenden Abbildungen, aus den Betrieben der Ardeltwerke in Eberswalde und den Förderanlagen der Firma Bleichert & Co. in Leipzig, ist zu erkennen, daß die Lösung der Frage über die zweckmäßigste Hebezeug- und Förderanlage recht schwierig sein kann und nirgends rächt es sich mehr, falsche oder verfehlte Einrichtungen getroffen zu haben, als wie in der Gießerei.

Ganz abgesehen von den heute selbstverständlichen elektrischen Laufkränen in der Gießerei, Gichtaufzügen usw., muß bei mittleren und großen Anlagen auch dem Ent- und Beladen der Eisenbahnwagen Rechnung getragen werden, die Bewegung des Eisens und Formsandes, wie des Fertiggusses, verlangt zweckmäßige Fördermittel, so daß also von Fall zu Fall eine gründliche Vorprüfung an Hand der jeweiligen Betriebs- und Verkehrsverhältnisse, mit der Art des Herstellungsverfahrens für die in Frage kommenden Gußerzeugnisse unbedingt erfolgen muß.

Die ungünstigen Verhältnisse der letzten Jahre haben u. a. zu einer derartigen Steigerung der Arbeitslöhne geführt, daß die Wirtschaftlichkeit und Wettbewerbfähigkeit vieler industrieller Werke stark gesunken ist. Es ist daher erforderlich, die Erzeugung mit allen zu Gebote stehenden Mitteln zu verbilligen und sie auf neuzeitige, wirtschaftlichere Grundlagen zu stellen. Die Grundlagen der wirtschaftlichen Fertigung sind: Steigerung der Erzeugungsmenge, günstigere Rohstoffbeschaffung und Ausnutzung, Einführung der neuzeitigen Arbeitsweisen, sparsame Wärme- und Kraftwirtschaft, weitgehende Abfallverwertung und vor allem Hebung der Wirtschaftlichkeit des Werkstattförderwesens.

Abb. 69. Entladen mit Magnet.[1])

Ein Vergleich der Herstellungslöhne eines Werkes mit den Förderlöhnen läßt erkennen, daß letztere in den meisten Fällen unverhältnismäßig hoch sind und unter Umständen 50vH und mehr der Gestehungskosten eines Erzeugnisses ausmachen. Die Einführung der wirtschaftlichen Fertigung muß daher mit einer Neugestaltung des Werkstattförderwesens Hand in Hand gehen, denn jede Arbeit besteht zum größten Teil aus Ortsveränderungen von Rostoffen und Werkstücken. Damit das Förderwesen eines Werkes wirtschaftlich arbeitet, müssen die Rohstoffe und Werkstücke während des Herstellungsganges möglichst kurze Wege zurücklegen, die sämtlich schnell und mit einem Geringstaufwand an Arbeitskräften durchgeführt werden. Dieser Förderung wird im allgemeinen, auch bei Werken, die hinsichtlich ihrer Herstellungsweise auf hoher Stufe stehen, nicht genügend Rechnung getragen, wodurch viel Zeit und Geld verloren gehen.

Unter den früheren Verhältnissen und bei den damaligen geringen Arbeitslöhnen war eine Rückständigkeit im Förderwesen naturgemäß weniger schwerwiegend. Bei den jetzigen hohen Arbeitslöhnen dagegen wird jeder unwirtschaftliche Förderweg auf die Dauer zur großen wirtschaftlichen Schädigung der Leistungsfähigkeit und Weiterentwicklung eines Werkes.

[1]) Bauart Ardeltwerke-Eberswerke und Deutsche Maschinenfabrik-A.-G.-Duisburg.

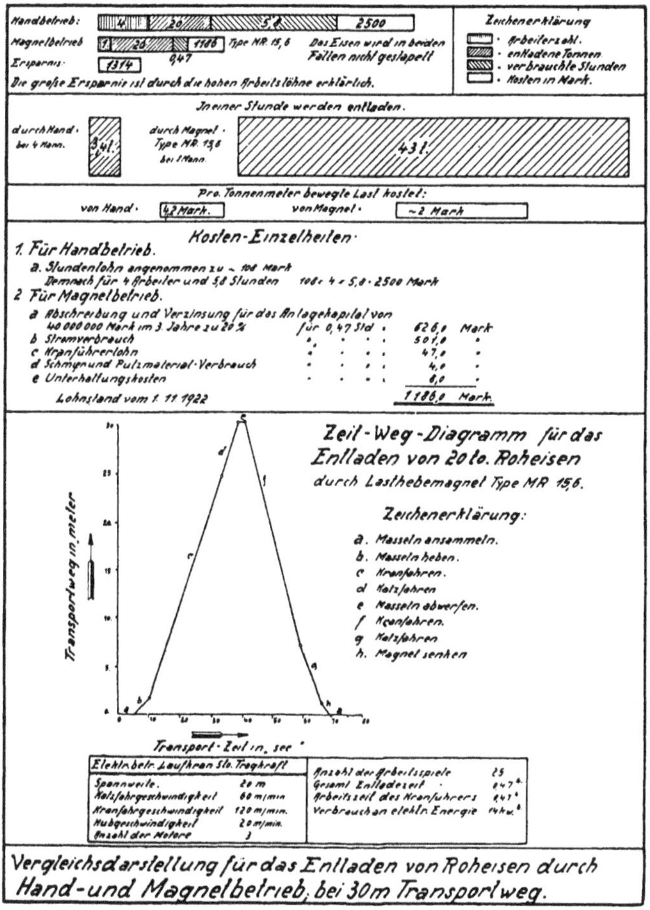

Abb. 70.
Entladen von Roheisen von Hand und durch Magnet.

Am wichtigsten für eine wirtschaftliche Hebung des Werkstattförderwesens ist vor allem eine weitgehende Ausschaltung aller Handförderarbeit, da diese infolge der hohen und noch immer steigenden Arbeitslöhne die Hauptursache der Unwirtschaftlichkeit des Förderwesens ist. Es wurde festgestellt, daß eine umfassende Einschränkung der Handarbeit besonders im Umladewesen, ein Verschieben der Eisenbahnwagen bei der Bedienung der Lagerplätze anzustreben ist. Auch während der Fertigung selbst sind geeignete, schnellarbeitende und bequem zu bedienende Hebe- und Fördermittel besonders wichtig, da sie die Leistung der Gießerei in hohem Maße beeinflussen.

Die Einführung neuzeitiger Fördermittel ist in den meisten Fällen mit Rücksicht auf die anzustrebende Lohnersparnis nicht zu umgehen. Die beschafften Fördermittel selbst machen sich schnell bezahlt und heben in kurzer Zeit die Wirtschaftlichkeit des Betriebes.

Zahlenwerte der Geschwindigkeiten bei Kränen.

Bauart des Kranes	Tragfähigkeit in t	Geschwindigkeiten beim Brückenfahren m Min.	Fahren mit Laufkatze m Min.	Schwenken des Drehkranes m Min.	Heben m Min.	Länge d. Fahrbahn m
Bockkräne für Einzelgüter	1—50	40	20	—	1—3,5	bei 15 t bis 30 m bei 7,5 t bis 62 m
Bockkräne für Massengüter	1—5	80	40	—	9—20	bis 120
Normale Werkstattkräne	3—20	80—50	45—20	—	10—3	8—25
desgl.	25—60	60—40	30—20	—	5—1,5	8—25
Hochbahnkräne ohne Kreisbahn	1—3 seltener 5—12	15—150	110—300	60—150 meist 120—150	90—60 meist 90—80	bis 150
Mit Dampf betriebene Lokomotiv- oder Rolldrehkräne. (Der Kessel dient als Gegengewicht, dazu oft noch ein besonderes Gegengewicht.)						
Gewöhnliche	1,5—7,5	40—60[2])	—	90	12—6	Hubhöhe m[1]) bis 10
Gießpfannen	3—7	30	—	90	1,2—0,9	3—5
Mit Elektromotor betriebene Lokomotiv- oder Rollkräne. (Oft mit Gegengewicht).						
Velozipedkräne	1,5—7	60—20[2])	—	190—160	9—2	3—5
Gewöhnliche Lokomotivkräne	3—7	150[2])	—	190—160	20—10	2—5

[1]) Die angegebene Hubhöhe ist nicht gleichbedeutend mit der Rollenhöhe über der Fahrbahn.

[2]) Antrieb auch oft von Hand.

Zahlenwerte der Geschwindigkeiten bei Kränen.

(Fortsetzung.)

Bauart des Kranes	Trag-fähigkeit in t	Geschwindigkeiten beim Brücken-fahren m Min.	Fahren mit Lauf-katze m Min.	Schwenken des Dreh-kranes m Min.	Heben m Min.	Länge d. Fahr-bahn m
		Hafendrehkräne				
Gewöhnliche	1,5—5	60—25[1])	—	150—120	60—30	13—20
Halbportalkr.	1,5—5	10—15[1])	—	150—120	60—30	18—20
Vollportalkr.	1,5—5	12—15[1])	—	160—120	60—30	18—20

[1]) Antrieb auch oft von Hand.

Recht bemerkenswerte Ausführungen zur Frage der Förderanlagen in der Gießerei brachte die »Gießerei-Zeitung« im Heft 10 vom 15. April 1923. Die Aufsätze von Rein, Hannover, und Ardelt,

Abb. 71.
Entladung von Formsand bei Greiferbenutzung.

Eberswalde, sowie Thoma, Köln-Klettenberg, geben recht wertvolle Winke für den Betriebsleiter. Ardelt zeigt insbesondere an Hand einiger Vergleichstafeln, welche Ersparnisse bei mechanischer Bewegung an Stelle von Handförderung erzielt werden können. An einem Beispiel, das der Verfasser zur Verfügung stellte, sei der Einfluß der magnetischen Entladung auf die Erhöhung der Wirtschaftlichkeit in der Gießerei dargestellt.

Eine Zusammenstellung maßgebender Gesichtspunkte für die Schaffung von neuzeitlichen Förderanlagen, unter besonderer Berücksichtigung ihrer Wirtschaftlichkeit gibt v. Hanffstengel in seinem vorzüglich geschriebenen Buche: »Billig Verladen und Fördern« Verlag von Jul. Springer, Berlin. Das Buch behandelt alle Gesichtspunkte, von denen im einzelnen Falle auszugehen ist, um die billigste Art der Förderung zu finden und gibt auch eine Kritik der bestehenden Bauarten von Fördermitteln der verschiedenen führenden Firmen.

Ferner sei auf die Arbeit von Hänchen — „Das Förderwesen der Werkstattbetriebe und sein gegenwärtiger Stand" — Verlag des Awf-Berlin, 1923, hingewiesen.

Die vorstehenden Abb. 69 bis 71 zeigen das Entladen von Roh- und Gußbrucheisen mit dem Magnet am Kran und die Entladung von Formsand und Schmelzkoks aus dem Waggon mit dem Selbstgreifer und die nachstehenden Abb. 72 und 73 die Förderung von flüssigem Eisen und Formsand in der Gießerei.

Abb. 72. Hängebahn für die Förderung des flüssigen Eisens zur Gießstelle.

An zahllosen weiteren Beispielen kann gezeigt werden, in welch einfacher Weise die Förderung der Stoffe und Fertigerzeugnisse in den Werkstätten erfolgt und daß diese Anordnungen in der Regel auch wesentliche Ersparnisse einbringen. Es muß natürlich immer eine gründliche Prüfung der Betriebsverhältnisse vorhergehen und insbesondere in der Frage der Formsandaufbereitung und Formsandförderung in Verbindung mit der Förderung des flüssigen Eisens und der Gußwaren aus der Gießerei in die Putzerei kann dann erst beschlossen werden, ob eine Anlage mit Elektrohängebahn oder solche mit anderer Antriebskraft am Platze ist.

Ein besonderer Abschnitt in der Darstellung der Fördermittel in der Gießerei bilden die Gichtaufzüge für die Schmelzanlage. Es muß gesagt werden, daß in die Anwendung dieser Betriebsmittel häufig Fehler gemacht werden. Insbesondere ist es der Schrägaufzug, der nicht immer am rechten Platz erscheint. So günstig die Anschaffung in bezug auf die Lohnersparnisse auch aussieht, anderseits wird aber auch oft die sorgsame Bedienung der Schmelzöfen damit vernachlässigt. Es lohnt sich, dieser Frage größere Aufmerksamkeit zu schenken, denn jede brauchbare Einrichtung gehört auch an den richtigen Platz.

An Hebezeugen ist heute in keiner Gießerei Mangel, fast überall sind die elektrischen Lauf- und Drehkrane anzutreffen, die in der verschiedensten Bauart dem Gießereibetrieb den zeitgemäßen Anstrich geben. Es ist darauf zu achten, daß der Kran mit langsamem und schnellem Gang für Auf- und Abbewegen eingerichtet ist. Beim Modellausheben, Kerneinlegen und Zusammensetzen der Formen tritt der langsame Gang in Tätigkeit, beim Ausleeren und Fahren der schnelle.

Abb. 73. Formsandförderanlage mit Hängebahn.

In größeren Betrieben, in denen mehrere Laufkrane zur Verfügung stehen, pflegt man noch an einigen seitlichen Pfeilern des Mittelbaues Drehkrane aufzustellen und ordnet das Formen größerer Gußstücke so an, daß diesen stets der betreffende Drehkran zur Verfügung steht.

Laufkrane sind, auch wenn nicht elektrisch betrieben, den Drehkranen vorzuziehen, sie gestatten die Ausnutzung des ganzen Gießereiraumes, während der Drehkran tote Ecken beläßt. (Abb. 74).

Wenn eben möglich, ist zu diesen Hebezeugen nur Drahtseil zu verwenden, der Kettenzeugbetrieb geht selten genau regelmäßig vor sich, besonders wenn das betreffende Hebezeug länger im Gebrauch, ist ein toter Gang nicht zu vermeiden, wodurch z. B. beim Einlegen von schweren Kernen in genaue Marken die unliebsamsten Störungen entstehen können.[1])

[1]) Als sehr anpassungsfähig haben sich die elektr. Flaschenzüge der Demag-Duisburg in vielen Gießereien eingeführt.

Der Kranhaken trägt zum Anhängen und Wenden der Formkasten einen Querbalken (Balanzier) in Form eines starken I-Trägers, der in der Mitte an starken Gehängen gehalten wird. Zum Befestigen der Aufhängeösen soll nicht der Steg des I-Trägers durchbohrt, sondern die Gehänge unter dem Träger befestigt werden. Anstatt eingekerbte Leisten aus Stahl- oder Temperguß zum Halten der Ketten und Hängeeisen schraubt man einfach eine 40 bis 45 mm starke Holzleiste aus Weißbuche oder Eiche auf. Das Holz hält sehr lange und läßt auch das Rutschen der Ketten nicht zu.

Abb. 74. Große Gießhalle bei A. Borsig, Berlin-Tegel.

In vielen Betrieben sind noch gegossene Träger in Gebrauch, bei deren Verwendung soll der Gießer sehr vorsichtig sein; denn beim Wenden schwerer Kasten mit starker, nach unten ziehender Sandlast hält der gußeiserner Träger, wenn sich in seinem Innern Hohlstellen befinden, oft nicht Stand.

Zum Anhängen der Kasten dienen Hängeeisen und Ketten in verschiedener Größe und Stärke. In der Gießerei sind stärkere Abmessungen als anderswo anzuwenden, da in keinem Betriebe so unregelmäßige Beanspruchung der Ketten vorkommen, wie hier, außerdem der starke Temperaturwechsel, der besonders im Winter auf Ketten, Haken und Hängeeisen einwirkt, zu Strukturveränderungen des Ketteneisens Anlaß gibt.

Zum Einsetzen der Kerne, bei der Arbeit an Lehmformen, bei denen Kerne und Formteile oft an verschiedenen Stellen angehängt werden müssen, sind gewöhnliche Hanfseile den Ketten vorzuziehen.

Wenn auch die elektrisch betriebenen Hebezeuge den Vorzug verdienen, so werden in besonderen Fällen auch die Handlaufkrane auf Rollenlagern gern angewendet. So z. B. in Rohrgießereien beim Naßgußverfahren für Abflußrohre und bei ähnlichen Gußstücken, die zum Teil mit Formmaschinen hergestellt, von zwei Arbeitern bedient werden. Leichte Bedienung, geringer Raumbedarf und billige Anschaffung bei geringer Unterhaltung sind die Vorzüge dieser Handkrane.

Nach amerikanischem Vorbild haben auch die Preßlufthebezeuge in der Gießerei Eingang gefunden. Sie werden besonders zum Einlegen der Kerne und beim Ausheben der Modelle benutzt. So unentbehrlich, wie die Preßluftwerkzeuge in der Putzerei, sind sie aber nicht, auch verlangen sie, wie jedes bessere Werkzeug, die richtige Behandlung.

Es sei auf die Werbeschriften der Werke Pokorny & Wittekind, Frankfurt a. M., und Deutsche Niles-Werke, Berlin, verwiesen.

Ein Beispiel für weitgehende Anwendung der Krane gibt die Gießerei der Eßlinger Maschinenfabrik-Eßlingen, A. Borsig, Berlin-Tegel (Abb. 74) u. a. m.

Die Betriebstechnische Abteilung (B. T. A.) beim Reichskuratorium für Wirtschaftlichkeit in Industrie und Handwerk hat sich u. a. die Aufgabe gestellt, im Interesse einer wirtschaftlichen Hebung des Werkstattförderwesens Forschungen anzuregen und zusammenzufassen und sie für eine zeitgemäße Neugestaltung des industriellen Förderwesens nutzbar zu machen.

In der B. T. A. wird von einem engeren Ausschuß, der sich sowohl aus Fachleuten der Hersteller- als auch der Verbraucherfirmen zusammensetzt, und dessen Vorsitz Aumund übernommen hat, das Gebiet des Werkstattförderwesens eingehend bearbeitet und über den Stand der Arbeiten regelmäßig berichtet.

Zunächst wird der gegenwärtige Stand des Werkstattförderwesens durch Besichtigung einer größeren Anzahl Werke festgestellt und Mitteilung gemacht, welche Zweige des Werkstattförderwesens besonders verbesserungsbedürftig sind. Da die zur wirtschaftlichen Beurteilung der verschiedenen Werkstattförderer nötigen Unterlagen fehlen, sollen an den verschiedenen Bauarten der Förderer Arbeits- und Zeitstudien vorgenommen werden. Die Ergebnisse dieser Versuche werden zusammengestellt und dienen als Grundlage für die Aufstellung wirtschaftlicher Vergleichswerte. Es liegt im allgemeinen Interesse, wenn die verschiedenen Herstellerfirmen an den von ihnen ausgestellten Fördermitteln Versuche vornehmen und deren Ergebnisse zur weiteren Bearbeitung dem »Ausschuß für Werkstattförderwesen« zur Verfügung stellen. Eine Arbeitsfolge für die Durchführung derartiger Versuche ist bereits aufgestellt und wird auf Anforderung zugesandt.

J. Die Prüfung der Rohstoffe und Gußwaren.

Die Wirtschaftlichkeit in der Gießerei steigt und fällt mit der erlangten »Treffsicherheit« in der Zusammensetzung des erschmolzenen Eisens oder sonstigen Metalles. Wie Heyn in der Gründungssitzung der Deutschen Gesellschaft für Metallkunde sagte, soll durch die Vorprüfung der Rohstoffe und Abnahmeprüfung der Fertigerzeugnisse die erzeugende und verarbeitende Industrie zu sorgfältiger Überwachung der Ausgangsstoffe, Zwischenerzeugnisse und Verarbeitungsverfahren angehalten werden, diese Prüfungen sollen die Wahrscheinlichkeit (Treffsicherheit) erhöhen, mit der der Erzeuger oder Verarbeiter Werkstoffe herstellen kann, die innerhalb bestimmter Grenzen die von ihm gewollten Eigenschaften erreichen.

Je größer also die Treffsicherheit des Lieferers ist, um so größer wird die Wahrscheinlichkeit, daß die sämtlichen Teile einer Lieferung, aus der die zur Prüfung verwendeten Probestücke entnommen wurden, dieselben Eigenschaften aufweisen, wie diese Probestücke.

Die Notwendigkeit der ständigen Prüfung der eingehenden Eisensorten und sonstigen Rohstoffe in der Gießerei ist längst erkannt, hierüber ist in den vorhergehenden diesbezüglichen Abschnitten auch bereits berichtet, an dieser Stelle soll aber noch etwas eingehender auf die Abnahmeprüfungen eingegangen werden. Der Verein deutscher Eisengießereien hat bereits seit Jahrzehnten mit den in Frage kommenden Verbänden und Behörden die Ausarbeitung von Abnahmebedingungen für Gußeisen in die Hand genommen; die heute noch gültigen Vorschriften sind nachstehend wiedergegeben.

In den letzten Jahren hat sich das Bedürfnis herausgestellt, diese Vorschriften zu ergänzen; es ist deshalb ein besonderer Arbeitsausschuß ernannt worden, der auf Grundlage der vom Normenausschuß der Deutschen Industrie gegebenen Anregungen, durch neue Versuche, die sich an die bekannten Arbeiten von Jüngst anschließen, demnächst Vorschläge unterbreiten wird[1]).

Für die Prüfung von Gußeisen bestehen auch heute noch die im Jahre 1909 vom Handelsminister veröffentlichten Vorschriften, die seinerzeit der deutsche Verband für die Materialprüfungen der Technik im Einvernehmen mit dem Verein deutscher Eisengießereien und dem deutschen Gußröhrensyndikate für die Lieferung von Gußeisen aufgestellt hat.

---

[1]) Über die neuen Arbeiten im Werkstoffausschuß des NDJ ist bereits im Abschnitt »Mechanik und Festigkeit« berichtet worden.

Diese Vorschriften lauten:

Vorschriften für die Lieferung von Gußeisen.

Diese Vorschriften gelten für nachstehend bezeichnete, aus Gußeisen dargestellte Gußwaren:

A. Maschinenguß, B. Bau- und Säulenguß, C. Röhrenguß.

Die Abnahme anderweitiger Gußwaren bleibt besonderer Vereinbarung überlassen.

1. Allgemeine Vorschriften.

Umfang der Prüfungen.

Die Prüfung der Gußwaren erstreckt sich:

a) auf die Form und die Abmessungen der Gußstücke;

b) auf die Eigenschaften des Materials der Gußstücke.

Als maßgebend werden die Biegefestigkeit und die Durchbiegung des verwendeten Gußeisens sowie der Widerstand gegen inneren Druck angesehen.

Zur Bestimmung der Biegefestigkeit und der Durchbiegung sind mit besonderer Sorgfalt herzustellende Probestäbe zu verwenden. Sollen die Probestäbe an das Gußstück angegossen werden, so sind besondere Vereinbarungen zu treffen.

Die Probestäbe sollen bei kreisrundem Querschnitte 30 mm Durchm., 600 mm Meßlänge und 650 mm Gußlänge haben.

Die Probestäbe sind in getrockneten, möglichst ungeteilten Formen stehend bei steigendem Guß und bei mittlerer Gießtemperatur des Gußeisens aus demselben Abstiche, welcher zur Anfertigung der Gußstücke Verwendung fand, darzustellen und bis zur Erkaltung in den Formen zu belassen. Müssen die Probestäbe aus irgendeinem Grunde in geteilten Formen zum Abguß kommen, so ist der Probestab bei der Prüfung derart auf die Probiermaschine zu legen, daß der Druck senkrecht zur Ebene der Gußnaht erfolgt.

Die Probestäbe werden in unbearbeitetem Zustand, also mit Gußhaut, der Probe unterworfen.

Die Biegefestigkeit und die Durchbiegung bis zum Bruche ist bei allmählich zunehmender Belastung in der Mitte der Probestäbe an drei Stäben festzustellen. Mit Gußfehlern behaftete Probestäbe bleiben bei dieser Feststellung außer Betracht. Als maßgebende Ziffer gilt das Mittel der Ergebnisse fehlerfreier Probestäbe.

2. Besondere Vorschriften.

A. Maschinenguß.

Die Gußstücke sollen nach Form und Abmessungen der Aufgabe entsprechen; der Guß soll glatt und sauber, frei von Höhlungen und Sprüngen sein. Das Eisen soll sich mittels Feile und Meißel bearbeiten lassen. — Alles dieses insoweit es die Verwendungsart des Gußstückes bedingt.

1. Maschinenguß, gewöhnlicher.

Es soll betragen:

die Biegefestigkeit des Probestabes (30 mm Durchm. × 600 mm) = 28 kg auf 1 mm² bei einer Bruchbelastung von ca. 495 kg;

die Durchbiegung nicht unter 7 mm.

2. Maschinenguß von hoher Festigkeit.

Es soll betragen:

die Biegefestigkeit des Probestabes (30 mm Durchm. × 600 mm) = 34 kg auf 1 mm² bei einer Bruchbelastung von ca. 600 kg;

die Durchbiegung nicht unter 10 mm.

B. Bau- und Säulenguß.

Die Gußstücke müssen, wenn nicht Hartguß oder andere Gußeisensorten ausdrücklich vorgeschrieben sind, aus grauem, weichem Eisen sauber und fehlerfrei gegossen und einer langsamen, den Formverhältnissen entsprechenden Abkühlung zur möglichsten Vermeidung von Spannungen unterworfen sein.

Das Gußeisen soll zähe und so weich sein, daß es mittels Meißel und Feile zu bearbeiten ist.

Festigkeit des Gußeisens.

Es soll betragen:

die Biegefestigkeit des Probestabes (30 mm Durchm. × 600 mm) = 26 kg auf 1 mm² bei einer Bruchbelastung von ca. 460 kg;

die Durchbiegung nicht unter 6 mm.

Der Unterschied der Wanddicken eines Querschnittes, der überall mindestens den vorgeschriebenen Flächeninhalt haben muß, darf bei Säulen bis zu 400 mm mittleren Durchmessers und 4 m Länge die Größe von 5 mm nicht überschreiten. Bei Säulen von größerer Länge wird der zulässige Unterschied für je 100 mm mehr Durchmesser und für je 1 m Mehrlänge um ½ mm erhöht.

Die Einhaltung der vorgeschriebenen Wandstärke ist durch Anbohren an geeigneten Stellen, jedesmal an zwei einander gegenüberliegenden Punkten, bei liegend gegossenen Säulen in der dem etwäigen Durchsacken der Kerne entsprechenden Richtung nachzuweisen.

Sollen Säulen aufrecht gegossen werden, so ist das besonders anzugeben.

C. Röhrenguß.

§ 1. Art der Röhren.

Diese Lieferungsvorschriften sollen Geltung haben für:

a) Muffenröhren zu Gas- und Wasserleitungen,
b) Flanschenröhren zu Gas-, Wasser- und Dampfleitungen,
c) die zu diesen Röhren gehörigen Formstücke.

Die Röhren sollen gerade und im inneren und äußeren Durchmesser kreisrund sein.

Für die Formen und Abmessungen der gußeisernen Muffen- und Flanschenröhren für Gas- und Wasserleitungen sowie der Formstücke ist die Normalzahlentafel des Vereins deutscher Gas- und Wasserfachmänner und des Vereins deutscher Ingenieure maßgebend, sofern nicht Sondervorschriften erlassen werden.

§ 2. Abweichungen vom Durchmesser der Röhren.

Die äußeren Abmessungen sämtlicher Röhren sowie die inneren Abmessungen der Muffen sind unabänderlich. Die Wandstärke des glatten Schaftes kann innerhalb gewisser Grenzen größer oder kleiner sein auf Kosten der Lichtweite. Falls durch eine Verstärkung des Schaftes auch eine Verstärkung der Muffe bedingt wird, so geht dies auf Kosten der äußeren Muffenform; die dafür entstehenden Modellkosten sind vom Besteller zu tragen.

§ 3. Abweichungen in der Wandstärke.

Abweichungen von den in den Normalzahlentafeln vorgeschriebenen Wandstärken sind zulässig:

bei geraden Röhren von 25 bis 100 mm l. W.	± 15 vH
» » » » 100 » 225 » » »	± 12 »
» » » » 150 » 475 » » »	± 11 »
» » » » 500 mm und darüber.	± 10 »

Für normale Formstücke ist die doppelte Abweichung zulässig wie für gerade Röhren.

Für Leitungen, deren Material zerstörenden Einflüssen ausgesetzt ist, ist die Wandstärke gegenüber der normalen entsprechend zu erhöhen.

§ 4. Abweichungen in der Länge.

In den Baulängen sind Abweichungen bis zu ± 20 mm gestattet. Kürzere Röhren dürfen bis zu 5 vH der Gesamtmenge mitgeliefert werden. Die Minderlänge darf bis zu 1 m weniger betragen, wie die Normallänge der Zahlentafel des Vereins deutscher Ingenieure und Wasserfachmänner vom Jahre 1882.

§ 5. Gewichtsabweichungen.

Bei der Berechnung der Rohrgewichte nach den Normalabmessungen ist das spezifische Gewicht des Gußeisens mit 7,25 angenommen. Das aufdiese Weise berechnete und um 15 vH für normale Formstücke und um 20 vH für normale Krümmer erhöhte Gewicht ist das normale Gewicht.

Bei geraden Röhren darf die Abweichung von dem Normalgewicht

nicht mehr betragen als	± 5 vH
bei Formstücken	± 10 »
bei Doppelabzweigen und schwierigen Formstücken	± 15 »

Ausgenommen hiervon sind Abzweigstücke von mehr als 400 mm Durchm., die größere Wandstärke und unter Umständen Verstärkungen durch Rippen erhalten. Diese Verstärkungen sind in dem Gewichtsverzeichnisse nicht berücksichtigt, sie sind vom Besteller nach besonderer Vereinbarung zu zahlen.

§ 6. Bezeichnung.

Auf der Außenwand der Röhren und Formstücke soll die Fabrik marke und der innere Durchmesser aufgenommen sein.

§ 7. Material.

Das zu den gußeisernen Röhren und Formstücken verwendete Gußeisen soll im Bruche dicht, von grauer Farbe und so weich sein, daß es sich mittels Meißel und Feile bearbeiten läßt.

§ 8. Festigkeit des Gußeisens.

Das zu prüfende Gußeisen wird an einem Probestab von 30 mm Durchm. und 600 mm Länge der Untersuchung unterworfen.

Es sollen nachstehende Mindestwerte erreicht werden:

Bei	Biegefestigkeit auf 1 mm^2	Durchbiegung
a) Gas- und Wasserleitungsröhren	26 kg	6 mm
b) Dampfleitungsröhren bis 7 Atm. Druck und Temperaturen unter 165°C	—	—
c) Dampfleitungsröhren über 7 Atm. Druck und Temperaturen von 165° C u. darüber	—	—

§ 9. Herstellung.

Die geraden Röhren normaler Baulänge sollen stehend in gut getrockneten Formen gegossen werden. Kleine Abmessungen bis zu 40 mm können auch schräg gegossen werden.

§ 10. Beschaffenheit der Gußstücke.

Die Röhren und Formstücke sollen fehlerfrei, glatt an den Seitenflächen, ohne Schalen und Risse sein. Röhren und Formstücke mit kleineren Mängeln, welche durch die Natur des Gießverfahrens unvermeidlich sind und die Brauchbarkeit des betreffenden Gußstückes in keiner Weise in Frage stellen, dürfen nicht zurückgewiesen werden.

Gußstücke mit Fehlern, welche die Festigkeit des Rohres nachteilig beeinflussen, sind von der Lieferung auszuschließen.

§ 11. Reinigung und Bearbeitung.

Die Oberfläche des Gußstückes muß in- und auswendig von Formsand und allen Unebenheiten gereinigt sein. Die beiden Enden müssen (⊥) rechtwinklig zur Achse stehen. Flanschröhren werden nur mit Dichtungsleisten und, wenn nicht anders bestimmt, auch mit gebohrten Flanschlöchern geliefert. Wenn letztere nicht gebohrt werden sollen, so ist dies bei der Bestellung besonders anzugeben. Als Regel gilt, daß in der senkrechten Ebene durch die Achse des Rohres sich keine Schraubenlöcher befinden sollen. Hierbei ist Voraussetzung, daß die Leitung und die Abzweige horizontal verlegt werden.

§ 12. Prüfung der Röhren.

Der Betriebsdruck ist für die Probepressung in erster Linie maßgebend und muß der Probedruck den Betriebsdruck um 10 at übersteigen. Deutsche Normalröhren sind auf 20 at Wasserdruck zu probieren Während der Druckprobe, die ½ bis 1 min nicht übersteigen soll, werden die Röhren mit einem schmiedeeisernen Hammer mit abgerundeten Bahnen von 1 kg Gewicht und normaler Stiellänge mit mäßiger Kraft abgehämmert. Die Druckprobe erfolgt gleich nach der Herstellung.

§ 13. Asphaltierung.

Die Röhren und Formstücke werden gleich nach der Druckprobe asphaltiert. Vor dem Asphaltieren werden dieselben auf eine Temperatur von ca. 150° C erwärmt.

Die Asphaltmasse darf keine wasserlöslichen Zusätze enthalten und muß frei von allen Bestandtteilen sein, die dem Wasser irgendwelchen Geschmack geben könnten.

Die Asphaltmasse muß nach dem Asphaltieren trocken sein, muß auf dem Rohr gut haften und darf weder abblättern noch kleben.

§ 14. Gewichtsfeststellung.

Das der Verrechnung zugrunde zu legende Gewicht der Röhren und Formstücke versteht sich für den fertig geteerten Zustand.

§ 15. Abnahme.

Sofern die Röhren und Formstücke nicht dem Lager entnommen werden, steht es dem Besteller oder dem von ihm Beauftragten frei, der Prüfung auf dem Werke beizuwohnen.

Wenn der Besteller eine zweite Druckprobe nach Ankunft der Röhren am Bestimmungsorte wünscht, so gehen die Kosten dieser zweiten Probe auf seine Rechnung. Diese Probe muß mit einwandfreien Apparaten ausgeführt werden und steht es dem Lieferanten frei, auf seine Kosten dieser Probe beizuwohnen. Für Bruch- bzw. Ausschußstücke, die sich bei dieser zweiten Probe ergeben, ist der Fabrikant nur dann zum Ersatze verpflichtet, wenn nachweislich Guß- oder Stofffehler vorliegen. In diesem Falle hat der Lieferant Ersatzstücke frei Ankunftstation zu liefern gegen Rücksendung der ausgeschlossenen Stücke.

Über die an den Stoff von Dampfleitungsröhren zu stellenden Anforderungen (vgl. Zahlentafel zu § 8) ist eine Verständigung bisher nicht zustandegekommen. Der Verein deutscher Eisenhüttenleute und das Gußröhrensyndikat haben sich jedoch bereit erklärt, für die

unter b) genannten Röhren eine Biegefestigkeit von 26 kg/mm² bei 6 mm Durchbiegung, für die

unter c) genannten Röhren eine solche von 34 kg/mm² bei 10 mm

Durchbiegung zu gewährleisten. Gegen erstere Zahlen ist eingewendet worden, daß sie keinen besseren Stoff voraussetzen, als nach den mitgeteilten Vorschriften zu Säulenguß verwendet werden muß. Dagegen ist zu berücksichtigen, daß bislang in Preußen gar keine Bestimmungen in Anwendung waren, die sich auf die Güte von Gußeisenwaren bezogen, und daß die Festlegung vorstehender, auf Grund der Erfahrungen vielleicht später zu steigernden Anforderungen immerhin einen Fortschritt bedeutet, der die Gießereien veranlassen wird, sich der Prüfung und Verbesserung ihrer Waren zuzuwenden. Dazu kommt, daß bisher bei Dampfleitungen mit niedrigem Drucke und entsprechender Temperatur erhebliche Unfälle nicht vorgekommen sind, daß nicht zu besorgen ist, daß für solche Leitungen nunmehr etwa schlechteres Eisen verwendet werden wird, wenn eine Fabrik auf Grund von Biegungsversuchen feststellt, daß ihr Stoff auch höheren Ansprüchen genügt. Da zudem die Befürchtung nicht von der Hand zu weisen ist, daß durch zu weit gehende Bestimmungen im Beginne der Bildung von Liefervorschriften für Gußeisen die kleineren Gießereien von den Lieferungen zurückgedrängt werden, was namentlich für eilig anzufertigende Ersatz- und Ergänzungsteile von empfindlichem Nachteile für die Gewerbetreibenden sein kann, so trage ich kein Bedenken, mich vorderhand mit den Vorschlägen des Vereins deutscher Eisengießereien einverstanden zu erklären.

Die Gewerbeaufsichts- und Bergbeamten wollen daher in der Folge die vorstehend mitgeteilten Vorschriften zur Richtschnur nehmen und, falls sie Anlaß haben, im Interesse des Arbeiterschutzes Anforderungen an gußeiserne Bauteile zu stellen, auf diese Vorschriften Bezug nehmen. Auch die Dampfkesselüberwachungsvereine ersuche ich, soweit sie bei der Anlegung von Dampfleitungen zu Rate gezogen werden, die Unternehmer zu veranlassen, ihre Rohre tunlichst in Übereinstimmung mit den mitgeteilten Vorschriften zu bestellen.

* * *

Unterdessen hat sich der Verband für Materialprüfungen der Technik am 8. Oktober 1914 in seiner Sitzung in Stuttgart nochmals mit diesen Vorschriften beschäftigt und nunmehr auch eine Einigung über den Röhrenguß erzielt. Der Abschnitt Röhrenguß hat folgende Fassung erhalten:

C. Röhrenguß.

§ 1. Art der Röhren.

Diese Lieferungsvorschriften sollen Geltung haben für:

a) Muffenröhren, b) Flanschenröhren, c) die zu den Röhren gehörigen Formstücke.

Die Röhren sollen gerade und im inneren und äußeren Durchmesser kreisrund sein.

Für die Formen und Abmessungen der gußeisernen Muffen- und Flanschenröhren für Gas- und Wasserleitungen sowie der Formstücke sind die »Deutschen Rohrnormalien« gemeinschaftlich aufgestellt von dem Verein deutscher Ingenieure und dem Verein deutscher Gas- und Wasserfachmänner; revidiert im Jahre 1882, maßgebend, sofern nicht Sondervorschriften erlassen werden.

§ 2. Abweichungen vom Durchmesser der Röhren.

Die äußeren Abmessungen sämtlicher Röhren sowie die inneren Abmessungen der Muffen sind unabänderlich. Die Wandstärke des glatten Rohres kann innerhalb gewisser Grenzen größer oder kleiner sein auf Kosten der Lichtweite. Falls durch eine Verstärkung des Rohres auch eine Verstärkung der Muffe bedingt wird, so geht dies auf Kosten der äußeren Muffenform; die dafür entstehenden Modellkosten sind vom Besteller zu tragen.

§ 3. Abweichungen in der Wandstärke.

Abweichungen von den in den Normalzahlentafeln vorgeschriebenen Wandstärken sind zulässig:

bei geraden Röhren von	25 bis 125 mm l. W.	± 15 vH
» » » »	125 » 225 » » »	± 12 »
» » » »	250 » 475 » » »	± 11 »
» » » »	500 mm und darüber	± 10 »

Für normale Formstücke ist die doppelte Abweichung zulässig wie für gerade Röhren.

Für Leitungen, deren Metall zerstörenden Einflüssen ausgesetzt ist, ist die Wandstärke gegenüber der normalen entsprechend zu erhöhen.

§§ 4 bis 7 bleiben unverändert.

§ 8. Festigkeit des Gußeisens.

Das zu prüfende Gußeisen wird in Probestäben von 30 mm Durchm. bei 600 mm Auflageentfernung der Untersuchung unterworfen.

Es sollen nachstehende Mindestwerte erreicht werden:

	Biegefestigkeit auf 1 mm²	Durchbiegung
a) bei Muffenröhren	26 kg	6 mm
b) » Flanschenröhren aus gewöhnlichem Gußeisen	26 kg	6 mm
c) » Flanschenröhren aus Gußeisen von hoher Festigkeit	34 kg	10 mm

§§ 9 bis 14 bleiben unverändert.

§ 15 Absatz 3 ist zu streichen.

Jüngst hat bereits in seinem »Beitrag zur Untersuchung des Gußeisens« (Verlag Stahleisen m. b. H., Düsseldorf, 1913) nachgewiesen, daß die Festigkeitszahlen dieser Vorschrift zu niedrig sind, daß sie heute im Durchschnitt wesentlich höher liegen.

Aus den weit fassenden Versuchsreihen seien folgende Durchschnittszahlen, gemessen an runden, rohen Probestäben von 30 mm Durchm. und 600 mm Auflageentfernung mitgeteilt.

	Maschinenguß von hoher Festigkeit		Maschinenguß von mittlerer Festigkeit		Bau- und Röhrenguß	
	Biegefestigkeit kg	Durchbiegung mm	B kg	D mm	B kg	D mm
Die Vorschriften für Lieferung von Gußeisen fordern:	34	10	28	7	26	6
Von Jüngst gefundene Durchschnittswerte:	42,4	11,5	34,4	10,5	32,6	9,1

Folgende Zahlentafel gibt noch eine weitere Zusammenstellung über die Ergebnisse verschiedener Versuche über Biegefestigkeit, Durchbiegung, Zugfestigkeit und Härte an Gußeisenprobestäben wieder. Alle Zahlen sind an Probestäben der vorbeschriebenen Abmessungen gemessen. Die Zerreißstäbe für die Zugversuche sind den bei den Biegeproben abfallenden unteren Stabenden entnommen, ebenso die Probeklötzchen für die Härteprobe nach Brinell:

Bezeichnung des Gußeisens:	Biegefestigkeit		Zerreißfestigkeit	Härte nach Brinell
	kg/qmm	Durchbiegung mm	kg/qmm	
Guß von niedriger Festigkeit	26—33	6—10	14—18	150—200
Guß von mittlerer Festigkeit	33—40	9—11	18—22	170—190
Guß von höherer Festigkeit	40—45	10—13	23—28	190—215

Wie bereits erwähnt, sind bezüglich der Aufstellung neuer Prüfungsvorschriften die Arbeiten über Gußeisen, Stahlguß, Temperguß und Nichteisenmetallguß noch im Gange.

In den verschiedenen Fachausschüssen der Verbände sind zwar im Zusammenhang mit den Arbeiten des Deutschen Normenausschusses bereits Vorarbeiten geleistet, aber diese lassen noch nicht erkennen, in welchem Umfange neue Vorschriften für die verschiedenen Stoffprüfungen, Lieferungsbedingungen angenommen werden. Für die Werkstoffprüfung kommen sowohl die chemischen als auch die physikalischen Eigenschaften der Metalle in Frage. Über die chemischen Prüfungen ist bereits an anderer Stelle einiges gesagt worden. Als physikalische Eigenschaften kommen in Frage: Festigkeit, Formveränderung, Härte, Zähigkeit, Sprödigkeit, Bearbeitbarkeit, Bildsamkeit.

Die üblichen Prüfungsverfahren bezüglich Abschreckung des Eisens, Schwindung und Lunkerbildung wurden bereits erwähnt, es sei hier noch auf die Prüfung und Bearbeitungsfähigkeit sowie auf die Bestimmungen der Zerreiß- oder Zugfestigkeit, der Biege- oder Bruchfestigkeit und der Durchbiegung sowie Schlagfestigkeit hingewiesen.

Für die Auswahl der Prüfmaschinen sind die Eigenschaften der betreffenden Metalle ausschlaggebend.

Die Prüfung der Härte und Bearbeitungsfähigkeit erfolgt am einfachsten durch Hobeln, Drehen oder Bohren, in geübter Hand gibt diese Probe ein Urteil, ob die Gußstücke die richtige Härte besitzen. Sicherer ist natürlich die Verwendung eines Normalbohrers nach Bauart Ludwig Loewe & Co., Berlin, worüber auch Kessner berichtet. Neuerdings hat die Kugeldruckprobe nach Brinell viel Anwendung gefunden, es sind weitere Untersuchungen im Gange, inwieweit diese Prüfung für Gußeisen Verwendung finden kann.

Die wichtigste Festigkeitsbestimmung bei Gußeisen ist die Bruchprobe. Sie ist am einfachsten und auch zuverlässig und wird infolgedessen wohl in jeder Abnahmevorschrift aufgenommen bleiben. Diese Prüfung muß als selbstverständliche tägliche Prüfung in jeder Eisengießerei anzutreffen sein.

Abb. 75. Gußeisen-Prüfmaschine, Bauart Schenck.

Als einfachste Maschine für diesen Zweck hat die Gußeisenprüfmaschine von Kircheis, Aue (Sachsen), in vielen Gießereien Eingang gefunden. Eine ähnliche aber kräftiger ausgeführte Maschine dieser Art ist die in vorstehendem Bilde vorgeführte Bauart der Firma Carl Schenck, Darmstadt.

Die eigentliche Maschine ruht auf einem gußeisernen Gestell, in dem die aus zwei konischen Zahnrädern mit Bronzemutter und Spindel bestehende Antriebsvorrichtung staubfrei gelagert ist. Der Antrieb der Maschine erfolgt durch eine Handkurbel.

Das größere konische Zahnrad sitzt auf einer Bronzemutter, in welcher sich die Spindel bewegt. Mit dem unteren Teil der Spindel ist ein Querbalken verbunden, in dem vier stehende Säulen befestigt sind. Diese sind in dem Gestell der Maschine geführt und tragen oben eine Platte, worauf die Meßdose mit Manometer angebracht ist. Unterhalb der Meßdose befindet sich ein Bügel, welcher zur Aufnahme des Probestabes dient und die benötigte Kraft zum Durchbiegen des Stabes auf die Meßdose überträgt. Die beiden Enden des Probestabes lehnen sich gegen Rollen, welche in bügelartig ausgebildeten Schlitten gelagert sind. Durch Drehen an der Handkurbel bewegt sich die Spindel in senkrechter Richtung nach oben, wodurch der eingespannte Probestab nach oben durchgebogen wird. Der größte Hub der Spindel beträgt 120 mm, so daß die Probestäbe bis zu diesem Maß gebogen werden können.

Die Größe der Durchbiegung des Probestabes kann an einer Bogentafel, und zwar in $^1/_{10}$ mm abgelesen werden. Die Belastung des Probestabes wird durch die Meßdose auf das Manometer übertragen und durch dieses angezeigt. Die Einteilung des Manometers geht von 4 zu 4 kg. Durch Schätzung der Zeigerstellung zwischen den Teilstrichen läßt sich aber eine entsprechend genauere Ablesung ermöglichen. Das Manometer ist mit einem gewöhnlichen und einem Schleppzeiger versehen. Letzterer bleibt nach dem Bruch des Probestabes sofort stehen, während der andere auf Null zurückgeht. Es kann somit das Ergebnis der Prüfung auch nach dem Bruch des Probestabes noch abgelesen werden. Ebenso wird auch der Zeiger des Durchbiegungsanzeigers nach dem Bruch des Probestabes selbsttätig festgestellt. Die bügelartig ausgebildeten Schlitten, in welchen die Enden des Probestabes gehalten werden, können nach einer Zahlentafel, die an dem Maschinentisch angebracht ist, bis auf 200 mm Entfernung eingestellt werden. Hierdurch ist es möglich, auch kürzere Stücke bis zu 200 mm Länge zu prüfen.

Um die Genauigkeit des Gebrauchsmanometers zu prüfen, kann die Maschine mit einem Überprüfmanometer ausgestattet werden, das für gewöhnlich abgesperrt bleibt.

Diese Maschine kann auch für leichte Zugversuche eingerichtet werden und erhält dann auch einen Schreibapparat.

Die Bestimmung der Zerreiß- oder Zugfestigkeit und ihrer Nebenwerte kommt für Gußeisen nicht so sehr in Betracht, es besteht sogar bei vielen Fachleuten die Ansicht, diese Prüfung für Gußeisen völlig aufzuheben und dafür die Schlag- oder Härteprobe einzuführen. Die Verhandlung über diese Frage ist aber noch nicht abgeschlossen.

Die Zerreißmaschinen werden in verschiedenen Ausführungen gebaut, der Zugspannung entsprechend wird die Bauart besonders zuverlässig gewählt. Die führenden Firmen auf diesem Gebiet, wie Lohsenhausen, Düsseldorf, Mohr & Federhaff, Mannheim, Krupp-Grusonwerk, Magdeburg, Schenck-Darmstadt u. a. mehr, haben eine Reihe von sehr brauchbaren Maschinen geschaffen, die je nach der Beanspruchung mit hydraulischem oder Schraubspindelantrieb versehen sind. Der Handantrieb bei kleinen Maschinen bis 3000 kg Zugkraft wird bei den größeren Maschinen durch Riemen- oder unmittelbaren elektrischen Antrieb ersetzt. Eine kleine sehr brauchbare Maschine für hydraulischen Betrieb, die gleichzeitig auch für Druck-, Scher- und Lochversuche Verwendung findet, wird von Ernst Krause & Co., Berlin-Wien, in den Handel gebracht.

Der Unterschied zwischen Gußeisen und Stahlguß ist sehr groß. Die Dehnung bei Gußeisen ist ganz unbedeutend, sie steht in keinen

Abb. 76. Pendelschlagwerk, Bauart Schenck.

zuverlässigen Beziehungen zu den Zugfestigkeiten. Während bei Flußeisen 20 bis 40 vH gewöhnliche Dehnungswerte sind, kommen bei Gußeisen nur ganz geringe Werte, in der Regel unter 0,3 vH, dagegen bei Temperguß bis 3 vH und mehr.

Die Zerreißproben haben demnach bei Gußeisen weniger Wert.

Die Prüfung der Schlagfestigkeit bei Gußeisen findet mehr Anklang. Bereits 1903 bei der Umfrage des Vereins deutscher Eisengießereien zur Erlangung von Unterlagen für die Festsetzung der Vorschriften für Gußeisenprüfung hatte Martens, der verdienstvolle Leiter des Materialprüfungsamtes in Groß-Lichterfelde, angeregt, nach einem Vorschlage von Rudeloff, die Anwendung eines Pendelhammers für Schlagversuche an Gußeisen durchzuführen. Wenn auch diese Prüfung für Gußeisen nicht ganz einwandfrei ist, so werden die Pendelschlagwerke doch in verschiedenster Ausführung mit bestem Erfolg benutzt. Die vorstehende Abbildung zeigt eine Bauart der Maschinenfabrik Schenck, Darmstadt. Mit diesem Schlagwerk lassen sich Gußstäbe bis 10 × 10 mm prüfen, für größere Querschnitte werden freistehende Pendelschlagwerke aus-schinenfabrik geführt.

Für die Prüfung der Schlagfestigkeit werden mit gleich günstigem Erfolg Fallwerke verwendet und sei hier auf die Versuche der Ma-Gebr. Sulzer hingewiesen.

Auch auf die Ergebnisse der Schlagbiegeproben von Gessner-Prag, in »Stahl und Eisen« 1915, Heft 30, sei aufmerksam gemacht, Gessner empfiehlt die Schlagprobe neben der Biegeprobe, macht aber auch Bedenken geltend, indem er auf die Art der Herstellung der Probestäbe hinweist, die die wirklichen Festigkeitseigenschaften des Gußstückes nicht wiedergeben.

Über die Beziehungen der Festigkeitseigenschaften zur chemischen Zusammensetzung der Eisen- und Nichteisenmetalle muß auf die Unterlagen in den Gießereihandbüchern verwiesen werden. Geiger, Osann u. a. bringen reichlichen Stoff, dessen Wiedergabe zu weit führt.

Daß ein Erproben der Gußeisenmischungen für die Erlangung von hohen Festigkeitswerten notwendig ist, zeigt am besten ein Beispiel aus den Versuchen von Wüst und Goerens aus einer Veröffentlichung über die »Zusammensetzung und Festigkeitseigenschaften des Dampfzylindergusses«.

Es seien aus dieser Arbeit je vier Zahlenreihen mit den niedrigsten, mittleren und höchsten Werten der Zugfestigkeit wiedergegeben, die Werte zeigen die großen Schwankungen in der Zusammensetzung des Eisens:

ersuchs-Nr.		K_z	K_b	a. mm	Ges. C.	Si	Mn	P	S
1.	33	1077	3300	9,55	3,69	2,06	0,92	0,35	0,087
	2	1245	3027	8,28	3,64	1,73	0,73	0,27	0,088
	20	1312	3093	8,71	3,76	1,68	0,69	0,36	0 ,054
	28	1378	3347	8,52	3,72	1,84	0,69	0,75	0,090
2.	7	1622	3324	8,80	3,60	1,68	0,81	0,71	0,089
	37	1794	4224	8,61	3,44	2,06	0,81	0,77	0,071
	32	1840	4153	9,27	3,61	1,70	0,69	0,50	0,126
	30	1814	3832	7,71	3,47	1,57	0,51	0,59	0,124
3.	9	2312	4507	10,54	3,62	1,45	0,93	0,23	0,085
	10	2440	4819	9,93	3,50	1,12	1,21	0,28	0,078
	17	2447	4517	6,50	3,20	1,09	0,95	0,12	0,120
	15	2477	4422	7,50	3,45	1,14	0,45	0,26	0,127

Die Durchbiegung a ist an Stäben von 500 mm Auflagelänge gemessen, bei 30 mm Durchm., die Zerreißstäbe sind den Biegestäben entnommen. Insgesamt wurden 41 Proben gemacht; wie die Ergebnisse zeigen, war die erzielte Treffsicherheit nicht günstig.

Eine ähnliche Versuchsreihe für Gußeisen hat Orthey in der »Metallurgie« aufgestellt, er bestätigt, daß dem Gußeisen eine beliebige Festigkeit erteilt werden kann, wenn eine zweckmäßige Eisenmischung auf Grund der Analyse gewählt wird.

Im übrigen sei auch noch die Zahlenreihe der Versuche von Wüst (S. 219) aus den Schmelzungen mit Spänebriketts erwähnt, die ebenfalls recht bemerkenswerte Zahlen betreffs der Beziehungen der Festigkeitseigenschaften zur chemischen Analyse ergeben.

Abb. 77. Prüfvorrichtung für Rohrformstücke (Bauart Ardelt).

Als weitere Prüfung für Gußerzeugnisse sei noch die Probe auf Dichtigkeit durch Wasser- und Dampfdruck erwähnt, und sei hierbei auf den in der Abbildung gezeigten Prüfapparat für Rohrformstücke, der für alle Rohrweiten angepaßt wird, hingewiesen. Die Apparate eignen sich für Muffen- und Flanschenrohrformstücke aller Art, und zwar von der geraden Form bis zur Krümmung von 90°.

Aus Gründen der leichten und raschen Handhabung der Apparate, was bei der Massenerzeugung von Rohrformstücken besonders ins Gewicht fällt, empfiehlt es sich, die Apparate für keinen höheren Prüfungsdruck zu bestellen, als für den, der am häufigsten bei den gangbaren Rohrformstücken verlangt wird. Da z. B. die meisten Gas- und Wasserleitungsformstücke auf 20 at geprüft werden, so würde hierfür ein Apparat für 20 at Prüfungsdruck am geeignetsten sein. Kommen dann häufiger Stücke vor, die auf einen höheren Druck zu prüfen sind, so empfiehlt sich die Anschaffung eines zweiten stärkeren Apparates.

K. Die Normungsarbeiten im Gießereiwesen.

Wie aus den vorhergehenden Abschnitten zu erkennen ist, haben die Normungsarbeiten auch für das Gießereiwesen bereits eine gewisse Bedeutung erlangt, und es ist deshalb zweckmäßig, hier einen Bericht über die bisher abgeschlossenen oder begonnenen Arbeiten zu geben.

Bereits während des Weltkrieges hat es sich als sehr zweckmäßig erwiesen, für bestimmte Erzeugnisse und Herstellungsarten Werkstoff- und Fachnormen aufzustellen oder vorzuschlagen. Diese Arbeiten sind vom Deutschen Normenausschuß mit dem Ausschuß für wirtschaftliche Fertigung, in Verbindung mit dem Verein deutscher Ingenieure, dem Verein deutscher Eisenhüttenleute, nebst den Gießereiverbänden im Laufe der Jahre weitergeführt worden, so daß nunmehr ein einheitlicher Arbeitsplan über das für die Normungsarbeit überhaupt in Frage kommende Gebiet vorliegt.

Es handelt sich sowohl um die Festlegung von Werkstoff- wie von Fachnormen. Für das Gebiet des Gießereiwesens kommt in erster Linie die Werkstoffnormung »Eisen und Stahl« sowie »Nichteisenmetalle« in Frage und daneben die diese Klassen betreffenden Fachnormen. Der Werkstoffausschuß »Eisen und Stahl« beim Normenausschuß der Deutschen Industrie (NDI) umfaßt.

Eisenbahnbaustoffe (Oberbau),
Stab-, Form- und Drahteisen,
Bleche und Rohre,
geschmiedeter Stahl,
Stahlformguß (Stahlguß),
Gußeisen,
Temperguß,

und der dem NDI angegliederte »Fachnormenausschuß für Nichteisenmetalle«.

Beide Gruppen beschäftigen sich in erster Linie mit den Eigenschaften der Werkstoffe, während die Normung der Form der Halbfabrikate von besonderen Ausschüssen bearbeitet wird.

Die wesentliche Bedeutung einheitlicher Prüfvorschriften führte zur Schaffung des Fachnormenausschusses für Prüfverfahren.

1. Kupfer und Kupferlegierungen,
2. Aluminium,
3. Nickel,
4. Zink,
5. Blei,
6. Zinn,
7. Abnahme und Schiedsanalysen.
8. Schlaglote.

Um nun ein möglichst einheitliches Arbeiten der verschiedenen Fachausschüsse im gesamten Gießereiwesen zu sichern, ist im Juni 1922 ein »Fachnormenausschuß für das Gießereiwesen« gegründet worden, in welchem die nachstehenden Gießereiverbände mit dem Technischen Hauptausschusse für das Gießereiwesen vereint sind:

1. Technischer Hauptausschuß für das Gießereiwesen,
2. Verein deutscher Eisengießereien,
3. » » Eisenhüttenleute,
4. » » Gießereifachleute,
5. » » Stahlformgießereien,
6. » » Tempergießereien,
7. Gesamtverband deutscher Metallgießereien.

Dieser neue Fachnormenausschuß für Gießereiwesen (Gina) wählte Geilenkirchen, Düsseldorf, als Geschäftsführer und Mehrtens, Berlin, als Verbindungsmann zwischen Düsseldorf und Berlin, dem Sitz des NDI[1]).

Sämtliche Arbeitsausschüsse werden, im Einverständnis mit dem NDI, vom Gina eingesetzt und alle Beratungen erfolgen nach vorhergegangener Beschlußfassung über Zeitpunkt und Tagesordnung. Bisher sind im Rahmen des Gina nachstehende, für das Gießereiwesen wichtige Arbeitsausschüsse gebildet worden:

Werkstoffausschüsse:

Stahlformguß, Obmann Krieger,
Gußeisen, Obmann Scharlibbe,
Temperguß, Obmann Stotz,
Nichteisenmetalle, Obmann Groeck,
Benennungen und Gußklassen, Obmann Mehrtens.

Arbeits-Ausschüsse im Rahmen des „Gina“:

Anstrich für Modelle, Obmann Mehrtens,
Maß- und Gewichtsabweichungen, Obmann Langenohl,
Einheitliche Abmessungen für Formkästen und Formplatten, Obmann Hoffmann, Hainholz,
Zweckmäßiger Entwurf von Gußstücken, Obmann Werner,
Einheitliche Abmessungen für Gießpfannen, Obmann Treuheit,
Einheitliche Abmessungen für Graphitschmelztiegel, Obmann Axelrad,
Beseitigung überflüssiger Modelle bei Handelsguß.

Außer diesen Arbeitsausschüssen bestehen im N. D. I. noch weitere Fachausschüsse in denen der Gina durch Vertreter mitarbeitet, so z. B.:

im Ausschuß für Kanalisationsgegenstände Obmann Passavant,
für Abflußrohre Obmann Schulze,
für Rohrleitungs-Formstücke und Armaturen Obmann Seiffert u. a. m.

In den Gießereiverbänden bestehen außerdem noch Sonder-Fachausschüsse, die vorbereitende Arbeiten leisten, wie z. B. im Verein deutscher Eisengießereien die Ausschüsse für

[1]) Wie sich der Gießereinormenausschuß im NDI. eingliedert, das zeigt die nachstehende Zusammenstellung. Abb. 78.

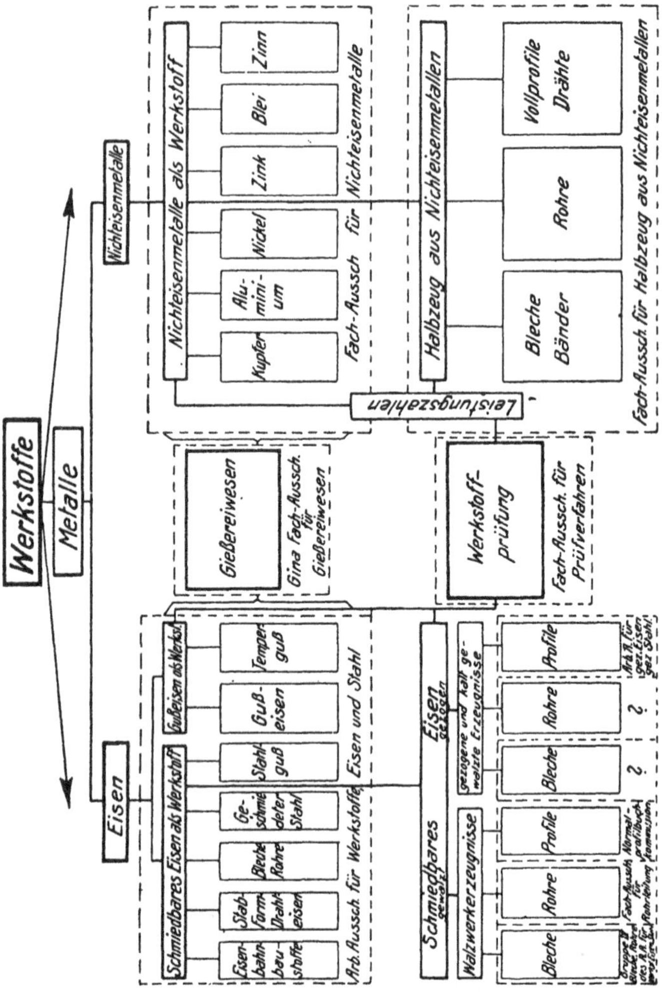
Werkstoffe
Metalle
Eisen
Nichteisenmetalle
Schmiedbares Eisen als Werkstoff
Gußeisen als Werkst.
Eisenbahnbaustoffe
Stab- Form- Draht- eisen
Bleche Rohre
Geschmiedeter Stahl
Stahlguß
Gußeisen
Temperguß
Arb. Aussch. für Werkstoffe Eisen und Stahl
Gießereiwesen
Gina Fach-Aussch. für Gießereiwesen
Nichteisenmetalle als Werkstoff
Kupfer
Aluminium
Nickel
Zink
Blei
Zinn
Fach-Aussch. für Nichteisenmetalle
Leistungszahlen
Halbzeug aus Nichteisenmetallen
Bleche Bänder
Rohre
Vollprofile Drähte
Fach-Aussch. für Halbzeug aus Nichteisenmetallen
Werkstoffprüfung
Fach-Aussch. für Prüfverfahren
Schmiedbares Eisen gewalzt gezogen
Walzwerkerzeugnisse
gezogene und kalt gewalzte Erzeugnisse
Bleche
Rohre
Profile
Bleche
Rohre
Profile
Fach-Aussch. für Rohrleitung
Normalprofilbuch Kommission
?
?
Arb. A. für gez. Eisen gez. Stahl

Festigkeitsversuche an Gußeisen,
Formsanduntersuchungen,
Schweißen von Gußeisen,
Schwindung und Eisenmischung,
Untersuchung von ff. Steinen für Schmelzöfen,

im Verein deutscher Stahlformgießereien:

Untersuchungen über basischen und sauren Stahl;

im Verein deutscher Eisenhüttenleute:

Prüfung von sog. »Halbstahl«,
Untersuchungen über die Unterschiede in der Form des Kohlenstoffes in Holzkohle und Koksroheisen.

Im Technischen Hauptausschuß für Gießereiwesen sind weitere Anregungen über neue Arbeiten gegeben, so über:

Untersuchungen an Trockenöfen,
Verwertung der Abfallstoffe in der Gießerei,
Ausbildung der Lehrlinge in der Gießerei,
Untersuchungen über Wassereinspritzvorrichtungen in Funkenkammern bei Schachtöfen.

Aus den vorhergehenden Abschnitten ist zu ersehen, daß eine Anzahl von Normenblattentwürfen bereits veröffentlicht ist, wie z. B. über Modellanstriche, Benennung von Gießereierzeugnissen, Normblatt über Begriffe und Güteklassen in Stahlformguß (Stahlguß), Normenblatt über Nichteisenmetalle, Kupfer, Zinn und Zink sowie deren Legierungen, Bronze, Rotguß und Messing, andere Blätter sind in Vorbereitung und stehen vor der Bekanntgabe.

Auch an dieser Stelle sei bemerkt, daß Anregungen auf zweckmäßige Ergänzungen der Blätter jederzeit von der Geschäftsstelle des NDI, Berlin NW 7, Sommerstraße 4a, zur Weitergabe an die Arbeits- und Fachausschüsse angenommen werden.

Ferner sei darauf hingewiesen, daß auch die Arbeiten des Ausschusses für wirtschaftliche Fertigung (A. W. F.) Berlin NW 7 dem Gießereiwesen sehr zu nutzen kommen. Die bereits herausgegebenen Betriebsblätter 1. Spiralbohrer, 2. Werkzeugkegel, 3. Aufstellen der Werkzeugmaschinen, 5. Fräser und Messerköpfe, 6. Kranführer und Anbinder, 7. Feuerverhütung, verdienen weitgehende Beachtung in den Gießereibetrieben, deshalb sind diese auch zum Teil im Taschenbuch aufgenommen worden.

Das Arbeitsgebiet des AWF erstreckt sich auf alle Fragen, die auf den wirtschaftlichen Erfolg des Fertigungsganges von Einfluß sind: die mit den Rohstoffen zusammenhängenden Fragen (Stoffe), das Gebiet der Verarbeitung der Werkstoffe bis zum Fertigerzeugnis (Löhne), alle übrigen Aufgaben der Betriebe, die die Höhe der Unkosten beeinflussen. Die Zusammenstellung der einzelnen Arbeitsgebiete zeigt die umstehende Tafel.

Gemeinschaftsarbeit zur Hebung der Wirtschaftlichkeit

Hilfswissenschaften	Werkstoffe	Arbeit: mechanische	Arbeit: persönliche	Gemeinkostengebiete: Energiewirtschaft	Gemeinkostengebiete: Transportwesen	Gemeinkostengebiete: Fabrikanlagen	Organisation	Selbstkostenwesen
Nomographie* Kinematik Reuleaux-Gesellschaft Schwingungsuntersuchungen	Stoffkunde Einfache Stoffprüfung Werkstoffverwendung Abfallverwertung Hauptstelle zur Förderung d. Altstoff- u. Abfallverwertung	Arbeitsverfahren Maschinen Maschinenwerkzeuge Kalkulationsgrundlagen* und Hilfsmittel*	Handwerkzeuge Kalkulationsgrundlagen* und Hilfsmittel* Bewegungsuntersuchung* Zeitstudien* Arbeitsphysiologie* Berufseignung* Fähigkeitsschulung*	Energieerzeug. u. Wärmewirtsch. Hauptstelle für Wärmewirtsch. Mechanische Energieleitung* Riemen* Öle* Lager Deutsche Gesellsch. f. Metallkunde Elektr. Energieleitung*	Umladeverkehr* Platzverkehr* Lagerplatzbedienung Dampfkesselbekohlung u. -entaschung Verkehr und Förderung i. d. Werkstätten		Büroorganisation* Büromaschinen* Kennzeichnungsarten	Selbstkostenberechnung* Betriebsbuchführung Abschreibungstechnik Zwischenbilanzen

Ergebnisse im wesentlichen verwertbar in den Fachgebieten, in denen sie erarbeitet sind

Ergebnisse grundsätzlich in allen Herstellungszweigen unmittelbar zu verwerten
* = besondere Ausschüsse gebildet; ▭ = Gebiete werden von selbständigen Körperschaften bearbeitet, mit denen Zusammenarbeit besteht.

AWF 1923 | **Arbeitsgebiet des Ausschusses für wirtschaftliche Fertigung (AWF)** | **AF 1**

Die Grundlage für planmäßige betriebswissenschaftliche Maßnahmen innerhalb der Betriebe ist eine richtige Selbstkostenberechnung, die über die Prüfung des Herstellungspreises hinaus eine Überprüfung aller Teilgebiete der Fertigung in bezug auf ihre Wirtschaftlichkeit ermöglicht. Besonders Preisvereinbarungen auf der Grundlage einheitlicher Selbstkostenschemen bieten den beteiligten Firmen die Möglichkeit eines Vergleichs ihrer eigenen Teilkosten mit den vereinbarten. Hierbei sei insbesondere auf den Grundplan der Selbstkosten-Berechnung des A.W.F. hingewiesen. Nachstehend seien noch einige wichtige Betriebsblätter des A.W.F. wiedergegeben:

Für Arbeiter und Betriebsbeamte	**Aufstellen der Werkzeugmaschinen**	Betriebsblatt 8

Aufstellung.

1. Die Tragfähigkeit des Untergrundes für Werkzeugmaschinen muß der Größe, Schwere, Gestalt und Arbeitsweise der Maschine entsprechen.

   Verziehen der Maschine tritt ein: durch Sacken oder allmähliches Nachgeben des Untergrundes infolge Druck oder Erschütterungen, Veränderungen des Untergrundes infolge Temperatur- und Feuchtigkeitsänderungen und Treiben des untergegossenen Zementes.

2. Fundament möglichst auf gewachsenen Boden bauen. Es muß vor Aufstellung der Maschine vollkommen trocken sein und sich gesetzt haben.
   Fußbodenbelag muß genügende Tragfähigkeit haben.

3. Antriebriemen soll leicht geneigt nach oben laufen (höchstens 60° gegen Fußboden geneigt). Zu schräg liegende Riemen können Maschine verschieben oder zum Zittern bringen. Senkrecht nach oben laufende Riemen haben geringere Durchzugkraft; zu starkes Spannen des Riemens erhöht Belastung der Lager, daher unzulässig.
   Bei Stufenscheibenantrieb Riemenumleger verwenden.

Reinigung und Schmierung.

4. Der Arbeiter, der die Maschine bedienen soll, ist zu Aufstell- und Reinigungsarbeiten heranzuziehen, um sich mit den einzelnen Teilen und der Eigenart der Maschine vertraut zu machen.

5. Öllöcher,Ölleitungen und Ölpumpen auf Ölzufuhr prüfen. Versteckt liegende Öllöcher kenntlich machen.
   Bei Maschinen mit vielen Ölstellen ist für normale Ölung die Reihenfolge, in der die Löcher zu ölen sind, festzulegen.
   Ringschmierlager vor Auffüllen des Öles mit Petroleum gründlich reinigen.
   Mit Fett geschmierte Lager vor Einpressen des Fettes ölen, da Fett sich erst nach Erwärmung verteilt und Einpressen durch Staufferbüchsen in trockene Lager zur Schmierung nicht ausreicht.

6. Verdeckte Führungen freilegen durch Verstellen der Schlitten. Öl tropfenweise in angemessenen Abständen aufbringen und mit Hand verreiben.

Ausrichten.

7. Vor dem Ausrichten alle Teile der Maschine sorgfältig mit Putzlappen von Staub, Schmutz, altem Öl, Rostschutzmitteln usw. **reinigen** (trocken oder mit Mineralöl).
   Beim Reinigen Teile auf Materialfehler und Ungenauigkeiten prüfen.
8. Ausrichten von Betten und Schlitten in **Längsrichtung** der Führungen mit Wasserwage in Abständen von 500—1000 mm. In **Querrichtung** Wasserwage stets zweimal auflegen (um 180° verdreht). (Bild 1.)

Bild 1.

Senkrechte Führungen mit Winkel und darauf gestellter Wasserwage oder mit Fühlhebel prüfen.
Bei V-förmigen Prismenführungen Wasserwage nicht auf obere Prismenkante setzen, sondern auf Prismenklötze, die auf den Flanken der Prismenführungen aufliegen. (Bild 2.)

Bild 2.

Maschinen mit Dreipunktaufstellung bedürfen nur der Einstellung in die Wage.
Deckenvorgelege parallel zur Antriebsachse anordnen.
9. Ausrichten von **senkrechtspindligen** Maschinen: mit Richtlineal sowie aufgesetzten gleichhohen Endmaßen auf Arbeitstisch und in Spindel gesteckter gebogener Nadel prüfen, ob Spanntisch genau richtig zur Arbeitsspindel steht (Umschlagverfahren). (Bild 3.)

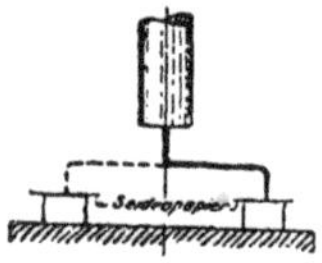

Bild 3.

10. **Wasserwagen** sollen empfindlich und genau sein (z. B. 1 Teilstrich = 0,1 mm Höhenunterschied auf 1000 mm Länge).
    Prismen-Wasserwagen verwenden zum Aufsetzen auf zylindrische Flächen (z. B. Wellen). (Bild 4.)

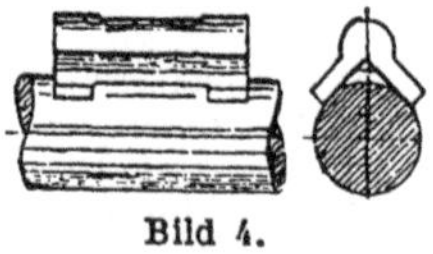

Bild 4.

Für lange Maschinen: Schlauchwasserwagen.

11. **Unterkeilen:** mittels Eisenkeilen von genügender Breite mit einem Anzuge 1 : 20. Keile sind entsprechend Bauart der Maschine auf Stützpunkte zu verteilen und gemäß dem Ausschlage der Wasserwage anzuziehen. Maschinen mit Grundplatte so vielfach unterkeilen, daß kein Durchhängen eintritt.

    Befestigen der Keile: Nach Ausrichten der Maschine Keile mit Zementmörtel (treibenden Zement vermeiden), Blei oder Schwefel, bei Holzfußboden mit Pech oder Gemisch aus Asphalt und Sand umgießen.

    Vergießen soll derart geschehen, daß Entfernung der Fundamentplatte stets ohne Beschädigung derselben, des Fundamentes oder der Fundamentschrauben vor sich gehen kann. Auflagefläche der Maschine ist möglichst ganz zu vergießen.

12. **Fundamentschrauben** sind nicht mit einzufundamentieren, müssen nach Aufstellung und Ausrichten der Maschine mit dieser vergossen werden und senkrecht stehen, sind erst nach vollständiger Erhärtung der Gußmasse anzuziehen und dürfen nicht klemmen (vgl. Punkt 1).

Probelauf.

13. Bedienungsvorschrift **vor dem ersten** Arbeiten der Maschine lesen und sämtliche Hebelstellungen, Schaltungen und Anschläge prüfen.

    Danach Maschine mehrere Male mit Hand **durchdrehen**, und wenn sich dabei kein Widerstand zeigt, auf langsamen Gang schalten.

14. **Unter Riemen** sind zu erproben: alle möglichen Hebelstellungen, Schaltungen, Anschläge, Längs- und Quervorschübe bei verschiedenen Drehzahlen unter sorgfältiger Beobachtung der Maschine.

    Lager auf **Warmlaufen** bei höchster Drehzahl im Leerlauf prüfen.

    Auf **spielfreie** Beweglichkeit sämtlicher Teile besonders achten.

15. **Prüfen der Maschine** durch Bearbeitung eines Probestückes auf die vom Lieferer gewährleistete Spanmenge bzw. Arbeitszeit und Arbeitsgenauigkeit.

16. Von **einwandfreier** Arbeitsweise hat sich der Betriebsleiter oder sein Vertreter zu überzeugen. Dem Lieferer Minderleistungen oder Fehler sofort mitteilen.

17. **Schild** mit **Inventar- und Fabriknummer** ist gleich nach Aufstellung der Maschine an geeigneter Stelle derselben anzubringen.

18. **Stamm-** (Inventar-) und **Leistungskarten** für jede Maschine anlegen. (Muster hierfür bei BTA erhältlich.)

Zusammengestellt und herausgegeben von der Betriebstechnischen Abteilung beim Reichskuratorium für Wirtschaftlichkeit in Industrie und Handwerk unter Mitarbeit vom Verein Deutscher Werkzeugmaschinenfabriken und der Arbeitsgemeinschaft deutscher Betriebsingenieure. Zu beziehen durch Betriebsschriftenzentrale Berlin NW 7, Sommerstraße 4a.

Für Arbeiter und Betriebsbeamte	**Behandlung der Werkzeugmaschinen**	Betriebsblatt 4

Vorbereitung der Arbeit.

1. Vor Arbeit mit einer Maschine sind zu beachten:
   Mitgelieferte *Bedienungsvorschriften* (auf lackiertem Karton oder Ölkartonumschlag) sind an oder in der Nähe der Maschine zu befestigen (durch Schrauben oder Ketten) oder vom Meister aufzubewahren.
   Tabellen mit wichtigen Daten (Drehzahlen, Vorschüben usw.) als Metallschilder an Maschine befestigen. In ihrer Ermangelung Anfertigung aus lackiertem Karton und Befestigung an der Maschine.
2. Vor Ingebrauchnahme Maschine gründlich *ölen*, besonders Lager, Führungen, Getriebe, Körnerspitzen. Stets nur bei stillstehender Maschine ölen.
   Öllöcher unter Verschluß leicht zugänglich und den Zulauf offen halten.
   Schlechte Schmierung verursacht übermäßigen Kraftverbrauch, Warmlaufen und Fressen. Nur harz- und säurefreies Öl für alle Lagerstellen verwenden.
3. Vor Einsetzen von *Körnerspitzen, Dornen, Bohrern* u. dgl.: Innen- und Außenkegel reinigen. (Vgl. Betriebsblatt 2 „Werkzeugkegel".)
   Herausnehmen von Körnerspitzen, Dornen, Bohrern u. dgl. stets mittels dazu vorgesehener Muttern, Schrauben, Stoßstangen, Keiltreiber usw. Fehlen diese, so dürfen zum Befestigen und Lösen nur Holz- oder Bleihämmer benutzt werden.
   Beim Aufschrauben von *Futterstücken, Planscheiben* u. dgl., deren Anlageflächen sowie Bundflächen der Spindel mit Talg oder Öl bestreichen. Futter von Hand aufschrauben, nicht bei eingerückter Spindel!
   Beim Ausrichten der *Werkstücke* nur leicht klopfen und schwere Hammerschläge vermeiden.
4. Auf *Maschinentische* und *Führungen* keine Schlüssel, Werkzeuge, Lehren, Werkstücke u. dgl. legen. Holzunterlagen anbringen. Besser Aufstellen von Werkzeugtischen zum Ablegen.
   Niemals Werkzeuge zwischen Spindelkasten und Supportschlitten liegen lassen, sonst kann Schlitten anlaufen und Vorschubmechanismus zerbrechen.
5. *Kühlmittel* soll säurefrei sein. Zuführung derartig, daß Werkzeugschneide in ununterbrochenem Strahl getroffen wird. (Trifft der Strahl auf trocken gewordene heiße Schneide, so können Sprünge entstehen.) Herumspritzen der Flüssigkeit vermeiden. (Öl- und Spänefänger unterstellen.)

Arbeiten.

6. *Einrücken der Maschine*: Vorher Werkzeuge vom Werkstück zurückziehen, sonst brechen Werkzeuge.
   Vor Einrückung des Vorschubs toten Gang herauskurbeln.
   Bei *elektrischem Einzelantrieb*: Schalter an Maschine einrücken, mit Anlasser richtige Drehzahl einstellen.
7. *Laufende Maschine* nicht verlassen, bevor Ausrückung des Vorschubs (beim Fräsen nötigenfalls auch Ausrückung des Laufes) eingestellt ist.
   Wenn ein Mann mehrere Maschinen bedient, müssen Ausrückeinrichtungen stets eingestellt sein.
8. *Ausrücken der Maschine*: Vorschub ausrücken, Stahl oder Fräser zurückziehen (sonst Bruch beim Wiederanlassen).
   Bei *elektrischem Einzelantrieb*: Anlasser voll einschalten, Schalter an Maschine ausrücken. Bei Durchbrennen einer Siche-

rung sofort Schalter ausrücken, Anlasserkurbel auf Anfangsstellung zurückdrehen.

9. Drehzahl und Vorschübe bei zwangläufigem Antrieb (Zahnräder, Ketten) möglichst nicht während des Laufs ändern, sonst Zahnbruch! Klauenkupplungen nur bei langsamem An- oder Auslaufen (unterhalb 120 Umdrehungen i. d. Minute) einrücken.
10. Überlastung der Maschinen vermeiden, sonst sinkt Genauigkeit und Lebensdauer.
11. Schwere Werkstücke während längerer Arbeitspausen nicht zwischen Spitzen hängen lassen, vielmehr durch Setzstöcke u. dgl. abstützen.

Reinigung.

12. Unsauberkeit verkürzt Lebensdauer der Maschine. Deshalb Führungen und Lager vor Spänen schützen (nötigenfalls Blechschürzen an den Schlitten anbringen), nach Beendigung jeder Arbeit sorgfältig reinigen, dies gilt besonders für Gußeisenspäne (trocken reinigen!). Werden verschiedene Werkstoffe hintereinander bearbeitet, so ist Maschine bei jedem Wechsel sorgfältig zu reinigen.
Wurde naß gearbeitet, so sind alle blanken Teile nach Schichtschluß zu reinigen, abzutrocknen und mit Öllappen abzureiben; Zurückkurbeln der Schlitten nicht vergessen!
13. Gründliche Reinigung mindestens einmal wöchentlich mit Petroleum oder anderen säurefreien Mitteln.
14. Zur Reinigung verwende man Pinsel, Bürsten, Lappen. Bei Verwendung von Preßluft ist zu vermeiden, daß die kleinen Späne in die Spalten und Lagerungen geblasen werden.
15. Maschinen, die längere Zeit stillstehen, fette man mit säure- und harzfreiem Fett ein.
16. Räderkästen: Öl alle 2—3 Monate ablassen, Kasten mit Petroleum auswaschen, neues oder gereinigtes Öl einfüllen.
17. Rost entsteht durch reines Wasser, Säure, Alkalien (z. B. zu stark ausgebrauchte Kühlmittel).
Rostflecke sind zu vermeiden; Entfernung mit Petroleum, loser Schmirgel äußerst gefährlich.
Nachschaben eingefressener Rostflecke der Instandsetzungsabteilung oder dem Lieferanten überlassen.

Instandsetzung.

18. Instandsetzung ebenso wie Reinigung aller Maschinen möglichst besonderem, geeigneten Mann oder Instandsetzungsabteilung übertragen.
19. Auf Abnutzung, Brüche, Risse, Verziehen sind in bestimmten Zeitabständen zu prüfen: Betten, Führungen, Führungsleisten, Stelleisten (nach dem Nachstellen Stellschrauben sichern), Schraubenspindeln, Muttern, Schaltkupplungen, Rädervorgelege, Bruchsicherungen, Anschläge, Deckenvorgelege und deren Leerlaufscheiben.
Körnerspitzen sind genau zueinander einzustellen.
Fehler und Ungenauigkeiten sofort der zuständigen Stelle mitteilen.
20. Planmäßige Kontrolle der ganzen Maschine jedes Jahr, mindestens alle 2 Jahre, sehr zweckmäßig.
21. Ersatzteile auf Lager halten! (z. B. Spannpatronen, Kupplungsknaggen, Körnerspitzen, Spannfutter).

Zusammengestellt und herausgegeben von der Betriebstechnischen Abteilung beim Reichskuratorium für Wirtschaftlichkeit in Industrie und Handwerk unter Mitarbeit der Arbeitsgemeinschaft deutscher Betriebsingenieure und dem Verein Deutscher Werkzeugmaschinenfabriken. Zu beziehen durch Betriebsschriftenzentrale Berlin NW 7, Sommerstraße 4a.

Für den Anbinder, Kranführer und Betriebsleiter	**Vorschriften für Kranführer und Anbinder**	Betriebsblatt 6

Allgemeines und Sicherheitsvorschriften.

1. Das Betreten der Krananlage durch andere als die Kranführer im Dienst und besonders beauftragte Leute, die über die Unfallsgefahr unterrichtet sind, ist zu verbieten. Das gilt insbesondere auch für alle Ausbesserungsarbeiten. Vor dem Besteigen der Kranbahn sind alle beteiligten Kranführer in unzweideutiger Weise zu benachrichtigen. An allen Aufstiegen sind Tafeln anzubringen, die vor dem unbefugten Betreten der Krananlage warnen.

2. Mit der Bedienung von Kranen sind nur zuverlässige, mit der Führung vertraute, bei elektrisch angetriebenen Kranen auch elektrotechnisch genügend geschulte und über die Unfallsgefahr aufgeklärte Leute zu betrauen.

3. In jedem Führerkorb sind sämtliche Vorschriften für Kranführer auszuhängen.

4. Die Krane dürfen nur über die vorhandenen Aufstiege betreten und verlassen werden. Das Übersteigen von einem Kran auf den andern ist verboten.

5. Das Betreten der Kranfahrbahnen ist grundsätzlich verboten. Ist es bei Fehlen unfallsicherer Laufstege in dringenden Fällen nicht zu vermeiden (z. B. wenn der Kran nicht fahren kann), so sind die Führer der Nachbarkrane zu benachrichtigen.

6. Bei der Ablösung hat der Kranführer den Kran von dem abzulösenden Kranführer zu übernehmen, der seine Beobachtungen über etwaige Anstände seinem Nachfolger mitzuteilen hat. Mängel sind unverzüglich von dem abgelösten Führer zu melden.

7. Bei jeder Störung und bei Arbeiten an der elektrischen Einrichtung ist stets der Hauptschalter der Krananlage auszurücken. Vor dem Ein- und Ausschalten des Hauptschalters sowie bei Durchschmelzen von Sicherungen und bei Stromunterbrechungen müssen alle Steuerschalter in Ruhelage gebracht werden. Bei Kranen mit beweglichem Führerkorb ist zu beachten, daß nach dem Auslösen des Schalters im Führerkorb die Schleifleitungen für die Katzenfahrt noch unter Spannung stehen; es muß daher auch der Schalter hinter dem Hauptstromabnehmer ausgeschaltet werden.

   Der Fahrer hat eine Anzahl von Sicherungen, Ersatzfedern und Kohlenbürsten im Stande vorrätig zu halten.

8. Werkzeuge dürfen auf dem Kran nur in den dazu bestimmten Werkzeugkästen aufbewahrt werden und keinesfalls auf dem Kran herumliegen. Auch ist beim Gebrauch der Werkzeuge darauf zu achten, daß sie nicht herabfallen.

9. Auf dem Kran darf nur ein geringer Vorrat von brennbaren Stoffen (Putzwolle, Öl) vorhanden sein; er muß außerhalb des Führerkorbes in den dafür vorgesehenen feuersicheren Behältern aufbewahrt werden. Das Mitführen von Benzin auf dem Kran zu Reinigungszwecken ist verboten.

10. Der Kranführer hat dafür zu sorgen, daß die Aufschrift über die Tragfähigkeit des Kranes sichtbar und in Ordnung ist. Jede Überschreitung der angegebenen zulässigen Höchstbelastung ist verboten. Im Zweifelsfalle hat der Kranführer auf Nachprüfungen des Gewichtes zu dringen.

11. Für etwaige Heizungen sind lediglich die hierfür bestimmten Heizeinrichtungen zu benutzen. Jeder Mißbrauch der elektrischen Einrichtung ist strengstens verboten.

Abnahme- und laufende Prüfungen.

1. Bei der Abnahme neuer Krane muß eine Probebelastung mit dem 1 ¼fachen der auf dem Kran angegebenen Tragfähigkeit in Ruhe und Bewegung vorgenommen werden. Der Kran ist in allen Teilen genau zu untersuchen und es ist ein Prüfbuch anzulegen, in dem das Ergebnis der Abnahme und regelmäßigen Prüfungen einzutragen ist.
2. Jeder Kran und seine Tragteile sind je nach Bedarf, jedoch jährlich mindestens einmal, in allen Teilen genau zu untersuchen, und, wenn nötig, auszubessern. Der Tag der Untersuchung und das Ergebnis muß in das Prüfbuch eingetragen werden. Die Untersuchung muß sich auch auf die Bindeseile und Ketten erstrecken.

   Beschädigte Seile dürfen nicht weiter benutzt werden. Seile, die von der Trommel abfallen, oder in das Getriebe gekommen oder in Knoten- und Schlingenbildung geraten sind, müssen vor der weiteren Benutzung einer eingehenden Prüfung unterzogen werden. (Siehe Betriebsblatt „Seilverbindung und -behandlung".)
3. Der Kranführer ist für die laufende Instandhaltung des Kranes in dem Umfange der ihm gegebenen Betriebsvorschriften verantwortlich. Alle dem Verschleiß unterworfenen Teile hat er zu untersuchen und bei unzulässiger Abnutzung sofort Meldung zu machen. Insbesondere hat er jede Seilbeschädigung, das Abfallen der Seile von der Trommel oder das Hineingeraten der Seile in das Getriebe sowie Knoten- und Schlingenbildung sofort zu melden. Er hat für ausreichende und sorgfältige Schmierung der Triebwerke und Laufräder Sorge zu tragen. Mechanische Bremsen dürfen an den Umfangflächen nur ganz leicht geschmiert werden. Den elektrischen Teil des Kranes hat er unter Aufsicht zu halten.
4. Der Kranführer hat alle Sicherheitsvorrichtungen und Bremsen mindestens täglich (bei selten benutzten Kranen vor jedesmaligem Gebrauch) auf richtiges Arbeiten zu prüfen. Starkstromautomaten dürfen in ihrer Wirkung nicht durch Anbinden der Festklemmen beeinträchtigt sein.

   Den Ersatz verschlissener Bremsbacken hat er rechtzeitig zu beantragen. Versagt die Bremse, so hat er den Betrieb des Kranes sofort einzustellen.

Betrieb.

I. Allgemeines.

1. Die auf dem Krane angegebene Nutzlast, z. B. 15000 kg, darf niemals überschritten werden.

TRAGKRAFT
15000 kg

2. Wenn ein Mann zum Anhängen der Lasten vorhanden ist, darf der Kranführer nur auf Weisung des Anbinders Kranbewegungen ausführen.
3. Bei der Beförderung größerer Lasten, der Benutzung beider Hubwerke eines Kranes oder der gleichzeitigen Benutzung zweier Krane muß der Lademeister oder ein Vorarbeiter zugegen sein.
4. Ist die Tragfähigkeit der beiden Krane verschieden, so ist der Lastverteilung besondere Beachtung zu schenken.
5. Neue Seile sind auf dem Boden lang abzurollen, um den Drall zu beseitigen; dann werden sie aufgelegt und längere Zeit mit der Höchstlast gespannt. Nach Absetzen der Last sind die Seilbefestigungen wieder zu lösen, damit der neu gebildete Drall herausgeht.
6. Das Lastseil ist stets gut einzufetten und auf der ganzen Länge zu beobachten.

7. Nur Haken mit aufgestempelter Tragfähigkeit dürfen benutzt werden; S-förmige Haken sind nur bei kleineren Lasten zulässig.
8. Die Benutzung selbstangefertigter Hilfshaken ist verboten. Doppelhaken müssen bei schweren Lasten auf beiden Maulseiten benutzt werden, damit sie nicht schief hängen.
9. Das Kippen von Lasten darf bei Kranen mit Tragketten nur in der Katzenfahrtrichtung, bei Kranen mit Drahtseilen dagegen auch in der Kranfahrtrichtung vorgenommen werden. Der Kran muß in diesem Falle der Bewegung der Last folgen. Der für das Kippen erforderliche Platz muß frei sein.

II. Vorschriften für den Kranführer.

1. Das Lesen und sonstige die Aufmerksamkeit ablenkende Beschäftigung im Führerstande oder auf der Kranbahn sind verboten.
2. Beim Fahren hat der Führer die Last im Auge zu behalten. Ist er benachrichtigt, daß Menschen die Kranbahn betreten, so hat er besonders vorsichtig zu arbeiten und vor jeder Fahrbewegung die vorgeschriebenen Warnungszeichen zu geben.
3. Der Fahrer soll nach Möglichkeit vermeiden, mit Last über die Köpfe von Menschen hinwegzufahren; das unnötige Verweilen auf oder unter schwebenden Lasten ist verboten; dies gilt insbesondere für freihängende Lasten bei Tragmagneten. (Siehe Betriebsblatt „Lasthebemagnete".)
4. Der Haken darf nur so tief gesenkt werden, daß mindestens noch 1 ½ Windungen auf der Trommel liegen bleiben.

   Während der Beförderung darf die Last nicht höher als notwendig gehoben werden.
5. Schrägziehen der Last ist grundsätzlich verboten und nur im Ausnahmefalle zulässig, unter Zustimmung und in Gegenwart der zuständigen Meister. Für einzelne Krane kann die verantwortliche Betriebsleitung dauernde Ausnahme zulassen. Das Rangieren und Fortbewegen von Eisenbahnwagen mittels des Krangehänges ist verboten.
6. Das Losreißen festsitzender Lasten mit dem Kran ist im allgemeinen streng verboten. Als einzige Ausnahme ist es nur bei den nach Angabe der Betriebsleitung für diese Zwecke besonders stark gebauten Kranen in Stahl- und Walzwerken erlaubt.
7. Der Kranführer darf den Führerkorb nicht verlassen, solange eine Last im Haken hängt. Der Kranführer hat vor Verlassen des Kranes den leeren Haken hochzuziehen, die Steuerschalter auf Nullstellung zu bringen und den Hauptschalter auszulösen. Bei im Freien befindlichen Kranen sind sämtliche vorhandenen Windsicherungen anzulegen. Bei Drehkranen ist der Ausleger in Fahrtrichtung zu stellen.

III. Vorschriften für den Anbinder.

1. Anbindeseile und Ketten sind nach den bezeichneten Tragfähigkeiten genügend stark zu wählen. Der Anbinder hat sich von dem guten Zustand der gewählten Haken, Keilklemmen, Anbindeseile und Ketten zu überzeugen, fehlerhafte von der Benutzung auszuschließen und zur Ausbesserung oder zum Ersatz der Betriebsleitung zu melden.
2. Der Anbinder hat sich bei der Wahl der Lastseile, Schlingseile und Ketten nicht nur auf sein Gefühl zu verlassen und das Gewicht des zu befördernden Stückes abzuschätzen, sondern sich Auskunft bei seinen Vorgesetzten zu holen, falls ihm das Gewicht nicht bekannt ist. Empfehlenswert ist das Aufschreiben des Gewichtes mit Kreide oder besser mit Ölfarbe auf das Stück. Über Tragfähigkeit der Seile und Ketten sind die ausgehängten Tafeln

einzusehen. (Siehe Betriebsblätter „Anbindeknoten, Seilverbindung und Behandlung, Ketten und Kettenräder".)

3. Eine zu starke Spreizung ist wegen geringerer Tragfähigkeit durch Anwendung hinreichend langer Tragseile zu vermeiden.

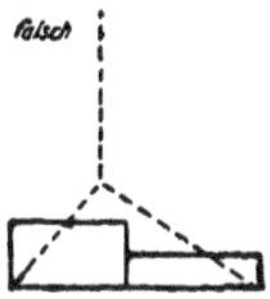

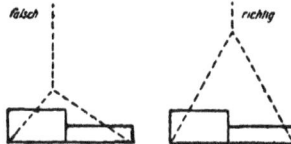

4. Die Schlingseile sind vor Nässe zu schützen und in Seilschränken oder an dem für sie bestimmten Haken aufzubewahren.
5. Die Haken müssen gemeinsam mit den Tragseilen aufbewahrt werden.
6. Die Last darf nicht an der Hakenspitze aufgehängt werden.
7. Lose Teile der Last müssen entfernt oder so befestigt werden, daß sie nicht herabfallen können.
8. Beim Übereinandersetzen von Metall- und sonstigen Teilen müssen Beilagen von Holz zwischengelegt werden, damit nicht Stoff auf Stoff ruht.
9. Die Last soll senkrecht unter der Katze angebunden werden,

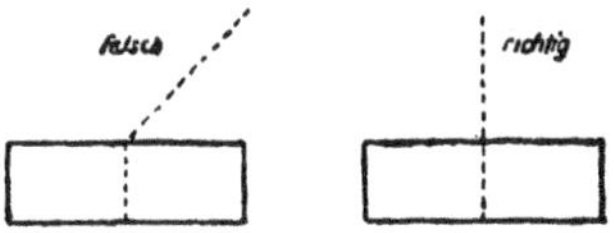

und zwar derart, daß das Gleichgewicht der Last erhalten bleibt und die Bindeketten oder Seile sich nicht verschieben oder aus dem Lasthaken herausspringen können. Zur Schonung der Seile und Ketten sind an scharfen Kanten, Ecken usw. Holzstücke oder dergleichen unterzulegen. Bei Ketten ist außerdem auf das richtige

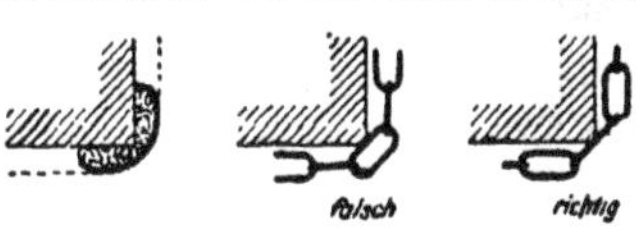

Anliegen der einzelnen Glieder an den Kanten der Last zu achten. Das Herstellen des Gleichgewichtes der Lasten durch Aufsteigen oder Anhängen und das Mitfahren sind verboten.

10. Nach dem Anbinden der Last begibt sich der Anbinder, der Bewegung des Kranes vorangehend, zur Stelle, an welcher die Last abgehängt werden soll. Hier stellt er sich so auf, daß er vom Kranführer bequem gesehen werden kann, um die gegenseitige Verständigung zu erleichtern, und damit ein unnötig langes Hängen der Last zu vermeiden.
11. Bei der Beförderung langer, unhandlicher Stücke sind Führungsseile anzuwenden, die verhindern sollen, daß die Stücke aus dem Gleichgewicht kommen oder kippen. Hier übernimmt der Anhänger die Führung, am hinteren Ende des Stückes neben diesem hergehend, während der Vorarbeiter oder Meister die Aufgabe des Anbinders übernimmt.

12. Trag- und Hilfsseile dürfen erst nach sicherer Lagerung der Last abgehängt werden.

Instandsetzung.

1. Ausbesserungen vorzunehmen und Krananlagen zu betreten, ist nur den besonders Beauftragten gestattet. Die beteiligten Kranführer müssen vor dem Betreten der Krananlagen von der Vornahme der Ausbesserung unzweideutig benachrichtigt sein.
2. Bezüglich des Aufenthaltes auf der Krananlage und der Einleitung von Kranbewegungen haben sich alle Reparaturarbeiter nach den Angaben des Verantwortlichen zu richten.
3. Nach Möglichkeit sind bei Ausbesserungen nur die vorgesehenen und geschützten Laufstege, Arbeits- und Notgerüste usw. zu benutzen.
4. Zu Instandsetzungsarbeiten sind die Krane, soweit sie noch verfahrbar sind, an einen Aufstieg zu fahren. Im andern Falle ist dafür zu sorgen, daß der Auf- und Abstieg der Reparaturarbeiter in sicherer Weise erfolgen kann.
5. Auf ausreichende Festigkeit und möglichste Unfallsicherheit von Notgerüsten ist zu achten.
6. Bei größeren Ausbesserungen sind die Krane durch Schilder „Achtung, Kranausbesserung!" zu bezeichnen, oder es ist der Raum unter solchen Kranen in geeigneter Weise abzusperren oder es sind Sicherheitsposten aufzustellen. Laufen noch andere Krane auf der gleichen Fahrbahn, so müssen Sicherungen getroffen werden, daß der in Arbeit befindliche Kran nicht unvermutet gestoßen wird.
7. Sind mehrere Arbeiter bei der Kranausbesserung beschäftigt, so ist unter ihnen ausdrücklich einer zu benennen, dem allein die Befehlsgewalt über alle notwendig werdenden Einschaltungen und Bewegungen des Kranes zusteht.
8. Bei Ausbesserungen an den eigenen oder anderen Kranen auf der gleichen Bahn hat der Kranführer besondere Vorsicht anzuwenden und unbedingt dem Befehl des für die Ausbesserung Verantwortlichen Folge zu leisten.
9. Für die Arbeiten an elektrischen Teilen gelten die Sicherheitsvorschriften des Verbandes deutscher Elektrotechniker in vollem Umfange. Ausbesserungen an elektrischen Teilen sind dementsprechend nur von ausgebildeten Leuten oder unter ihrer Aufsicht vorzunehmen.
10. Probefahrten nach beendeter Ausbesserung dürfen nur durch den Kranführer gemacht werden.

Herausgegeben vom Ausschuß für wirtschaftliche Fertigung (AwF), Berlin, unter Mitarbeit des Deutschen Kran-Verbandes (DKV), Berlin. — Zu beziehen durch die Betriebsschriftenzentrale Berlin NW 7, Friedrichstr. 93, II.

Für Betriebsleiter, Meister und Arbeiter	**Maßnahmen zur Feuerverhütung**	Betriebsblatt 7

1. Peinlichste Ordnung und Sauberkeit ist die erste Vorbedingung zur Verhütung von Bränden.
2. Auf die ordnungsmäßige Beschaffenheit der Feuerungs- und Heizungsanlagen, Rauchrohre, Schornsteinreinigungsöffnungen und aller Leitungen für jede Art von Heizungen ist dauernd zu achten.
3. In der Nähe von Feuerstätten dürfen keine leicht entzündlichen Gegenstände lagern. Diese müssen mindestens 1 m davon entfernt bleiben; dasselbe gilt auch in bezug auf Schornsteinreinigungsöffnungen.
4. Brennbare Gegenstände, die durch Ofen-, Kanal- und Luftheizung (nicht Dampfheizung) getrocknet werden, sind, wie die Trockeneinrichtungen selbst, von den Heizkörpern und deren Rohrleitungen und Kanälen allseitig mindestens 1 m entfernt zu halten, in gleicher Entfernung sind darüber Schutzvorrichtungen gegen das Herabfallen der zu trocknenden Gegenstände anzubringen.
5. Der Feuerungs- und Heizungsdienst darf nur zuverlässigen, mit den Anlagen genau vertrauten Leuten übertragen werden, die, abgesehen von den in den zugehörigen Anweisungen enthaltenen Bestimmungen, insbesondere noch folgende Vorschriften befolgen müssen:
   a) Petroleum, Spiritus und andere ähnliche feuergefährliche Stoffe sind unter keinen Umständen zum Feueranmachen zu verwenden.
   b) Bei den Feuerungen dürfen sich Brennstoffe nur in den zum unmittelbaren Tageshöchstbedarfe bestimmten Megen befinden.
   c) Die Brennstoffe bei den Öfen zum Heizen von Räumen dürfen nur in eisernen oder anderen unverbrennbaren Behältern verwahrt werden.
   d) Schlacken und Asche aus den Feuerungen müssen mindestens 4 m von massiven und mindestens 8 m von nicht massiven Gebäuden entfernt im Freien oder in ausgemauerten Gruben mit eisernen Deckplatten oder feuersicher abgeschlossenen Räumen gelagert werden.
   c) Über oder neben Dampfkesseln dürfen brennbare Gegenstände weder getrocknet noch gelagert werden. (Brennstoffe in Bunkern, Silos und Füllrümpfen für selbsttätige Kesselfeuerungen fallen nicht unter diese Vorschrift.)
   f) Die Schieber der Dampfkesselfeuerungen dürfen vor dem gänzlichen Erlöschen des Feuers nicht vollständig geschlossen werden.
6. Brennstoffe dürfen nie in großer Menge innerhalb der Arbeitsräume aufbewahrt werden; ihre Lagerung in Treppenhäusern oder Gängen ist verboten.
7. Leicht entzündliche Packstoffe, Stroh, Heu, Werg, Holzwolle, Papierspäne, Faserstoffe u. dgl. dürfen höchstens in der Menge eines Tagesbedarfes in den Packräumen vorhanden sein. Brennbare Abfälle, wie Hobel- und Sägespäne, Sägemehl, sowie Papierspäne, Faserstoffe u. dgl., sind täglich mindestens einmal, jedenfalls aber bei Schluß oder bei Schichtwechsel aus den Arbeitsräumen zu entfernen. Sie sind wie die Vorräte an losen Packstoffen in besonderen, nicht durch Öfen beheizten Räumen zu lagern.
8. Feuergefährliche Abfälle (Hobelspäne usw.) müssen innerhalb des Gebäudes im Keller oder Erdgeschoß in feuerfesten abgesonderten Gelassen aufbewahrt werden, die unmittelbar vom Hofe zugänglich sind.

9. Fässer, Holzkisten und andere brennbare Stoffe müssen weit abseits von Gebäudefronten gelagert werden; zwischen den Stapeln solcher Lager sind 3 m breite Zwischenräume zu lassen.
10. Dachböden sind sowohl zur Einrichtung von Schreinereien oder ähnlichen Werkstätten als auch für die Lagerung unverpackter, leicht entzündlicher Gegenstände ungeeignet.
11. In der Umgebung von Dynamomaschinen, Elektromotoren, Transformatoren, Widerständen, Schmelzsicherungen und Schaltern dürfen keine entzündlichen Gegenstände lagern.
12. Die zum Reinigen und Putzen der Maschinen und Geräte verwendeten öligen Stoffe (Lappen, Werg, Hede usw.) müssen, weil diese zur Selbstentzündung neigen, in feuersicheren Behältern verwahrt und nach Abnutzung dem Sammelort der Abfallverwertung zugeführt werden (s. Betriebsblatt „Verwertung der Abfälle in Maschinenbetrieben".)
13. Die Lager der Maschinen, Transmissionen usw. sind stets genügend zu schmieren, um ein Heißlaufen, das zu Entzündungen führen kann, zu vermeiden.
14. In Räumen, in denen leichtentzündliche Gegenstände lagern oder verarbeitet werden oder sich feuergefährliche Gase entwickeln können, ist Rauchen, Anzünden von Feuer oder offenem Licht verboten, was durch auffällige Plakate an den Eingangstüren wie auch im Raume selbst bekannt zu geben ist.
15. Mit feuergefährlichen Flüssigkeiten darf nur bei Tageslicht, Außenbeleuchtung oder elektrischer Sicherheitsbeleuchtung und nicht in der Nähe von Feuer oder offenem Licht gearbeitet werden.
16. Feuergefährliche Flüssigkeiten dürfen nicht in die Abwasserkanäle laufen.
17. Feuergefährliche Gase, natürlicher und Betriebsstaub (Mehl usw.) müssen durch gute Lüftung, erforderlichenfalls durch nicht funkenbildende Absaugevorrichtungen, aus den Arbeitsräumen entfernt werden. (S. Betriebsblatt „Lüftungsanlagen in gwerbl. Betrieben".)
18. Brenner, Glühöfen und ähnliche Einrichtungen zum Löten, Anwärmen und Schweißen sind auf feuersichere Unterlagen zu stellen. Lötlampen und Lötkolben sind nur unter Aufsicht und Bereitschaft rasch wirkender Feuerlöschmittel (Behälter mit Wasser, Sand, Löschapparate) zu verwenden.
19. Auf die ordnungsmäßige Beschaffenheit aller Beleuchtungseinrichtungen ist dauernd zu achten, wie hauptsächlich auch darauf, daß brennbare Gegenstände nicht der ausstrahlenden Wärme der Beleuchtungskörper, Widerstände usw. ausgesetzt sind.
20. Zum Umherleuchten in Fabrik-, Pack- und Lagerräumen dürfen nur gut verschlossene und vergitterte Laternen oder elektrische Tragelampen verwendet werden. Zur Bedienung von Dampfkesseln und -maschinen, Ableuchten von Rohrleitungen ist unter genügender Vorsicht die Verwendung offener, mit Fettöl gespeister Lampen gestattet.
21. Spiritus-, Benzol-, Petroleum- und Minerallampen dürfen nur in einem Raume gereinigt und gefüllt werden, der Fabrik-, Pack- und Lagerräume nicht gefährdet. Hat dieser Raum keine elektrische oder Außenbeleuchtung, so muß diese Arbeit am Tage geschehen. Im brennenden Zustande müssen die Lampen festhängen und dürfen weder von ihrer Stelle genommen noch nachgefüllt werden.
22. In Räumen, in denen leicht entzündliche Stoffe bearbeitet, gelagert oder verpackt werden, darf das Anzünden der Beleuchtungsflammen nur durch zuverlässige Personen erfolgen. Gasflammen sind nur durch Selbstzünder oder Zündgeräte mit Schutzhülle

um das Flämmchen, Dochtflammen nur durch Rüböllaternen anzuzünden.

23. Sofort nach Arbeitsschluß hat ein Aufseher die Arbeits- und Lagerräume darauf nachzusehen, daß die eisernen Türen und Läden ordentlich geschlossen, alles Licht, mit Ausnahme der Notbeleuchtung, und die Ofenfeuer erloschen oder sicher verwahrt und die Öfen nur so mäßig beschickt sind, daß ein Glühendwerden von Ofenteilen ausgeschlossen ist.

24. Alle Wege innerhalb der Betriebe müssen mindestens 1,2 m breit sein; die Zugänge zu den Ein- und Ausgängen dürfen nicht verstellt werden.

25. Höfe, Durchfahrten, Flure usw. sind nur vorübergehend als Stapelplätze zu verwenden. Dabei muß überall so viel Platz freibleiben, daß bei einem Brande die Feuerwehr sofort ungehindert überall hingelangen kann.

26. Feuerlöschgeräte und -einrichtungen müssen sich immer im gebrauchsfertigen Zustande befinden und stets zugänglich sein.

27. An den Eingangstüren zu den Betriebsstätten und, soweit erforderlich, in diesen selbst sind Hinweise auf die nächste Feuermeldestelle anzubringen.

Herausgegeben vom Ausschuß für wirtschaftliche Fertigung unter Mitarbeit des Reichsvereins Deutscher Feuerwehr-Ingenieure und der Auskunft- und Zentralstelle für Leiter und Dezernenten des Sicherheits- und Feuerschutzdienstes industrieller Unternehmen. — Ausschuß für wirtschaftliche Fertigung beim Reichskuratorium für Wirtschaftlichkeit in Industrie und Handwerk. — Abdruck nur mit Zustimmung des Ausschusses für wirtschaftl. Fertigung gestattet. — Zu beziehen durch den Ausschuß für wirtschaftliche Fertigung, Berlin NW 7, Friedrichstraße 93 II.

L. Die Betriebs- und Selbstkosten (Stück)-Rechnung.

Der Zweck der Betriebsrechnung ist die Überwachung der Einzelkosten in den Abteilungen und danach die Feststellung der Stückkosten. Der zuerst genannte Zweck ist mitunter die Ursache, daß Betriebsbeamte der Einführung dieser Rechnungsart ablehnend gegenüberstehen. Aus persönlichen Gründen ist diesen eine gewisse Betriebsaufsicht, die in die kleinsten Einzelheiten (Kosten) hineinleuchtet, lästig. Die Gegner der Betriebsrechnung übersehen dabei, daß ohne eine scharfe Erfassung aller Einzelkosten eine zuverlässige Stückrechnung, also die bekannte »Vor- und Nachkalkulation«, die alle tatsächlichen Kostenwerte in den Einzelkonten wiedergeben soll und zur Sicherung der Wirtschaftlichkeit des Betriebes unbedingt notwendig ist, gar nicht durchgeführt werden kann. Persönliche Bedenken müssen also bei der Lösung der Frage der Betriebsrechnung ausscheiden und nur die Wirtschaftlichkeit des Werkes muß die Richtlinie sein.

Die Durchführung der richtigen Betriebsrechnung macht, genau genommen, keine nennenswerten Schwierigkeiten, ebensowenig sind die geringen Mehrkosten dieser Rechnung ein Hindernis. Dagegen vermeidet die genaue Betriebsrechnung die gröberen Fehler in der Kostenaufstellung. Sie gibt rechtzeitig von Monat zu Monat auch genauen Aufschluß über das Betriebsergebnis.

Die Betriebsrechnung befaßt sich also mit der Feststellung aller Betriebs- oder Herstellungskosten. Diese sind in folgenden Hauptkonten zu unterscheiden:

1. **Rohstoffe, Hilfsstoffe** (Schmelzbetrieb, flüssiges Eisen),
2. **Herstellungslöhne,**
3. **Besondere Kosten** auf Aufträge (Halb- und Ganzerzeugnisse gekauft),
4. **Werkstatten,**
5. **Allgemeine Betriebskosten** (Verteilungskosten),
6. **Verwaltungskosten,**
7. **Zuschlag für Verluste** (Risiko) und **Gewinn.**

Um eine richtige Auswertung der Einzelkosten auf die verschiedenen Betriebsabteilungen oder auf bestimmte Aufträge zu ermöglichen, ist ein möglichst weit unterteiltes Kontenverzeichnis über alle Betriebsabteilungen und in ihr vorkommenden Arbeiten notwendig. Ein derartiges Verzeichnis hängt in den Bureaus der Betriebsleiter und Meister sämtlicher Abteilungen. Im technischen und kaufmännischen Bureau, in der Einkaufs- und Versandabteilung, so daß alle Angestellten auf diese Kontenteilung ständig hingewiesen werden. Im gewissen Sinne wird durch diesen Hinweis auch ein stärkeres Verantwortlichkeitsgefühl in den Betriebsbeamten geweckt. Es ist zweckmäßig, den Betriebsbeamten wie auch den Vorarbeitern von Zeit zu Zeit Aufklärungen über den Zweck der Konteneinteilung und die Betriebsrechnung zu geben.

Jede Betriebsabteilung führt entsprechend der Art der Sondererzeugnisse noch ein eigenes Kontenverzeichnis und wöchentlich oder monatlich, im Schmelzbetrieb der Gießerei z. B. täglich, können die

Verbrauchszahlen für die Betriebsrechnung abgeschlossen und an das Rechnungsbureau zur Auswertung weitergegeben werden.

Besondere Sorgfalt verlangt die Lagerverwaltung. Der Lagerbeamte soll die Eingänge und Ausgaben genau überwachen und demgemäß das Tagebuch führen. Die Lagerbuchführung wird zweckmäßig vom Hauptbureau aus erfolgen, so daß jederzeit eine Prüfung der Bestände möglich ist. Wenn die Betriebsrechnung in der vorstehend angedeuteten Weise aufgebaut wird, ist sie die einzig richtige Art der Wertberechnung, die jederzeit die tatsächlichen Kosten aller Betriebsabteilungen und die Kosten der Einzelaufträge, so genau wie möglich wiedergibt. Die noch häufig unter dem Begriff »Nachkalkulation« bezeichnete und in der Regel aus recht mangelhaften Unterlagen aufgebaute Rechnungsart darf in einer Zeit des schärfsten Wirtschaftskampfes in keinem Werk Geltung haben. Unzuverlässig ist auch die, noch in vielen Betrieben aus dem Handgelenk hingeworfene, sog. »Vorkalkulation«, die in der Regel für das Angebot ausschlaggebend ist. Beide Rechnungsarten und in ihr eingeschlossen die sehr dehnbaren »Generalunkosten« müssen der genauen Betriebsrechnung Platz machen.

Eine genaue Stückberechnung ist unmöglich, wenn nicht in jeder Betriebsabteilung die durch die Aufträge entstehenden Einzelkostenwerte ermittelt und in der Abrechnung eines jeden Auftrages zur Auswertung kommen. Im übrigen ergibt die Betriebsrechnung, ob die verbrauchten Kosten durch die verrechneten Kosten gedeckt sind, ob die Bestände an Rohstoffen, Halb- oder Fertigerzeugnisse ab- oder zugenommen haben, welche neuen Werte durch Ergänzungen in den Betriebsabteilungen festgelegt sind, was erzeugt und verrechnet wurde oder welche Gewinne oder Verluste sich ergeben.

An Beispielen für eine richtige Betriebsrechnung hat es nun nie gefehlt, aber die Verwertung der gegebenen Beispiele ließ oft sehr zu wünschen übrig, dies war auch für den Verein deutscher Eisengießereien der Hauptgrund für die Gruppen des Vereins, eine einheitliche Selbstkostenrechnung für die Gießereierzeugnisse aufzubauen. Unter Leitung von Alfred Seidel, Chemnitz, hat ein besonderer Fachausschuß Grundsätze für die Selbstkostenrechnung in der Gießerei aufgestellt, die als **„Harzburger Druckschrift“ 1919** den Mitgliedern überreicht wurde.

In diesen Preisbildungsgrundsätzen und Mindestpreisen wurden zum ersten Male von einem wirtschaftlichen Verbande der Eisenindustrie einheitliche Richtlinien für die Preisbildung aufgestellt, so daß die Mitglieder des Verbandes ein Mittel an die Hand bekamen, im eigenen Betriebe nachzuprüfen, wie weit sie mit den Ergebnissen der bisher geübten Selbstkostenrechnung von den Zahlen des Beispieles abwichen.

In den Preisbildungesgrundsätzen des VDE sind folgende fünf Kostengruppen zu unterscheiden:

1. **Das flüssige Eisen,**
2. **Die Herstellungslöhne** (Produktivlöhne),
3. **Die Betriebskosten,**
4. **Die Handlungsunkosten** (Vertriebskosten),
5. **Der Gefahrenzuschlag** (Risiko) und **Gewinn.**

Es würde zu weit führen, die Einzelheiten dieser Kostenunterteilung hier zu erörtern, es muß vielmehr auf die Harzburger Druckschrift selbst verwiesen werden, aber es sei bestätigt, daß der Anfang dieser einheitlichen Kostenrechnung in den Gießereien bereits zu ganz erfreulichen Ergebnissen geführt hat, denn viele Betriebe haben sich der Mühe unterzogen, die Anregung für die eigenen Verhältnisse auszunutzen, wobei sie zu günstigen Ergebnissen gelangten. Jedenfalls sah sich der VDE veranlaßt, die Arbeiten fortzusetzen.

Für die Berechnung des flüssigen Eisens sei ein Zahlenbeispiel aus einer Gießereiabteilung für allgemeinen Maschinenguß wiedergegeben:

Abteilung **Eisengießerei.**

Selbstkostenrechnung des flüssigen Eisens für den „Allgemeinen Maschinenguß“ im Monat September 1922.

Roheisen u. Bruch	kg	Preis t Mark	Gesamt Mark
Hämatit . . .	11100	23248.—	258,053.—
Gieß. I	12000	15335.—	184,020.—
„ III . . .	17000	14741.—	250,597.—
Lux.-Ersatz .	27574	23524.—	648,651.—
Silbereisen . .	3000	27130.—	81,390.—
Siegl. weiß . .	1438	18412.—	26,476.—
Ferro-Si . . .	17675	30465.—	538,469.—
Brucheisen . .	34000	6750.—	229,500.—
Masch.-Bruch	42856	16520.—	707,981.—
Stahlabfälle .	3357	8750.—	29,374.—
Gesamt	170000		2,954,511.—
Schmelz-Koks	30900	4230.—	130,707.—
Kalksteine . .	9000	768.—	6,912.—
Selbstkosten des Einsatzes			3,092,130.—

	kg	v H
Gesamt-Einsatz .	170,000	
ab Schmelzverlust	10,300	6,06
Flüss. Eisen . . .	195,700	
Trichter und Angüsse	25,427	14,96
Kerneisen	722	0,42
Resteisen	3,600	2,12
Ausschuß	3,905	2,30
Eisen f. Gußwaren	126,046	74,14

Zusammenstellung.

	kg	Mark
Flüss. Eisen	159,700	3,092,130.—
Schmelzlöhne		96,325.—
Betriebskosten-Anteil		172,237.—
Analysen usw.		45,118.—
Verwaltungskosten-Anteil		60,242.—
ab Brucheisen	33,654	3,466,052.—
Wert 1 t	6,750	227,165.—
Brauchbares Eisen	126,046	3,238,887.—

Geprüft: Müller. **Selbstkostenpreis für 1 t flüss. Eisen** 25,696.—

Das vorstehende Beispiel für die Berechnung des flüssigen Eisens gilt natürlich nur für eine bestimmte Art Gußwaren und die Preisbildung hat auch nur dann Gültigkeit, wenn der Anteil an Eingüssen, verlorenen Köpfen, Ausschuß usw. richtig berücksichtigt ist. Dies ist ausführlicher in der Harzburger Druckschrift und auch in dem kleinen Buch von Winkler, »Die kaufmännische Verwaltung einer Eisengießerei« dargelegt.

Unter **Herstellungslöhnen** (Produktivlöhnen) sind alle Löhne, die an Former, Kernmacher und Putzer gezahlt werden, verstanden, hierzu gehören auch die Lehrlingslöhne und die Zuschläge irgendwelcher Art, die heute gezahlt werden müssen, und die auch nur als Löhne in anderer Form zu betrachten sind. Es werden auch Hilfsarbeiterlöhne neben den Formerlöhnen von Fall zu Fall als Herstellungslöhne berechnet.

Die unter 3. genannten **Betriebskosten** umfassen alle Ausgaben an Hilfslöhnen, Licht- und Kraft, Roh- und Hilfsstoffen sowie Gießerei bedarf jeder Art, soweit diese nicht bereits unter 1. flüssiges Eisen oder Herstellungslöhne berücksichtigt worden sind. Hierzu gehören auch die Kosten für die Unterhaltung der Gebäude und Betriebseinrichtungen und Abschreibungen sowie sämtliche Gehälter für die Betriebsbeamten und die Abgaben für Wohlfahrtszwecke usw. Ferner Ausgaben für Fuhrwerke und Auto sowie Kosten aus anderen Betrieben.

Die Abschreibungen müssen den Zeitwerten der Anlagen entsprechen. Auch die Unterhaltung der Modelle und Modellplatten ist zu berücksichtigen, doch werden Kostenanteile von Fall zu Fall den Auftraggebern besonders in Rechnung gestellt, auch wenn eigene Modelle geliefert werden.

Die Betriebskosten sind ebenfalls auf die Arten der Erzeugnisse und die verschiedenen Betriebsabteilungen zu verrechnen, und insbesondere bei der Stückrechnung auf das sorgfältigste zu unterteilen. Durchschnittsrechnungen sind nur in Ausnahmefällen zulässig und meist in Gießereien, die als Zubehör einer Maschinenfabrik gelten, üblich.

Was mit der Unterteilung der Betriebskosten erreicht werden kann, hat E. Leber in seinem bemerkenswerten Buch »Die Frage der Selbstkostenberechnung an Gußstücken« gezeigt. Es sei hierbei auch auf die früheren Arbeiten von Leyde, Mehrtens, Treuheit u. a. verwiesen.

Die **Handlungskosten** (Vertriebskosten) sind ebenfalls Verteilungskosten; sie enthalten alle Ausgaben an Verkaufs- oder Geschäftskosten, kaufmännische Gehälter, Versicherungen, Werbungskosten, Zinsen, Steuern, Abgaben sowie sonstige Handlungskosten.

Die **Zuschläge für unvorhergesehene Verluste** sowie für den Gewinn sind von Fall zu Fall anzupassen, auch hier sind die Gußerzeugnisse zweckmäßig unterteilt, zu bewerten.

Daß eine genaue Betriebsrechnung mit allen Verteilungskonten notwendig ist, ergibt sich besonders in solchen Gießereien, in denen hochwertige und große schwierige Gußstücke angefertigt werden. Hier ist die »Kalkulation« alter Art, »aus dem Handgelenk« heraus, am wenigsten angebracht, denn sie bringt die meisten unangenehmen Enttäuschungen. Auch die in der Regel angewandten Sonderzuschläge sind oft nur Verlegenheitsmittel zur Preisbildung, während eine richtig aufgebaute Betriebskontenführung immer zum Ziele führt.

Die Harzburger Druckschrift von 1919 bedeutet einen erfreulichen Fortschritt, es ist zu hoffen, daß recht viele Gießereien diese Unterlage für die Selbstkostenrechnung in der Gießerei ausnutzen.

Infolge der stark schwankenden Eisen-, Roh- und Hilfsstoffpreise sowie der noch unsicheren Löhne und Gehälter soll von der Wiedergabe einer vollständigen Gießereiselbstkostenrechnung abgesehen werden, es wird auf die Veröffentlichungen verwiesen. Es sei aber der Vordruck eines Kostenanschlages gegeben,, der in klarer Weise zeigt, wie die Zahlen der Einzelkosten im Voranschlag durch die tatsächlichen Betriebs-Kosten in der Nachrechnung geprüft werden können.

Kosten-Berechnung. Anfrage-Nr. .... | Auftrag-Nr. ....

Besteller:

Gegenstand:

		Voranschlag			Nachrechnung auf Grund der Betriebs-Ergebnisse		
1	**Roh- u. Hilfsstoffe**	Roh-gewicht	kg	Mark	Fertig-Gewichte	kg	Mark
	Gußeisen Nr.						
	Stahlguß						
	Temper-Guß						
	Metallguß						
	Fluß-u. Schw.-Eis.						
	Bleche						
	Schraubenu. Niete						
	Anstrich						
			Zuschläge			Zuschläge	
2	**Löhne:**	Mark	Mark		Mark	Mark	
	Tischler						
	Handformer						
	Masch.-Former						
	Kernmacher						
	Putzer						
	Hand-Schmiede						
	Hammer-Schm.						
	Dreher, Hobler						
	Schlosser						
	Hilfsarbeiter						
	Anstreicher						
	Herstellungslöhne						
3	**Werkstattkosten**						
4	**Allg. Betriebs-K.**						
5	**Sonderkosten**						
6	**Unvorhergesehen**						
7	**Abschreibungen**						
	Herstellungs-K.						
8	**Handlungskosten**						
	Ges.-Selbstkosten						
9	**Frachtu. Vergütg.**						
	Rechnungsbetrag						
	Gewinn od. Verlust						

Lieferzeit: | **Abgeliefert am**

Bemerkungen:
(Zusammenstellung der Löhne und Betriebs-Sonderkosten siehe Rückseite.)

Abb. 79. Vordruck eines Kostenanschlages mit Nachrechnung.

Diese Klarheit über die Gestehungskosten muß sich jede Handelsgießerei schaffen, sie muß über die Einzelwerte der Löhne und der Betriebskosten in den verschiedenen Gußklassen oder Betriebsabteilungen an Hand der Aufnahmen unterrichtet sein, so daß stets eine Nachprüfung erfolgen kann. Bei der Entwertung der Mark ist diese Kostenfeststellung doppelt notwendig, denn sehr leicht kann der Fall eintreten, daß die berechneten Gußpreise nicht anerkannt werden und müssen die Betriebskosten- oder Herstellungskostenaufstellungen den Nachweis möglich machen, daß keine Übervorteilung des Bestellers vorliegt.

Die genaue Feststellung der Betriebskosten hat auch den weiteren Vorteil, daß jederzeit gewisse Mängel und Störungen, die das Ergebnis ungünstig beeinflussen können, in der Gießerei bemerkbar werden. Was der Gießereileiter mit eigenen Augen im Betriebe nicht sieht oder manchmal auch nicht sehen soll, tritt auf dem Papier in die Erscheinung, er kann also nachgreifen und die Fehler beseitigen. Jedenfalls bieten die Betriebsaufzeichnungen eine vorzügliche Handhabe für die Instandhaltung und den Ausbau der Hilfsmittel in der Gießerei; an dieser Aufgabe müssen Arbeitgeber wie Arbeitnehmer beteiligt sein.

Der Arbeiter in der Gießerei muß darauf hingewiesen werden, wie wertvoll seine Mitarbeit für den weiteren Ausbau des Unternehmens werden kann.

Über diese Frage hat sich Sorge in der Zeitschrift »Der Arbeitgeber« 1923, Nr. 2 und 3, recht bemerkenswert geäußert. Sorge sagt dort, die Arbeiter brauchen sich zunächst nur daran zu gewöhnen, daß alles unterbleiben muß, was die Arbeitsleistung herabsetzen könnte. Damit ist den Unternehmungen schon gedient. Daß in der gesetzlich beschränkten Arbeitszeit wirklich gearbeitet wird, sollte als Selbstverständlichkeit angesehen werden. Jeder Arbeiter weiß, wie schwer Roh- und Hilfsstoffe, Maschinen und Handwerkszeug heute zu beschaffen sind, und daß er dem Unternehmen wertvolle Dienste leistet, wenn er dafür sorgt, daß sie sorgsam behandelt werden und nicht abhanden kommen. Sorge weist nachdrücklich darauf hin, daß die Arbeiter ihre Wahrnehmungen und Erfahrungen den Betriebsleitern mitteilen sollen, da nur ein planmäßiges und einheitliches, auf gegenseitigem Vertrauen begründetes Zusammenwirken allein geeignet ist, eine gewisse Beständigkeit in den Arbeitsgang zu bringen und letzten Endes die notwendige Steigerung der Leistungsfähigkeit, die für uns zukünftig Lebensbedingung ist. Die Unternehmungen wissen, daß der Arbeiter sie unterstützen kann und muß, damit die Betriebskosten herabgesetzt und preiswerte Qualitätsarbeit geleistet werden kann. Daß auf Akkordarbeit nicht verzichtet werden kann, darüber sind sich die zielbewußten Arbeiter klar, denn nur durch sie können sie ihre Einnahmen erhöhen.

M. Die Ausbildung der Lehrlinge in der Modelltischlerei und Gießerei.

Es ist eine bekannte Tatsache, daß in den letzten Jahren dem Formerhandwerk leider wenig Nachwuchs entsteht. Während für den Beruf als Schlosser, Dreher, Schmied und auch Modelltischler reichliche Anmeldungen von Seiten der jungen Leute oder Eltern und Vormünder derselben eingehen, fehlt es fast überall an Bewerbern für das Formerhandwerk. Dieser Beruf ist vielleicht durch verschiedene Umstände etwas in ein schlechtes Licht geraten, doch können die Bedenken einer sachlichen Prüfung nicht standhalten.

Es erscheint wohl der Gießereibetrieb etwas rauh, aber wer in das Wesen desselben eindringt, wird finden, daß in wenigen Berufen so viel Überlegung, Geschicklichkeit und Handfertigkeit erforderlich ist, wie in dem manchmal geschmähten Gießereigewerbe. Auch die Ansicht, der Formerberuf sei ungesund, ist falsch, denn die Statistik weißt nach, daß in den Gießereibetrieben z. B. die Krankheiten der Lunge wesentlich geringer sind, wie in sonstigen Betrieben des Maschinenbaues. Da nun auch die Bezahlung in der Regel eine bessere ist liegt für die jungen Leute kein genügender Grund vor, den Formerberuf abzulehnen.

Ferner sei erwähnt, daß in den Gießereien nicht die Überfüllung herrscht, wie in den Maschinenfabriken, so daß also der junge Former, mit gründlicher Ausbildung, überall lohnende Arbeit findet und in diesem Beruf bessere Aussichten hat für den späteren Aufstieg in Meisterstellen.

Den Eltern kann also nur empfohlen werden, bei der Wahl des Berufes für den jungen Mann auch die Formerei zu berücksichtigen.

Mit der Entwicklung der Eisenindustrie wurden nach und nach immer größere Anforderungen an die Ausbildung der Facharbeiter gestellt und da lag es nahe, daß sowohl die in Frage kommenden Verbände der Industrie als auch die führenden Werke und nicht zuletzt die dazu in erster Linie berufenen Fachschulen ihr möglichstes taten, um den gestellten Anforderungen gerecht zu werden.

Während nun im Maschinenbau, in der Berufsausbildung für Schlosser, Dreher usw. die geforderte Schulung der Lehrlinge schon seit langer Zeit recht gründlich erfolgen konnte, ist in der Gießerei und Modelltischlerei die bisher übliche handwerksmäßige Ausbildung, abgesehen von einigen Werken, noch wenig verlassen worden. Über die erfreulichen Anfänge dieser zeitgemäßen Art der Lehrlingsausbildung soll hier berichtet werden.

Die Bestrebungen des Vereins deutscher Eisengießereien auf diesem Gebiete und die diesbezüglichen Vorarbeiten, besonders von Dr. Brandt, über die Lehrlingsfrage in der Gießerei sind bekannt, es würde zu weit führen, auf diese näher einzugehen.

In neuerer Zeit hat sich aber insbesondere der Deutsche Ausschuß für technisches Schulwesen um die Ausbildung der Lehrlinge aller Berufsrichtungen, auch der Modelltischler- und Formerlehrlinge, ein großes Verdienst erworben. Die führenden Firmen in diesen Arbeiten, insbesondere die MAN-Nürnberg u. a., haben sich in Verbindung mit Fachleuten an der Entwicklung dieser beiden Lehrgänge grundlegend beteiligt.

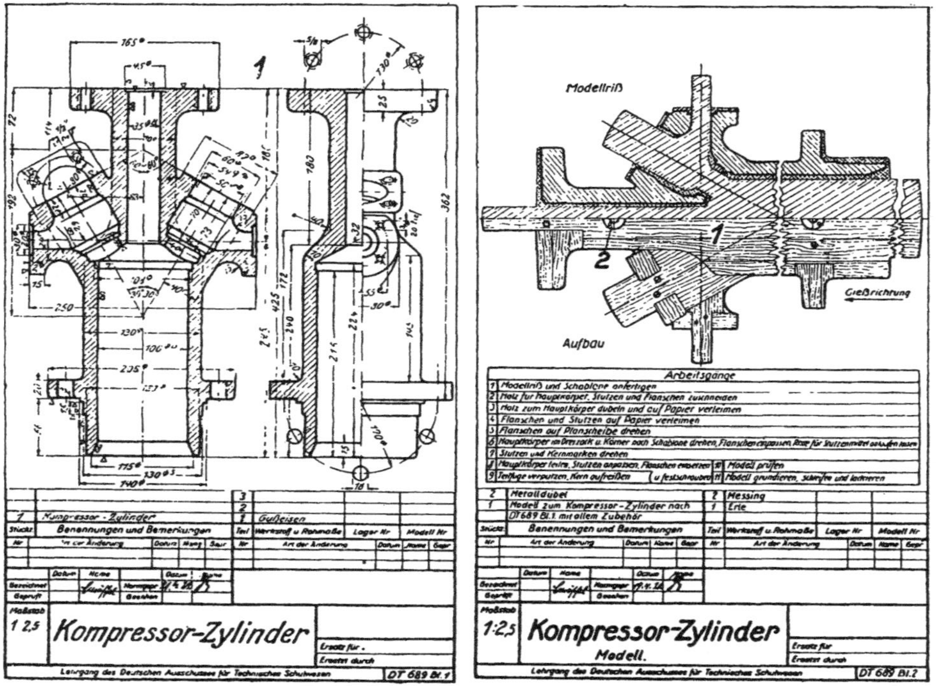

Abb. 80 u. 81. Probetafel aus dem Lehrgang für Modelltischler.

Der Verein deutscher Eisengießereien hat diese Arbeiten auch voll anerkannt und seine Mitarbeit zur Verfügung gestellt.

Abgesehen von den Veröffentlichungen in den Zeitschriften »Betrieb«, »Eisenzeitung«, »Gießerei«, »Gießereizeitung«, »Stahl und Eisen« u. a. brachte Gilles, Berlin, in einem Vortrage im Verein deutscher Gießereifachleute, Januar 1923, einen ausführlichen Bericht über »Die Ausbildung der Modelltischler- und Formerlehrlinge nach den Lehrgängen des Deutschen Ausschusses für technisches Schulwesen«. Dieser Vortrag, der in der »Gießerei« 1923, Heft 6, und in der »Gießereizeitung« 1923, Heft 5 im Auszuge veröffentlicht wurde, gab einen klaren Überblick über die bisher geleisteten Arbeiten. Der Lehrgang des Deutschen Ausschusses für die Ausbildung der Modelltischlerlehrlinge ist nach eingehender Durcharbeitung auf Grund vieler Besprechungen mit Sachverständigen unter besonderer Mitarbeit der MAN, Nürnberg, fertiggestellt. Der Lehrgang darf als erste grundlegende Arbeit auf dem Gebiete der Modellherstellung angesprochen werden.

Dem vorliegenden **Lehrgang für die Ausbildung der Modelltischlerlehrlinge** ist eine Lehrzeit von 4 Jahren zugrunde gelegt, die auch notwendig ist, um bei der verkürzten Arbeitszeit eine umfassende Ausbildung zu geben, wie der Beruf des Modelltischlers sie erfordert. Es ist auch besonders darauf hingewiesen, daß zweckmäßig im dritten Lehrjahr eine Beschäftigung in der Gießerei nicht fehlen darf, so daß der Lehrling über die Verwendung und Behandlung der Modelle in der Gießerei unterrichtet wird.

Der Lehrgang ist für die Ausbildung in der Lehrwerkstatt und in den Betriebswerkstätten aufgebaut worden. Den Lehrstoffen wird durch zahlreiche Arbeitsbeispiele, die auf besonderen Tafeln gedruckt, eine wertvolle Ergänzung gegeben. Während im ersten Halbjahr der Ausbildung lediglich von den Werkstoffen und der Herstellung sämtlicher im Modellbau gebräuchlichen Holzverbindungen die Rede ist, folgt im zweiten Halbjahr und im zweiten Vollehrjahr die Anfertigung einfacher und schwieriger Modelle. Das dritte und vierte Lehrjahr soll dann in den Betriebswerkstätten ausgenutzt werden.

Es würde zu weit führen, auf die Einzelheiten des Lehrplanes näher einzugehen; doch muß an dieser Stelle auf die Bedeutung der vorliegenden Arbeit hingewiesen werden. Besonders die beigegebenen Zeichnungen, die wohl das Rückgrat des ganzen Lehrganges darstellen, verdienen größte Beachtung. Damit der Lehrling bei der Ausführung des Modelles auch auf das Einformen Rücksicht nehmen kann, sind in der Regel die Teilfugen für Ober- und Unterkasten der Form angegeben, auch die Gießrichtung ist eingetragen. Die eigentliche Modellzeichnung zeigt den Aufbau aus den einzelnen Holzteilen und die Faserrichtungen. Die Modellzeichnung ist nicht so ausgeführt, daß das Modell allein auf Grund dieser Zeichnung gebaut werden kann, die Maße sind vielmehr fortgelassen, damit der Lehrling gleichzeitig die Maschinenteilzeichnung zur Hand nimmt und dadurch lernt, nach dieser allein zu arbeiten.

Es muß anerkannt werden, daß die vorliegende Arbeit mit großer Gründlichkeit unter Ausnutzung der vielseitigen praktischen Erfahrungen der Herausgeber durchgeführt wurde, und darf erwartet werden, daß der Entwurf des Lehrganges in unseren Gießereien und Modelltischlereien größte Beachtung und weite Verbreitung findet.

Neben der Buchausgabe des Lehrganges mit gedruckten, kleinen Abbildungen, die Lehrzeichnungen auch pausfähig in besonderer Mappe in der Blattgröße 16 × 32 cm herausgegeben werden. Abb. 71 und 72. Diese Pausen enthalten zwei weiße Felder zum Eintragen der Zeichnungsnummer und des Werkes, das sie in Benutzung nehmen will. Damit wird die Einführung wesentlich erleichtert.

Bezüglich des **Lehrganges für die Formerlehrlinge** sind ebenfalls von der Maschinenfabrik Augsburg-Nürnberg weitgehende Vorschläge ausgearbeitet worden, die bereits 1921 gelegentlich einer Ausstellung des Deutschen Ausschusses in der Technischen Hochschule zu Berlin ausgelegt waren.

Diese Arbeiten sind inzwischen zu einem gewissen Abschluß gekommen und gab Seyfried in der »Werkstattechnik« 1922, Heft 14 bis 16, hierüber einen umfassenden Bericht.

Wie beim Lehrgang für Modelltischlerlehrlinge sind 4 Lehrjahre festgesetzt worden. Diese Lehrzeit läßt sich nicht abkürzen, wenn Wert darauf gelegt wird, daß der Lehrling das ganze Gebiet der Sandmasse- und Lehmformerei kennenlernt. Es ist geplant, den Lehrling in den beiden ersten Lehrjahren in der Lehrwerkstätte zu halten, im dritten und vierten Jahr soll er dann in der Gießerei mit selbständigen Arbeiten beschäftigt werden. Wenn auch der Wunsch laut wurde, die Lehrlinge für die Kernmacherei besonders auszubilden, so soll doch jeder Lehrling in der ersten Zeit in der Kernmacherei mit den Anfangsgründen dieses Berufes vertraut gemacht werden, denn jeder Former muß mit der Herstellung der Kerne Bescheid wissen, dies gilt besonders für den späteren Lehmformer.

Wie im Lehrgang für die Modelltischler sind auch für Formerlehrlinge Zeichnungen und Erläuterungstafeln vorgesehen, wie die nachstehenden Abbildungen auf Seite 460—464 erkennen lassen.

Ebenso wie der Modelltischlerlehrling einige Zeit in der Gießerei arbeitet, muß der Formerlehrling in der Tischlerei für einige Monate beschäftigt werden, er sieht dort, welche Mühe die Herstellung eines formgerechten Modelles macht und lernt, wie das Modell in der Gießerei zu behandeln ist.

Ferner weiß er in dringenden Fällen sich selbst zu helfen. Im weiteren Gang der Ausbildung wird der Formerlehrling mit allen Verfahren der Formtechnik bekannt gemacht, so daß er nach Beendigung der Lehrzeit durch Anfertigung eines Gesellenstückes den Nachweis bringen kann, daß er die in seinem Beruf verlangte Fertigkeit erreicht hat, um dann sein Können in anderen Betrieben zu ergänzen.

Die im August/September 1923 vom Verein deutscher Eisengießereien in Hamburg geplante Fachausstellung wird in einer Sondergruppe auch die Frage der Lehrlingsausbildung in der Modelltischlerei und Gießerei ausführlich behandeln.

Richtige Anordnung

von Eingüssen, Schlackenläufen und Anschnitten bei Gießformen.

(Erfahrungswerte.)

Bei Verwendung von Schlackenläufen zum Gießen von Gußstücken aller Art ist zu beachten, daß das Verhältnis vom Einguß zum Schlackenlauf und vom Schlackenlauf zum Anschnitt richtig genommen wird. — Es wird immer wieder der Fehler gemacht, daß der Einguß, der in den meisten Fällen rund ist, im Verhältnis zum Schlackenlauf zu klein genommen wird. Der Lauf, der die Schlacken zurückhalten soll, kann dann nicht vollgehalten werden und die Schlacken gehen deshalb in das Gußstück. Der gleiche Fall tritt ein, wenn die Anschnitte zum Gußstück zu groß gehalten werden.

Der Querschnitt des Trichters soll sich zum Querschnitt des Schlackenlaufs wie 4:3 verhalten und dieser sich wiederum zu der Summe der Anschnittsquerschnitte wie 3:2. Es müssen also die Querschnitte immer kleiner sein.

Folgende Tafel veranschaulicht die richtigen Verhältnisse.

Benennung	Trichter 15 mm ϕ	Trichter 20 mm ϕ	Trichter 25 mm ϕ	Trichter 30 mm ϕ	Trichter 40 mm ϕ	Trichter 50 mm ϕ
Einguß-trichter						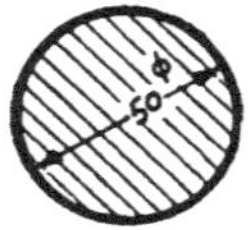
Querschnitt	177 mm^2	315 mm^2	490 mm^2	707 mm^2	1255 mm^2	1900 mm^2

Schlacken-lauf	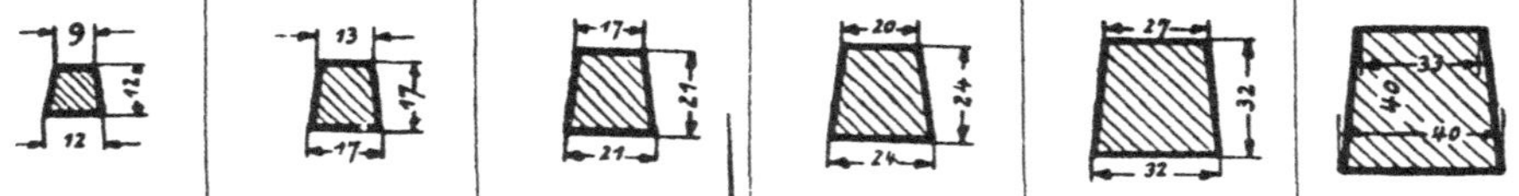					
Querschnitt	126 mm²	255 mm²	390 mm²	540 mm²	950 mm²	1450 mm²
Einguß-Anschnitt 2 fach Bei 4 fachem Anschnitt je ½ so groß	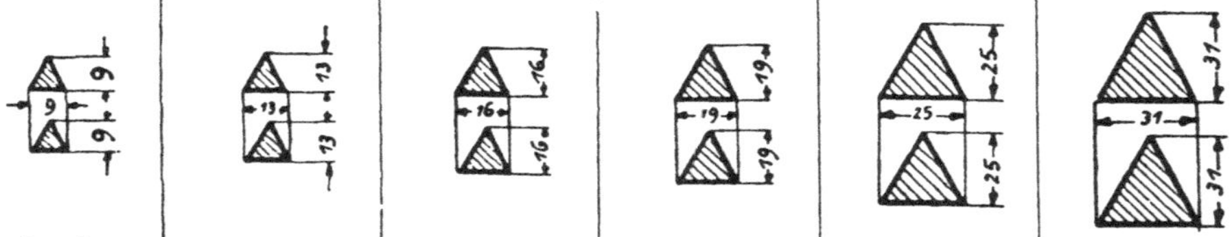					
Querschnitt	2 × 40 = 80 mm²	2 × 85 = 170 mm²	2 × 130 = 260 mm²	2 × 180 = 360 mm²	2 × 312,5 = 625 mm²	2 × 480 = 960 mm²

	Datum	Name		Datum	Name	
Gezeichnet	29. I. 23.	Krafft	Norm gepr.			
Geprüft		Seyfried	Gesehen			
Maßstab: Unmaßstäblich	**Gußtrichter Bl. 1**					
Lehrgang des Deutschen Ausschusses für Technisches Schulwesen					Former	DT

Abb. 82. Erläuterungstafel aus dem Lehrgang für Formerlehrlinge.

Richtige und falsche Anordnung

von Eingüssen, Schlackenläufen und Anschnitten bei Gießformen.

(Erfahrungswerte.)

Es kann nicht nur durch falsche Abmessungen, sondern auch durch unrichtiges Anbringen der Eingüsse, Schlackenläufe und Anschnitte das Gelingen des Gußstückes in Frage gestellt werden (Abb. 4, 5, 6).

Ein Eingußanschnitt, der unmittelbar unter einem Trichter liegt, kann niemals die Schlacken zurückhalten, weil dieselben schon beim Angießen in das Gußstück gehen (Abb. 5 u. 6), der gleiche Fall gilt bei Anschnitten, die ganz am Anfang oder am Ende des Schlackenlaufs liegen (Abb. 6). Werden die Einläufe nach oben in den Schlackenlauf eingeschnitten (Abb. 4) und das Gießen, wenn auch nur ein klein wenig, unterbrochen, so wird beim geringsten Zurückgehen des Metalls die Schlacke mit in die Gußform gerissen.

Die folgenden Abbildungen zeigen, wie Einguß, Schlackenlauf und Anschnitte angeordnet sein müssen und welche Fehler dabei gemacht werden.

Fig. 1

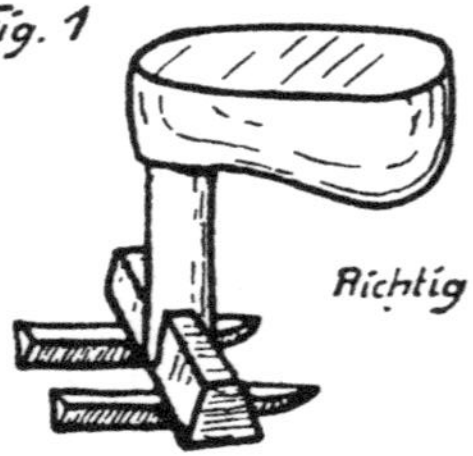

Fig. 2

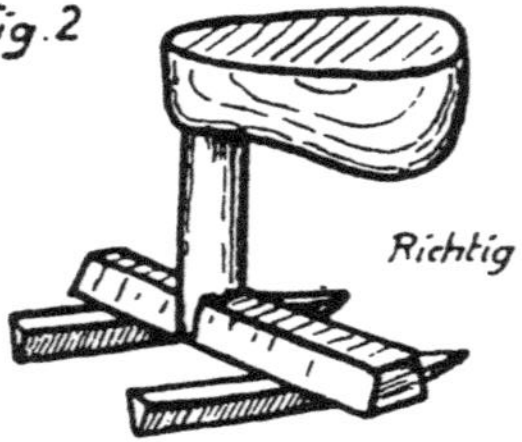

Fig. 3

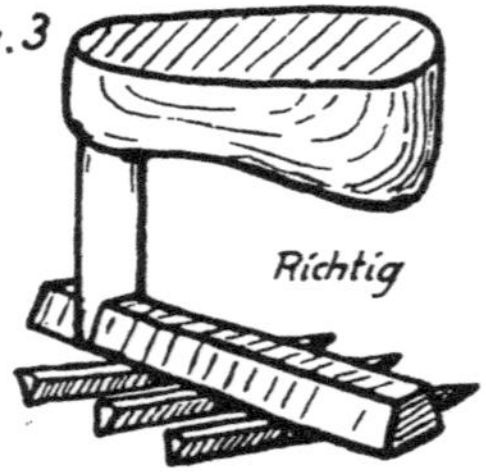

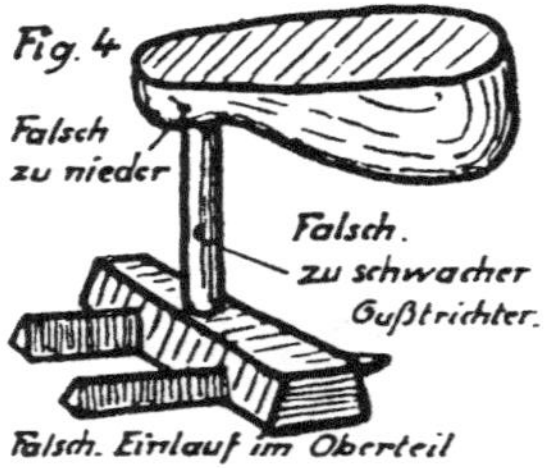

	Datum	Name		Datum	Name	
Gezeichnet	31. I. 23.	Krafft	Norm gepr.			
Geprüft		Seyfried	Gesehen			
Maßstab: Unmaßstäblich.	**Gußtrichter Bl. 2**					
Lehrgang des Deutschen Ausschusses für Technisches Schulwesen				Former	DT.........	

Abb. 83. Erläuterungstafel aus dem Lehrgang für Formerlehrlinge.

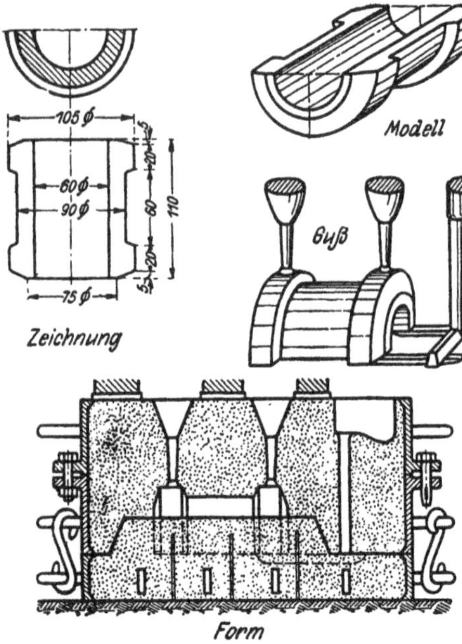

Arbeitsgänge:

1. Auflegen des Modells mit der geraden Fläche auf den Aufstampfboden.
2. Aufsetzen des Oberkastens, Trichter und Schlackenlauf ansetzen, Modellsand aufsieben und andrücken.
3. Formsand einschaufeln und aufstampfen, Luftstechen und Wenden.
4. Auspolieren der Bohrung, Streusand streuen.
5. Aufsetzen des Unterteils.
6. Modellsand aufsieben, Formsand einschaufeln und aufstampfen.
7. Wenden beider Formkasten, Abdecken des Oberteils.
8. Schneiden der Eingüsse im Unterteil.
9. Modell herausnehmen, Schneiden der Trichter im Oberteil. Stauben. Glattpolieren.
10. Zusammensetzen der Kasten, Belasten, Gießen,

Abb. 84. Formlehrgang für den Guß einer Lagerschale.

Die Ausstellung in Hamburg wird auch der »DASCH« mit einer reichen Auswahl an Lehrmitteln für die Ausbildung der jungen Leute in den verschiedenen Berufen beschicken. Die genannten Lehrgänge für Modelltischler- und Formerlehrlinge können jederzeit vom Deutschen Ausschuß, Berlin NW 7, Sommerstraße 4a, bezogen werden.

Mit dem Abschnitt über die Ausbildung der Lehrlinge in der Gießerei soll der Inhalt des Taschenbuches abschließen. Wenn nicht allen Wünschen Rechnung getragen ist und einige Fehler unterlaufen sind, bittet die Schriftleitung um eine fördernde Kritik, die nächste Auflage wird dann das Versäumte nachholen.

Im übrigen sei auf das nachfolgende Quellen-Verzeichnis verwiesen.

Schriftennachweis.

Adämmer, Stahlzusatz beim Gußeisenschmelzen.
Axelrad, Die sparsame Verwendung von Graphittiegeln.
Bauer-Deiß, Probenahme und Analyse bei Eisen und Stahl.
Beinhoff, Berufsbilder: Modelltischler, Former, Schmied.
Brandt, Zur Geschichte der deutschen Eisengießereien.
Brearley-Schäfer, Die Werkzeugstähle und ihre Wärmebehandlung.
Erbreich, Einführung in die Eisenhüttenkunde.
Fichtner, Beitrag zur Gattierungsfrage.
—, Über die Anwendung der Spänebriketts.
Fischer, Taschenbuch für Feuerungstechniker.
Geiger, Handbuch der Eisen- und Stahlgießerei.
Geilenkirchen, Der Elektroofen als Zusatzofen zum Schachtofen.
—, Eisenhüttenkunde.
Greiner, Schmelzen mit E. K.-Paketen.
Groeck, Anwendung von Nichteisenmetallen.
Guertler, Verhalten der Metalle.
Hanffstengel, v., Billig Verladen und Fördern.
Hänchen, Das Förderwesen der Werkstättenbetriebe.
Heyn und Bauer, Die Metallographie.
Hütte, Taschenbuch für Eisenhüttenleute.
Irresberger, Die Formstoffe in der Eisen- u. Stahlgießerei.
—, Der Kupolofenbetrieb.
Jüngst, Schmelzversuche mit Ferrosilizium.
Kessner, Rohstoffersatz.
Krieger, Der Stahlformguß und seine Verwendung.
Leber, Temperguß und Glühfrischen.
—, Die Frage der Selbstkostenberechnung in der Gießerei.
Ledebur, Handbuch der Eisen- und Stahlgießerei.
—, Das Roheisen.
Leyde, Die Prüfung des Gußeisens.
Ledebur-Bauer, Die Legierungen.
Mann, Hilfsbuch für Gießereifachleute.
Mathesius, Die Grundlagen des Eisenhüttenwesens.

Mehrtens, Der Schmelzbetrieb in der Gießerei und die Gießereierzeugnisse.
Memmler, Materialprüfungswesen.
Messerschmitt, Die Technik in der Eisengießerei.
Moldenke, Die Grundlagen des Gießereibetriebes.
—, Die Herstellung des schmiedbaren Gusses.
Oberhoffer, Das schmiedbare Eisen.
Osann, Handbuch der Eisen- und Stahlgießerei.
—, Leitfaden für Gießereilaboratorien.
Rein, Gießereischachtöfen und Schmelzbetrieb.
Schäfer, Der Stahlguß als Werkstoff.
—, Die Konstruktionsstähle und ihre Wärmebehandlung.
Schlesinger, Selbstkostenberechnung.
Schott, Die Metallgießerei.
Schott-Einenkel, Die Gießereimaterialkunde.
Seidel, Kalkulationsgrundsätze und Mindestpreise.
Scharlibbe, Die Entschwefelung des Gußeisens.
Stotz, Normung von Temperguß.
Uhlmann, Der Spritzguß.
Verein deutscher Eisengießereien, Gießereihandbuch 1921.
Verein deutscher Eisenhüttenleute, Darstellung des Eisenhüttenwesens.
Wachenfeld, Die Metall- und Eisengießerei.
Walter, Über Silicothermie und ihre praktische Anwendung.
Werner, Dünnwandiger Stahlguß.
Winkler, Die kaufmännische Verwaltung einer Eisengießerei.
Wüst, Handbuch der Metallgießereibriketts.
—, Der Einfluß eines Spänebrikettszusatzes.

Fachzeitschriften.

Aluminium, Zeitschrift für —.
Archiv für Wärmewirtschaft.
Deutsche Werkmeister-Zeitung.
Die Gießerei.
Gießerei-Zeitung.
Maschinenbau und Betrieb.
Die Metallbörse.
Stahl und Eisen.
Technik und Wirtschaft.
Werkstattechnik.
Zeitschrift für Metallkunde.
Zeitschrift für die gesamte Gießereipraxis (Eisenzeitung).
Zeitschrift des Vereins deutscher Ingenieure.

Anhang I.

Erste Hilfe bei Unglücksfällen.

1. Verbrennungen:

Leinöl-Kalkwasser-Verband, Bardella-Brandbinde.

2. Verbrennungen mit Säuren:

Abspülen der Säure mit warmem Wasser, Verband wie 1.

3. Vergiftungen:

a) Alkohol, kalte Übergießungen, Camphor subcutan, starker Kaffee. chronische Alkoholvergiftung, Entziehung des Alkohols, bei Delirium: Krankenhausbehandlung.

b) Zyankali, Magenprüfung mit 0,1 vH Kaliumpermanganatlösung, Sauerstoffeinatmung, künstliche Atmung.

c) Blei, Magenspülung, Brechmittel, Bittersalz, Milch.

d) Arsenik, Magenspülung, Brechmittel, gebrannte Magnesia, Eisenzucker.

e) Kohlendunst, Rauchvergiftung, frische Luft, Reiben und Bürsten der Haut, starker Kaffee, alkoholische Getränke, künstliche Atmung, Sauerstoffeinatmung, verdünntes Wasserstoffsuperoxyd innerlich.

f) Lauge, Essigwasser, Zitronensaft, Milch, Öl.

g) Säuren, Kalkwasser, Sodawasser, stark verdünnte Natronlauge und Seifenlösung.

h) Karbolsäure, Milch, Eis, Alkohol.
Lysol, Magenausspülung mit 300 v.H. Glaubersalzlösung.

4. Plötzliche Erkrankungen:

Schlaganfall: Lagerung mit erhöhtem Kopf, Eisbeutel auf Kopf.

Herzschwäche: Kleider und Gürtel öffnen, heißer Kaffee.

Kollaps: Wein, Senfpapier, Kopf tief lagern.

Ohnmacht: Salmiakgeist riechen lassen.

Bewußtlosigkeit: Hals frei, frische Luft, bei blassem Gesicht auf den Rücken legen, den Kopf niedrig; bei greötetem Gesicht den Kopf höher lagern.

Blutbrechen: Kleine Eisstücke schlucken, Ruhelage, Eisblase auf den Magen.

Bluthusten: Eis auf die Brust, Ruhelager, Eispillen, $\frac{1}{2}$ Teelöffel Kochsalz, Abschnüren beider Oberschenkel.

Brechdurchfall: Bettruhe, heiße Leibumschläge, heißen Tee, Schleimsuppe.

Kolik: Opiumtinktur 8 bis 10 Tropfen, Rizinusöl, bei Verdacht auf Blinddarmentzündung kein Rizinusöl.

Krampf: Ruhelage.

Knochenbrüche: Schienenverband.

Hitzschlag: Kleider öffnen, kalte Übergießungen und Waschungen, Kaffee.

Nasenbluten: Ausstopfen des blutenden Nasenloches mit Watte.

Erhängen: Künstliche Atmung.

Ersticken: Frische Luft, künstliche Atmung.

Ertrinken: Auf den Bauch legen, den einen Arm unter den Kopf, Kopf und Brust etwas höher. In die Nase Schnupftabak, Schlund mit Feder kitzeln, Brust und Gesäß reiben, bespritzen, mit nassem Tuch schlagen, künstliche Atmung.

Erfrieren: In einen geschlossenen kalten Raum bringen, mit Schnee reiben oder mit kalten nassen Tüchern, eiskaltes Wasserbad, auf Salmiakgeist riechen lassen oder kalten Wein und kalten Kaffee innerlich.

Das Fortschaffen Verunglückter muß recht vorsichtig auf einer Bahre geschehen, es genügen zwei Träger. Die Bahre wird in gleiche Linie mit dem Verunglückten gestellt und dieser rückwärts auf die Bahre geschoben. Die Träger dürfen nicht Schritt halten, weil die Bahre sonst schwankt. Möglichst Träger von gleicher Größe nehmen und kurze Schritte machen.

Es ist notwendig in jeder Gießerei für die Instandhaltung des Verbandskasten zu sorgen, auch empfiehlt es sich, einen besonderen Raum für Krankenpflege zu schaffen und mit dieser Tätigkeit einen Beamten zu beauftragen, der die erste Hilfe bei Unglücksfällen leistet. Handelt es sich um einen besonders ernsten Fall, so muß sofort ein Arzt geholt werden.

Anhang II.

Der Deutsche Formermeister-Bund.

Anschriften.

a) Bundesvorstand:

Hermann Meier, 1. Vorsitzender, Hannover, Podbielskistr. 50.
Paul Fellmann, 2. Vorsitzender, Altona-Ottensen, Gr. Brunnenstr. 100.
Engelbert Enste, 1. Schriftführer, Hannover, Marschnerstr. 17.
Johann Freitag, 2. Schriftführer, Dortmund, Kielstr. 53.
Herm. Zerenner, 1. Kassierer, Hannover, Spichernstr. 21.

b) Beisitzer:

Magnus König, Durlach i. B., Waldstr. 40.
Josef Schmitz, Hannover, Darwinstr. 19.
J. Möller, Magdeburg-Hopfengarten, Cäcilienstr.
Oscar Squar, Berlin SO 36, Graetzstr. 12.

c) Revisoren für den Stellennachweis:

Oscar Squar, Berlin SO 36, Graetzstr. 12.
Fritz Schwarze, Berlin O 17, Beymestr. 4.

d) Pressekommission:

Theodor Siegel, Obmann, Berlin N 39, Buchstr. 7.
Oscar Squar, Berlin SO 36, Graetzstr. 12.
Peter Franken, Berlin-Rosenthal I, Prinz Heinrichstr. 25.

Alle Postsendungen sind zu richten an die Geschäftsstelle des Deutschen Formermeister-Bundes, Hannover, Podbielskistr. 50.

Alle Geldsendungen sind zu senden an den Kassierer des Deutschen Formermeister-Bundes, Herrn Herm. Zerenner, Hannover, Spichernstr. 21, oder durch Postscheckkonto Hannover Nr. 30893.

Die Anschrift des Stellennachweises lautet: An den Stellennachweis des Deutschen Formermeister-Bundes, Berlin S 42, Oranienstr. 140/142.

Bezirkseinteilung des deutschen Formermeister-Bundes.

Bezirk 1. Hamburg, Kiel, Bremerhaven-Geestemünde, Lübeck.
» 2. Hannover, Hildesheim, Braunschweig, Bielefeld.
» 3. Essen, Dortmund, Gelsenkirchen, Mülheim, Duisburg, Oberhausen, Neviges, Witten, Bochum.

Bezirk 4. Düsseldorf, Solingen, Barmen-Elberfeld, Remscheid, Haspe, Velbert, Gevelsberg, Letmathe.
» 5. Köln, Aachen, M.-Gladbach, Siegkreis.
» 6. Siegen.
» 7. Kaiserslautern, Saarbrücken, Zweibrücken.
» 8. Frankfurt, Wetzlar, Darmstadt.
» 9. Magdeburg, Tangerhütte, Wernigerode.
» 10. Berlin, Brandenburg, Eberswalde.
» 11. Stettin.
» 12. Königsberg.
» 13. Graudenz.
» 14. Breslau, Bunzlau.
» 15. Dresden, Neugersdorf, Elsterwerda.
» 16. Leipzig.
» 17. Chemnitz, Zwickau, Gera.
» 18. Halle, Dessau, Lauchhammer.
» 19. Nürnberg.
» 20. Durlach, Mannheim.
» 21. Stuttgart-Cannstatt, Göppingen, Heilbronn, Wasseralfingen, Radolfzell.
» 22. München.

Die gesperrt gedruckten Vereine sind Vorortsvereine, sie haben die Geschäfte des Bezirks zu erledigen.

Verzeichnis der Ortsvereine und deren Vorstände.

V. = Vorsitzender, S. = Schriftführer, K. = Kassier, Ver. = Vertrauensmann.

Aachen. Versammlungslokal: Restaurant Küppers, Pontsstr. 156/158.
V.: Josef Benz, Aachen, Jülicherstr. 310,
S.: Eduard Schmeer, Aachen, Roermonderstr. 86.
K.: Leo Wöllgens, Aachen, Roermonderstr. 102,
Ver.: Eduard Schmeer, Aachen, Roermonderstr. 86.
Versammlung jeden 2. Sonntag im Monat, morgens 10 Uhr.

Barmen-Elberfeld. Versammlungslokal: E. Schramm, Barmen, Alleestr. 19.
V.: Ferd. Guck, Elberfeld, Ullendahlerstr. 44,
S.: Karl Drexelius, Barmen, Erlenstr. 6,
K.: Karl Blau, Elberfeld, Ullendahlerstr. 442,
Ver.: Ferd. Hoffmann, Barmen, Alleestr. 119.
Versammlung jeden letzten Sonntag im Monat, abends 7 Uhr.

Berlin. Versammlungslokal: KriegerVereinshaus, Berlin N 39, Chausseestraße 94.
V.: Oscar Squar, Berlin SO 36, Graetzstr. 12,
S.: Wilh. Neumann, Berlin-Tegel, Neubau Feitstr., II. Eingang, III. Treppe links,
K.: Gustav Schlüter, Nieder-Schönhausen, Sachsenstr. 9.
Ver.: Ferd. Malitz, Berlin NW 39, Oldenburgerstr. 28.
Versammlung jeden 3. Sonnabend im Monat, abends 7 Uhr.

Bielefeld. Versammlungslokal: Fritz Koch, Herforderstr. 78.
V.: Herm. Grieg, Bielefeld, Friedrichstr. 39,
S.: Theodor Hörnig, Schildesche bei Bilefeld, Herforderstr. 30,
K.: Fritz Stegel, Bielefeld, Zastrowstr. 24,
Ver.: Herm. Grieb, Bielefeld, Friedrichstr. 39.
Versammlung jeden 2. Samstag im Monat, abends 7 Uhr.

Bochum. Versammlungslokal: Hotel zum Großen Kurfürsten, Marienplatz.
V.: Aug. Rosskott, Bochum, Hubertusstr. 2,
S.: Wilh. Gronemeier, Bochum, Besemerstr. 39,
K.: Clemens Eckermann, Bochum, Querstr. 11,
Ver.: Aug. Roßkott, Bochum, Hubertusstr. 2.
Versammlung jeden 2. Sonnabend im Monat, abends 7 Uhr.

Brandenburg. Versammlungslokal: »Zum Lichtenhainer«, Hauptstr.
V.: Ernst Müller, Brandenburg a. H., Potsdamerstr. 15,
S.: Wilhelm Müller, Brandenburg, früheres Artilleriedepot,
K.: Karl Raabe, Brandenburg a. H., Hartungstr. 17,
Ver.: Ernst Müller, Brandenburg a. H., Potsdamerstr. 15.
Versammlung jeden 2. Dienstag im Monat, abends 7½ Uhr.

Braunschweig. Versammlungslokal: Frühlings-Hotel, Bankplatz.
V.: Otto Köhler, Braunschweig, Hildesheimerstr. 15,
S.: Hugo Ohse, Braunschweig, Eckbertstr. 16,
K.: Fritz Steff, Braunschweig, Leonhardstr. 4.
Ver.: Christ. Sandvoss, Braunschweig, Kastanienalle 70c.
Versammlung jeden 1. Montag im Monat, abends 8 Uhr.

Bunzlau. Versammlungslokal: »Goldener Anker«, Gnadenbergerstr.
V.: Wilhelm Otto, Bunzlau, Eichenstr. 3b,
S.: August Hoffmann, Bunzlau, Sprottauerstr. 4,
K.: Herm. Rutsch, Bunzlau, Schönfelderstr. 10,
Ver.: August Hoffmann, Bunzlau, Sprottauerstr. 4.
Versammlung jeden 2. Sonntag im Monat, vormittags 10 Uhr.

Breslau. Versammlungslokal: »Gesellschaftshaus Tannenhof«, Berlinerstraße 20.
V.: R. Rosemann, Breslau, Frankfurterstr. 36,
S.: E. Aulig, Breslau, Junkernstr. 11,
K.: G. Carstensen, Breslau, Frankfurterstr. 5,
Ver.: R. Rosemann, Breslau, Frankfurterstr. 36.
Versammlung jeden 3. Sonnabend im Monat, abends 7½ Uhr.

Chemnitz. Versammlungslokal: »Münchener Hof«, Langestr.
V.: Edmund Oelsner, Chemnitz, Dresdenerstr. 67,
S.: Paul Liebmann, Chemnitz, Fichtestr. 18,
K.: Martin Demmler, Chemnitz, Kyffhäuserstr. 24,
Ver.: Edmund Oelsner, Chemnitz, Dresdenerstr. 67.
Versammlung jeden letzten Sonnabend im Monat.

Darmstadt. Versammlungslokal: »Zur Stadt Darmstadt«.
V.: Otto Wandel, Darmstadt, Röslerstr. 85,
S.: Jakob Franz, Darmstadt, Bachgangweg,
K.: August Seemann, Darmstadt, Barkhausstr. 29,
Ver.: Otto Wandel, Darmstadt, Röslerstr. 85.
Versammlung jeden 1. Sonntag im Monat, vormittags $9\frac{1}{2}$ Uhr.

Dessau. Versammlungslokal: »Hotel Fürstenhof«, Askanischestraße.
V.: Oswald Saul, Dessau, Backgasse 3,
Ver.: Oskar Böttcher, Dessau, Friedhofstr. 26.
Versammlung jeden 2. Sonntag im Monat.

Dresden. Versammlungslokal: »Kraffts-Bayrische-Bierstuben«, Johannstraße.
V.: Robert Müller, Weixdorf bei Dresden, Carolastr. 4,
S.: Paul Lamm, Dresden, Friedrichstr. 55,
K.: Ernst Höhne, Dresden, Chemnitzerstr. 66.
Versammlung jeden 4. Sonnabend im Monat, abends 6 Uhr.

Duisburg. Versammlungslokal: »Restaurant Habermann«.
V.: Herm. Möller, Hochemmerich Bstr. 17,
S.: Peter Schmitz, Duisburg, Karl-Lehrstr. 113,
K.: August Leonhardt, Duisburg-Hochfeld, Parlamentstr. 78,
Ver.: Peter Schmitz, Duisburg, Karl Lehrstr. 113.
Versammlung jeden 3. Sonntag im Monat, abends 6 Uhr.

Düsseldorf. Versammlungslokal: Hotel zum »Hof von Holland«.
V.: Adolf Schilp, Düsseldorf, Kempgensweg 51,
S.: Rich. Uhlitzsch, Düsseldorf, Merkurstr. 40,
K.: Emil Dick, Düeseldorf, Lichstr. 35,
Ver.: Rich. Uhlitzsch, Düsseldorf, Merkurstr. 40.
Versammlung jeden 2. Sonntag im Monat, vormittags 10 Uhr.

Dortmund. Versammlungslokal: Restaurant Westfalenhof, Burgwall 10.
V.: Giese Hellmuth, Dortmund, Enschederstr. 10,
S.: Joh. Freitag, Dortmund, Kielstr. 53,
K.: Heinr. Nettesheim, Dortmund, Lorzingstr. 1,
Ver.: Joh. Caye, Dortmund, Schmiedestr. 7.
Versammlung jeden 3. Sonntag, nachmittags 4 Uhr.

Eberswalde. Versammlungslokal: Gasthof Reetz, Schöpfurterstr. 1.
V.: Joh. Ladewig, Eberswalde, Schöpfurterstr. 15,
S.: Paul Templer, Eberswalde, Heegermühlestr. 20,
K.: Walter Gobisch, Eberswalde, Schöpfurterstr. 26,
Ver.: August Kubisch, Eberswalde, Eisenbahnstr. 67.
Versammlung jeden 2. Sonnabend im Monat, abends 8 Uhr.

Elsterwerda. Versammlungslokal: Gasthof zur Eisenbahn.
V.: Karl Michaelis, Elsterwerda, Berlinerstr. 40,
S.: Paul Weiske, Elsterwerda, Bahnhofstr. 6,
K.: W. Tscharntke, Lauchhammer,
Ver.: Karl Michaelis, Elsterwerda, Berlinerstr. 40.
Versammlung jeden 2. Sonnabend im Monat, abends 7 Uhr.

Essen. Versammlungslokal: Restaurant Rumpf-Huyssenhof, Essen, Rühlenscheiderstr.
V.: Carl Butt, Essen-West, Helenenstr. 132,
S.: Jean Röhrig, Essen, Steinstr. 42,
K.: Philipp Dickscheid, Essen, Pieperstr. 23,
Ver.: Albert Henn, Essen, Kölnerstr. 2.
Versammlung jeden 1. Sonntag im Monat, vormittags 10½ Uhr.

Frankfurt. Versammlungslokal: Hotel-Restaurant Deutsches Haus, Karlstraße.
V.: Heinrich Ziegler, Eschborn bei Frankfurt a. M.,
S.: Hermann Kiehne, Höchst a. M., Kaiserstr. 15,
K.: Johann Schiebener, Fechenheim bei Frankfurt a. M.,
Ver.: H. Denfeld, Gonzenheim bei Homburg v. d. H., Hauptstr. 9.
Versammlung jeden 2. Sonntag im Monat, nachmittags 4 Uhr.

Gevelsberg (Ennepetal und Umgebung). Versammlungslokal: Gasthof zur Post.
V.: Wilh. Reinhoff, Gevelsberg i. W., Haßlinghauserstr. 37,
S.: Franz Lex, Gevelsberg i. W., Haßlinghauserstr. 13,
K.: Eugen Hütz, Gevelsberg i. W., Mittelstr. 50.
Versammlung jeden 1. Sonntag im Monat, nachmittags 5 Uhr.

Görlitz. Versammlungslokal: Herrn Thamm, Görlitz, Leipzigerstraße.
V.: Hermann Gintzel, Görlitz, Bahnhofstr. 15,
S.: Max Kluge, Görlitz, Melanchtonstr. 46,
K.: Hans Rassmusen, Görlitz, Gutenbergstr. 26,
Ver.: Hermann Gintzel, Görlitz, Bahnhofstr. 15.
Versammlung jeden 1. Sonntag im Monat.

Göppingen. Versammlungslokal: Gasthaus zum Goldenen Hirsch.
V.: Franz Weymer, Donzdorg, Herrengartenstr. 357,
S.: Christian Hieber, Göppingen, Bahnhofstr. 66,
K.: Georg Sihler, Göppingen, Metzgerstr. 49,
Ver.: Georg Mühlhäuser, Holzheim, Hohenstaufenstr. 369.
Versammlung jeden 2. Sonntag im Monat, nachmittags 2 Uhr.

Gelsenkirchen. Versammlungslokal: Im Winkelkrug, Bulmkernstraße 59.
V.: Anton Kompernaß, Gelsenkirchen, Cheruskerstr. 20,
S.: Albert Brinkmann, Gelsenkirchen, Moltkeplatz 17,
K.: Fritz Simon, Gelsenkirchen, Rheinelbestr. 16,
Ver.: H. Compernaß, Gelsenkirchen, Hansastr. 4,
Versammlung jeden 2. Sonntag im Monat, nachmittags 5 Uhr.

Gera (Reus) Versammlungslokal: Plarres Garten, Waldstr.
V.: Paul Braun, Gera-Zwötzen, Gutsstr. 2,
S.: Hans Liegert, Gera, Leipzigerstr. 31,
K.: Alfred Schilling, Gera, Heinrich Heinestr. 9,
Ver.: Alban Fröhlich, Gera, Weinbergstr. 3, Untermhaus.
Versammlung jeden 1. Sonntag im Monat, vormittags 9½ Uhr.

Halle a. S., Versammlungslokal: Mars-la-Tour. Gr. Ulrichstr. 10.
V.: Ph. Fritz, Halle, Turmstr. 155,
S.: Herm. Horn, Halle, Bernhardystr. 1,
K.: Herm. Böhm, Halle, Schimmelstr. 6,
Ver.: G. Bartolomäus, Halle, Königsberg 4.
Versammlung jeden 2. Sonntag im Monat, vormittags 10 Uhr.

Hamburg. Versammlungslokal: Roses Gesellschaftshaus, Heinestraße.
V.: Paul Fellmann, Altona-Ottensen, Gr. Brunnenstr. 100,
S.: Karl Haase, Altona-Ottensen, Gr. Brunnenstr. 106,
K.: Adolf Ahlzweig, Altona-Ottensen, Friedensallee 13,
Ver.: Paul Fellmann, Altona-Ottensen, Gr. Brunnenstr. 100.
Versammlung jeden 2. Sonnabend im Monat, abends 7½ Uhr.

Hannover. Versammlungslokal: Kasino-Restaurant, Artilleriestraße.
V.: Wilhelm Düllmann, Hannover-Linden, Magnusstr. 1,
S.: Johann Hartmann, Hannover, Spittastr. 4,
K.: Paul Schultz, Hannover, Hildesheimer-Chaussee 144,
Ver.: Ludwig Meyer, Hannover-Wülfel, Am Mittefelde 4.
Versammlung jeden 2. Sonnabend im Monat, abends 7 Uhr.

Haspe i. W. Versammlungslokal: C. Fischer, Haspe i. W., Rolandstr. 1.
V.: Hubert Kerz, Haspe i. W., Tillmannstr. 4,
S.: August Fleming, Haspe i. W., Könerstr.,
K.: Herm. Oberhoff, Hagen i. W., Frankfurterstr. 8,
Ver.: Hubert Kerz, Haspe i. W., Tillmannstr. 4.
Versammlung jeden 2. Sonnabend im Monat, abends 8 Uhr.

Hildesheim. Versammlungslokal: H. Strusch, Michaelistr.
V.: Wilhelm Wölfert, Hildesheim, Ottostr. 5,
S.: Heinr. König, Hildesheim, Elzerstr. 57,
K.: Louis Schütte, Hildesheim, Langerhagen 26,
Ver.: Ewald Lehmann, Hildesheim-Moritzberg, Bergstr. 69.
Versammlung jeden 2. Sonnabend im Monat, abends 8 Uhr.

Heilbronn. Versammlungslokal; Restaurant Salzer, Sichelerstraße.
V.: Gustav Burk, Heilbronn, Goethestr. 38,
S.: Karl Weidner, Heilbronn, Fabrikstr. 33,
K.: Karl Schneider, Heilbronn,
Ver.: Gustav Burk, Heilbronn, Goethestr. 38.
Versammlung jeden 2. Sonntag im Monat, nachmittags 1½ Uhr.

Karlsruhe-Durlach. Versammlungslokal: Restaurant Lohengrin, Karlsruhe.
V.: Aug. König, Durlach, Waldstr. 40,
S.: R. Löhne, Karlsruhe-Mühlberg, Eisenlohrstr. 26,
K.: Karl Stutz, Durlach-Grötzingen, Hauptstr. 17,
Ver.: Aug. König, Durlach, Waldstr. 40.
Versammlung jeden 3. Sonnabend im Monat, abends 8 Uhr.

Kiel. Versammlungslokal: Hotel Herzog Friedrich.
V.: Herm. Böhner, Kiel-Gaarden, Schulstr. 42,
S.: Richard Otto, Kiel-Ellerbeck, Franziusallee 22,
K.: Johann Jensen, Kiel-Gaarden, Heinzestr. 23,
Ver.: Christof Hansen, Kiel-Gaarden, Johannisstr. 41.
Versammlung jeden letzten Sonnabend im Monat, abends 8 Uhr.

Kaiserslautern. Versammlungslokal: Bürgerbräu, Kaiserlsautern.
V.: Valentin Müller, Kaiserslautern, Albrechtstr. 48,
S.: » » » » 48,
K.: » » » » 48,
Ver.: » » » » 48.
Versammlung jeden 1. Sonntag im Monat, vormittags 11 Uhr.

Köln. Versammlungslokal: Restaurant zum Heidelberger Faß, Köln-Deutz.
V.: Heinrich Fleutmann, Köln-Mülheim, Danzigerstr. 8,
S.: Peter Billig, Köln, Friesenwall 108,
K.: Carl Funk, Köln-Mülheim, Windmühlenstr. 39,
Ver.: Heinrich Heuer, Porz a. Rh., Wahnerstr. 28.
Versammlung jeden 1. Sonntag im Monat, vormittags 10¼ Uhr.

Königsberg. Versammlungslokal: Bierstube Kempka, Kneiphöfsche Langgasse 8.
V.: Eduard Schließer, Königsberg-Ponarth, Brandenburgerstr. 76b,
S.: Eduard Schließer, » » »
K.: Otto Spanehl, Königsberg, Roonstr. 7,
Ver.: Eduard Schließer, Königsberg-Ponarth, Brandenburgerstr. 76b.
Versammlung jeden 3. Sonnabend im Monat, abends 6 Uhr.

Leipzig. Versammlungslokal: Panorama, Roßplatz.
V.: Ferd. Hartwig, Leipzig-Stötteritz, Schwarzackerstr. 12,
S.: Herm. Klemm, Leipzig-Stötteritz, Papiermühlstr. 20,
K.: Adolf Friedrich, Groß-Zschocher, Hermann Beierstr. 4,
Ver.: Emil Lötzsch, Leipzig-Neustadt, Einperstr. 5.
Versammlung jeden 3. Sonnabend im Monat, abends 6 Uhr.

Letmathe. Versammlungslokal: Hotel Röttgers, Letmathe.
V.: Wilhelm Huppert, Sundwig, Kreis Iserlohn i. W.,
S.: Anton Hoffmann, Lethmathe, Gennaerstr. 40,
K.: Josef Schlüsener, Letmathe, Gennaerstr.,
Ver.: Wilhelm Huppert, Sundwig, Kreis Iserlohn i. W.
Versammlung jeden 3. Sonnabend im Monat.

Lübeck. Versammlungslokal: Hotel Drei Ringe, Hansastraße.
V.: Karl Baumgärtner, Lübeck, Humpoldstr. 1,
S.:
K.: Theo Schäper, Lübeck, Bleicherstr. 16a,
Ver.: Karl Baumgärtner, Lübeck, Humpoldstr. 1.
Versammlung jeden 1. Mittwoch im Monat, abends 7½ Uhr.

Magdeburg. Versammlungslokal: Sächsischer Hof, Breiter Weg.
V.: Albert Röver, Magdeburg-Fermersleben, Puttkammerstr. 10,
S.: Paul Model, Magdeburg-B., Schönbeckerstr. 50,
K.: Alfred Paß, Magdeburg-B., Schönebeckerstr. 90,
Ver.: Gustav Mertens, Magdeburg, Lübeckerstr. 38.
Versammlung jeden 2. Sonnabend im Monat.

Mülheim-Ruhr. Versammlungslokal: Fürst Bismarck, Ecke Schloß- und Hindenburgstraße.
V.: Wilh. Reith, Mülheim-Ruhr, Wilhelmsplatz 4,
S.: Karl Vendel, Mülheim-Ruhr, Oststr. 17,
K.: Heinr. Bandmann, Mühlheim-Ruhr, Boverstr. 38,
Ver.: Karl Vendel, Mühlheim-Ruhr, Oststr. 17.
Versammlung jeden 2. Sonntag im Monat, vormittags 11 Uhr.

München. Versammlungslokal: Wagner-Bräu, Lilienstraße.
V.: Jakob Krämer, München, Pariserstr. 15/3,
S.: Ludwig Hotz, München 8, Breisacherstr. 24/10,
K.: Xaver Sommer, München 8, Balanstr. 62/3,
Ver.: Jakob Krämer, München 8, Pariserstr. 15/3.
Versammlung jeden 3. Sonnabend im Monat, abends 6 Uhr.

Mannheim. Versammlungslokal: Bellevue-Keller 7/9.
V.: Albert Franke, Mannheim-Neckarau, Neckarauerstr. 1,
S.: Adam Schmidt, Mannheim-Neckarau, Waldhornstr.,
K.: Jakob Simon, Mannheim-Neckarau, Großfeldstr. 8,
Ver.: Peter Krupp, Ludwigshafen, Maxstr. 3, für Ludwigshafen und die linksrheinischen Orte,
Ver.: Wilh. Seidel, Mannheim, Käferthalerstr. 39, für Mannheim und die rechtsrheinischen Orte.

M.-Gladbach. Versammlungslokal: Werkmeisterhaus, Körnerstraße.
V.: Fritz Weber, M.-Gladbach, Dahl 205,
S.: Joh. Hirsch, Reydt, Kreuzstr. 50,
K.: Joseph Boms, M.-Gladbach, Alleestr. 42,
Ver.: Joh. Hirsch, Reydt, Kreuzstr. 50.
Versammlung jeden 3. Sonntag im Monat, nachmittags 4½ Uhr.

Neugersdorf. Versammlungslokal:
V.: Albert Nothnick, Neugersdorf, Körnerstr. 193b.
S.: Gustav Wildner, Ebersbach i. S.,
K.: Paul Becker, Ebersbach i. S.,
Ver.: Max Pilz, Bautzen, Stiebenstr. 68.
Wanderversammlungen.

Neviges. Versammlungslokal: Gasthaus Bruno Schnitzler, Neviges.
V.: Wilhelm Clever, Neviges, Blücherstr. 16,
S.: Jakob Eisenbarth, Neviges, Donnenbergerstr. 52,
K.: Jakob Eisenbarth, » »
Ver.: Jakob Eisenbarth, » »
Versammlung jeden 1. Mittwoch im Monat, abends 8 Uhr.

Nürnberg. Versammlungslokal: »Bavaria«, Heinstraße.
V.: Friedrich Dornheim, Nürnberg, Schloßstr. 26,
S.: Fritz Hutzler, Nürnberg, Sperberstr. 97,
K.: Martin Ulses, Nürnberg, Schwabenstr. 58,
Ver.: Fritz Hutzler, Nürnberg, Sperberstr. 97.
Versammlung jeden 2. Montag im Monat, nachmittags 5½ Uhr.

Oberhausen. Versammlungslokal: Restaurant Jägerhof, am Kaisergarten.
V.: Otto Breitenstein, Sterkrade, Weselstr. 21,
S.: Theodor Leve, Oberhausen, Friedenstr. 59,
K.: Heinr. Dammann, Oberhausen, Marktstr. 133,
Ver.: Theodor Leve, Oberhausen, Friedenstr. 59.
Versammlung jeden 2. Sonntag im Monat, vormittags 10 Uhr.

Radolfzell. Versammlungslokal: Gasthaus zum Löwen.
V.: Josef Uhl, Radolfzell, Gartenstr. 3,
S.: Heinr. Heusler, Singen a. H., Louisenstr. 3,
K.: Franz Baumenn, Singen a. H., Eisenbahnstr. 12,
Ver.: Heinr. Heusler, Singen a. H., Louisenstr. 3.
Versammlung jeden 2. Sonntag im Monat.

Ratibor. Versammlungslokal: Ratskeller.
V.: Herm. Schwanemann, Ratibor, Oberschles., Niederwallstr. 11.
S.: Herm. Schwanemann, » » »
K.: Herm. Schwanemann, » » »
Ver.: Paul Bortlik, Ratibor, Oberschles., Neues Schlachthaus.
Versammlung jeden 1. Sonntag im Monat, vormittags 10 Uhr.

Remscheid. Versammlungslokal: Hotel Europäischer Hof, Remscheid.
V.: August Hollweg, Remscheid, Hügelstr. 7,
S.: Ernst Müller, Remscheid, Lobornerstr. 15,
K.: Ernst Müller, » »
Ver.: Ernst Müller, » »
Versammlung jeden 3. Sonnabend im Monat, abends 6 Uhr

Saarbrücken. Versammlungslokal: Gasthaus Müller, Saarbrücken 3, Schillerstraße.
V.: Ernst Anacker, Saarbrücken 3, Eschbergerweg 6,
S.: Ludwig Glaser, Güdingen bei Saarbrücken, Saargemünderstr. 84.
K.: Josef Jesse, Saarbrücken 2, Am Gußstahlwerk 6,
Ver.: Ph. Schäfer, Saarbrücken 2, Ludwigstr. 69.
Versammlung jeden 2. Sonntag im Monat, vormittags 10 Uhr.

Siegen und Umgebung. Versammlungslokal: Gasthaus Schneck, Siegen, an der Siegbrücke.
V.: Karl Wendel, Caan bei Siegen, Breitenbachstr. 10,
S.: Karl Wendel, » » » »
K.: Karl Wendel, » » » »
Ver.: Fritz Krämer, Siegen, Kompenstraße.
Versammlung jeden 3. Sonntag im Monat, abends 7 Uhr.

Stettin. Versammlungslokal: Restaurant Werths, Stettin-Bredow Vulkanstr. 35.
V.: Ernst Reinecke, Stettin-Bredow, Sedanstr. 4,
S.: Richard Ley, Stettin, Pölitzerstr. 25,
K.: Albert Feierke, Stettin-Bredow, Schultze-Delitsch-Weg 38,
Ver.: August Baartz, Stettin-Grabow, Langestr. 6.
Versammlung jeden 1. Sonntag im Monat, vormittags 10 Uhr.

Stuttgart-Cannstatt. Versammlungslokal: »Silberner Hecht«, Cannstatt, Werderstraße.
V.: Wilhelm Wurst, Obertürkheim, Karlstr. 6,
S.: Gustav Ziegler, Obertürkheim, Haldenstr. 5,
K.: Wilhelm Barst, Mettingen, Lerchenbergstr. 47,
Ver.: Wilhelm Wurst, Obertürkheim, Karlstr. 6.
Versammlung jeden 3. Sonnabend im Monat, abends 6 Uhr.

Solingen. Versammlungslokal: Wald zum Wasserturm.
V.: Robert Kuhlmann, Solingen, Gasstr. 8,
S.: Gustav Gottfried, Solingen, Post Foche, Solingerstr. 42,
K.: Julius Peppler, Haan, Ohligerstr. 45,
Ver.: Wilhelm v. Pollem, Solingen, Friedr. Wilhelmstr. 55.
Versammlung jeden 1. Sonntag im Monat, vormittags 9½ Uhr.

Siegkreis. Versammlungslokal: Restaurant zur Post, Siegburg, Wilhelmstraße.
V.: Cr. Caye, Menden-Nord, Bez. Köln, Siemensstr. 2,
S.: Paul Blankenhagen, Menden-Nord, Bez. Köln, Langestr. 29,
K.: Pütz, Edgaven, Post Hennef a. Sieg,
Ver.: J. Richelbächer, Siegburg, Kaiser-Wilhelmstr. 25.
Versammlung jeden 2. Sonntag im Monat, nachmittags 3 Uhr.

Tangerhütte. Versammlungslokal: »Centralhotel«.
V.: Paul Quaas, Tangerhütte, Bismarckstr. 49,
S.: Paul Quaas, » »
K.: August Grothe, Tangerhütte, Sedanstr. 16,
Ver.: Paul Quaas, Tangerhütte, Bismarckstr. 49.
Versammlung jeden 3. Sonnabend im Monat, abends 8 Uhr.

Velbert. Versammlungslokal: »Briller Hof«.
V.: Theodor Koch, Heiligenhaus,
S.: Emil Krämer, Velbert, Poststr. 35,
K.: Wilh. Horn, Velbert, Friedrichstr. 34,
Ver.: Emil Krämer, Velbert, Poststr. 35.
Versammlung jeden 3. Sonntag im Monat, vormittags 10 Uhr.

Wasseralfingen. Versammlungslokal: Gasthof zum Schlegel.
V.: Heinrich Sanwald, Wasseralfingen, Erzstr. 5,
S.: Heinrich Sanwald, » »
K.: Heinrich Sanwald, » »
Ver.: Heinrich Sanwald, » »
Versammlung jeden 2. Sonnabend im Monat.

Wetzlar. Versammlungslokal: Hotel Hufnagel, Bahnhofstraße.
V.: Karl Neuhaus, Profdorf bei Wetzlar, Launsbacherstraße,
S.: Karl Neuhaus, » » » »
K.: Heinr. Mann, Wetzlar, Werkstr. 7,
Ver.: F. Haus, Merkenbach bei Sinn.
Versammlung jeden 2. Sonntag im Monat, abends 8 Uhr.

Witten. Versammlungslokal: Restaurant Steinbeck, Am Markt 3.
V.: Max Matern, Witten, Ardeystr. 125,
S.: Wilh. Morenstecher, Witten, Hauptstr. 71,
K.: Walter Jörgens, Witten, Ardeystr. 116,
Ver.: Georg Nordhoff, Heven bei Witten, Bergstr. 67.
Versammlung jeden 3. Sonntag im Monat, abends 6 Uhr.

Zwickau. Versammlungslokal: Restaurant Ritterhof, Zwickau, Bahnhofstraße.
V.: Paul Hofmann, Zwickau, Richard-Wagnerstr. 4,
S.: Paul Hofmann, » »
K.: Georg Cyehalla, Zwickau, Reichenbacherstr. 117,
Ver.: Paul Hofmann, Zwickau, Richard-Wagnerstr. 4.
Versammlung jeden 2. Sonntag im Monat, nachmittags 3 Uhr.

Zweibrücken. Versammlungslokal: Brauerei Buchheit, Landauerstraße.
V.: Adam Meyer, Zweibrücken-Emschweiler, Spitalstr. 4,
S.: Josef Pick, Zweibrücken, Hildegartstr. 29,
K.: Oskar Wörnder, Zweibrücken, Sedanstr. 10.
Versammlung jeden 2. Sonnabend im Monat, nachmittags 3 Uhr.

Österreichischer Formermeister-Bund. Wien.

Josef Wawerka, Obmann, Wien 10, Pernersdorferstr. 37,
Franz Pratter, Schriftführer, Wien 11, Schönburgstr. 50,
Karl Huf, Kassierer, Wien 15, Hütteldorferstr. 69,
Emil Schüttauf, Vertrauensmann, Wien 10, Leebgasse 47.
Versammlung jeden 3. Sonnabend im Monat, nachmittags 4 Uhr.
Versammlungslokal: Restaurant zum Eisvogel, Wien 6, Gumpendorferstr. 141.

WILHELM
RÜPING
DÜSSELDORF
Fernspr.: 7582, 15705, 6439
Tel.-Adr.: Industrierüping
liefert ab Lager im besetzten u. unbesetzten Deutschland
alle
Gießerei-bedarfsartikel
Gießerei-maschinen
Werkzeuge und Maschinen für Modell-schreinerei
SCHUTZ-MARKE
WR

1*

www.ingramcontent.com/pod-product-compliance
Lightning Source LLC
Chambersburg PA
CBHW031412180326
41458CB00002B/332
9783486749571